国家科学思想库

中国学科发展战略

稀土化学

国家自然科学基金委员会
中 国 科 学 院

科学出版社
北 京

内 容 简 介

本书凝聚了稀土科学和技术领域数十位院士、专家的智慧和心血,历经两年多时间编写完成,是国家自然科学基金委员会与中国科学院联合设立的学科发展战略系列研究项目的一项重要研究成果。

为了更加绿色高效利用中国宝贵的稀土资源,引领和支撑稀土产业的高质量发展,本书系统调研了近年来国内外稀土化学学科的发展状况,通过文献计量学等方法呈现了全球稀土化学发展的全貌,梳理和综述了稀土化学主要领域的研究进展,分析讨论了制约中国稀土产业发展的基础科学问题,提出了中国稀土化学学科未来发展的研究思路、发展方向以及国家政策建议。

本书在编写中注重兼顾专业性和普及性,不仅对高等学校、科研院所和高技术企业的科技工作者具有较高的参考价值,同时也为科技管理者和社会公众了解稀土、了解稀土化学领域的发展提供最新的资讯依据。

图书在版编目(CIP)数据

稀土化学 / 国家自然科学基金委员会,中国科学院编. —北京:科学出版社,2022.7
(中国学科发展战略)
ISBN 978-7-03-072125-9

Ⅰ.①稀… Ⅱ.①国… ②中… Ⅲ.①稀土族 Ⅳ.①O614.33

中国版本图书馆 CIP 数据核字(2022)第 063143 号

责任编辑:朱 丽 / 责任校对:杨 赛
责任印制:肖 兴 / 封面设计:黄华斌 陈 敬

科 学 出 版 社 出版
北京东黄城根北街 16 号
邮政编码:100717
http://www.sciencep.com

中国科学院印刷厂 印刷
科学出版社发行 各地新华书店经销

＊

2022 年 7 月第 一 版 开本:720×1000 1/16
2022 年 7 月第一次印刷 印张:33 1/2
字数:590 000
定价:218.00 元
(如有印装质量问题,我社负责调换)

中国学科发展战略

联合领导小组

组　长：高鸿钧　李静海

副组长：包信和　韩　宇

成　员：张　涛　裴　刚　朱日祥　郭　雷　杨　卫

　　　　王笃金　苏荣辉　王长锐　姚玉鹏　董国轩

　　　　杨俊林　冯雪莲　于　晟　王岐东　刘　克

　　　　刘作仪　孙瑞娟　陈拥军

联合工作组

组　长：苏荣辉　姚玉鹏

成　员：范英杰　龚　旭　孙　粒　高阵雨　李鹏飞

　　　　钱莹洁　薛　淮　冯　霞　马新勇

中国学科发展战略·稀土化学

编 委 会

主　编：严纯华

编　委（按姓氏拼音为序）：

总　序

白春礼　杨　卫

　　17 世纪的科学革命使科学从普适的自然哲学走向分科深入，如今已发展成为一幅由众多彼此独立又相互关联的学科汇就的壮丽画卷。在人类不断深化对自然认识的过程中，学科不仅仅是现代社会中科学知识的组成单元，同时也逐渐成为人类认知活动的组织分工，决定了知识生产的社会形态特征，推动和促进了科学技术和各种学术形态的蓬勃发展。从历史上看，学科的发展体现了知识生产及其传播、传承的过程，学科之间的相互交叉、融合与分化成为科学发展的重要特征。只有了解各学科演变的基本规律，完善学科布局，促进学科协调发展，才能推进科学的整体发展，形成促进前沿科学突破的科研布局和创新环境。

　　我国引入近代科学后几经曲折，及至20世纪初开始逐步同西方科学接轨，建立了以学科教育与学科科研互为支撑的学科体系。新中国建立后，逐步形成完整的学科体系，为国家科学技术进步和经济社会发展提供了大量优秀人才，部分学科已进入世界前列，有的学科取得了令世界瞩目的突出成就。当前，我国正处在从科学大国向科学强国转变的关键时期，经济发展新常态下要求科学技术为国家经济增长提供更强劲的动力，创新成为引领我国经济发展的新引擎。与此同时，改革开放 30 多年来，特别是 21 世纪以来，我国迅猛发展的科学事业蓄积了巨大的内能，不仅重大创新成果源源不断产生，而且一些学科正在孕育新的生长点，有可能引领世界学科发展的新方向。因此，开展学科发展战略研究是提高我国自主创新能力、实现我国科学由"跟跑者"向"并行者"和"领跑者"转变的一项基础工程，对于更好把握世界科技创新发展趋势，发挥科技创新在全面创新中的引领作用，具有重要的现实意义。

学科发展战略研究的核心是结合科学技术和经济社会的发展需求，在分析科学前沿发展趋势的基础上，寻找新的学科生长点和方向。在这个过程中，战略科学家的前瞻引领作用十分重要。科学史上这样的例子比比皆是。在 1900 年 8 月巴黎国际数学家代表大会上，德国数学家戴维·希尔伯特发表了题为"数学问题"的著名讲演，他根据过去特别是 19 世纪数学研究的成果和发展趋势，提出了 23 个最重要的数学问题，即"希尔伯特问题"。这些"问题"后来成为许多数学家力图攻克的难关，对现代数学的研究和发展产生了深刻的影响。1959 年 12 月，美国物理学家、诺贝尔奖得主理查德·费曼在加利福尼亚理工学院举行的美国物理学会年会上发表了题为"物质底层大有空间——一张进入物理新领域的请柬"的经典讲话，对后来出现的纳米技术作出了天才的预见。

学科生长点并不完全等同于科学前沿，其产生和形成不仅取决于科学前沿的成果，还决定于社会生产和科学发展的需要。1841 年，佩利戈特用钾还原四氯化铀，成功地获得了金属铀，可在很长一段时间并未能发展成为学科生长点。直到 1939 年，哈恩和斯特拉斯曼发现了铀的核裂变现象后，人们认识到它有可能成为巨大的能源，这才形成了以铀为主要对象的核燃料科学的学科生长点。而基本粒子物理学作为一门理论性很强的学科，它的新生长点之所以能不断形成，不仅在于它有揭示物质的深层结构秘密的作用，而且在于其成果有助于认识宇宙的起源和演化。上述事实说明，科学在从理论到应用又从应用到理论的转化过程中，会有新的学科生长点不断地产生和形成。

不同学科交叉集成，特别是理论研究与实验科学相结合，往往也是新的学科生长点的重要来源。新的实验方法和实验手段的发明，大科学装置的建立，如离子加速器、中子反应堆、核磁共振仪等技术方法，都促进了相对独立的新学科的形成。自 20 世纪 80 年代以来，具有费曼 1959 年所预见的性能、微观表征和操纵技术的仪器——扫描隧道显微镜和原子力显微镜终于相继问世，为纳米结构的测量和操纵提供了"眼睛"和"手指"，使得人类能更进一步认识纳米世界，极大地推动了纳米技术的发展。

作为国家科学思想库，中国科学院（以下简称中科院）学部的基本职责和优势是为国家科学选择和优化布局重大科学技术发展方向提供科学依据、发挥学术引领作用，国家自然科学基金委员会（以下简称基金委）则承担着协调学科发展、夯实学科基础、促进学科交叉、加强学科建设的重大责任。继基金委和中科院于2012年成功地联合发布"未来10年中国学科发展战略研究"报告之后，双方签署了共同开展学科发展战略研究的长期合作协议，通过联合开展学科发展战略研究的长效机制，共建共享国家科学思想库的研究咨询能力，切实担当起服务国家科学领域决策咨询的核心作用。

基金委和中科院共同组织的学科发展战略研究既分析相关学科领域的发展趋势与应用前景，又提出与学科发展相关的人才队伍布局、环境条件建设、资助机制创新等方面的政策建议，还针对某一类学科发展所面临的共性政策问题，开展专题学科战略与政策研究。自2012年开始，平均每年部署10项左右学科发展战略研究项目，其中既有传统学科中的新生长点或交叉学科，如物理学中的软凝聚态物理、化学中的能源化学、生物学中生命组学等，也有面向具有重大应用背景的新兴战略研究领域，如再生医学，冰冻圈科学，高功率、高光束质量半导体激光发展战略研究等，还有以具体学科为例开展的关于依托重大科学设施与平台发展的学科政策研究。

学科发展战略研究工作沿袭了由中科院院士牵头的方式，并凝聚相关领域专家学者共同开展研究。他们秉承"知行合一"的理念，将深刻的洞察力和严谨的工作作风结合起来，潜心研究，求真唯实，"知之真切笃实处即是行，行之明觉精察处即是知"。他们精益求精，"止于至善"，"皆当至于至善之地而不迁"，力求尽善尽美，以获取最大的集体智慧。他们在中国基础研究从与发达国家"总量并行"到"贡献并行"再到"源头并行"的升级发展过程中，脚踏实地，拾级而上，纵观全局，极目迥望。他们站在巨人肩上，立于科学前沿，为中国乃至世界的学科发展指出可能的生长点和新方向。

各学科发展战略研究组从学科的科学意义与战略价值、发展规律和研究特点、发展现状与发展态势、未来5～10年学科发展的关键科学问题、发展思路、发展目标和重要研究方向、学科发展的有效资助机制与政策建议等方面进行分析阐述。既强调学科生长点的科学意义，也考虑其重要的社会价值；既着眼于学科生长点的前沿性，也兼顾其可能利用的资源和条件；既立足于国内的现状，又注重基础研究的国际化趋势；既肯定已取得的成绩，又不回避发展中面临的困难和问题。主要研究成果以"国家自然科学基金委员会—中国科学院学科发展战略"丛书的形式，纳入"国家科学思想库—学术引领系列"陆续出版。

基金委和中科院在学科发展战略研究方面的合作是一项长期的任务。在报告付梓之际，我们衷心地感谢为学科发展战略研究付出心血的院士、专家，还要感谢在咨询、审读和支撑方面做出贡献的同志，也要感谢科学出版社在编辑出版工作中付出的辛苦劳动，更要感谢基金委和中科院学科发展战略研究联合工作组各位成员的辛勤工作。我们诚挚希望更多的院士、专家能够加入到学科发展战略研究的行列中来，搭建我国科技规划和科技政策咨询平台，为推动促进我国学科均衡、协调、可持续发展发挥更大的积极作用。

前　言

　　稀土具有优异的光、电、磁等特性，且化学性质活泼，能与其它元素组成种类繁多、功能千变万化、用途各异的新型材料，在新材料领域具有不可替代的作用。作为关乎国家战略安全的矿产资源，稀土工业的发展水平直接影响着航空航天、核能、电子、冶金、化工等高新技术领域的发展水平。稀土化学的研究始于18世纪末稀土元素的发现。我国开始有组织地集中开展稀土化学研究已有60年历史，其间陆续开发了一系列具有原创性的稀土采选冶炼技术，使得稀土溶剂萃取分离水平逐渐居于世界领先地位，也同时促进了我国稀土磁性材料、发光材料、催化材料、储氢材料、抛光材料等稀土功能材料的规模化工业生产。稀土材料产业已成为我国重要的战略核心产业之一，也是我国为数不多的在国际上具有重要地位和较大影响力的产业之一。然而，我国还存在稀土冶炼分离领域资源利用率偏低、环境污染严重、稀土材料科技领域原始创新能力不足、稀土材料综合性能低，以及稀土元素应用严重失衡等诸多挑战。而西方发达国家近年迅速加大了对全球稀土资源的开发和利用投入，也更加重视稀土功能材料的基础及应用研究。因此，我国须尽快在稀土资源利用、功能材料等方面的研究中取得突破，为新一轮的竞争创造先机。而对稀土化学的深入研究将有助于发现稀土元素的新性质、探索稀土新材料，同时稀土化学学科自身的发展及其成果对于材料科学等其它学科也具有非常重要的意义。为使我国的稀土资源更好地服务于新材料等产业的发展，有必要对我国稀土化学学科的发展状况进行系统调研，梳理国内外相关研究进展，发现制约我国稀土产业发展的基础科学问题，对稀土化学的发展提出前瞻性、科学性的研究思路、发展方向及国家政策导向等方面的建议。

　　本书的撰写前后经历了文献调研、专家征询、书稿撰写、专家审核、书稿修改、专家复审和修改定稿 7 个阶段。为比较国内外稀土化学各领域的发展状况，项目组首先启动了专利和文献方面的数据检索工作，并对结果进行了整理、分析，同时通过国内、国际会议的广泛调研，了解稀土化学学科的重点研究内容及其发展趋势。鉴于稀土化学研究领域分布较广，项目组以函征形式向专家组成员分别征询了稀土化学不同领域的发展状况和发展方向建议。编写组以调研结果为基础，结合近年稀土化学领域最新文献资料撰写本书。本书编写力求内容科学性、系统性、前沿性、指导性和可读性，初稿分别经各领域专家审稿、修改、复审、再反复修改后定稿，以保障撰写质量。

本书分为稀土化学的战略意义和研究价值、稀土化学文献统计分析、稀土理论计算化学、我国典型稀土矿物的选别、稀土冶炼分离化学、稀土磁性材料、稀土光功能材料、稀土催化材料、稀土储氢材料和其它稀土材料共 10 章。根据稀土化学的学科特点，本书的编写以稀土化学的重点领域作为主脉络，并分别针对各领域介绍国内外研究进展情况、提出相关发展思路、重要发展方向和政策机制方面的建议。然而，受篇幅所限，本书不一定能呈现稀土化学发展的全貌，只能择当前关注度最高的、对我国稀土产业发展具有较高影响的领域加以重点介绍和评述。

本书的撰写是在项目专家组、国家自然科学基金委员会和中国科学院学部工作局联合工作组指导下完成的。衷心感谢各章节参与主笔专家：黎乐民、蒋鸿、袁长林、李永绣、马莹、黄小卫、龚斌、廖伍平、肖吉昌、陈继、沈保根、闫阿儒、胡伯平、黄春辉、张洪杰、卢灿忠、卜祖强、赵震、张亚文、赵栋梁、曹学强。此外，还要衷心感谢参与本书咨询、指导和审稿工作的王夔、张国成、杨占峰、何静、杨应昌、王震西、黄长庚、高松、李卫、陈荣、李富友、陈小明、段雪、李亚栋等专家。

由于编者的水平有限，书中不妥之处敬请广大读者批评指正。

严纯华

2021 年 1 月 10 日

摘　要

　　稀土化学的研究始于 18 世纪末稀土元素的发现。我国自 20 世纪 60 年代起开发了一系列适于国内稀土资源特点的稀土采选冶技术，并逐步推动稀土功能材料成为我国一个重要的战略核心产业。然而，我国的稀土开采、冶炼分离以及稀土材料科技等领域依然面临诸多挑战，有必要对我国稀土化学学科的发展状况进行系统调研，发现制约我国稀土产业发展的基础科学问题，对稀土化学的发展提出前瞻性、科学性的研究思路、发展方向及国家导向政策等方面的建议，以使我国的稀土资源更好地服务于国防工业及高技术产业的发展。

　　为探究稀土化学学科的发展态势，本书首先对 2008～2017 年间中国、美国、日本和一些主要欧洲国家稀土相关专利以及发表稀土相关 SCI 科技论文情况进行了检索和分析。在进行文献和专利检索分析的 10 年间，我国申请公开稀土相关专利数量增幅最大，而各主要西方国家则较为平稳。2008 年，我国稀土相关专利申请公开数量仅为日本的一半左右，但 2017 年已达到第二位日本的 8 倍多。稀土相关 SCI 论文方面，我国在考察的 10 年间无论发文数量还是增长趋势也都远高于美、日以及西欧发达国家，2017 年我国稀土相关 SCI 论文发文数量已是第 2 位美国的两倍多，这体现了我国加强科技投入政策获得的有效产出。基于研究领域的化学计量学分析，结合稀土化学学科自身的特点，本书将从稀土理论计算化学、我国典型稀土矿物选别、稀土萃取分离以及磁性材料、光功能材料、催化材料、储氢材料等稀土材料化学作为重点方向分析近年稀土化学学科的研究进展和发展趋势。

1. 稀土理论计算化学

尽管稀土应用均基于其元素的电子结构特征，但稀土元素电子结构特征可能还远未充分开发利用。为更多更好地利用稀土资源，特别是实现非常规的创新利用，需要加强稀土材料的理论与计算设计。第一性原理、分子动力学模拟和蒙特卡洛法等已被广泛用于预测材料性能，设计新型材料，这些理论计算方法的引入也正在促进稀土材料领域由"经验指导实验"的传统模式向"理论预测、实验验证"的方向转变。

应着力以理论和计算结果为基础开发用于模拟设计的仿真软件，对用于材料微观结构设计的仿真计算，尽管涉及电子与原子核运动结果可靠性还不能尽如人意，但这代表稀土科技研究方法的发展趋势；需研发可用于稀土化合物精细理论研究的理论方法和计算程序；我国也应重视借鉴国外经验，进行大型、高性能计算设施，包括软件、应用程序和数据管理工具的开发和数据库建设，实施稀土理论计算化学研究的前瞻布局。

2. 我国典型稀土矿物的选别

白云鄂博稀土矿、四川氟碳铈矿和离子吸附型稀土矿为我国主要的三种可工业开采的稀土矿藏。目前工业上主要采用弱磁-强磁-浮选组合工艺从白云鄂博矿中生产稀土精矿，四川氟碳铈矿则主要采用磁选-重选-浮选组合工艺选别。为提高这两种矿物稀土选别收率和精矿品位，近年研究均重点关注发展新型浮选药剂，揭示浮选过程机理以及对于新型高效组合选矿工艺的探索，工艺矿物学、选矿新工艺与新药剂的研究在促进新型组合选矿工艺的发展。进行两种矿型尾矿中有价矿产资源的综合利用也是当前研究热点。离子吸附型稀土矿床原地浸矿开采工艺曾被大力推广，但仍存在不容忽视的缺陷。近期对于浸出机理的系统研究为浸出工艺的优化提供了指导；硫酸铝和硫酸镁等新型浸矿剂的开发也是近年的研究热点；另外，大量研究关注浸出过程的工艺矿物学，以期同时为解决生态保护问题寻求解决方案。

研发低成本、高效的新型浮选药剂和更为优化的药剂制度，以及对稀土矿物与其它嵌布矿物进行高效解离技术是四川氟碳铈矿和包头白云鄂博稀土矿选别过程提高稀土精矿品位和资源综合回收利用率需解决的关键共性问题。对于南方吸附离子型稀土矿，当前需重点解决稀土的提取效率和环境保护问题，应发展和完善浸矿理论，建立可视化精确探测手段和技术，研究浸取-生态修复一体化技术以及早期遗留矿山土壤修复和植被恢复技术。另外，各类稀土矿山开采的自动化、数字化和智能化水平也亟待提升。

3. 稀土冶炼分离化学

稀土精矿的分解、溶剂萃取分离以及稀土二次资源回收过程均涉及稀土冶炼分离化学。

目前工业上应用的包头稀土矿分解工艺约 90% 采用第三代硫酸法处理，其它采用碱法分解，但两种分解工艺都存在较严重的环境污染及安全问题。最新研究提出了碳酸氢镁水溶液浸矿-皂化萃取分离、高品位混合矿 Na_2CO_3-NaOH 焙烧分解、钙化焙烧和浓硫酸低温焙烧等新型工艺。目前四川氟碳铈矿的主流分解工艺氧化焙烧-盐酸浸出法也存在工艺流程长，钍、氟分散在渣和废水中难以回收，富铈产品纯度低等问题，近期研究多从解决 Ce 和 F 的问题入手，如减少 Ce(III) 的氧化以提高铈的浸出率、钙化转型焙烧固氟以分离稀土与氟等。

近年稀土萃取分离研究重点为开发新型稀土萃取体系及高效清洁分离工艺流程。发展的多组分多出口分馏萃取静态设计和动态仿真计算可快速、准确进行稀土萃取分离工艺的优化设计，具有极强的理论研究和实际应用价值。具有显著降耗减排优势的联动萃取分离技术近年已成为我国稀土分离工业中的基本技术，相应流程设计理论解决了多组分稀土萃取分离理论消耗极限问题，相关工作还促进了非还原法高纯 Eu 和多种超高纯稀土产品的工业化萃取分离生产以及包头混合型稀土矿转型-分组一体化、转型-分离一体化流程的开发应用。近年发展的低碳低盐无氨氮分离提纯稀土工艺可大幅降低生产成本。新型萃取剂方面，离子液体尤其是功能性离子液体在稀土萃取分离领域受到越来越多的关注。

从二次资源中回收和分离稀土是解决未来稀土平衡应用和供应危机的关键环节。从稀土永磁废料中回收稀土是该领域研究的最重要方向。目前主要采用焙烧-酸浸-萃取分离工艺回收其中的稀土元素，还需开发更为经济、高效、绿色的回收工艺，但已有报道的新工艺都似乎很难满足工业生产要求。对废旧抛光粉、催化剂和镍金属氢电池等回收稀土的研究也受到一些关注，但工业经济性尚不明确。废旧荧光粉回收曾具有较高经济价值，但由于 LED 照明的普及降低了其研究热度。

我国稀土冶炼分离技术仍需深入开展稀土提取、分离提纯过程基础理论研究，发展矿物型稀土资源清洁冶炼工艺技术、离子吸附型稀土矿绿色开采与生态修复一体化技术以及新型萃取剂体系和萃取分离理论及工艺，逐步真正实现我国稀土资源提取工艺的清洁、高效、智能化生产和综合利用。

4. 稀土材料化学

1) 稀土磁性材料

目前，发展高性能永磁材料和高丰度稀土永磁材料是稀土永磁领域的主要研究方向。发展高性能永磁材料尚需深入理解矫顽力机制，第一性原理和微磁学模拟等已在永磁体设计方面起到重要作用。我国在高丰度稀土永磁材料方面的研究在国际上已逐渐成为研究主体，并已初步实现高丰度元素在稀土永磁材料中的产业化替代应用。开展了大量关于 La 基、Ce 基、Y 基以及混合稀土基 RE-Fe-B 甩带或热变形烧结磁体的磁性能和热稳定性研究。晶界扩散技术及其与热压/热变形工艺的结合、微观组织结构的精细调控以及多相复合等技术被研究用于制备高矫顽力、高饱和磁化强度稀土永磁体以及高丰度稀土永磁体。具有较高居里温度和温度稳定性的钐系永磁材料也吸引了部分研究关注。另外，单分子磁体具有理论研究和潜在应用价值，已报道的单核单分子磁体以 Dy(Ⅲ) 离子为中心的数量居多，而为抑制量子隧穿行为，更多研究涉及具有分子内磁相互作用的多核稀土单分子磁体；具有潜在磁光存储应用的荧光响应型单分子磁体也是该领域的一个研究热点。块材钕铁硼磁体废料的回收利用更适于采用非化学方法再生，但相关研究投入相对薄弱，目前氢化-歧化-脱氢-重组工艺被认为是一种非常有效的生产各向异性 NdFeB 磁粉的技术手段。

建议加强烧结钕铁硼的晶界扩散模型研究，指导产业化实现晶界扩散效果的完全可控；加强对钕铁硼永磁领域新工艺研究，探索可能提高磁体矫顽力的晶间相调控手段；继续大力投入 Sm 系稀土永磁材料研究，开发特殊用途的高工作温度、高矫顽力磁体；通过设计稀土离子的晶体场和磁相互作用来构筑具有高能垒、高阻塞温度和良好化学稳定性的单分子磁体，着力研究它们的磁动力学行为，揭示其中的弛豫机理，为高性能稀土永磁材料设计提供指导。

2）稀土光功能材料

近年稀土光功能材料在绿色照明显示、稀土光学晶体和先进医疗诊断用稀土荧光材料等方面的新成果、新技术和新应用在带动着传统稀土光功能材料及其终端产业的更替与升级。

探索作为第四代照明光源的白光 LED 所需发光效率高、白光性能优异的发光材料是目前研究热点之一。以蓝光芯片激发 $YAG:Ce^{3+}$ 黄色荧光粉是目前市场应用最广泛的白光产生方式，但蓝光芯片结合红色和绿色荧光粉组合则是发展的一个重要方向。而更优方案为紫光芯片激发红、绿、蓝多色荧光粉，相关研究除单色荧光粉外，多稀土离子掺杂产生级联能量传递的可调色荧光粉备受关注，并由此发展了更为理想的单相高色度白色 LED 荧光粉。具有高发光强度的稀土掺杂玻璃也被研究用于白光 LED。荧光粉设计策略研究对调控光谱提出了原则性指导，可用于优化白光 LED 荧光粉发光性能。另外，近年也有大量研究关注具有较强光吸收的稀土配合物和配位聚合物用于近紫外激发和电致发光的有机荧光粉。

稀土激光晶体和闪烁晶体等光学晶体是稀土发光材料的一个重要分支。近期研究更多关注 Er^{3+} 和 Ho^{3+} 离子的 2.7～3μm 输出的激光晶体。以 La^{3+}、Gd^{3+} 和 Lu^{3+} 离子为基质的稀土闪烁晶体是最近二十年的研究热点，基质体系包括硅酸盐、铝酸盐、钨酸盐、卤化物和氧化物等。以铈掺杂溴化镧为代表的第三代闪烁晶体具有高时间分辨率、高光产额、高能量分辨率等优异性能，也是当前研究的重点。

光学成像已成为目前最具开发前景的成像技术，主要研究为开发新型光学成像探针，其中含稀土的发光材料尤其得到关注。近红外稀土长余辉发光材料的超高信噪比活体成像性能为长余辉发光材料研究开启了新的篇章。近红外成像具有强组织穿透能力、高信噪比和高成像分辨率等优势，关键挑战是发展具有良好生物兼容性、高亮度和高光学稳定性的近红外吸收剂和发射探针，Ln^{3+}基发光材料研究通过创造具有良好光捕获能力的无机基质或有机配体的适宜微环境敏化稀土离子的近红外发光，也有研究通过将具有双光子激发特性的能量捕获单元和能发射近红外荧光的能量受体单元集成到聚合物分子链中，获得同时实现近红外光激发和荧光发射的仿生荧光探针。利用 Ln 配合物的窄且易于分离的发射带还可用于一些生物相关物质的分析和活性监测。设计和开发多模式诊疗试剂，协同传统医学中诊断和治疗两个过程，实现治疗过程中"原位"监测，也是当前生物医学、生物无机化学以及配位化学交叉领域中的研究热点。基于荧光材料非接触式测温手段的荧光温度传感技术在生物医学领域也具有广阔的应用前景。

稀土光功能材料是非常重要的稀土资源高值化应用领域。应加强对蓝光尤其是紫光半导体芯片激发全光谱照明材料以及基于能量传递获得多种发光颜色及单一白色荧光粉的研究；开发 OLED 用发光材料及其低成本规模化制备技术。需深入研究稀土晶体生长机制，实现大尺寸、高品质稀土晶体的低成本制备。光学成像研究方面，应继续加强对稀土纳米发光材料的合成机制、发光机理以及体外诊断关键技术的研究，从基质-掺杂选择、核-壳结构设计以及天线响应等方面研究解决 Ln^{3+}掺杂的上转换纳米颗粒发光效率偏低的问题；应着力开发基于稀土配合物的生物兼容性多功能诊疗一体化平台；为生物应用和纳米医学领域设计新型纳米温度计也应是未来的一个重点研究方向。

3）稀土催化材料

稀土在热催化和光/电催化方面都起到重要作用，特别是铈基催化剂。在汽车尾气三效催化剂和柴油车尾气净化催化剂方面，研究多通过掺杂其它元素和改善催化剂形貌提高稀土催化剂的催化活性，提高其耐用性。柴油车尾气 NO_x 主要依靠催化还原（SCR）催化剂，很多研究者致力于开发新型低温高效、稳定的低成本无钒催化剂，利用稀土元素特有性质改进催化剂的性能为 NH_3-SCR 研究的热点。Ce 基氧化物作为助剂添加到 NO_x 储存还原（NSR）催化剂中，可提高催化剂的活性，近年对具有 ABO_3 型钙钛矿结构 NSR 催化剂消除 NO_x 有了一定的研究成果。另外，CO 催化还原 NO 也是一种很有前途的脱硝方法。稀土催化材料在有机废气治理和水处理方面已显示出越来越优越的开发应用前景，如挥发性有机物的催化氧化和染料、助剂、化工等高浓度有机废水的催化处理。具有独特催化性能的稀土化合物及其有机配合物也已广泛用于多种环境友好的有机和高分子化学合成反应中，如 C—C 和 C—N 键选择性催化解离和构筑、高分子聚合反应、合成橡胶反应、醇选择性氧化反应等。稀土催化技术在石化工业中占有极其重要的地位；稀土裂化和裂解催化剂成熟应用，近期相关研究报道较少；以稀土为主体的催化剂对甲烷进行催化活化反应活性高、温度低，La、Ce、Sm 是研究较多的稀土组分；稀土催化剂在高效、高选择性催化炔基加氢和小分子转化反应等过程也表现出良好的催化性能，吸引了较多研究。

稀土元素在光/电催化方面的研究报道近年呈增长趋势。稀土元素在光催化分解水产氢领域有较多研究，用于对 $BiVO_4$、TiO_2、ZnO 以及制成固溶体和钙钛矿型过渡金属氮氧化物等催化剂的掺杂改性。稀土元素在有机化合物光降解和光催化还原 CO_2 方面的应用研究也逐渐增多，如 Er^{3+}、Ho^{3+}、Nd^{3+} 和 Tm^{3+} 等镧系元素离子可通过 Vis 到 UV 或 NIR 到 UV 来激活 TiO_2 光催化剂。制备具有上/下转换发光功能的稀土单掺杂或共掺杂 TiO_2 或 $LiYF_4$ 纳米晶可拓宽电极光谱响应范围、提升太阳能电池光电转换效率。稀土元素掺杂也是锂离子电池改性研究中的一个重要方向。另外，稀土元素合金催化剂或钙钛矿型氧化物催化剂在固体氧化物燃料电池和质子交换膜燃料电池中的研究也受到关注。

催化剂结构-活性关系是材料合理设计和功能化首当其冲需要面对的问题。理论计算研究在支持和解释实验发现方面扮演越来越重要的角色，同时对真实反应条件下催化剂表面原子结构实时演变过程的监测对于催化材料性能的控制具有重要意义，各种现代表征方法和技术的应用及其与理论计算的结合促进了特定结构稀土多相催化剂的合理设计。"单原子催化"不仅金属的利用率高，催化活性高，也是催化机理研究的理想模型，是近几年催化材料研究领域非常热门的课题，当前研究重点在于开发适宜的制备工艺。

制备新型多孔稀土催化材料是未来稀土催化研究的重要方向之一，对于 CeO_2 形状进行纳米尺寸调控也是一种制备得到更高性能催化剂的有效途径。单原子催化剂制备过程面临的一个巨大挑战是高温下特定金属原子在载体上高原子密度且高稳定性的固化，CeO_2 形状调控或是克服这一挑战的关键。应发展和利用现代表征技术，结合量化计算，深入研究催化反应条件下催化剂及其活性位结构的动态变化，以探讨催化剂的结构特别是活性位的结构与催化性能的关系。

4）稀土储氢材料

氢的高密度储存是一个世界级难题。目前研究应用的稀土储氢材料主要有 $LaNi_5$ 型和稀土镁基储氢材料。$LaNi_5$ 需提高储氢性能，对于替代元素功能化机制的深入研究在为材料组分优化提供指导；也有大量研究采用表面处理和表面修饰方法，如表面氟化处理和/或在表面引入铂族元素等。具有较大低温放电和良好安全性是 $LaNi_5$ 型电池较 Li 离子电池的一个优势，报道的商用 $LaNi_5$ 型电池可在 $-40℃$ 具有优异的功率输出性能。

受到材料本身结构的局限，$LaNi_5$ 型稀土储氢合金最高容量仅为 1.4wt%，因而研究已重点投入到其它具有更高吸氢容量的合金中，其中的主要方向为储氢容量可达 3.7wt%～6.0wt% 的稀土镁储氢合金。RE-Mg 储氢合金用于车载储氢材料时还需解决氢解吸温度高和吸放氢速度慢等问题，并进一步提高储氢容量。RE 和过渡金属共添加是有效促进 Mg 基合金储氢性能的方法，尤其是 RE 与 Ni 的协同作用使得 RE-Mg-Ni 三元合金展现了优越的综合储氢性能。La-Mg-Ni 合金独特的堆垛超结构使其兼具 AB_5 合金快速活化和 AB_2 合金高放电容量的优点。目前，国内外对 La-Mg-Ni 储氢合金的研究开始由 AB_3 型逐渐转向循环稳定性更佳的 A_2B_7 型，研究工作主要集中在成分优化、微观组织及相结构调控、先进制备工艺等方面。多相 RE-Mg-Ni 合金因有大量可为氢提供扩散通道的相界面而具有优良的储氢性能，且可因多相的协同催化效应促进低温吸放氢动力学，是未来的一个重要发展方向。Mg 基合金的制备需研究解决 Mg

的挥发问题，报道的机械球磨法、熔体旋淬以及对纳米颗粒表面修饰等工艺有利于提升合金储氢性能。另外，发展不含 Mg 同时具有高储氢容量的储氢合金也具有意义，如 Y 基合金 $La_{1-x}Ce_xY_2Ni_9$ 也具有堆垛超结构，其可逆储氢性能也可通过元素替代调节合金组成得以改善。

目前，全球稀土系储氢合金仍是稀土消耗的主要应用领域之一，但由于存在与锂离子电池的竞争，相关研究报道近年已呈现下降趋势。金属氢化物储氢高效、安全，但目前为止还没有任何一种储氢合金可满足车用储氢合金指标要求，主要瓶颈是放电容量、循环寿命和动力学性能。相组成对于稀土储氢合金的电化学性能具有重要影响，但如何能够获得目标相组成的合金以及如何设计可达到理想综合电化学性能的合适相组成仍是需要研究的课题。研究开发具有非 $CaCu_5$ 型晶体结构的新型稀土系储氢合金成为一个重要研究方向。微结构、性能和内在机制的关联仍需继续深入研究，应关注金属氢化物复合物体系的结构、尺寸、形貌的原位观测和性能的相关性。

5）稀土合金

稀土元素是冶金工业中重要的添加剂。20 世纪 90 年代，随着细晶、超细晶组织钢研究的迅速发展，稀土元素在钢中变质作用等基础研究重新得到重视。稀土加入钢中调控组织结构、改善性能的机理研究有助于高性能稀土钢的设计，近年研究多关注稀土对于钢中夹杂物的形成和转变机制；稀土热化学处理也用于提高抗腐蚀性研究；理论研究进一步提升了对材料的设计、制备和应用方面的认识，也促进了新型稀土钢的工业生产。目前，还需进一步提升稀土添加技术水平，保证稀土在钢液中充分反应、精确控制稀土回收率；发展高效率、低成本的稀土钢材料设计方法；另外，还需要同时考虑稀土对材料性能、制备与加工工艺、服役寿命等众多环节的协同影响。

稀土铝合金主要用于建筑铝材和民用铝制品。Al-Mg-RE 系合金新材料为铝合金新材料开发的一个热点。稀土铝合金还是代替铜材制造电线电缆的理想材料，Al-RE、Al-Fe 体系成为高电导率合金候选。近年稀土铝合金的应用发展速度明显放缓，需进一步深入研究稀土在铸造铝合金中的精炼、细化和变质机制及新工艺；稀土变质技术与传统热处理工艺的结合应是未来的一个重点研究方向。

近年，稀土镁合金研究较稀土钢和稀土铝合金更为活跃。许多稀土镁合金问世于欧洲，美国在高强耐热稀土镁合金研究与应用方面领先。我国近年高度重视稀土镁合金的研发投入，用于汽车和航空工业的稀土镁合金产业化开发呈现良好发展势头。稀土在镁合金中优异的净化、强化和耐腐蚀性能已被认识和掌握，稀土元素 Y 在镁合金中强化作用中表现最好，也是被研究最深入、应用最广泛的元素之一。添加稀土提升 Mg 合金力学性能、在镁合金表层扩散稀土制备稀土涂层提高镁合金的表面性能以及优化组分和工艺提升导热系数是目前的主要研究内容。另外，近年针对 Mg-RE 二元合金的理论计算研究已取得了较大进展。为不断改进和完善，开发成本低、性能好的新型稀土镁合金，还应进一步加强基础研究和发展新型制备工艺，促进合金由二元合金系向多元高性能合金系发展，同时不断改善合金微结构，另外，还需开展针对不同应用领域开发特定性能要求稀土镁合金的研究。

6）稀土热障材料

热障涂层（TBC）材料主要针对航空发动机领域应用。美国在TBC研发和应用方面走在世界前列。国内 TBC 的研究开始比较晚，与国外先进技术水平相比尚有明显差距。含 6wt%～8wt%氧化钇稳定氧化锆（YSZ）陶瓷材料综合性能优良，是目前主要应用的 TBC。然而 YSZ 工作温度较低，且无法抵御钙镁铝硅酸盐（CMAS）侵蚀。

目前发现新型 TBC 材料的研究方案之一是寻找更好的 ZrO_2 稳定剂。烧绿石结构的 $La_2Zr_2O_7$ 陶瓷材料相比 YSZ 具有更好的高温相稳定性和较低的热导率，且可以自损方式对涂层起到较好保护作用，是公认的新一代 TBC 材料候选之一；但其热膨胀性能较差，且导热性能仍有提升空间，对其进行多元稀土氧化物复合掺杂是近年一个重要研究内容。另一方案为发展非 Zr 基涂层。化学式为 $Ln_2Ce_2O_7$ 的材料成为继稀土锆酸盐之后一种最具潜力的新型 TBC 用陶瓷材料；不同相结构的稀土硅酸盐具有较低的热导率和较好的抗 CMAS

腐蚀性；稀土钽酸盐致密块体具有较 YSZ 和 La$_2$Zr$_2$O$_7$ 陶瓷更低的热导率和基于高温铁弹增韧机制的良好断裂韧性；由稀土和铝元素组成的复合氧化物也因具有与 YSZ 相当的热导率和热膨胀系数以及显著优异的高温循环稳定性作为新型 TBC 候选而得到较多研究。

改善 TBC 综合性能和可靠性还可通过设计新型 TBC 结构实现，梯度结构或双陶瓷层结构设计已有大量研究关注，如 Ln$_2$Ce$_2$O$_7$/YSZ 双陶瓷层结构 TBC 可明显延长 TBC 热循环寿命，同时保留稀土锆/铈酸盐类化合物不发生相变、抗烧结、热导率低、抗腐蚀等优点，是未来发展使用温度超过 1300℃超高温 TBC 的重要途径之一。梯度结构可提高涂层与基体的粘结强度和涂层内聚强度，但制备技术复杂。

为适应航空发动机的发展要求，需开发超高温、高隔热、抗烧结和抗腐蚀性的新型 TBC 材料与复合结构 TBC 涂层体系。降低材料的内禀热导率始终是发展先进 TBC 材料的一个重要课题，还应加强改善 TBC 抗腐蚀性研究；重视联用不同制备工艺得到性能更加优越的涂层，关注开发纳米结构 TBC 制备方法。

7）稀土添加助剂

稀土还在诸多材料领域作为添加剂发挥着"工业味精"的重要作用。新型稀土功能助剂主要原料多为镧、铈轻稀土，也是缓解稀土不平衡应用的重要发展方向。

稀土氧化物已被发现是陶瓷烧结过程中一种非常有效的液相材料，可提高烧结性能和材料致密性。有关研究涉及较多的是用于半导体器件基板材料或切削材料的 SiC、Si$_3$N$_4$ 陶瓷等。稀土也可降低碳/氮化硅陶瓷中的氧含量，从而有效提高材料的导热性能。研究也发现，稀土在 AlN、ZnO、Mg-Al 尖晶石以及莫来石/六方氮化硼复合物和陶瓷增强金属基复合物等材料中作为烧结助剂取得了良好效果。

高分子材料是现代工业和高新技术的重要基石。近年稀土在改善和提高高分子材料性能方面得到关注。结合稀土与高分子优点合成具有卓越性能的荧光、激光和磁性材料、光学塑料等稀土有机高分子聚合物使得高分子向功能化和微型器件化发展。微纳米稀土化合物改性高分子材料是稀土应用研究的一个重要方面。国产橡胶助剂性能有待提升，制备清洁环保、性能优异、价格便宜的新型橡胶助剂成为研发热点。利用具有促进效果的基团与 RE 形成配合物作为稀土促进剂可起到加速硫化的功能，稀土元素也可以增强橡胶及其制品抗老化效果。另外，欧盟禁止使用聚氯乙烯铅盐类 PVC 热稳定剂促进了稀土复合热稳定剂的研究应用。

最后，针对稀土化学各领域发展存在的关键共性问题，建议：

第一，重点支持理论计算与仿真在稀土化学各领域中的应用研究。

中国稀土化学相关研究论文和专利数量已领先于全球，但在稀土理论化学研究方面，尤其是精细理论研究方面距离国际前沿水平相对落后。建议建立稀土资源利用仿真研发实验室，负责研发有关稀土资源利用的各种软件，特别是仿真软件，建立相关数据库；并通过与国家超级计算中心合作提升仿真计算能力。另外，从基金政策上需大力扶持理论研究项目，给予研究人员专心致志完成相关工作的资金基础。同时还应在国家政策层面促进国际合作，创造与国外高水平理论计算研究团队交流学习的机会。

第二，多领域广泛开展 La、Ce、Y 等低价格、高丰度稀土功能材料的应用研究，以平衡稀土各元素的开发利用。

在稀土磁性材料、稀土催化材料、稀土储氢材料、稀土合金、稀土助剂，以及近年研究关注较少但已成熟应用的稀土抛光材料等领域加强稀土全方位的推广应用，扩大低价格稀土元素的应用潜力，促进稀土行业健康发展。

目　录

第一章
稀土化学的战略意义和研究价值

稀土是15种镧系元素以及与之密切相关的钪、钇元素的总称。稀土元素特殊的4f电子构型，使其具有许多优异的光、电、磁、热等特性，加之它们化学性质十分活泼，能与其它元素组成种类繁多、功能千变万化、用途各异的新型材料，在磁性、激光、光纤通信、超导材料等领域具有不可替代的作用，被誉为"新材料宝库""工业维生素"和"21世纪新材料的支柱"[1]。作为关乎国家战略安全的矿产资源，稀土工业的发展水平直接影响着航空航天、核能、电子、冶金、化工等高新技术领域的发展水平。因而稀土也是国内外科学家，尤其是材料专家最关注的一组元素，被美国、日本等国家政府部门列为发展高技术产业的关键元素，我国也在《国家中长期科学和技术发展规划纲要》中把稀土材料列入制造业领域中基础原材料的优先主题和重点支持方向。

稀土化学的研究始于18世纪末稀土元素的发现。我国于20世纪60～80年代组织了一系列联合攻关，我国科技工作者根据国内稀土资源特点，开发了一系列原创性的稀土采选冶技术，使我国稀土基础研究和工业技术都得到了迅速提高，稀土溶剂萃取分离水平居世界领先地位，被国际同行称为"中国冲击"，成就了中国稀土生产大国的国际地位。应用开发方面，我国稀土磁性材料、发光材料、储氢材料等稀土功能材料都已实现了大规模生产，生产量占全球总产量的80%左右，为我国国防工业及高技术产业发展做出了重大贡献。稀土材料产业已成为我国重要的战略核心产业之一，也是我国为数不多的在国际上具有重要地位和较大影响力的产业之一。

　　然而，我国的稀土冶炼分离领域资源利用率偏低、环境污染严重等问题依然存在；稀土材料科技领域依然面临原始创新能力不足、稀土材料综合性能低、材料评价标准化体系不完善等问题，同时还面临稀土材料产品与应用升级、稀土供应格局及替代技术发展以及稀土元素应用严重失衡等诸多挑战。而西方发达国家为应对我国稀土产业政策和出口政策的调整，最近几年迅速加大了对全球稀土资源的开发和利用投入，更加重视稀土功能材料的基础和应用研究，试图弥补其资源不足，达到反制中国的目的。因此，我国须尽快在稀土资源利用、功能材料等方面的研究中取得突破，为新一轮的竞争创造先机，加快在功能材料领域从"追赶"转入"并驾齐驱、各有特色"发展阶段，为进入"全面引领"发展时期奠定坚实基础。

　　对稀土元素的深入研究将有助于发现新性质、探索新材料，推动无机化学的新发展[2]。同时，稀土化学学科自身的发展及成果，对于材料科学等其它学科也具有非常重要的意义。为使我国的稀土资源更好地服务于新材料等产业的发展，有必要对我国稀土化学学科的发展状况进行系统调研，梳理国内外相关研究进展，发现制约我国稀土产业发展的基础科学问题，对稀土化学的发展提出前瞻性、科学性的研究思路、发展方向及国家导向政策等方面的建议。

参考文献

[1] 徐光宪. 稀土（上）. 北京：冶金工业出版社，1995：1.

[2] 洪广言. 稀土化学导论. 北京：科学出版社，2014：前言.

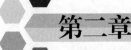

第二章
稀土化学文献统计分析

近年来，国内外学者对稀土元素及其化合物进行了大量的研究。为探究稀土化学学科的发展态势，对2008～2017年共10年间中国、美国、日本以及一些主要欧洲国家的稀土相关专利申请和公开数据，以及发表的稀土相关SCI科技论文进行了检索，对检索数据进行了多方位统计分析，对比国内外稀土化学各领域发展概况及趋势，总体梳理并着重关注本书所涉及的主要研究领域，客观呈现稀土化学领域的总体发展态势，发现该领域所存在的关键科学问题和发展瓶颈，从而为稀土化学学科发展提出方向性和政策性建议。

第一节　稀土相关专利统计分析

采用中文关键词"稀土"及相关领域名称作为检索词，以年为时间跨度对专利公开日和申请日进行日期限定检索。以下将检索得到的2008～2017年间中国及部分稀土研究较为活跃国家的数据进行整理，对专利类型、专利状态、专利申请人、专利技术领域等方面数据进行系统分析，以求对全球稀土主要领域的发展状况进行研判。

一、中国专利统计分析

（一）中国（除台湾地区）专利总体情况

1. 专利申请数

2008～2017 年中国（除台湾地区）申请的稀土相关专利统计见表 2-1。需要说明的是，本文数据取自 2018 年，因专利申请公开时间晚于同一专利的申请时间，可能导致 2016 年和 2017 年的统计数据小于当年实际申请数据。2008～2015 年，中国申请的发明专利、实用新型专利以及二者合计的年复合增长率分别为 16.0%、20.1% 和 16.4%。进入中国的专利合作条约（patent cooperation treaty，PCT）发明专利复合增长率仅为 0.6%，如考虑 PCT 专利公开时间可能更为滞后，2008 至最高峰的 2013 年，期间的复合增长率也仅为 5.0%。

表 2-1   2008～2017 年中国（除台湾地区）稀土相关专利申请数

申请年份	发明专利	实用新型	外观设计	进入中国 PCT 发明专利	进入中国 PCT 实用新型	合计
2017	4753	410	9	0	0	5172
2016	8374	1092	9	103	0	9578
2015	7716	970	9	373	1	9069
2014	6973	823	9	462	0	8267
2013	6329	815	8	476	2	7630
2012	5036	747	10	550	3	6346
2011	4117	620	11	476	1	5225
2010	3253	386	24	488	0	4151
2009	2852	295	7	417	0	3571
2008	2357	224	5	355	0	2941

2. 专利公开数

表 2-2 给出了近 10 年国家知识产权局公开的稀土相关专利数。2017 年，中国（除台湾地区）共计公开稀土相关专利 10985 件，其中发明专利占比 87.6%，实用新型专利占比 8.6%，外观设计专利占比 0.1%，进入中国阶段的 PCT 发明专利占比 3.6%。2017 年总公开数量较 2016 年增加了 23.2%，其中发明专利增加 27.2%，实用新型专利减少了 5.2%，进入中国国家阶段

的 PCT 发明专利增加 16.3%。2013～2017 年间专利数量增长主要缘于发明专利的增长，这也从一个侧面表明，近年来专利发明人更加重视发明专利的申请。

表 2-2　2008～2017 年中国（除台湾地区）稀土相关专利公开数

公开年份	发明专利	实用新型	外观设计	进入中国国家阶段PCT发明专利	进入中国国家阶段PCT实用新型	合计
2017	9620	949	15	400	1	10985
2016	7564	1001	9	344	0	8918
2015	4936	900	10	296	3	6145
2014	3087	890	6	210	2	4195
2013	2415	912	9	143	1	3480
2012	2106	674	12	184	0	2976
2011	1193	463	26	140	0	1822
2010	1053	352	10	107	0	1522
2009	947	227	6	131	0	1311
2008	864	229	3	133	0	1229

　　2008 年中国（除台湾地区）公开专利仅为 1229 件，至 2017 年增长了约 8 倍，年复合增长率达到 24.5%。其中，发明专利年复合增长率最高，达到 27.3%，实用新型专利和外观设计专利年复合增长率分别为 15.3% 和 17.5%。

　　由图 2-1 可见，2009～2017 年各年度国家知识产权局公开的专利年增长率呈现阶段性特征，2012 年增长幅度最大，达到了 63.3%。2011～2012 年，由于中国稀土产业政策调整等原因，稀土市场价格暴涨，曾在短短几个月内，部分产品价格出现 10 倍以上的涨幅，由此引发了一波稀土热潮，2012 年稀土专利申请公开的高增长率或与当时特殊的稀土市场情况有关。之后在经历 2013 年和 2014 年两年较为平稳的增长后，2015 年和 2016 年连续两年保持了 45% 左右的高涨幅，这或与中国相关促进科技创新政策推动有关。

3. 专利授权数

　　表 2-3 给出了近 10 年国家知识产权局稀土相关专利授权数。由于中国专利制度规定，实用新型专利和外观设计专利公开之时即为授权之日，因此表 2-3 中相关数据与表 2-2 中相同。2017 年，中国（除台湾地区）共计授权稀土相关专利 4783 件，其中发明专利占 75.1%，实用新型占 19.8%，进入中国国家阶段的 PCT 发明专利占 4.7%，外观设计专利占 0.3%，进入中国国家

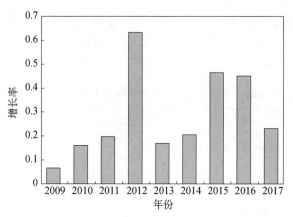

图 2-1 2009～2017 年中国（除台湾地区）公开专利年增长率

阶段的 PCT 实用新型专利占比可以忽略不计。2008 年中国（除台湾地区）授权专利数为 1472 件，至 2017 年授权专利增长了 3 倍多，年复合增长率为 12.5%，其中，发明专利、实用新型专利和外观设计专利年复合增长率分别为 13.0%、15.3% 和 17.5%。

表2-3 2008～2017 年中国（除台湾地区）稀土相关专利授权数

授权 年份	发明 专利	实用 新型	外观 设计	进入中国 PCT 发明专利	进入中国 PCT 实用新型	合计
2017	3591	949	15	227	1	4783
2016	4014	1001	9	564	0	5588
2015	3233	900	10	371	3	4517
2014	2475	890	6	350	2	3723
2013	2451	912	9	331	1	3704
2012	2235	674	12	314	0	3235
2011	1596	463	26	221	0	2306
2010	1281	352	10	200	0	1843
2009	1339	227	6	240	0	1812
2008	1056	229	3	184	0	1472

2008～2017 年中国稀土相关发明专利授权数增长率远小于公开数增长率，这也反映了专利审查趋于严格，授权专利比例呈现下降趋势。图 2-2 显示了 2008～2017 年公开专利数与授权专利数比值的变化，2014 年前，授权专利数多于公开专利，这应是专利审查时限导致延迟授权所致，同时一定程度上也反映当时专利授权通过率较高。但自 2011 年以后，授权专利与公开专

利数的比值逐年显著下降，说明专利审查趋严，审查时限更长，通过率降低。另外，2017 年进入中国国家阶段的 PCT 发明专利授权数较 2016 年有显著的减少，仅为 2016 年的 40%。

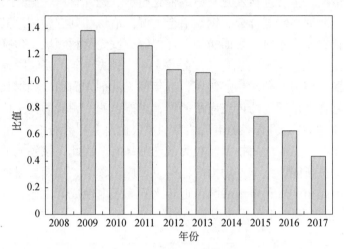

图 2-2　2008～2017 年中国（除台湾地区）公开专利数与授权专利数之比值变化图

（二）中国台湾地区专利总体情况

中国台湾地区使用区域知识产权审查体系。中国台湾地区 2008～2017 年稀土相关公开专利统计如图 2-3 所示。2008 年和 2017 年，中国台湾地区公开稀土相关专利分别为 321 和 849 件，10 年间年复合增长率达到 10.2%。

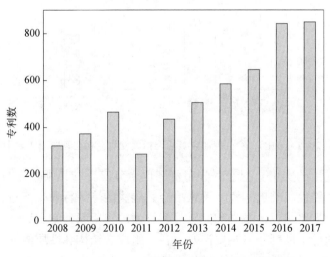

图 2-3　2008～2017 年中国台湾地区公开专利数量

（三）中国（除台湾地区）专利分布领域情况

图 2-4 是 2017 年中国（除台湾地区）稀土相关公开专利在主要应用领域中的分布情况，主要包括发光材料、催化材料、磁性材料、抛光材料、玻璃陶瓷、稀土助剂、储氢合金、钢铁冶金、湿法冶炼和其它领域，其中其它领域主要包括农业、涂料、表面防护、环保等。发光材料领域（包括发光、荧光、上转换发光、激光材料等）、催化材料、钢铁冶金、玻璃陶瓷和磁性材料领域是稀土相关专利的热点领域；近年稀土助剂方面的专利增长最快。抛光粉和储氢合金是稀土的传统应用领域，虽然这两个领域的稀土应用量分别为 12% 和 8% 左右，但两者的申请的专利数仅占总专利数的 1.2% 和 0.6%。普通稀土抛光粉的工业应用技术已较为成熟和稳定，因此，该领域的新申请专利数量较少。新能源汽车是动力电池的重要应用领域，初期大量使用的是镍氢电池，因此相关专利申请活跃，近年来锂离子电池成为主导，稀土在新能源汽车领域的专利数下降是可以想象的。

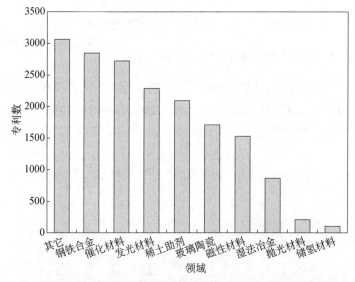

图 2-4　2017 年中国（除台湾地区）稀土相关发明专利在各应用领域中的分布

涉及稀土的实用新型专利分布范围也十分广泛，其领域分布如图 2-5。由于发光、磁性、玻璃陶瓷、钢铁冶金、湿法冶炼等行业生产过程中的装备改进发明是主要热点，抛光和储氢材料方面的实用新型专利数量自然占比较小。催化和稀土助剂研发主要涉及制备、组成、结构和性质等内容，所申请专利主要为发明专利，实用新型专利较少。

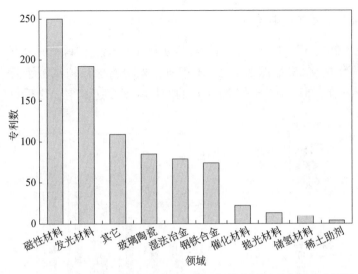

图 2-5 2017 年中国（除台湾地区）稀土相关实用新型专利分布领域

1. 稀土冶炼分离相关专利

稀土的冶炼分离是稀土资源与下游应用之间必不可少的衔接环节，中国（除台湾地区）相关工艺技术及专利产出量也在不断稳步增长，如图 2-6 所示。2008～2017 年，稀土冶炼分离领域公开专利年复合增长率为 24.2%。2015 年前，除 2012 年出现较大幅度增长外，专利公开数量逐年增幅不大，但 2016～2017 年，连续两年增幅高达 52.4% 和 40.0%，新增专利主要集中在节能、降耗、减排等方面的环保技术方面。

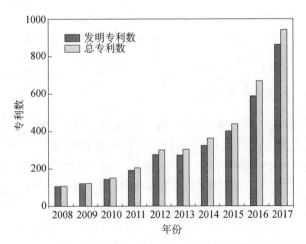

图 2-6 2008～2017 年中国（除台湾地区）稀土冶炼分离领域公开专利情况

2. 稀土光功能材料专利

2008～2017 年，中国（除台湾地区）稀土光功能材料领域公开专利年复合增长率为 14.9%。如图 2-7，2011 年前，光功能材料领域每年公开的专利数量变化不大，但 2012 年较 2011 年的增长幅度高达 67%，之后每年保持平稳增长至今。

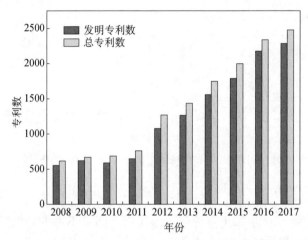

图 2-7 2008～2017 年中国（除台湾地区）稀土光功能材料领域公开专利情况

3. 稀土催化材料专利

2008～2017 年，中国（除台湾地区）稀土催化领域公开专利年复合增长率为 21.5%，2012 年的大幅增长后，于 2014 年出现负增长，但之后 3 年，稀土催化领域申请公开专利出现大幅增长态势（图 2-8），预示稀土催化领域的研究仍将持续受到关注。稀土催化材料领域实用新型专利占比相对较小。

4. 稀土磁性材料专利

稀土磁性材料已成为稀土资源最大的应用领域。2008～2017 年，中国（除台湾地区）稀土磁性材料领域公开专利年复合增长率为 19.6%，专利数量一直持续平稳增长（图 2-9）。稀土永磁材料领域的公开专利中，实用新型专利一直占有较大比例，这与永磁材料制造的工艺流程复杂性、材料性能需求多样性、装备和控制技术的不断发展密切相关。

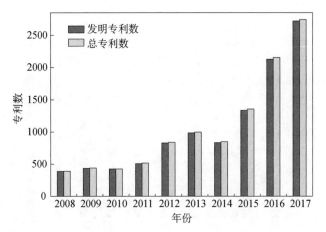

图 2-8　2008～2017 年中国（除台湾地区）稀土催化领域公开专利情况

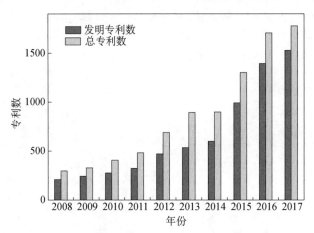

图 2-9　2008～2017 年中国（除台湾地区）稀土磁性领域公开专利情况

5. 稀土抛光材料专利

如图 2-10，稀土抛光材料方面总体专利数量较小。2008～2017 年，稀土抛光领域公开专利年复合增长率为 17.9%。近两年稀土抛光粉相关公开专利数出现了较大幅度的增长，这与稀土抛光材料在半导体产业中的应用有关。

6. 稀土玻璃陶瓷材料专利

2008～2017 年，稀土玻璃陶瓷领域公开专利年复合增长率为 18.5%。稀土玻璃陶瓷领域专利历年增长率、增长趋势与稀土抛光材料相似（图 2-11），这或与二者应用领域的部分相关性有关。

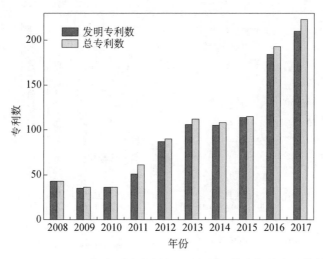

图 2-10 2008~2017 年中国（除台湾地区）稀土抛光领域公开专利情况

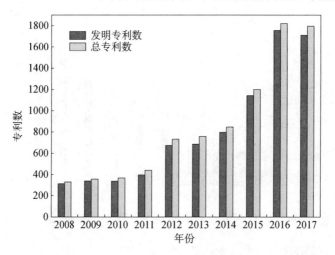

图 2-11 2008~2017 年中国（除台湾地区）稀土玻璃陶瓷领域公开专利情况

7. 稀土助剂专利

2008~2017 年，稀土助剂相关的公开专利年复合增长率高达 28.3%，2015~2017 年间增长明显（图 2-12），这与相关材料愈发接近实用和应用领域拓展有关。另外，稀土助剂领域专利主要是以配方发明专利为主，设备改进方面的实用新型专利几乎可以忽略不计。

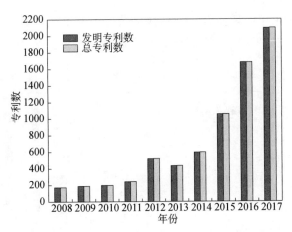

图 2-12　2008～2017 年中国（除台湾地区）稀土助剂领域公开专利情况

8. 稀土储氢材料专利

如图 2-13，稀土储氢材料领域总体专利数量不大，2008～2017 年，稀土储氢材料领域公开专利平均年增长率为 13.9%，增速相对较低。这与十年间相关材料没有重大突破有关，同时还受到锂离子电池崛起的影响。值得注意的是，自 2015 年以来，公开专利年增长率均超过 30%，说明人们对该材料的研究依然持续。

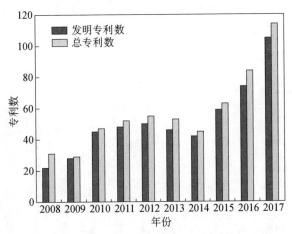

图 2-13　2008～2017 年中国（除台湾地区）稀土储氢材料领域公开专利情况

9. 稀土合金材料专利

2008～2017 年，稀土合金材料领域公开专利年复合增长率为 23.1%。

如图 2-14，2014 年前稀土合金材料领域公开专利数量保持稳步增长，2015
年和 2016 年连续两年增幅都高达 50%，新增专利主要集中在各类新型合金
的研究方面。

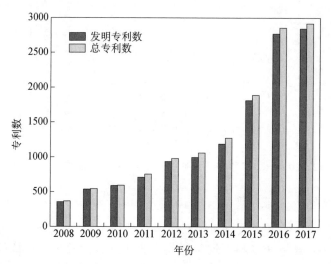

图 2-14　2008～2017 年中国（除台湾地区）稀土合金材料领域公开专利情况

10. 稀土其它应用专利

2008～2017 年，稀土其它应用领域公开专利年复合增长率为 29.2%。如
图 2-15，增长主要发生在 2015 年之后，年增幅一度超过 80%。

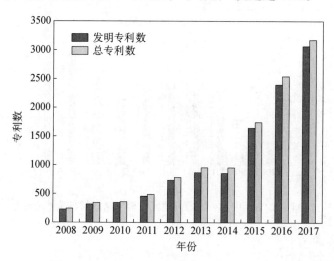

图 2-15　2008～2017 年中国（除台湾地区）其它领域公开专利情况

二、其它国家稀土相关专利分布领域情况

由图 2-16 可见，国外（指除中国以外的所有国家和地区）专利分布最为热门的领域是稀土光功能材料，专利申请公开数量远高于其它领域，其次是催化、磁性、合金等领域，储氢和抛光材料方面专利数量虽相对前述领域较少，但较中国活跃，而国外稀土助剂和湿法冶金等方面的专利申请活跃度逊于国内。

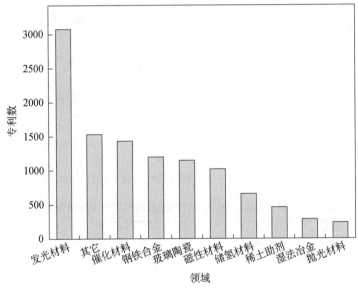

图 2-16 2017 年国外稀土相关发明专利在各应用领域中的分布

1. 稀土湿法冶金专利

图 2-17 为 2008～2017 年国外在稀土湿法冶金领域申请公开的专利情况。从图中可以看到，国外对于湿法冶金的研究以 2012 年为分水岭，自 2013 年起快速增长，至 2016 年 4 年间，年复合增长率达到了 24.7%，这应与 2011 年前后中国稀土产业政策变化导致国际上稀土资源勘探、开采和冶炼研发急剧增加有关。但由于之后国际稀土市场价格不断下跌，这股研发热潮逐渐减退，2017 年相关专利数量已经出现了降幅为 17.8% 的回落。这也反映在相关领域国际会议交流报告的变化趋势中。表 2-4 汇总了 2013 年后几个主要稀土相关专利产出国家和地区在稀土湿法冶金材料领域的专利数量

情况，日本和美国依然是稀土湿法冶金专利增长的主要贡献力量，研发依然活跃。

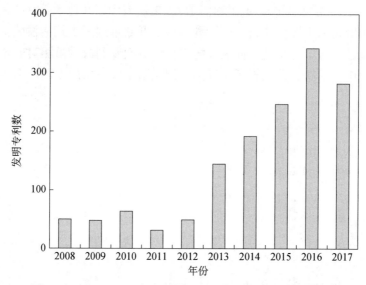

图 2-17   2008～2017 年国外稀土湿法冶金领域公开专利情况

表 2-4   2013～2017 年主要稀土相关专利产出国稀土湿法冶金领域申请公开专利数

公开年份	日本	美国	韩国
2017	81	76	30
2016	87	90	35
2015	66	53	35
2014	48	25	47
2013	26	37	28
年复合增长率（%）	25.5	15.5	1.4

2. 稀土光功能材料专利

图 2-18 呈现了 2008～2017 年间，国外在稀土光功能材料领域专利数量变化。2012 年前和 2013 年后两个阶段内，各年度申请公开稀土相关发明专利数量均较稳定，但 2013 年较 2012 年有一个较大幅度的增长，当年增长率高达 54.4%。从表 2-5 可见，日本是国外稀土光功能材料领域专利的产出大国，高于美国和韩国。增长情况方面，美国过去 5 年稀土光功能材料方面的

专利保持较快速增长，年复合增长率达到 9.0%，而其它国家，包括日本专利数量均有所降低。

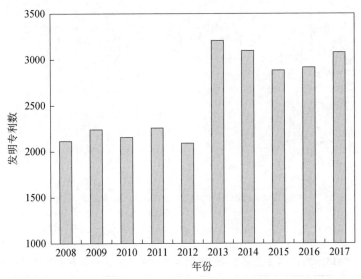

图 2-18　2008～2017 年国外稀土光功能材料领域公开专利情况

表 2-5　2013～2017 年主要稀土相关专利产出国稀土光功能材料领域申请公开专利数

公开年份	日本	美国	韩国
2017	1777	598	300
2016	1661	523	261
2015	1654	502	223
2014	1859	392	337
2013	2085	389	321
年复合增长率（%）	−3.1	9.0	−1.3

3.稀土催化材料专利

图 2-19 和表 2-6 为国外稀土催化材料领域公开专利的相关数据。国外 2014 年前在催化材料领域的研究比较稳定，2014 年后有较大幅度增长，2008～2017 年，美国在催化材料领域专利数量的年复合增长率最高，接近 12%。

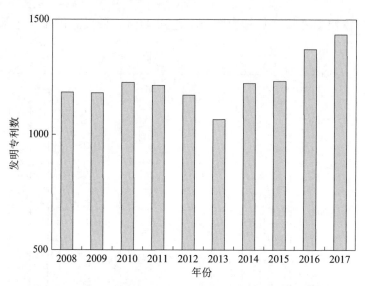

图 2-19 2008～2017 年国外稀土催化材料领域公开专利情况

表 2-6 2013～2017 年主要稀土相关专利产出国稀土催化材料领域申请公开专利数

公开年份	日本	美国	韩国
2017	525	302	150
2016	495	292	120
2015	404	253	136
2014	426	206	152
2013	438	173	134
年复合增长率（%）	3.7	11.8	2.3

4. 稀土磁性材料专利

在稀土功能材料研究方面，近 30 年来，稀土磁性材料研究增长较快，应用领域发展较为成熟。如图 2-20 所示，2008～2017 年，世界主要国家对于稀土磁性材料领域的研究保持了稳步增长态势。由表 2-7 可见，过去 5 年，美国在稀土磁性领域专利数量的年复合增长率最高，为 11.2%，其次是日本。日本是除中国外稀土永磁材料生产量最大的国家，但拥有绝大多数高性能稀土永磁材料的核心专利。

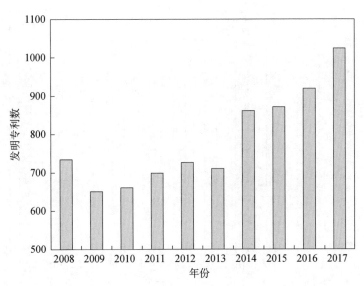

图 2-20　2008～2017 年国外稀土磁性材料领域公开专利情况

表 2-7　2013～2017 年主要稀土相关专利产出国稀土磁性材料领域申请公开专利数

公开年份	日本	美国	韩国
2017	399	238	102
2016	337	200	87
2015	272	183	84
2014	281	156	99
2013	257	140	80
年复合增长率（%）	9.2	11.2	5.0

5. 稀土抛光材料专利

稀土抛光材料研究和应用较早，也较为成熟，因此，如图 2-21 所示，2008～2017 年间稀土抛光材料相关发明专利呈下降趋势。2013 年以后，由于化学机械抛光技术及半导体芯片抛光方面的需求增加，相关专利技术申请公开量开始逐年增长，但因为其应用面窄，且受以日本为代表的西方国家占据了这一领域制高点的影响，虽然专利总体量较小，日本占比较大，年增长率最高，为 7.7%（表 2-8）。

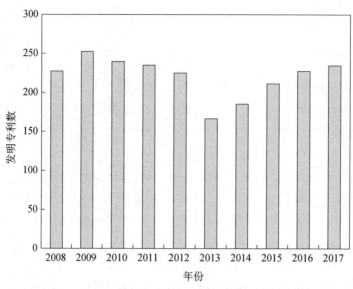

图 2-21　2008～2017 年国外稀土抛光材料领域公开专利情况

表 2-8　2013～2017 年主要稀土相关专利产出国稀土抛光材料领域申请公开专利数

公开年份	日本	美国	韩国
2017	87	37	30
2016	79	39	29
2015	82	32	32
2014	69	28	31
2013	60	43	28
年复合增长率（%）	7.7	−3.0	1.4

6. 稀土玻璃陶瓷材料专利

　　稀土玻璃陶瓷材料研究和应用非常广泛，总体专利数量较大。但从发展趋势看，2008～2017 年稀土玻璃陶瓷材料领域申请公开专利数量总体呈现下降趋势（图 2-22）。由表 2-9 可见，2013～2017 年，美国是玻璃陶瓷材料领域专利数量年平均增长率最高的国家，为 6.5%，而日本和韩国相应专利数量均有所减少。

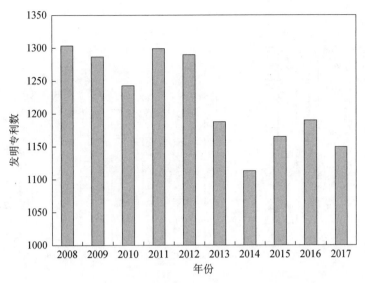

图 2-22　2008~2017 年国外稀土玻璃陶瓷材料领域公开专利情况

表 2-9　2013~2017 年主要稀土相关专利产出国稀土玻璃陶瓷材料领域申请公开专利数

公开年份	日本	美国	韩国
2017	477	306	122
2016	464	248	131
2015	476	226	115
2014	446	183	133
2013	554	223	135
年复合增长率（%）	-2.9	6.5	-2.0

7. 稀土功能助剂专利

稀土功能助剂研究和应用范围也非常广泛，近年来我国在该领域的研发比较活跃，2008~2017 年中国在稀土助剂领域申请公开专利数量年复合增长率在 30% 以上。相比中国，国际上稀土助剂领域申请公开专利数量较为平稳（图 2-23）。除中国外，日本在 2013~2017 年稀土功能助剂领域申请公开专利数量年复合增长率最高，接近 20%（表 2-10）。

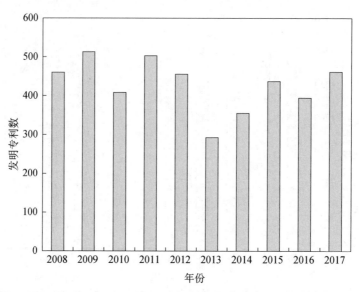

图 2-23　2008～2017 年国外稀土功能助剂领域公开专利情况

表 2-10　2013～2017 年主要稀土相关专利产出国稀土功能助剂领域申请公开专利数

公开年份	日本	美国	韩国
2017	180	96	90
2016	134	72	86
2015	113	90	61
2014	104	41	75
2013	73	49	73
年复合增长率（%）	19.8	14.4	4.3

8. 稀土储氢材料专利

　　如图 2-24，2008～2017 年，稀土储氢材料领域申请公开专利数量持续稳定增长，2017 年年增长率达 25.6%。稀土储氢材料主要应用在动力电池方面。由表 2-11 可见，2013～2017 年，日本、美国、韩国在稀土储氢方面的研究均有所增长，美国的年复合增长率最高，为 21.0%，日本和韩国的年复合增长率接近 10%。尽管面对锂电池应用市场空间不断挤压，稀土储氢材料仍是稀土功能材料研究和应用中的一个重点领域。

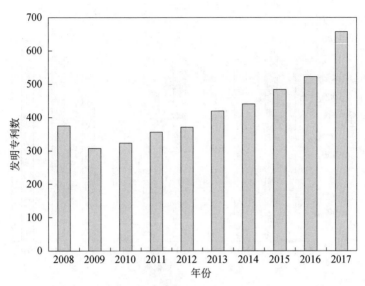

图 2-24　2008~2017 年国外稀土储氢材料领域公开专利情况

表 2-11　2013~2017 年主要稀土相关专利产出国稀土储氢材料领域申请公开专利数

公开年份	日本	美国	韩国
2017	366	127	85
2016	270	130	53
2015	238	101	66
2014	264	60	50
2013	243	49	56
年复合增长率（%）	8.5	21.0	8.7

9. 稀土合金专利

2008~2012 年，国外稀土合金相关专利申请量各年度变化不大，但 2013 年剧减，当年数量不足 2012 年的一半。2013 年后逐年增长，2017 年超过 2012 年前水平（图 2-25）。表 2-12 是 2013~2017 年日本、美国、韩国稀土合金领域申请公开专利数据，2013~2017 年，日本和美国在稀土合金材料领域专利数量增长较快。

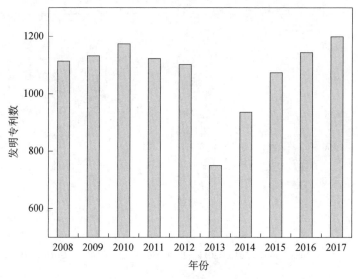

图 2-25　2008～2017 年国外稀土合金领域公开专利情况

表 2-12　2013～2017 年主要稀土相关专利产出国稀土合金领域申请公开专利数

公开年份	日本	美国	韩国
2017	434	203	139
2016	349	232	128
2015	320	208	126
2014	257	143	121
2013	225	130	122
年复合增长率（%）	14.0	9.3	2.6

10. 稀土其它应用专利

　　如图 2-26 所示，稀土其它领域应用的相关专利申请量各年度变化情况与稀土合金领域情况类似。随着稀土新应用领域的不断拓展，全球在稀土其它领域应用研究投入也应呈现不断增长趋势。表 2-13 表明，2003～2017 年，美国在新应用领域申请公开专利数增加最快。

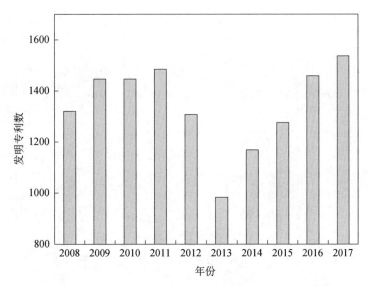

图 2-26　2008～2017 年国外稀土应用其它领域公开专利情况

表 2-13　2013～2017 年主要稀土相关专利产出国稀土应用其它领域申请公开专利数

公开年份	日本	美国	韩国
2017	483	311	207
2016	493	279	145
2015	406	227	147
2014	365	201	156
2013	358	168	149
年复合增长率（%）	6.2	13.1	6.8

三、稀土相关专利国际布局情况

图 2-27 比较了 2008 年和 2017 年中国（除台湾地区）、中国台湾地区、日本、美国、法国、韩国、德国、加拿大、西班牙的稀土相关专利公开数量情况。中国（除台湾地区）在 2008～2017 年专利数量增幅最大，2008 年中国（除台湾地区）的稀土相关专利公开数量仅为日本的一半左右，但到 2017 年已达到日本的 8 倍多。除日本外，美国和韩国也是产出稀土相关专利技术较多的国家。另外，中国台湾地区也有相当数量的稀土相关专利。

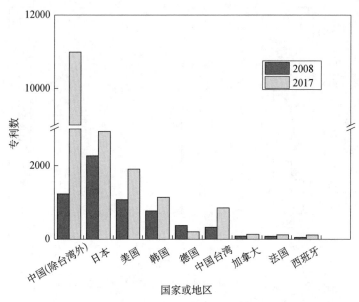

图 2-27　部分国家或地区 2008 年和 2017 年稀土相关专利公开数

四、在中国稀土相关专利申请人情况

1. 2017 年在中国稀土相关专利申请人

2017 年在中国（除台湾地区）稀土相关专利公开数量排名前 10 位的申请人信息见表 2-14。中国石油化工股份有限公司有多家关联公司，且共同申报了绝大部分此次统计中的专利，因此将中国石油化工股份有限公司合并作为单一统计对象。由表可见，高校是专利申请的主要力量，前 10 名中，除中国石油化工股份有限公司以及包头稀土研究院以外，均为高等院校。四川师范大学在专利申请方面比较活跃，专利主要涉及稀土催化剂材料，申请公开专利数量远远高于其它高校。

表 2-14　2017 年在中国（除台湾地区）稀土相关专利公开数量排名前 10 位的申请人

序号	申请人名称	数量	相关领域
1	中国石油化工股份有限公司	670	稀土催化剂
2	四川师范大学	416	稀土催化剂
3	东北大学	89	稀土合金
4	江西理工大学	85	稀土回收

续表

序号	申请人名称	数量	相关领域
5	陕西科技大学	83	稀土荧光粉
6	包头稀土研究院	69	稀土合金
7	北京科技大学	64	稀土合金、永磁、尾气处理
8	中南大学	62	稀土合金
9	济南大学	60	荧光粉、抛光粉、陶瓷、尾气处理
10	浙江大学	59	稀土永磁、半导体

如表 2-15 所示，2017 年在中国台湾地区申请稀土相关公开专利申请人排名前 5 位的包括 2 家本地机构和 3 家日本企业。各单位专利数量均不大，而 2017 年中国台湾地区公开的专利总量高达 849 件，说明中国台湾地区稀土相关专利申请人数量较多，分布分散。

表 2-15　在中国台湾 2017 年申请公开专利数量排名前 5 位的申请人

序号	申请人名称	数量	相关领域
1	信越化学工业股份有限公司	16	发光材料、磁体、陶瓷
2	住友	12	发光材料
3	中国钢铁股份有限公司	7	磁石制作
4	日本电工股份有限公司	7	稀土永磁
5	国家中山研究院	6	发光材料

2. 2017 年在中国稀土相关外资专利申请人

除去进入中国阶段的 PCT 发明专利外，在中国申请专利公开数量前 10 位的外资背景专利申请人见表 2-16。其中日本独占 8 家，另外两家分别为美国的通用电气（GE）和德国的巴斯夫（BASF）。

表 2-16　2017 年在中国公开稀土相关专利数量前 10 位的外资申请人

序号	申请人名称	数量	相关领域
1	丰田	51	排气净化催化剂、稀土永磁
2	TDK 株式会社	45	稀土永磁
3	通用电气	37	照明、表面防护
4	巴斯夫	34	化工催化剂
5	日立	31	R-T-B 类烧结磁铁

续表

序号	申请人名称	数量	相关领域
6	东芝	22	稀土永磁
7	飞利浦	18	照明、发光
8	三洋电机株式会社	15	非水电解质二次电池的电极
9	日产自动车株式会社	15	废气催化剂
10	松下	14	荧光体、氮化物半导体

这些外资背景申请人具有较强的专利布局意识，在中国申请的专利绝大多数均提出了优先权要求，通常也会先在国外进行专利申请，而后再布局中国市场。

3. 2017 年进入中国稀土相关 PCT 发明专利申请人

进入中国的稀土相关 PCT 专利申请公开量前 10 位的申请人见表 2-17。日本独占 8 家，另外两家为 BASF 和 GE。稀土催化剂是其中涉及最多的领域。

表 2-17　2017 年进入中国稀土相关 PCT 发明专利申请公开量前 10 位的申请人

序号	公司名称	数量	国别	相关领域
1	丰田	32	日本	排气净化催化剂、稀土永磁
2	巴斯夫	30	德国	化工催化剂
3	日立	22	日本	R-T-B 类烧结磁铁
4	通用电气	23	美国	照明、表面防护
5	三洋电机株式会社	15	日本	催化剂
6	飞利浦	16	荷兰	照明、发光
7	日产自动车株式会社	14	日本	废气催化剂
8	新日铁住金株式会社	14	日本	合金
9	普利司通株式会社	12	日本	催化剂、波长转换材料
10	TDK 株式会社	11	日本	稀土永磁

五、在其它国家或地区稀土相关专利申请人情况

1. 在日本 2017 年公开稀土相关专利申请人

日本是稀土研发的重要国家，也是愿意花大力气进行专利布局的国家之

一，研究领域广，包含了绝大部分稀土功能材料应用领域，有些公司还申请了大量非主营业务方面的专利，这些专利布局或是其开拓新市场的前哨。在日本，2017 年公开稀土相关专利数量排名前 10 位的申请人均为日本本国企业，见表 2-18。其中部分申请人有多个分公司，在此合并统计，如其中的住友，包括住友金属矿山株式会社（61 件）、住友电气工业株式会社（19件）、住友大阪水泥株式会社（14 件）、住友化学株式会社（12 件）、住友橡胶工业株式会社（8 件）。日立包括日立金属株式会社（64 件）、日立化成株式会社(22 件)、株式会社日立制作所（13 件），三菱包括三菱电机株式会社（21 件）、三菱综合材料株式会社（19 件）、三菱工程塑料株式会社（11件）、三菱自动车工业株式会社（7 件）、三菱重工业株式会社（7 件）。

表 2-18　在日本 2017 年公开稀土相关专利数量前 10 位的申请人

序号	申请人名称	数量	相关领域
1	丰田	128	尾气处理催化剂
2	住友	114	发光材料、永磁材料、湿法冶金、燃料电池
3	日立	99	发光材料、永磁材料、环保、抛光、合金
4	三菱	65	发光材料、催化剂、环保
5	东芝	57	发光材料、永磁材料
6	TDK 株式会社	53	稀土永磁体
7	松下	45	发光、显示、玻璃、废气处理
8	新日铁住金株式会社	39	钢铁、合金、表面防护
9	信越化学工业株式会社	38	发光、磁体、抛光
10	日亚化学工业株式会社	38	荧光、半导体发光

2. 在美国 2017 年申请公开专利申请人

由表 2-19 可见，在美国 2017 年公开稀土相关专利数量排名前 10 位的申请人包括来自美国本土的通用电气、应用材料公司和韩国的三星公司，其余7 位申请人均来自日本，这也进一步说明日本在稀土研发和专利布局方面的能力高于其它国家。

表 2-19　在美国 2017 年公开稀土相关专利数量排名前 10 位的申请人

序号	申请人名称	数量	相关领域
1	三星	45	发光材料（荧光、上转换）、陶瓷
2	东芝	39	永磁、半导体器件
3	丰田	39	尾气处理催化剂

续表

序号	申请人名称	数量	相关领域
4	通用电气	34	照明、涂层、催化剂
5	TDK 株式会社	31	稀土永磁
6	日亚化学工业株式会社	29	发光
7	日立	22	永磁、合金
8	应用材料公司	20	涂层
9	松下	20	发光、燃料电池
10	信越化学工业株式会社	18	发光、涂层、陶瓷

3. 在韩国 2017 年公开稀土相关专利申请人

如表 2-20，LG 和三星占据了韩国 2017 年稀土相关专利申请公开数量的前 2 位，前 10 位中还有 4 位来自韩国本国的申请人。在 LG 和三星之后是 2 家日本公司（丰田和住友）以及 1 家美国的应用材料公司。总体上，韩国稀土相关专利申请人除 LG 和三星两家公司，其余均为研究所或高校科研机构。

表 2-20　在韩国 2017 年公开稀土相关专利数量排名前 10 位的申请人

序号	申请人名称	数量	相关领域
1	LG	77	发光材料、稀土助剂、储氢材料
2	三星	54	发光材料
3	丰田	18	尾气处理催化剂
4	应用材料公司	16	表面防护
5	住友	14	表面防护
6	首尔国立大学研究基金会	14	发光、涂层
7	工业科技研究所	14	稀土合金
8	韩国科学研究所	14	陶瓷
9	高丽大学	14	稀土环保应用
10	现代汽车株式会社	11	稀土永磁、催化剂

4. 在德国 2017 年公开稀土相关专利申请人

如表 2-21，2017 年在德国申请公开稀土相关专利申请人排名前 5 位中仅有一家德国本国公司，即拥有先进玻璃制造技术的德国肖特公司（Schott），另有 3 家日本公司和 1 家中国公司。

表 2-21　在德国 2017 年公开稀土相关专利数量排名前 5 位的申请人

序号	申请人名称	数量	相关领域
1	TDK 株式会社	11	稀土永磁体
2	SCHOTT AG	9	玻璃陶瓷
3	丰田	9	汽车尾气催化剂、永磁体
4	河北立信科技有限公司	8	焊料组合物
5	电装（DENSO）株式会社	7	汽车尾气催化剂

5. 在法国 2017 年申请公开专利申请人

如表 2-22 所示，2017 年在法国申请公开稀土相关专利申请人排名前 5 位全部来自法国本国，且其中仅有排名第 5 位的法国阿科玛一家为生产企业，排名前 4 位的申请人均为科技研发机构。

表 2-22　在法国 2017 年申请公开专利数量排名前 5 位的申请人

序号	申请人名称	数量	相关领域
1	国家科学研究中心	21	废气净化催化剂
2	米其林研究和技术公司	16	助剂
3	原子能和替代能源机构	13	助剂、半导体器件
4	IFP 新能源	11	催化剂
5	法国阿科玛	4	发光材料

第二节　稀土相关 SCI 科技论文统计分析

检索关键词包括稀土的湿法冶金、稀土光功能材料（发光，荧光，上转换，激光）、稀土催化材料、稀土磁性材料、稀土抛光材料、稀土玻璃陶瓷、稀土助剂、稀土合金（包括储氢合金）、稀土二次资源回收以及其它（包括稀土农业、涂料、表面防护、环保）等。反映科技论文的质量与水平的一个重要指标是被引用情况，因而为进行论文影响力比较，研究人员也检索了各国稀土相关论文在 2008～2017 年间被引用的数据。表 2-23～表 2-38 分别列出了 2008～2017 年间中国、美国、日本、法国、德国、英国、比利时和意大利 8 个国家发表的稀土相关 SCI 科技论文以及被引用情况。

表 2-23　中国 2008～2017 年发表的稀土相关各领域 SCI 论文数量

年份	光功能材料	催化材料	磁性材料	抛光材料	玻璃陶瓷	稀土助剂	稀土合金	湿法冶金	二次资源	其它	合计
2008	908	244	293	6	309	55	626	133	13	132	2719
2009	1055	272	354	4	362	55	788	154	16	145	3205
2010	1057	294	299	2	358	56	683	171	13	134	3067
2011	1207	329	368	5	381	60	735	161	10	173	3429
2012	1191	306	420	6	367	46	813	175	14	159	3497
2013	1279	325	481	8	379	79	837	218	22	191	3819
2014	1477	369	526	4	471	80	912	240	44	221	4344
2015	1471	389	660	8	461	67	1055	282	52	257	4702
2016	1449	408	684	8	426	58	1063	285	45	270	4718
2017	1570	442	735	12	471	95	1185	394	83	320	5307

表 2-24　中国 2008～2017 年发表的稀土专业 SCI 论文平均每篇被引次数

年份	光功能材料	催化材料	磁性材料	抛光材料	玻璃陶瓷	稀土助剂	稀土合金	湿法冶金	二次资源	其它	年均
2008	23	32	35	7	17	23	26	34	20	23	24
2009	24	29	25	8	19	24	24	31	27	19	23
2010	22	26	24	8	16	16	18	19	21	21	19
2011	19	24	26	21	16	13	20	29	21	22	21
2012	18	25	26	5	15	16	19	30	24	21	20
2013	17	21	21	10	11	11	17	20	25	18	17
2014	15	17	15	27	11	10	14	17	14	16	15
2015	13	13	11	13	10	9	11	14	11	10	11
2016	7	7	8	15	6	5	8	10	11	7	8
2017	3	4	3	2	3	2	3	8	3	4	4

表 2-25　美国 2008～2017 年发表的稀土相关各领域 SCI 论文数量

年份	光功能材料	催化材料	磁性材料	抛光材料	玻璃陶瓷	稀土助剂	稀土合金	湿法冶金	二次资源	其它	合计
2008	420	78	470	5	161	17	380	142	9	59	1741
2009	470	95	633	5	145	13	445	158	9	66	2039

年份	光功能材料	催化材料	磁性材料	抛光材料	玻璃陶瓷	稀土助剂	稀土合金	湿法冶金	二次资源	其它	合计
2010	447	96	453	6	147	32	383	129	10	61	1764
2011	455	118	507	2	149	21	387	154	12	79	1884
2012	452	122	568	4	152	15	400	178	15	87	1993
2013	468	120	574	5	148	27	448	147	13	96	2046
2014	453	128	611	7	168	34	457	168	14	110	2150
2015	441	150	589	6	155	20	507	188	26	109	2191
2016	492	148	665	4	155	26	494	227	33	120	2364
2017	551	143	691	9	168	26	564	229	30	145	2556

表 2-26　美国 2008～2017 年发表的稀土专业 SCI 论文平均每篇被引次数

年份	光功能材料	催化材料	磁性材料	抛光材料	玻璃陶瓷	稀土助剂	稀土合金	湿法冶金	二次资源	其它	年均
2008	33	40	47	34	27	30	42	42	27	56	38
2009	43	44	37	40	30	29	42	40	30	32	37
2010	29	53	39	16	28	25	34	25	33	34	31
2011	24	37	32	34	17	46	29	29	114	25	39
2012	22	33	27	18	21	32	23	30	32	27	27
2013	18	29	23	22	18	25	23	20	19	25	22
2014	15	23	18	28	13	12	19	21	18	19	19
2015	12	16	13	13	10	16	14	16	12	15	14
2016	7	10	8	9	6	7	9	9	9	9	9
2017	3	4	4	3	2	3	4	9	4	4	4

表 2-27　日本 2008～2017 年发表的稀土相关各领域 SCI 论文数量

年份	光功能材料	催化材料	磁性材料	抛光材料	玻璃陶瓷	稀土助剂	稀土合金	湿法冶金	二次资源	其它	合计
2008	254	71	215	0	111	21	208	78	6	25	989
2009	254	91	319	6	126	13	296	79	11	35	1230
2010	219	63	218	4	111	13	191	56	8	25	908
2011	248	93	246	9	129	20	240	74	18	48	1125
2012	219	76	253	2	103	18	211	72	4	28	986

续表

年份	光功能材料	催化材料	磁性材料	抛光材料	玻璃陶瓷	稀土助剂	稀土合金	湿法冶金	二次资源	其它	合计
2013	256	92	267	8	98	19	216	90	8	34	1088
2014	250	96	262	6	121	18	233	82	12	32	1112
2015	238	80	248	3	115	21	225	75	13	43	1061
2016	267	81	292	5	104	16	220	88	12	33	1118
2017	234	69	293	3	96	17	227	79	9	58	1085

表 2-28　日本 2008～2017 年发表的稀土专业 SCI 论文平均每篇被引次数

年份	光功能材料	催化材料	磁性材料	抛光材料	玻璃陶瓷	稀土助剂	稀土合金	湿法冶金	二次资源	其它	年均
2008	19	40	23	0	17	16	29	22	14	18	20
2009	21	35	21	10	18	19	22	24	12	24	21
2010	19	27	26	37	13	29	30	22	17	21	24
2011	16	35	22	11	17	16	22	20	14	16	19
2012	13	25	15	3	14	7	18	13	7	19	13
2013	13	20	14	13	12	13	18	19	21	14	16
2014	10	15	13	4	8	9	13	12	10	10	10
2015	8	12	10	3	8	17	11	11	7	8	9
2016	5	8	7	4	4	5	7	11	3	4	6
2017	2	3	3	2	2	3	3	7	2	3	3

表 2-29　法国 2008～2017 年发表的稀土相关各领域 SCI 论文数量

年份	光功能材料	催化材料	磁性材料	抛光材料	玻璃陶瓷	稀土助剂	稀土合金	湿法冶金	二次资源	其它	合计
2008	208	70	215	4	86	7	223	63	3	25	904
2009	226	57	264	1	100	10	221	63	7	24	973
2010	187	66	207	0	92	4	182	47	8	30	823
2011	200	53	177	0	80	3	172	68	4	28	785
2012	188	59	210	1	77	11	197	55	7	32	837
2013	205	61	217	0	83	6	204	51	7	44	878
2014	220	50	229	2	84	7	178	70	8	38	886
2015	201	72	222	0	86	5	226	59	14	40	925
2016	201	68	253	1	84	8	210	66	6	40	937
2017	217	60	232	2	93	10	204	72	14	45	949

表 2-30 法国 2008~2017 年发表的稀土专业 SCI 论文平均每篇被引次数

年份	光功能材料	催化材料	磁性材料	抛光材料	玻璃陶瓷	稀土助剂	稀土合金	湿法冶金	二次资源	其它	年均
2008	23	43	25	23	18	52	29	28	104	32	38
2009	27	33	28	105	25	34	26	32	43	37	39
2010	28	36	20	0	17	11	26	27	19	30	21
2011	23	23	30	0	18	18	24	30	14	12	19
2012	25	22	26	37	19	27	22	28	18	18	24
2013	21	20	22	0	16	9	19	23	31	23	18
2014	13	17	14	21	9	13	14	17	14	17	15
2015	11	12	12	0	9	11	11	19	11	10	11
2016	6	7	8	2	7	7	7	11	7	9	7
2017	3	3	3	2	2	3	3	6	3	3	3

表 2-31 德国 2008~2017 年发表的稀土相关各领域 SCI 论文数量

年份	光功能材料	催化材料	磁性材料	抛光材料	玻璃陶瓷	稀土助剂	稀土合金	湿法冶金	二次资源	其它	合计
2008	213	65	259	1	70	10	272	83	2	30	1005
2009	215	48	351	3	66	7	293	66	2	26	1077
2010	214	58	280	3	79	9	300	74	5	37	1059
2011	204	66	261	1	95	9	243	72	3	31	985
2012	206	51	272	2	61	12	249	71	3	36	963
2013	212	65	333	0	88	13	284	73	4	40	1112
2014	234	65	296	1	84	9	258	81	7	41	1076
2015	279	75	351	2	96	10	273	107	22	51	1266
2016	233	74	330	0	70	9	294	81	6	48	1145
2017	261	80	393	4	81	8	308	116	27	60	1338

表 2-32 德国 2008~2017 年发表的稀土专业 SCI 论文平均每篇被引次数

年份	光功能材料	催化材料	磁性材料	抛光材料	玻璃陶瓷	稀土助剂	稀土合金	湿法冶金	二次资源	其它	年均
2008	36	36	31	0	22	23	36	71	59	31	34
2009	26	34	34	38	20	31	25	31	6	41	29
2010	25	30	34	12	21	27	25	26	32	24	26

续表

年份	光功能材料	催化材料	磁性材料	抛光材料	玻璃陶瓷	稀土助剂	稀土合金	湿法冶金	二次资源	其它	年均
2011	28	33	28	20	32	21	27	26	293	24	53
2012	24	24	26	8	23	12	24	26	10	23	20
2013	20	35	24	0	20	12	23	38	179	33	38
2014	14	18	15	18	11	16	16	15	11	13	15
2015	12	12	14	9	11	9	13	18	10	12	12
2016	8	9	10	0	6	8	8	11	11	10	8
2017	3	4	4	2	3	6	3	8	3	2	4

表 2-33　比利时 2008～2017 年发表的稀土相关各领域 SCI 论文数量

年份	光功能材料	催化材料	磁性材料	抛光材料	玻璃陶瓷	稀土助剂	稀土合金	湿法冶金	二次资源	其它	合计
2008	30	7	28	0	8	0	24	10	0	1	108
2009	36	9	31	0	9	2	32	5	0	4	128
2010	29	3	24	0	8	1	28	9	0	9	111
2011	19	6	31	0	4	1	15	6	2	2	86
2012	25	9	35	0	4	1	32	8	0	9	123
2013	32	5	36	0	10	1	30	15	5	10	144
2014	31	9	46	0	9	1	42	19	6	8	171
2015	41	10	40	1	8	1	46	23	9	10	189
2016	38	5	37	0	4	1	38	17	6	12	158
2017	38	9	39	2	8	0	46	24	8	12	186

表 2-34　比利时 2008～2017 年发表的稀土专业 SCI 论文平均每篇被引次数

年份	光功能材料	催化材料	磁性材料	抛光材料	玻璃陶瓷	稀土助剂	稀土合金	湿法冶金	二次资源	其它	年均
2008	29	42	28	0	31	0	34	26	0	105	30
2009	79	40	44	0	238	34	24	15	0	9	48
2010	35	8	32	0	15	10	14	26	0	26	17
2011	58	66	65	0	45	77	32	91	7	9	45
2012	28	18	53	0	30	6	27	20	0	18	20
2013	45	121	71	0	81	12	55	120	173	85	76
2014	22	42	31	0	14	6	23	42	49	16	25

年份	光功能材料	催化材料	磁性材料	抛光材料	玻璃陶瓷	稀土助剂	稀土合金	湿法冶金	二次资源	其它	年均
2015	29	13	28	4	25	16	30	65	35	18	26
2016	9	8	8	0	2	7	9	14	4	10	7
2017	4	2	4	1	3	0	3	9	4	3	3

表 2-35　英国 2008～2017 年发表的稀土相关各领域 SCI 论文数量

年份	光功能材料	催化材料	磁性材料	抛光材料	玻璃陶瓷	稀土助剂	稀土合金	湿法冶金	二次资源	其它	合计
2008	116	19	92	0	44	4	77	41	2	17	412
2009	105	27	135	0	47	3	91	44	4	17	473
2010	125	25	125	0	40	10	92	32	5	24	478
2011	117	22	135	1	42	8	76	46	2	18	467
2012	137	21	138	2	54	5	88	61	3	24	533
2013	120	17	155	0	43	7	85	35	5	25	492
2014	138	28	184	2	52	8	110	43	4	21	590
2015	123	26	164	2	44	6	97	63	6	23	554
2016	119	25	181	1	53	7	119	51	4	37	597
2017	126	30	211	1	59	7	125	63	13	31	666

表 2-36　英国 2008～2017 年发表的稀土专业 SCI 论文平均每篇被引次数

年份	光功能材料	催化材料	磁性材料	抛光材料	玻璃陶瓷	稀土助剂	稀土合金	湿法冶金	二次资源	其它	年均
2008	32	41	32	0	31	52	46	37	43	151	47
2009	42	37	58	0	27	13	61	35	38	56	37
2010	41	42	35	0	25	32	33	25	40	35	31
2011	22	29	32	1	20	49	31	23	8	35	25
2012	22	27	33	2	22	56	27	33	57	34	31
2013	30	57	45	0	27	19	31	45	136	49	44
2014	19	24	25	38	17	15	22	26	41	19	25
2015	13	16	18	26	10	9	19	19	16	11	16
2016	9	10	12	15	5	5	8	11	5	9	9
2017	3	5	6	3	3	5	6	7	3	3	4

表 2-37　意大利 2008～2017 年发表的稀土相关各领域 SCI 论文数量

年份	光功能材料	催化材料	磁性材料	抛光材料	玻璃陶瓷	稀土助剂	稀土合金	湿法冶金	二次资源	其它	合计
2008	105	36	92	0	36	6	69	11	3	12	370
2009	110	34	128	0	44	3	97	28	3	20	467
2010	122	28	107	0	34	3	72	19	2	21	408
2011	112	35	107	0	42	3	71	23	2	21	416
2012	133	27	96	0	47	6	78	28	3	23	441
2013	117	31	106	0	52	4	73	33	8	24	448
2014	125	35	103	2	45	7	82	31	4	25	459
2015	122	51	126	1	49	5	99	29	6	36	524
2016	97	43	153	0	47	7	92	29	3	27	498
2017	124	47	152	1	44	6	101	40	4	36	555

表 2-38　意大利 2008～2017 年发表的稀土专业 SCI 论文平均每篇被引次数

年份	发光材料	催化材料	磁性材料	抛光材料	玻璃陶瓷	稀土助剂	稀土合金	湿法冶金	二次资源	其它	年均
2008	26	38	29	0	28	18	31	30	36	61	30
2009	23	34	42	0	15	34	33	50	56	28	32
2010	24	26	29	0	19	44	29	19	12	23	23
2011	19	46	36	0	21	18	38	23	38	12	25
2012	20	21	19	0	17	15	21	26	37	2	20
2013	12	18	19	0	21	21	16	29	27	17	18
2014	11	15	18	23	10	16	11	19	16	19	16
2015	11	17	14	49	8	20	12	13	9	12	17
2016	6	15	8	0	7	5	8	9	9	9	8
2017	3	5	4	0	2	3	3	7	3	3	3

中国 2008 年发表稀土相关 SCI 论文 2719 篇，2017 年为 5307 篇，年复合增长率为 6.9%。其中，2008 年的文献平均每篇论文被引用次数最高，为 24 次/篇，之后逐年递减，在其它国家也有类似规律。经对数据统计分析推测，文献发表后平均被引用次数逐年增加，一般经过 10 年左右达到峰值，因而至 2017 年，中国 2008 年发表的稀土相关 SCI 文献被引用次数应已接近其峰值。

　　图 2-28 和图 2-29 是中国 2017 年发表的稀土相关 SCI 科技论文在各领域中的分布以及 2008~2017 年各领域发文的年复合增长率情况。2017 年中国在稀土光功能材料领域发表的 SCI 科技论文数量为 1570 篇，为各领域之最，且其发文数量 2008~2017 年始终位居各领域之首，一直是稀土化学最为活跃的研究领域。2017 年统计的中国稀土合金发文数量为 1185 篇，2008~2017 年稀土合金相关文献年复合增长率为 6.6%。稀土磁性材料是当前稀土最主要的应用领域，统计到 2017 年中国发表该领域 SCI 科技论文 735 篇，2008~2017 年年复合增长率为 9.6%。玻璃陶瓷也是稀土应用一个较为传统的领域，统计到 2017 年中国相关文献数量为 471 篇，2008~2017 年发文的年复合增长率为 4.3%。稀土催化材料领域论文数量 2008~2017 年年复合增长率为 6.1%，虽略低于总体水平，但总体研究活跃，2017 年统计的发文数量为 442 篇，研究范围也较广，仍是被关注的研究热点之一。稀土湿法冶金是稀土资源利用的重要环节，2008~2017 年统计到稀土湿法冶金 2017 年 SCI 发文数量为 394 篇，年复合增长率较高，为 11.5%。其它领域包括稀土农业、涂料、表面防护、环保等的研究统计的 2017 年发文数量为 320 篇，且 2008~2017 年年复合增长率也较高，为 9.3%，说明除已形成工业规模应用的领域外，大量研究也在努力开辟稀土在更多功能材料中的新应用。中国 2008~2017 年发文增速最大的是稀土二次资源回收领域，年复合增长率超过 20%。此外，稀土助剂也是中国 2008~2017 年研究关注增长较快的领域之一。

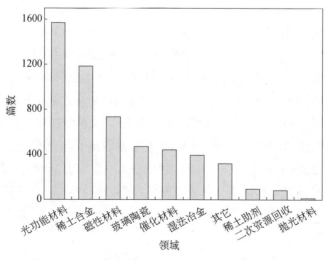

图 2-28　2017 年中国稀土科技论文在各领域中的分布

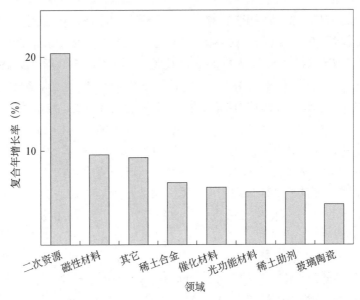

图 2-29　2008～2017 年中国发表稀土相关各领域文献年复合增长率比较

图 2-30 给出了各国 2017 年发表稀土相关 SCI 科技论文总数量的比较，图 2-31 为各国 2008～2017 年稀土相关 SCI 科技论文年复合增长率的对比情况。检索到美国 2008 年和 2017 年分别发表稀土相关各领域合计 SCI 论文 1741 篇和 2556 篇，复合年增长率 3.9%；2017 年的发文数量仅次于中国，位居所有统计国家的第二位，总数量为中国的 48.2%。统计到德国 2017 年稀土相关各领域发文总计 1338 篇，2008～2017 年发文年复合增长率为 2.9%。日本较早开展稀土基础和应用研究，2008～2017 年日本稀土相关发文年复合增长率仅为 0.9%，不过统计到总体数量在 2017 年达到了 1085 篇，位居中国、美国和德国之后的第四位。法国与日本情况相仿，统计的 2017 年稀土相关科技论文数量为 949 篇，但 2008～2017 年的年复合增长率仅为 0.5%，是所有统计国家中最低的。而英国、意大利和比利时虽发文总量上不及法国，但 2008～2017 年的发文年复合增长率都超过 4%。综合来看，中国在 2008～2017 年间，稀土相关 SCI 论文发表量和增长趋势均远高于美、日以及西欧发达国家，体现了研究趋势的良好势头。

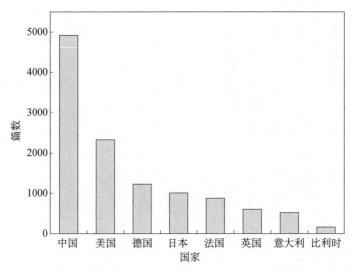

图 2-30　各国 2017 年发表稀土相关 SCI 论文总数量比较

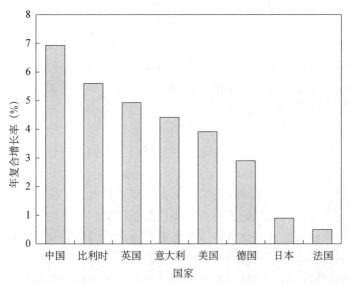

图 2-31　2008～2017 年各国稀土相关 SCI 论文数量年复合增长率比较

　　为比较国内外在稀土相关各领域的研究情况，将美国、日本、法国、德国、比利时、英国和意大利等国家在稀土各领域的发文数量进行了汇总，图 2-32 给出了 2017 年上述国家的稀土相关 SCI 科技论文在各领域的分布情况。领域分布与图 2-28 中所示中国的情况基本相同，说明各国对热点领域关注程度基本一致。

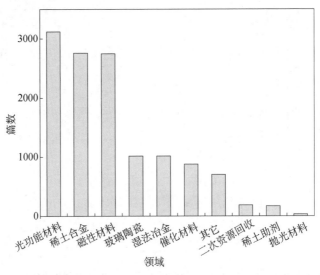

图 2-32　2017 年美国、日本、法国、德国、比利时、英国和意大利等国家
稀土相关 SCI 论文在各领域中的研究分布

　　从全球角度来看（图 2-33），稀土光功能材料、稀土合金、稀土磁性材料、稀土玻璃陶瓷、稀土的冶炼分离以及稀土催化材料是当前稀土化学研究的主要领域。其中，稀土光功能材料研究主要涉及绿色照明和显示、稀土光学晶体、先进医疗诊断稀土荧光材料等。稀土合金领域研究涉及稀土储氢合金外，传统的稀土铁合金、稀土镁合金和稀土铝合金依然受到关注。稀土磁性材料研究的主要对象仍是 Nd-Fe-B 永磁材料，人们通过理论计算设计、发展新工艺、成分调控以及腐蚀防护等手段不断提升该材料的性能；除此之外，具有更高工作温度的 Sm 系稀土永磁材料和具有理论研究价值和应用潜力的单分子磁体也有大量研究涉及。玻璃陶瓷研究较为分散，如光学玻璃、稀土陶瓷等。稀土冶炼分离研究主要涉及稀土矿物分解、浸出、沉淀富集和溶剂萃取分离提纯，还涉及稀土二次资源回收等。稀土催化领域发表的文献主要涉及脱硝催化剂、有机合成催化剂、汽油和柴油尾气净化催化剂，近年来光/电催化剂的研究较为活跃。

　　基于对稀土化学领域的专利和文献统计研究分析，结合稀土化学的自身学科特点及发展规律，本书将以稀土矿物选别、稀土冶炼分离、稀土磁性材料、稀土光功能材料、稀土催化材料、稀土储氢材料等领域作为重点，回顾近年稀土化学研究进展，分析各领域的发展趋势和方向，并将稀土合金（除储氢合金外）、稀土高分子和稀土陶瓷烧结助剂作为稀土功能添加剂的代表

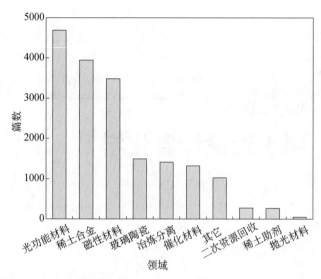

图 2-33　2017 年全球稀土相关 SCI 论文在各领域中的研究分布

加以介绍。另外，考虑到理论计算化学在稀土化学中的重要意义，本书第三章将介绍稀土理论计算化学的研究进展和发展方向。本章呈现的稀土相关专利统计和分析主要反映了稀土的应用和应用潜力，而稀土化学的研究状况更多体现在科技论文之中，因此，本书的叙述更多地参考了近年来所发表的科技论文。

第三章
稀土理论计算化学

　　理论化学运用纯理论计算而非实验方法研究化学反应的本质问题，主要以理论物理为研究工具（如热力学、量子力学、统计力学、量子电动力学、非平衡态热力学等），并且大多辅以计算机模拟。近年来，理论化学的研究领域主要为量子化学、统计力学、化学热力学、非平衡热力学、分子反应动力学。在研究物质结构、预测化合物的反应活性、研究反应的微观本质过程等问题中，这几个方面都可能不同程度地涉及到。

　　稀土元素具有特殊电子结构，呈现多样化的物理与化学性质，在功能材料（光、磁、电、热材料）、结构材料（合金、陶瓷、有机高分子材料）和催化材料（工业催化剂、有机合成催化剂）等诸多领域具有特殊用途。尽管各领域中的应用均基于稀土元素的电子结构特征，但稀土元素电子结构特征可能还远未充分开发利用。目前稀土科技研究基本上还是采用试错的方式，成功的概率往往较低。国际上在稀土科技领域采用材料基因组计划运作方式的具体情况不太清楚，没有查到系统的专题文献报道，可能在大企业的研发部门进行，并不发表有关信息。国内相关方面的工作则刚刚开始。为了更好地利用稀土资源，特别是实现非常规的创新利用，需要在稀土科技研究中强化材料基因组计划运作方式，特别是在加强材料的理论与计算设计方面，将这种方式推广应用于化学反应体系的研究中。

第一节　国内外研究进展

一、半经验模式材料设计计算方法

通过大量的实验，寻找规律性、确定最佳性能的材料组分是研究人员常用的材料设计方法。但这种方法极其费时、费力并带有很大的经济消耗。基于科学发展对材料设计的高效、经济并富有预测性的要求，通过计算进行材料设计成为必然的趋势。如目前国际上流行的"材料基因组计划"，即是通过理论和计算方法，参考已有实验数据，设计具有所需性能的材料，然后按设计要求进行实验制备，并对实验产品进行性能测试，再根据产品测试结果修正设计后进行下一轮的试验，如此反复，直到获得满意结果。

自 1996 年起，日本工程制造中心着手建立无机固体相位数据库（Linus Pauling file，LPF）[1]。该数据库覆盖了合金、金属间化合物、陶瓷、矿物等全部无机物的有关结构、衍射、组成及本征性质等信息。大约 10 万种相关出版物的实验或计算所得的数据、至少 20 万个有关结构、衍射、固有性质的数据项，以及 3.5 万个自 1990 年以来记录的结构数据项都将存储在该知识信息系统中。以此高精确度的强大材料数据库为基础，寻找规律。从原理上讲，最终只要输入原子序数以及考虑到可能的化合物组成，将能够实现对材料性能的预测。LPF 研究人员认为，基于 LPF 这样的强大数据库，可以建立一个知识-信息体系，通过计算有效地预测、开发新材料。

理论计算化学近年在我国稀土研究领域也已得到了越来越多的关注。2016 年，科技部会同相关部门组织开展了"材料基因工程关键技术与支撑平台"重点专项，先期启动了 13 个研究任务，其中包括基于材料基因工程的高丰度稀土永磁材料研究、基于高通量结构设计的稀土光功能材料研制、高效催化材料的高通量设计制备及应用示范、轻质高强合金集成计算与制备、基于材料基因工程的新型固态二次电池材料研究等。基于材料基因工程的高丰度稀土永磁材料研究，将利用材料基因工程的科研理念，通过高通量合成与计算、相场模拟、高通量实验等科研手段，研究分析成相规律与相结构演变，以及成分、组织结构与性能的依赖关系，建立数据库并对数据进行科学分析，开发具有自主知识产权的高丰度稀土永磁材料，缩短新材料研发周期，发展高通量制备技术，加速高丰度稀土永磁的产业化以及推广与应用[2]。基于高通量结构设计的稀土光功能材料研制项目将构筑从材料结构组成计算预测稀土光功能材料发光效率的理论建模和算法，建立稀土光功能材料高通量结构设计和性能预测新方法，通过理论计算和实验验证，研究材料的微观、介观结构对稀土光功能材料发光效率的影响规律，高通量筛选满足应用新要求的稀土光功能新材料体系。这些项目的实施将促进我国稀土材料领域研发理念和模式的变革，即实现新材料研发由"经验指导实验"的传统模式向"理论预测、实验验证"的新模式转变，显著提高研发效率。

二、第一性原理计算

第一性原理理论计算方法已在稀土化学各研究领域得到广泛关注和应用。第一性原理是在电子结构理论的基本近似的基础上，仅利用普朗克常数、电子静止质量和电量三个基本物理常数而不借助任何经验参数，求解多电子体系的量子理论全电子计算方法。原则上，如可选择合适的基函数，设置足够多的自洽迭代次数，即可能得到接近自洽场极限的任意精确解，得到各类体系的电子运动状态及其有关的微观信息，合理地解释或预测原子间的键合、分子的结构、化学反应的过程、物质的性质，预测材料的结构及光学、电学、磁性等方面的性质，大大优于半经验的计算方法。

非金属对于稀土金属 Y 性能的影响已有大量理论研究。小体积的轻元素原子可占据稀土金属的间隙位置，因而含大量轻元素的稀土基化合物可使结构稳定化。利用这一特性可通过控制轻元素浓度获得特定性能的材料。Romero 等[3]对二元稀土硼化物 YB_6 在 $0\sim50GPa$ 压力下的一些材料性能进行了基于第一性原理的理论计算研究。基于由静态有限应变技术获得的弹性常数分析（C_{ij}）讨论了化合物的结构稳定性。计算显示，C_{11} 和 C_{12} 弹性常数以及弹性模量作为压力的函数单调增加，而 C_{44} 单调减小。因而结构是动力学稳定的，且具有延展性，而硬度在压力增加时减小。另外，由于 B 的 $2p$ 态贡献减小，费米能级的态密度在压力增加时随之减小。Xu 等[4]还基于密度泛函理论计算了场发射材料 GdB_6 的电子相互作用、磁性和结构特性，研究使用了广义梯度近似，同时考虑了电子相互作用参数 U。以上研究结果增进了人们对于 B 基稀土共价化合物性质的理解。

中国科学院新疆理化技术研究所[5]借助理论计算开发三价稀土金属非线性光学材料。非线性光学材料是一种在信息、能源科技、医疗等领域有着广泛应用的新型光学材料。在可见波段的光学材料已经趋于成熟，为获得紫外/深紫外的非线性光学材料，一般选择碱金属与碱土金属体系，因其不会影响紫外/深紫外光的吸收。近年来，三价稀土金属的化合物陆续作为非线性光学材料报道，但他们的截止边却参差不齐，能否作为探索非线性的新体系有待进一步评估。为研究三价稀土金属化合物的光学性质，Lei 等[5]在室温下合成了 $Na_4La_2(NO_3)_{10} \cdot 2H_2O$，并得到了其晶体。测试结果发现该晶体具有出乎意料的透光范围；另一镧硝酸盐 $K_2La(NO_3)_5 \cdot 2H_2O$ 也具有比碱金属/碱土金属硝酸盐更高的截止边。第一性原理计算与轨道及配位理论分析表明，它们的光学带隙受 La-5d 与 O-2p 轨道相互作用而形成的$(d-p)\pi$ 键调控，并且$(d-p)\pi$键的强弱与其化合物带隙的大小成反相关。该团队对其它的三价稀土金属化合物也做了第一性原理模拟研究并得到一致结论。这一工作对设计合成含稀土的线性与非线性光学材料具有一定的理论指导意义。

Lin 等[6]高温固相法合成了系列 $Ba_{2-2x}Ce_xNa_xSiO_4$ 闪烁体样品。在低温条件下，通过真空紫外-紫外（VUV-UV）光谱研究了 $Ba_{2-2x}Ce_xNa_xSiO_4$（$x = 0.0005$）的发光性质。在 26.5K 时，激发光谱上观察到 5 个峰。最高能量的激发峰归属于基质激子吸收，并以此计算得到基质带隙能量约为 7.36eV。对比监测不同波长时的激发光谱，另外 4 个较低能量的激发峰，归属于 Ce^{3+}占据 Ba_2SiO_4 基质其中 1 个 Ba 格位（共 2 个）的 4f→5d 跃迁。在紫外光激发下，样品发射强的荧光（350～450nm），并且拥有较短寿命（～26ns，4K）和高热猝灭温度（>500K）。Ba_2SiO_4：Ce^{3+} 显示了具有作为闪烁体的潜在应用。为探寻其发光机制，该研究在超单胞模型内，利用基于杂化密度泛函理论（density functinal theory，DFT）的第一性原理计算优化了 Ce^{3+}在 Ba_2SiO_4基质中两个 Ba 格位的局域结构，并在此基础上采用基于波函数的嵌入团簇方法计算出 Ce^{3+}的 4f^1 和 5d^1 能级，发现 Ba_2SiO_4：Ce^{3+}的发光主要来源于 Ce^{3+}占据 9 配位的 Ba2 格位，进而评估了 Ba_2SiO_4：Ce^{3+}的电子性质，其优异热稳定性从电子结构的水平得到了解释。

薛倩楠等[7]借助第一性原理计算进行高氧离子传导率稀土掺杂氧化锆陶瓷粉体成分设计。固体氧化物燃料电池（solid oxide fuel cell，SOFC）可应用于大型发电站及不间断供电场所等。由于其采用全固态技术，电池系统稳定性是最明显的优势，其中，固态电解质的氧离子传导率是重要的性能指标。研究利用第一性原理与实验制备相结合的方法，对稀土掺杂氧化锆粉体进行了成分设计以及合成。基于密度泛函理论的总能计算表明，稀土元素钪（Sc）掺杂量达到 21.88mol%时，其立方相与四方相体系总能差最大，可以得到稳定立方相。过渡态扩散势垒（NEB）计算表明，稀土元素钪（Sc）掺杂陶瓷体（ScSZ）比钇（Y）掺杂的陶瓷体（YSZ）氧离子传输势垒低，氧空位形成能低，因此 ScSZ 氧离子传导率高于 YSZ。基于计算结果，设计掺杂比例为 21.88mol%，采用共沉淀方法制备得到 ScSZ 粉体，对其进行 X 射线衍射（X-ray diffraction）全谱拟合技术以及拉曼（Raman）光谱结构表征发现，粉体晶体结构与立方相标准卡片对应较好；对其进行了电化学交流阻抗以及直流电导率测试，并绘制阿累尼乌斯曲线，其在 850℃时电导率可达 180mS/cm，达到 SOFC 的应用性能要求。

三、分子动力学模拟

分子动力学（molecular dynamics，MD）模拟是一套基于牛顿力学确定论的热力学分子模拟计算方法，是一门结合物理，数学和化学的综合技术。MD 模拟以经典粒子（原子、分子、离子）为研究对象，按照粒子间的相互作用势，通过求解各个粒子的运动方程，获得不同时刻粒子的空间位置和运动状态，从而统计出体系宏观行为特性。计算的基本思想是赋予分子体系初始运动状态之后利用分子的自然运动在相空间中抽取样本进行统计计算。分子动力学可提供微观结构、运动状态以及它们和体系宏观特性之间关系的清晰物理图像，与蒙特卡洛法相比在宏观性质计算上具有更高的准确度和有效性，可以广泛应用于物理、化学、生物、材料、医学等各个领域。

用于固体氧化物燃料电池的固体电解质需要具有高离子电导率、低电子电导率。在锆基固体氧化物电解质研究中，分子动力学模拟早期主要关注氧化钇稳定氧化锆（YSZ）中氧的扩散行为。Razmkhah 等[8]最近的研究采用 MD 模拟，以掺杂元素稀土为研究对象，考察其对离子电导率的影响以及温度效应等。结果显示，掺杂离子尺寸越小的电解质中，氧离子可穿越的阳离子面所受扰动就越小，原子质量越大的掺杂元素导致更严重的振动，表明掺杂元素影响迁移势垒。由此可给出一个简单明确的考察氧离子跳跃活化能的模型。另外，因需在高温下工作，热膨胀和热容也是固体氧化物燃料电池材料要求的重要参数，研究中尽管并未发现这两个参数与掺杂离子尺寸的直接相关性，但发现它们与范德华力和离子的动能具有直接的线性关系。

由于具有优良的（磁）光特性，稀土硅铝基玻璃可作为通讯用激光基质材料和光学放大器。对于结构认识的不足阻碍 RE_2O_3-Al_2O_3-SiO_2 玻璃的构效关系理解，因此有必要获得更为详尽的结构信息，包括：RE^{3+}的配位环境和它们在整体结构中的分布以及各种 SiO_4 和 AlO_p（$p=4$，5，6）基团在玻璃网络结构中的存在形式。因缺乏适当实验给予结构认知支持，Okhotnikov 等[9]采用 MD 模拟探讨了稀土掺杂浓度变化对 RE_2O_3-Al_2O_3-SiO_2（RE=La、Y、Lu、Sc）玻璃结构的影响。研究发现，RE_2O_3-Al_2O_3-SiO_2 玻璃结构显著受到稀土离子晶体场强的影响。由该研究系列稀土离子（La^{3+}、Y^{3+}、Lu^{3+}、Sc^{3+}）提供的晶体场强跨度以及几个结构特性与场强总体单调变化趋势的信息，结合掺杂元素的晶体场强，即可初步评估其它稀土掺杂的 RE-Al-Si-O 玻璃的相关特性。

分子动力学模拟是研究微观世界的有效手段，其势函数和数值算法对模拟的精度有较大影响，为了提高势函数的精确性，将基于局部密度泛函理论的从头计算分子动力学，量子化学分析参数拟合和蒙特卡洛方法相结合有望成为研究势函数的最佳方法，随着计算机性能的不断提高，摆脱了经验势函数的从头计算分子动力学的应用范围将会不断扩大，计算的精度也会不断提高。所以，从头计算分子动力学将会成为分子动力学模拟未来的主要发展方向。

四、蒙特卡洛法

蒙特卡洛法属于计算数学的一个分支，是解决数学问题和物理问题的一种非确定性的（概率统计的或随机的）数值计算方法。从计算数学的角度，蒙特卡洛方法主要是一种将高维数值积分问题转化为随机过程的计算方法。可以把蒙特卡洛解题归结为三个主要步骤：构造或描述概率过程、实现从已知概率分布抽样、建立各种估计量。传统的经验方法由于不能逼近真实的物理过程，很难得到满意的结果，而蒙特卡洛方法由于能够真实地模拟实际物理过程，故解决问题与实际非常符合，可以得到很圆满的结果。

自旋玻璃是一种具有独特物理性能的新型磁性材料。尽管重稀土与非磁过渡金属间形成的二元无定形合金可发生自旋玻璃态转化，但相关研究寥寥。Bondarev 等[10]使用蒙特卡洛方法，研究了 Re-Tb 和 Re-Gd 二元无定形合金以及纯 Tb 和纯 Dy 无定形金属的磁特性，构建了无定形 Tb 和 Dy 金属的磁相图，还测定了发生自旋玻璃态转变时的一些特性参数值，采用自旋相关函数和角自旋相关函数研究了局域磁结构。研究发现了具有随机各向异性和相互作用涨落无定形合金的不同磁结构。构建和分析这类材料原子结构和磁特性关系的计算模型，在微观水平研究自旋玻璃态特性对于材料设计具有重要的指导意义。

当点阵的几何尺寸限制磁体内所有相互作用自旋能量最小化时，将在材料中表现出几何阻挫，相应磁体称为几何阻挫磁体。分子式为 $SrLn_2O_4$ 的化合物结构为由六边形和三角形组成的网络，表现出良好的低温磁特性。尽管 $SrLn_2O_4$ 中由不同稀土组成的化合物磁性能不尽相同，但均表现出强的几何阻挫效应。Hasan 等[11]采用蒙特卡洛技术研究了系列稀土化合物中一个成员 $SrGd_2O_4$ 的低温磁相转变行为和相图，模拟结果可与实验数据表现出较好的一致性。

由于作为氧化物燃料电池的钇稳定氧化锆（YSZ）仅在高于约 1300℃才表现出足够的离子导电性能，而高温往往导致性能的加速下降，影响电池寿命。三价稀土氧化物 RE_2O_3 掺杂的 CeO_2 中可产生具有更高流动性的氧空位，可在较低温度（773～973K）表现出较大的离子导电性，因而可作为一种潜在的 YSZ 替代材料。离子导电性能与掺杂稀土的种类和掺杂水平有关，但确切的机理还需要理论解释。使用经验对势（empirical pair potentials）分子动力学模拟已被用于铈材料导电性的理论计算，而蒙特卡洛法的优势是可以计算点阵中不同相互作用对于材料导电性的影响。Grieshammer 等[12]结合一种密度泛函计算 DFT+U 和蒙特卡洛方法研究了稀土掺杂氧化铈中缺陷分布和氧离子导电性的相关性。以计算得到的不同缺陷以及缺陷间不同距离时的结合能为基础，进行 Metroplolis 蒙特卡洛（MMC）模拟预测处于热力学平衡条件下掺杂氧化铈中稀土离子和氧空位的分布，进而由计算得到的点阵数据作为初始设置，进行动力学蒙特卡洛（KMC）模拟，以调查基于不同缺陷分布时的氧离子导电性。该研究主要关注掺杂元素以及掺杂物的分布对于氧离子导电性的影响，可为燃料电池电解质的设计以及对于材料性能劣化机理的理解提供指导。

由于存在不应被忽略的强电子相互作用，稀土元素精确的理论计算是非常困难的。量子蒙特卡罗方法可以直接处理多粒子相互作用，且与粒子数相关的计算标度非常好。其中的扩散蒙特卡洛法（DMC）是最成功的处理电子强相互作用体系的理论方法之一。为实现更高的计算精确度，密度泛函（DFT）等方法已代替 Hartree-Fock（HF）法用于构建波函数行列式部分。传统杂化泛函，尤其是 B3LYP 泛函在许多研究工作中采用，但或许由于这些泛函包含短程 HF 交换，使得进行长程渐近行为计算存在较大偏差，仍不能解决所有 DFT 问题。长程相关泛函可为杂化泛函提供计算结果精确度的较大改善。最近的研究[13]检验了镧系和锕系元素基态和激发态标准 B3LYP 泛函和长程相关的 LC-BLYP 泛函的行为。计算显示，尽管最为通用的 B3LYP 泛函可以对锕系元素计算给出合理结果，且 LC-BLYP 泛函也可进一步改善 $5f$ 锕系元素基态和激发态的计算结果，但两个泛函都不适合于具有强局域电子特性的 $4f$ 镧系元素计算。进而，该研究组[14]首次将长程校正方案与杂化 M06 泛函结合。研究中采用的波函数基本形式为 Slater-Jastrow 波函数，在 DMC 框架下计算 $4f$ 镧系元素的基态和激发态能量，结果显示，LC-M06 泛函对于 $4f$ 镧系元素的计算要比 B3LYP 和 LC-BLYP 两个泛函表现好得多。

以上仅列举了几个理论计算在稀土化学研究中的应用实例，更多应用进展还将在后续章节各个研究领域中提及。

第二节　制约发展的基础科学问题

稀土中镧系元素的电子结构特征是：$4f$ 轨道电子高度定域并被 $5s$、$5p$ 电子层屏蔽，但由于轨道角动量高，具有较高的轨道能级，$5d$ 轨道比较收缩，能级也比较高，在化合物中参与成键（经常成为主要成键轨道）而具有一定巡游性，但比普通过渡金属的 d 轨道成键能力弱；$6s$、$6p$ 轨道则比较弥散，其电子在化合物中容易丢失。电子结构的上述特征导致以下结果：$4f$ 电子之间有很强的电子相关作用，多体效应很强，对其电子结构的精细研究（特别是涉及光、电、磁性质的研究）不能采用量子化学中常用的以单粒子近似为基础的方法（Hartree-Fock 近似加电子相关作用校正）和准单粒子近似方法 [密度泛函理论（DFT）方法，包含静态电子相关校正的单粒子描述方式]；

$4f$ 和 $5d$ 轨道能级差别不是很大，在周围环境发生物理或者化学变化时容易发生 $4f \rightarrow 5d$ 之间的跃迁（在某种条件下甚至出现价态浮动现象），两者之间有一定电子相关作用；而 $5d$ 电子具有巡游性质，导致高度局域化的 $4f$ 电子与弥散的价电子层有长程电子相关作用。这给镧系化合物电子结构的精细研究带来很大困难：不考虑 $4f$ 电子与价电子之间的相关作用不行，要将 $4f$ 轨道和价轨道放在一起用多体理论方法处理，计算量太大，目前难以实现。

此外，镧系元素在周期表中处于电子运动的相对论效应开始明显重要的区域，在涉及电子结构的精细研究中必须考虑，更增加了理论计算研究的困难，这也是"材料基因组计划"研究方法在用于含稀土（特别是镧系）元素体系比较滞后的重要原因之一。

第三节　展望与建议

一、充分发挥模拟仿真在探索研究中的作用

创新利用稀土资源，离不开进行广泛的实践探索；提高实践探索成功的概率，必须加强理论指导实践的作用。化合物的一切性能均遵从基本物理规律变化，充分利用人类已经掌握的理论知识和实践经验，有助于开拓进一步利用稀土资源的思路。利用物理学原理可以设计出一系列有所需要的、可能具有良好或新颖性能的材料、化学反应体系，再有选择地进行实验工作，比单纯根据经验定性思考而进行的实验探索成功概率更高。实际上"材料基因组计划"就是基于这样的思路开展研究的。进一步看，理论设计不仅仅可以对优化现存各种材料性能的研究有加速作用。量子力学规律有迄今尚不被人类深入认识的奇妙内涵（例如量子纠缠），充分挖掘利用，可能对原始（乃至颠覆性）创新有极大帮助。物理学家在这方面已经取得出色成绩。

面对复杂的问题，定性思维常常是不够的，需要用计算作为理论思维的延伸，通过计算帮助思维精细化。基于物理和化学的理论可以引导我们做实验研究的思维，化学问题不仅常常很复杂，而且化学过程或者化学性质涉及的能量变化一般很小，定性思维常常并不能解决问题，需要通过计算精细定量化才能得到确定结论。现代计算能力极大提升，计算方法不断发展进步，使得计算在探索化学研究的作用越来越大。当然，现在的理论计算精度还不能满足实验研究的全部要求，做不到百发百中，但能百发十中，研究效率也大大提高了。相信随着计算能力的不断提高，未来量化计算的发展潜力还很大。

在理论与计算结果的基础上可以制作仿真软件，用于模拟或者设计。仿真技术在很多宏观问题研究中已经被广泛应用，例如在建筑或机械设计、航空航天、化工流程、人员培训等方面，收效显著。微观过程的仿真也在试用过程中，例如用于材料的微观结构设计。但涉及电子与原子核运动（原子分子层次）的仿真模拟，例如用于功能材料基因组计划运作的理论设计环节，结果的可靠性还不能尽如人意，仿真计算方法有待完善，涉及的问题十分复杂，解决的难度很大。不过这代表科技研究方法发展的趋势，挑战与机遇并存，稀土科技研发应该跟上这一发展潮流。稀土串级萃取分离仿真软件是一

个很好的例子，在稀土材料研发微观设计中同样应该使用仿真技术，并且也应该能够得以实现。

二、研发可用于稀土（镧系）化合物精细理论研究的理论方法和计算程序

在镧系化合物理论计算研究中，化学界常用的半经验方法或准单粒子方法不能处理多电子体系的多重态结构问题，不能用于主要由电子多重态结构决定的光、电、磁性质；目前采用的配位场（晶体场）方法属于半经验方法，用于处理实验数据是有力工具，用于预测尚无实验结果的体系性质则无能为力或者预测能力很差。材料物理（或凝聚态物理）界经常采用加入实验参数的密度泛函理论局域密度近似（LDA+U）方法，基本上只能用于解释实验结果，缺乏预测能力。格林函数方法虽然原理上可以处理稀土体系的电子多体问题，但目前只能作低级微扰近似处理，要得到精确计算结果，计算量很大，难以处理实验中遇到的实际体系。

"工欲善其事，必先利其器"，要在稀土科技创新探索中实现和强化理论对实践的指导作用，很关键的一点是要能对含稀土体系进行理论与计算设计。为此必须研发可用于稀土（镧系）化合物精细理论研究的理论方法和计算程序。例如将分区密度泛函理论（DFT）方法发展为DFT-配位场理论方法或者DFT-多体波函数方法，即将4f层电子用配位场理论方法或者多体波函数方法处理，其余价电子部分用密度泛函理论处理。原则上，建立这样的计算方法没有原理性困难，但要完成并完善相关计算程序、保证其运行正确无误且便于运用，工作量很大，短时间内难于出成果、发表论文，在现行的科研资助与成果评价机制下难以实现。

我国稀土新材料研发领域也应重视借鉴国外经验，加强国际和国内合作，进行大型、高性能计算设施，包括软件、应用程序和数据管理工具的开发，以及稀土智能/功能材料、稀土结构材料、稀土电子材料、稀土纳米材料等数据库的建设，实施前瞻布局。

三、政策建议

我国已经成为稀土资源大国和稀土生产大国，稀土化学相关研究论文和

专利数量也领先于全球其它国家，但在稀土理论化学研究方面，尤其是精细理论研究方面距离国际水平相对落后，研究水平亟待提高。

1. 建议建立稀土资源利用仿真研发实验室

实验室承担两项任务：一是负责研发有关稀土资源利用的各种软件，特别是仿真软件，建立相关数据库；二是与国家超级计算中心合作，将研发的软件推广应用于稀土科技研究中。仿真技术是未来科技研发必走之路，可以认为是人工智能利用的一个方面，还可以结合普通意义下的人工智能研发，运用大数据技术，自动搜索最佳结果。

为了推广仿真技术在稀土科技研发中的应用，可以考虑由合适的单位牵头，成立虚拟稀土资源利用仿真研发实验室，吸纳稀土物理和稀土化学界的科研人员参加，建立长效合作机制。软件研发可以由不同单位或个人分别进行。成熟的软件交由虚拟稀土资源利用仿真研发实验室推广应用，软件研发人员拥有各自的知识产权，但要负责软件使用的服务与维护工作。虚拟实验室构成协作平台，各仿真软件研发成员可以互相调用彼此的软件，合理收费（软件使用与计算机时费），合理分配收益。

2. 设立大时间跨度的研究项目

鉴于涉及稀土（镧系）元素电子结构精细计算的巨大困难，建议特设一个项目，给予研究人员 5 年坐冷板凳攻克难关的时间，专心致志完成适用于进行稀土（镧系）体系精细理论与计算研究的方法和程序，作为稀土仿真材料（或化学反应体系）设计软件的基础。这样的软件不但能为进一步优化现存稀土材料性能（或生产技术、流程）服务，还能成为探索源头创新稀土材料或者生产工艺、流程的强有力工具。目前国际上还没有这样的软件，一旦完成，成果将能跻身世界先进行列乃至领先地位。

参考文献

[1] Villars P，Onodera N，Iwata S. The Linus Pauling file（LPF）and its application to materials design. J Alloy Compd，1998，279：1-7.

[2] 中国科学院宁波工业技术研究院. "基于材料基因工程的高丰度稀土永磁材料研究"项目举行研讨会.稀土信息，2017，（7）：17.

[3] Romero M，Benitez-Rico A，Arevalo-Lopez E P，et al. First-principles calculations of the structural，elastic，vibrational and electronic properties of YB_6 compound under pressure. Eur Phys J B，2019，92：159（7）.

[4] Xu S，Jia F，Yang Y，et al. Interplay of electronic，magnetic，and structural properties of GdB_6 from first principles. Phys Rev B，2019，100：104408（8）.

[5] Lei B H，Kong Q R，Yang Z H，et al. Hierarchized band gap and enhanced optical responses of trivalent rare-earth metal nitrates due to（d-p）p conjugation interactions. J Mater Chem C，2016，4：6295-6301.

[6] Lin L，Huang X，Shi R，et al. Luminescence properties and site occupancy of Ce^{3+} in Ba_2SiO_4：a combined experimental and ab initio study. RSC Adv，2017，7：25685-25693.

[7] Xue Q，Huang X，Wang L，et al. Effects of Sc doping on phase stability of $Zr_{1-x}Sc_xO_2$ and phase transition mechanism：First-principles calculations and Rietveld refinement. Mater Design，2017，114（15）：297-302.

[8] Razmkhah M，Mosavian M T H，Moosavi F. Transport，thermodynamic，and structural properties of rare earth zirconia-based electrolytes by molecular dynamics simulation. Int J Energy Res，2016，40：1712-1723.

[9] Okhotnikov K，Stevensson B，Eden M. New interatomic potential parameters for molecular dynamics simulations of rare-earth（RE = La，Y，Lu，Sc）aluminosilicate glass structures：exploration of RE^{3+} field-strength effects. Phys Chem Chem Phys，2013，15：15041-15055.

[10] Bondarev A，Bataronov I. Monte Carlo study of magnetic structures in rare-earth amorphous alloys. EPJ Web of Conferences，2018，185：04017（4）.

[11] Hasan E，Southern B W. Monte Carlo study of a geometrically frustrated rare-earth magnetic compound：$SrGd_2O_4$. Phys Rev B，2017，96：094407（7）.

[12] Grieshammer S，Grope B O H，Koettgen J，et al. A combined DFT + U and Monte Carlo study on rare earth doped ceria. Phys Chem Chem Phys，2014，16：9974-9986.

[13] Elkahwagy N，Ismail A，Maize S M A，et al. Diffusion Monte Carlo calculations for rare-earths：Hartree-Fock，hybrid B_3LYP，and long-range corrected LC-BLYP functional. Univers. J Phys Appl，2016，10（1）：5-10.

[14] Elkahwagy N，Ismail A，Maize S M A，et al. Diffusion Monte Carlo calculations for rare-earths：applying the long-range corrected scheme to Minnesota M06 functional. Univers. J Phys Appl，2016，10（3）：80-83.

第四章
我国典型稀土矿物的选别

第一节 国内外研究进展

我国稀土资源在华北、东北、华东、中南、西南、西北六大地区均有分布。华北地区的白云鄂博铁-铌稀土矿区稀土储量占全国稀土总储量的80%左右，是我国轻稀土主要资源基地。白云鄂博矿床中有71种元素，180余种矿物，其中稀土、铌、萤石、钍等储量巨大，为世界罕见的超大型的铁-稀土-铌多金属共伴生矿床。白云鄂博矿中稀土矿物主要有独居石、氟碳铈矿、氟碳钙铈矿、氟碳钡铈矿、黄河矿等。虽然矿物结构构造多样，嵌布关系复杂、粒度细微，但经过不断选冶试验研究，精矿品位和冶炼提取及回收率已有很大提高，成为我国轻稀土主要原料基地。

四川是我国第二大稀土资源省，以轻稀土为主，主要分布于凉山州的冕宁县及德昌县。四川稀土矿属单一的氟碳铈矿，平均稀土氧化物（rare earth oxide，REO）品位为3.93%，放射性小。工业矿物主要为氟碳铈矿，少量硅钛铈矿及氟碳钙铈矿。氟碳铈矿粒度在0.1～1.0mm，浅黄色、粒状。伴生矿物有重晶石、萤石、铁矿物、锰矿物、方铅矿等。四川稀土矿埋层浅，有害杂质少，相比包头白云鄂博稀土矿更易于采选及冶炼加工。

江西、福建、广东、湖南、广西、云南等南方各省区广泛分布有风化壳离子吸附型稀土资源，在海南等沿海地区还有富含磷钇矿（重稀土矿物原料）的海滨沉积型砂矿。这些资源的主要特点是富含中重稀土，且占比大、价值高。我国特有的风化壳淋积型稀土矿床，也称离子吸附型稀土矿床。所谓"离子吸附"系指稀土元素不以化合物的矿物形式存在，而是呈离子状态吸附于黏土矿物中。这些稀土易为强电解质交换而转入溶液，不需要破碎、可以用电解质溶液直接浸取的化学选矿法生产混合稀土氧化物或碳酸盐精矿产品。该技术适于手工和半机械化开采但不适合重选、磁选和浮选技术。提取技术看似简单，但要满足收率和环保要求则十分艰难[1]。

本章将着重介绍我国上述三种主要稀土矿资源的采选工艺进展情况。

一、白云鄂博稀土矿

1. 资源特点

我国内蒙古自治区包头的白云鄂博矿是世界上最大的稀土矿床，提供了我国70%以上稀土产品的原料，在我国稀土工业中占有举足轻重的地位。白云鄂博矿矿物种类多，组成复杂，其中稀土矿物主要为氟碳铈矿和独居石，二者比例约为7:3或6:4。矿石类型多，嵌布粒度细，矿物间共生关系密切，矿石中90%以上的稀土元素存在于独立矿物中，约有4%~7%分散在铁矿物和萤石中。稀土矿物粒度通常在0.01~0.07mm之间，其中70%~80%的稀土矿物粒度小于0.04mm。主要脉石矿物为钠闪石、钠辉石、黑云母、方解石、白云石、重晶石、磷灰石、黄铁矿、石英、长石等。由于稀土矿物的可浮性与方解石、磷灰石、重晶石、萤石相近，磁性与赤铁矿、钠辉石、钠闪石等相近，密度与铁矿物、重晶石相近，因而选别分离难度极大[2]。

2. 现行选矿工艺

白云鄂博矿开采的主东矿铁矿石中REO平均含量在5%。目前包钢采用弱磁-强磁-浮选工艺生产稀土精矿。该工艺首先将原矿石磨至-200目占90%~92%，通过弱磁选分选出弱磁铁精矿；弱磁尾矿进入强磁粗选（磁感应强度1.4T），赤铁矿及主要稀土矿物进入强磁粗精矿；该强磁粗精矿经强磁精选（0.6~0.7T），得到的强磁铁精矿和弱磁铁精矿合并进入反浮选，去除其中的萤石、稀土等脉石矿物后得到合格的铁精矿产品。强磁中矿和强磁尾矿作为浮选稀土原料，采用H_{205}、水玻璃、J_{102}（起泡剂）组合药剂，在弱碱性（pH=9）矿浆中浮选稀土矿物，经一次粗选、一次扫选、二次（或三次）精选得到REO≥50%的混合稀土精矿及REO≥30%的稀土次精矿，浮选作业回收率为70%~75%。部分企业在处理含磁铁矿较多的原料时，采用弱磁-浮选流程，将原矿磨至-200目约占90%后，弱磁选出磁铁矿，尾矿浓缩后进入稀土浮选，采用水玻璃、J_{102}和H_{205}，经过一次粗选、一次扫选、二次（或三次）精选，得到品位50%～60%的稀土精矿和34%～40%的稀土次精矿[2]。

以实现金属、非金属多矿物综合回收利用为目的的包钢氧化矿工程选矿工艺2014年底建成投产，可年处理白云鄂博铁矿主、东矿氧化矿石600万吨。该工程磨选系统共由三部分组成。第一部分为新建铁选矿厂，主要采用两段连续磨矿-弱磁-强磁-磁选精矿再磨-反浮选工艺处理铁矿石，主要产品为全铁品位为64.5%的铁精矿，可处理原矿600万t/a；第二部分为新建稀土选矿厂，主要采用浮选工艺处理铁选矿厂强磁尾矿，并对得到的稀土精矿进行过滤-干燥-包装，主要产品为REO品位为50%的稀土精矿，可处理铁选矿厂强磁尾矿342万t/a；第三部分为新建铌选矿厂，可处理铁选矿厂浮选尾矿和稀土选矿厂浮选尾矿386万t/a，主要采用阶段磨矿-阶段磁选-铁反浮选-稀土浮选-混合浮选-硫浮选-铁正浮选-重选-脱硫脱铁浮选-铌浮选-萤石浮选工艺综合回收选铁、选稀土尾矿中的铁、稀土、硫、萤石和铌精矿产品，主要产品共有5种，分别是全铁品位为64.5%的铁精矿、REO品位为50%的稀土精矿、S品位为30%的硫精矿、Nb_2O_5品位为5%的铌精矿和CaF_2品位为95%的萤石精矿。该工艺较好实现了白云鄂博矿产资源的综合利用[3]。

3. 浮选工艺

富集稀土矿物较多采用浮选方式进行。稀土矿物浮选药剂的重大突破是我国稀土选矿工业发展的重要转折点。20世纪80年代，包头稀土研究院发明的特效稀土捕收剂芳基邻羟基羟肟酸（H_{205}），对白云鄂博矿的稀土选矿技术突破发挥了关键作用。H_{205}浮选稀土矿物的选择性好，捕收能力强。在增添起泡剂后，抑制剂简化到只需添加水玻璃，就使稀土精矿品位及回收率显著提高。工业试生产期间，浮选给矿（重选精矿）稀土品位23.12%（REO），浮选稀土精矿品位62.32%（REO），浮选作业回收率74.74%。在稀土的分选上，可以从白云鄂博矿各种形式的原料中选出稀土精矿，也可以从各种尾矿中包括强磁尾矿、强磁中矿、现行排出的总尾矿和堆存几十年的尾矿坝的尾矿分选出高品位的稀土精矿。由于H_{205}的出现，铁的选矿工艺可以不用考虑稀土的回收，不但能选出高品位稀土精矿，还能分选出氟碳铈精矿和独居石精矿，而且都进行过工业试验和工业生产[4]。

鉴于浮选过程中药剂是实现矿物分离的关键，有必要发展新型浮选药剂以及研究浮选过程机理。Zhang 等[5]研究了白云鄂博氧化矿弱磁尾矿浮选稀土的粗选工艺，采用稀土捕收剂 p8（有效成分为异羟肟酸）进行粗选，稀土精矿品位和回收率分别为 23.36%和 89.39%；采用稀土捕收剂 p8-2（有效成分为异羟肟酸）的稀土精矿品位和回收率分别为 24.29%和 89.17%，浮选效果优于 p8。李娜等[6]采用 FTIR 和 XPS 分析方法，研究了白云鄂博稀土矿物氟碳铈矿和独居石与邻羟基萘甲基羟肟酸作用的光谱学性质。结果表明，捕收剂 LF-8（有效成分为苯羟肟酸）对氟碳铈矿、独居石的吸附是物理吸附和化学吸附共同作用的结果。

对稀土矿物连生特征的研究不够充分也是制约白云鄂博矿石中稀土资源开发利用率的关键因素之一。李娜等[7]研究了白云鄂博弱磁尾矿稀土矿物连生特征及其对浮选的影响。结果表明，弱磁尾矿中主要的稀土矿物氟碳铈矿和独居石主要以单体形式存在，并伴有少量连生体。连生体中矿物嵌布关系复杂，连生形式多样，包裹现象普遍；少量氟碳铈矿与石英、长石、闪石、萤石和赤铁矿等连生，或以微细粒包裹体存在于钠铁闪石、赤铁矿和磷灰石中，形成复杂的多相连生体；少量独居石呈微细粒自形晶与钠铁闪石、霓石、萤石、方解石以及赤铁矿形成连生体，钠铁闪石、霓石和方解石中见独居石包裹体。由于该矿物的连生特征，在水玻璃+LF-8 药剂技术下浮选高品位稀土精矿时，需适当提高弱磁尾矿中稀土矿物的解离度，同时加强对萤石、磷灰石的抑制作用，进一步处理浮选中矿，以保证稀土与硅酸盐、碳酸盐、萤石和磷灰石等矿物的解离，提高稀土精矿的选别指标。

段海军等[8]研究了粒度对混合稀土矿物浮选过程的影响，为稀土浮选富集工艺提供了有价值的指导。结果表明，白云鄂博混合稀土精矿的浮选动力学与一级动力学模型的匹配度最高，同时不同粒径的颗粒对矿物浮选行为产生较大影响。在混合稀土纯矿物分批刮泡粗选中，$10\sim40\mu m$ 粒径颗粒的浮选速率常数及稀土的最大回收率均大于<$10\mu m$ 和>$40\mu m$ 粒径颗粒；而对于混合稀土矿物一次粗选、三次精选浮选流程来说，随着精选次数的增加，可浮性优的颗粒（$10\sim40\mu m$ 粒级）在浮选精矿中的富集程度逐渐增大，并且在第 3 次精选精矿中其比例远高于可浮性差的颗粒。

工业实践过程中，磨矿选铁时产生的次生矿泥常连同脉石附着在稀土矿物表面，跟随稀土矿物进入浮选精矿，从而降低稀土精矿的品位和稀土矿物的浮选回收率。因而，在实际浮选的过程中，需克服颗粒之间的互凝作用，实现对矿浆的有效分散。马林林等[9]通过浮选实验、透光率测试、显微镜观察、DLVO理论（由Derjaguin、Landau、Verwey 和Overbeck 4 人提出，用于预测液体介质中颗粒之间的相互作用）计算研究了一种非离子型表面活性剂辛基酚聚氧乙烯醚（OP-10）对白云鄂博稀土矿物浮选分散性的影响。结果表明，当抑制剂和捕收剂用量相同时，在适宜的OP-10用量的前提下，不同温度下所得精矿品位和稀土回收率都有明显改善；加入分散剂OP-10后，透光率显著降低，分散性增加；与不加OP-10时相比，加入OP-10后低于38μm的颗粒所占的比重增加，分散性更好。DLVO理论计算结果表明，以长石、萤石、赤铁矿为代表的脉石矿物分别与氟碳铈和独居石之间的相互作用力由吸引变为排斥，促进了脉石矿物与稀土矿物颗粒之间的分离。

目前白云鄂博稀土矿用于稀土冶金的品位为50%的混合型稀土精矿杂质含量高，限制了其冶炼工艺的创新。朱永涛等[10]对REO品位为50%的白云鄂博稀土精矿进行了再选提纯试验研究，考察能否为冶炼企业工艺技术改进提供高品质精矿。实验浮选原料精矿REO品位为50.12%，杂质成分中CaO、Fe、F和SiO$_2$含量较高。以NaOH为pH调整剂、水玻璃为抑制剂、LF-8为捕收剂，经一粗三精二扫，中矿顺序返回闭路浮选，可获得REO品位为65.48%、回收率为92.23%的高品质稀土精矿。李梅等基于精料方针，构建新的选矿工艺理论。小试和工业试验表明：以50%稀土精矿为原料，通过多级连续闭路的选矿方式可得到高品位、高回收率稀土精矿。精矿品位>65%，回收率>92%，稀土精矿中钙、铁、硅等杂质含量显著降低。研究还开发了高品位稀土精矿浮选分离氟碳铈精矿和独居石精矿的高效选矿技术，工业试验得到REO>68%、纯度>96%的氟碳铈精矿和REO>62%、纯度>90%的独居石精矿，实现了两种精矿产品的高品位和高回收率分离[11, 12]。

4. 磁选工艺

弱磁尾矿中铁矿物和稀土矿物赋存状态"细""贫""杂"，导致分离提取困难，郑强等[13]采用一步法焙烧，尝试将弱磁尾矿中赤铁矿还原为强磁性的磁铁矿，同时稀土矿物被分解为稀土氧化物，再通过弱磁选工艺，将磁性铁矿物和稀土氧化物有效分离。在弱磁尾矿中添加煤作为还原剂以及Ca(OH)$_2$和NaOH作为分解剂，在适当的焙烧温度下一步焙烧将铁氧化物还原为强磁性的Fe$_3$O$_4$，同时分解稀土矿物。研究发现，在焙烧温度650℃，焙烧时间60min，粗选磁场强度160mT，精选磁场强度100mT，矿浆流速0.80cm^3/s，矿浆浓度液固比25：1条件下，可以从全铁品位14.10%，稀土品位9.45%的弱磁尾矿中获得品位（TFe）57.10%、回收率（TFe）70.44%的磁选精矿，品位（REO）12.27%、回收率（REO）95.92%的磁选尾矿。

5. 组合选矿工艺

现有弱磁-强磁-浮选工艺过程中，大量稀土及其它有价资源都留存在尾矿中，造成稀土回收率低。为最大限度地回收利用白云鄂博矿石中的稀土资源同时又兼顾铁的回收，凡红立等[14]对原矿直接浮选稀土然后回收铁选别流程进行了实验研究。采用羟肟酸类药剂作为稀土矿物的捕收剂，油类起泡剂，水玻璃作为脉石矿物的抑制剂。原矿首先经粗碎、中碎、细碎、磨矿后进行一粗浮选，磨矿细度<0.074mm 占 85%，捕收剂用量为 12kg/t，起泡剂用量为 40g/t，抑制剂用量 0.4kg/t，可获得稀土品位为 23.71%、回收率为 85.20%的粗精矿。再对粗精矿进行三次精浮选，粗尾矿进行磁选。三次精浮后获得稀土品位为 41.50%、回收率为 41.87%的稀土精矿。粗尾矿一次磁选可获得铁品位为 67.00%、回收率为 65.67%的铁精矿。该工艺稀土得到了理想的回收指标，同时铁也得到了回收。

白云鄂博矿石选铁尾矿每年产生 600 多万吨，稀土含量在 8%～10%，含铁量在 15%左右，是分选稀土精矿的原料。目前选铁尾矿中细粒级的稀土矿物回收难度较大；选铁尾矿中铁矿物由于嵌布粒度很细，且与含铁硅酸盐、碳酸盐等脉石矿物紧密共生，也导致铁矿物回收难度大。姬俊梅[15]开展了弱磁选尾矿选矿技术研究，实验了浮选-磁选-浮选新工艺对弱磁选尾矿进行选别，即首先采用高效合理的药剂组合通过浮选获得稀土氧化物品位 52.90%、回收率 71.39%的稀土精矿；稀土尾矿和中矿通过磨矿使铁矿物大部分单体解离，然后通过强磁作业获得较高品位的铁浮选给矿，再采用选择性强的药剂经过正浮选铁获得全铁品位 63.22%、回收率 22.67%的铁精矿。该工艺将尾矿中的细粒铁矿物进行二次回收，同时将较粗粒级的稀土矿物进行回收利用，获得了较好的选别结果。

6. 尾矿的综合利用

白云鄂博矿自开采以来，一直以铁矿需求量定产，稀土资源利用率低，目前广泛应用的弱磁-强磁-浮选工艺流程，稀土的回收率不足 20%，绝大部分稀土被排入尾矿库，不仅造成环境污染，也造成了铁、稀土和铌等资源的浪费。经过 50 多年的生产，尾矿库中的稀土储量已与主东矿相当，被称作"人造稀土矿"，但成分更为复杂。基于我国稀土资源的合理利用和环境保护，对于尾矿中有价矿产资源的综合利用研究已势在必行。

为了寻求简易可行的选矿流程，有效地利用尾矿库中的宝贵资源，已有大量对包钢公司选矿厂尾矿库的尾矿进行稀土回收研究和试验报道。1982年，包钢公司采用高效稀土捕收剂从总尾矿中回收稀土，稀土精矿品位突破了60%，甚至可以得到68%的特级稀土精矿。2002年，内蒙古地质矿产实验研究所采用重选-浮选联合流程和单一浮选流程对包钢选矿厂尾矿库中的稀土进行选别。重选精矿进行浮选，稀土品位由6.17%提高到47.3%；单一浮选流程通过"一粗一扫二次精选"，稀土精矿品位可达43.80%，回收率59.72%[16]。包钢集团矿山研究院采用混合浮选-优先浮选-磁选（浮选）工艺流程处理尾矿，所得稀土精矿品位达到60%以上，回收率达到87%，同时得到萤石富集物[17]。内蒙古科技大学以水杨羟肟酸作为捕收剂，从包钢稀土浮选尾矿中回收稀土，通过"一粗二精一扫"，可获得品位为53.24%、回收率为25.31%的稀土精矿[18]。另外，2005年，沈阳化工研究院开始利用化学方法从包钢选矿厂尾矿中富集及提取稀土的研究工作。首次在低温下通过碳热氯化反应使尾矿中的铁、铌、钙、钡、镁等元素氯化除去，从而达到提高稀土品位的目的[19]。

包头稀土研究院近年来对尾矿库中尾矿进行了细致全面的工艺矿物学分析[20]。研究显示，尾矿试样主要包含萤石、赤铁矿、氟碳铈矿、独居石以及硅酸盐和碳酸盐类等脉石矿物，其中萤石矿物含量为25.4%，稀土矿物占9.8%，赤铁矿和磁铁矿分别为17.4%和2.0%，Nb_2O_5含量为0.16%，含铌矿物主要有铌铁金红石、铌铁矿和易解石等。稀土矿物嵌布粒度较细，一般小于0.05mm，稀土矿物与其伴生矿物的解离度为84.18%，磨矿产品解离度达到92.99%。采用"浮选稀土-浮选萤石-磁浮选铁"流程处理包钢尾矿库中的尾矿，可分别得到稀土精矿、萤石精矿、铁精矿产品和铌富集物，实现尾矿资源的综合利用。采用"一粗三精一扫"流程浮选稀土，得到的稀土精矿品位60.32%（REO），回收率71.19%；稀选尾矿磨矿粒度达到-500目占67.4%后，采用"一粗六精"流程浮选萤石，其中尾矿、中矿1抛尾，中矿2、中矿3、中矿4合并集中返回至萤石浮选原矿，得到品位为95.13%（CaF_2）、回收率78.79%的萤石精矿。浮选萤石尾矿采用"磁选-浮选"工艺得到的铁精矿品位64.81%（TFe），回收率61.53%。铌矿物在选铁尾矿中富集，品位0.19%（Nb_2O_5），回收率79.49%。在此基础上，确定了白云鄂博尾矿全面回收稀土、铁、萤石和铌等资源综合利用的工艺流程。

张悦等[21]结合尾矿的矿物学性质，融合磁选、浮选、焙烧等选别手段，开发了强磁选-稀土、萤石分别浮选-铌铁还原焙烧-弱磁选联合工艺，可对铁、稀土、铌和萤石4种组分进行综合回收，经对联合工艺流程中各工艺参数的优化研究，可使 4 种组分得到较高的回收率和品位指标。其中铁精矿产品的 TFe 品位可达 74.79%，对原矿 TFe 回收率为 80.04%；稀土精矿品位达到 30.12%，对原矿 REO 回收率达到 36.91%；经焙烧-弱磁选后的铌精矿以复合酸浸出，浸出液对原矿回收率达到 49.82%；原矿中的萤石品位 10.12%，经稀土浮选后中矿、尾矿进入焙烧流程，该部分萤石被回收利用作为焙烧过程的助熔剂，剩余部分经萤石浮选富集可得到品位 80.08%、对原矿回收率 65.55% 的萤石精矿，萤石的总回收率达到 75.67%。

为合理利用白云鄂博尾矿库中的二次资源，付强等[22]对白云鄂博尾矿中稀土的赋存状态进行了研究。结果显示，尾矿中稀土元素含量为 5.06%，稀土主要以独立矿物形式存在，赋存于以氟碳铈矿为主的氟碳酸盐占有率为 72.34%，分布于独居石矿物中的占有率为 26.52%，还有 1.15% 的稀土分布于易解石及烧绿石矿物中。稀土矿物的粒度普遍偏细，大部分在 0.045mm 以下；从稀土矿物的连生特征来看，稀土矿物与萤石、磷灰石、霓石及磁铁矿等嵌布关系非常密切，常见稀土矿物与它们交错嵌生或者呈微细粒包裹于这些矿物中，磨矿过程中很难完全实现单体解离，在选矿过程中难以与其它矿物分离，对稀土回收率及精矿品质存在较大影响。鉴于尾矿中稀土的赋存状态复杂，建议采用选矿-冶炼相结合的方法，以最大程度利用该尾矿中的稀土资源。

二、四川氟碳铈矿

1. 资源特点

为更好地开发利用四川氟碳铈矿稀土资源，为进一步确定合理的选矿方法提供可靠的依据，并丰富该类型矿石的矿物学资料，陆薇宇等[23]研究了四川某稀土矿矿石中稀土的赋存状态，矿物的嵌布特征，并就影响选矿指标的矿物学因素进行了分析。结果显示，矿石中的稀土总量为 9.93%，稀土元素主要为镧系元素铈、镧，稀土矿物主要为氟碳铈矿，氟碳铈矿中所含稀土占矿石总稀土含量的 99.72%。矿石中的脉石矿物主要为石英、长石、角闪石、黑云母等硅酸盐矿物。矿石中的氟碳铈矿含量较高，粒度大小中等，多数结晶完整，且较为纯净，有利于回收。少量氟碳铈矿中包含 0.02~0.04mm 的细粒角闪石，需细磨才能解离；此外，氟碳铈矿与重晶石、褐铁矿的比重相似，与褐铁矿、黑云母、角闪石等弱磁性矿物磁性相近，可浮性与萤石、重晶石相近。因此，该矿石不适合采用单一的重选、磁选和浮选。

2. 现行生产工艺

在 20 世纪 90 年代小型稀土矿选矿厂中曾广泛应用单一重选工艺处理四川稀土矿，原矿磨矿（或用打砂机简单破碎）至<2mm 左右后进行摇床重选，可获得 TREO 含量 60%～65%的氟碳铈矿精矿，但稀土回收率仅为 40%左右。2014 年前冕宁县及德昌县境内大部分稀土矿企业生产采用的主要选矿工艺为重选-干式磁选工艺。原矿利用颚式破碎机或锤式破碎机碎至<10mm 左右，再采用溢流型球磨机一段闭路磨矿至<2mm，溢流经圆筒筛分级，筛上产品返回球磨，筛下产品进入"一粗一精二扫"摇床重选作业。摇床一段中矿进行再选，再选精矿和精选精矿合并后进入沉淀池沉淀后，采用烘干机烘干。烘干后的精矿产品采用盘式干式磁选机磁选，精矿作为最终精矿产品，尾矿产品堆存。最终氟碳铈矿精矿 REO 含量 65%～70%，回收率 50%左右。其中冕宁式稀土矿回收率可达 60%，德昌式稀土矿回收率约 40%～50%[24]。

四川省地矿局成都综合岩矿测试中心及中国地质科学院成都矿产资源综合利用研究所共同开发了强磁选-浮选工艺。原矿粗磨-分级后，粗粒级进入强磁选，强磁精矿再磨后与细粒级合并进入浮选作业。REO 品位 2%～3%的原矿选别后，最终可获得 REO 品位 67%以上、回收率 45%左右的稀土精矿Ⅰ和 REO 品位 60%以上、回收率 15%～20%的稀土精矿Ⅱ，解决了共伴生关系复杂的微细粒氟碳铈矿选矿难题，达到了稀土精矿品位及回收率均达到 60%的良好指标。该工艺已于 2012 年得到工业应用，投产后运行平稳[24]。

四川某新建选矿厂应用了强磁选-重选-浮选工艺。原矿一段破碎（<100mm）-粗磨（半自磨<0.5mm）-强磁选-强磁精矿摇床重选-重选尾矿再磨浮选工艺回收稀土矿。粗磨后的筛下物首先进行弱磁选去除强磁性矿后，经高梯度磁选，选出的稀土粗精矿再经摇床重选，获得重选稀土精矿，尾矿经二段磨矿分级进行浮选，获得浮选稀土精矿，浮选尾矿与强磁尾矿合并，再经三段分级，>0.15mm 粒级磨至<0.074mm 占 75%左右，<0.038mm 粒级排入尾矿库，0.038～0.15mm 粒级进入浮选回收萤石重晶石。该工艺获得稀土精矿的指标尚需进一步的工业实验数据积累[24]。

也有选矿厂采用浮选-高梯度磁选工艺。原矿磨矿至-0.074mm 占 60%～70%进行浮选，浮选精矿经高梯度磁选后，磁选尾矿返回浮选或采用摇床重选。浮选前先用硫化矿捕收剂进行"一粗二精"脱除硫化铅矿浮选，浮选采用氢氧化钠调浆并分散矿泥，水玻璃作脉石矿物硅酸盐的抑制剂，水杨羟肟

酸和 H_{205} 作为捕收剂进行"一粗二精三扫"稀土浮选，浮选精矿进高梯度磁选。在原矿 REO 品位 5%左右的条件下，可获得 REO 含量 60%左右、回收率 50%左右的稀土精矿。

为提高稀土回收率及精矿品位，适于四川稀土矿的新选矿工艺近年陆续得到开发应用。最新研究主要集中在新型浮选药剂和组合选矿工艺方面。

3. 浮选药剂

稀土选矿不仅对分选工艺要求极其严格，其对浮选药剂的要求也特别高，与其它资源加工相比更需要高效的选矿工艺和浮选药剂。因此，尽管四川稀土矿选矿工艺已呈现重-磁-浮组合的发展趋势，但浮选工艺是提高选矿中稀土回收率的重要一环。国内外选矿工作研究者针对氟碳铈矿捕收剂的捕收性以及选择性做了大量的基础研究，从中筛选和开发出各种不同类型的氟碳铈矿捕收剂，如含磷浮选剂、含氮浮选剂和脂肪酸类捕收剂等，其中已应用到氟碳铈矿的实际生产中的捕收剂主要有脂肪酸类和羟肟酸类捕收剂。羟肟酸是氟碳铈矿的良好捕收剂，但其原料及合成的成本过高；另外，目前工业中应用的羟肟酸通常只有一个羟肟基官能团，用于浮选氟碳铈矿时的捕收能力较弱，其结合能力及其结合的牢固程度都有待提高。以油酸为代表的烷基羧酸类捕收剂浮选要求的 pH 很严格，虽能成功浮选稀土，但由于浮选条件苛刻，回收率和精矿品位都偏低。

王浩林[25]尝试了在羟肟酸分子中引入更多的有效官能团，以提高药剂的捕收性能、降低药剂用量，节约成本。研究发现，以癸二酸二甲酯为原料与羟胺反应合成的癸二羟肟酸（SAHA）具有更好的氟碳铈矿捕收能力。何晓娟等[26]研究对比了烷基羟肟酸、H_{205}、L_{102}（主成分水杨羟肟酸）和改性的烷基羟肟酸（MAHA）对高泥铁复杂稀土的分选效果，发现以 MAHA 为捕收剂，采用创新的不脱泥直接加温浮选工艺，可成功分选常规稀土捕收剂不能良好分选的高泥铁复杂稀土矿，证明了 MAHA 对稀土矿物捕收效果的优越性，取得了良好的分选指标；进而以 MAHA 作为捕收剂，研究了其对典型稀土矿物-氟碳铈矿在不同矿浆 pH 下的浮选行为，探讨了 MAHA 与氟碳铈矿、独居石等稀土矿物的作用机制，为相似稀土矿的浮选实践提供指导。

相比于 $1×10^{-4}$ mol/L 羟肟酸类捕收剂浓度，烷基膦酸类捕收剂仅需 $5×10^{-6}$ mol/L 浓度即可实现良好的氟碳铈矿捕收效果[27]。在相同捕收剂表面覆盖率（8.3%）条件下，月桂醇膦酸盐捕收剂在氟碳铈矿表面较羟肟酸类有更强的疏水性[28]。月桂醇磷酸盐捕收剂对氟碳铈矿有比方解石和石英脉石更好的浮选响应，可获得比羟肟酸类捕收剂更好的浮选选择性[29]。Liu 等[30]对烷基膦酸类捕收剂在氟碳铈矿浮选过程中的疏水性、选择性和吸附态等进行了系统研究。接触角和微浮选结果显示，烷基膦酸类（月桂醇膦酸盐和 2-乙基己基膦酸）可在相当低的捕收剂浓度下实现氟碳铈矿的浮选。与月桂醇膦酸盐相比，在不牺牲回收率的情况下，2-乙基己基膦酸从方解石中浮选氟碳铈矿获得精矿品位可由 52%提高到 95%。密度泛函和分子动力学模拟理论计算结果显示，化学吸附的烷基膦酸单分子层是产生疏水性的原因，相比于月桂醇，2-乙基己基膦酸更低的反应活性使其具有更高的选择性。

Wanhala 等[31]通过实验和计算研究了辛基羟肟酸浮选氟碳铈矿过程的机理，以为新型更高效浮选试剂的设计提供指导。研究发现，浮选过程中发生了羟肟酸功能团振动频率的变化，该变化可对应于与氟碳铈矿中 Ce 的络合；在低浓度表面负载时为单齿化学吸附机制，更高浓度时则转变为双齿化学吸附机制。这一解释与通过密度泛函理论计算的分子振动频率迁移以及和频振动光谱测量的碳氢链取向结果相符。辛基羟肟酸与稀土 La 和 Ce 氟碳铈矿表面的键合焓测量也显示该试剂与氟碳铈矿的配位结合能力好于普通的脉石矿物，如 $CaCO_3$。

为实现氟碳铈矿、方解石、重晶石、萤石等有用矿物的综合分选，东北大学[32]研制了一种新型饱和脂肪酸改性类捕收剂 DT-2，探讨了四种矿物在新型药剂 DT-2 体系下的浮选特性，还研究了 DT-2 与上述矿物表面间的作用机理。试验结果表明，在矿浆温度 20℃、DT-2 捕收剂用量 33.34mg/L、pH=8 时氟碳铈矿的回收率为 26%，脉石矿物的回收率均在 95%以上，可以实现氟碳铈矿与脉石矿物的分离，因此 DT-2 可以考虑作为反浮选捕收剂。机理研究发现，该捕收剂表现出不同于以往捕收剂的性质，即捕收剂 DT-2 与氟碳铈矿以及脉石矿物之间均不存在静电吸附，而是发生了化学吸附，为 DT-2 类捕收剂在氟碳铈矿分选提纯中的应用提供了理论基础。

4. 组合选矿工艺

氟碳铈矿是顺磁性矿物，比磁化系数低，可采用强磁选进行选别。但常规强磁选设备产生的磁感应强度低，不足以提供有效分选微细弱磁性和微弱磁性矿物颗粒的磁场力，导致常规磁选设备不能有效回收该类型矿物。而超导技术在磁选设备中的应用可提供足够高的磁感应强度，提高作用于微弱磁性矿物颗粒的磁场力并实现微弱磁性矿物的有效分选，为微弱磁性矿物的分选提供了契机。胡义明等[33]根据超导高梯度磁选机的特点及矿物比磁化系数的差异，将超导高梯度磁选机应用于四川德昌大陆槽稀土矿浮选精矿的除杂。结果表明，超导高梯度磁选将浮选精矿的 REO 品位由 50.31%提高到 63.56%，实现了微细微弱磁性矿物氟碳铈矿与非磁性矿物的高效分离与回收，有效改善了氟碳铈矿精矿的质量。采用"一粗一扫二精"的闭路浮选和超导高梯度磁选组合工艺，在最佳工艺条件下获得了 REO 品位和回收率分别为 63.56%和 82.21%的稀土精矿。超导高梯度磁选为微弱磁性矿物提供了足够高的磁场力使其有效捕获，并可有效改善微弱磁性矿物精矿品质，将成为一种经济清洁有效选别微弱磁性矿物的方法。

王成行等[34, 35]近期研究了针对四川牦牛坪稀土矿的"湿式强磁富集-重选粗粒稀土-浮选细粒稀土"组合选矿技术路线。浮选是氟碳铈矿、重晶石与萤石的回收与分离的有效方法之一。然而，氟碳铈矿嵌布粒度粗，性脆易碎，直接磨至矿物可浮选的较优粒级，势必会造成矿物的过粉碎，粗选段直接浮选回收并不合理。在遵循矿物分选"能收早收，能丢早丢"基本原则的前提下，磁选和重选则是粗粒氟碳铈矿回收的优选方案。重选时重晶石与氟碳铈矿同步富集，后续仍需精选再分离；而强磁选可使氟碳铈矿与其它矿物分流，利于后续分别集中精选。湿式强磁选试验结果表明，矿石先磨矿至 1.00mm 粒度以下，再经 1.0T 的高梯度湿式强磁选，可获得 REO 品位 10.20%，稀土回收率达 90.60%的强磁选精矿，绝大部分的重晶石、萤石和脉石进入到尾矿，强磁选尾矿产率高达 80.57%，可见强磁选预先富集方案切实可行。但此时强磁选精矿中 REO 品位并未提高至稀土精矿高品位的要求，其主要原因在于石英等脉石矿物经铁介质磨矿后，矿物表面被铁质物污染而表现出弱磁性而进入到了强磁选精矿中，不过，因其与氟碳铈矿的密度差异明显，重选可实现两者的分离。但由于氟碳铈矿磨矿过程中产生一定量的细粒矿物，加之选矿机械设备的局限性，磁重联合方法仍无法有效回收，需再借助浮选技术。综上，最终确定了选矿原则工艺流程为"磨矿分级-弱磁选-强磁选-粗精重选-重精强磁选-中矿再磨-浮选"组合新工艺。经实验，获得了 REO 65.93%，总回收率 83.26%的高品位稀土精矿。

中国地质调查局成都综合所完成了"攀西难选稀土矿低碳高效利用新技术开发及应用"项目，主要针对四川德昌大陆槽稀土矿物粒度细、嵌布关系复杂、含泥高等特点，进行了工艺矿物学、选矿新工艺与新药剂试验研究，开展了实验室试验、扩大试验和工业试验。开发的"浮团聚-磁选"新工艺，可用于选矿难度大的稀土矿，避免稀土选矿过程需要高温浮选矿浆而造成的能源消耗，同时能提高难选细粒稀土矿物的回收率和稀土精矿产品的品位，从而大幅提高资源的利用效率。该工艺先通过浮选方法，将细粒级稀土矿物颗粒团聚富集成大尺寸颗粒，再通过磁选进一次提纯从而得到合格产品。与传统"重-磁-浮"工艺相比，简化了流程，降低了投资，提高了技术经济指标。研制出的浮选促进剂 EM-312，使浮选温度由 40℃以上降至 8～10℃，实现了稀土矿的常温浮选，降低了单位稀土精矿产品的能耗，节能效果显著。"浮团聚磁选"新工艺已在某稀土选矿厂成功应用，稀土精矿的REO 品位由原来的 55%提高到 60%以上，REO 总回收率由 20%提高到 55%以上[36]。

5.尾矿的综合利用

2013 年之前，牦牛坪稀土矿主要采用磨矿-重选-干式磁选工艺进行生产，稀土精矿 REO 回收率仅 50%～60%，大量有价组分进入尾矿外排，造成资源浪费。陈福林等[37]基于对冕宁牦牛坪稀土尾矿进行工艺矿物学分析研究，并提出了综合回收工艺路线。冕宁牦牛坪稀土尾矿 REO 含量 1.46%，具有再回收价值，主要脉石矿物为铝硅酸盐矿物，碳酸盐含量较少，主要有用矿物为氟碳铈矿、重晶石及萤石；有用矿物的共伴生与镶嵌关系相对简单，氟碳铈矿主要与长石、石英连生，细粒级中氟碳铈矿主要以单体形式存在，少量与褐铁矿及石英等连生；重晶石与萤石在该矿石中主要以单体形式存在，少量与其它脉石矿物连生。需研究确定适宜的磨矿工艺，使得主要有用矿物充分与脉石矿物解离，同时不产生过磨泥化。研究发现，该稀土尾矿可通过预先筛分-筛上产品再磨后与筛下产品合并进行磨矿的方式实现有用矿物单体解离，进而采用强磁选预先富集-强磁精矿浮选-强磁选工艺回收稀土，稀土再选尾矿浮选回收萤石，重晶石则可采用重选、浮选联合工艺回收。

三、离子吸附型稀土矿

1.开采技术现状

离子吸附型稀土矿床是含稀土矿物的原岩（花岗岩、酸性火山岩、超基性岩和碳酸盐岩）在温暖湿润的气候下风化淋积而成，属次生矿种，也是中国特有的一种得到广泛开发的高价值矿种。此类稀土矿床品位普遍较低，同时具有厚度小、分布广且不均匀的特点，且用重选、磁选、浮选等常规物理选矿方法无法将其富集回收。

　　离子型稀土资源提取技术经历了从无到有、从粗到精的多次突破，中国科技工作者在此方面开展了大量卓有成效的工作。先后发明了以氯化钠、硫酸铵为主要浸取剂，以池浸、堆浸、原地浸矿等多种溶浸方式的开采工艺。离子吸附型稀土开采工艺主要经历了四个阶段：第一阶段是1969～1979年的初始阶段，主要用氯化钠桶浸或池浸-草酸沉淀或萃取分组工艺进行小规模的生产，开拓市场；第二阶段是1979～1989年的快速发展期，主要用硫酸铵浸取-碳酸氢铵或草酸沉淀技术生产，由于流程短，质量高，环境影响小，使工业化生产规模得到空前的壮大。这两个阶段也可称为池浸开采工艺阶段，此时稀土浸取率高（大于90%），但采矿率不高，采浸率不足70%。与此同时，随着人员工资的提高，人工成本急剧增大。在第一阶段中，原材料成本较高，环境影响大，因要消耗大量NaCl和价格高的草酸，导致严重的土地盐碱化，影响动植物正常生长。第二阶段的浸矿剂采用$(NH_4)_2SO_4$，沉淀剂采用碳酸氢铵，使土地盐碱化程度、废水产生量和生产成本都大大降低，经济效益非常显著。第三阶段是1990～2009年的二十年，采用的浸取剂和沉淀剂与第二阶段相同，其主要特征是堆浸和原地浸矿技术的提出与推广应用。由于机械化程度的提高和生产规模的扩大使生产效率不断提高，生产成本显著降低。同时也使产品价格急剧下降，但环境影响也十分严重；第四个阶段是2009年以后的十年，其主要特征是原地浸矿技术的推广，以及针对其环境和收率问题所开展的尾矿修复和新的提取技术的研发。

　　池浸和堆浸工艺开采过程均需进行表土剥离、开挖矿体的"搬山运动"，生产区域的表层植物破坏严重。而原地浸矿可以克服这一缺点，但由于技术没有过关，又盲目地强行推广，导致了更大的水土流失、稀土流失、滑坡塌方等事故。原地浸矿开采工艺的浸矿剂与矿土之间的相对运动比堆浸和池浸要大，离子交换浸取效率应较高。但在实际浸出过程中，由于矿床的不均匀性，硫酸铵浸矿剂的注入并不会均匀地通过矿层，使有的区域矿土中的稀土离子能完全浸出，但有的区域流经的浸矿剂少，稀土不能并被溶液渗流浸出，使稀土的收率仍然较低。况且由于能够真正熟练掌握原地浸矿开采工艺的专业技术人员极其稀缺，加之过去30余年由于离子型稀土原地浸矿工艺的技术瓶颈及政策监管的疏漏，离子型稀土矿长期处于掠夺式、粗放型开采，导致宝贵的离子型稀土资源大量流失和矿山环境严重破坏，证明原地浸矿工艺本身存在着一些不容忽视的缺陷，主要表现在以下几个方面。

　　1）收液率低

　　根据矿体底部基岩赋存状态和风化情况可分为简单地质和复杂地质两大

类型。根据开采工艺可分为简单工艺和复杂工艺两大类型，简单工艺类型的稀土矿具有天然的拦截浸出液功能，而复杂工艺类型则无此功能。不同地质类型的离子型稀土原地浸矿，浸出液回收率有较大差别。简单工艺类型的离子型稀土矿因存在防渗基岩底板或承压含水层，浸出液回收率较高，可达90%；而复杂工艺类型的离子型稀土矿在未构筑人造收液底板情况下，浸出液回收率仅50%左右。复杂地质类型的离子型稀土矿稀土储量约占离子型稀土总储量的80%，目前约90%离子型稀土矿产品产出于该类矿，因而离子型稀土原地浸矿浸出液回收率整体偏低。浸出液回收率低的原因主要是截流技术落后，不同复杂程度地质类型的稀土矿常采用同一套收液工序，针对复杂地质类型的稀土矿，未能提出有效的截流方案和实施方法，同时，施工过程缺乏理论指导，仅凭经验决策，且多采取人工作业模式，作业精度差。

2）浸出率低

近年来，对曾经的原地浸矿尾矿进行了实地勘查，发现仍然有许多稀土没有浸出。经复查，简单地质类型的离子型稀土矿山首次浸矿结束后保守估计至少还含有原储量35%以上的稀土矿物，直接证明了早期原地浸矿号称100%以上回收率的数据是虚假的或者是计算错误的，稀土浸出率仅60%左右。因此，推生了从尾矿中再次回收稀土的"复灌"工程，利用原浸矿山头原有的注、收液（或者重新构筑）工程进行"复灌"浸矿，获得的稀土产品仍可获利，江西龙南境内有些矿山甚至复灌两次以上。"复灌"现象的出现很大程度上是由于矿床不均匀性导致的浸矿盲区，浸出液无法顺利到达矿体内部，或者矿体饱和后浸出液无法及时流出，出现反吸附现象。当前，注液系统理论研究十分薄弱，浸矿盲区的形成机理、分布特征和影响因素分析不明，溶液在矿体内的渗流-传质规律掌握不够，造成注液和收液工序的实施缺乏理论性指导，处于相对盲目和被动的状态，导致稀土矿开采成本的提高和资源的浪费。

3）稀土和水资源流失严重

矿床的不均匀性使一些稀土难以浸出，浸出液稀土浓度过低，即一次注液对稀土的浸出不彻底，需要多次注、收液操作并提高浸矿液浓度。循环浸取次数过多和高浓度浸矿液的使用是导致浸矿过程各种原料和资源浪费的主要原因。

4）环境污染严重

离子型稀土原地浸矿收液过程中，浸出液会发生渗漏，导致水污染，尤其是复杂地质类型的离子型稀土矿山。

5）地质灾害频发

原地浸矿注液浸出过程中，在溶液渗流作用和化学反应作用下，矿物理化性能发生变化，若注液强度过大容易诱发地质灾害。理论与实践证实，加大注液强度有助浸出液回收率的提高，但肆意增大注液量，常使山头"晃动"。离子型稀土原地浸矿注液网孔的布置和注液强度的控制多凭经验而定，缺乏理论指导。注液过程不合理，没有考虑矿床不均匀性特征，导致矿体内某些区域"过浸"而某些区域"欠浸"。"过浸"区域矿体过度饱和，孔隙水压力增大，基质吸力降低，矿体稳定性减弱，是易诱发地质灾害的主要原因。

6）作业强度大，机械自动化水平低

稀土矿生产规模小、资源可采量有限，大、中型机械设备的引入和配套设施的建设成本大、可行性小。配置设备的成本大，加之无意识将工程外包，严重阻碍了矿山机械自动化进程。

2. 开采技术新进展

1）浸矿机理及工艺优化

发展提高稀土浸取效率的有效方法，对于进一步提高稀土浸出率、减少环境污染具有重要意义。先进提取技术的设计开发需基于离子吸附型稀土的交换特征进行。为此，需要进一步揭示影响稀土浸出的因素，研究不同电解质在稀土浸出过程中的行为，提出各种浸出机理来解释稀土的浸出过程。还需关注在不同浸矿剂浓度范围内稀土离子的交换浸出问题和矿山现场的流体动力学问题。在矿山原地浸析过程中，不同作业阶段的浸取剂浓度不同，加上雨水或干旱导致的实际浓度的变化都会影响到稀土离子的浸出效率，尤其是在后期顶补水浸矿过程中稀土离子的浸出行为与低浓度稀土的流失和矿山环境的控制直接相关。

孙园园等[38]采取柱上淋洗交换方式，对离子吸附型稀土的交换浸出动力学进行了深入研究，重点关注在较低浸矿剂浓度下稀土离子的浸出行为。结果表明，该类矿床中存在着两种类型的可交换稀土离子，它们的交换浸出动力学均可用"未反应芯收缩"模型来描述，为典型的内扩散控制过程，但浸出速率常数有明显的差别。拟合曲线为两段式，第一阶段的浸取速率较快，第二阶段的浸出速率较慢，分别对应于吸附在黏土矿物表面和内层的稀土离子。两阶段所涉及的稀土离子量与浸矿剂浓度相关；随浸取剂浓度的增大，两阶段浸出的差别越明显，第一阶段的浸出速度增大，浸出率增加；在低浓度下，拟合曲线接近一条完整的直线。浸取速率随矿样颗粒粒度的减小而增大，证明表面吸附的稀土离子量增加。再吸附稀土的解吸特征与原矿类似，但速度更快，证明在自然条件下经过漫长的迁移而形成的矿样中有相当一部分稀土已经进入到矿粒内层，或者与黏土矿物边界断裂键之间有相互作用，其浸出需要更长的时间或更高的浸取剂浓度。

许秋华等[39-41]基于水化理论和双电层理论，对一价阳离子电解质浸取稀土效率的大小次序及其与阴阳离子的关系进行了系统研究，提出了新的稀土浸取机理来解释各种电解质对稀土离子的浸取差异。发现硫酸盐体系的强浸出能力主要决定于黏土对硫酸根阴离子的吸附，而不是硫酸稀土配合物的形成。还基于稀土浸取效率的 pH 依赖关系，对矿中离子吸附型稀土进行了细分[42]。该研究认为以往采用硫酸铵溶液浸取的是易浸稀土，但主要吸附在矿物内层或边界断裂键区域的一部分稀土难以浸出，称之为难浸稀土，但只需把电解质溶液 pH 调低到 4 以下就可以浸取出来。据此，提出两段法浸出和石灰水护尾新工艺，可产生提高稀土提取效率和稳定矿山的协同效果，解决了难浸稀土的浸出问题[43]。基于 pH 对离子吸附型稀土的影响，先将大部分稀土用硫酸铵浸矿剂提取出来、再在水顶前增加酸性硫酸铵浸出的方法，可提高稀土回收率；第二阶段提高酸度可能会增加矿层不稳定性以及重金属离子析出，根据 Zeta 电位的研究结果，可采用石灰水护尾稳定矿体以及矿山中的重金属和放射性元素。石灰水护尾工序也适合于现行一段浸取工艺，是消除矿区废水产生和尾矿塌方滑坡的有效方法，具有广泛的推广应用价值。

为提高离子型稀土资源利用率，黄万抚等[44]对同一风化壳矿体的全风化层、半风化层、微风化层进行了赋存特征对比分析以及全风化层、半风化层中稀土的浸出试验研究，并对如何提高全风化层、半风化层中稀土的浸出率及降低杂质含量提出了建议。研究结果表明，半风化层、微风化层中稀土矿粗粒级产率高且仍赋存较高含量的稀土；随风化程度降低，石英、黏土矿物含量减少，长石、云母含量增加，离子相稀土比例减小，胶态相与矿物相增加；随粒级减少，离子相稀土比例增加，矿物相稀土反之，而胶态相稀土平均分布于各粒级。对比全风化层和半风化层稀土浸出情况，建议通过降低浸取剂 pH、增加浓度、降低流速、增加液固比来提高半风化层稀土浸出效果。

王莉[45]以龙南高钇重稀土矿中黏土矿物组分作为主要研究对象，基于矿物-水界面化学的相关理论，对离子吸附型稀土矿的浸出过程机理进行了研究。评价较高浓度浸取剂性能时，除需考虑浸取剂中阳离子交换能力、阴离子配位作用外，还应考虑阴、阳离子间相互作用对稀土浸出过程的影响。研究发现，矿物中活性反应部位主要集中在以高岭石为主的黏粒中，稀土离子可在此位点产生专性吸附；而矿物永久负电荷集中在黏粒的硅氧烷表面，能通过静电作用以离子交换的方式吸附稀土离子。溶液体系 pH、离子浓度是矿物表面电荷密度变化的主要影响因素，可能会对稀土在矿物表面的离子交换浸取过程产生影响；SO_4^{2-} 在矿物表面的配位吸附明显降低了矿物表面的正电荷密度，使矿物表面的离子吸附行为更加复杂化。水溶液中，pH 和电解质浓度会影响矿物间的聚集而影响稀土的浸出过程。极低浓度有机酸对稀土浸出过程具有明显的促进作用，主要表现在有机酸对矿物表面电荷性质的影响及其矿物表面水化的弱化作用上。

浸出液中的杂质铝对于后续的溶剂萃取分离产生显著的负面影响。稀土浸出动力学和铝浸出动力学存在明显差别，虽然它们浸出过程均受浸液渗流液固两相内膜扩散动力学控制，但杂质铝浸出过程受离子交换反应的化学动力学控制更明显。研究人员以江西龙南离子型稀土矿为研究对象，开展浸出铝动力学研究，结果表明，铝的浸出与稀土浸取反应相同，且均可用"收缩未反应芯模型"来描述；通过阿累尼乌斯图可知铝浸出过程表观活化能远大于稀土，但反应速率更低，这一特征揭示了稀土矿浸出过程有一定的动力学分离作用，可为探索稀土浸出过程除杂降铝提供工艺设计参考[46]。

浸矿过程中矿体的渗透性直接影响稀土的提取效果。为了解离子型稀土浸矿过程中浸矿效果与矿体渗透性的关系，李永欣等[47]采用自制的渗透系数测定装置研究了离子交换条件下试样渗透系数的变化规律及形成机理。结果表明，清水浸矿，孔隙内可运移颗粒向下迁移，有效渗流孔径逐步增大，进而试样渗透性逐步增强；$(NH_4)_2SO_4$ 溶液浸矿，在强阳离子结合水层的黏滞阻碍作用下，试样渗透系数随浸矿时间延长呈先下降后上升的趋势。pH 测试识别模式可用于 $(NH_4)_2SO_4$ 溶液浸矿全过程反应强度的识别，强酸性对应稀土阳离子的大量浸出，此区间的渗透性系数最小，浸出后期为弱酸性则对应残余浸出反应阶段。初始渗透性各异的试样清水浸矿阶段的渗透系数变化幅度基本相同；$(NH_4)_2SO_4$ 溶液浸矿阶段，渗透系数变化趋势出现明显的差异，初始渗透系数大的试样渗透系数变化幅度最大，初始渗透系数最小的试样渗透系数变化幅度最小。

李勇[48]也探究了不同浓度溶浸液对土柱渗透性变化的影响及其原因。利用赣州定南某稀土矿进行室内重塑原状土，分别使用 5%硫酸铵、2%硫酸铵和清水对土柱进行为期 21 天的浸矿实验，利用核磁共振技术对土柱所测得的各项参数进行计算和量化，得到了一般计算方法，并对渗透性变化的情况进行了软件模拟。结果显示，硫酸铵浸矿时，渗透性先急剧增加，后急剧减小，然后保持稳定，随着浓度增加其改变程度降低；清水浸矿时，渗透性先逐渐增加，后逐渐减小。渗透性改变的原因是颗粒迁移造成的孔隙增加和水头重力作用使孔隙压缩的共同结果；颗粒迁移程度与溶液中所含阳离子浓度呈现负相关；认为孔隙度与渗透性系数变化无直接关联，而孔隙半径分布才是直接决定渗透性系数的关键因素。利用 Geo-studio 数值模拟软件，计算了21 天浸矿周期内稀土矿边坡的水位、浸润线、孔隙水压力等的改变，在不考虑降雨的条件下，浸矿第 6 天之后其数值基本不再改变，三分层计算结果比不分层计算结果更加准确，而若分层考虑得更多，其模拟结果将会越来越接近真值。

南方离子型稀土矿开采方法及采矿工艺从"池浸"、"堆浸"到"原地浸矿"不断发展，但在矿山实际生产应用中，浅伏式、表露式矿山、极复杂工艺地质类型的矿山以及渗透性差和低品位的矿山更适合使用池浸或堆浸。对于采用堆浸浸矿的弱渗透性离子型稀土矿，为提高稀土浸出率，梅力等[49]采用室内柱浸试验，从筑堆、矿堆增渗方法和补液方法入手，进行了工艺优化研究。试验表明：当矿堆底垫倾角为 5°，圆柱体矿堆中增加的渗透器的截面积占矿堆截面积的 2%时，浸出效果显著，其浸出率为 79.24%，稀土离子平均浸出浓度为 2.03g/L，与传统堆浸方法相比，浸出率提高了 10%左右。

2）新型浸矿剂研究

离子吸附型稀土的浸取效率低和尾矿稳定性差和废水产生量大是当前该类资源开发中的主要问题，开发新的浸取试剂，相应提出新的浸矿工艺具有非常重要的意义。

李永绣课题组[50-54]采用柱上淋洗的方式比较了硫酸铵、硫酸镁和硫酸铝三种浸矿剂交换浸出离子吸附型稀土的效率及尾矿特征。结果显示，在同等阴离子浓度下，硫酸铝的浸取效率最高，硫酸铵次之，硫酸镁最低，浸取效率相差 5%～10%。尾矿经护尾，调节 pH 6～7 时，铝离子不被浸出，但铵和镁可被水浸出。可见，在尾矿中铝的吸附稳定性最高，矿物粒子的 Zeta 电位绝对值最小，在雨水浸淋液中的离子浓度可低于排放限值，这对于防止尾矿塌方滑坡，减少污染物排放非常有利。据此，提出了以硫酸铝为主要浸取剂的稀土浸取和伯胺萃取分离稀土与铝的工艺流程。与硫酸铵浸矿工艺相比，其浸取率可以提高 10%以上，萃取和沉淀分离的稀土回收率达到 95%以上，产品中铝含量可以稳定控制在 0.1%以下，萃余液和沉淀母液均可循环利用，对于提高稀土浸取效率，减少环境污染具有推广应用价值。因而，研究认为用硫酸铝浸取稀土是应该引起重视的一条新路线。

根据浸矿基础理论研究及土壤养分要求，黄小卫等提出镁盐及其复合体系浸取离子型稀土矿新技术。通过建立浸取双电层模型，揭示了不同无机盐溶液浸取的规律，即阳离子水合半径越小、价态越高，对稀土浸取能力越强，$Fe^{3+}>Fe^{2+}\approx Mg^{2+}>Ca^{2+}>NH_4^+>Na^+$。加入还原性阳离子，可使胶态相和矿物相中的高价稀土（如 Ce^{4+}）还原为低价态离子（如 Ce^{3+}）而被浸出，从而提高稀土浸出率。进而提出硫酸镁/氯化钙/硫酸亚铁等复合体系浸取工艺，可根据矿区土壤成分要求调整浸取剂成分，使土壤中交换态 Ca/Mg（质量比）保持在 8～12 之间，避免铵盐浸矿导致植物所需钙/镁营养元素的流失及氨氮污染。运行结果表明，稀土浸出率与硫酸铵浸取相当，而杂质铝的浸出率与硫酸铵浸取相比降低了 13% 以上[55-58]。

为降低开采后矿体中残留大量的氨氮以及不稳定重金属对环境存在巨大的潜在风险。Tang 等[59, 60]在浸矿剂中引入 EDTA，通过室内静态实验研究了硫酸铵与 EDTA 的复配溶液对镧和铅的浸出效果以及浸出后形态的变化。结果表明：0.2%硫酸铵和 0.005mol/L 的 EDTA 混合液与单独的 2%硫酸铵溶液对镧的浸出基本上是一致的，镧的浸出率达 90% 以上。2%硫酸铵对铅的浸出率为 16.16%，浸出的铅形态为酸可溶态、可还原态有一定的增加，而 0.2%硫酸铵和 0.005mol/L EDTA 的混合液对铅的浸出率为 62.3%，浸出的铅形态主要为酸可溶态和可还原态，其中浸出的可还原态铅含量占总可还原态铅的 70.45%。因此，采用 0.2%硫酸铵和 0.005mol/L EDTA 的混合液开采离子型稀土矿，不仅减少了硫酸铵的用量，而且还降低了不稳定重金属的残留量，这为有效防控离子型稀土矿开采对环境造成污染提供了新的思路。

3）矿体生态保护研究

浸矿源头控制和尾矿治理问题是稀土矿山环境治理的关键。原地浸矿开采过程以硫酸铵为浸矿剂时，虽然采取了人造挡板、防渗层等技术措施，但仍会有大量的浸矿剂渗入到土壤和地下水中，并在降雨冲刷和淋滤作用下不断迁移，给矿区及周边区域造成严重污染。为对稀土矿区氮化物污染进行控制，张军等[61]通过模拟柱淋滤实验，对稀土土壤中铵态氮迁移规律进行了探究。结果显示，离子型稀土土壤吸附铵态氮主要以交换态铵为主，水溶态铵和固定态铵含量较少且达到吸附平衡的时间小于交换态铵。pH、浸液速度对土壤中交换态铵的迁移都会产生一定影响，但对水溶态铵和固定态铵迁移速率影响均不明显。酸性条件下交换态铵迁移较慢，而中性条件下迁移较快；浸液速度越大，土壤中交换态铵迁移速率越快。浸矿剂浓度越大，土壤对铵态氮最大吸附量越大，但对其迁移速率影响不明显。

齐晋[62]对硫酸铵浸矿剂用量、注液方式以及硫酸铵在尾矿中的残留情况进行了系统研究。针对福建屏南某风化壳淋积型稀土矿山，通过室内柱浸泡洗矿实验和柱浸淋洗洗矿实验，研究浸矿结束后铵在矿土中的赋存位置、赋存量以及洗矿所需水量和洗矿时长，推导出了较为准确的适合屏南某稀土矿山矿石类型的浸取率与浸矿剂用量关系。室内柱浸实验表明，稀土离子浸取率相近时，硫酸铵浸矿剂浓度从 30g/L 至 10g/L 的阶梯浓度注液为优选注液方式，硫酸铵用量可相比单一浓度注液方式少 6.72%，且残留在矿土中的铵量占总注入铵量比例也明显低于单一浓度注液方式。铵的残留位置包括不可动溶液残留的铵、交换稀土离子残留的铵和不饱和位吸附残留的铵三种。铵根离子残留总量 0.173～0.388mg/g（平均值 0.305mg/g），其中不动液残留铵占总残留量 12.4%～33%，交换稀土离子残留铵占总残留量的 19.4%～31.2%，不饱和位吸附残留铵占总残留量的 46.9%～66.3%；当母液中稀土离子浓度低至 0.1g/L 后，再加入 2.7 倍矿土孔隙体积顶水（75h）可使矿土浸出液中的铵残留浓度低于 15mg/L 的国家标准。该研究柱浸实验中稀土离子实际浸取率与计算浸取率相对误差小于 5%，可为准确控制浸矿剂用量、减少开采源头产生氨氮污染提供指导。

为了更好地对稀土矿山以及稀土尾矿进行防护，刘庆生等[63]以柱浸实验为基础进行了离子型稀土矿浸出前后的工艺矿物学研究，对稀土原矿与浸出尾矿的表面组成和结构进行了对比分析。结果显示，浸出前主要由高岭石、钾长石、石英、金云母、褐铁矿等矿物组成，稀土含量为 0.12%左右；浸出过后 Al、RE、Fe 元素相对含量下降，K、Si 元素含量相对上升；Al 减少的主要原因是高岭石、褐铁矿、金云母等矿物与浸出剂发生溶解反应造成的，浸出后矿体结构遭到破坏；Fe 减少的主要原因是部分氧化铁胶体被溶解以及浸出过后离子型稀土矿中的水合铁离子进入到了溶液中。钾长石、石英等矿物在浸出过程中基本不参与反应；元素 N 在稀土原矿中主要以有机物的形式存在，浸出后稀土矿中发生了离子交换反应，大量 N 元素以—NH_2 键存在于尾矿中，有机态 N 大量减少，破坏矿体的胶结体结构，使矿体中团聚体的稳定性降低，进而使矿体的整体稳定性下降。Al、Fe 等元素随着矿体的部分溶解而进入到溶液中，使浸出液含有杂质。

原地溶浸开采技术由于在实际生产过程中时有滑坡现象发生，从而直接造成环境污染，生产成本增加，存在安全隐患。浸矿过程矿体强度的变化关乎离子型稀土矿边坡的稳定，故研究浸矿过程中强度的影响因素及其强度变化规律，对离子型稀土矿安全生产具有重大意义。黄广黎[64]等设计了室内模拟浸矿试验，对不同浓度浸矿液在浸析离子型稀土过程矿体中孔隙率的改变与其强度关系进行了研究。浸矿液的渗流作用增大了土体孔隙率，通过这一物理弱化作用降低了土体强度，且随着孔隙率的增大，其对土体强度弱化作用减小；除了液体对土体的物理弱化作用外，浸矿过程中硫酸铵与稀土矿也发生化学反应，改变了稀土矿内部结构，也减弱了离子型稀土矿体强度。

为了确保浸矿过程矿山的稳定性，获得原地浸矿的临界注液强度，需要综合考虑稀土矿体的物理力学性质和矿山地质、地形条件等因素。李江华和薛成洲[65]在江西某稀土矿矿体中开展了旁压试验，以获取真实有效的矿体力学指标。试验得到了该稀土矿矿体随深度变化的初始压力、临塑压力、极限压力、旁压模量、变形模量、压缩模量和承载力特征值等力学参数。结果表明，不同深度的旁压试验曲线都经过了初始、似弹性和塑性 3 个不同的变形阶段，且随着试验点深度的增加，曲线整体沿着横坐标右移；无论是压力值、模量值还是承载力特征值，该试验矿体的数据都随着深度有明显的增大趋势，且在粉土和微风化岩的分界处发生突变。初步确定了该矿山的地基承载力参考值，与平板载荷试验的参考值非常接近，该结论为稀土矿临界注液强度的计算提供了有效的矿体力学参数。

第二节　制约发展的基础科学问题

一、矿物型稀土资源选别

我国四川的氟碳铈稀土矿和包头白云鄂博的混合型稀土矿，虽然稀土赋存状态不同，采选工艺各异，但它们都存在矿石品位低、矿物成分复杂、共生关系密切、嵌布粒度细而不均、有用矿物和脉石矿物可选性差异小等特点。两种矿型的选矿工艺均已呈现重-磁-浮组合的发展趋势，且浮选工艺已在提高选矿过程稀土回收率方面的研究和应用得到越来越多的关注。研发低成本、高效率的新型浮选药剂、优化药剂制度，以及发展对稀土矿物与其它嵌布矿物进行高效解离技术，是两种稀土矿选别过程提高稀土精矿品位和资源综合回收利用率需解决的共性问题。

二、离子吸附型稀土资源开采

1. 对浸取机理及其影响稀土浸出的理解需要进一步深入

我国南方离子型稀土矿是我国特有的稀土资源，也是全球中重稀土消费的主要来源，它的开发一直受到稀土工业的极大关注。但在以往的浸取工艺研究中，只是简单地用阳离子交换的观点来说明浸出机制，确定工艺条件。这几年的研究发现，以往对浸取机理及其影响稀土浸出的理解是非常粗浅的，更没有从浸取化学基础来讨论离子的溢出和尾矿的稳定等与环境相关的科学技术问题。

2. 浸出液截流技术不成熟，严重制约离子型稀土资源的绿色高效利用

浸出液渗漏是制约离子型稀土资源绿色高效利用的主要问题。复杂地质类型的离子型稀土原地浸矿，因矿体底部不含天然收液底板，浸出液回收需构筑人造假底。人造假底的构筑受理论基础、技术手段和装备材料的制约，难以实现浸出液强截流、大幅提高浸出液回收率。完善浸出液截流技术，将可有效解决复杂地质类型离子型稀土原地浸矿浸出液回收率低、浸矿过程地下水系和地表河流及土壤污染严重、浸矿液消耗量大导致的水资源流失和浪费严重、为提高稀土回收率加大注液量而诱发的矿区地质灾害以及因注液量及浸矿液消耗量加大带来的浸矿成本增加等问题。

3. 原地浸矿理论研究仍严重不足，浸矿过程缺乏理论指导

目前对离子吸附型稀土矿浸取机理的认识建立在浸矿工艺试验研究的基础上，认为稀土的浸出过程实质上是黏土矿物中稀土离子与浸取阳离子间的离子交换反应及其与浸取阴离子间的配位作用。但上述研究一直停留在宏观层面上，在微观方面研究甚少。随着高品位稀土资源的日益枯竭，深入了解矿物的表面特征、离子态稀土的类型及其浸取交换条件从而实现低品位、难浸离子型稀土矿的有效开发利用是现有的一个重要问题。

目前，离子吸附型稀土矿浸取化学过程尚未建立有效的反应模型来解释对稀土离子交换浸取的内在机制，现有浸取理论难以解释稀土浸取过程中的某些异常现象，如硫酸铵表现出对矿物中稀土离子异常优异的浸出能力，其浸出作用甚至高于硫酸铁的浸出作用。

对于浸出矿体，缺乏可视化精确探测手段和技术，难以掌握溶液在矿体内的渗流-反应-传质规律，进而无法探明浸矿盲区的形成机理、具体范围和

大小。因而浸矿过程缺乏理论指导，多凭经验决策，有必要强化原地浸矿理论研究，发挥理论指导作用。

4.原地浸矿浸出液稀土浓度未能有效控制

影响原地浸矿浸出液浓度的因素较复杂，包括浸矿液浓度和 pH、矿层品位和厚度、注液量和浸矿时间等。探究众因素对浸出液浓度的影响规律，建立各单因素及多因素与浸出液稀土浓度之间的关系，实现对浸出液稀土浓度的有效控制，可减少因浸出液稀土浓度过低注液量增加导致的水资源浪费、因浸出液流失加剧导致的浸矿成本的增加以及因浸出液稀土浓度过低、收液后处理基建工程量布置增加导致的基建工程量成本增加等。

5.矿山生产作业机械自动化程度低下

受矿区地形地貌的影响，研制符合矿山生产要求的精细化与便利化作业设备技术难度大、成本高。一般离子型稀土矿规模小、储量有限，不具备研制专业设备的能力和引入机械自动化作业设备的意识。引进和研制先进作业设备，建立技术服务型、设备租赁型企业，提高矿山机械自动化水平，可破解人工作业环境差，劳动强度高，生产成本大的难题。同时，可部分摆脱人工作业精度低，工程质量差，注、收液效果不理想的困境。

6.低浓度稀土浸出液和废水中富集回收稀土的技术有待加强

对于南方离子吸附性稀土矿，目前的萃取和膜富集技术还不具备有全面取代沉淀法和吸附法的技术条件，但在一些需要分离共存杂质离子的场合，可以充分体现萃取的优势；要进一步研究碳酸氢铵或草酸从原地浸出后期流出的浸出液，稀土低浓度溶液或极稀溶液的除杂和回收稀土的新技术；完善稀土浸出液的萃取浓缩工艺，设计出流动萃取设备装置，实现矿山生产稀土浓缩母液浓度超过 200g/L，可直接供分离厂使用。

第三节 展望与建议

一、矿物型稀土资源选别

我国白云鄂博稀土矿和四川氟碳铈矿的选矿过程，当前的主要研究工作围绕发展高效和清洁工艺为核心目标展开，研究热点主要为重、磁、浮选工艺的优化组合，高效浮选药剂及其制度的开发以及尾矿资源的综合回收利用。具体建议如下：

（1）选矿工艺流程的选择应根据稀土矿及其伴生矿的种类和性质具体分析，多种选别方法的有机组合，是提高选别效果、充分回收利用资源和降低能耗的有效途径，在未来较长时间内都将是稀土选矿工艺发展的主要方向。

（2）需继续关注新型高效浮选药剂及高效药剂制度的研究。浮选药剂的性能及成本对浮选技术经济指标具有关键影响，稀土选矿药剂仍在不断地发展，研究和开发螯合类等新型高效捕收剂，以及寻找合适组分的捕收剂配合使用以充分发挥药剂之间的协同作用，对于提高选矿效果及降低药剂成本具有重要作用。今后应在理论研究的基础上，着力开发性能优越且经济可靠的浮选药剂，同时将其工业推广应用作为工作重点。

（3）需对提高稀土回收率及共伴生有价组分的综合利用率进行深入技术研究。当前对稀土矿中共伴生的有价组分回收还比较困难，需进一步根据具体矿石性质，开展重、磁、浮等联合选矿高效新型工艺研究，开发出适宜不同矿石性质的组合选矿技术和综合利用技术。

（4）加强对于稀土开采尾矿的技术研发。已堆存的稀土尾矿及废石存在环境污染及安全隐患，同时具有较大的综合回收价值，需政府部门、矿山企业、监管部门、科研单位共同建立中长期治理和应用规划，进行技术创新和管理创新，实现当地稀土矿的绿色开发利用，为兼顾经济发展和环境保护提供保障。

（5）数字化、智能化已成为矿山行业转型升级的必然之路，建议支持稀土数字化、智能化矿山建设，实现资源开采环境数字化、技术装备智能化、生产过程可视化、信息传输网络化、生产管理科学化。

二、离子吸附型稀土资源开采

离子吸附型稀土矿的基础研究近年来已取得了很大进展，为稀土高效浸出奠定了良好基础，但仍有不少基础理论和实际问题有待解决。需要突破技术瓶颈，转变生产经营观念和模式，紧跟新时代潮流，朝着现代化高效绿色矿山稳步健康发展。结合近年的研究新进展，建议加强以下方面研究。

1.加强矿床矿物地质地球化学研究

在以往的成矿机制研究中，多数是基于地质勘探的资源勘查、矿物学和地球化学研究，并未考虑资源开发技术要求。对稀土离子的空间展布和矿床发育程度的规律及其地质地球化学意义的认识不足，不能很好地指导该类资源的预测找矿，也满足不了后续提取分离的要求。未来离子吸附型稀土地质地球化学研究应以发展绿色提取技术为导向，同时关注其它伴生元素的资源化问题和协同成矿机制以及共同开发利用问题。针对高效绿色开采要求，需确定能够影响后续提取效率和绿色化程度的矿床矿物基因信息，包括稀土元素的空间分布、稀土分异方向与大小、矿物磨蚀 pH 和交换 pH 等都是选择浸矿试剂和条件、制定浸矿方案和技术参数的基本依据。因而需更加关注风化壳内部的成矿机制、存在形式和分离原理研究，以突破找矿限制，发现更多新资源，同时为浸矿工艺优化提供科学依据。

对于现有离子吸附型稀土矿浸取理论还需进一步研究论证，加强对浸矿过程微观反应机制和渗流研究，在现有的理论基础上不断进行完善和补充。剖析浸矿剂与稀土矿物的反应-传质机制，探究杂质对稀土离子浸出和分离的影响机理，加强对离子吸附型稀土矿稀土浸出行为的理解；建立浸出液浓度与浸矿液浓度与 pH、矿层品位与厚度的关系，实现浸出液浓度的调控；揭示浸出过程溶液溶质运营和渗流场演化机制，探明浸取剂溶液在矿体内部渗流的水动力学规律，优化注液井网结构与参数，合理控制注液强度，指导离子吸附型稀土矿的原地浸出。

为减小水土流失和滑坡塌方风险，还应研究浸取试剂与尾矿中黏土矿物的相互作用机制。离子吸附型稀土矿山目前广泛使用的$(NH_4)_2SO_4$浸矿剂不仅对氨氮污染有贡献，也是产生水土流失和滑坡塌方的主要原因。研究浸取试剂与黏土矿物相互作用导致的颗粒表面 Zeta 电位变化与浸矿过程和尾矿水土流失和滑坡塌方风险间的关系，应可为发展防止水土流失和滑坡塌方技术开辟新途径。

2. 研制新型浸矿剂及浸矿药剂组合

应以浸取机理研究新成果为突破点，通过新型浸矿剂的使用和优化组合，提出新的浸取流程，实现离子吸附型稀土的高效绿色浸取回收。深入探析$(NH_4)_2SO_4$替代浸矿剂的环保性、可持续性，探讨其潜在的，间接连带的、时间显现的环境危害，为其推广应用提供具有说服力的理论依据；加强绿色高效的单一和复合浸矿剂的研发以及微生物浸矿的引入，从浸出率、技术、经济、环境影响等多因素、多角度构建浸矿剂遴选机制；继续筛选高效无毒和污染小的新型浸取剂，从源头上切断氨氮废水的污染；筛选高效防膨的新型浸取剂和混合浸取剂，进一步加强浸出过程研究，强化浸出过程的传质，揭示浸出过程稀土离子交换机理，提高稀土的浸出率；复合浸取剂在浸出率的提高以及浸取剂用量上已有较大突破，但在抑制杂质离子浸出的问题上，还需考虑与抑杂剂协同作用，这也是浸出工艺发展的一个方向。

3. 提升人造假底构建技术水平

针对复杂地质类型离子型稀土矿截流技术的创新与优化，开展原地浸矿半工业试验，揭示浸出液渗流规律与工程和水文地质的内在联系。在此基础上，通过"集液巷道+导流孔+切割拉槽"的设计方式，构筑全面截流的"人造假底"。通过理论研究+室内试验+现场试验的研究方法，优化集液巷道、导流孔与切割拉槽的组合形式及结构参数，引进和研制精细化、便利化施工设备以及新型防渗材料提高人造假底的施工效率以及截流效果。

4. 要加强堆浸工艺及其与原地浸矿工艺的集成基础研究

离子吸附型稀土提取的效率和环境保护问题的解决过多地依靠原地浸矿方式来解决，并依此制定了强行推广原地浸矿工艺的不切合实际的产业政策，这产生了很大的负面影响，阻滞了离子吸附型稀土高效回收技术的发展。应走多元化、科学化浸矿模式之路，发展高水平的可控堆浸技术，不宜强行要求推广原地浸矿。研究堆浸的筑堆新技术，鼓励原矿矿体内部结构简单，有明显假底板的原矿矿体，选用原地浸出工艺，而对于原矿处于地形和内部结构复杂，又无假低板且风化壳发育良好，深入潜水层的矿体，应结合平整土地，采用堆浸工艺。推荐机械化操作，构筑百万吨级以上浸取堆，完善堆浸工艺。无论是传统的堆浸、原地浸取还是新型的柱浸、控速淋浸，都有其长处与短处，如何将其进行相互组合，取长补短，发挥各自优势，将会是风化壳淋积型稀土矿浸出技术革新的另一个突破方向。

5. 提高自动化、数字化、智能化水平

借助大型计算机、多功能软件、三维可视化设备，引进先进电磁探测技术，结合地理信息系统，构建详细的离子型稀土矿山地质数据系统，实时跟进稀土矿储量、品位变化情况，对离子型稀土矿进行多角度、高精度、全方位研究。根据稀土矿山地形地貌，探讨机械化、自动化作业可行性，研制环境适用性强的精细化、便利化的机械设备。推广人工智能技术在稀土矿山的应用，挖掘稀土矿开发提取智能化操作的环节点。分析离子型稀土原地浸矿体系各环节的内在联系，引进和研发针对不同环节的监测监控系统和装备，提高离子型矿山机械自动化水平。以渗流理论、数字矿山为基础，开发离子型稀土开采仿真技术，实现稀土的精准开采，使稀土开采过程科学化、智能化。以岩土力学为基础，实现稀土边坡实时监测，依据数据和破坏准则判断边坡稳定性，建立模型进行滑坡预测预警，研制稀土矿山滑坡防治技术，实现离子型稀土的安全高效开采。

6. 研究浸取-生态修复一体化技术以及早期遗留矿山土壤修复和植被恢复研究

风化壳淋积型稀土矿的浸出无论是药剂还是工艺，都不可避免会对当地的环境造成一定程度的破坏，如何高效、综合性地开采并实现清洁生产是风化壳淋积型稀土矿未来向绿色化学拓展的重要趋势。发展浸取-生态修复一体化技术应是解决矿山环境问题的出路。基于原矿与堆浸尾矿植被的群落组成，筛选适应堆浸场的本土先锋植物；研究利用人工生物结皮抵御冲刷，增加土壤营养，形成"结皮-草-灌-乔"一体化的治理模式，在无客土少客土条件下，实现植被演替和生态系统的自我修复。

还需开展早期遗留矿山土壤修复和植被恢复研究。对离子型稀土矿山目前广泛使用的$(NH_4)_2SO_4$浸矿剂进行深入研究，探究其对地表土壤及地下水系的污染机制，从生态环境、浸出效率、经济效益建立$(NH_4)_2SO_4$浸矿液环境污染评估体系，以传质学、生态学等为基础，加大浸矿过程的环境污染防治措施和浸矿后土壤及水资源的科学处理。尾矿修复与水处理是解决矿山废渣废水的主要内容，需要在矿山资源开采环境工程模式中得到切实体现和发展，将化学与生物技术相结合是发展生态修复和低成本废水处理技术的新方向。

7. 建议国家在相关研究领域加大立项支持

政策措施方面，建议将"离子型稀土资源绿色高效利用"列入国家重大科技专项，纳入科技部、自然资源部、生态环境部、国家自然科学基金委等部分的发展计划。以上述内容为主，集中各大高校、科研院所和公司企业的人才和资源优势，针对目前离子型稀土开发利用存在的主要问题突破技术瓶颈，开展相关工作，努力减少离子型稀土珍贵资源流失和水资源消耗。

参考文献

[1] 李永绣. 离子吸附型稀土资源与绿色提取. 北京：化学工业出版社. 2014.

[2] 马莹, 李娜, 王其伟, 等. 白云鄂博矿稀土资源的特点及研究开发现状. 中国稀土学报, 2016, 34 (6): 641-649.

[3] 陆欢欢, 刘贺民. 包钢氧化矿工程选矿工艺设计. 现代矿业, 2016, (571): 74-76.

[4] 余永富, 朱超英. 包头稀土选矿技术进展. 金属矿山, 1999, (11): 18-22.

[5] Zhang G, Ma Y, Hao X, et al. Study on rougher flotation process of REO minerals from Bayan Obo oxidized low-intensity magnetic separation tailings. J Rare Earth, 2014, 32 (Spec): 93-96.

[6] 李娜, 马莹, 王其伟, 等. 2020. 白云鄂博稀土矿物与羟肟酸捕收剂作用的光谱学研究. 稀土: 2020, 41 (4): 12-21.

[7] 李娜, 王其伟, 马莹, 等. 弱磁尾矿稀土矿物连生特征及其对浮选的影响. 中国矿业大学学报, 2018, 47 (5): 1098-1103.

[8] 段海军, 李梅, 马林林, 等. 基于粒度对混合稀土纯矿物浮选过程影响分析. 有色金属 (选矿部分), 2018, (5): 77-80.

[9] 马林林, 李梅, 段海军, 等. OP-10 对白云鄂博稀土矿浮选的促进作用及其分散效果研究. 中国稀土学报, 2019, 37 (3): 381-388.

[10] 朱永涛, 李梅, 高凯, 等. 白云鄂博稀土精矿再选提纯试验. 金属矿山, 2016, (476): 99-102.

[11] 李梅, 高凯, 张栋梁, 等. 白云鄂博稀土及伴生资源清洁高效提取新工艺. 2015年全国稀土金属冶金工程技交流会, 2015, 23.

[12] 李梅. 混合型轻稀土资源清洁高效提取新技术及应用. 科技计划成果, 2016, (5): 6-7.

[13] 郑强, 吴文远, 边雪, 等. 稀土尾矿 "一步法" 焙烧及弱磁选分离铁和稀土的研究. 稀土, 2016, 37 (5): 27-34.

[14] 凡红立, 王建英, 屈启龙, 等. 白云鄂博矿直接浮选稀土工艺流程研究. 稀土, 2017, 38 (3): 76-84.

[15] 姬俊梅. 从包头矿选铁尾矿中综合回收超细粒稀土的选矿技术研究. 中国稀土学会 2017 学术年会摘要集, 2017, 27.

[16] 张文华, 郑煜, 秦永启. 包钢选矿厂尾矿的稀土选矿. 湿法冶金, 2002, 21 (1): 36-38.

[17] 张永, 马鹏起, 车丽萍, 等. 包钢尾矿回收稀土的试验研究. 稀土, 2010, 31 (2): 93-96.

[18] 赵瑞超, 张邦文, 布林朝克, 等. 从稀土尾矿中回收稀土的试验研究. 内蒙古科技大学学报, 2012, 31 (1): 9-13.

[19] Zhang L Q, Wang Z C, Tong S X, et al. Rare earth extraction from bastnaesite concentrate by stepwise carbochlorination-chemical vapor transport-oxidation. Metallurgical and Materials Transactions B, 2004, 35B: 217-221.

[20] 杨占峰, 马莹, 王彦. 稀土采选与环境保护. 北京: 冶金工业出版社, 2018: 270-279.

[21] 张悦, 林海, 董颖博, 等. 白云鄂博地区尾矿中铁、铌、稀土、萤石综合回收研究. 稀有金属, 2017, 41 (7): 799-809.

[22] 付强. 金建文, 李磊, 等. 白云鄂博尾矿中稀土的赋存状态研究, 稀土, 2017, 38 (5): 103-110.

[23] 陆薇宇, 温静娴. 四川某稀土矿工艺矿物学研究. 矿业工程, 2016, 14 (3): 6-9.

[24] 陈福林, 汪传松, 巨星, 等. 四川稀土矿开发利用现状. 现代矿业, 2017, (574): 102-105.

[25] 王浩林. 新型羟肟酸捕收剂制备及其对氟碳铈矿浮选特性与机理研究. 南昌: 江西理工大学, 2018.

[26] 何晓娟, 饶金山, 罗传胜, 等. 改性烷基羟肟酸浮选氟碳铈矿机制研究. 中国稀土学报, 2016, 34 (2): 244-251.

[27] Liu W, Wang X, Wang Z, et al. Flotation chemistry features in bastnaesite flotation with potassium lauryl phosphate. Miner Eng, 2016, 85: 17-22.

[28] Liu W, Wang X, Xu H, et al. Lauryl phosphate adsorption in the flotation of bastnaesite, (Ce, La) FCO$_3$. J Colloid Interface Sci, 2017, 490: 825-833.

[29] Liu W, Wang X, Xu H, et al. Physical chemistry considerations in the selective flotation of bastnaesite with lauryl phosphate. Miner Metall Process, 2017, 34 (3): 116-124.

[30] Liu W, McDonald IV L W, Wang X, et al. Bastnaesite flotation chemistry issues associated with alkyl phosphate collectors. Miner Eng, 2018, 127: 286-295.

[31] Wanhala A K, Doughty B, Bryantsev V S, et al. Adsorption mechanism of alkyl hydroxamic acid onto bastnäsite: Fundamental steps toward rational collector design for rare earth elements. J Colloid Interf Sci, 2019, 553: 210-219.

[32] 朱一民, 吕小羽, 陈通, 等. 新型饱和脂肪酸改性类药剂 DT-2 反浮选氟碳铈矿. 矿产保护与利用, 2018, (3): 145-150.

[33] 胡义明, 周永诚, 皇甫明柱, 等. 浮选-超导高梯度磁分选氟碳铈矿试验研究, 2018, 44 (3): 303-312.

[34] 王成行, 胡真, 邱显扬, 等. 强磁选预富集氟碳铈型稀土矿的可行性. 稀土, 2016, 37 (3): 56-62.

[35] 王成行, 胡真, 邱显扬, 等. 磁选-重选-浮选组合新工艺分选氟碳铈矿型稀土矿的试验研究. 稀有金属, 2017, 41（10）: 1151-1158.

[36] 熊文良, 邓善芝, 曾小波, 等. 稀土矿的"浮团聚-磁选"新技术研究. 稀土, 2015, 36（6）: 62-67.

[37] 陈福林, 杨晓军, 何婷, 等. 四川冕宁牦牛坪稀土矿尾矿工艺矿物学分析. 现代矿业, 2018,（592）: 110-112.

[38] 孙园园, 许秋华, 李永绣. 低浓度硫酸铵对离子吸附型稀土的浸取动力学研究. 稀土, 2017, 38（4）: 61-67.

[39] 许秋华, 孙园园, 周雪珍, 等. 离子吸附型稀土资源绿色提取. 中国稀土学报, 2016, 34（6）: 650-660.

[40] Xu Q H, Sun Y Y, Yang L F, et al. Leaching mechanism of ion-adsorption rare earth by mono valence cation electrolytes and the corresponding environmental impact. J Clean Prod, 2019, 211: 566-573.

[41] Xu Q H, Yang L F, Wang D S, et al. Evaluating the fractionation of ion-adsorption rare earths for in-situ leaching and metallogenic mechanism. J Rare Earths, 2018, 36（12）: 1333-1341.

[42] 许秋华, 杨丽芬, 张丽, 等. 基于 pH 依赖性的离子吸附型稀土的分类与高效浸取. 无机化学学报, 2018, 34（1）: 112-122.

[43] 许秋华. 离子吸附型稀土分异及高效浸取的基础研究. 南昌: 南昌大学, 2018.

[44] 黄万抚, 邹志强, 钟祥熙, 等. 不同风化程度离子型稀土矿赋存特征及浸出规律研究. 中国稀土学报, 2017, 35（2）: 253-261.

[45] 王莉. 离子吸附型稀土矿矿_水界面浸出特性及其强化浸出机制研究. 南昌: 江西理工大学, 2018.

[46] 胡洁, 周贺鹏, 雷梅芬, 等. 离子型稀土矿浸出渗流规律与调控方法研究. 金属矿山, 2017,（493）: 115-120.

[47] 李永欣, 王晓军, 肖伟晶, 等. 离子型稀土浸矿过程渗透性变化规律研究. 金属矿山, 2017,（494）: 104-108.

[48] 李勇. 离子型稀土原地浸矿渗流规律与孔隙关系研究. 南昌: 江西理工大学, 2018.

[49] 梅力, 高俊, 梁启超, 等. 弱渗透性离子型稀土矿堆浸工艺优化试验研究. 矿业研究与开发, 2017, 37（8）: 90-93.

[50] Yang L F, Wang D S, Li C C, et al. Searching for a high efficiency and environmental benign reagent to leach ion-adsorption rare earths based on the zeta potential of clay particles. Green Chem, 2018, 20（19）: 4528-4536.

［51］Yang L F，Wang D S，Li C C，et al. Leaching ion adsorption rare earth by aluminum sulfate for increasing efficiency and lowering the environmental impact. J Rare Earths，2019，37：429-437.

［52］侯潇，许秋华，孙圆圆，等. 离子吸附型稀土原地浸析尾矿中稀土和铵的残留量分布及其意义. 稀土，2016，（4）：1-9.

［53］李永绣，许秋华，王悦，等. 一种提高离子型稀土浸取率和尾矿安全性的方法. 中国发明专利，申请公布号：CN 103695670 A.

［54］杨丽芬. 硫酸铝高效浸取离子吸附型稀土. 南昌：南昌大学，2018.

［55］Xiao Y，Feng Z，Huang X，et al. Recovery of rare earths from weathered crust elution-deposited rare earth ore without ammonia-nitrogen pollution：I. leaching with magnesium sulfate. Hydrometallurgy，2015，153：58-65.

［56］Huang X，Dong J，Wang L，et al. Selective recovery of rare earth elements from ion-adsorption rare earth element ores by stepwise extraction with HEH（EHP）and HDEHP. Green Chem，2017，19：1345-1352.

［57］Huang X W，Long Z Q，Wang L S，et al. Technology development for rare earth cleaner hydrometallurgy in China. Rare Met，2015，34（4）：215-222.

［58］冯宗玉，黄小卫，王猛，等. 典型稀土资源提取分离过程的绿色化学进展及趋势. 稀有金属，2017，41（5）：604-612.

［59］Tang J，Qiao J，Xue Q，et al. Leach of the weathering crust elution-deposited rare earth ore for low environmental pollution with a combination of $(NH_4)_2SO_4$ and EDTA. Chemosphere，2018，199：160-167.

［60］Tang J，Xue Q，Chen H，et al. Mechanistic study of lead desorption during the leaching process of ion-absorbed rare earths：pH effect and the column experiment. Environ Sci Pollut Res Int，2017，24：12918-12926.

［61］张军，胡方洁，刘祖文，等. 离子型稀土矿区土壤中铵态氮迁移规律研究. 稀土，2018，39（3）：108-116.

［62］齐晋. 风化壳淋积型稀土矿浸矿剂注液优化及铵残留分布研究. 南昌：江西理工大学，2018.

［63］刘庆生，李江霖，常晴，等. 离子型稀土矿浸出前后工艺矿物学研究. 稀有金属，2019，43（1）：92-101.

［64］黄广黎，卓毓龙，王晓军，等. 不同浓度$(NH_4)_2SO_4$液浸矿稀土矿体强度特性研究. 稀土，2018，39（3）：47-54.

［65］李江华，薛成洲. 离子型稀土矿矿体旁压试验研究. 化工矿物与加工，2019，（5）：10-13.

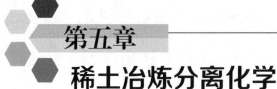

第五章
稀土冶炼分离化学

第一节　国内外研究进展

　　稀土的冶炼分离是稀土资源与高性能稀土功能材料的关键衔接过程，本章将重点介绍我国典型稀土矿以及国内外冶炼分离化学方面的最新进展情况。

　　国外稀土研究与开发始于 20 世纪初，早期采用烧碱分解、沉淀结晶分离工艺从独居石中回收稀土。1950 年前，德国稀土产量占世界总产量 95%，20 世纪 50 年代，美国开发出离子交换法分离稀土技术，使稀土的纯度大幅提升。20 世纪 60 年代，溶剂萃取分离稀土技术开发成功，并应用于氧化铈、氧化镨、氧化钇、氧化镧的分离提取。随着稀土分离技术水平的不断提高，稀土的纯度也不断提升，为稀土元素的本征性质研究创造了最基本的条件，促进了稀土应用的开发。20 世纪 80 年代以前，稀土产品主要由美国钼公司（Molycorp）、法国罗地亚公司（Rhodia）等稀土冶炼分离生产企业供应。

　　我国从 20 世纪 50 年代开始稀土提取工艺研究。70 年来，我国稀土工作者针对我国稀土资源特点开发了一系列稀土冶炼分离工艺，如包头混合型稀土精矿浓硫酸强化焙烧技术、氟碳铈矿氧化焙烧技术、氧化还原萃取、溶剂萃取分离与纯化技术等，尤其是稀土串级萃取理论的建立，使稀土元素的分离产业得到快速发展，实现了数十种稀土纯度为 99%～99.999% 规格产品的工业生产。自从我国稀土冶炼分离产业实现了大规模连续生产，生产成本大幅降低，世界稀土产业的格局发生了巨大变化，国外从 20 世纪 90 年代起陆续关停了稀土生产厂，转而从我国进口。

一、稀土精矿的分解

1. 包头混合型稀土矿

包头稀土矿是由氟碳铈矿和独居石组成的混合型稀土矿，由于独居石的化学性质比较稳定，难以分解，因此包头稀土精矿被公认为是一种最难处理的稀土矿。目前在工业上应用的包头稀土矿分解工艺只有硫酸法（酸法）和烧碱法（碱法）两种，其中90%包头稀土精矿均采用第三代硫酸法处理，工艺流程如图5-1所示。酸法工艺优点为工艺连续易控制，易于大规模生产，对精矿品位要求不高，运行成本较低，用氧化镁中和除杂渣量较少，稀土回收率高。该工艺的缺点是，钍以焦磷酸盐形态进入渣中，造成放射性污染，而且无法回收，造成钍资源浪费；含氟和硫的废气回收难度大，目前主要采用的水或碱水喷淋吸收工艺产生大量含酸废水，采用石灰中和后产生大量含氟废渣。工艺中转型方式 A 与 B 相比，二(2-乙基己基)磷酸酯（P204）萃取转型不需皂化，萃取过程不产生氨氮废水，酸碱及有机相消耗低，工艺简单连续，稀土收率高，产品质量好。但硫酸体系稀土浓度低，设备和有机相投资较大；P204 对中重稀土反萃取困难，反萃取液余酸高，酸耗较高。碳铵沉淀转型投资较小，但要消耗大量碳铵和氯化钡（除 SO_4^{2-}），运行成本较高，并产生大量氨氮废水，对水资源造成严重污染。碱法工艺的主体流程为：稀盐酸洗钙→水洗→烧碱分解→水洗→盐酸优溶→混合氯化稀土溶液。碱法工艺基本不产生废气污染，投资较小，但由于存在运行成本高、钍分散在渣和废水中不易回收、含氟废水量大、工艺不连续、对精矿品位要求高等诸多缺点，仅有 10%包头矿采用碱法工艺处理[1, 2]。

目前工业上主要采用的浓硫酸焙烧法和烧碱法分解工艺都存在较严重的环境污染及安全问题，因此众多学者都在着力开发高效清洁环保型的冶炼工艺。包头混合型稀土矿采用第三代酸法冶炼生产过程中使用氧化镁粉调节体系酸度，由于其中含饱和游离态钙，直接循环致使稀土萃取分离过程产生大量硫酸钙结晶堵塞管道及萃取槽，影响生产连续化运行，而且带入的铝、铁等杂质被萃取富集，影响稀土萃取能力和产品质量，同时产生大量硫酸镁废水。黄小卫等[3, 4]开发了基于碳酸氢镁水溶液浸矿和皂化萃取分离的新一代包头混合型稀土矿冶炼分离工艺。新技术采用碳酸氢镁溶液浸出硫酸焙烧矿，

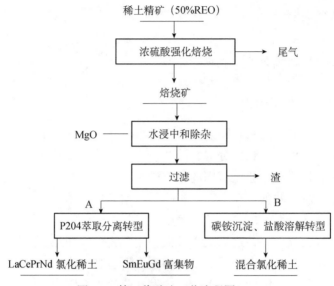

稀土精矿（50%REO）

浓硫酸强化焙烧 → 尾气

焙烧矿

MgO —— 水浸中和除杂

过滤 → 渣

A | B

P204萃取分离转型 | 碳铵沉淀、盐酸溶解转型

LaCePrNd 氯化稀土　　SmEuGd 富集物　　混合氯化稀土

图 5-1　第三代酸法工艺流程图

可以在浸出稀土的同时消耗余酸并中和除杂，使铁、磷、钍等杂质离子形成沉淀进入废渣；采用低钙高纯碳酸氢镁溶液皂化 P204/P507 替代氧化镁调节萃取分组、分离过程平衡酸度，进一步简化工序，降低杂质含量，提高稀土回收率；通过中和沉淀转型和碳化提纯将废水中的 Mg^{2+} 转化为碳酸氢镁溶液，实现钙、镁离子的分离和碳酸氢镁溶液的高效循环制备。

陈世梁等[5]也以自制的高纯碳酸氢镁溶液作为浸矿剂，对包头混合型稀土硫酸焙烧矿浸出过程中稀土及杂质的浸出行为和规律进行了研究。结果表明，采用碳酸氢镁溶液浸矿时稀土浸出率与普通水浸相当，高于 96%，但杂质 Fe 的浸出率降幅可达 70% 以上。碳酸氢镁溶液在浸出稀土元素的同时也代替部分氧化镁起到中和及除杂的效果，因此与普通水浸-氧化镁除杂工艺相比，一次浸出液酸度低、杂质含量少，大幅降低后续中和除杂过程氧化镁的消耗量，且中和渣量也明显减少，浸出液钙含量低，为解决后续萃取分离过程硫酸钙结垢问题提供了新途径，可实现硫酸镁废水的循环利用。

崔建国等[6]认为制约浓硫酸高温焙烧工艺"三废"与工程难题综合治理的关键原因是原料中杂质元素复杂，且工艺走向分散，由此提出并验证了"精矿前端优化+三废末端处置"的技术思路。研究发现，混合稀土精矿经过盐酸除杂，可得到 REO 为 68.85%、Ca 为 0.61%的化选精矿；预热后的干化选精矿与理论量的发烟硫酸在 250℃反应，稀土分解率达到 95.2%。水浸渣经重力沉降分离，可继续回收未分解矿物，废渣 REO 回收率达到 76.7%。但由于局部温度过高，该工艺尾气成分稍复杂。为了进一步提高尾气归一化程度，提出了浓硫酸超低温焙烧与碱分解联合的工艺，即氟碳铈矿优先分解，水浸渣经重选得到富磷矿，水浸液中和渣与富磷矿合并进行碱分解，从而实现混合稀土精矿中氟、磷、钍等资源的综合回收。稀土精矿中氟的分解率达到 94%，水浸渣经重选得到 REO 为 67.25%、CaO 为 1.52%的富磷矿，浓碱废水冷却回收的 $Na_3PO_4 \cdot 12H_2O$ 纯度为 98.3%，达到工业磷酸钠的标准，废水可循环利用。

碳酸钠焙烧法也是一种高效环保的分解方法，具有碳酸钠用量少、生产成本低等优点，但是对矿物的稀土品位要求较高，且焙烧过程中物料易结块，影响工艺连续进行。李梅等[7]采用"精料方针"，研究了高品位混合矿在 Na_2CO_3-NaOH 体系中进行焙烧的分解反应及不同因素对稀土浸出率的影响。研究表明，稀土精矿分解过程中，NaOH 既起到了碱的作用，又可作为 Na_2CO_3 的焙烧助剂，焙烧后期起主要作用的是 Na_2CO_3。分解过程分为两个阶段：第一阶段是在 110～150℃区间，NaOH 与混合稀土精矿发生反应，并有新相稀土氢氧化物形成；第二阶段，在 380～430℃之间，混合稀土精矿进一步分解，大部分分解成稀土氧化物。该工艺可减少烧碱用量、降低分解温度、提高稀土浸出率。在焙烧温度 500℃、焙烧时间 90min、Na_2CO_3 加入量 20%、NaOH 加入量 16%的优化条件下，稀土浸出率 99%以上。

包头稀土精矿中 CaO 含量为 6%～12%，传统碱法必须要经过化选除钙，其原因在于钙在碱分解时生成氢氧化钙，独居石碱分解时生成磷酸钠，生成的磷酸钠与氢氧化钙会反应生成磷酸钙，而在盐酸浸出时，磷酸钙与氢氧化稀土都会被浸入溶液，从而生成磷酸稀土沉淀，造成稀土损失。马升峰等[8]采用钙等杂质含量较低的高品位稀土（REO65%）精矿，省去化选除钙步骤，转而在稀土矿碱分解后加一步低酸洗钙步骤，稀土浸出率和料液纯净度均可满足要求。在矿浆浓度为 16.67%、起始酸度为 3.5mol/L、水洗矿耗酸量为 1.33mol/kg、浸出温度为 40℃的酸洗条件下，CaO 去除率 70%以上，而 REO 基本不损失，符合稀土料液对钙杂质含量的要求。该工艺已在工业生产线得到应用，实现了连续化生产。

对于常规选矿手段无法富集、高炉难以直接利用的铁矿资源，已有应用适度还原焙烧-磁选铁精矿和直接还原焙烧-磁选铁等处理工艺。适度还原焙烧（磁化焙烧）-磁选铁工艺主要通过煤粉、CO、H_2 或者其它还原性物质与铁矿物发生氧化还原反应，生成磁性矿物（如磁铁矿、磁赤铁矿、磁黄铁矿等），再利用磁性差异通过磁选将含铁的磁性矿物选出，得到铁精矿，磁选铁后尾矿根据不同矿物的具体特性，再加以回收利用。武吉[9]以包钢选矿厂选铁后产生的尾矿为原料，分别采用选铁尾矿煤基高温直接还原-磁选铁、煤基低温适度还原-磁选铁精矿工艺，实现了铁与稀土的分离，还原焙烧过程中同时活化分解了稀土矿物。经直接还原或适度还原磁选分离得到的富稀土渣与硫酸铵混合焙烧，再经水浴浸出实现稀土与脉石矿物的分离。实验结果显示，直接还原磁选后得到铁品位和回收率分别为87.85%和89.47%的铁精粉，以及稀土品位（REO）为14.35%的富稀土渣，与选铁尾矿相比稀土品位提高了5.71%。硫酸铵焙烧水浸稀土 La、Ce、Nd 浸出率分别为96.13%、98.88%、97.10%。还原焙烧过程加入适量 CaO，可促进含铁矿物的还原，CaO 还参与了尾矿中氟碳铈矿和独居石的分解，起到了一定的"固氟"效果。如利用焙烧废气氨气和稀土浸出液制备稀土氧化物产品，不仅使尾矿得以再利用，产出高附加值的产品，而且有效回收了氨气，减少污染排放。整个工艺降低了酸碱废水的排放，简化和缩短生产流程，降低了能耗。

杨合等[10]进一步研究了稀土精矿和稀土尾矿硫酸铵焙烧水浸稀土工艺。研究发现，氟碳铈矿预活化焙烧处理后与硫酸铵混合焙烧，稀土矿物转变为可溶性硫酸稀土盐。预活化焙烧处理有助于提高硫酸铵焙烧过程中稀土矿物向硫酸盐的转变，进而提高稀土浸出率，稀土浸出率最大达到90%。富稀土渣在最佳硫酸铵焙烧条件下，La、Ce、Nd 最高浸出率分别为82.83%，76.53%，77.14%。该工艺采用低温硫酸铵焙烧法，将矿物中的稀土元素转变为可溶性的稀土硫酸盐，进而通过水浴浸出实现稀土的分离，浸出液中的稀土提取后，高硫酸铵浓度的母液可循环利用。尤其是对弱磁尾矿，在低温570℃还原焙烧-磁选铁的同时，氟碳铈矿发生部分分解，增大了氟碳铈矿硫酸铵焙烧的活性，进而提高了稀土浸出率。该研究提供了一条包头选铁弱磁尾矿（稀土尾矿）再利用的新途径。

钙化焙烧工艺也被应用到白云鄂博稀土矿石的分解，氧化钙的引入既可实现独居石的分解，又能抑制氟碳铈矿中氟的逸出。氟碳铈矿和独居石的钙化焙烧，其实质是将氟碳铈矿和独居石转化为可溶于盐酸的稀土氧化物。郑强等[11]对白云鄂博尾矿钙化焙烧-弱磁选选铁残余物进行了盐酸浸出稀土工艺条件研究。白云鄂博选矿厂现弱磁选-强磁选-浮选工艺的弱磁选尾矿再经钙化焙烧-弱磁选选铁后的尾矿主要成分为稀土氧化物和萤石、氟磷灰石、石英等，其中 REO 含量为12.27%。在盐酸浓度为1.5mol/L，浸出温度为45℃，液固比为10：1mL/g，浸出时间为60min，搅拌速度为300r/min情况下，稀土浸出率可达 93.15%，氟浸出率仅为 0.23%，表明在抑制氟浸出的前提下稀土得到了高效浸出。

为避免大量含硫、氟、强酸性废气和放射性废渣的产生以及综合回收 Th、F 等资源，马莹等[12]研究了包头混合型稀土矿的浓硫酸低温焙烧工艺。将包头稀土精矿与浓硫酸按一定比例混合，搅拌一定时间后送入电加热式回转窑，调整温度、转速、倾角等参数，从窑尾出来的即为焙烧矿。将得到的焙烧矿按一定固液比加水浸出。最佳工艺条件为：温度 200～250℃，矿酸比 1∶1.5，窑体倾角 1°，窑体转速 2r/min。在稀土精矿浓硫酸低温焙烧工艺中，温度是关键因素，必须控制适当的焙烧温度，使稀土、钍等尽可能分解生成可溶性的硫酸盐，进入溶液。如果温度偏低，稀土和钍分解不完全，浸出率低；温度过高，钍转变为难溶的焦磷酸钍进入水浸渣，一方面浸出率低，另一方面会导致水浸渣中总比放超标；如果温度超过 338℃，硫酸将分解造成损失，导致浸出率降低。该工艺稀土和钍的浸出率均大于 95%，不低于现行工艺；将稀土与钍集中于水浸液中，水浸渣的放射性总比放达到国家非放射性渣的排放标准，可作为一般工业废物处理，无需储存到放射性渣库，既减少了环境污染，又为稀土企业减轻了经济负担，具有推广价值。虽然包头稀土精矿浓硫酸低温焙烧技术从理论上和实验室均是可行的，但工业化实现过程却困难重重。传统的高效内热式回转焙烧窑长度至少大于 25m，要保持焙烧温度处于低温焙烧的合理区间即 200～250℃，燃烧系统很难保障。同时浓硫酸低温焙烧容易产生炉料结圈现象，因此包头稀土精矿浓硫酸低温焙烧工艺的工业化，还需要研发人员继续进行大量探索[13]。

为降低酸、碱、能源消耗，解决三废污染问题，并综合回收氟、磷、钍等有价资源，崔建国等[14]发明了一种酸碱联合分解包头混合型稀土精矿的方法。如图 5-2 所示，将混合稀土精矿与质量百分含量>92%的浓硫酸按比例混合，混合物在 120～180℃下焙烧分解 150～300min；水浸液经过中和后，得到磷铁钍渣和硫酸稀土溶液；水浸渣经重选分离出硫酸钙得到的含磷矿物与磷铁钍渣混合，再与质量百分含量为 45%～70%的氢氧化钠溶液按照混合精矿与氢氧化钠重量比为 1∶0.1～1∶0.2，在 130～180℃下分解；碱解矿再经过洗涤、盐酸溶解、中和除杂后形成酸溶渣、铁钍渣和氯化稀土溶液。该发明方法对混合型稀土矿物采用了分步分解技术，结合了低温酸法和浓碱液分解工艺的技术优点，规避了两工艺的技术缺陷，对精矿稀土品位适应性强。焙烧温度较现有低温焙烧工艺温度更低，降低了硫酸酸耗和焙烧能耗，并纯化了酸性尾气成分，简化了尾气处理程序，综合回收了精矿中的氟资源；将分离硫酸钙后的含磷矿物与磷铁钍渣合并进行碱分解，充分回收了精矿中的磷资源，实现了碱废水的循环再利用，最大程度降低了单位矿物的碱耗成本，减少了稀土损失。

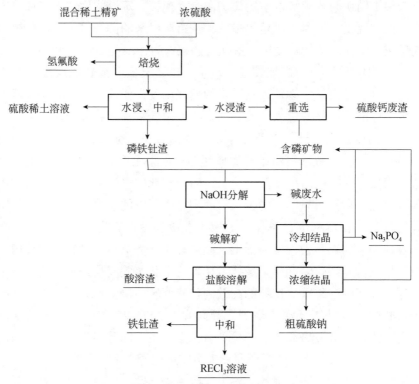

图 5-2　酸碱联合分解混合型稀土精矿工艺流程图

2. 四川氟碳铈矿

四川拥有我国目前最大的单一氟碳铈稀土矿，该矿伴生有重晶石、萤石、天青石等矿物。原矿的品位约 2%～4%，经重选、浮选或磁选后，氟碳铈矿精矿稀土品位达 50% 以上，同时含 8%～9% 氟以及 0.2% 放射性元素钍。

氟碳铈矿的冶炼工艺主要有氧化焙烧-浓 H_2SO_4 浸出法、氧化焙烧-HCl浸出法、Na_2CO_3 焙烧法和烧碱法等。目前工业上几乎全部采用氧化焙烧-盐酸浸出工艺处理氟碳铈矿[15]，工艺流程如图 5-3 所示。该流程首先将氟碳铈精矿在 500～600℃ 进行氧化焙烧，使之转变成氟氧化稀土、氧化稀土和氟化稀土，再采用低浓度盐酸进行选择性浸出，获得一次优浸渣和氯化稀土（铈较少）溶液；一次优浸渣再经碱转、水洗除氟、盐酸优溶等工序获得氯化稀土溶液和富铈渣，氯化稀土溶液经除杂后进行萃取分离生产单一稀土产品。所得富铈渣既可出售给稀土硅铁生产企业，也可还原浸出其中的铈，生产97%~98%纯度的氧化铈产品。该流程中的一次优浸渣如先经盐酸深溶，也可生产95%以上氧化铈，然后再碱转、全溶，该流程也曾在四川稀土企业中广泛应用。

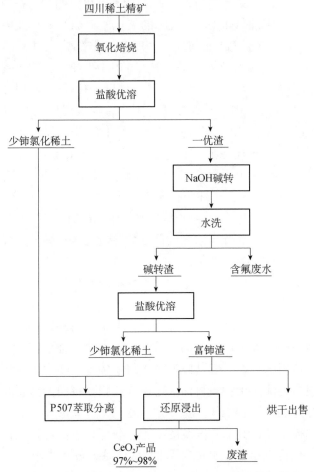

图 5-3　四川氟碳铈矿氧化焙烧-盐酸浸出工艺流程图

氧化焙烧-盐酸浸出工艺处理氟碳铈矿，具有投资小、铈产品生产成本较低的优点，但也存在问题，包括：工艺流程长，不连续，盐酸浸出过程中四价铈、钍、氟不溶解留在渣中，再经过碱转化，氟以氟化钠形式进入废水，钍、氟分散在渣和废水中难以回收，对环境造成污染，而且铈产品纯度仅 97%～98%，价值低。因此，针对氟碳铈矿，亟需进一步开发能同时回收稀土、钍及氟的高效清洁工艺，而且要求工艺流程简单，生产成本低[16]。

四川稀土矿的分解技术研究关键在于解决铈和氟的问题。帅庚洪[17]基于氧化焙烧-盐酸浸出法，对氟碳铈矿氧化焙烧过程和焙烧矿盐酸浸出过程进行了深入研究，发现将精矿置于不同气氛，不同温度下焙烧，矿物的分解和铈的氧化同时进行，在氮气中约 30%铈被 CO_2 氧化成四价，在氧气中开始分解的温度比在氮气中的低 150℃，且铈的氧化能够加快分解反应的进行。相转变规律为：$REFCO_3 \rightarrow REOF \rightarrow Ce_7O_{11}+REF_3$。整个焙烧过程部分氟逸出，且焙烧温度越高，氟逸出越多。采用 HSC6.0 软件对焙烧矿盐酸浸出过程进行模拟计算结果显示，在 0～6 范围内调节浸出 pH，可以实现铈与非铈稀土的初步分离，pH 高于 2 时，铈基本不被浸出，但被浸出的 F^- 与 RE^{3+} 优先结合成氟化稀土进入渣中，严重降低铈与非铈稀土分离效率；pH 低于 2 时，部分 Ce(Ⅳ)在浸出时会被还原成三价进入溶液；当 pH 低于 0 时，Ce(Ⅳ)会与 F^- 以 $[CeF_3]^+$ 的形式被浸出，从而避免焙烧矿盐酸浸出过程中氟化稀土的产生，可提高稀土浸出率，但 $[CeF_3]^+$ 在该体系下不能稳定存在，易形成 CeF_3 进入渣中。25℃条件下，化学计量比为 110%的 1.0mol/L 盐酸反应 3h，稀土浸出率可达 90%以上，但是稀土浓度较低且酸耗量较大。另外，添加硫酸根可降低酸量和提高浸液中稀土浓度。

目前四川稀土矿生产工艺产生大量含稀土约 45%的铈富集物副产品，其中稀土组分含有约 10%的非铈稀土元素和约 90%的铈，四价铈约占总铈的 80%。这种粗铈产品难以提纯，价格低廉，用途单一，大量用来生产稀土硅铁合金，但因环保因素和钢铁市场不景气，稀土硅铁合金产量大幅下降，造成铈富集物产品积压严重。王洪伟等[18]进行了铈富集物中提取稀土元素的研究，采用硫酸溶解铈富集物，再加入还原剂硫脲，将四价铈还原成三价铈，再用 MgO 中和除渣后用 P204-煤油萃取全捞稀土，盐酸反萃取，得到混合氯化稀土。氯化稀土经过调节酸度及浓度后，既可与少铈富镧氯化稀土混合后进一步分离，也可以单独进 P507-煤油萃取体系，分离出单一稀土元素。该工艺稀土元素的总回收率达到 92%以上，充分回收了其中价值较高的非铈稀土元素并提纯了铈元素，为铈富集物副产品的处理提供了技术参考。

目前氟碳铈矿冶炼工艺方法的基本思路都是通过氧化焙烧将氟碳铈矿的三价 Ce(Ⅲ)氧化成 Ce(Ⅳ)，利用 CeO_2 难溶于稀酸的性质在酸浸过程与进入酸浸液的其它非铈稀土元素实现分离。但这类工艺仍有部分非铈稀土如

Pr(Ⅲ)，La(Ⅲ)等进入富铈渣中，造成高价值元素低价利用，并且从酸浸渣中回收得到的铈很难得到高纯度产品。针对上述问题，卜云磊等研究了一种采用焙烧助剂熔融包覆氟碳铈矿颗粒表面，以减少 Ce(Ⅲ)的氧化，焙烧后 Ce(Ⅲ)可与其它三价稀土离子一起进入酸浸液的新工艺。为实现氟碳铈矿的较高温度焙烧的同时减少 Ce(Ⅲ)的氧化，以 $NaHCO_3$ 做分解助剂，其分解产物 Na_2CO_3 高温下（>700℃）熔融覆盖矿物。优化工艺条件为：$NaHCO_3$ 与氟碳铈矿质量比为 40%、900℃焙烧 2h、水洗温度 50℃、水洗液固比 10∶1、盐酸浓度 2mol/L、酸浸液固比 15∶1、温度 75℃酸浸 2h，总稀土浸出率达 93.23%，铈的浸出率为 87.43%。该工艺特点在于利用分解助剂在高温条件下熔融包覆隔氧焙烧，提高了铈的浸出率以及总稀土浸出率，较现有焙烧阶段将铈与其它稀土分离方法相比，酸碱用量少、成本低，提高了 CeO_2 产品的收率[19, 20]。

现有氧化焙烧-盐酸优溶工艺可以在进入萃取分离环节前将占稀土总量一半的 Ce 进行化学法分离，大大降低了萃取分离过程的负担，但产出的 Ce 仅有 97%～98%的纯度。Zhang 等[21]报道了一种非氧化焙烧工艺，焙烧在惰性气氛中进行，可阻止 Ce(Ⅲ)被氧化为 Ce(Ⅳ)。经非氧化焙烧后，所有稀土均为三价，均可在较低的反应温度下溶出，无还原剂消耗，也可避免大量酸雾的产生。为强化反应，提高稀土回收率，工艺中还引入了超声激活技术。超声辅助工艺在 55℃时的稀土浸出率可达到传统工艺中 85℃时的水平。超声空化不仅可产生更高切向应力，破坏固体表面结构，而且还可促进自由基·OH 和过氧化氢（H_2O_2）的形成。Ce(Ⅲ)可被·OH 氧化为 Ce(Ⅳ)，被 F⁻ 以络合物的形式溶出，再被 H_2O_2 还原为 Ce(Ⅲ)。一次酸浸得到的少量主要含 REF_3 的浸渣经 NaOH 碱转-HCl 酸溶后，得到的混合稀土溶液可与后续盐酸体系萃取分离工艺衔接。该工艺也可用于包头混合型稀土矿的分解，其中的独居石难以在第一步酸浸中溶出，但可在 NaOH 碱转过程与 REF_3 一起被转型为稀土氢氧化物后再酸浸溶出。

针对现有氟碳铈矿分解工艺中产生含氟废水难以处理而污染环境以及高能耗等问题，开发氟碳铈矿绿色冶炼工艺的一个研究方向为在稀土精矿焙烧过程中添加焙烧助剂，将氟固定在渣中。徐晓娟等[22]的微波辅助氟碳铈矿固氟焙烧工艺研究结果表明，随着配碳量的增加，平均升温速率提高；最佳焙烧条件为：焙烧温度 700℃，保温时间 20min，CaO 加入量 15%，$CaCl_2$-NaCl 加入量 8%；焙烧矿中稀土以氧化物的形式存在、氟以 CaF_2 的形式存在；最佳焙烧条件下氟碳铈矿的分解率为 95.88%，固氟率为 97.57%。该工艺快速高效，为后续稀土与氟的分离创造了条件。

岑鹏[23]研究了 Ca(OH)$_2$-NaOH 分解氟碳铈精矿新工艺。矿物中的氟碳铈矿受热分解后的产物与 Ca(OH)$_2$、NaOH 反应生成稀土氧化物，氟主要以 CaF$_2$ 的形式固定下来，同时有 NaF 的生成。低熔点 NaOH 的加入可以降低矿物分解温度，且使产物颗粒出现聚集抱团现象，形成较大的烧结块。在优化的分解工艺条件下，精矿分解率达到了 98.13%。稀土矿物及萤石的连生度下降，解离度提高，有利于稀土氧化物和萤石的浮选分离。通过反应动力学模型和热分析发现，焙烧反应过程受扩散和化学反应混合控制，添加 NaOH 后反应的表观活化能轻微下降，能够促进反应的发生。该工艺与氧化焙烧-盐酸优浸工艺相比，没有含氟废水产生，并能有效地回收氟，与 NaOH、Na$_2$CO$_3$ 焙烧法相比成本更低，为四川氟碳铈矿的清洁生产探索了一种新途径。

唐方方[24]提出了采用"钙化转型-酸浸"的全湿法生产新思路，以降低该类资源的生产能耗，实现钙化固氟及氟碳铈矿中有价稀土元素的高效、清洁提取。加压钙化技术处理氟碳铈精矿为在密闭容器中，利用氧化钙在碱性条件下解离出来的钙离子与稀土矿解离出的氟离子结合生成难溶的氟化钙，达到固氟的效果，而稀土元素与体系中的氢氧根结合生成难溶的稀土氢氧化物。机械化学钙化过程中磨矿和溶出两个过程同时进行，利用机械化学作用碰撞和破碎原矿，减小氟碳铈精矿的粒度，破坏其致密的结构，从而优化钙化转型效果。研究发现，在优化条件下，机械化学钙化转型稀土总浸出率为 85.32%，比加压钙化转型提高了 13%，而且极大降低了水耗。采用钙化转型-酸浸工艺提取稀土过程中，氟以 CaF$_2$ 的形式进入到酸浸渣中得以回收，实现了与稀土的高效分离，全流程中氟损失率不到 0.5%。

二、稀土萃取分离化学

20 世纪 60~80 年代，国家组织了一系列联合攻关，我国科技工作者根据国内稀土资源特点，开发了一系列原创性的稀土采选冶技术，逐步建立了以 P507 为主体、结合环烷酸和氧化还原萃取多体系耦合实现 15 种稀土元素全分离的工艺流程，使我国稀土工业技术水平得到了迅速提高，稀土溶剂萃取分离水平居于世界领先地位，被国际同行称为"中国冲击"，成就了中国稀土生产大国的国际地位。自 1988 年以来，我国取代美、法等国成为全球最大的稀土生产国和供应国，满足了全世界对稀土冶炼分离产品的需求，导致国外企业在竞争中逐步退出了稀土分离冶炼行业。近 10 年来，中国稀土产量占全球产量的 95% 以上，几乎在以一国之力提供着全球对稀土原料的需求。作为世界主要稀土生产国，近年来，我国政府（国务院、生态环境部、工信部、国家发改委）颁布《稀土工业污染物排放标准》等法规，要求治理稀土生产过程中存在的环境污染，研究和开发新型萃取体系及高效清洁分离工艺流程势在必行。在此背景下，萃取分离理论、清洁萃取分离工艺和新型萃取剂体系成为近些年研究的重点。

1. 萃取分离工艺及其设计理论进展

20 世纪 70 年代，北京大学徐光宪教授提出了串级萃取理论，为稀土溶剂萃取分离工艺的优化设计奠定了理论基础。在徐光宪先生的指导下，以李标国、金天柱、王祥云、严纯华、乔书平、高松、廖春生为代表的两代研究者将计算机技术引入到串级萃取分离工艺最优化参数的静态设计和动态仿真验证，在 80 年代末实现了理论设计到实际工业生产应用的"一步放大"，促进了我国稀土工业的快速发展。至 90 年代，串级萃取理论从两组分体系拓展到多组分体系，从两出口工艺拓展到三出口和多出口工艺，适用范围也从恒定混合萃取比体系发展到非恒定混合萃取比体系，可广泛适用于轻、中、重全部稀土元素的串级萃取工艺参数设计和流程优化。进入 21 世纪，化工过程的环境效应受到了前所未有的关注，降耗减排也成为稀土分离工艺的重要发展方向，近年来最新发展了以联动萃取工艺为代表的系列新型工艺技术，并已在工业实践中取得了良好效果。

1）联动萃取分离工艺及其设计理论

多组分溶剂萃取全分离需经多段分馏萃取实现，每段分馏萃取可称为一个分离单元。每个分离单元经分馏萃取得到含易萃组分的负载有机相和含难萃组分的水相物料溶液。传统多组分分离工艺中，各个分离单元进行的切割分离方式均为在某两个相邻组分间的清晰分离，并向下逐层级进行直至分离得到所有组分的纯产品。为解决各分离单元单独消耗化工试剂使得总消耗高的问题，发展了联动萃取分离技术，其核心思想是充分利用串级萃取分离过程中由酸碱消耗所带来的分离功，通过将分离流程中某一分离单元产生的负载有机相与稀土溶液作为其它分离单元传统工艺中的稀土皂有机相和洗液/反液使用，避免重复的碱皂化和酸反萃取过程，减少酸碱消耗和含盐废水排放。初期设计的联动衔接如图 5-4 所示，A/B 分离段中负载 B 的有机相作为 C/D 分离段所需负载难萃组分萃取剂使用，同时 C/D 段中产生的含 C 水相作为 A/B 段所需反萃取液使用，从而避免了 A/B 分离单元反萃取过程酸消耗和 C/D 分离单元皂化过程的碱消耗。由于联动萃取分离技术具有显著降耗减排优势，近年已成为我国稀土分离工业中的基本技术[25]。

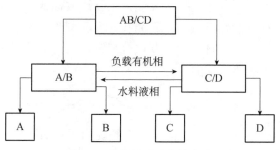

图 5-4　初期的联动衔接方式

联动萃取分离工艺已进一步发展为如图 5-5 所示的衔接方式。衔接交换段变为 AB 的负载有机相与含 BC 水相之间的交换，可较图 5-4 中的衔接方式进一步提高分离效率。作为多入口、多出口的萃取分离工艺，联动萃取流程中相互衔接的分离单元具有与传统分馏萃取流程中的孤立分离单元所不同的特点，工艺参数设计方法也完全有别于传统工艺。

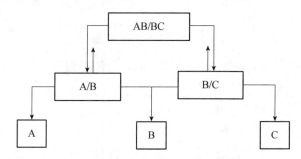

图 5-5　更为高效的三组分联动萃取流程衔接图

联动萃取流程工艺的设计可采用模拟仿真计算进行。稀土串级萃取过程是一个复杂而冗长的化工过程，而计算机模拟技术为研究稀土萃取分离过程提供了重要手段。吴声等基于前期研究[26, 27]发展的多组分多出口分馏萃取静态设计和动态仿真技术，提出了一种新的串级萃取仿真模型，在其中考虑到了实际萃取槽体的混合-澄清室结构和其中的物料运行状况，可更加真实地模拟实际萃取槽中的动态过程。同时，采用增强牛顿法加快了计算速度，采用了衰减积分反馈的方法对输入流量进行自动调控，减小了动态模拟达到稳态的时间。还解决了多组分多出口分馏萃取体系的静态设计问题，采用的静态设计方法能够快速求解体系在给定流量条件下的平衡态，根据原料稀土组成和分离要求快速求解出分离所需级数及流量设置。相应设计的稀土分离流程设计计算软件可快速、准确进行稀土联动萃取分离工艺的优化设计，具有极强的理论研究价值和实际应用价值。

但模拟仿真计算需从大量计算结果中择优确定工艺参数，工作量大，且无法判定所选结果是否已最优化。为此，程福祥等[28-33]通过深入研究串级萃取理论，推导得到了联动萃取流程中各种类型分离单元最优化工艺参数计算公式和分离单元间最优化衔接计算方法，建立了可用于指导设计具有理论最小消耗的多组分全分离流程的基础理论，解决了多组分稀土萃取分离化工试剂消耗的极限问题。该理论认为，联动萃取流程工艺设计的核心为多组分分离单元中间组分在两端出口如何分配、分离单元间如何进行纵向和横向衔接，为使流程整体具有理论的最小萃取量[①]，工艺流程设计需遵循两个基本原则：①每个分离单元均按最优切割方式进行分离，萃取剂和洗液的分离功都不产生浪费；②分离单元间充分联动，相互利用分离功至极值。以一个Sm：Eu：Gd=60：10：30 的三组分水相料液为例，按该理论设计的全分离分离流程所需最小萃取量为 1.1900，意为：当萃取量低于 1.1900 时，无论如何设计工艺都无法实现获得三个单一纯产品的分离目的。

廖春生等[25]还报道了一种已通过大量计算实例校验合理性的多组分联动萃取全分离流程最小萃取量的原则计算方法，即将一个多组分料液分离为所有组分的单一产品时，流程所需的理论最小萃取量在数值上等于进行任意两相邻组分间切割的两出口分离所需最小萃取量中的最大者。仍以上述具有相同料液组成的 Sm/Eu/Gd 分离为例，具有理论最小萃取量全分离流程所需的最小萃取量数值上应等于进行 Sm/（EuGd）和（SmEu）/Gd 两种两出口分离所需最小萃取量中的较大者。静态模拟计算可知 Sm/（EuGd）和（SmEu）/Gd 分离的最小萃取量分别为 0.9118 和 1.1900，按该原则可知联动全分离流程的理论最小萃取量应为 1.1900。按此方法可计算得到我国典型稀土矿种分离消耗理论极值，结果列于表 5-1。由于萃取分离过程的萃取量与单位产量的酸碱试剂单耗和废水排放成正比，由表中数据可见，我国典型南、北方矿的试剂消耗与酸碱排放均有在现有水平基础上减半的可能。

表 5-1　我国典型稀土矿种全分离现行工艺最小萃取量（S_{min}）与理论值的比较

矿种	理论计算值	现行工业水平
包头矿	0.9	2.3
中钇矿	1.2	2.6

① 最小萃取量为实现分离目的所需的最小萃取剂用量与原料量之比。

过去的 40 余年中，串级萃取理论在指引我国稀土分离技术持续推陈出新的同时，自身也在不断得以发展和完善。相关研究工作与我国的稀土分离工业实践密切结合，为推动我国稀土分离工业发展贡献了重要的力量。尽管我国稀土萃取分离工艺水平多年来不断发展并一直领先世界，但我国典型南北方稀土矿种全分离流程优化均仍存有相当大的发展空间，串级萃取理论的深入研究仍任重道远。

2）高纯氧化铕非还原萃取分离技术

三价铕离子与相邻稀土元素在 P507-HCl 体系中分离系数较小，但由于其易被还原为二价离子，且还原后较易于与其它稀土元素分离，目前铕产品主流分离工艺均采用还原技术进行提纯处理。工业生产过程中采用的铕还原方式主要包括两种，一种是锌还原，包括锌粒、锌粉及锌汞齐等；另一种为电解还原。还原后的处理方法又包括碱度法和萃取法。碱度法是利用二价铕与三价稀土形成氢氧化物的碱度差异，通过加入氨水将三价稀土沉淀从而实现与二价铕的分离。萃取法利用二价铕与三价稀土间较大的分离系数，萃取三价稀土并与二价铕分离。但还原法工艺存在诸多问题，一是流程较长，铕的直收率低，一般在 70% 左右；二是还原过程提取成本较高，且锌还原法产生含锌废水，电解还原法产生氯气，造成污染；三是操作要求苛刻，存在生产安全隐患。

当前联动萃取技术及其理论的进一步发展为解决 P507 体系高纯 Eu 萃取分离提供了可能。五矿（北京）稀土研究院有限公司联合北京大学共同开展了非还原法氧化铕萃取分离工艺技术研究。以自行开发的多组分多出口萃取分离工艺设计软件为计算工具，通过流程的动态和静态模拟，优化设计了以钐铕钆富集物为原料萃取分离生产 99.999% 稀土纯度的氧化铕的工艺流程，并先后采用"一步放大"技术进行了工业化实施，生产线调试运行后达到设计效果，目标氧化铕产品中 Sm、Gd 元素含量小于 2ppm，其它指标均满足最新国家标准；自钐铕钆富集物起，铕的萃取收率可达 99.5%。该项技术解决了目前铕还原提取工艺中存在的铕直收率低、化工辅料消耗高的问题，还可减小或消除 Eu 萃取分离环节的试剂消耗和含锌废水排放。

该工艺使用轻稀土分离的负载有机进行联动萃取分离，不仅可有效降低试剂消耗，还可解决微量难洗涤轻稀土杂质影响产品品质问题，相同的流程设计思想也已被用于其它稀土元素的萃取分离，实现了多种稀土的 99.9995%～99.9999% 超高纯度产品的工业化萃取分离生产。

3）低碳低盐无氨氮分离提纯稀土工艺[16]

目前，稀土分离提纯过程消耗的液氨、碳铵、盐酸、液碱等原辅材料基本未循环利用，进入环境带来严重的污染问题。为此，有研究开发了低碳低盐无氨氮分离提纯稀土工艺。以丰富廉价的钙镁矿物为原料，回收利用稀土分离过程产生的氯化镁废水和 CO_2，连续碳化规模制备纯净的介稳态碳酸氢镁溶液，替代传统的液氨、液碱、碳铵或碳钠等用于稀土萃取分离和沉淀。

镁盐废水和 CO_2 气体低成本回收制备碳酸氢镁溶液技术流程如图 5-6 所示。以轻烧白云石或石灰处理氯化镁废水，通过调控 pH 及 $Mg(OH)_2$ 晶核形成速率和晶粒生长速率，避免电离形成胶态 $[MgO_2]^{2-}$，获得晶型氢氧化镁和氯化钙溶液，进一步后处理得到低镁钙盐产品，不但可将镁高效、低成本转化为碳酸氢镁溶液，而且高效地将 Fe/Al/Si 等杂质富集到碳化残渣中。

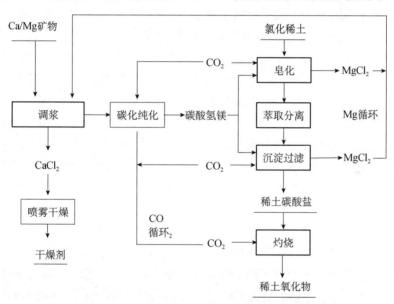

图 5-6 低碳低盐无氨氮分离提纯稀土工艺流程图

所得碳酸氢镁溶液用于皂化萃取分离氯化稀土可保证萃取的稳定运行和稀土产品的纯度。工业运行表明：有机相中稀土负载量达到 0.18mol/L 左右，稀土萃取率达到 99.5%；稀土分离得到的 La、Gd、Tb、Y 等产品纯度达 99.9%～99.999%；化工材料成本较液碱皂化降低 50%以上，不产生氨氮或高钠盐废水，并解决了非皂化、钙皂化工艺中存在的三相物、Fe/Al/Si 杂质含量高、反应速度慢等问题。纯化的碳酸氢镁溶液应用于稀土沉淀，具有原碳铵沉淀体系的普适性特点，但无氨氮废水问题，并大幅度降低成本。运行结果表明：纯化的碳酸氢镁沉淀剂中 Fe_2O_3、Al_2O_3、SiO_2 等杂质含量均小于 5mg/L，并利用溶度积差异及沉淀结晶过程控制，进一步除去非稀土杂质，制备出不同类别的低成本稀土氧化物，其中值粒径 D_{50} 为 $0.5\sim5.0\mu m$，比表面、形貌等物性可控。碳酸氢镁溶液用于皂化和沉淀所得镁盐废水再回用于碳酸氢镁制备工序，镁盐物料即可闭路循环利用。工业运行表明：镁盐循环利用率达到 90% 以上，稀土萃取、沉淀、焙烧等工序中产生的 CO_2 气体回收率达到 95% 以上。

4）硫酸稀土浸出液转型-分离一体化技术

我国包头混合型轻稀土矿前处理主体流程为硫酸法，萃取分离需先将硫酸浸出液转型为氯化物体系后进行，转型通常采取萃取法，萃取转型及后续的萃取分离分别产生消耗，萃取转型过程的最小萃取量为 1.0，后续的萃取全分离最小萃取量为 1.78，总最小萃取量达到 2.78。五矿（北京）稀土研究院有限公司联合北京大学 2010 年提出转型-分组一体化流程，并进行了工业实践，较大幅度降低了化工试剂消耗。同年，与甘肃稀土新材料股份有限公司、北京有色金属研究总院等单位合作，建立了甘肃稀土 4000t 稀土氧化物非皂化联动分离生产线，采用如图 5-7 所示转型-分组一体化流程。该流程的特点在于转型过程中利用萃取剂 P204 的分离能力同时实现了分组，将稀土原料分组为 LaCePrNd 与 CePrNdSm，再进一步在 P507 联动萃取分离生产线上实现全分离。流程的总萃取量约 $1.7\sim1.75$，在酸碱消耗等方面与转型后氯化稀土依次全分离工艺相比优势明显。该项目于 2013 年底获有色工业协会科技进步一等奖。

在上述工业实践基础上，五矿（北京）稀土研究院有限公司与北京大学采用自行开发的含酸及多价态稀土分离工艺仿真软件，对北方矿硫酸稀土转型及分离过程进一步开展了理论研究，阐明了避免钙元素在转型过程中富集的工艺条件，形成了新的北方矿转型-分离一体化原则流程，如图 5-8 所示，该流程所需的总最小萃取量为 1.1 左右，这也是北方稀土矿实现分离的理论极限。$2015\sim2016$ 年，五矿（北京）稀土研究院有限公司与甘肃稀土新材料股份有限公司合作，以此原则流程为基础，结合甘肃稀土原有分离生产线设计了工业实践流程，与图 5-7 所示的早期转型-分组一体化工艺相比，新工艺在转型过程中即同步实现部分纯 Ce、PrNd、Nd 等纯产品的分离，并产出 LaCe、CePrNd 等中间产品，以匹配原有生产线处理能力。流程的总萃取量为 $1.35\sim1.40$，进一步接近了理论极限。

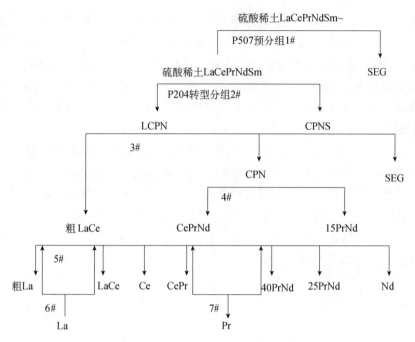

图 5-7　2010 年设计的转型-分组一体化流程

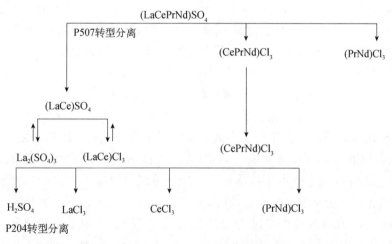

图 5-8　理论研究设计的北方矿稀土转型-分离一体化原则流程

5）非水溶剂萃取技术

近年，溶剂冶金学（solvometallurgy）的发展引起了人们对稀土非水溶剂萃取分离体系的研究兴趣。溶剂冶金学概念的提出最早始于 20 世纪 40 年代末至 50 年代初期，美国的研究者使用含酸有机混合物从铀矿中浸出铀，当时称为"lyometallurgy",意为以溶剂为基础的浸出过程,近年比利时鲁汶大学的比尼曼(Binnemans)以 solvometallurgy 命名溶剂冶金学,定义为使用非水溶剂从矿物、各种工业废渣、产品废料以及城市废料等中提取金属的过程[34]。溶剂冶金过程主要使用分子有机溶剂、离子液体、低共熔溶剂(DES)等非水溶剂,也可以使用液氨、浓硫酸或者超临界 CO_2 等。非水溶剂并非要求绝对无水条件,而是指不出现单独的水相。

传统的溶剂萃取过程,是金属离子在水相和不相溶有机相间的优先分配过程,故而不能归为溶剂冶金学范畴。建立在溶剂冶金学基础上的非水溶剂萃取体系可避免传统溶剂萃取过程需要大量萃取级数、消耗大量酸碱同时产生大量废物排放等问题。非水溶剂萃取体系包含两个不相混溶的有机相,具有一些水相萃取体系不具备的优势,例如,分配系数常与水相不同,可增加混合金属离子之间的萃取选择性。

Batchu 等[35]研究了一个含萃取剂 Cyanex 923 的正十二烷(DD)与溶于乙二醇(EG)中的氯化稀土溶液进行萃取的反应体系。该体系可用于高效萃取回收废旧荧光粉的 Y 和 Eu,在存在 LiCl 盐析剂的情况下,在 1mol/L Cyanax 923 萃取剂浓度、相比 EG∶DD 为 1.5∶1 时,仅通过 3 级萃取-3 级反萃取即可实现 Y 和 Eu 的分离,再通过草酸沉淀,获得 Y 和 Eu 的纯产品。Batchu 等[36]还系统研究了不同稀土元素的 EG 溶液在以 DD 为稀释剂的中性萃取剂 Cyanex 923 体系中的萃取行为。发现与水相料液相比,EG 中的轻稀土更难被萃取,而重稀土萃取率增加,因而 EG 溶液中轻、重稀土更容易实现分离。另外,在非水介质中相邻元素间的分离系数也较水相料液中更高。

Li 等[37]采用 Aliquat 336 作为萃取剂,甲苯为稀释剂,萃取分离溶于乙二醇溶液中的 Sm 和 Co,并与水溶液萃取体系进行了比较。结果表明,Co 和 Sm 在水溶液中都可以被萃取,但 Co 在乙二醇溶液中的萃取得到加强,而 Sm 在乙二醇溶液中基本不被萃取,可通过单级萃取即可实现乙二醇溶液中 Co 和 Sm 的完全萃取分离。Co 在水溶液中和乙二醇溶液中被萃取的机制基本相同。Sm 在水溶液中通过 LiCl 的盐析效应萃取,而由于乙二醇更低的介电常数以及 LiCl 在乙二醇中更小的溶解度,LiCl 在乙二醇中对于 Sm 的盐析效应比在水溶液中低得多。这一分离机制也可用于其它过渡金属和稀土的分离,如 Fe/Nd、Zn/Eu 等。

Chen 等[38]报道了一种采用1-氨基-8-萘酚-3,5-磺酸(B 酸)共晶溶剂溶解和分离稀土的方法,其中共晶溶剂可循环使用。摩尔比为 4∶1 的乙二醇(EG)和马来酸(MA)混合溶剂表现出良好的稀土氧化物溶解能力,由

EG：MA 体系提供的 H^+ 对于 Eu_2O_3 和 La_2O_3 的溶解度可分别达到 0.168 g/g 和 0.147g/g。草酸可将溶解的稀土沉淀，再经灼烧得到稀土氧化物。也可利用 EG：MA 体系中稀土氧化物间显著的溶解度差异进行稀土元素间的分离。La_2O_3 和 CeO_2 分离可得到纯度为 99.9% 的 La_2O_3；对于 Y_2O_3/Eu_2O_3 和 Sm_2O_3/Eu_2O_3，Y_2O_3 和 Sm_2O_3 可被富集到沉淀相，纯度可分别达到 99.97% 和 99.94%。

Binnemans 等[39, 40]报道了使用离子液体[Hbet][Tf₂N]从废旧荧光灯粉和废旧稀土永磁体中回收稀土的溶剂冶金应用研究。实验表明，[Hbet][Tf₂N]可以选择性溶解废旧荧光粉中价值超过废粉中元素总价值 70% 的红粉 $Y_2O_3{:}Eu^{3+}$（YOX），而不破坏其中的卤粉等其它组分。溶出后，钇和铕可通过草酸反萃取从离子液体中以沉淀的方式回收，同时离子液体得以再生回用，草酸钇铕沉淀经灼烧成氧化物再作为生产新荧光粉的原料。草酸是这一过程中唯一消耗的化工原料。在浸出焙烧 NdFeB 废料的工艺中，还利用了[Hbet][Tf₂N]-H_2O 体系特殊的热形态特性，即 80℃ 以上为均一相混合物、但冷却后分为两相的这一特性，浸出过程控制温度高于 80℃，而冷却分相后，铁进入离子液体相，稀土和 Co(Ⅱ)进入水相得以与铁进行分离，且具有较高的分离系数。

2. 稀土萃取剂

稀土萃取剂的开发及其分离化学的研究是开发新一代稀土清洁生产工艺的基础。在稀土元素的溶剂萃取分离中，为了提高萃取效率和实现选择性分离，首要问题是选择适宜的萃取剂。稀土萃取剂除了要求具有萃取饱和容量大、平衡速度快、化学稳定性高、水溶性小、闪点燃点高、与水溶液的密度差大、不易乳化以及原料来源丰富、合成方法简便、环境友好等特点以外，还应该对稀土元素有较高的选择性，即对稀土及伴生杂质或相邻稀土元素有较大的分离系数。我国单一稀土分离目前主要采用中国科学院上海有机化学研究所开发的酸性萃取剂 2-乙基己基膦酸单-2-乙基己基酯（P507），该萃取剂的大规模生产为建立具有我国特色的单一稀土萃取全分离流程奠定了基础。

用于稀土萃取的萃取剂主要为 P507 萃取剂，除此之外，还需要二-（2-乙基己基）磷酸（P204）和环烷酸等酸性萃取剂作为辅助实现稀土的全分离。经过几十年的工业应用验证，目前应用的萃取剂都存在一定的问题，亟需开发高效的新型稀土萃取剂。酸性萃取剂萃取稀土离子后，会置换出 H^+，导致水相酸度逐渐增大，阻碍稀土进一步的萃取过程，影响稀土萃取率。为使萃取过程能深度进行，需要将 H^+ 用其它阳离子交换，使之在后续萃取过程中不产生影响体系酸平衡的 H^+。通常预先用 NH_4OH 或 $NaOH$ 等碱性溶液对有机相进行预处理，以提高萃取物在有机相中的负载量，即进行皂化。但现有的氨皂化、钠皂化及钙皂化萃取分离技术都难以满足稀土的绿色萃取分离要求[41]。同时，P507 萃取剂在重稀土分离中还存在平衡酸度高、反萃取困难等问题。

近年来，国内外研究单位在稀土萃取剂开发及分离化学研究方面取得了一些进展，合成了系列含氮有机磷萃取剂、不对称有机膦萃取剂、苯氧基取代羧酸萃取剂等，并研究了离子液体等新型体系对稀土的萃取。国外学者也有关于酰胺类萃取剂、杯芳烃萃取剂、酰基羧酸、多磷酸基团试剂等对稀土萃取分离的研究报道。但大多数萃取剂的合成及稀土分离研究仅限于实验室操作，萃取剂的规模生产及成本、分离体系的工业运行等仍存在很大不确定性。

1）构效关系计算化学研究及 P227 的合成和萃取性能

鉴于 P507 萃取剂存在平衡酸度高、重稀土分离系数低等问题，降低反萃取酸度是新型萃取剂筛选和设计的一个重要目标之一，而酸性磷类萃取剂的反萃取酸度与其 pK_a 直接相关。对于反萃取过程分析易知，在萃取剂浓度和反萃取率相同的情况下，萃取剂的反萃取平衡常数 K_s 与萃取剂的解离常数 K_a 值是负相关的，即萃取剂 K_a 越高，K_s 越小，反萃取越难，所需要的反萃取酸度越高。故研究萃取剂结构与其 K_a 的定量构效关系可以描述萃取剂的反萃取酸度。Yu 等[42]收集、整理分析了 96 个酸性磷类化合物的 pK_a 值，用密度泛函理论（DFT）方法选用靠近磷中心的结构参数（如原子电荷和轨道能）作为描述符，并用多元线性回归方法获取描述符与 pK_a 值之间的数学关系式，进而拟合建立了萃取剂结构与 pK_a 的数值方程，可用于定量预测酸性磷（膦）类萃取剂的 K_a 值。检验可知该模型能够较好地定量反映结构参数与 pK_a 之间的关系。从拟合得到的结构与 pK_a 关系可以看出，酸性磷类萃取剂 pK_a 大小总体趋势是：双磷氧键（如 P204）<单磷氧键（如 P507）<双碳磷键（如 Cyanex272）。故要解决 P507 等反萃取酸度过高的问题，就应该考虑 pK_a 更高的双碳磷键类萃取剂。

Du 等[43]进而进行了萃取剂结构与分离性能关系的计算研究。萃取反应的 Gibbs 自由能变化 ΔG 是衡量萃取反应进行难易程度的热力学参数，通过比较两种金属萃取反应的 ΔG 值可以比较萃取剂对金属的分离能力。为简化计算，提出了逐级稳定常数模型来计算萃取反应的 ΔG，即利用总平衡常数与逐级平衡常数之间存在相似变化规律的原则，以第一分子萃取剂配位产生

的自由能变化 ΔG_1 代表萃取反应自由能的变化 ΔG。用该简化配位数的模型计算了 5 种萃取剂对 7 种镧系金属离子萃取反应的 ΔG_1。结果表明，取代基体积越大，越靠近配位基团，其萃取能力越差。β 位带有甲基的分子比 α 位带有甲基的分子萃取能力相差约两个数量级，尽管其 pK_a 几乎相同，这说明甲基在 α 位对配位的阻碍作用远大于 β 位。对于不同的镧系金属，烷基结构的影响并不相同。实验结果也验证了逐级稳定常数模型可较为准确的衡量烷基链对萃取分离性能的影响。为了找到更适当的烷基链结构，用逐级稳定常数模型计算了 24 种双碳磷键化合物对 La(Ⅲ)、Lu(Ⅲ) 萃取反应的 ΔG_1，由此来评价该化合物对镧系金属离子的平均分离能力，结果显示，β 位上具有乙基取代的 P227 或丙基取代的 P236 对镧系金属离子具有最大的平均分离能力。

另外，饱和容量也是评估萃取剂性能的主要指标之一，对生产效率有着重要的影响。饱和容量与萃合物的结构和溶解性相关，对同类萃取剂来说，萃合物的溶解性对饱和容量起决定性作用。Yu 等[44]借鉴药物分子溶解性计算中的隐性溶剂化模型方法，开展了探寻萃取剂结构与萃合物溶解性和饱和容量关系规律的研究。溶解度与物质从纯相转移到分散相的转移能 ΔG_S 相关，用隐性溶剂化模型，结合溶剂的介电常数 ε 和半径 r 可以近似计算出 ΔG_S。设计了一系列结构逐步变化的酸性磷（膦）型萃取剂分子作为模型化合物，研究了烷基结构对溶解性的影响。结果显示，所有结构从纯相中转移到正十二烷中的 ΔG_S 都小于 0，说明这类萃取剂溶解在正十二烷中是热力学有利过程。为了进一步验证这种计算模型的准确性，还计算了这些模型结构向甲苯、正辛醇、TBP 中的 ΔG_S，结果显示，烷基取代基结构在三类有机磷（膦）酸中对萃取剂和萃合物的溶解性的影响有相似的规律，分子越接近球形，溶解性就越差，相应的饱和容量越低。如叔丁基取代的化合物较其它烷基取代的同类化合物 ΔG_S 更正，其溶解度更小，从而导致相应的饱和容量低。因此，为提高饱和容量，在设计萃取剂时应尽量避免季碳类烷基链。

上述研究从分子层次上揭示了萃取剂的结构对萃取性能的影响规律，为设计出新型萃取剂指明了方向。尽管 P227 萃取稀土的研究已有报道，但由于其合成条件苛刻、产率低，成本高，至今未见综合性能研究及工业应用报道。P227 类二烷基次膦酸通常可采用以下三种方法合成：格氏试剂法、PH_3 加成法、次磷酸钠加成法，但都不适于工业规模生产。Du 等[45]开发了一种微波促进的二烷基次膦酸合成方法，该法降低了反应温度，缩短了反应时间，从而减少了副反应的发生，有效提高了反应的转化率和产物的纯度。微波促进的自由基加成反应具有良好的普适性，对于较大位阻的 α 烯烃也有很好的适应性。批量合成的 P227 萃取剂在重稀土分离方面综合性能优于 P507，有望推动重稀土分离产业的技术升级。

2）离子液体萃取剂[46, 47]

离子液体与超临界流体及双水相被公认为三大绿色溶剂。离子液体是完全由离子组成的有机物盐，具有宽液程、低蒸汽压、物化性质可调、电化学窗口宽、导电性良好和热稳定性高等特殊性质。离子液体已经被广泛用于诸多领域，其中一个重要研究方向是在稀土金属萃取分离中的应用。1999年，Dai 等[48]最早进行了离子液体在金属离子萃取方面的研究，引起了人们研究离子液体在金属萃取领域应用的兴趣。离子液体在金属萃取领域的研究主要集中在两个方面，一是疏水性离子液体作为"绿色"溶剂用于金属离子萃取；二是带有官能团的功能性离子液体（task specific ionic liquids）作为萃取剂用于金属离子萃取。功能性离子液体的阴、阳离子上带有官能团，是一种特殊的离子液体，不仅具有离子液体自身的性质，还带有官能团的性质，是目前离子液体发展的一个重要方向，在金属萃取领域也受到越来越多的关注。

中科院长春应用化学研究所的陈继课题组在功能性离子液体萃取稀土方面进行了较为系统的研究。2010 年，Sun 等[49]设计合成了一系列以 A336 季铵离子作为阳离子部分、传统磷酸类萃取剂、羧酸类萃取剂的负离子作为阴离子部分组成的功能性离子液体，由于该类功能性离子液体的阳离子和阴离子部分对稀土均具有络合能力，所以称其为双功能离子液体（bifunctional ionic liquids）。[A336][P204]对 Eu^{3+} 具有较高的萃取能力，在相同条件下，[A336][P204]比组成它的前驱体 A336 和 P204 的协同萃取体系对 Eu^{3+} 的萃取率高 20 倍以上，这是由于双功能性离子液体萃取稀土过程中存在内协同效应。

随后，Wang 等[50]和杨华玲等[51]分别研究了[A336][CA-12]/[CA-100]在氯化物体系、[A336][CA-12]/[CA-100]在硝酸盐体系下萃取稀土的性能，Yang[52]还研究了[A336][P204]/[P507]从荧光粉中回收稀土的萃取性能，这些研究均发现离子液体萃取稀土的内协同效应。该类功能性离子液体是以现有稀土萃取剂为前驱体制备，制备成本不高，且萃取稀土机理为中性络合机理，避免了离子液体流失带来的萃取成本增加和对水相的污染，具有一定的工业应用前景。Yang 等[53, 54]在热力学研究的基础上，对[A336][P204]/[P507]萃取 Ce^{4+} 及 Ce^{4+} 和 F 体系的动力学性能和[A336][CA-12]萃取 La^{3+} 的动力学性能进行了研究，为该类功能性离子液体的工业应用提供了更多的基础数据。2014 年，Sun 等[55, 56]研究了以二(2-乙基己基)磷酸酯(HDEHP)/2-乙基己基膦酸单 2-乙基己基酯（HEH[EHP]）阴离子部分和不同季铵盐阳离子部分组成的功能性离子液体萃取稀土的性质，实验结果表明，季铵盐阳离子部分的改变对功能性离子液体萃取稀土的萃取率和稀土间的分配比均有影响，因而可通过改变功能性离子液体阳离子或者阴离子结构实现对特定稀土的高选择性。

朱涛峰等[57]利用微波合成的方式制备了一类阳离子含膦氧官能团的功能性离子液体，并研究了他们萃取稀土钕的性质。实验结果表明，该类功能化离子液体可作为单一组分萃取稀土，而无需加入有机稀释剂；离子液体结构对萃取效率影响很大，相同条件下季铵盐型结构的离子液体[TENC$_3$P(O)Ph(OEt)][Tf$_2$N]对稀土 Nd(Ⅲ)的萃取效率最高；稀土溶液 pH 对萃取效率影响显著，近中性条件下（pH=6.63），对稀土 Nd(Ⅲ)的萃取率最高；用 pH=1.00 的盐酸溶液可以较好地从离子液体相反萃取 Nd(Ⅲ)，反萃取率可达 94%。

疏水胺（R$_4$N$^+$）和膦（R$_4$P$^+$）离子液体（ILs），如 Aliquat® 336、[A336][NO$_3$]，可萃取水溶液中的稀土元素，其中硝酸盐可选择性萃取轻稀土，而含有膦酸阴离子的双功能离子液体更倾向于萃取重稀土[58]。针对稀土迁移至硝酸离子液体疏水相的机制研究认为形成了[A336]$_3$[La(NO$_3$)$_6$]萃合物。Hunter 等[59]通过光谱和计算技术等对简单硝酸胺[(n-octyl)$_3$NMe][NO$_3$]离子液体进行了实验研究，以进一步探寻萃取机理。离子液体萃取稀土离子是一个快速反应过程，由负离子质谱可见主要离子形式为 REE(NO$_3$)$_4$(IL)$_2^-$。经典分子动力学模拟显示，多个离子液体分子聚集围绕在结合了 4 个硝酸根配体的水合 La^{3+}离子形成的内核周围。该研究增进了对于离子液体萃取机理的理解，可为发展高效高选择性的稀土分离用功能化离子液体提供指导。

另外，近年离子液体在稀土二次资源回收中的应用也是一个研究热点，尤其是在欧洲。相关研究在非水溶剂萃取技术部分已有提及，本章关于稀土二次资源回收利用一节还将进一步介绍，此节不再赘述。

3）中性磷（膦）类萃取剂

相比于酸性萃取剂，中性磷（膦）类萃取剂具有无需皂化的优势。磷酸三丁酯（TBP）-硝酸体系最早用于 Ce(Ⅳ)的萃取分离。但由于 TBP 的水溶性大，导致萃取剂的损耗量大，此外，该萃取过程需要在较高的硝酸介质中进行，加剧了 TBP 的分解，且消耗大量的酸。寻找一种性能优异的新型中性磷（膦）类萃取剂是萃取分离科研人员长期关注的焦点。

近些年来，越来越多的研究表明，含氮萃取剂在金属分离方面具有比较令人满意的结果。在含磷萃取剂中引入 N 原子，会改变 P=O 双键的化学环境及电子密度，进而影响其对金属的配位能力。廖伍平等[60]研究发现，氨基的引入有助于强化 Ce(Ⅳ) 或 Th(Ⅳ) 的萃取，由此发明了一种采用新型含胺基中性膦萃取剂萃取分离 Ce(Ⅳ) 或 Th(Ⅳ) 的方法，取得了良好的萃取分离效果。根据该发明，分离 Ce(Ⅳ) 或 Th(Ⅳ) 的方法可以采用溶剂萃取方法进行，例如将该发明的含胺基中性膦萃取剂配制成液体萃取体系使用，也可以采用固液萃取的方法进行，例如将该发明的含胺基中性膦萃取剂制成萃淋树脂等固态分离材料使用。该发明采用的含胺基中性膦萃取剂合成方法简单，原料简单易得，成本低廉，能有效地降低铈和钍的萃取分离成本，具有较高的工业应用价值。

Wei 等[61]报道了二(2-乙基己基)-N-庚胺甲基膦酸酯（L）在硫酸介质中萃取分离 Ce(Ⅳ) 和 Th(Ⅳ) 的研究，发现该萃取剂体系中离子的优先萃取顺序为：Ce(Ⅳ)>Th(Ⅳ)>Sc(Ⅲ)>其它 RE(Ⅲ)。Ce(Ⅳ) 和 Th(Ⅳ) 的萃合物组成分别为：$Ce(SO_4)_2 \cdot 2L$ 和 $Th(HSO_4)_2SO_4 \cdot L$。负载 Ce(Ⅳ) 和 Th(Ⅳ) 的有机相可分别用 3% 的 H_2O_2 和 4mol/L 的 HCl 反萃取。由此提出了一个从氟碳铈矿浸出液中分离回收 Ce 和 Th 的溶剂萃取工艺，二者的纯度可分别达到 97.2% 和 96.5%，收率分别为 85.4% 和 98.8%。Lu 等[62]报道了一种萃取性能更为优异的 α 胺基膦酸酯萃取剂，二(2-乙基己基)[N-(2-乙基庚基)胺甲基]膦酸酯（Cextrant 230）的合成和萃取分离性能研究，发现了类似的优先萃取顺序 Ce(Ⅳ)>Th(Ⅳ)>RE(Ⅲ)。

魏志雄等[63]采用一种国产中性磷类萃取剂 LH-01 萃取剂，开展了萃取分离含氟硫酸稀土溶液中 Ce(Ⅳ)、Th 和 F 的研究，并进行了串级萃取实验。LH-01 萃取剂萃取能力强，饱和容量大，易于反萃取，有机空载低，且在萃取、酸洗和反萃取过程中分层迅速，两相界面清晰。串级萃取实验发现，LH-01 萃取剂独立使用或与 P204 协同萃取时，均能从优浸富 Ce 渣硫酸溶液中萃取分离 Ce^{4+}、Th^{4+}、F^- 和 RE^{3+}。采用 LH-01-P204 协同萃取工艺，Ce(Ⅳ) 和 F 被萃入有机相，经反萃取可得纯度为 99.5% 的 CeO_2 及 99.9% 的 CeF_3 产品，Ce 提取率>95%，Th 和 F 的回收率均>90%，富镧稀土产品中 ThO_2/REO <5×10^{-6}，可实现 Ce(Ⅳ)、Th、F 和其它 RE(Ⅲ) 的高效清洁分离。LH-01-P204 协同萃取工艺与硫酸全溶解-Cyanex923 萃取 Ce(Ⅳ)-P507 分离工艺相比，可大幅节约生产成本，经济效益显著。

4）分子识别萃取剂

传统萃取剂在稀土萃取分离方面起着极其重要的作用，但也存在不足。相对较低的单一稀土选择性使得分离过程需要庞大的萃取级数，且有机萃取剂存在一定毒性，特别是重稀土分离系数小、反萃取酸度高以及水溶性大等。因此，设计并合成高效萃取剂是提高稀土分离效率、减少环境污染的重要途径之一。

加拿大 Ucore 稀有金属公司报道了一种采用 IBC 先进技术公司的分子识别技术（MRT）分离稀土元素的方法[64, 65]，认为该工艺是一种符合环境友好标准要求的绿色化学分离技术。分子识别技术基于如图 5-9 所示早期的一种商业化产品 SuperLig®系统，具有金属选择性的配体 18-冠-6 被束缚在固定支撑框架上，18-冠-6 的腔体恰好可以选择性地容纳 K^+（与腔体尺寸完好匹配），而 Na^+ 和 Cs^+ 不能被腔体容收，因而可以实现 K^+ 与 Na^+ 和 Cs^+ 的分离。对于稀土的萃取分离原理类似，但影响主体-客体相互作用的所需配体、阳离子和系统参数等因素复杂得多。

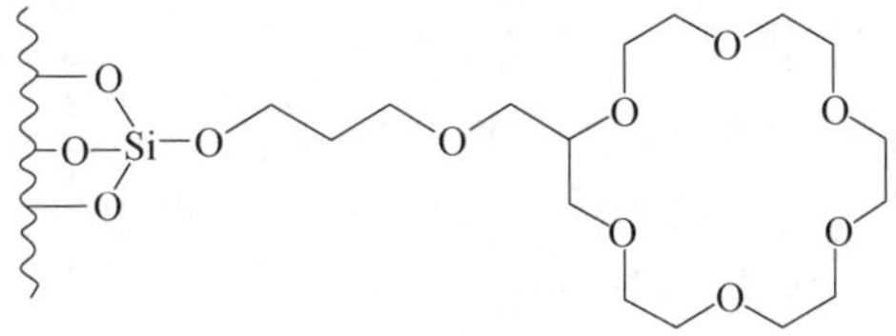

图 5-9　SuperLig®系统结构图

Ucore 稀有金属公司采用分子识别技术已分离得到纯度>99%的单一稀土产品。试验采用的待分离原料为从该公司位于阿拉斯加东南部的 Bokan Dotson-Ridge 稀土矿提取的稀土浸出液，离子交换树脂采用 IBC 公司的 SuperLig®树脂。以树脂柱为交换床，全部 16 个稀土元素首先与非稀土的脉石矿物进行分离，高收率和高纯度分离是 MRT 的相比其它分离方法的优势，可使有价值稀土元素流失尽可能少。得到的高纯度混合稀土母液分离为纯度>99%的单一稀土产品还需经三个步骤：首先，Sc 和 Ce 被分离出来，之后轻稀土 Y、La、Pr、Nd 与其它稀土 Sm~Lu 进行分离，最后各组中的稀土元素被逐一分离为纯产品。负载在 SuperLig®萃取柱中的单一（或混合）稀土使用少量酸洗脱液洗脱，得到高浓度单一稀土溶液。相比传统溶剂萃取分离工艺，商用 MRT 工艺具有一些优势。首先，MRT 工艺废物产生量最小化，不使用有机溶剂，很少的化工试剂使用量，用于洗涤和洗脱的试剂也尽可能环境友好；分离在室温和常压下完成，能量需求最小化。其次，SuperLig®产品选择性高，不仅可高选择性、高收率从含大量非稀土杂质的浸出液中回收稀土，而且还可以在后续分离中获得较高纯度的单一稀土产品。另外，MRT的整体设备简单，流程易于操作，生产成本较低。该工艺还可定向从混合稀土中分离出 Dy，而无需进行低值元素 La 和 Ce 等的分离。

另外，Bogart 等[66, 67]报道了一种使用三脚枝状氮氧配体[{(2−^{t}BuNO)$C_6H_4CH_2$}$_3$N]$^{3−}$(TriNO$_x$$^{3−}$)分离稀土元素 Nd 和 Dy 的简单方法。该配体中，三个枝状 η^2−(N，O)官能团形成一个具有一定尺寸的腔体，稀土阳离子可通过自组装配位反应进入腔体，利用不同稀土离子间配位平衡常数 K_{eq} 间的差异即可实现稀土元素间的分离。系统考察了稀土各元素间的分离系数，发现 Eu/Y 间的分离系数 $S_{Eu/Y}$=28.4，而 Nd/Dy 间的分离系数 $S_{Nd/Dy}$ 更是高达 359，因而可用于废旧稀土荧光粉和废旧永磁材料回收的萃取分离过程。草酸水溶液可用于被萃金属的反萃取、萃取剂的再生循环。该项研究认为，基于配位化学原理，引入具有尺寸敏感分子腔体的 N、O 官能团萃取剂是一种稀土元素分离的新方法，这类方法可避免串级萃取所需的大量混合澄清设备投资，使关键战略元素的回收再利用过程清洁化成为可能。Fang 等[68]进一步利用不同稀土离子与配体[{2−(^{t}BuN(O))$C_6H_4CH_2$}$_3$N]$^{3−}$ 形成络合物的氧化还原动力学差异进行稀土元素间的分离，采用该方法，对于 50：50 比例的 Y-Lu 混合物，二者间的一步分离系数可达 261。

Ohto 等[69]合成了一种具有三个羧基的酚类三角架型萃取剂，并研究了其对于系列稀土离子的萃取行为。发现该萃取剂由于空间结构效应，相比单齿试剂具有非常高的萃取能力。尽管分离效率较差，但这种酚类三脚架结构的化合物提供了一种具有新型配位位点和尺寸的萃取剂骨架结构，这种新结构的官能团和结构效应或可有利于实现某些难分离金属间的分离，提高分离效率。

Lu 和 Liao[70]设计合成了可对 Th 和稀土以及稀土元素间进行高选择萃取分离的杯芳烃萃取剂。杯芳烃类萃取剂是以苯酚为基本结构单元构筑的多环化合物，其上下缘通过化学键修饰特效官能团以实现功能化。设计合成了系列杯芳烃衍生物，包括杯芳烃膦酸酯衍生物、杯芳烃酸性膦衍生物和磺酰基桥联杯芳烃，系统研究了它们对钍及稀土的萃取行为和机理，比较了不同条件下它们对金属离子的空间适配性和选择性，筛选出了三种具有良好钍和稀土分离性能的杯芳烃衍生物，有望成为一种优良的钍萃取剂，和一种潜在的单一稀土分离萃取剂，为新型特效萃取剂和萃取体系的优选提供了参考。

5）酰胺酸型萃取剂

与传统有机磷酸萃取剂相比，酰胺酸型萃取剂不含磷，减少了磷对环境的污染，并针对二次资源中铁、铜、锌、铝等常见干扰元素具有良好的除杂性能，反萃取时，与有机磷酸萃取剂相比，具有良好的节酸性。此外，酰胺酸型萃取剂还具有合成方法简单、易于修饰在固体吸附材料，并可应用于移动床数控化装备等优点，可实现高数控化、高通量、高纯度稀土的制备。

Yang 等[71]利用新开发 CHON 系酰胺酸（DODGAA，D2EHDGAA 等）分离除杂剂代替传统有机膦系体系（例如 P507），旨在解决稀土二次资源回收以及高纯稀土除杂的难题。新型 CHON 系酰胺酸系分离除杂体系的优势：①无膦、环保，且可有效降低高纯稀土化合物中膦的含量；②一步开环反应，制备工艺简单易于工业化；③CHON 系酰胺酸除杂剂可以有效解决传统有机膦氧系对于铁、铜、锌、钛、钒、铝、铅以及稀土中含钍放射性元素的高效除杂的难题。另外对比 P507，酰胺酸除杂剂对于可以提高稀土中镨钕分离系数，达到 2.4[72, 73]。

6）苯氧羧酸萃取剂

近年来，苯氧乙酸类以及其功能化离子液体萃取剂被研究应用于稀土分离。研究萃取过程中的配位化学可为解释萃取过程中萃取剂选择性以及萃合物结构稳定性提供帮助。Guo 等[74]利用理论计算方法对苯氧乙酸及其二聚体的结构及氢键二聚体键能进行了优化计算，对稀土和苯氧乙酸的官能团成键强度进行了分析；以 4-乙基苯氧乙酸配体分别与稀土元素 La、Nd、Er、Y 反应合成了四个稀土化合物，并通过单晶衍射等进行了结构表征，表明稀土元素和配体的比例为 1∶3；计算了苯氧乙酸配体形成的氢键二聚体的结构参数和配合物中电子能量密度等成键参数，以分析配位的稳定性；合成了一个新型的对正辛基苯氧乙酸离子液体，并通过质谱、EXAFS 和理论计算等手段对萃取过程中的溶液配位化学进行了研究，提出可能的萃合物的结构。在此基础上，该课题组还开展了离子液皂化研究，这一技术有助于避免传统皂化工艺中大量酸碱消耗及皂化废水[75]。

溶剂萃取法和化学沉淀法是稀土湿法冶金工业中应用最广泛的两种技术。溶剂萃取法需要大量使用挥发性有机溶剂做稀释剂，存在安全和环境问题，且萃取平衡时间较长，萃取过程易形成乳化、三相等不良现象，需要得到进一步发展。对于稀土的化学沉淀过程，NH_4HCO_3 多形成无定形沉淀，沉淀时间长，过滤困难，草酸虽能得到晶型沉淀，但价格较高，有毒，水溶性大，且两种沉淀剂均难于循环使用，增加了生产成本，对环境造成了不良影响。孙晓琦等[76]在设计和合成新型萃取剂时，发现某些苯氧羧酸可以定量萃取低浓度稀土，与稀土形成固体萃合物，且苯氧羧酸可以反萃取和循环使用。根据所制备苯氧羧酸萃取剂的上述特性，结合溶剂萃取法和化学沉淀法的特点，发展了萃取-沉淀法。与传统溶剂萃取法相比，所研发萃取-沉淀流程具有不需要使用稀释剂、环境较友好、安全性好、萃取相体积小、不产生乳化、负载量大、萃取速度快、固体富集物易于运输等特点。与碳铵沉淀法和草酸沉淀法相比，所得到的沉淀尺寸可增大 1～2 个数量级，易于分离。萃取-沉淀剂在水中溶解度低于碳铵和草酸。萃取-沉淀速率快，可实现低浓度溶液的沉淀富集，且萃取-沉淀剂易于循环使用。已对该方法在离子型稀土矿浸出液富集、稀土二次资源回收、MVR 蒸铵过程钙、镁除杂等稀土分离相关领域的应用开展了研究。

三、其它稀土分离技术

溶剂萃取、离子交换、电化学萃取以及化学沉淀等稀土分离方法通常要求较高的化学试剂和能量消耗，应用于低浓度稀土萃取分离时则凸显高成本、低效率以及污染环境等问题。而吸附法具有操作简单、成本低、可循环使用、高效率以及相对低的二次污染物等优势。通常低浓度稀土存在于酸性溶液中，因而所用稀土吸附剂需在酸性条件下稳定，且具有相对其它过渡金属的高稀土萃取选择性。金属-有机框架（metal-organic frameworks，MOFs）由刚性有机物链连结金属簇组成，是一类新型有机-无机杂化材料。MOFs作为吸附剂可较传统吸附剂具有一些优势，如高比表面、可调孔径尺寸以及易于通过简单后处理进行官能团修饰等；另外，MIL-101、UiO-66 和MOF-76 等 MOFs 已证实可在酸性溶液中长期稳定存在。Lee 等[77]合成了一种高稳定性的 Cr 基 MOF（Cr-MIL-101）及其用不同有机官能团修饰的系列衍生物。对于稀土离子的吸附行为研究显示，Cr-MIL-101-PMIDA[N-(phosphonomethyl)iminodiacetic acid，PMIDA]具有最高的稀土吸附容量，而Gd^{3+}离子是该材料最有效吸附的稀土元素，pH5.5 时 Gd^{3+}的最大吸附容量为90.0mg/g；连续多次循环后吸附容量基本稳定。吸附机制符合朗谬尔（Langmuir）模型；在较高 pH 条件下，Gd^{3+}离子的吸附通过表面络合（与COO^-、PO_3^{2-}、NH_2）和静电引力综合作用实现。

泡沫分离是一种液-气分离技术，是通过吸附到表面活性物引入溶液中产生的气泡液气界面过程来实现的。如果被分离的物质是非表面活性的，则可通过加入一种表面活性剂作为收集剂实现吸附分离的目的。该技术存在诸多优势，如工艺简单、操作成本低、快速、适用于大体积水溶液、适用于不同物理化学性质的物质以及低能耗等。Mahmoud 等[78]采用 EDTA 作为络合剂，氯化十六烷基吡啶作为收集剂，进行了稀土 Eu^{3+} 和 Tb^{3+} 的泡沫分离研究。在优化的 pH、试剂加入量、离子强度、气泡流速等条件下，Eu^{3+}/Tb^{3+} 间的分离系数可达 141.56，其中 Eu^{3+} 在气相富集。

已有有关揭示稀土元素间配位和键合性能差异的研究[79,80]发现，AO_3（C_{3v}）和 AO_4（T_d）混合含氧酸根阴离子的组合可提供一种宽范围可调组成和形貌稀土材料的新型合成途径。离子半径和配位能力的微细差异在混合含氧酸盐体系中放大，不同晶体的形成能导致晶化产生多种不同相，因而也可能用于不同稀土元素间的分离。Lu 等[81]基于这种无机混合含氧酸根体系中稀土离子晶化表现出的独特周期性变化规律，发展了一种简单、有效而环境友好的稀土元素分离策略。研究采用的碘酸盐-硫酸盐混合体系可选择性地捕获包括 Nd、La 和 Gd 等轻稀土晶化沉淀析出，而相应 Tb、Dy、Lu 等重稀土绝大多数则留在溶液中。该体系中实验测得的 Nd/Dy、La/Lu、Gd/Tb、La/Dy 和 Nd/Lu 间的分离系数分别为 123（5）、100（2）、2.4（2）、137（9）和 85（6）。

四、稀土二次资源的回收利用研究

目前，世界上每年产生数十万吨稀土功能材料废料，如稀土磁性材料废料、废旧抛光粉、催化剂、荧光粉、贮氢合金等含稀土元素的废弃物。2016 年，全球大约产生了 4470 万吨的电子废弃物，并在以每年 3%～5% 的速度增长。电子废弃物主要包括印刷电路板、阴极射线管（cathode ray tube，CRT）、磁体、电池、放电灯、液晶显示器（liquid crystal display，LCD）、计算机及外围设备和风力发电机等，组成元素主要包括碱金属、贵重金属、铂族金属、稀土金属、毒性金属和稀少金属等。各种含稀土二次资源的元素组成如表 5-2 所示。另外，稀土永磁材料生产过程中要产生占产品量 30% 的废料，这些废料如不加以回收处理，也会污染环境，浪费资源[82]。

为解决未来稀土的平衡应用和供应危机，必须发展环境友好而又经济有效的从二次资源中回收和分离稀土的方法。越来越多的电子废弃物正在成为全球发达国家和发展中国家共同关注的问题。一方面这些电子废弃物具有环境危害，同时它们因含有大量有价值元素而具有极高的回收利用价值。"十二五"期间，在国家"863"计划等科技计划的支持下，针对废旧稀土功能材料中稀土的再生利用，国内已出现了几十个处理工业废料的稀土资源回收项目。国际上，废旧稀土材料中稀土元素的回收技术比较成熟的国家主要有日本和欧盟。例如日立金属公司2015年已启动烧结钕铁硼生产过程中加工废料回收再利用计划、德国西门子与弗劳恩霍夫研究院等公司开展稀土材料循环利用关键技术"STROM专项"、欧盟从含稀土工业废弃物中提取稀土元素的"地平线2020"计划。

表5-2   各种含稀土二次资源的代表元素组成

资源种类	化学组成（wt%）
FCC 催化剂	La: 3.02, Ce: 0.23, Al: 17.35, Si: 12.75, Ti: 0.43, Fe: 0.33, 其它: 0.16
Sm-Co 合金	Sm_2O_{17}: Sm: 18~30, Co: 50, Fe: 20, Gd: 5~9, Cu: 2~8, Zr: 2~4. $SmCo_5$: Sm: 35.3, Co: 64.7
NdFeB 研磨污泥	Pr: 0~5.5, Nd: 19~35, Dy: 1.5~4.5, Fe: 55~65, B: 0.8~1.2
NdFeB 磁体污泥	Nd: 35.1, Dy: 1.1, B: 0.5, Fe: 29.5
烧结 NdFeB 废料	Nd: 23~31, Pr: 0~7, Dy: 1.3~5, Fe: 65~70, B: 0.9~1.2, La: 0-2
Ni 金属氢电池	Ni: 51.00, Co: 5.92, Fe: 0.72, Zn: 1.12, Mn: 2.18, Al: 0.70, Cu: 1.40, Cd: 0.08, La: 9.23, Ce: 4.56, Pr: 0.71, Nd: 2.30
三基色荧光粉	Red: O: 17.5, Y: 67.2, Eu: 6.5 Green: O: 42.6, Al: 31.5, Mg: 5.7, Ce: 9.5, Tb: 5.3 Blue: O: 42.3, Eu: 1.9, Al: 32.4, Mg: 2.7, Ba: 12.4
废稀土抛光粉	La_2O_3: 42.27, CeO_2: 53.67, Pr_6O_{11}: 3.37, Nd_2O_3: 0.49, Fe_2O_3: 0.22, CoO: 9.27, Al_2O_3: 11.53, MgO: 3.65, F: 1.77, SiO_2: 0.14
荧光粉污泥	Y_2O_3: 38.7, La_2O_3: 16.4, Eu_2O_3: 2.5, CeO_2: 7.1, Tb_4O_7: 3.8, P_2O_5: 16, Al_2O_3: 1.66
废旧光学玻璃	Y_2O_3: 9.37, La_2O_3: 43.1, Gd_2O_3: 4.60, ZrO_2: 6.48, Nb_2O_5: 3.30, ZnO: 0.25, Sb_2O_3: 0.13, Boa: 1.25, B_2O_3: 24.5, SiO_2: 6.25
废旧催化剂	Mo: 10~30, V: 1~12, Ni: 0.5~6, Co: 1~6, S: 8~12, C: 10~12, 其它: 3.5~5; 其它: La: 60, Ce: 30, Nd: 0.6, Pr: 0.5

含稀土的电子废弃物二次资源的回收通常需要收集、预处理（拆卸、破碎、研磨等）、分离提纯以及最后生产得到稀土氧化物或盐类产品等多个步骤，而NdFeB研磨污泥、废稀土抛光粉等，一般可直接采用火法或湿法冶金进行分离提纯。废旧稀土永磁材料是目前回收稀土的主要来源，其中含稀土量也最高，可达35wt%左右。废旧稀土永磁材料中传统湿法回收稀土主要为酸法工艺，磁体溶于酸中，再沉淀或萃取分离回收；火法工艺将稀土熔融而

得以与过渡金属分离，再精炼或与其它金属再合金化；气相法使稀土元素转化为挥发性的氯化物相，基于挥发性差异使之与过渡金属分离。在湿法冶金工艺中，在萃取分离前需要将待分离的有价元素浸出。对于 Nd-Fe-B 磁体废料，可有全溶浸出和优溶浸出两种方式，优溶具有更好的经济性。浸出前需要先进行高温焙烧，再选择性浸出 Nd。硫酸可从硬盘碎片中选择性浸出稀土。4mol/L 浓度 HCl 作为含稀土、铜和铁的发动机碎片的浸出试剂时，可完全溶解磁性颗粒，而铜和铁不与 HCl 发生反应[83]。

废旧稀土荧光灯粉主要含 Y、Eu 和 Tb，包括红、蓝和绿粉，不同种类荧光粉中稀土含量不同，稀土总含量通常大于 20wt%。废旧稀土荧光灯粉回收利用方法主要包括三种：①直接回用，仅适用于极少数情况；②将不同种类的荧光粉分离分别回用，不容易得到纯荧光粉组分；③化学法提取分离稀土，得到单一稀土产品再回用，该法工艺复杂，化工试剂消耗高，但最为有效，也是当前研究最多的方向。在废弃稀土抛光粉回收利用的研究过程中发现[84]，采用浓硫酸为浸出液，优化条件下，稀土的浸出率可达到 92.3%[83]。对于废料中存在酸难于直接浸出的稳定结构时，如荧光粉废料中的 Ce 和 Tb 所在的稳定尖晶石结构，有研究采用碱机械活化预处理[85]，优化条件下，Ce 和 Tb 的浸出率可分别达到 85.0% 和 89.8%，总稀土浸出率达到 95.2%。为改善稀土收率，Pavón 等[86]引入支撑液膜萃取回收预浸出碱金属过程中损失的稀土，其中采用 Cyanex 923 为支撑液膜中的载体，Na_2EDTA 作为接收相。

废旧稀土抛光粉通常填埋处理或作为垃圾废弃，严重污染环境，浪费资源。2008～2017 年中，已发展了一些从废旧稀土抛光粉中回收资源的方法，包括离子交换、溶剂萃取和电解浸出等湿法冶金工艺。固体抛光粉污泥中含有大量在催化材料中应用的轻稀土 La 和 Ce。Yu 等[87]发展了一种可将抛光粉废料转化为具有降解有害污染物功能的催化材料的方法。首先使用硝酸将 La 和 Ce 从废旧稀土抛光粉中浸出，La、Ce 和总稀土回收率可分别达到 83.3%、100% 和 96.4%；经过调整浸出液元素比例后，以甘氨酸-硝酸盐燃烧法制备得到催化材料；所得催化材料可在 250℃ 的相对低温条件下实现 100% 的氨转化率。该回收利用工艺无需复杂的纯化和分离过程，合成的催化剂可用于处理对环境有害的污染物。

填埋目前也仍是废旧石油裂化催化剂（fluid catalytic cracking，FCC）的主要处理方式，Ferella 等[88]报道了一种综合回收废旧 FCC 催化剂的方法。废旧 FCC 催化剂首先经酸浸出稀土，La 和 Ce 可部分浸出，再经沉淀回收，综合回收率为 70%～80%；固体酸浸渣可作为合成分子筛的基础原料。所合成

的分子筛可作为从 CH_4 中分离 CO_2 的吸附剂材料，也可用于从废水中吸附去除重金属。

废旧 Ni 金属氢电池含稀土约为 10wt%，主要使用的是混合稀土金属。对于废旧电池，需首先在惰性气氛中研磨并加热一段时间，以除去挥发性杂质，HCl 和 H_2SO_4 可浸出其中的有价值元素，如 Co、Ni 和稀土，HCl 浸出效果更好，但使用 H_2SO_4 更经济。目前此类废旧电池的回收利用还主要是作为生产不锈钢所需廉价 Ni 原料，而稀土则被富集到熔渣中弃掉，采用湿法或火法回收废旧 Ni 金属氢电池中稀土的研究和应用尚待加强。废旧稀土催化剂主要来源为烃裂化催化剂，含稀土约为 3.5%。有报道采用酸浸法回收，但因稀土含量较低，且主要为市场供应并不紧俏的 La，回收研究较少，回收的经济性也尚不明确[83]。

稀土永磁材料是稀土原料供应最为紧缺的应用领域，主要消耗的是 Nd、Pr、Dy 等元素。当前高科技的发展对稀土永磁材料需求量巨大，且仍在快速增长。从稀土永磁废料及废旧磁体中回收稀土元素不仅可减轻原料供应市场的压力，而且也缓解需求稀土原矿中所含较少消费元素过量产出导致的平衡问题，因而稀土永磁废料中回收稀土是二次资源稀土回收领域研究的最重要的方向。

Önal 等[89]报道了一种硝化-焙烧-水浸的火法-湿法联合回收废旧 Nd-Fe-B 中稀土的工艺。样品首先经无保护气氛多级研磨使颗粒达到小于 200um；再经浓硝酸室温下硝化，使所有粉末样品转化为金属硝酸盐；所得金属硝酸盐在 200℃焙烧一段时间，由于稀土硝酸盐的分解温度在 360±100℃范围，而硝酸铁在 200℃以下可分解为水中难溶的针铁矿（FeOOH）和赤铁矿（Fe_2O_3）相，因而焙烧处理后水浸即可浸出稀土硝酸盐，与留在残渣中的铁实现分离。该工艺 Nd、Dy、Pr 和 Gd 等稀土的浸出率可达到95%～100%，主要杂质 Fe（63.9%）浸出率仅为 1%。少量杂质 Al 和 Co（小于2wt%）也大部分留在残渣中，浸出率小于40%。所得稀土浸出液具有较高的稀土浓度，可无需除杂即可进入后序萃取分离工序。焙烧工序产生的氮氧化物可回收得到硝酸，在工艺中循环使用。

Lorenz 等[90]报道了一种固态氯化法回收废旧 NdFeB 磁体中稀土元素的方法。已有废旧 NdFeB 磁体的回收主要采用与处理稀土原矿相类似的湿法冶金工艺，通常首先酸浸出稀土，为提高稀土浸出率，需过量加入酸，处理成本较高；另外，为沉淀稀土或将浸出液处理适于溶剂萃取，需中和过量的酸，调 pH 至 3，消耗大量碱并产生含盐废水排放。而废旧 NdFeB 与稀土原矿相比稀土含量低，且含有大量 Fe 杂质，酸消耗量要数倍于原矿。固态氯化法可避免酸浸工序，该工艺在 225～325℃之间分解 NH_4Cl，使产生的干燥 HCl 气体与废旧磁性材料反应形成水溶性的金属氯化物，再以乙酸缓冲溶液浸出稀土氯化物；未反应的 HCl 和 NH_3 再遇冷结合形成可循环使用的固体 NH_4Cl；尾气中的 NH_3 可回收得到氨水。该研究使用风力发电机废旧 NdFeB 磁体为原料，单次最大稀土收率为 84.1%，未反应的残余固体返回氯化处理，可提高稀土收率。氯化工艺较传统工艺可降低 45%的化工试剂消耗，且无需中和工序，降低化工试剂消耗和废水酸度，同时降低原料成本和环保成本。

已有回收处理 Nd-Fe-B 废料的湿法冶金工艺通常将稀土溶于酸性溶液中，控制浸出液 pH 以降低化工试剂消耗，并使 Fe 不溶出或沉淀回残渣中，但也会造成相当数量的稀土损失。而如可实现在溶出过程选择性溶出 Fe，而将稀土作为固相，可更有利于回收稀土，不仅可简化稀土回收流程，而且还可避免后续稀土萃取所需的试剂消耗，如氯化铵和草酸等。通常回收浸出使用的盐酸、硫酸或硝酸得到的稀土盐是可溶的，而稀土氟化物不溶于氢氟酸，因此，理论上，稀土可从 Nd-Fe-B 废料中以稀土氟化物的形式选择性沉淀而得到回收。Yang 等[91]报道了一种一步沉淀法从超细 Nd-Fe-B 粉末中回收稀土的简易流程。原料中超细 Nd-Fe-B 粉末中主要含稀土氢氧化物、Fe_2O_3 和 Fe。氢氟酸溶液中溶解的 Fe 可通过电沉积回收，在 pH2.3 和 pH2.9 不同条件下，分别得到纳米尺寸的 FeF_2 和 Fe。电沉积后得到的 HF 可循环利用；回收得到的稀土氟化物可直接用于电解稀土金属的原料。

在风力发电机、核磁共振仪器和混合电动汽车中使用后的废旧 Nd-Fe-B 磁体易于拆卸、清洁和再利用，回收相对简单，然而简单清洗回用的磁体仍无法达到原始磁体同样的高性能。重熔-重铸也可以得到可用于再生产 Nd-Fe-B 磁体的母合金，如通过氢解得到的废旧 Nd-Fe-B 磁体粉末或直接拆卸的块状 Nd-Fe-B 磁体较为洁净且未被氧化，可以直接通过合金化后用于生产新的 Nd-Fe-B 磁体材料。但使用过的磁体中通常含有其它有机物（如机油等）和金属（如 Ni 涂层），这会影响产品的纯度[92]，而且也难于控制再生母合金的组分，尤其是废旧磁体有多种来源时，另外，重熔过程势必还会由于稀土元素的易氧化性而产生大量损失。Kumari 等[93]研究了废旧风力发电机中 Nd-Fe-B 磁体的回收。废旧磁体首先退磁并在 1123K 下焙烧，将稀土和铁转化为相应的氧化物。磁体焙烧不仅可提高酸浸选择性，也可提高浸出率。焙烧样品于 368K 在 0.5mol/L 的盐酸中浸出 300min，可几乎选择性地定量溶出全部稀土，而氧化铁留在渣中；浸出液经溶剂萃取分离可得到单一稀土产品；如直接草酸沉淀、灼烧可得到纯度达到 99% 的混合稀土氧化物；浸出渣为纯赤铁矿相，或可作为产品用于其它领域所需的染料。

含稀土二次资源中通常同时含有大量过渡金属，已有研究发展了稀土与过渡金属的分离方法，如熔渣萃取、液态金属萃取、液膜萃取等。熔渣萃取工艺中，熔融盐，如硼酸与稀土形成可用酸浸出的 $RE-B_2O_3$ 复合物（渣）。$CaO-SiO_2-Al_2O_3$、$CaO-CaF_2$、SiO_2 等熔盐体系也可用于处理 Nd-Fe-B 废料、废旧电池等复杂组分含稀土二次资源。美国艾姆斯（Ames）实验室发展的液态金属萃取可用于从稀土合金中选择性萃取稀土。如采用金属 Mg（或 Ca、Ba），在 1000℃（高于作为萃取剂金属的熔点）以上可选择性溶解稀土金属 Nd 及 Dy、Pr 等，再通过升华或蒸馏分离 Mg 和稀土。浸渍中性萃取剂如胺类萃取剂 TODGA、Cyanex 923 中空纤维的支撑液膜系统可选择性从 Nd-Fe-B 废料浸出液中萃取稀土，而不发生非稀土共萃；TODGA 萃取剂具有较 Cyanex 923 更高的稀土萃取选择性。最近，有研究使用王水从废弃手机中浸出稀土、Ni、Zn、Nd、Pt、Au、Ag、Fe 和 Cu 等，再通过调节 pH 进行分离，Fe 首先在 pH3.1～4.2 沉淀去除，Cu 在 pH5.7～7.7 沉淀，最后稀土在 pH8.3～10.5 时沉淀析出，实现稀土与过渡金属的分离[82]。

尽管上述方法可实现稀土与过渡金属的分离，但溶剂萃取法仍是进行稀土与过渡金属以及稀土元素间分离的主要方法。Sinha 等[94]研究了废旧 SmCo 磁体中回收 Sm 和 Co 的方法。废旧 SmCo 磁体退磁并在 1123K 焙烧处理破碎后，采用 4M 的 HCl，368K 时浸出 Sm 和 Co。浸出液以 Cyanex572 作为萃取剂可实现 Sm 和 Co 的分离和纯化。Satpathy 等[95]报道了采用 DEHPA 为萃取剂，石油烃为稀释剂萃取分离 La 和 Ni 的研究，发现乳酸可作为络合试剂改善 DEHPA 对于 La 的萃取能力，增加萃取选择性，实现 La 和 Ni 的有效分离。Ye 等[96]研究了采用皂化 P507 萃取分离回收 FCC 催化剂中的稀土元素。首先采用 1M 的 HCl 室温下从废旧催化剂中浸出稀土，浸出率可达 85%；再以皂化 P507，初始 pH3.17 时完全萃取稀土；最后以 1mol/L 的 HCl 反萃取回收稀土。

除酸性萃取剂外，也有研究采用碱性萃取剂实现稀土的萃取分离回收。Xia 等[97]采用伯胺 N1923 与辛醇作为萃取剂，磺化煤油作为稀释剂从废旧 Ni 金属氢电池中分离回收稀土。发现 N1923 萃取稀土对于 Ni、Mn、Fe、Cu 和 Zn 等具有良好的选择性，通过 5 级的逆流萃取，萃取率可达到 99.98%，草酸沉淀、灼烧后得到纯度达到 99.94% 的混合稀土氧化物。但通常碱性萃取剂对于重稀土元素的萃取效率不如有机磷类萃取剂，Li 等[37]发展了一种用 LiCl 作为盐析剂的乙二醇非水萃取体系，使用碱性萃取剂 Aliquat336 作为萃取剂

萃取分离 Sm^{3+} 和 Co^{2+} 的方法。

Tunsu 等[98]使用溶剂化萃取剂 Cyanex923 在废旧荧光灯粉的硝酸浸出液中萃取稀土。废旧荧光粉中的 Y 和 Eu 元素可在较低浓度（<1mol/L）的硝酸中有效溶解，而其它稀土元素 Ce、La、Gd 和 Tb 等需要更高的酸浓度、更长的浸出时间和/或更高的浸出温度，这也使浸出液中含有 Hg、Al、Ba、Ca、Cu、Fe、Mg、Ni、Pb、Zn 等杂质。Fe 和 Hg 较易于与稀土同时被萃取，不过研究发现，稀土萃取平衡仅需较短的萃取时间（小于 1min），而 Fe 和 Hg 则需更长时间（超过 15min），因而可通过缩短萃取时间将 Fe 和 Hg 杂质的萃取率降到最低。另外，较低的萃取温度更有利于稀土的萃取选择性。Larsson 等[99]发展了 Cyanex923 在离子液体溶剂[A336][NO$_3$]中萃取回收稀土的流程。该流程可通过一步萃取过渡金属和稀土的氯化物和硝酸盐配合物而使萃余水相中的 Ni 得到纯化；分步反萃取可先后得到 Co 和 Mn 的硝酸盐、稀土氯化物、Fe 和 Zn，从而实现稀土与过渡金属的分离。TODGA 是一种对于稀土具有较好萃取选择性的溶剂化萃取剂，Gergoric 等[100]研究了使用 TODGA 在不同稀释剂条件下萃取 Nd-Fe-B 废料硝酸浸出液中的稀土。发现 TODGA 在各种稀释剂中的萃取性能顺序为：己烷>环己烷>甲苯>溶剂 70（碳氢化合物 C11～C4，≤0.5wt%芳香化合物）>1-辛醇；在脂肪族稀释剂中 TODGA 萃取稀土总可有较高的稀土分配比，而其它非稀土元素分配比仅有 0.1。

离子液体被发现较其它分子溶剂对于稀土和过渡金属的分离更为有效，使用离子液体从废旧稀土荧光粉、镍氢电池废料和废旧 NdFeB 磁体等稀土二次资源中回收稀土近年成为国外稀土萃取分离领域的一个主要研究方向。Hoogerstraete 等[101]使用商业三己基（十四烷基）氯化膦（Cyphos IL101）通过简单复分解反应制得三己基（十四烷基）硝酸膦[P$_{66614}$][NO$_3$]，基于内盐析效应，该离子液体可从含高浓度 Co^{2+} 或 Ni^{2+} 的溶液中萃取稀土 Sm^{3+} 或 La^{3+}，可用于废旧 Sm-Co 磁体和 La-Ni 储氢合金的回收；萃取分离后可分别得到纯度高于 99.9%的过渡金属和稀土，反萃取既可用硝酸，也可使用纯水。该课题组[102]还合成了硫氰酸离子液体[P$_{66614}$][SCN]，并将其用于从硝酸盐或氯化物盐溶液中萃取分离过渡金属 Co^{2+}、Ni^{2+}、Zn^{2+} 和稀土金属 La^{3+}、Sm^{3+} 和 Eu^{3+}。发现该萃取剂对过渡金属具有较高的萃取率，而稀土的萃取率较低，因而可实现 Co^{2+}/Sm^{3+}、Ni^{2+}/La^{3+} 和 Zn^{2+}/Eu^{3+} 的分离，分别用于废旧 SmCo 磁体、La-Ni 储氢电池以及荧光灯粉中有价值元素的回收利用。Schaeffer 等[103]发展了一种从废旧荧光灯中回收稀土氧化物的新工艺，使用一种 B 酸离子液体 [Hmim] [HSO$_4$]从废旧荧光灯粉种浸出稀土。以 HCl 预处理的废旧荧光粉在质量比 1∶1 的[Hmim][HSO₄]∶H₂O 溶液中，在 5%固液比、80℃条件下 4h 可浸出 91.6%的 Y 和 97.7%的 Eu；可进而以草酸沉淀的方式从含稀土的 [Hmim][HSO₄]水溶液中分离浸出的稀土。Riano 等[104]研究了采用[C101] [SCN]和 Cyanex923 的组合进行氯化物介质中 Nd(Ⅲ)和 Dy(Ⅲ)的萃取分离。 在离子液体中加入萃取剂 Cyanex923，可增强稀土在两相中的分配比，降低 有机相黏度从而改善传质，增加离子液体萃取负载量，并改善分相效果。有 机相中负载的 Dy(Ⅲ)可很容易地用水反萃取。

中国科学院长春应用化学研究所研究了一系列稀土二次资源如荧光粉、 镍氢电池、油页岩、赤泥、硅酸钇镥等的回收流程，发明了一种能够高效回 收稀土的离子液体萃淋树脂的制备和应用方法[105]。该离子液体萃淋树脂具有 可设计的阴阳离子结构，可以通过改变阴阳离子结构或种类调控离子液体萃 淋树脂的物理化学性质，克服传统萃淋树脂功能单一、萃取剂稳定性差的问 题。该发明中萃淋树脂能够有效回收稀土离子，对稀土离子具有较高的吸附 率和吸附选择性，可用于复杂体系中稀土的分离与回收。

稀土二次资源的回收利用仍存在巨大挑战。这些元素大多微量存在于手 机等电子产品的微小电子零件中，零散的分布使得提取回收极其困难；回收 过程的低回收率和成本经济性不佳使得所有应用领域都未能实现稀土循环利 用的规模化，除非采取强制回收或者稀土价格高启。已有大量工作尝试发展 经济有效的从电子废弃物中回收稀土的方法。这些研究[68,106,107]包括自动拆 解电子废弃物以及从拆解部件中提取稀土的化学工艺。最近，苹果公司推出 一款可自动拆解苹果手机的机器人，每小时可拆解 200 台；处理 10 万台苹果 手机可回收 1900kg 的 Al、770kg 的 Co、710kg 的 Cu、93kg 的 W、42kg 的 Sn、 11kg 的稀土、7.5kg 的 Ag、1.8kg 的 Ta、0.97kg 的 Au 和 0.1kg 的 Pd[108]。

从二次资源（废弃产品、伴生矿、生产废渣）中回收稀土是实现稀土资 源综合循环利用和可持续发展的重要环节。二次资源中的稀土与矿产资源中 有同样的元素性质，但由于化学环境、稀土含量和杂质元素等因素的不同呈 现出自己的特点，要求稀土二次资源的回收工艺既有从传统分离工艺的借 鉴，又要有所改进。

第二节　制约发展的基础科学问题

稀土冶炼分离过程仍存在资源利用率偏低、化工材料消耗高、三废排放量大，难以回收利用，产品难以满足高端应用需求等问题。需要进一步研究解决以下基础科学问题。

（1）稀土冶金过程微观物理化学基础理论问题，诸如非平衡态冶金物理化学、量子化学、不可逆过程热力学、传质动力学等的应用基础理论。

（2）结合稀土资源特点的高效多元多相冶金反应-分离提纯-材料合成一体化的新理论，以期从源头降低污染、降低消耗、提高稀土回收率。

（3）绿色冶金、绿色材料制备新方法、新工艺、新流程，以及资源循环与生态冶金工程的科学问题研究。

（4）绿色冶金短流程的工艺模型、模拟软件，实现智能化模拟与仿真问题，智能化控制理论与系统工程等科学问题。

（5）针对四川氟碳铈矿稀土冶炼，现行分离工艺基本上采用酸碱联合工艺，该工艺流程长、液固分离次数多、酸碱消耗高、氟钍污染因子难控制，需研究开发工艺流程短、分离成本低的环境友好型氟碳铈矿冶炼工艺。

（6）包头混合型稀土矿冶炼方面，目前浓 H_2SO_4 高温焙烧工艺产生含有大量 H_2SO_4 和 HF 以及少量 H_2SiF_6 废气，含$(NH_4)_2SO_4$ 或 NH_4Cl 的废水和产生长期的放射性污染的含 Fe、P、Ca 和 Th 等的废渣，需重点解决精矿分解过程中的"三废"污染问题。

（7）针对稀土二次资源回收等复杂体系，需解决提取过程中高浓度铝、铁等杂质、稀土、氟、氯、SO_4^{2-} 等之间的配位化学、络合机制、分离机理等问题。

（8）针对新型萃取剂的开发，萃取剂分子结构与萃取分离能力、萃取过程各阶段的配位机理、萃合物在油水两相中的分配规律，是萃取剂构效关系中极其复杂而又非常关键的基础科学问题，迫切需要建立萃取剂结构、萃取机理及萃取性能之间的定量关系。

第三节　展望与建议

我国经过 50 多年的发展，已经建立了较完整的稀土冶炼分离工艺技术体系。四川氟碳铈矿和包头混合型稀土矿分别以氧化焙烧-盐酸优溶-萃取分离、高温硫酸焙烧-转型-萃取分离为主体工艺。对于我国独特的南方离子吸附型稀土矿，历经四十多年的不懈努力，浸取工艺理论研究已日臻完善，绿色化提取理念已不断深入。然而，技术的发展还远远不能满足新形势下对于环境和资源保护的要求，真正实现稀土资源提取工艺的清洁生产、提高浸取效率、节约稀土资源和矿物综合利用将是今后研究的主要方向，这对于充分合理利用我国稀土资源有着长远而深刻的意义。为此，建议还需继续开展以下诸多方面的研究工作。

1. 深入开展稀土提取、分离提纯过程基础理论研究

进一步拓展复杂体系的串级萃取理论，优化稀土分离流程；开展稀土绿色冶金过程物理化学特性与传质动力学研究；构建稀土冶金过程多元多相多尺度复杂体系相图及物性体系；开展稀土冶金过程数字模拟与智能控制方法的研究，为稀土绿色化、高质化和智能化冶炼分离提纯新技术、新方法、新工艺研究开发提供理论指导。

2. 开展萃取剂结构、萃取机理及萃取性能之间的定量关系研究

开展双功能团或多功能团萃取剂的设计与合成，通过双/多功能团之间的耦合作用，调整萃取剂分子的电子效应和螯合能力，进而强化和扩大稀土离子电子组态不同引起的萃合物电子结构和化学结构的差异，从而实现单一稀土的高效分离；对稀土萃合物的结构进行研究，获得稀土元素 4f 电子占据数、组态比例等电子结构信息，深入理解单一稀土元素实现溶剂萃取分离的本质原因，为设计合成新型高效、绿色稀土萃取分离萃取剂提供理论指导。开展功能性离子液体研究，强化离子液体萃取稀土的热力学和动力学机理研究，解决离子液体黏度高、价格高等限制其工业化应用的瓶颈问题，促进离子液体在稀土分离中的应用。

3. 开展单一萃取剂体系稀土全分离工艺研究

现有稀土全分离工艺为以 P507 萃取体系为主的分离工艺，但铈的分离过程仍主要采用锌还原萃取，钇的提取分离需要环烷酸萃取体系，重稀土的分离还需要 Cyanex272 和 P507 的混合体系才能实现，流程长而复杂，影响降耗减排功效显著的联动萃取技术在整个流程中的贯通，使得现有流程的酸碱试剂消耗与排放难于进一步降低，此外，多种分离体系需分别回收废水中的夹带有机相，且容易造成不同萃取剂间的交叉污染。采用锌还原工艺还会产生相当量的含锌废水，为废水处理增加难度，因而有必要研究开发基于单一萃取剂体系的稀土全分离绿色流程。

4. 矿物型稀土资源清洁冶炼工艺技术

建议研究开发矿物型稀土资源选冶联合工艺，分选高品位稀土精矿，降低稀土冶炼过程能源消耗，从源头减少三废，提高稀土资源利用率，同时提取有用矿物，实现资源的综合利用；另外，包头稀土精矿浓硫酸低温焙烧分解方法也是包头稀土精矿分解的发展方向之一，相关理论研究与实验室研究已经比较充分，如何实现工业化应用是未来需要解决的一个重要课题。

5. 建立规范的评价标准及评价体系，解决应用评价手段落后影响科技发展的问题

针对我国稀土材料产品特色以及国际稀土材料发展趋势，坚持稀土材料专利布局和标准体系建设相结合，建立具有世界先进水平的研发、检测评价平台和标准、认证体系，创新稀土材料科技研发和管理体系，解决稀土材料应用评价手段落后影响科技发展的问题。建立共性关键技术研发、材料检测评价基地或平台，强化上下游合作，全面提升行业整体竞争力。

6. 建立统一的绿色产品标准、认证、评价体系

通过建立我国离子型稀土矿提取富集绿色关键技术、绿色产品等标准体系，引导我国离子型稀土产业转型升级，主动迎合全球市场发展变化趋势，争取我国在国际绿色产品和技术标准化方面的话语权，推动国内与国际绿色标准的接轨与互认，有效规避国外绿色贸易壁垒，提升我国稀土产品的国际市场竞争力，推动我国绿色产品、技术、服务和标准走出去。此外，这也是我国履行国际减排承诺、提升我国参与全球治理制度性话语权的现实需要。

7. 加大产业管理政策倾斜

建议从国家层面上引导确立稀土冶炼分离研究的攻关团队，囊括有机化学、萃取化学、配位化学、理论化学、物理化学、湿法冶金、同步辐射等方面的人才，设立重大研究计划项目或重点研发专项，实施从新萃取剂设计合成、萃取化学基础研究、工艺流程开发与优化的协同攻关，为我国稀土冶炼产业的升级换代提供技术支撑，使我国在稀土冶炼分离方面保持在世界上的领先地位；加强稀土清洁生产领域的基础研究，强化低成本-高性能稀土分离体系的研发，通过基础性稀土分离体系的创新，克服稀土生产工艺的缺陷，推动我国稀土清洁生产技术的发展；建议引导稀土资源的国际化战略，积极

开发海外稀土资源。充分利用我国稀土矿物处理及冶炼分离方面的技术领先优势，鼓励以国家科研或生产单位为主体，以专利技术出口、技术合作入股或资金投入等方式积极参与国外稀土资源的开发利用，走出国门，培养、建立大型跨国集团，在国际上争夺话语权。

参考文献

[1] 黄小卫，李红卫，薛向欣，等. 我国稀土湿法冶金发展状况及研究进展. 中国稀土学报，2006，24（2）：129-133.

[2] 马莹，李娜，王其伟，等. 白云鄂博矿稀土资源的特点及研究开发现状. 中国稀土学报，2016，34（6）：641-649.

[3] Huang X W, Long Z Q, Wang L S, et al. Technology development for rare earth cleaner hydrometallurgy in China. Rare Met，2015，34（4）：215-222.

[4] 黄小卫，冯宗玉，徐旸，等. 稀土矿的冶炼分离方法. 2015. 中国发明专利：201510276646.7.

[5] 陈世梁，徐旸，王猛，等. 包头混合型稀土硫酸焙烧矿碳酸氢镁溶液浸出行为研究. 中国稀土学会 2018 学术年会摘要集，2018，18.

[6] 崔建国，侯睿恩，王哲，等. 白云鄂博混合稀土精矿清洁冶炼与资源综合利用工艺研究. 中国稀土学会 2017 学术年会摘要集，2017，20.

[7] 李梅，耿彦华，张栋梁，等. Na_2CO_3-NaOH 焙烧高品位混合型稀土精矿的研究. 中国稀土学报，2016，34（1）：55-61.

[8] 马升峰，许延辉，刘铃声，等. 包头混合型稀土矿盐酸洗钙工艺研究. 稀土，2017，38（5）：75-81.

[9] 武吉. 包头含稀土选铁尾矿硫酸铵焙烧、浸出及物相转变实验研究. 沈阳：东北大学，2015.

[10] 杨合，武吉，薛向欣，等. 稀土矿硫酸铵焙烧法提取稀土. 稀土，2017，38（3）：16-23.

[11] 郑强，边雪，吴文远. 盐酸浸出白云鄂博选铁尾矿中经钙化焙烧的稀土. 金属矿山，2017，（491）：197-200.

[12] 马莹，许延辉，常叔，等. 包头稀土精矿浓硫酸低温焙烧工艺技术研究. 稀土，2010，31（2）：20-23.

[13] 赵铭，谢隆安，胡政波. 2013. 混合稀土精矿浓硫酸低温焙烧工业化的研究. 包钢科技，2013，39（3）：47-49.

[14] 崔建国，王哲，侯睿恩，等. 酸碱联合分解混合型稀土精矿的方法. 中国发明专利：201710152283.5.

[15] Wang L，Huang X，Yu Y，et al. Towards cleaner production of rare earth elements from bastnaesite in China. J Clean Prod，2017，165：231-242.

[16] 冯宗玉，黄小卫，王猛，等. 典型稀土资源提取分离过程的绿色化学进展及趋势. 稀有金属，2017，41（5）：604-612.

[17] 帅庚洪. 氟碳铈矿氧化焙烧–盐酸浸出过程反应机理研究. 北京：北京有色金属研究总院，2017.

[18] 王洪伟，柳云龙. 稀土冶炼副产品铈富集物的提纯工艺研究. 铜业工程，2017，（146）：71-73.

[19] 卜云磊，张力，邱克辉. 氟碳铈矿精矿焙烧稀土浸出新工艺研究. 中国稀土学报，2017，35（6）：761-768.

[20] 卜云磊. 液相法从氟碳铈矿中分离并制备稀土氧化物的工艺研究. 成都：成都理工大学，2017.

[21] Zhang D，Li M，Gao K，et al. Physical and chemical mechanism underlying ultrasonically enhanced hydrochloric acid leaching of non-oxidative roasting of bastnaesite. Ultrasonics - Sonochemistry，2017，39：774-781.

[22] 徐晓娟，李解，李保卫，等. 微波辅助氟碳铈矿固氟焙烧实验研究. 稀土，2018，39（4）：96-102.

[23] 岑鹏. Ca(OH)$_2$-NaOH 分解冕宁氟碳铈矿精矿的工艺研究. 沈阳：东北大学，2014.

[24] 唐方方. 氟碳铈矿钙化转型高效提取稀土的研究. 沈阳：东北大学，2014.

[25] 廖春生，程福祥，吴声，等. 串级萃取理论的发展历程及最新进展. 中国稀土学报，2017，35（1）：1-8.

[26] 吴声，廖春生，贾江涛，等. 多组分多出口稀土串级萃取静态优化设计研究（Ⅰ）：静态设计算法. 中国稀土学报，2004，22（1）：17-21.

[27] 吴声，廖春生，贾江涛，等. 多组份多出口稀土串级萃取静态优化设计研究（Ⅱ）：静态程序设计及动态仿真验证. 中国稀土学报，2004，22（2）：171-176.

[28] 程福祥，吴声，廖春生，等. 串级萃取理论之联动萃取分离工艺设计：Ⅵ理论的应用拓展. 中国稀土学报，2019，37（2）：199-209.

[29] 程福祥，吴声，廖春生，等. 串级萃取理论之联动萃取分离工艺设计：Ⅴ流程设计实例. 中国稀土学报，2019，37（1）：39-48.

[30] 程福祥，吴声，廖春生，等. 串级萃取理论之联动萃取分离工艺设计：Ⅳ分离单

元间的最优化衔接. 中国稀土学报, 2018, 36 (6): 672-681.

[31] 程福祥, 吴声, 廖春生, 等. 串级萃取理论之联动萃取分离工艺设计: III 进料级联动分离单元基本关系式. 中国稀土学报, 2018, 36 (5): 571-582.

[32] 程福祥, 吴声, 廖春生, 等. 串级萃取理论之联动萃取分离工艺设计: II 出口联动分离单元基本关系式. 中国稀土学报, 2018, 36 (4): 437-449.

[33] 程福祥, 吴声, 廖春生, 等. 串级萃取理论之联动萃取分离工艺设计: I 串级萃取分离过程的临级杂质比. 中国稀土学报, 2018, 36 (3): 292-300.

[34] Binnemans K, Jones P T. Solvometallurgy: an emerging branch of extractive metallurgy. J Sustain Metall, 2017, 3: 570-600.

[35] Batchu N K, Hoogerstraete T V, Banerjee D, et al. 2017. Separation of rare-earth ions from ethylene glycol (+LiCl) solutions by non-aqueous solvent extraction with Cyanex 923. RSC Advances, 2017, 7: 45351-45362.

[36] Batchu N K, Hoogerstraete T V, Banerjee D, et al. Non-aqueous solvent extraction of rare-earth nitrates from ethylene glycol to n-dodecane by Cyanex 923. Sep Purif Technol, 2017, 174: 544-553.

[37] Li Z, Li X, Raiguel S, et al. Separation of transition metals from rare earths by non-aqueous solvent extraction from ethylene glycol solutions using Aliquat 336. Sep Purif Technol, 2018, 201: 318-326.

[38] Chen W, Jiang J, Lan X, et al. A strategy for the dissolution and separation of rare earth oxides by novel Brønsted acidic deep eutectic solvents. Green Chem, 2019, 21: 4748-4756.

[39] Dupont D, Binnemans K. Rare-earth recycling using a functionalized ionic liquid for the selective dissolution and revalorization of Y_2O_3: Eu^{3+} from lamp phosphor waste. Green Chem, 2015, 17: 856-868.

[40] Dupont D, Binnemans K. Recycling of rare earths from NdFeB magnets using a combined leaching/extraction system based on the acidity and thermomorphism of the ionic liquid [Hbet][Tf$_2$N]. Green Chem, 2015, 17: 2150-2163.

[41] 包珊珊, 李龙山, 黄云华, 等. 攀西稀土萃取过程的皂化工艺现状与发展. 化工技术与开发, 2018, 47 (1): 31-34.

[42] Yu D, Du R, Xiao J C. pKa prediction for acidic phosphorus-containing compounds using multiple linear regression with computational descriptors. J Comput Chem, 2016, 37: 1668-1671.

[43] Du R, Yu D, An H, et al. α, β-substituent effect of dialkylphosphinic acids on lanthanide extraction. RSC Adv, 2016, 6: 56004-56008.

[44] Yu D，Du R，Zhang S，et al. Prediction of solubility properties from transfer energies for acidic phosphorus-containing rare-earth extractants using implicit solvation model. Solvent Extr Ion Exc，2016，34（4）：347-354.

[45] Du R B，An H，Zhang S，et al. Microwave-assisted synthesis of dialkylphosphinic acids and a structure-reactivity study in rare earth metal extraction. RSC Adv，2015，5：104258-104262.

[46] 刘郁，陈继，陈厉. 离子液体萃淋树脂及其在稀土分离和纯化中的应用. 中国稀土学报，2017，35（1）：9-18.

[47] 王威，陈继，刘红召，等. 功能性离子液体在金属萃取分离中的研究进展. 应用化学，2015，32（7）：733-742.

[48] Dai S，Ju Y H，Barnes C E. Solvent extraction of strontium nitrate by a crown ether using room-temperature ionic liquids. J Chem Soc Dalton Trans，1999，8：1201-1202.

[49] Sun S，Ji Y，Liu Y，et al. An engineering-purpose preparation strategy for ammonium-type ionic liquid with high purity. AIChE J，2010，56（4）：989-996.

[50] Wang W，Yang H，Cui H，et al. Application of bifunctional ionic liquid extractants [A336][CA-12] and [A336][CA-100] to the Lanthanum extraction and separation from Rare Earths in the chloride medium. Ind Eng Chem Res，2011，50（12）：7534-7541.

[51] 杨华玲，王威，崔红敏，等. 硝酸体系中双功能离子液体萃取剂[A336][CA-12]/[A336][CA-100]萃取稀土的机理研究. 分析化学研究报告，2011，39（10）：1561-1566.

[52] Yang H，Wang W，Cui H，et al. Recovery of rare earth elements from simulated fluorescent powder using bifunctional ionic liquid extractant（Bif-ILEs）[A336][P204]/[A336][P507]. J Chem Technol Biotechnol，2012，87：198-205.

[53] Yang H L，Chen J D，Zhang L，et al. Kinetics of cerium（IV）and fluoride extraction from sulfuric solutions using bifunctional ionic liquid extractant（Bif-ILE）[A336] [P204]. Trans Nonferrous Met Soc China，2014，24：1937-1945.

[54] Yang H，Chen J，Wang W，et al. Extraction kinetics of lanthanum in chloride medium by bifunctional ionic liquid [A336][CA-12] using a constant interfacial cell with laminar flow. Chinese J Chem Eng，2014，22：1174-1177.

[55] Sun X，Waters K E. The adjustable synergistic effects between acid-base coupling bifunctional ionic liquid extractants for rare earth separation. AIChE J，2014，36（11）：3859-3868.

[56] Sun X，Do-Thanh C L，Luo H，et al. The optimization of an ionic liquid-based TALSPEAK-like process for rare earth ions separation. Chem Eng J，2014，239：392-398.

[57] 朱涛峰，郭苗，王邃，等. 微波辅助合成有机膦功能化离子液体及对稀土离子的萃取. 应用化学，2014，31（5）：529-535.

[58] Quinn J E，Soldenhoff K H，Stevens G W. Solvent extraction of rare earth elements using a bifunctional ionic liquid. Part 2：Separation of rare earth elements. Hydrometallurgy，2017，169：621-628.

[59] Hunter J P，Dolezalova S，Ngwenya B T，et al. Understanding the recovery of rare-earth elements by ammonium salts. Metals，2018，8：465-477.

[60] 廖伍平，邝圣庭，薛天宇，等. 中性膦萃取剂用于萃取分离铈(Ⅳ)或 Th(Ⅳ)的用途和方法. 2016，中国发明专利：201610227923.X.

[61] Wei H，Li Y，Zhang Z，et al. Selective Extraction and Separation of Ce(Ⅳ) and Th(Ⅳ) from RE(Ⅲ) in Sulfate Medium using Di（2-ethylhexyl）-N-heptylaminomethylphosphonate. Solvent Extr Ion Exc，2017，35（2）：117-129.

[62] Lu Y，Zhang Z，Li Y，et al. Extraction and recovery of cerium（Ⅳ）and thorium（Ⅳ）from sulphate medium by an α-aminophosphonate extractant. J Rare Earths，2017，35（1）：34-40.

[63] 魏志雄，田寿同，邵朱强. 新型 LH-01 萃取剂在四川氟碳铈矿萃取分离中的应用研究. 中国稀土学报，2015，33（6）：705-711.

[64] Izatt R M，Izatt S R，Izatt N E，et al. Industrial applications of Molecular Recognition Technology to green chemistry separations of platinum group metals and selective removal of metal impurities from process streams. Green Chemistry，2015，17：2236-2245.

[65] Izatt S R，McKenzie J S，Bruening R L，et al. Selective recovery of platinum group metals and rare earth metals from complex matrices using a green chemistry-Molecular Recognition Technology approach. In：Metal sustainability：Global challenges，consequences，and prospects. Oxford：Wiley，2016，317-332.

[66] Bogart J A，Lippincott C A，Carroll P J，et al. An operationally simple method for separating the rare-earth elements neodymium and dysprosium. Angew Chem Int Ed，2015，54：8222-8225.

[67] Bogart J A，Cole B E，Boreen M A，et al. Accomplishing simple，solubility-based separations of rare earth elements with complexes bearing size-sensitive molecular apertures. Proc Natl Acad Sci，2016，113：14887-14892.

[68] Fang H，Cole B E，Qiao Y，et al. Electro-kinetic separation of rare earth elements using a redox-active ligand. Angew Chem Int Ed，2017，56：13450-13454.

[69] Ohto K，Fuchiwaki N，Yoshihara T，et al. Extraction of scandium and other rare

earth elements with a tricarboxylic acid derivative of tripodal pseudcalix[3]arene prepared from a new phenolic tripodal framework. Sep Purif Technol，2019，226：259-266.

［70］Lu Y，Liao W. Extraction and separation of trivalent rare earth metal ions from nitrate medium by p-phosphonic acid calix[4]arene. Hydrometallurgy，2016，165：300-305.

［71］Yang F，Baba Y，Kubota F，et al. Extraction and separation of rare earth metal ions with DODGAA in ionic liquids. Solvent Extr Res Dev Jpn，2012，19：69-76.

［72］Chen P，Yang F，Liao Q，et al. Recycling and separation of rare earth resources lutetium from LYSO scraps using the diglycol amic acid functional XAD-type resin. Waste Manage，2017，62：222-228.

［73］Bai R. Yang F. Zhang Y，et al. Preparation of elastic diglycolamic-acid modified chitosan sponges and their application to recycling of rare-earth from waste phosphor powder. Carbohydrate Polymers，2018，190：255-261.

［74］Guo X G，Sun H，Sun X. Structure，bonding，and electronic properties of four rare earth complexes with a phenoxyacetic acid ligand：X-ray diffraction and DFT studies. Ind Eng Chem Res，2016，55：6716-6722.

［75］Dong Y，Sun X，Wang Y，et al. The sustainable and efficient ionic liquid-type saponification strategy for rare earth separation processing. ACS Sustain Chem Eng，2016，4：1573-1580.

［76］孙晓琦，王艳良，苏祥，等. 萃取-沉淀法在稀土分离领域的应用基础研究. 中国稀土学会 2018 学术年会摘要集，2018，9.

［77］Lee Y R，Yu K，Ravi S，et al. Selective adsorption of rare earth elements over functionalized Cr-MIL-101. ACS Appl Mater Inter，2018，10：23918-23927.

［78］Mahmoud M R，Soliman M A，Rashad G M. Competitive foam separation of rare earth elements from aqueous solutions using a cationic collector. Sep Sci Technol，2019，54（15）：2374-2385.

［79］Qie M，Lin J，Kong F，et al. A large family of centrosymmetric and chiral f-element-bearing iodate selenates exhibiting coordination number and dimensional reductions. Inorg Chem，2018，57：1676-1683.

［80］Lin J，Liu Q，Yue Z，et al. Expansion of the structural diversity of f-element bearing molybdate iodates：synthesis，structures，and optical properties. Dalton Trans，2019，48：4823-4829.

［81］Lu H，Guo X，Wang Y，Size-dependent selective crystallization using an inorganic mixed-oxoanion system for lanthanide separation. Dalton Trans，2019，48：12808-12811.

[82] Swain N, Mishra S. A review on the recovery and separation of rare earths and transition metals from secondary resources. J Clean Prod, 2019, 220: 884-898.

[83] Jowitt SM, Werner TT, Weng Z, et al. Recycling of the rare earth elements. Curr Opin Green Sustain Chem, 2018, 13: 1-7.

[84] 徐春涛, 李平辉, 李志锐, 等. 废弃稀土抛光粉再生利用的研究. 稀土, 2017, 38 (2): 74-79.

[85] He L, Ji W, Yin Y, et al. Study on alkali mechanical activation for recovering rare earth from waste fluorescent lamps. J Rare Earth, 2018, 36: 108-112.

[86] Pavón S, Fortuny A, Coll M T, et al. Improved rare earth elements recovery from fluorescent lamp wastes applying supported liquid membranes to the leaching solutions. Sep Purif Technol, 2019, 224: 332-339.

[87] Yu B S, Jiang J L, Yang C C. Conversion of lanthanum and cerium recovered from hazardous waste polishing powders to hazardous ammonia decomposition catalysts. J Hazard Mater, 2019, 379: 120773 (7).

[88] Ferella F, Leone S, Innocenzi V, et al. Synthesis of zeolites from spent fluid catalytic cracking catalyst. J Clean Prod, 2019, 230: 910-926.

[89] Önal MAR, Aktan E, Borra C R, et al. Recycling of NdFeB magnets using nitration, calcination and water leaching for REE recovery. Hydrometallurgy, 2017, 167: 115-123.

[90] Lorenz T, Bertau M. Recycling of rare earth elements from FeNdB-Magnets via solid-state chlorination. J Clean Prod, 2019, 215: 131-143.

[91] Yang Y, Lan C, Wang Y, et al. Recycling of ultrafine NdFeB waste by the selective precipitation of rare earth and the electrodeposition of iron in hydrofluoric acid. Sep Purif Technol, 2020, 230: 115870 (12).

[92] Lixandru A, Venkatesan P, Jönsson C, et al. Identification and recovery of rare-earth permanent magnets from waste electrical and electronic equipment. Waste Manage, 2017, 68: 482-489.

[93] Kumari A, Sinha M K, Pramanik S, et al. Recovery of rare earths from spent NdFeB magnets of wind turbine: Leaching and kinetic aspects. Waste Manage, 2018, 75: 486-498.

[94] Sinha M K, Pramanik S, Kumari A, et al. Recovery of value added products of Sm and Co from waste SmCo magnet by hydrometallurgical route. Sep Purif Technol, 2017, 179: 1-12.

[95] Satpathy S, Mishra S. Extractive separation studies of La(Ⅲ) and Ni(Ⅱ) in the presence of lactic acid using DEHPA in petrofin. Sep Purif Technol, 2017, 179: 513-522.

［96］Ye S，Jing Y，Wang Y，et al. Recovery of rare earths from spent FCC catalysts by solvent extraction using saponified 2-ethylhexyl phosphoric acid-2-ethylhexyl ester（EHEHPA）. J Rare Earth，2017，35（7）：716-722.

［97］Xia Y，Xiao L，Tian J，et al. Recovery of rare earths from acid leach solutions of spent nickel-metal hydride batteries using solvent extraction. J Rare Earth，2015，33（12）：1348-1354.

［98］Tunsu C，Ekberg C，Foreman M，et al. Studies on the solvent extraction of rare earth metals from fluorescent lamp waste using Cyanex 923. Solvent Extr Ion Exc，2014，32：650-668.

［99］Larsson K，Binnemans K. Metal recovery from nickel metal hydride batteries using Cyanex 923 in tricaprylylmethylammonium nitrate from chloride aqueous media. J Sustain Metall，2015，1：161-167.

［100］Gergoric M，Ekberg C St J，Foreman M R，et al. Characterization and leaching of neodymium magnet waste and solvent extraction of the rare-earth elements using TODGA. J Sustain Metall，2017，3：638-645.

［101］Hoogerstraete T V，Binnemans K. Highly efficient separation of rare earths from nickel and cobalt by solvent extraction with the ionic liquid trihexyl（tetradecyl）phosphonium nitrate：a process relevant to the recycling of rare earths from permanent magnets and nickel metal hydride batteries. Green Chem，2014，16：1594-1606.

［102］Rout A，Binnemans K. Efficient separation of transition metals from rare earths by an undiluted phosphonium thiocyanate ionic liquid. Phys Chem Chem Phys，2016，18：16039-16045.

［103］Schaeffer N，Feng X，Grimes S，et al. Recovery of an yttrium europium oxide phosphor from waste fluorescent tubes using a Bronsted acidic ionic liquid，1-methylimidazolium hydrogen sulfate. J Chem Technol Biotechnol，2017，92：2731-2738.

［104］Riano S，Binnemans K. Extraction and separation of neodymium and dysprosium from used NdFeB magnets：an application of ionic liquids in solvent extraction towards the recycling of magnets. Green Chem，2015，17：2931-2942.

［105］陈继，崔红敏，杨华玲，等. 一种离子液体萃淋树脂及其制备和应用方法. 2014，中国发明专利：201410018209.0.

［106］Bogart J A，Lippincott C A，Carroll P J，et al. An operationally simple method for separating the rare-earth elements neodymium and dysprosium. Angew Chem Int Edit，2015，54：8222-8225.

［107］Nguyen R T，Diaz L A，Imholte D D，et al Economic assessment for recycling critical metals from hard disk drives using a comprehensive recovery process. JOM，2017，69（9）：1546-1552.

［108］Balaram V. Rare earth elements：A review of applications，occurrence，exploration，analysis，recycling，and environmental impact. Geosci Front，2019，10：1285-1303.

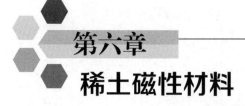

第六章
稀土磁性材料

第一节　国内外研究进展

稀土永磁材料是高新技术、新兴产业与社会发展的重要物质基础，在能源产业、信息通讯产业、汽车工业、电机工程、生物医疗工程等领域都有广泛应用。稀土永磁材料的科学研究和技术革新对满足低碳经济、高新技术产业和国防尖端应用的需求，及促进稀土资源的平衡利用具有决定性作用。

目前，发展高性能永磁材料和高丰度稀土永磁材料是稀土永磁领域的主要研究方向。稀土永磁材料发展的主要推动力是少含甚至不含 Dy 和 Tb 等高价格原料的磁体，应用 Dy/Tb 表面扩散技术制备的(Nd，Pr)-Fe-B 已用于混合动力和纯电动汽车，用高丰度、廉价 Ce 乃至 La 部分取代 Nd 和 Pr 是另一个发展趋势。Ho 也已被用作 Dy/Tb 的低价取代物，以增加磁体的使用温度。一种可行的工艺是使磁体的晶粒尺寸保持在亚微米以获得高矫顽力的热变形技术，但成本较高。由于电池行业的增长需求使 Co 价格高涨，也进而增加了 Sm-Co 磁体的价格，因此 Co 在磁体中的减量已是另一研究热点。由于 Sm 的价格很低，Sm-Fe-N 磁体应也可成为一个廉价磁体候选。

单分子磁体可能最终用于高密度的信息存储设备和量子计算等方面，同时对单分子磁体的研究还有助于对纳米尺度磁性粒子物理学的理解，解释量子力学行为是如何在宏观尺度上产生作用，从而解释宏观磁学行为，实现科学家几十年来努力试图表征纳米磁体量子磁化隧道效应的愿望。

因此，本章将主要介绍稀土永磁材料性能提升和高丰度稀土替代相关研究和应用以及单分子磁体方面的研究进展。

一、Nd-Fe-B 永磁材料

1. 理论计算

高性能永磁材料需具有高自发磁化强度和高磁晶各向异性，稀土元素是高磁晶各向异性的主要贡献者。为使稀土元素在磁性材料中发挥高效能，尚需深入理解其中的矫顽力机制。除了内禀磁性能，磁体的微结构也在构建矫顽力方面扮演重要角色。迄今为止，还没有开发出一种比 Nd-Fe-B 磁体综合性能更为优异的全新类型磁体。同时也提出了一些需要探究的科学问题，比如究竟是否还存在一种性能比现有材料更优越永磁体的可能？或者是否我们应该转而探寻一种具有适当磁性能但成本更低磁体的路径？

模型化和模拟计算已在永磁体设计方面起到重要作用，目前，计算主要应用第一性原理和微磁学模拟（micromagnetic simulations）方法。前者可在电子水平上理解磁特性，预测绝对零度时的磁矩、晶体场参数等内禀参数，但对于有限温度时的处理存在挑战。微磁学模拟在微观水平上关注磁畴结构，适于研究颗粒形状/尺寸、颗粒间界、颗粒间相等微结构对于磁体宏观磁特性的影响。

微磁学模拟可有助于理解微结构对于矫顽力、磁能积和剩磁的影响。随着计算机硬件和计算方法的发展，磁体的磁滞回线已可快速计算得到，因此，模拟计算可为永磁体设计提供指导。Fischbacher 等[1]采用微磁学模拟计算，研究了通过晶间界调控尝试永磁材料中稀土减量化的可能。结果显示，晶界相可显著影响矫顽力。如果晶界相为铁磁性，矫顽力随晶界厚度增加而降低，Dy 或 Tb 的扩散有助于弥补铁磁性晶界相对矫顽力的影响，主相晶粒间厚度 10nm 的含 Dy/Tb 壳层可成倍提升矫顽力。当铁磁性晶界厚度小于3nm 时可获得较高的磁能积和适中的矫顽力。在纳米晶磁体中，由于存在交换耦合效应，剩磁和磁能积随晶界相的磁化强度增加而增加。

矫顽力、剩磁等磁特性与材料的磁化过程及状态密切相关，因而磁化过程是认识永磁材料的首要环节。Tsukahara 等[2]使用超大尺度微磁学模拟技术研究了磁特性与微观组织结构的关系。材料微结构包含粒径、易轴倾斜角、颗粒形状等大量参数，为更准确预测永磁体磁化过程，还引入了机器学习技术。纳米晶热变形磁体从+10kOe①到-10kOe 的磁化翻转过程计算需 165 步，总数据达到 500 亿组。借助可进行高速数据存取的最新数据管理系统，大尺度微磁学模拟信息分析结合机器学习可用于建立纳米晶热变形磁体磁化过程模型的预测方法。

除微磁学模拟外，还可以结合第一性原理等其它方法计算稀土永磁材料性能。微磁学模拟中的连续体近似仅在考虑的尺度远大于原子尺度时有效，而 Nd-Fe-B 磁体中常发现有厚度接近交换耦合长度 2nm 尺度的非晶态晶界相，此时微磁学处理的有效性存在问题。Yi 等[3]采用原子自旋模型研究了 $Nd_2Fe_{14}B$ 类磁体，其模型尺度介于第一性原理计算和微磁学模拟之间。每个原子作为一个经典的自旋磁矩处理，模型参数由通过第一性原理计算和实验中得到的结果确定。计算得到的 $Pr_2Fe_{14}B$，$Nd_2Fe_{14}B$，$Sm_2Fe_{14}B$，$Dy_2Fe_{14}B$，$Tb_2Fe_{14}B$，$Ho_2Fe_{14}B$ 等系列 $Nd_2Fe_{14}B$ 类合金的磁化强度-温度关系和居里温度，结果可与实验测量较好吻合。原子自旋模拟计算的 $Nd_2Fe_{14}B$ 和 $Ho_2Fe_{14}B$ 的自旋重取向温度也与实际结果相符。该法还可计算温度相关的磁晶各向异性常数和磁畴壁厚度。

Westmoreland 等[4]介绍一种多尺度方法（multiscale model）用于高性能永磁材料的模拟计算设计。多尺度方法最早用于磁性材料模拟始于 Rottmayer 等[5]的研究，但目前较少应用报道。Westmoreland 等首先阐述了界面结构的分子动力学模型，然后给出了原子自旋动力学模型计算方法的要点，以及关键内禀原子参数的计算技术，包括 $Nd_2Fe_{14}B$ 和 α-Fe 之间的界面中软磁相中张力导致的对称性失衡引起的各向异性计算等。在原子尺度，基于分子动力学（MD）计算预测的结构，使用原子自旋动力学方法（SD）研究翻转机制，计算磁畴尺寸和温度相关的参数，以为后续磁滞特性计算的微磁学模拟提供数据。该法可为理解永磁材料结构提供有力工具，如界面的结构信息和特性，但目前的多尺度方法仍需完善，更可靠的、更精细的 DFT 计算还需在下一代材料计算模型中引入。

从微观角度或原子尺度提供关于颗粒表面或晶界的第 m 级磁晶各向异性常数 K_m^A 及其温度相关性的定量描述仍是理论计算研究急需解决的问题。Toga 等[6]基于经典海森堡哈密顿算符的理想模型计算了 $Nd_2Fe_{14}B$ 晶体的磁特性。磁性不均匀与热扰动对于 $Nd_2Fe_{14}B$ 晶体磁性的影响研究发现，室温以上，当去除 Fe(Nd)各向异性项而只保留 Nd(Fe)各向异性相时，此时主要影响

———

① 非国标单位，1Oe≈79.5775A/m。

磁晶各向异性的 K_1^A 偏离了 Callen-Callen 定律，这是因为 Nd 磁矩和 Fe 自旋之间的耦合远弱于 Fe-Fe 自旋之间的耦合。对于矫顽力来说，体相中的偶极-偶极（DDI）相互作用不容忽视，但考虑 DDI 的原子体系模型计算非常困难，Hinokihara 等[7]进而发展了一种基于随机势（stochastic potential）的用于长程相互作用体系 Monte Carlo（MC）模拟的有效方法。基于原子自旋模型的 $Nd_2Fe_{14}B$ 薄膜磁体磁结构研究发现，Nd 离子的各向异性仅在相对低温下对体系的各向异性产生贡献；如忽略 Fe 离子的各向异性，高温下由 DDI 构建的平面磁结构不具有各向异性。因此认为，Fe 离子的各向异性是高温下控制平行于易轴方向磁化的决定因素。

Akai[8]进行了饱和磁极化强度 J_s、居里温度 T_c、单轴磁晶各向异性常数 K_1 等参数上限的评估计算，并用于预测永磁材料的极限性能。基于密度泛函理论的计算显示，永磁材料 J_s、T_c 和 K_1 等更可能的上限应分别为 2.7T、2000K 和 1000MJ/m^3。该研究中的估算是基于 BCC 或 L10 点阵结构假定的"玩具模型"（toy model）。由计算结果还可得到如下结论：获得高性能永磁材料的最佳策略是设计含少量轻稀土元素和少量如 V、Cr、Co、Ni 等间隙类添加元素的 Fe 基磁体，同时计算认为无稀土的磁体无法获得高性能。

通常颗粒尺寸减小可增加材料的矫顽力，如晶粒细化磁体或片状晶粒热变形磁体，但很大程度上取决于晶粒的结构和分布。在电机、发电机应用领域，磁体要求在温度达到 450K 时仍保持高磁化强度和矫顽力，在此温区，$Sm_{1-z}Zr_z(Fe_{1-y}Co_y)_{12-x}Ti_x$ 具有较 $Nd_2Fe_{14}B$ 磁体更高的磁化强度和矫顽力，而且稀土-过渡金属比也更低[9]。Fischbacher 等[10]报道了一种通过计算势垒估算给定硬磁合金最大矫顽力的方法。使用数值微磁学模拟方法，计算了理想无缺陷结构、无软磁次级相磁体中反磁化畴形核所需势能，以考察热扰动对于降低磁体矫顽力的影响。计算显示，一个 $Sm_{1-z}Zr_z(Fe_{1-y}Co_y)_{12-x}Ti_x$ 合金小立方体的矫顽力可低至室温各向异性场的 60%，473K 时的 50%。为研究有限温度下热扰动对于矫顽力的影响，自旋 Landau-Lifshitz-Gilbert（LLG）方程已被广泛用于磁体的热力学行为研究，MC 方法可用于研究永磁体磁翻转过程中的热效应和磁相互作用，但这些方法中掩盖了特定原子的特性，因而很难用于热活化过程的研究。Miyashita 等[11]引入原子哈密顿算符，结合 LLG 和 MC 方法研究了有限温度下 $Nd_2Fe_{14}B$ 的热/动力学行为。计算得到了包括自旋重取向、磁畴壁结构等磁性能的温度相关性规律。特定原子研究显示，Nd 原子磁矩随温度的增加快速减小。该研究方法和结论有助于对矫顽力机制的深入探讨和理解。

Miyake 等[12]发展了基于第一性原理计算的稀土磁体量子理论。强永磁体主要由稀土和过渡金属元素组成，其高饱和磁化强度、强磁晶各向异性和高居里温度源于过渡金属 $3d$ 电子和稀土 $4f$ 电子的相互作用，但稀土 $4f$ 电子的理论处理非常困难，磁性的准确描述仍是一个尚未解决的重要课题；颗粒间界的处理也存在挑战；磁体中含有添加元素、杂质、缺陷和多种二次相都增加了计算难度；主相颗粒和颗粒间界相间的界面应是影响矫顽力的关键因素，计算中也需要关注。近年超级计算机的发展使得直接进行界面的第一性原理计算成为可能。该研究将建立的量子理论应用于典型稀土永磁体 $Nd_2Fe_{14}B$ 和 $Sm_2Fe_{17}N_3$ 以及近期合成的 $NdFe_{12}N$ 的计算。

2. 晶界扩散

晶界扩散技术是研究人员在对 Nd-Fe-B 磁体反磁化机制深刻认识的基础上发展起来的对材料微观结构进行设计和优化的手段，对重稀土的高效利用和节约成本具有重要的意义。烧结钕铁硼磁体具有优异的综合磁性能，已广泛应用在硬盘驱动器、音圈电机、核磁共振（MRI）等领域。随着风力发电机、高效压缩机、新能源汽车产业的迅速崛起、使用环境的改变，使关注点从高磁能积、高剩磁转移到高矫顽力、高剩磁、高磁能积。对稀土永磁材料矫顽力机制的研究表明，晶界处的缺陷导致了磁体矫顽力的显著降低，如果在技术上能够强化晶粒边缘区域抗退磁能力，那么在一定程度上应该能够增强稀土永磁材料的矫顽力。

20 世纪 80 年代以来，烧结钕铁硼晶界扩散技术已经渐入人们视野。最早是金属 Nd 蒸镀到磁体表面，以修复机械加工损伤磁体表面引起的矫顽力衰减[13]，后来发展到将重稀土附着于磁体表面，通过低于烧结温度的一系列热处理使其沿晶界富稀土相扩散到磁体内部，在 $Nd_2Fe_{14}B$ 晶粒表面形成 $(Dy，Tb，Nd)_2Fe_{14}B$ 过渡层。由于 Dy、Tb 等重稀土的 $R_2Fe_{14}B$ 各向异性场较 Pr、Nd 的强，故其能大幅提高磁体的内禀矫顽力。2004 年，日本信越化学工业株式会社首先提出[14]利用晶界扩散的办法可使重稀土元素镝富集于晶粒边界处，这种镝元素非均匀分布的壳层结构很好地实现了晶粒边界区域的磁"硬化"，这为增强磁体矫顽力的同时避免剩磁和磁能积的大幅降低提供了新技术。由于重稀土价格较高，同时实际应用中对高矫顽力、高稳定性磁体需求增加，重稀土高效使用的晶界扩散技术迅速成为研究的重点。研究人员发展了表面涂覆、镀膜等磁体晶界扩散技术，以及对初始粉末进行表面包覆后再进行成型烧结的扩散技术。目前研究的重点在于如何去除扩散过程中形成的重稀土元素含量沿扩散方向的梯度变化或晶界结构优化对磁性能均匀性的影响。

重稀土氟化物常被用作晶界扩散的扩散源[15, 16]，但相应引起的晶界化学成分变化、微观结构演变以及最终磁性能变化还并不十分清楚。杨潇等[17]系统研究了 TbF_3 的晶界扩散，以探寻晶界结构对晶界扩散行为的影响机理。实验通过传统的粉末冶金工艺制备成分为 $Nd_{32.5}Fe_{bal}B_{0.92}Cu_{0.1}$ 的磁体，然后用 TbF_3 作为扩散源进行电泳沉积，将沉积后的磁体在 900℃ 下经过 2h 的扩散后，磁体的矫顽力 H_{cj} 大幅提高，从 12.5kOe 提升至 23.7kOe。随着扩散时间的延长，H_{cj} 逐渐趋于稳定。微观结构分析表明，磁体 H_{cj} 的提高主要由磁体表层的晶粒表层形成了 $(Nd，Tb)_2Fe_{14}B$ 结构造成的。而从二次电子图像中可以看出磁体表层晶粒逐渐长大，这种晶粒长大区域构成的自封闭结构阻碍了 Tb 元素的进一步扩散，最终抑制了 H_{cj} 的增加。进一步分析发现，扩散过程中造成的晶界成分变化和 Cu 元素的迁移是造成磁体表层晶粒异常长大的主要原因。

因为晶界扩散技术可以应用于其它元素的扩散，不同于传统的双合金法，晶界扩散技术既可以提高磁体矫顽力，又可以改善磁体的热稳定性和抗蚀性。例如 Zn 进入 Nd-Fe-B 磁体后不出现新相，而主要富集于富 Nd 相中，降低富钕相中 Fe 元素含量，使富钕相组织结构得到改善，从而提高磁体的矫顽力。李家节等[18]通过磁控溅射技术研究了晶界扩散 DyZn 合金烧结钕铁硼磁体的磁性能，及其在高温高压高湿腐蚀环境中的加速腐蚀行为。研究表明，晶界扩散处理可以显著提高磁体的矫顽力，磁体矫顽力从 963.96kA/m 提高到 1711.40kA/m，提升率达 77.54%，而剩磁和最大磁能积基本不降低。晶界扩散 DyZn 合金磁体具有更低的质量损失和磁通损失，比烧结态原样的质量损失减少了 89.69%，磁通损失率降低了 51.08%。这是因为热扩渗 DyZn 合金磁体在晶界处形成更稳定、腐蚀电位更高的富 Dy 稀土相，优化了磁体的晶间组织结构，提高了磁体的矫顽力，也提高了磁体在高温、高压、高湿环境下的抗蚀性能。

高岩等[19]采用含 Dy78% 的 DyFe 合金薄片（厚度为 5～8mm）与 N45 和 N52 牌号烧结钕铁硼磁体圆柱端面接触，在不同温度下进行真空扩散热处理。结果表明，在 890℃×3.5h+540℃×1.0h 扩散条件下，N45 牌号的样品内禀矫顽力由 982kA/m 提高至 1442.0kA/m，提高约 47%，效果显著，同时其最大磁能积由 335.1J/m³ 下降为 321.6J/m³。对 N52 牌号磁体样品，使用镝铁作为镝蒸发源，在 1000℃×1.0h+860℃×1.0h+490℃×1.0h 的条件下进行真空蒸发镀热处理，其矫顽力由 958.1kA/m 提升至 1223.9kA/m，提高约 28%，而最大磁能积由 396.1kJ/m³ 下降为 384.7kJ/m³。对于厚度为 6.6mm 的 N45 样品，经过合适的 DyFe 表面扩散处理，在剩磁略有减低情况下，仍然可显著提高磁体的内禀矫顽力。

使用不同种类扩散源的晶界扩散工艺已成功用于磁体矫顽力的提升，但是很难实现磁性能提升的同时将重稀土的使用量降到零。Zeng 等[20]采用电弧熔炼的方法制备了三元合金 $Pr_{70}Al_{10}Cu_{20}$、$Pr_{70}Al_{15}Cu_{15}$ 和 $Pr_{70}Al_{20}Cu_{10}$（at%），并以这 3 种合金作为烧结 Nd-Fe-B 的扩散源，在 800℃×2h+500℃×3h 的扩散处理后，磁体的矫顽力从 1002kA/m 分别增加到 1360、1615 和 1714kA/m，剩磁则由 1.36T 分别降低至 1.33T、1.20T 和 1.14T。SEM 检测显示，Pr-Al-Cu 合金渗入磁体，在 $Nd_2Fe_{14}B$ 晶粒间形成了数微米厚的晶界层，阻止了硬磁相晶粒间的磁交换相互作用，从而可提升矫顽力。但非磁性晶界相的存在也是导致剩磁降低的根本原因。Tang 等[21]的 Pr-Cu 晶界扩散对于烧结 Nd-Fe-B 磁体力学性能各向异性的研究发现，$Pr_{83}Cu_{17}$（wt%）作为扩散源，不仅可有效增加抗弯强度，而且可以改变烧结 Nd-Fe-B 磁体中平行和垂直于 c 轴两个方向上力学性能的各向异性。

晶界扩散技术可在对剩磁和磁能积影响不大的前提下提高磁体的内禀矫顽力，并且能有效节约重稀土。国内外的研究者从扩散基体、扩散物、扩散工艺等多方面研究了影响晶界扩散效果的因素。对扩散基体而言，基体厚度越大，晶界扩散提升矫顽力的效果越小。此外，降低烧结 Nd-Fe-B 磁体中的氧、碳含量能获得更好的晶界扩散效果[22]。不同的扩散物对扩散效果影响较大，扩散物中 R 对应的 $R_2Fe_{14}B$ 磁晶各向异性场 H_a 与扩散 H_{cj} 的变化有着强关联，具有强单轴磁晶各向异性的 Td、Dy 对 H_{cj} 的提升最为明显，其中，Tb 的效果优于 Dy；重稀土氟化物对 H_{cj} 提升效果优于氧化物；晶界扩散 DyH_x 比 DyF_3 有更好的 H_{cj} 提升效果，且前者得到的方形度更高[23]。目前，关于钕铁硼永磁材料晶界、晶粒表层和界面等精细结构对磁性能影响的认识依然不够充分，随着技术的进步和研究的深入有望实现永磁性能的进一步提高。

3. 热变形工艺

由麦格昆磁和大同电子共同开发的热压工艺制备的高密度各向同性磁体（MQ-Ⅱ磁体），以及由热压/热变形工艺制备的高密度各向异性磁体（MQ-Ⅲ磁体）是稀土永磁材料的一个重要分支。热压和热变形磁体的制造需要从快淬钕铁硼薄带或磁粉开始，热压过程并不能形成类似液相烧结那样的晶相结构和矫顽力机制，而必须预先在合金颗粒内建立足够高的矫顽力。有别于常规磁场取向烧结，热变形钕铁硼磁体在压力作用下实现织构择优生长，即钕铁硼快淬磁粉可以通过缓慢而大幅度的热压变形诱发晶体择优取向，制成优异的全密度各向异性磁体。采用挤压或反挤压的热变形压制方法，是制造辐射取向薄壁圆环较为理想的方法，因为在挤压过程中磁体的变形压力来自阴模和冲头间的侧向压力，主要的压缩变形发生在环形磁体的径向，压缩各向异性的易磁化轴正好在圆环径向；而在反挤压过程中，磁体底部受正压力形成取向织构，然后翻转到侧壁时转变成径向辐射取向。取向充分的热变形磁铁剩磁和磁能积往往较高，而矫顽力则由于晶粒长大和取向排列而显著下降，但依然高于同等 Dy、Tb 含量的烧结磁体[24]，且具有比烧结钕铁硼永磁材料优异的抗腐蚀性。

Nd-Fe-B 热压磁体经热变形处理后，其晶粒 c 轴沿着压力方向取向，形成各向异性纳米晶永磁体，该工艺具有工艺简单、近终成型、环境稳定性好的特点。热压后的磁体依然为各向同性等轴晶，在热变形处理的流变过程中，发生晶粒的塑性变形、晶界滑移及迁移、晶粒的转动及再结晶等作用，最终形成各向异性磁体。王俊明等[25]研究了流变速率对磁体性能及微观结构的影响。结果表明，在流变速率从 0.0025/s 增加至 0.0075/s 过程中，磁体的矫顽力、剩磁和最大磁能积都是先增大后减小，并在 0.0050/s 时达到最大值。XRD 显示，此时细小晶粒沿着压力方向取向排布最为规则，磁体取向度最好。磁化曲线表明，相对于其它的流变速率，流变速率为 0.0050/s 时，沿着 c 轴方向的磁化最容易，垂直于 c 轴方向的磁化最难，与微观结构观察结果吻合。制备的性能最佳磁体晶粒大小为长约 700nm，宽约 150nm，其磁性能为 B_r=14.51kGs，H_{cj}=9.09kOe，$(BH)_{max}$=52.74MGOe。

Xu 等[26]使用具有相同化学组成的甩带片制备了各向异性热变形磁体（ $Fe_{77.1}Nd_{11.6}Pr_{3.7}B_{5.1}Cu_{0.1}Co_{1.0}Al_{0.9}Ga_{0.5}$，at% ），研究了通过热变形工艺获得具有 Ga 取代、富 Nd 烧结磁体微结构和颗粒间磁相互作用情况。研究发现，热变形磁体的矫顽力和方形度相比于传统磁体的 14.8kOe 和 0.888，均得到提升，分别达到了 19.3kOe 和 0.963。高矫顽力应归因于颗粒的细化，而方形度的改善应是颗粒间更强的磁交换耦合作用所致。

已有研究尚无方法在同一扩散体系中实现磁体磁能积和矫顽力的共同提高。借鉴烧结磁体扩散渗透工艺，将其用于热变形磁体，可在提高矫顽力的同时保持剩磁基本不变。Wang 等[27]利用新型压力扩散技术&高温织构生长制备了高磁能积热变形钕铁硼磁体。前期研究结果表明采用扩散方法将重稀土元素注入，在提高磁体矫顽力的同时会破坏原有织构，主相中重稀土原子与铁原子磁矩的反平行排列也会大幅降低磁体的剩磁。该研究利用变形获得织构的承续性，采用高温热处理方法使磁体晶粒发生进一步择优生长，磁体宏观取向度显著增强，制备出了磁能积达到 48MGOe 的热变形磁体。在此基础上，发明了"压力辅助注入扩散"[28]技术，即在磁体热变形过程中利用压力将高温下的 Dy-Cu 共熔合金直接注入到磁体内部，可有效保持磁体近表面晶粒细化并改善宏观取向度，引入的重稀土元素形成了具有高磁晶各向异性场的核-壳结构，制备的热变形磁体矫顽力和磁能积分别达到了 10kOe 和 53MGOe，为探索高性能热压辐射取向环形磁体制备技术提供了很好的思路。

发展无重稀土高矫顽力磁体是当前一个研究热点。为了达到较为理想的热变形取向效果，目前的量产热变形磁体都含有昂贵的 Ga，同时为了获得高矫顽力也必须添加 Dy。因此研究不含 Dy、Ga 的热变形磁体矫顽力的影响因素，可为探索提高热变形磁体矫顽力奠定一定的理论基础。潘建峰等[29]制备了 3 种热变形磁体，$Nd_{10.5}Pr_{2.5}Fe_{80}Nb_1B_6$、$Nd_{11.5}Fe_{81.8}B_{6.0}Nb_{0.7}+6\% \ Nd_{67}Cu_{33}$ 及 $Nd_{10.5}Pr_{2.5}Fe_{80}Nb_1B_6 + 6\% \ Nd_{67}Cu_{33}$ 合金，分析了晶界相体积分数 v、厚度 h 和磁性 2∶14∶1 主相等效平均晶粒尺寸 a 三因素对磁体矫顽力的影响。结果表明，v 对富稀土钕铁硼热变形磁体矫顽力的贡献为 98.10kA/m%，比 v 对贫稀土钕铁硼混粉热变形磁体矫顽力的贡献低 36%～44%；由 $v=1-a^3/[(a+h)^2(a+3h)]$ 计算了富稀土晶界相厚度 h，发现在 v 相同的条件下，h 随主相片状晶 a 的减小虽然减薄，但 a 占主导作用，导致磁体的矫顽力仍然提高；在 a 相近的条件下，热变形钕铁硼磁体 h 随 v 的增加而变厚。主相片状晶的磁交换作用隔离效果提高导致热变形磁体的矫顽力上升。

热变形钕铁硼磁体通过晶界扩散可有效提高磁体的矫顽力，但同时也会降低磁体的剩磁。为获得性能优异的热变形磁体，Akiya 等[30]尝试将机械加压的实验方法引入到热变形磁体的晶界热扩散工艺体系，在 $Nd_{70}Cu_{30}$ 共熔合金的晶界扩散过程中，限制磁体体积的膨胀，降低剩磁损失，增加矫顽力；所得 Nd-Fe-B 样品矫顽力和最大磁能积分别为 2T 和 358kJ/m³；200℃时的最大磁能积仍有约 191kJ/m³，优于相应含 Dy 的高矫顽力烧结磁体。Zhang 等[31]人利用二次热变形的方法，对经历过 Nd-Cu 低熔点合金晶界热扩散的热变形磁体进行了再次的热变形处理，发现通过调整实验参数可以一定程度上提高磁体的剩磁，改善了热变形磁体经历低熔点合金晶界热扩散后的综合磁性能。

具有纳米结构的无重稀土热变形 Nd-Fe-B 磁体矫顽力可达到 15kOe，添加 Dy 或 Tb，或者使用低熔重稀土合金晶界扩散可进一步增强矫顽力[32]。为降低制造成本，Chang 等[33]研究了在商用 MQU-F 磁粉中掺杂低熔合金 $R_{70}Cu_{30}$（R=轻稀土）制备高矫顽力热变形 Nd-Fe-B 磁体的。当 R 分别为 Nd、Pr 和 $Pr_{71}Nd_{29}$，$R_{70}Cu_{30}$ 合金添加均为 2wt% 时，Nd-Fe-B MQ-Ⅲ 磁体的矫顽力可由 15kOe 分别提高到 16.2kOe、17.2kOe 和 17kOe。而当 $R=Pr_{71}Nd_{27}Ce_2$ 和 $Pr_{71}Nd_9Ce_{20}$，矫顽力更可分别大幅提升至 19.0kOe 和 20.1kOe，同时可保持介于 40.5～37.5MGOe 范围内的最大磁能积。可见，此处含 Ce 混合稀土掺杂起到了昂贵的含 Dy 合金掺杂对于磁性能的提升效果，因此提供了一种经济有效地增强热变形 Nd-Fe-B 磁体性能的方法。研究认为含 Ce 相在晶界起到的去磁耦合效应、晶粒细化以及因 Pr 介入 2∶14∶1 相引起的磁晶各向异性场增强应是导致矫顽力增强的主要原因。

近年，利用纳米晶结构的合金磁粉进行热压热变形获得高各向异性超细晶稀土永磁材料是高性能高矫顽力稀土永磁材料的研究热点。2016 年，日本大同电子开发的块状无重稀土高矫顽力钕铁硼永磁材料已成功应用于本田公司混合动力汽车驱动电机上，是近年来晶粒细化技术获得高矫顽力永磁材料的一大突破。

4. 微观组织结构调控

钕铁硼永磁材料的室温理论磁能积为 64MGOe，目前已报道的烧结 Nd-Fe-B 磁体最高磁能积已达到 59.6MGOe，是其理论极限值的 93%。$Nd_2Fe_{14}B$ 的剩磁已达 1.55T，达到理论值的 97%。但其矫顽力与理论值存在极大差距，却只达到了理论极限值-磁晶各向异性场的 20%～40%（通常称为布朗悖论）[34]。此外，由于钕铁硼永磁材料的居里温度仅为 315℃，这极大限制了其在高温环境（如电动汽车、轨道交通等永磁电机则要求其矫顽力大于 30kOe）中的应用，因此国内外的研究机构均致力于提高钕铁硼永磁的矫顽力和温度稳定性。传统解决方法是通过大量添加重稀土镝（Dy）、铽（Tb）等元素，但重稀土 Dy、Tb 等元素的原子磁矩与 Fe 原子磁矩是反向平行排列，属亚铁磁性耦合，导致磁能积降低。

钕铁硼磁体是一种复相永磁材料，其矫顽力与材料的显微组织结构密切相关。近年来，为满足高性能需求，同时作为一种重稀土减量化技术，晶界扩散技术通过扩散使主相晶粒形成"软核硬壳"结构，实现了在不显著降低产品剩磁的前提下提高磁体矫顽力。目前研究认为，微观组织结构的精细调控是另一种有效提升矫顽力的技术方案，也是发展高性能稀土永磁材料的关键途径。例如，早期掺杂实验表明，低熔点元素可改善晶间富 Nd 相浸润性，形成连续晶间层增强主相晶粒间的去磁耦合作用，从而提升磁体矫顽力[35]。磁体微观结构的调控技术一般包括磁体晶粒细化和晶界优化两方面，两者分别是利用降低局域退磁效应和增强晶界相去磁耦合作用来提高磁体的矫顽力。

1）晶粒细化

为进一步细化烧结磁体的晶粒，钕铁硼发明人佐川真人及其研究团队利用高速气流磨技术，将磁粉尺寸降低至 1μm 左右，并发明了配套的"无压烧结"（press-less process）技术，使最终烧结后的无重稀土磁体晶粒尺寸达到 1～2μm，磁能积保持在 50MGOe，矫顽力则显著提升到约 20kOe。随后，佐川真人和美国特拉华大学分别对纳米晶粒结构的氢化-歧化-脱氢-再化合（HDDR）粉末进行再破碎，获得了直径平均为 500nm 甚至更小的单晶颗粒[36]。

硬和脆是烧结钕铁硼磁体的缺陷，为生产符合应用要求的形状和尺寸的磁体，需要对烧结坯料进行切削或研磨加工。研磨过程耗能、耗时，同时产生相当数量需要再处理回用的废料。Brooks 等[37]提出了一种称为氢韧化工艺（HyDP）的新技术，使用高温氢化-歧化反应将脆性的烧结 Nd-Fe-B 磁体转化为韧性的 α-Fe、NdH_2 和 Fe_2B 混合物，该混合物可经重构形成 $Nd_2Fe_{14}B$ 的各向异性微米晶粒结构。然而，研究中发现，HyDP 工艺处理牌号为 Neomax 的烧结 Nd-Fe-B 磁体时，由于少量 $NdFe_4B_4$ 相的存在显著降低歧化反应速度，使得韧化作用受限，处理后磁体中仍存在相当数量极脆的微米尺寸"小岛"。Brooks 等[38]进一步改善了 HyDP 工艺，实现了完全韧化。研究发现，完全歧化的 $NdFe_4B_4$ 相具有与歧化主相相同的韧性。延长处理时间可使 $NdFe_4B_4$ 相完全歧化，消除其脆性，从而制备得到完全韧化的 Nd-Fe-B 磁体。但是延长时间同时将导致晶粒长大，矫顽力下降。偏离化学正分成分的合金可在较短的处理时间内完全韧化，完全避免 $NdFe_4B_4$ 相的形成，但却会导致 Fe/Co 枝晶的出现，这将有损重构材料的磁性能。尽管 HyDP 工艺还存在需要解决的问题，但已显现了一些传统工艺所不具备的优势。HyDP 工艺不要求保护高比表面积粉末原料所需要的惰性环境；可以得到细化的晶粒结构，为优化获得较高矫顽力创造了条件。该工艺仅需要 4 个工序，而传统工艺需 8～10 步工序得到烧结磁体产品，且可以加工成片状或柱状等任意形状，而不产生废料。

彭海军等[39]研究了添加 Ti 对快淬法制备的 $(Nd_{0.8}Ce_{0.2})_{12}Fe_{82-x}Ti_xB_6$ 合金微观结构及磁性能的影响。发现随着 Ti 含量的增加，合金的剩磁 B_r 和磁能积

（BH）$_{max}$ 逐渐下降，但是矫顽力 H_{cj} 随之升高，特别是当 Ti 含量大于 4at% 时，矫顽力得到大幅提升，从 $x=0$ 时的 9.48kOe 提高到 $x=7$ 时的 19.47kOe。XRD 研究结果表明，当 Ti 含量 $x≤4at$% 时，合金为单一的 2：14：1 相，而当 $x>4at$% 时，合金中发现少量未知相。随着 Ti 含量的增加，2：14：1 相的衍射峰左移，说明进入 2：14：1 相晶格中的 Ce 含量随着 Ti 含量增加而降低。测试结果表明，随着 Ti 含量的增加，合金的晶粒明显细化，平均晶粒尺寸从 $x=0$ 时的约 60nm 降低到 $x=7$ 时的约 20nm，Ti 含量为 7at% 样品 Ti 和 Ce 趋向于同时富集生成晶界相，从而使得 2：14：1 相中 Ce 的比例减少。分析认为，晶粒细化及 2：14：1 相中 Ce 含量的减少是合金矫顽力提高的主要原因。

钕铁硼铸锭组织是决定磁体性能的关键因素之一。传统浇铸工艺中，凝固时首先从熔体中析出的是 Fe 的枝晶，当冷却到 1200℃左右时，才从熔体中通过包晶反应形成 $Nd_2Fe_{14}B$，并且包围在 Fe 晶核周围，导致大量的软磁性 α-Fe 析出。α-Fe 的析出夺去了应该形成主相的 Fe，使主相减少。速凝工艺将熔化的 Nd-Fe-B 合金熔液倾倒到高速旋转的水冷辊轮上凝固成厚度约 20μm 的薄带，凝固速率较高，所得合金成分可以十分接近 2：14：1 相，而且制备的速凝带中主相晶粒细小、富 Nd 相分布均匀，同时由于冷却速度高而不出现软磁相 α-Fe，容易得到高剩磁及高矫顽力的产品[40]。国内钕铁硼磁体制备水平逐步提高，其中原料冶炼中速凝工艺也有很大的进步，国内企业制备的速凝薄片同日本企业制备的产品水平已经非常接近。当然，为了继续完善速凝工艺，国内仍有必要持续开展相关研究。

2）晶界优化

烧结钕铁硼磁体的耐温性主要由内禀矫顽力及其温度系数决定。现行提高矫顽力最为直接有效的方法是添加重稀土元素镝（Dy）、铽（Tb）等。为降低成本、节约宝贵的资源尤其是减少重稀土用量，同时又能兼顾剩磁和磁能积的保持，急需寻找新的提高磁体综合性能的途径，晶界添加、晶界扩散及双主合金法均是良好的选择。晶界扩散法虽然能够在显著提高内禀矫顽力的同时基本不降低剩磁，但是由于扩散深度限制在 5mm 以下，因此仅能应用于小块磁体的制备。

掺 Ga 可获得高矫顽力磁体早在 1987 年即由 Endoh[41]指出，但 2010 年日本昭和电工专利公布了一种高 Ga 低 B 配方的磁体，可在不提高重稀土元素含量的情况下即可获得高矫顽力磁体[42]，使得含 Ga 烧结钕铁硼磁体再度受到关注。Sasaki 等[43]指出高 Ga 低 B 配方磁体通过烧结后的热处理可获得比常规商用磁体大得多的矫顽力提升效果，此类无重稀土烧结钕铁硼磁体矫顽力经优化后处理可由原来的 9.9kOe 提升至 18kOe。利用透射电子显微镜观察和对物相成分的统计，他们发现在热处理后在三角晶区大量形成 $Nd_6(Fe，Ga)_{14}$，但晶粒边界层成分稀土含量高达 90%。据此，作者认为，热处理后生成大量 $Nd_6(Fe，Ga)_{14}$ 的同时高稀土含量合金成分渗入主相晶粒间形成非磁性晶间层，极大增强了晶粒间的去磁耦合作用，避免了常规磁体晶粒间通过铁磁性晶间层的耦合，是该类磁体矫顽力大幅度提升的主要原因。2018 年，Ding 等[44]还研究了不同脱氢温度对高 Ga 低 B 配方磁体矫顽力影响，发现低的脱氢温度可能有利于获得高矫顽力磁体，但机制尚未完全明确。

魏恒斗等[45]通过合金添加的方式进行烧结钕铁硼永磁材料边界结构改性，从而达到提高磁体内禀矫顽力的目的。设计了第一主相磁粉合金成分 $Nd_{24}Pr_6Co_{1.8}Fe_{61.1}Nb_{0.6}Al_{0.30}Cu_{0.2}B_{1.0}$，第二边界区结构合金成分 $Dy_{30}Fe_{68.2}Nb_{0.6}Al_{0.3}Cu_{0.2}B_{1.0}$，第三晶界相合金成分 $Nd_{40}Pr_{10}Fe_{47}Cu_{2.0}B_{1.0}$。发现边界结构改性可以在基本不影响或者很小影响剩磁的前提下大幅度提高矫顽力。边界结构改性工艺主要是使重稀土元素 Dy 通过晶界扩散进入到 $Nd_2Fe_{14}B$ 主相晶粒边界区而不是晶粒芯部，在 $Nd_2Fe_{14}B$ 主相晶粒边界区形成具有高磁晶各向异性场的 $(Nd，Dy)_2Fe_{14}B$ 壳层结构，从而达到大幅度提高矫顽力的目的。

Ho 取代的 $(Nd_{0.55}Ho_{0.45})_{2.7}(Fe_{0.8}Co_{0.2})_{14}B_{1.2}$ 内禀矫顽力随稀土浓度的增加而增加，但同时剩磁减小，且由于结构的不均匀性使得磁滞回线方形度不好，进而导致磁能积较差。Tereshina 等[46]进行了通过加工工艺改善该材料磁滞回线方形度，进而改善磁能积，同时保持高矫顽力和热稳定性研究。发现熔体旋淬（meltspinning，MS）样品的大塑性形变（SPD）+热处理（HT）可以显著改善磁滞回线方形度，最大磁能积与未处理 MS 样品相比提升了 25%。尽管 SPD 处理后样品矫顽力急剧降低至 2.2kOe，但再经 HT 处理后可提升到 ~23kOe。该研究结果为 R-Fe-Co-B 合金优化为优异稀土永磁材料提供了一种多级处理的制备方案。

微结构表征手段的应用提高了研究人员对烧结钕铁硼磁体内部晶间相的认知水平，也相应促进了工艺调控技术的发展。2012 年，Sepehri-Amin 等[47]利用透射电子显微镜和激光辅助三维原子探针更详细地分析了优化热处理前后磁体内部各种界面处的成分，显示晶粒边界层物相铁磁性元素高达 65%，据此，利用磁控溅射方式制备了类似晶界相成分的非晶薄膜后，测量表明该薄膜为铁磁性物质，这种铁磁性晶界相不同于传统理想的非磁性晶界相，因此为进一步通过调控晶界相提高矫顽力拓展了新的空间。Murakami 等[48]利用电子全息技术通过测量磁体晶界相导致的相位移进一步确认了烧结钕铁硼磁体晶界相的铁磁属性，进而针对磁体晶界调控的研究工作也获得了新的发展。通过新的成分设计，实现对磁体晶界结构和磁性的调控，在未细化晶粒的前提下开发出矫顽力 18kOe 的无重稀土烧结磁体。该磁体具有较为连续均匀的晶界结构和较弱的晶界铁磁性，能有效实现硬磁晶粒间的去磁耦合作用。

5. 多相复合磁体

烧结 Nd-Fe-B 磁体通常具有 1.2T 的矫顽力和最大磁能积 400J/m^3，而传统的无稀土烧结铁氧体永磁体最大磁能积仅有 32J/m^3，考虑到重稀土金属的高价格，有必要进行填补稀土永磁与铁氧体永磁之间这一"鸿沟"的研究。其中的一个尝试是将硬磁相和软磁相复合成为所谓的"交换弹簧（exchange-spring）"磁体，两相的直接交换耦合可同时获得高矫顽力和高饱和磁化强度。Chrobak 等[49, 50]报道了以真空吸铸技术（vacuum suction casting technique）制备超高矫顽力 Fe-Nb-B-RE（6at% of Nb, RE=Tb, Dy）纳米晶合金磁体的工作，室温矫顽力可超过 7T。发现制备的合金中存在一些超硬磁物质（Tb_2/$Dy_2Fe_{14}B$），它们对于磁化强度没有直接贡献，但是通过直接的相互作用可以影响合金整体的磁性能。还进一步研究了这种包含软磁、硬磁和超高矫顽力相"交换弹簧"磁体的磁化过程，一种适于复合磁体不规则几何形状的特殊蒙特卡洛程序用于模拟磁滞回线，模拟结果为增强剩磁和减少稀土含量磁体的优化设计提供了参考。

晶界扩散、晶粒细化、重稀土化合物掺杂和双合金法等新的制备技术在烧结 Nd-Fe-B 磁体的规模化生产中还存在一定局限。马冬威等[51]实验设计 $(NdPr)_{31.5}Fe_{bal}Co_{0.2}M_{0.73}B_{0.98}$ 和 $(NdPr)_{22.5}Dy_9Fe_{bal}Co_{0.2}M_{0.73}B_{0.98}$（M=Cu, Al, Ga, Nb 和 Zr）两种主相合金为原料，利用双合金混粉法添加 Dy 实现烧结 Nd-Fe-B 磁体多主相复合制备，研究了磁体的磁性能和微观结构。结果表明：单主相合金制备烧结 Nd-Fe-B 磁体时，主相晶粒中 Dy 含量差别不大，颗粒状富 Nd 相中的 Dy 含量明显高于主相晶粒中的 Dy 含量。双合金混粉法制备烧结 Nd-Fe-B 磁体时，能够提高磁体的取向，磁体中存在多主相晶粒复合；富 Nd 相中含 Dy 元素的总量降低，主相晶粒中含 Dy 元素的总量增加。可见，烧结 Nd-Fe-B 磁体的多主相复合制备可以利用双合金混粉法得以实现。

6. Nd-Fe-B 磁体的腐蚀防护

钕铁硼永磁材料以其优异的磁性能和高的性价比，在电子工业、汽车制造、冶金行业、仪器仪表以及消费类电机等方面获得了广泛的应用。但是钕铁硼永磁材料在许多环境下易遭受严重的腐蚀，如在酸性环境、盐溶液及潮湿的空气中，会导致磁体的严重恶化和结构的失效。此外，钕铁硼永磁材料的机械加工过程中会生成具有很强化学活性的新表面，并且由于材料本身含有化学性质活泼的稀土元素钕，粉末冶金的特殊微观结构，不同金属间易形成原电池反应等原因，从而导致材料易氧化、易腐蚀。另外，无论是烧结钕铁硼还是黏结钕铁硼，由于其特殊的粉末冶金工艺，均导致其结构疏松，孔隙率高，而大量孔隙导致磁体容易吸氢，造成磁体粉化。钕铁硼磁体具有多相组织，由主相 $Nd_2Fe_{14}B$ 和富 Nd 相组成，互相接触的各相具有不同电极电位，也易发生晶间电化学腐蚀。因此，解决钕铁硼永磁材料的防腐蚀问题至关重要，需采用表面处理提高其腐蚀性能，以提高其在服役环境中的使用寿命。

目前防腐工艺可以归纳为两大类。一是通过添加合金元素降低各相间电位差，从而减缓钕铁硼磁体的腐蚀，如合金化法和缓蚀剂法；二是对磁体进行表面涂层防护，代表性的工艺有电镀、化学镀、磷化和电泳等。合金化法能一定程度上改善钕铁硼稀土永磁体的耐蚀性能，但是该方法带来了一些不利影响，如增加了磁体的生产成本、添加元素在晶界形成非磁性相、降低了磁体的磁性能，因而合金化法很难从根本上解决钕铁硼合金耐腐蚀性差的问题。通过合金化法提高钕铁硼磁体耐蚀性的研究报道有很多，但有关钕铁硼永磁材料在工序中缓蚀剂开发的研究报道较少。且由于钕铁硼特殊的工艺制作方法和其本身稀土元素电位较负，合金化法的防腐工艺效果有限，因此，近年来，采用合金法改善钕铁硼稀土永磁材料耐蚀性的研究减少，而在磁体表面通过添加防护涂层的方式来解决其耐蚀性能差的问题，磁体表面防护处理成为了提高烧结 Nd-Fe-B 磁体耐腐蚀性能的常用方法，也是相关领域的研究热点[52]。

由于电镀具有对设备要求不高，工艺条件较简单，成膜速度快，成本低，易于大批量生产的特点，因而通过在钕铁硼稀土永磁材料表面电镀金属镀层是目前工业上最常用的表面防护方法。可用于钕铁硼稀土永磁材料表面的电镀镀层有 Zn，Ni，Cu，Cr，Sn，Au，Ag 等。Zn 和 Sn 镀层是作为牺牲阳极来起保护基体作用的。Zn 由于有较负的电位，并且具有资源丰富、价格低廉、本身无磁性等特点，因而用作钕铁硼稀土永磁材料表面防护是合适的。钕铁硼电镀 Zn 产品存在的不足是，高温湿热环境中防护性差，也不适用于易磨损零件上的电镀。为保持钕铁硼零件的表面导电特性，同时进一步提高钕铁硼材料表面 Zn 镀层的耐腐蚀性能，研究者在镀 Zn 溶液中加入一定量的 SiO_2，TiO_2，Al_2O_3 等纳米微粒，使纳米微粒与锌共沉积。向可友等[53]选择了 SiO_2，TiO_2 纳米粉体颗粒加入到氯化物镀 Zn 溶液中，并调整沉积工艺参数等，在钕铁硼磁体表面获得了耐腐蚀性能优异的锌基复合镀层。

刘国征等[54]对电镀（NiCuNi）和未电镀的 N40SH 烧结钕铁硼样品进行了三个温度、湿度实验条件的磁通不可逆损失实验研究。结果表明，在三个实验条件下经过 800 天时效，普通和低失重 N40SH 钕铁硼磁体的磁通不可逆损失都小于 2%；电镀的普通 N40SH 样品在平均室温为 24.7℃和平均湿度为 24.7%、在平均室温 24.7℃和平均湿度为 52.4%及温度为 80℃三种条件下都具有低的磁通不可逆损失，在室温 52.4%高湿度条件下，未电镀的普通和低失重的 N40SH 样品都具有高的磁通不可逆损失，分别达到 1.11%和1.5%，磁体的表面微氧化是引起未电镀样品磁通不可逆损失相对较大的主要原因。

电镀、化学镀以及阴极电泳等方法会引起环境污染，且其镀液大都呈酸性，易残留在钕铁硼孔隙内造成长期腐蚀，因而防护能力有限。随着我国环保意识的日益提高，用于电镀三废处理的成本在总成本中的比例急剧增加，使得原本一些高端的镀层技术和手段逐渐受到市场关注。

多弧离子镀是物理气相沉积技术中一种环保而清洁的制备薄膜的方法，该方法易于实现多元、多层薄膜的制备，具备替代电镀技术用于烧结 Nd-Fe-B 磁体表面防护的潜力。目前，物理气相沉积技术如磁控溅射、多弧离子镀等在烧结 Nd-Fe-B 磁体表面防护处理方面已取得一些研究成果，但其制备工艺、镀层性能和种类还需深入研究开发。胡志华等[55]采用多弧离子镀在烧结 Nd-Fe-B 磁体表面制备 Ti(Al)N 镀层，系统研究了镀层的微观结构和耐腐蚀性能。结果显示，TiN 和 TiAlN 镀层薄膜都能够极大地提高烧结 Nd-Fe-B 磁体的防腐蚀性能；TiN 镀层中，氮分压比增加会使 TiN 镀层薄膜的颜色加深，氮氩比为 1∶1 时镀层薄膜的结合力和防腐蚀性能最好；而 TiAlN 镀层的结合力和耐腐蚀性能明显优于 TiN 镀层。

Xu 等[56]在铝酸盐溶液中通过微弧氧化法（MAO）在烧结钕铁硼磁体上制备了 Al_2O_3 陶瓷涂层。这种 MAO 涂层主要由晶态 Al_2O_3、非晶态 Fe_2O_3 和 Nd_2O_3 组成。MAO 涂层的存在使得 Nd-Fe-B 样品的耐腐蚀性得到改善。此外，该研究组还在硅酸盐溶液中通过 MAO 方法在烧结钕铁硼磁体表面制备出无定型的 SiO_2 涂层[57]。该涂层的表面形态表现出"珊瑚礁"结构，不同于典型的多孔结构，主要是无定形 SiO_2 和一些无定形的 Fe_2O_3，Nd_2O_3 组成。这种无定形 SiO_2 涂层具有优异的抗热震性，而且耐腐蚀性能随着电压的增加而增加，比裸露的钕铁硼基体提高一个数量级，但是这种涂层略微降低了钕铁硼磁性能。

磁控溅射是一种高效的基体表面薄膜沉积技术，它具有沉积效率较高、工艺参数易控制、所制备薄膜重现性较好的特点，已在光学、材料防腐、半导体材料等诸多领域得到广泛应用。丁雪峰[58]通过磁控溅射技术在钕铁硼磁体表面获得了陶瓷类薄膜（CrAlN 薄膜），实验中先通过磁控溅射技术制得 Cr_2O_3 薄膜，再施加离子束辅助技术进一步优化薄膜结构和性能，也获得了具有良好耐蚀性能的保护膜。

真空热蒸发镀技术是将待镀工件置于高真空室内，加热真空室底部蒸发舟，使蒸发材料汽化或升华，最后在基件表面冷凝成膜的过程。该技术具有工艺简单、镀膜沉积速率快、效果明显等优点。由于 Al 具有较低电位，且能在合适的温度下生成致密的保护性氧化膜 Al_2O_3，加之真空镀 Al 沉积率高，因而 Al 是钕铁硼稀土永磁材料真空镀膜首选的金属防护涂层之一。近年来，已有研究者通过真空热蒸发的方式在烧结钕铁硼磁体表面制备 Al 薄膜。张鹏杰等[59]研究了在烧结钕铁硼表面真空蒸发 Al 薄膜，但获得的 Al 膜与基体间的结合力较低，形成的柱状晶结构易成为腐蚀介质渗透通道，且工艺具有一定的环境污染。因此，他们[60]又采用了等离子体辅助真空热蒸发铝薄膜技术（PA-PVD），所得薄膜的致密性及平整度得到显著提高，PA-PVD-Al 薄膜与 PVD-Al 薄膜相比厚度降低，且 PVD-Al 薄膜的柱状晶结构被抑制。

粉末包覆既可用于提升材料的磁性能，同时也是一种磁体腐蚀防护处理技术。有研究认为，彻底解决磁粉氧化问题的最佳途径是在磁粉生产过程中，把每个磁粉颗粒表面进行包覆。目前主要的包覆方法有溶胶-凝胶法和液相有机包覆法等[61]。目前关于液相有机包覆法主要为：首先通过硅烷偶联剂对磁粉进行表面改性，然后选择一种合适的有机物通过物理吸附或者化学反应（偶联、枝接、聚合等方法）包覆在磁粉表面，然后过滤并烘干，得到包覆后的磁粉。钕铁硼磁粉包覆过程中需要选择合适的改性剂和包覆剂，以实现粉末在后续的压型工艺中一方面有较好的流动性，另一方面又不会在后续压型及运输过程中造成挥发而无法起到粉末防氧化的作用，并且在中温时容易挥发脱除，以避免在磁体中有残留的碳、氧而造成磁体性能的下降；其次需要所选择的改性剂和包覆剂无毒害作用、无腐蚀性，这样工艺才有实现批量化的可能。而目前为止，国内并未见到有理想的改性剂和包覆剂。因此需要对磁粉和改性剂、包覆剂的物理化学反应机制进行研究，并在此研究基础上对改性剂和包覆剂进行尝试和甄选。

7. 钕铁硼永磁材料的再生

1）烧结钕铁硼的再生

在烧结钕铁硼磁体的生产过程中，大约会产生超过原料总重 25%的废料，包括机加工边角料、油泥废料等。同时，由于含有钕铁硼磁体的仪器设备的报废，大量钕铁硼磁体成为废弃物。目前针对烧结钕铁硼回收利用有很多方法：一是湿法冶金工艺，该工艺产生废液、废水，对环境造成污染；二是通过重熔或氢爆工艺等途径制造再生磁体。本书前续章节已有关于通过湿法冶金工艺回收 Nd 及 Pr、Dy、Tb 等稀土的研究介绍，更多关注的是稀土永磁生产过程中产生的废料或料泥。从钕铁硼发明应用至今，钕铁硼块体废料量逐年增加。但据统计，仅有其中不足 1%的废旧磁体得到回收处理，对于 Nd-Fe-B 块材废料的研究投入也相对薄弱，开发高效环境友好的再生回收利用技术成为亟待解决的课题。

北京工业大学的李现涛和岳明小组[62]综合采用材料化学共沉淀技术、钙还原扩散反应技术、稀土纳米颗粒掺杂烧结技术，探索了从烧结钕铁硼油泥废料到烧结钕铁硼再生磁体的回收工艺。采用化学共沉淀技术将烧结钕铁硼油泥废料制备成氧化物粉末，成功实现了油泥废料中稀土元素及其主要伴生过渡金属元素的共同回收。采用钙还原扩散技术将氧化物粉末还原成单相 $Nd_2Fe_{14}B$ 合金粉末。在钙还原扩散反应中主要是 Ca 与 Fe 和 Nd 的氧化物进行反应，生成 Fe 和 Nd 的单质，同时与 FeB 结合生成 $Nd_2Fe_{14}B$ 的过程。采用 NdH_x 纳米颗粒掺杂烧结技术制备出再生烧结钕铁硼磁体。通过对上述过程反应具体机理的分析，实现了关键工艺参数的优化，获得了性能可用的再生烧结钕铁硼磁体，磁体的最佳磁性能为：剩磁 1.2T，矫顽力 517.6kA/m，最大磁能积 258kJ/m³。

Yin 等[63]进行的钙还原扩散技术回收稀土废料研究中，为提升还原效率，同时减少污染物产生，使用 Matlab 软件进行了共沉淀工艺参数的模拟计算优化。废料中绝大多数各种有价值的元素都得到了回收，得到的复合物粉末再经钙还原扩散工艺直接制备得到再生的 Nd-Fe-B 粉末。Nd、Pr、Dy、Co 和 Fe 的回收率分别达到 98%，99%，99%，93%和 99%，回收得到的粉末复合物中有价值元素重量占比为 99.71%。再生 Nd-Fe-B 磁体剩磁、矫顽力和磁能积分别达到 1.1T、1053kA/m 和 235.6kJ/m³。

近年来，一些研究者采用氢破碎技术处理废旧磁体。首先采用氢破碎工艺制备得到 200～450μm 的再生 NdFeB 氢破粉末，然后混合添加富稀土合金、DyF₃、NdH$_x$ 等粉末改善晶界性质，最终制得性能良好的再生烧结钕铁硼磁体[64]。但该法成本较高，且工艺复杂，不利于大规模推广应用。为探索廉价、高效、高值化、无污染利用废旧钕铁硼磁体的新途径，张月明等[65]尝试了将富铈液相合金添加到烧结钕铁硼再生磁体。采用废旧的烧结钕铁硼电机磁钢作为研究对象（牌号 33H），研究富铈液相合金添加量对再生烧结钕铁硼磁体的磁性能和微结构的影响。结果表明，在相同的烧结温度下，当未添加液相时，再生磁体密度很低；进一步提高烧结温度，磁体密度略有提高，但是磁体容易氧化、甚至开裂。随着液相合金的添加，再生磁体的密度不断提高，磁性能相应明显改善，这说明液相合金具有明显的助烧结作用。但是当液相合金的添加量超过 8wt%时，再生磁体的矫顽力降低，这可能因为过多的富铈液相添加使磁体中的富稀土相团聚，磁体微观结构变差所致。当液相合金添加量为 5%，烧结温度为 1080℃时，再生烧结钕铁硼磁体的磁性能最佳：剩磁 B_r 达到 11.67kGs，内秉矫顽力 H_{cj} 达到 18.94kOe，磁能积（BH）$_{max}$ 为 33.1MGOe。再生磁体的性能与原废旧磁钢相当，甚至略有提高，且具有优异的退磁曲线方形度（H_k/H_{cj}=0.972）。

李现涛等[62]基于对钕铁硼块状废料吸氢过程热力学条件和动力学过程的系统研究，考查了吸氢压力、温度，以及磁体的尺寸等因素对吸氢过程和磁体爆破效果的影响，优化了利用氢处理技术将块状烧结钕铁硼废旧磁体制备成高性能再生粘结磁体和再生烧结磁体的工艺。氢破碎磁粉经 10wt%的纳米 NdH$_x$ 颗粒表面改性后所得粘结磁体比未添加纳米颗粒的粘结磁体矫顽力提高了 22.3%。通过优化工艺制备了大批量高性能再生烧结钕铁硼磁体，与原始磁体相比，牌号 35SH 的再生磁体的剩磁、矫顽力、最大磁能积回复率分别为 99.20%、105.65%、98.65%。牌号 42H 的再生磁体的剩磁、矫顽力、最大磁能积回复率分别为 99.27%、96.76%、99.29%，达到了商用水平。此外，还以牌号为 35SH 和 42H 的两种再生烧结钕铁硼磁体为对象，考查了再生磁体的热稳定性、化学稳定性及力学性能。研究表明，再生磁体的剩磁温度系数、矫顽力温度系数和最高使用温度均与原生磁体十分相近，说明二者温度稳定性相当。再生烧结钕铁硼磁体化学稳定性略逊于原生磁体，但能够满足商业应用。再生磁体较高的稀土总量和微结构中较多的边界富钕相是主因。

再生烧结钕铁硼磁体的抗拉/抗压强度和硬度略低于原生磁体，但断裂韧性较佳，这也与前者微结构中边界富钕相较多有关。

晶界扩散技术还被用于提升废料回收的再生 Nd-Fe-B 磁体的矫顽力。氢化-歧化-脱氢-重组（HDDR）工艺是一种非常有效的生产各向异性 NdFeB 磁粉的技术手段。使稀土金属间化合物吸氢并歧化分解，再在随后的强制脱氢过程中歧化产物复合成晶粒细小的原始化合物相，从而实现对材料晶粒的细化，并产生了沿主相 c 轴方向的取向晶粒结构，从而制备出具有优异磁性能的磁各向异性磁粉。但回收磁粉的矫顽力偏低，对生产高矫顽力烧结磁体不利，同时由于回收过程中富 Nd 相的氧化，也导致使用回收磁粉不能生产得到高密度烧结 Nd-Fe-B 磁体。Sepehri-Amin 等[66]以 $Nd_6Dy_{21}Co_{19}Cu_{2.5}Fe$ 合金粉末作为晶界扩散源（GBDM），与回收 Nd-Fe-B 粉末混合制备得到了高密度烧结 Nd-Fe-B 磁体，5%的 GBDM 加入量可使磁体具有 2.36T 的矫顽力和1.29T 的剩磁（回收处理前废旧 Nd-Fe-B 的矫顽力和剩磁分别为 1.30T 和1.37T）。回收磁体的矫顽力温度系数为−0.47%/℃。微结构和形貌研究显示，GBDM 粉末的加入增加了回收磁体中富 Nd 金属相的含量，且它们通过晶界彼此连接；在 $Nd_2Fe_{14}B$ 晶粒外形成了清晰的富 Dy 晶界相壳层，这应是导致较高矫顽力的原因。

2）粘结钕铁硼的再生

目前，每年全球有 6000 多吨粘结稀土永磁体进入应用市场，废旧应用产品中粘结钕铁硼磁体的回收是正在面临的重大课题。粘结钕铁硼是由钕铁硼粉末和粘结剂以及适当的添加剂共同组成的复合材料。根据粘结剂物理化学特性以及成型方法的差异，粘结磁体主要包括压缩成型、注塑成型、挤出成型及压延成型等类别。压缩成型磁体采用热固性树脂（如环氧、酚醛等）；注塑及挤出成型采用热塑性树脂（如尼龙、聚苯硫醚（PPS）等）；压延成型采用橡胶或热塑性弹性体，如丁腈橡胶、氟橡胶、氯化聚乙烯等。从市场分布情况来看，压缩成型磁体占 70%以上，注塑及挤出磁体总量不到30%，压延磁体很少。从成型工艺角度分析，产生的废料以不合格产品为主，其次就是各成型技术的附属产物，压缩成型主要为研磨料泥，注塑及压延成型分别为浇口料或裁切边废料，挤出成型为切削端头废料和切削碎屑。从不同粘接剂的材料特性来看，由于热塑性树脂具备良好的可重复利用的特性，注塑、挤出和采用热塑性弹性体的压延成型的不合格产品及浇口料、切削或裁切边角料可进行粗颗粒破碎后，回掺在颗粒料中重新进行成型，除却可能的由于多次加工（热过程）造成的少量磁性能及力学性能的损失，而这可通过调整配方及产品性能进行改进，所以没有需要进行废料回收处理的必要。对于采用橡胶的压延成型磁体废料，在进行产品硫化成型之前产生的少量的裁切边废料及不合格品，也具备可回用的特性，可重新投入混炼，再次进行成型工艺；但是经过硫化的橡胶磁体材料，以及压缩成型的热固性树脂，在进行固化处理后，产生的少量不合格品，失去了回收重复利用的特性，应当进行回收分离处理或作为他用。

针对粘结稀土永磁体的回收分离处理，主要是进行粘接剂和磁粉的分离，从而可以回收部分磁粉，进行再利用。北京工业大学学者通过混合溶剂溶胀法从废旧粘结磁体或不合格品中回收钕铁硼磁粉。采用一定比例的丙酮、N，N-二甲基甲酰胺作为混合溶液溶胀磁粉，去除环氧树脂，采用丙酮、醋酸混合溶液去除磁粉中的氧化物，经清洗干燥得到再生磁粉，测试显示，处理后的磁粉表面粘附的环氧树脂减少，磁性能明显高于原粘结磁体的性能[67]。日本松下电器公司环境开发中心的研究人员[68]将粘结磁体与四氢化萘置入压热器内，加热到300℃保温3h，冷却到室温，将磁体分解，并分离回收磁性粉末。通过再制造磁体，测试性能发现四氢化萘作为新型的溶剂容易将环氧树脂分解，且不致使磁性合金成分显著劣化。Yamashita 等[69]报道将从电子器件中回收的粘结磁体浸泡在化学溶剂中，加热去除酚醛或环氧树脂，得到分离回收的 Nd-Fe-B 粉末，再次进行混炼成型，从而重新制备粘结磁体。

Gandha 等[70]报道了一种无需进行磁粉和粘结剂分离的稀土粘结磁体再生方法。Nd-Fe-B 聚合物粘结磁体在低温条件下研磨快速粉化得到 Nd-Fe-B 磁性颗粒和聚合物粘结剂颗粒的复合物粉末，再将复合物粉末于尼龙颗粒混合温压即可得到再生的粘结磁体。性能表征显示，再生粘结磁体磁性能和密度得到了改善。由于密度增加，剩磁和饱和磁化强度分别增加了 4% 和 6.5%；矫顽力和磁能积与初始原料相当。

二、高丰度稀土永磁材料

稀土各元素在稀土独立矿物中是以类质同象方式存在，采选时无法将其分离。通过萃取分离技术的突破使得配分相对稳定的十几个稀土元素被同时分离成单一产品。由于下游应用领域对稀土各元素的需求量与稀土元素在矿物中的自然配分不一致，镨、钕、镝、铽等元素在下游应用的拉动下，产销基本平衡，价格不菲；而配分含量达到 75% 以上的高丰度镧铈等稀土元素大量积压，价格低廉。如果高丰度稀土元素新的应用领域得不到扩展，用量得不到提升，各元素之间产销不平衡的问题将会严重影响整个稀土行业的可持续健康发展。

理论上，由于 $RE_2Fe_{14}B$（RE=La，Ce，Y）化合物的内禀磁性能均弱于 $Nd_2Fe_{14}B$，因此直接添加上述元素对于磁体磁性能的恶化不可避免。此外，高丰度稀土元素的添加对钕铁硼磁体 2：14：1 主相的稳定性产生重要的影响。内禀磁性能的恶化和相结构的不稳定成为制备高性能高丰度稀土永磁材料的瓶颈。2012 年以来，美国通用电机研发中心利用快淬技术制备出 $Ce_2Fe_{14}B$ 基永磁材料，但其磁性能远低于商业的钕铁硼永磁体。随后，美国阿莫斯实验室利用传统的烧结与热变形技术，开发出钇–钕–镝和镧–钕–镝等混合稀土的 $RE_2Fe_{14}B$ 基永磁材料。近年，基于我国独特的稀土资源优势，我国在高丰度稀土永磁材料方面的研究不断增加，在国际上已逐渐成为该领域的研究主体；尤其针对高丰度 Ce 基、Y 基及混合稀土基永磁材料开展了大量的研究工作，初步实现了高丰度元素在稀土永磁材料中的替代应用，并已实现产业化推广，但在高丰度元素替代量、磁性能、服役特性等方面还存在较大的提升空间。

1. 元素替代

制备具有结构稳定和强内禀磁性的富 La/Ce/Y 的 $RE_2Fe_{14}B$ 四方相，是获得低成本高性能稀土永磁材料的前提。Ce 原子的基态电子构型为[Xe] $4f^15d^16s^2$，在合金或金属化合物中，Ce 离子既可能与常规稀土离子一样处于 +3 价态，也可能再失去一个 f 电子而处于+4 价态，这使得在含 Ce 的 RE-Fe-B 磁体中，Ce 呈现出一种混合价态，其中 Ce^{3+} 可以提供一定的磁性能，而 Ce^{4+} 不但不能够提供磁性能，还会减小 Fe-Fe 的间距，降低居里温度，起到负面的作用。从现阶段的研究结果看，对于含 Ce 的 2：14：1 相而言，晶格常数与离子半径及磁体性能之间存在着显著地关联关系[71]。提高含 Ce 磁体磁性能主要的思路为通过增大晶格常数，提高晶位的空间尺寸，使其可以容纳大半径的 Ce^{3+} 离子，以提高对磁性能有利的+3 价 Ce 的比例，从而改善磁体性能。以下两种方法被尝试过，且认为是有效的：通过 H 等小分子进入晶格，使晶格常数增大，增大晶位空间尺寸；采用更大晶粒尺寸的 La 与 Ce 一同替换，在此过程中 La 改变晶格常数，从而改变 Ce 的占位与价态。研究表明，半径较小的 Ce 和 Y 可以完全取代 Nd 形成稳定的 2：14：1 相，而半径较大的 La 难以形成稳定的 2：14：1 相，因而在 $Nd_2Fe_{14}B$ 化合物中固溶度极低。浙江大学研究[72]发现：La 与 Ce 共同替代 Nd 时，可以在 50at%的高替代量时形成稳定的四方相，且可调控 Ce 离子趋于具有较大磁矩的+3 价，有利于保持强的内禀磁性；Ce 与 Y 共同替代 Nd 时，不仅可以形成稳定的四方相，而且在宽温度范围内保持低的磁化强度温度系数，有利于制备高热稳定性永磁材料。在此基础上，成功制备出 La、Ce、Y 替代量大的高性价比稀土永磁材料，在取代 36wt% Nd 时获得了 42.2MGOe 的磁能积。

对于高比例 Ce 取代，尤其是大于 50% Ce 取代的烧结(Ce，R)-Fe-B 磁体，由于大量 $CeFe_2$ 相的形成致使微结构控制非常困难。具有较高熔点的 $CeFe_2$ 相倾向于在三角晶界聚集，其浸润性和流动性差也使 Ce-Fe-B 磁体的微结构显著恶化。Xi 等[73]进行了其它合金元素添加对合金熔点和 $CeFe_2$ 相形成的影响研究，以探索制备优化微结构和高矫顽力 Ce-Fe-B 磁体的新途径。研究调查了 $Ce_{35.58}Fe_{63.47-x}Al_xB_{0.95}$（at%）系列富 Ce 液相合金的熔点、相结构和微形貌。发现合金熔点随 Al 浓度的增加逐渐降低。$x=0$ 时的合金锭中主要有 $CeFe_2$，Ce_2Fe_{17} 和 γ-Ce 相，其中 2：17 相呈枝蔓状。Al 元素的添加显著影响液相合金的微结构和相分布特征，1：2 和 2：17 相中 Al 原子占据 Fe 的晶格位点，使 2：17 相的体积分数减小，枝蔓状结构逐渐消失，组元分布更为均匀，随 x 增加合金中逐渐出现 $AlCe_3$、CeAl、$CeAl_2$ 低熔点相。优化烧结工艺可明显改善液态合金添加烧结 Ce-Fe-B 的磁性能。与原烧结磁体相比，添加液态合金磁体的内禀矫顽力和最大磁能积分别增加 8%和 22%，剩磁有小幅降低。合金更低的熔点以及低温共熔相的存在有利于改善烧结和热处理过程中晶界的流动性和浸润性，从而使晶界微结构得到优化。

大量关于 La 基、Ce 基以及混合稀土基 RE-Fe-B 磁体的研究开发主要集中在甩带或烧结磁体，关于热变形磁体微结构和磁性能的研究较少。因 $La_2Fe_{14}B$ 和 $Ce_2Fe_{14}B$ 相高温不稳定，与烧结生产工艺相比，温度仅需 600～900℃热变形工艺更有利于制备得到高性能磁体，同时，热变形磁体还具有相当好的环境稳定性，且生产成本更低。Lai 等[74]以二元合金的形式在 Nd-Fe-B 磁体中引入混合稀土金属，采用热变形工艺制备得到了高性能(La，Ce，Pr，Nd)-Fe-B 各向异性纳米晶磁体。尽管矫顽力随着混合稀土金属的加入量单调减小，但剩磁没有明显降低。加入 30%混合稀土金属取代 Nd 制备得到的磁体仍具有相当优异的性能，具有 13.46kGs 的剩磁和 43.5MGOe 的磁能积。较高的剩磁与磁体处理过程中能保持良好的微结构有关。

La 在制备磁体的烧结过程中更容易形成非晶态 La-Fe-B 合金，很难形成硬磁四方晶相[75]。Liao 等[76]通过熔体旋淬工艺制备了含不同 Nd/La 比例的 $(La_{1-x}Nd_x)_yFe_{94-y}B_6$ 纳米晶合金。表征显示，硬磁 $La_2Fe_{14}B$ 相在不含 Nd 的

La-Fe-B 三元合金中很难形成，部分 Nd 取代 La 的合金则会有效促进硬磁相（2∶14∶1）的形成，x=0.2 时，形成软磁相(La，Nd)$_2$Fe$_{23}$B$_3$，而当 x=0.3 时，软磁相消失，形成(La，Nd)$_2$Fe$_{14}$B 硬磁相，磁性能急剧增加。随着 x 自 0.3 增加到 0.5 时，(La，Nd)$_2$Fe$_{14}$B 相的 T_c 由 537K 微升至 560K。当 x=0.3、y=16 时，(La$_{1-x}$Nd$_x$)$_y$Fe$_{94-y}$B$_6$ 磁体具有较好的磁性能，剩磁、磁能积和矫顽力分别达到 7.1kG、10.0MGOe 和 7.06kOe。

Liu 等[77]研究了三元合金 RE$_2$Fe$_{14}$B（RE=Ce，La 或 Y）的基本相形成和磁性能以及取代效应。合金采用熔体旋淬工艺制备，在不同冷却速率和热处理温度下成相。发现在 La$_2$Fe$_{14}$B 合金中不能形成 2∶14∶1 的硬磁相，而主要为 α-Fe、Fe-B 和 La 相，而在 Ce$_2$Fe$_{14}$B 合金和 Y$_2$Fe$_{14}$B 合金中可以形成 2∶14∶1 相。Ce$_2$Fe$_{14}$B 合金具有相对较高的矫顽力，而 La$_2$Fe$_{14}$B 合金具有较高的磁化强度。Nd 对于 La、Ce、Y 的取代研究显示，Nd 可以显著强化 La-Fe-B 合金中 2∶14∶1 相的形成，30%及以上 Nd 取代的 La 基合金具有较高的矫顽力和磁滞回线方形度，表现出较好的磁性能。对于 Nd 取代的 Ce-Fe-B 合金，Ce 的可变价态对磁性能有重要影响。

Liao 等[78]系统研究了熔体旋淬纳米晶(La$_{1-x}$Y$_x$)$_2$Fe$_{14}$B 合金的相结构、微结构、磁性能和抗腐蚀性等。研究显示，为使 La 基合金中形成硬磁 2∶14∶1 相，至少需要 20at%的 Y 取代 La；超过 30at%的 Y 取代才可获得较好的硬磁特性，此时(La$_{0.7}$Y$_{0.3}$)$_2$Fe$_{14}$B 合金的最大磁能积、剩磁和矫顽力分别为 2.6MOe、0.65T 和 84kA/m；随着 Y 浓度的增加，2∶14∶1 相的晶格参数 a、c 减小，居里温度 T_c 线性增加。Y 取代也可有效增强 La$_2$Fe$_{14}$B 合金中颗粒间的交换耦合和抗腐蚀能力。Liao 等[79]还研究了 La 或 Ce 部分取代 Y 的计量比 Y$_2$Fe$_{14}$B 熔体旋淬纳米晶合金(Y$_{1-x}$RE$_x$)$_2$Fe$_{14}$B（RE=La 或 Ce；x=0~0.5）。研究显示，La 取代无益于合金的室温磁性能，但 Ce 取代可有效提升合金的矫顽力；随温度的增加，La 取代合金的矫顽力表现出与 Y$_2$Fe$_{14}$B 合金相反的增长趋势，而 Ce 取代合金仅在取代量为 0.1 和 0.2 时有此趋势；La 取代可显著增加合金的矫顽力温度系数 β，说明 La$_2$Fe$_{14}$B 具有良好的热稳定性。La 或 Ce 取代的 Y$_2$Fe$_{14}$B 合金的综合热稳定性较传统 Nd-Fe-B 合金要好得多，有利于高温环境应用。

2. 结构调控

在 Ce 含量大于 20%的(Nd, Ce)-Fe-B 磁体与商用 Nd-Fe-B 磁体间矫顽力还存在较大差距。研究发现，多相结构中矫顽力机制要较单相结构中更为复杂，尽管都与反向磁矩成核有关。Ma 等[80]研究发现，通过加入 4%的 NdH$_x$ 粉末作为晶界调控剂，(Pr, Nd)$_{22.3}$Ce$_{8.24}$Fe$_{bal}$B$_{0.98}$（wt%）多相磁体的矫顽力可由 8.2kOe 增加到 13.1kOe。磁畴特性和磁滞回线研究发现，由于 NdH$_x$ 脱氢后形成的富 Nd 连续而平滑晶界，相邻颗粒间的交换耦合作用被明显弱化了。这应是由于 Nd 增加了液相的体积分数，改善了主相颗粒表面的润湿性所致。富 Nd 也改变了晶界液相和固相颗粒间的局域元素分布梯度，促进 Nd 向富 Ce 的扩散，同时阻滞 Ce 向富 Nd 相的扩散。元素分布分析也证实了在富 Ce 主磁相颗粒外表面存在一层具有强各向异性的富 Nd 薄壳层，这可使有效各向异性增加。另外，富 Nd 颗粒表面包覆的富 Ce 壳层变得更薄，这可减弱富 Ce 相产生的磁稀释效应。Ma 等[81]的另一项研究，仅添加 2%(Nd, Pr)H 粉末，(Pr, Nd)$_{22.3}$Ce$_{8.24}$Fe$_{bal}$B$_1$（wt%）多相磁体的矫顽力可由 10.6kOe 增加到 12.7kOe。上述研究认为晶界重构可成为一种增强低成本(Nd, Ce)FeB 磁体矫顽力的有效方法。

吴茂林等[82]对 TbH$_3$ 晶界扩散对不同 Ce 含量[Ce$_x$(PrNd)$_{1-x}$]$_{32}$Fe$_{65}$B$_{1.0}$M$_{bal}$ 磁体的微观组织及磁性能的影响（其中 M=Al、Cu、Co、Ga 等）进行了研究。结果表明，TbH$_3$ 扩散进入磁体中含 Ce 的低熔点晶界相，在主相晶粒周边形成均匀连续的硬磁相壳层，使磁体的 H_{cj} 提升约 3～8kOe，同时改善了高温磁通不可逆损失；随着磁体中 Ce 含量提高，TbH$_3$ 扩散对磁体矫顽力提升效果减弱；当磁体中 Ce 取代量 $x<0.3$ 时，扩散磁体的方形度保持良好，当磁体中 Ce 取代量 $x\geq0.3$ 时，磁体方形度急剧降低。

Tang 等[83]通过引入 Nd-Cu 低共熔合金改善晶界，可使热变形 Ce-Fe-B 磁体的矫顽力从～8×10^{-4} 提升至～0.5T（引入 10wt%的 Nd-Cu）。透射电镜分析发现，在 Ce$_2$Fe$_{14}$B 颗粒表面形成了(Nd$_x$Ce$_{1-x}$)$_2$Fe$_{14}$B 壳层，且处理后晶粒间相的稀土浓度增加；前者可增强壳层区的各向异性场，后者则可弱化相邻颗粒间的交换耦合。微磁模拟显示，(Nd$_x$Ce$_{1-x}$)$_2$Fe$_{14}$B 壳层中 Nd 浓度增加可引起铁磁颗粒间相矫顽力的小幅增加，这可解释当 Nd-Cu 引入浓度从 10wt%增加至 40wt%时矫顽力仅增加了～0.2T。为进一步增加矫顽力，形成非铁磁性晶界相以削弱 2：14：1 相颗粒间的交换耦合应更为有效。

Zha 等[84]引入电子束曝光技术（EBE）合成了可控形貌和磁性能的纳米结构(Nd, Ce)-Fe-B 磁性材料。制备过程中由于极快的加热速度，无定形带的晶化时间可急剧缩短至约 0.1s，同时还因加热过程中材料内存在巨大的温度梯度，在准静态热应力条件下的取向核化和生长导致板状颗粒的形成。颗粒的尺寸和形状可通过电子束电流强度精细控制。未添加其它任何重稀土或增强矫顽力的元素的$(Nd_{0.8}Ce_{0.2})_{12.2}Fe_{81.6}B_{6.2}$带在 0.4mA 束电流条件下曝光制备的磁体矫顽力和最大磁能积分别达到 12.9kOe 和 15.4MGOe。单一磁畴包含多颗粒，磁性能的改善与单畴结构关系密切。该研究建议 EBE 技术在制备高矫顽力 Ce 取代 $Nd_2Fe_{14}B$ 方面应具有优势。

单主相 $Nd_2Fe_{14}B$ 磁体的后烧结热处理可在磁体中形成连续的富 Nd 晶界相，削弱相邻颗粒间的交换耦合，从而提升磁体的矫顽力。Zhang 等[85]研究了后烧结热处理对于通过烧结含 Ce 和不含 Ce 的 2∶14∶1 混合粉末所得多主相$[(Nd, Pr)_{0.55}Ce_{0.45}]_{30.5}Fe_{bal}M_{1.0}B_{1.0}$（wt%）磁体矫顽力的影响。发现在低温热处理时，磁体的矫顽力可得到提升，但在高温热处理时，尽管也形成了连续的富稀土晶界相，但矫顽力甚至会低于其烧结态。经高温热处理，磁体中 2∶14∶1 相颗粒内稀土梯度减小，直至趋于分布平衡，接近单主相态，这可弱化贫 Ce 和富 Ce 颗粒间的去磁耦合效应。因此，在采用后烧结热处理时，建议平衡连续晶界层的形成与化学成分趋于均匀之间的矛盾。

当 Ce 均匀取代 2∶14∶1 晶格中的 Nd 时，磁性能会显著变差，但构建一个多相结构时，也就是稀土元素在磁体硬磁相中不均匀分布，如烧结一个含计量比均接近 2∶14∶1 的无 Ce 磁粉与含 Ce 磁粉混合物时得到的磁体中，可降低磁稀释效应。因此，多相(Nd, Ce)-Fe-B 磁体或可成为填补硬磁铁氧体与商用 Nd-Fe-B 间空白的候选材料。为促进高丰度 Ce 的应用，同时开发低成本各向异性钕铁硼磁体，白馨元等[86]研究了钕铁硼和铈铁硼的混合磁粉的热压/热变形工艺，得到了铈铁硼磁粉的最佳磁性能成分。将混合后的磁粉在真空状态下热压，再将其在氩气保护下进行热变形，制备出变形量为 70% 的热变形双相磁体，对最佳成分的磁体进行热处理，进一步提高了磁性能。研究发现，随着铈铁硼磁粉比例的增加，磁体的磁性能整体呈下降趋势，铈铁硼磁粉的比例为 0～15% 时，热变形磁体的磁能积在 39～32MGOe 的范围内变化。

在烧结态 Ce 磁体或富 Ce 磁体研究和新技术开发、推广方面，钢铁研究总院根据之前的研究成果，进一步研究了烧结态(Nd, Ce)-Fe-B 磁体的磁性能及温度特性。结果显示，利用双主相法制备的烧结态磁体 B_r 和（BH）$_{max}$ 比单主相制备的烧结态磁体略有提高，而矫顽力 H_{cj} 则大幅提高了 16%。两种磁体的剩磁温度系数基本相同，约为 –0.11%/K，但双主相磁体的矫顽力温度系数为 –0.652%/K，其绝对值明显低于单主相磁体的 –0.694%/K。相关研究推动下，我国 2017 年全国铈和富铈磁体产量已超过 2 万 t，大大拓展了 Ce 元素的应用[87-89]。

在高丰度钇混合稀土永磁材料研发和产业化方面，中国科学院宁波材料技术与工程研究所稀土磁性功能材料实验室[90-92]通过对硬磁主相的结构设计与界面分布的优化调控，开发出具有优异耐温特性的高矫顽力磁体。烧结Nd-Fe-B永磁体的磁性能取决于磁体的相组成及微观结构，而磁体相组成和微观结构主要由制备过程中合金元素冶金行为控制，研究人员首先系统研究了高丰度稀土元素La/Ce/Y在磁体制备过程中的分布及迁移特征，澄清其对合金成相及微观组织结构的影响规律。发现在速凝过程中，La和Ce在合金的晶界相中大量富集，Y主要富集于合金的2：14：1主相中；Y的引入可以稳定四方相，避免La、Ce对硬磁相结构的破坏。在后续工艺过程中，Y则进一步从晶界向主相晶粒内部偏聚。基于对该冶金行为特征及磁体反磁化机理的认识，研究人员进一步提出了Y在主相内部偏聚的结构设计思路，并获得了Y偏聚于主相晶粒核心的核壳结构，晶粒表层的较低的Y含量使得主相晶粒具有更高各向异性场的壳层区域，能够有效抑制晶粒表面的反磁化形核过程，增强磁体的矫顽力。进一步通过合理设计晶界成分，利用晶界相区域的溶解析出作用，解决由于晶粒生长及稀土钇元素强烈迁移偏聚行为造成的晶粒粘连、晶界相缺失及偏聚的难题，成功实现了连续均匀的晶界相对核壳结构硬磁相的包覆，有效增强了晶粒间的去磁耦合效应，使得高丰度钇混合稀土磁体表现出较高的室温矫顽力及优异的耐温特性，在Y替代Nd 40%之内均可获得最大磁能积大于40MGOe的磁性能，Y替代15% Nd获得矫顽力大于17kOe的磁性能，综合性能优于Ce取代磁体。

针对稀土资源的分布和应用不平衡的现状，发展高丰度稀土元素在永磁材料中的应用已成为重要方向。在稀土永磁领域，利用稀土元素替代实现对磁体硬磁相内禀磁性调节在产业界的应用已经较为成熟，尤其是以重稀土元素Dy、Tb进行元素替代，近年出于对稀土资源平衡利用以及对降低稀土永磁企业生产成本的角度考量，Ce、La、Y已经作为重要的廉价原料被用于制备钕铁硼永磁材料，但仍需继续开展增加高丰度元素用量和提升相应磁体性能的研究。

三、Sm系稀土永磁材料

与钕铁硼材料相比，钐钴永磁材料具有较高的居里温度和温度稳定性，兼有高磁性能和优异的温度特性，目前已在国防航天等领域发挥不可替代的作用。近年来，大功率永磁电机、大功率微波通信等领域对耐温型永磁材料的磁性能提出更高的要求，高性能钐钴永磁材料的研究受到越来越多的关注。美国 EEC 和戴顿大学在发展超高温应用的钐钴永磁材料方面，利用优化材料胞状组织结构的磁性质将最高工作温度提升至 550℃。早期研究认为高铁含量钐钴永磁材料矫顽力较低，无法满足应用需求，传统的高性能钐钴永磁材料铁含量约 15wt%，磁能积为 30MGOe。2015 年，日本东芝公司通过阶梯固溶处理工艺，在铁含量高达 25wt%时，仍获得了矫顽力达到 20kOe、磁能积超过 35MGOe 的高性能钐钴永磁材料，具有巨大的应用价值和市场竞争力。国内在这方面也开展大量的工作，中国科学院宁波材料技术与工程研究所在铁含量 20wt%的钐钴永磁体中获得超过 25kOe 的矫顽力、磁能积达到 33MGOe 左右。预期在未来的研究开发中，仍以保持优异耐温特性的同时开发更高磁能积钐钴永磁材料为主要的发展趋势。

SmCo$_5$ 拥有较高的各向异性（超过 240kOe），纳米晶 SmCo$_5$ 磁体可有高达 50kOe 的矫顽力，还具有高居里温度和强耐腐蚀性能。热变形是一种在纳米晶永磁体中获得晶体织构进而获得良好磁各向异性的有效途径，但热变形过程中的塑性形变和织构形成机制尚不明确。Ma 等[93]研究了热压-热变形法制备的纳米晶 SmCo$_5$ 各向同性和各向异性磁体的磁性能及微观织构，以及相组成对于磁性能及微观织构的影响。制备过程中，为补偿 Sm 蒸发，原料中加入了超过计量比 2.5%和 10%的 Sm。分析发现，相组成是决定 SmCo$_5$ 磁体织构的一个重要参数，2：17 相的存在削弱了形成晶体织构的倾向，同时也使磁体的磁性能降低。热变形生产 SmCo$_5$ 纳米晶磁体要求温度需 900℃以上，高温导致的颗粒粗化会引起矫顽力急剧下降。Xu 等[94]额外加入了 10wt%的 Sm 原料，以低于 650℃条件的热变形工艺制备得到了具有良好织构的 SmCo$_5$ 纳米晶磁体，因而也获得了较热压 SmCo$_5$ 磁体更好的剩磁性能和高达 14.97kOe 的矫顽力。分散在磁体中的大量微细富 Sm 颗粒或应是形成良好织构的主要原因，但富 Sm 颗粒的存在也使得其剩磁仅能达到 7.39kGs。

基于交换耦合效应（具有大矫顽力硬磁与高饱和磁化强度软磁的耦合）是目前设计和构建高性能磁体的重要途径之一，而化学合成是实现纳米尺度精确控制的有效手段。Yu 等[95]以无机络合物为前驱体，结合钙还原的技术，一步构建了 SmCo$_5$@Co 的耦合磁体，其尺寸恰好与硬磁单畴尺寸接近，增强了其磁性能，室温矫顽力达 20.7kOe，饱和磁化强度为 82emu/g。该方法可进一步拓展到化学合成 Nd-Fe-B 体系磁体。以 Nd-Fe-B-O 的纳米复合前驱体，引入调控 Fe 或 FeB 的计量，获得 NdFeB/α-Fe 或 Fe$_3$B 纳米复合耦合磁体，获得了增强的磁性能。该化学制备技术提供了一个有效的构建新型耦合纳米磁

第六章/稀土磁性材料

体的途径。

作为第一代稀土永磁材料，具有大磁晶各向异性和高居里温度的 $SmCo_5$ 材料作为纳米复合永磁材料中的硬相，近来又引起了人们的极大兴趣。然而，大多数以前报道的通过化学方法制备的 $SmCo_5$ 颗粒是磁各向同性的，并且表现出低剩磁和磁能积，影响了它们在构建纳米复合磁体中的良好潜力。岳明等[96]采用特殊设计的前驱体作为模板，合成各向异性 $SmCo_5$ 纳米粒子。首先采用液相法制备了含钐和含钴的前驱物。然后，还原前驱体以产生各向异性 $SmCo_5$ 纳米颗粒，其中在退火过程中部分保留了前驱体的原始形态。制备出的 $SmCo_5$ 纳米粒子表现出较强的磁各向异性和优异的室温磁能积。

传统低剩磁温度系数（α）2：17 型 SmCo 磁体的矫顽力温度系数（β）约为 -0.3%/℃，受温度影响，难以避免磁性随时间的漂移。Liu 等[97]首次在具有自旋重取向胞壁相的 2：17 型 SmCo 磁体中发现正矫顽力温度系数的反常现象，进而利用胞壁相自旋重取向的行为调控，成功制备出了双低温度系数 2：17 型 SmCo 磁体[98]。其磁性能为 B_r=8.55kG，H_{cj}=6.97kOe，$(BH)_{max}$=17.13MGOe，α(RT, 100℃)=-0.003%/℃，β(RT, 100℃)=0.002%/℃。较传统低剩磁温度系数 2：17 型 SmCo 磁体，在剩磁温度系数和磁能积相当的情况下，矫顽力温度系数的绝对值降低了 2 个数量级。

传统 Sm_2Co_{17} 类烧结磁体的热处理工艺包括焙烧、固溶化、恒温老化和逐级冷却等复杂工序，产生具有良好磁特性的蜂窝状微结构，但已有关于 Sm_2Co_{17} 类永磁体冶金学行为的研究尚不能形成一致结论。Song 等[99]在不同热处理阶段调查了富 Fe 永磁体 $Sm(Co_{0.65}Fe_{0.26}Cu_{0.07}Zr_{0.02})_{7.8}$ 的磁特性和微观结构。研究发现，在 1103K 恒温老化 20h，然后逐级冷却到 673K 保持 10h，样品的剩磁基本维持恒定在约 11.5kGs，但内禀矫顽力由 7.9 增至 31.5kOe，最终磁体的最大磁能积接近 32MGOe。在 1453K 煅烧 4 小时后为 1：7H 结构单相；恒温老化后开始出现 2：17R、2：7R 和 5：19H 相的蜂窝状结构；逐级冷却至 873K 时开始出现 1：5H 相以及少量 2：17R、2：7R 和 5：19H 相，在冷却至 773K 时相转变已全部完成。

因其优异的耐热性、防腐蚀性和不含重稀土 Dy/Tb 等特性，$Sm(Co, Fe, Cu, Zr)_z$ 是在微波管、回旋加速器、磁轴承、传感器和高效电机等领域所需高能量密度、高热阻性能的一种理想永磁体。$Sm(Co, Fe, Cu, Zr)_z$ 工作温度可达到 180℃以上，甚至可以达到 200～500℃，已有在 150℃以上应用的 Nd-Fe-B 磁体被 $Sm(Co, Fe, Cu, Zr)_z$ 磁体所取代的成功案例。$Sm(Co, Fe, Cu, Zr)_z$ 磁体的饱和磁化强度和剩磁主要由 $Sm_2(Co_{1-x}Fe_x)_{17}$ 主相决定。添加 Fe 是增加其有效饱和磁化强度和剩磁的有效手段，但会导致纳米结构粗化和不均匀，从而导致矫顽力下降和退磁曲线的方形度下降。Zhang 等[100]的固溶化 2：17 类 Sm-Co 合金相组成和微结构研究发现，Fe 浓度的增加促进了从 1：7H 相到部分有序 2：17R 相和层状富 Zr1：3R 相的有序化转变。这种有序化转变主要是由 Zr、Fe 和 Sm 在 1：7H 相中的原子占位竞争所致。通过调节 Sm 的浓度可促进竞争的发生，当使 z=7.84 时，可获得高的磁性能，矫顽力高达 25.70kOe，最大磁能积达到 32.80MGOe。

过渡金属元素（Fe、Co 和 Cu 等）在烧结过程中的重新分布是 Sm_2Co_{17} 基烧结磁体获得高矫顽力的关键。Sm_2Co_{17} 基烧结磁体受磁畴壁钉扎机制控制。但 $SmCo_5$/Sm_2Co_{17} 间界元素分布对于矫顽力温度相关性的影响机制不明。Yu 等[101]采用传统粉末冶金工艺在不同的烧结工艺下制备了 A（总煅烧时间 43h）、B（总煅烧时间 18h）两种 $Sm(Co_{bal}Fe_{0.1}Cu_{0.09}Zr_{0.03})_{7.24}$ 高温磁体。两种磁体在 773K 时的最大磁能积和矫顽力分别达到 92.34kJ/m^3、94.73kJ/m^3 和 604.96kA/m、652.72kA/m，但 A 磁体的室温矫顽力高于 B 磁体。两种磁体具有相似的颗粒尺寸和相结构，但其不同的畴壁相元素浓度导致不同的矫顽力温度相关性。在此基础上，Yu 等[102]进而制备了高磁能积 $Sm(Co_{bal}Fe_{0.18}Cu_{0.07}Zr_{0.03})_{7.7}$ 磁体（A 类）和高温 $Sm(Co_{bal}Fe_{0.1}Cu_{0.09}Zr_{0.03})_{7.2}$ 磁体（B 类）。B 类磁体的磁能积为 98.7kJ/m^3，矫顽力高达 501.5kA/m，远高于 A 类磁体的 63.7kA/m。B 类磁体比 A 类磁体具有更宽的颗粒间界。胞状相和胞壁相的元素分布分析发现，A 类磁体颗粒相含 Fe 大约 17at%，高于 B 类磁体的约 8.9at%，另一方面，A 类磁体中晶界相 18at%的 Cu 浓度也几乎是 A 类磁体 8.6at%的两倍。因此，晶界相较低的 Cu 浓度以及颗粒相适中的 Fe 浓度是 B 类磁体在高温下具有高矫顽力的关键因素。

提升稀土永磁体内禀矫顽力的传统工艺通常以牺牲最大磁能积为代价，即所谓的"内禀矫顽力-最大磁能积此消彼长（trade-off）"困境，不过新冶炼工艺或可为摆脱此困境提供可能。Chen 等[103]通过在高 Fe 在含量 Sm(Co, Fe, Cu, Zr)$_z$ 永磁体材料中掺杂 Cu 颗粒，同时获得了 26.9kOe 的高矫顽力和 26.6MGOe 的高最大磁能积。高矫顽力应源于吸引磁畴壁钉扎，而非排斥畴壁钉扎。掺杂 Cu 颗粒后，将无掺杂磁体胞壁相中的 Cu 浓度～21.9 at%提高到掺杂磁体中的～30.2 at%。因此增加了 2：17R 相和 1：5 胞壁相间的畴壁能，这可在牺牲很小剩磁的同时获得～1.0T 的内禀矫顽力提升。该研究结果不仅提供了一种增强 Sm(Co, Fe, Cu, Zr)$_z$ 永磁体性能的方法以及引导了从排斥钉扎到吸引钉扎机理认识的转变，同时也给出了对以增强稀土永磁体内禀矫顽力为目的进行晶界调控手段的新认识。

除 Sm-Co 系磁体外，$Sm_2Fe_{17}N_x$ 化合物也具有高各向异性场、居里温度和饱和磁化强度，因此也成为具有高热稳定性磁体的候选。由小粒度 Sm-Fe-N 粉体制备的 $Sm_2Fe_{17}N_x$ 磁体具有较高室温矫顽力，但加热高于 150～200℃ 矫顽力则急剧降低。Mn 的添加可使矫顽力随 N 浓度的增加而增加，但饱和磁化强度则相反。为同时实现高磁化强度和高热稳定性，Matsuura 等[104]通过 Ca 还原扩散工艺制备了 Mn 扩散具有核壳结构颗粒的 $Sm_2Fe_{17}N_x$ 磁体。表征显示，核-壳结构粉末的饱和磁化强度高于 Sm-Fe-Mn-N 粉末。

由于 $Sm_2Fe_{17}N_3$ 良好的磁特性，Zn 粘合的 Sm-Fe-N 磁体有望成为具有高热阻的高性能磁体。为增加最大磁能积，需减少 Zn 和 O 的浓度、改善 Zn 的分散性。Matsuura 等[105]采用氢等离子体-金属还原工艺制备了含低 O 浓度的细 Zn 粉末，并成功改善了 Zn 粘结 Sm-Fe-N 磁体的矫顽力。制备得到的 Zn 粉初级和次级颗粒尺寸分别为 0.23μm 和 0.93μm，O 浓度为 0.068%。含 15wt%Zn 磁体的矫顽力为 2.66MA/m，受 O 浓度影响显著。200℃时，Zn 粘结磁体的矫顽力仍较高，为 1.10MA/m，矫顽力温度系数为-0.32%/℃。采用电弧等离子体沉积法制备的 Sm-Fe-N 粉末分散性更好，含 O 浓度更低，相应制备的 Zn 粘结 Sm-Fe-N 磁体表现出更优异的磁特性。由于 Zn 粉末的分散性更好，磁体中所需 Zn 的含量减小，从而可提升磁化强度。

$SmFe_{11}Ti$ 具有强各向异性（K_1=4.87MJ/m³）、高居里温度（T_c=584K）和较高的饱和磁化强度（u_0M_s=1.14T），但都略逊于 $Nd_2Fe_{14}B$ 磁体（K_1=4.9MJ/m³、T_c=598K、u_0M_s=1.61T）。提升 $SmFe_{11}Ti$ 磁化强度的途径可有两条。一是在 Fe 位点用 Co 取代，Fe-Co 二元体系的磁化强度在 Co 取代量为 30 at%时达到最大值，但已有研究的 $Sm(Fe_{1-x}Co_x)_{11}Ti_1$ 未得到 $ThMn_{12}$-类单相结构；二是减少 Ti 在具有最大磁矩 Fe(8i)位点的占据。Zr 替代 Sm 可使 Fe(8i)位点周围的局域环境收缩，使 $ThMn_{12}$ 相稳定化。Tozman 等[106]研究了 $Sm(Fe_{1-x}Co_x)_{11}$ Ti 和 $Sm_{1-y}Zr_y(Fe_{0.8}Co_{0.2})_{11.5}Ti_{0.5}$ 合金的相组成以及合金中 $ThMn_{12}$ 相内禀磁特性。测试显示，$Sm(Fe_{1-x}Co_x)_{11}Ti$ 合金中 Co 对 Fe 的取代量 x 从 0.1 增加至 0.3 时，$ThMn_{12}$ 类化合物的 u_0M_s 从 1.35T 增加至 1.52T，x=0.2 时磁各向异性场（u_0H_A）达到最大值 10.9T，此时的 u_0M_s 和 T_c 分别为 1.43T 和 800K。对于低 Ti 的 $Sm_{1-y}Zr_y(Fe_{0.8}Co_{0.2})_{11.5}Ti_{0.5}$ 合金，通过 Zr 取代 Sm 可获得稳定的 $ThMn_{12}$ 结构；Zr 的取代量 y 从 0.1 至 0.3 时，u_0M_s 从 1.61 降低至 1.52T，但$(Sm_{0.8}Zr_{0.2})(Fe_{0.8}Co_{0.2})_{11.5}Ti_{0.5}$ 的 T_c 最高，达到 830K，此时的 u_0M_s 和 u_0H_A 分别为 1.53T 和 8.4T。可见，$(Sm_{0.8}Zr_{0.2})(Fe_{0.8}Co_{0.2})_{11.5}Ti_{0.5}$ 具有与 $Nd_2Fe_{14}B$ 可

比的内禀磁特性。

四、单分子磁体

宏观上表现出可测的慢磁弛豫行为的单个分子称为单分子磁体（SMMs），其在量子计算、高密度信息存储以及自旋器件等方面的潜在应用吸引了研究者的广泛关注。单分子磁体 20 世纪 90 年代首次发现。自从发现具有三明治结构的[Tb(Pc)$_2$]$^-$络合物具有单分子磁体性质以后，对于镧系元素基的单分子磁体 Ln-SMMs 的研究兴趣飞速增长，其中 2005 年发现的 Dy^{III}-SMMs 尤其令人兴奋。强自旋-轨道耦合和大的磁各向异性使 Ln-SMMs 具有优异的性能，高性能 Ln-SMMs 的发展也在极大推进了 SMMs 在高密度数据存储、分子自旋电子学和量子计算机等领域中的应用研究。

单分子磁体的研究有助于对纳米尺度磁性粒子物理学的理解，解释量子力学行为是如何在宏观尺度上起作用，从而解释宏观磁学行为，实现科学家几十年来努力试图表征纳米磁体的量子磁化隧道效应（quantum tunneling of magnetization，QTM）的愿望。文献资料显示，理论计算、检测手段和合成方法是发展单分子磁体研究领域最主要的 3 个方面。从头计算法可较为精确地计算配位场，已大量用于计算 Ln-SMMs 磁各向异性和弛豫路径，而从头计算和实验检测技术的结合，已成为一种可详细研究 Ln-SMMs 弛豫机制的有效手段。合成化学为物理学家和材料学家的研究提供合适的单分子磁性体系，在 Ln-SMMs 研究领域发挥了重要作用[107]。SMMs 主要包括过渡金属单分子磁体和稀土单分子磁体，本节着重回顾稀土单分子磁体方面的最新研究进展。

1. 理论计算研究

对于单分子磁体而言，它们表现出磁滞和慢磁弛豫的行为，在两个方向相反的磁矩之间存在一个能垒，可以提供比较稳定的双态。科学家们预期单分子磁体的存储密度可以达到 220TBit/in^2！然而，基于单分子磁体的技术要面临的问题也是比较棘手的，主要包含两个方面：①单分子磁体的特性只能在液氮冷却时可以获得；②单分子磁体镀层和单个分子的寻址鲜有前例。因此，设计一个有效的单分子磁体迫在眉睫。判断一个单分子磁体是否是有效的主要衡量标准是其阻塞温度，而对阻塞温度大小具有重要影响的是其有效能垒（U_{eff}，又被称为各向异性能垒）。针对这一问题，袁晨[108]研究了一系列

SMMs 的有效能垒与其结构的内在关系。基于五甲基环戊二烯基配位环境对 Dy 金属 SMMs 磁性影响计算发现，对于磁中心离子为扁平型电子云的 SMMs，赤道平面配位键键长对 SMMs 性能有阻碍作用，而这种夹心型晶体场愈趋向于轴向分布，其磁化翻转能垒愈高，配位原子愈向两个五甲基环戊二烯基轴向上趋近，其磁化翻转能垒愈高。而五角双锥对称性晶体场可使 Dy^{3+} 金属离子 SMMs 获得高性能磁性。但是，对于磁中心离子为扁平型电子云的 SMMs，如果其化合物 Kramers doublets 基态主磁轴位于赤道平面内时，它们会表现出较弱的磁性行为，此时，沿轴向的弱配位场对于设计高性能 SMMs 是有利的。当基态主磁轴是沿着轴向分布时，沿轴向的强配位场有利于其成为高品质的单分子磁体。

从头计算是一种基于分子真实结构的理论计算方法，目前在研究单分子磁体的磁构关系和弛豫机理方面被广泛应用。与经验晶体场模型、点电荷静电模型、密度泛函等理论计算方法比较，从头计算表现出明显的优势，它可以在实验的基础上最全面、最准确地给出电子结构的信息。目前，从头计算在计算速度和准确性上都取得了重要突破，已由最初的标准 CASSCF 计算发展到更加精确的 CASPT2 计算[109]，主要表现在三个方面：①由 4f 壳层延伸至 4f+5d 壳层；②将电子之间的动态相关性考虑其中；③从晶格的角度，将临近分子的作用和 Madelung 静电势考虑其中[110]。

2. 单核 Dy(Ⅲ)稀土单分子磁体

镧系元素单分子磁体的发现是革命性的，标志着单分子磁体领域的研究进入了一个新的阶段，也吸引了大量研究人员通过引入镧系离子设计高性能 SMMs，其中 Dy 仍最为引人注目。在已报道的稀土金属配合物中（例如：Ln = Dy(Ⅲ)、Tb(Ⅲ)、Er(Ⅲ)、Ho(Ⅲ)等），以 Dy(Ⅲ)离子为中心的单分子磁体的数量最多，这与它是 Kramer 双稳态离子以及具有大的未猝灭轨道角动量和 Ising 型的轴各向异性密不可分。稀土离子强磁各向异性和铁磁相互作用是提高配合物有效翻转能垒和阻塞温度的 2 个关键性因素。目前，基于不同配体（希夫碱、羟基肟、吡啶酮以及多功能性间隔配体）的稀土 Dy(Ⅲ)单离子磁体得到迅猛发展，其最高有效能垒和磁阻塞温度已可分别高达 1837K 和 20K[111]。

Dy 也常被作为研究系列 Ln-SMMs 性能的典型代表稀土元素。单核 Ln-SMMs 分子的对称性控制是抑制快速磁化量子隧道效应（QTM）的重要手段。冠醚与 Ln(Ⅲ)离子络合可得到三明治或半三明治结构的 SMM。为获得

D_{5h}对称性 SMM，Gavey 等[112]合成了[Dy(15C5)(H$_2$O)$_4$]·(ClO$_4$)$_3$·(15C5)·H$_2$O(1)和[Dy(12C4)(H$_2$O)$_5$](ClO$_4$)$_3$·H$_2$O(2)两个半三明治单核配合物。尽管二者均有非常相近的 Dy(Ⅲ)离子配位环境，但磁性能迥异，仅有化合物（1）在零场时显示单分子磁体特性。固态发射光谱显示出二者均存在与 f-f 跃迁相关的尖发射带。$^4F_{9/2} \rightarrow {}^6H_{15/2}$ 精细结构研究发现，化合物（1）$^6H_{15/2}$ 基态 Stark 分裂产生的基态和第一激发态间能差为 58/cm，这一数值与从头计算结果完全相符，且高于化合物（2）的 30/cm，这应归因于快磁弛豫状态下磁化量子隧道效应的存在。

用于设计单分子磁体中最常用的是 Dy^Ⅲ、Tb^Ⅲ 和 Er^Ⅲ 离子，近年包含 Yb(Ⅲ)、Ce(Ⅲ)、Nd(Ⅲ)、Ho(Ⅲ)和 Tm(Ⅲ)等其它稀土离子的单分子磁体也已有报道，Pointillart 等[113]综述了这些新型稀土基 SMMs 方面的进展，着重讨论了更好理解这些 SMMs 物理性能的不同机制。在单分子磁体中主要引入含羧基、羟基、羰基、吡啶配位基团、大环配体等不同类型的配体，体现了化学合成方法的多样性。该综述还着重讨论了一种有机金属合成途径，认为这是一种对于所有稀土离子均适用的有效合成方法。另外，认为引入可在活性中心产生静电效应的反磁性离子（如 Zn^{2+}）或另一 $4f$ 元素掺杂也已证实为成功获得此类 SMMs 的有效手段。通过对于 ac 和 dc 测量中的有效能垒差、从头计算结果和荧光光谱等方面的分析，其它稀土离子，如 Yb(Ⅲ)单分子磁体的慢磁弛豫机制似乎较 Dy(Ⅲ)和 Tb(Ⅲ)的 SMMs 更为复杂，经典的双声子 Orbach 过程不再适用，而是通过其它如共辐射接枝（Direct），拉曼（Raman）和量子（Quantum）路径产生。稀土离子近红外荧光研究也是一种增强对于 SMMs 磁特性理解的关键工具。为更好理解 SMMs 的磁特性，建议多方法结合使用，如采用 Stevens 算符从 dc 磁测量数据评估晶体场分裂，由实验数据支持的从头计算，以及发光学和磁学的相关性研究等。

分子结构单元法（molecular building block，MBB）组装具有特定应用的功能材料，可在设计阶段将需要的特性和功能引入到预先选择的结构单元中，已成为一种引人注目的功能化固体材料合成路径。筑网化学利用分子键的强大功能将分子链接起来，构建成由分子结构单元组成的晶体开放框架，这种技术很大程度上拓展了化学物质和可用材料的范围，并可在分子水平上控制物质的形成。基于筑网化学（reticular chemistry）原理的金属有机骨架（metal-organic framework，MOF）是一类独特的易于进行功能设计和调控的无机-有机杂化材料。MOF 方法是控制催化簇合物、手性分子合成或将 MBB 引入特定环境的有效途径，近年被发现也是一种控制稀土离子配位几何形状获得 SMMs 阵列或单链磁体的有效方法。Huang 等[114]报道了一种具有全新磁性能的 Dy 基 MOF。该化合物由仅呈弱内禀单分子磁性行为的 9 配位 Dy^{III} 磁性结构单元组成，但形成的 MOF 结构将结构单元组装在一维链上，可在分子结构单元间诱导产生铁磁耦合，使得低温下发生慢磁弛豫。这些大分子的刚性结构可削弱自旋声子快速弛豫机制，从而导致高性能。

3. 多核磁耦合单分子磁体

单核稀土单分子磁体在近几年的发展中取得了卓越的成就，尤其在有效能垒方面。然而，在大多数单核稀土单分子磁体中量子隧穿现象仍然存在，主要表现在蝴蝶状磁滞回线在零场时磁化强度的骤然下降甚至消失。因此，如何抑制稀土单分子磁体普遍存在的量子隧穿行为将成为分子磁性领域重要的研究方向。研究表明，多核稀土单分子磁体中的分子内磁相互作用可以产生交换偏置场，在一定程度上抑制量子隧穿行为。这种分子内的磁相互作用主要包括磁偶极相互作用和磁交换相互作用，以及电四极矩相互作用、超精细相互作用和超交换相互作用等，但是后者在大多数稀土单分子磁体中通常较弱，一般可以忽略。稀土离子的 $4f$ 轨道是内层轨道，被外层的 $5s$ 和 $5p$ 轨道所屏蔽，因此大多数情况下 $4f$ 轨道并不参与成键。然而与过渡金属相比，稀土离子的 f 电子由于其未淬灭的较大的轨道角动量而具有相对较大的磁矩和磁各向异性。另一方面，由于稀土离子的 f 电子受外层 s，p 层电子的屏蔽，因而磁相互作用较弱，因此在许多簇合物以及聚合物的体系中，稀土离子依然表现出单离子的性质，体系的总角动量也仅仅是每个角动量的叠加，而忽略彼此之间的耦合。分子内的磁相互作用通常依靠桥联配体实现。尽管 $4f$ 轨道被屏蔽的本质属性导致分子内的磁相互作用通常较弱，但是对它的弛豫机制仍然会产生明显的贡献，依然是研究的重点。

多核稀土单分子磁体的发现始于 2006 年，德国著名科学家 Powell 等率先报道了一例 Dy_3 单分子磁体并且表现出罕见的自旋手性的现象[115]。自此以后，多核稀土单分子磁体凭借其独特的磁学行为以及新颖的拓扑结构逐渐成为单分子磁体领域的研究热点。张宇[116]围绕多核稀土配合物的合成以及磁性的研究，主要以 Dy^{III} 离子为自旋载体，以邻香草醛和链状席夫碱为配体，设计合成了一系列结构新颖的多核稀土配合物。以三角形 Dy_3 为构筑基元，通过多重桥联的方式合成了 2 例六核 Dy_6 合物。结构及磁性测试分析发现，规则的配位构型更能突出分子的磁学行为；此外计算还表明，Dy_6 配合物的磁晶各向异性轴呈现出近似平行四边形的排列，这为探索六核平行四边形的稀土单分子磁环提供了可能。还以柔性链状双酰腙为配体,成功构筑了具有笼型拓扑结构的 Dy_{12} 配合物,其在零场下表现出典型的单分子磁体行为,这种十核以上且兼具单分子磁体行为的纯稀土配合物极为罕见。

1991 年碳纳米管的发现引发了科研人员对纳米管材料在逻辑门、光检测器和化学传感器等小型化器件中作为结构单元方面应用的研究兴趣。配位化学方法是合成金属大环化合物的有效手段,也可进而构建大尺寸中空单晶管。然而,将金属离子精确引入到金属大环化合物分子的特定位置存在巨大挑战。Wu 等[117, 118]合成的一种新型配体 H4L′分子中含两个可捕捉 $4f$ 类离子的 O-N-N-O 腔和一个略小的可捕捉 $3d$ 类离子的 N-N-N 腔,使该配体与 $Dy(ClO_4)_3 \cdot 6H_2O$ 和 $CuCl_2 \cdot 2H_2O$ 反应,通过自组装获得的络合物具有异核六角金属大环结构,即单分子磁环[119]。金属大环结构再沿 c 轴堆积可得到独特的六角大环管状单晶。合成的 $3d$-$4f$ 六角大环化合物在零场下展现了典型的单分子磁体行为。磁光分析表明,Ln-Cu 间的强铁磁耦合可有效抑制磁化量子隧道效应,增强磁弛豫。理论计算显示,磁矩呈环形排布在镧系元素离子中。

Latendresse 等[120, 121]合成并研究了单核、多核镧系元素基金属茂化合物的结构和磁特性。$[Ln(Fc)_3(THF)_2Li_2]^-$,其中 Ln = Dy^{3+}(1)或 Tb^{3+}(2);Fc=$[Fe(\eta^5-C_5H_4)_2]^{2-}$,分子几何结构完全不同于过渡金属主族元素的铁茂化合物,两化合物均表现为软单离子磁体特征。单分子(1)可作为合成多核稀土基金属茂聚合物$[Dy_3(Fc)_6(THF)_2Li_2]^-$(3)的结构单元,这一聚合物由于 Dy^{3+} 中心间相当强的铁磁耦合相互作用而表现为硬单分子磁体特征。

近期,北京大学高松教授课题组通过金属有机方法成功地合成了一例 $[Dy(\mu-OH)(DBP)_2(THF)]_2$ 配合物[122],两个 Dy(III) 离子均处于四角锥配位环境中,它们之间存在着明显的反铁磁耦合相互作用,有效能垒高达 721K,是当时双核体系能垒的最高纪录,与此同时,配合物表现出一条阶梯状的磁滞回线,开口温度一直到 8K。然而,稀释后的样品表现出一个蝴蝶状的磁滞回线,这不仅说明 Dy(III) 离子存在强的轴各向异性,同时也说明 Dy(III) 之间的反铁磁相互作用使得量子隧穿得到了很好的抑制。

自从发现 N_2^{3-} 自由基桥联 Ln-SMMs 具有高阻塞温度和强矫顽力场,已有多种 N 基自由基成功合成单分子磁体。由于可获得强交换耦合,并有效抑制磁化量子隧道效应,使得该法已被视为一种合成高性能 SMMs 的有效途径。四酮烯(tetraoxolene)类及其 N 取代 O 的衍生物已广泛用于具有特定磁或导电性能过渡金属络合物的组装。Zhang 等[123]首次通过相应中性化合物的还原，制备了四酮烯自由基桥联的双核 Ln-SMMs，[(HBpz$_3$)$_2$Ln(μ-CA)Ln(HBpz$_3$)$_2$]·2CH$_2$Cl$_2$，其中 Ln=Dy，Tb，Gd，Y；HBpz$_3$⁻=hydrotris（pyrazol-1-yl）borate；CA^{2-}= chloroanilate。深入的磁测量研究可观察到自由基和镧系离子间的强磁耦合作用，使得对于 2Dy 和 2Tb 产物在零场时表现出单分子磁体行为。HFEPR 谱发现了磁耦合和磁各向异性贡献，可提供较本体磁测量更为精细的磁耦合参数信息。

稀土离子，尤其是镝离子，因其具有高电子自旋基态以及很强的自旋轨道耦合和磁晶各向异性，非常适合用作自旋载体来设计合成高性能 SMMs。探索稀土 SMMs 自组装机理，获得磁晶各向异性、易轴取向和磁相互作用的控制规律，进而实现此类材料的精准可控制备，是稀土 SMMs 研究的基础前沿课题。孙琳[124]基于三齿酰腙席夫碱配体，通过改变组装条件，构筑了十例单核和双核镝配合物，结合从头计算深入研究了它们的磁构效关系及弛豫机理。基于等温滴定量热法对形成反应进行的热力学研究获得了溶液体系中的自组装规律，为定向合成提供了热力学指导。进而制备的九配位单核镝配合物动态磁性测试结合从头计算和电荷分析研究发现不同的轴对称性导致较大的磁性差异，并以此构建了一种可能的 Dy(Ⅲ)配位模型，以实现九配位单核Dy(Ⅲ)配合物的高轴对称性，为调控磁弛豫行为提供了新的示范。还进一步探究了交换耦合作用对中心对称双核镝配合物（Dy$_2$-SMMs）的磁性调控，从头计算也表明，单离子轴对称性较低的配合物，磁交换耦合作用较强。通过引入晶格水，改变 Dy(Ⅲ)-Dy(Ⅲ)之间的交换耦合作用，优化磁弛豫过程，为合成高性能 Dy$_2$-SMMs 提供了一种策略。

4. 荧光响应型单分子磁体

信息存储技术的另一发展趋势是多种存储技术的结合，如磁存储与光存储的结合-磁光存储技术，它是一种利用激光在磁光存储材料上进行信息写入和读出的技术。磁光存储技术结合了磁存储与光存储二者的优点，即存储密度高，存储容量大，且存取时间短。由此可见，同时具有磁、光响应行为的分子材料拥有更广阔的应用前景。Ln(Ⅲ)离子，尤其是具有 ^{6}H$_{15/2}$ 基态的 Dy(Ⅲ)离子，由高旋轨耦合和大的轨道角动量引起的很强的磁晶各向异性，是构建具有高能垒（U$_{eff}$）和阻塞温度（T$_B$）单分子磁体（SMMs）或单离子磁体（SIMs）合适的自旋载体。因此，用稀土设计和制备既有发光性能又有磁性能的多功能材料是分子材料领域的重点研究目标之一，兼具良好的发光和磁性能的镧系元素成为构建发光单分子磁体的最佳候选。近期单分子磁体的表现极其突出，相关研究屡次刷新了单分子磁体的磁阻塞温度和自旋翻转能垒[125, 126]，Dy 金属茂阳离子[(Cp^{iPr5})Dy(Cp*)]$^+$，其中 Cp^{iPr5}= penta-iso-propylcyclopentadienyl；Cp*=pentamethylcyclopentadienyl，磁阻塞温度已可达到高于液氮温度的 80K，磁有效翻转能垒 U_{eff} 为 1541 个波数，继续开发和深入探究此类分子磁体光学行为的意义举足轻重。Jia 等[127]和 Long 等[128]在综述了近期相关研究进展的基础上，在构建发光单分子磁体的设计策略方面给出了建议。

有机配体分子的天线效应使得镧系金属离子可以发射特征的荧光，因而可能得到兼具磁性和荧光性质的多功能分子材料。在众多的稀土配合物中，β-二酮稀土配合物是目前研究的热点之一。由于在 β-二酮结构式中存在酮式和烯醇式两种互变的结构，在碱性条件下可以脱去羟基上的氢与稀土形成稳定的六元螯合环结构的稀土配合物。二酮提供 O 配位，可用于调节 Ln(Ⅲ)离子周围的负电荷分布，改善 Ln 配合物的 SMM 性能。2010 年，北京大学的高松教授课题组报道了一例基于 β-二酮类配体构筑的具有 D_{4d} 配位构型的稀土单离子磁体[129]，有效能垒达到 64.3K，极大地激励了人们对 β-二酮体系的研究热情。当具有 C_{4v} 对称性 SMM 的[Yb(tzphen)$_3$]·CH$_3$OH（Ybtzphen）中一个邻啡咯啉四唑配体（tzphen）配体被一个二酮配体（tmh）和一个甲醇分子取代，得到的分子磁体[Yb(tzphen)$_2$(tmh)(CH$_3$OH)]·nH$_2$O·mCH$_3$OH (Ybtzphen-tmh)可产生 8/cm 到 20/cm 的能垒增加。Ybtzphen 的发光性能研究显示，tzphen 配体可敏化 Yb(Ⅲ)在可见区和近红外区的特征发射，在 355nm 光激发下，敏化的红外发射出现在 980nm，应归于 $^2F_{5/2}\rightarrow{}^2F_{7/2}$ 跃迁[130]。

朱灿灿[131]选用不同的 β-二酮配体，选择合适的稀土离子，调控反应条件，制备得到了一个新型 Dy(Ⅲ)酰基吡唑酮配合物[Dy(pmap)$_3$(H$_2$O)$_2$]CH$_3$COOC$_2$H$_5$，该配合物在 490nm 处蓝光的发射强度比 578nm 处黄色发射要高，而且蓝色发射峰被分裂成两个尖锐峰。磁性研究观察到了典型单离子磁体行为的两种慢磁弛豫过程。认为出现两个磁弛豫过程是由于其晶体结构中存在两个不同配位环境的 Dy(Ⅲ)中心。

最近在磁-荧光耦合方面的研究逐渐揭示了 Ln-SMMs 中磁性和荧光性质的相关性。Bi 等[132]合成了系列配合物[ADyL$_4$]·[solvent]，其中 L= 4-hydroxy-8-methyl-1, 5-naphthyridine-3-carbonitrile；A= Na，K，Rb，Cs。这些配合物在零场的有效能垒约为 95/cm，表现出单分子磁体行为。在 5～77K 温度下进行了荧光性能测试，以研究低能态间能隙，理解磁化热弛豫过程路径，同时观察 Dy(Ⅲ)基态项磁亚层的细微变化。首次捕捉到了不同磁场强度下分子磁体的荧光发射，实现了稀土的单分子磁体行为与荧光性质的耦合。认为强磁场条件下的发光光谱还将是一种研究最低磁亚层进而提供深层次信息的新途径。

Chen 等[133]将具有荧光活性的 CyPh$_2$PO[cyclohexyl-(diphenyl)phosphine oxide]作为配体，合成了具有准 D_{5h} 对称性的单离子磁体(SIM)[Dy-(CyPh$_2$PO)$_2$(H$_2$O)$_5$]Br$_3$ · 2(CyPh$_2$PO) · EtOH · 3H$_2$O，动态磁测量、光学表征、从头计算以及磁-光相关性的研究显示，该 Dy(Ⅲ)的 SIM 具有较大的有效能垒（508(2)K）和较高的磁阻塞温度（19K）。

梁福永[134]通过溶剂挥发法，选取了不同的金属离子源，以三氮杂环胺酚为配体构筑了 8 个 $4f/3d$-$4f$ 配合物。磁性研究表明，这些配合物中都存在 TR^{II}(TR=Zn, Ni)/Ln^{III} 与 Ln^{III} 金属离子之间的反铁磁耦合作用，其中的 3 个配合物表现出了弱场诱导慢磁弛豫行为。荧光光谱分析筛选出一种可作为天线配体敏化稀土离子发光的有机配体。还以四氮杂环胺酚为配体通过恒温挥发法成功构筑了 4 个同结构稀土配合物。这些配合物中也都存在 Ln^{III} 与 Ln^{III} 金属离子之间的反铁磁耦合作用，其中 1 个配合物还表现出了非常弱的场诱导慢磁弛豫行为，也得到了一种可作为天线配体敏化稀土离子发光的有机配体。

第二节 制约发展的基础科学问题

一、稀土永磁材料方面

1. 制备工艺相关机理研究存在不足

晶界扩散方法适用样品厚度以及矫顽力提升效果有待进一步提升。目前而言，采用晶界扩散处理对样品的厚度有限制，样品超过一定厚度，比如 6mm，矫顽力提升效果和样品方形度会受到较大影响；另外，采用晶界扩散处理提升矫顽力的效果也有极限，比如采用 Tb 扩散，最高能使磁体矫顽力提升 10kOe 左右，即便再增加扩散物的量也无法获得更高的矫顽力提升效果。目前并没有从化学或物理本质去回答上述厚度和扩散效果上限等问题，缺乏这些因素对扩散影响的系统建模研究。对于产业化而言，还期望工艺能够有很强的可控性。

高性能热变形磁体稀土永磁材料制备技术是当前行业极为关注的高效永磁材料制造技术，在制造高效率伺服电机应用的辐射取向环形永磁体方面具有广泛的应用前景。如何克服前驱快淬磁结构不均匀性和深入理解热变形机制是制备高性能热变形磁体需解决的关键问题。

钕铁硼磁体中晶间相具有丰富的成分和结构，不同掺杂元素和热处理工艺对晶间相均具有重要影响，可以预见通过稀土相的晶间反应调控磁体显微结构进一步提高磁体矫顽力将是未来一段时间内重要的研究方向，但晶间调控的方法由于多元素晶间反应过于复杂，成相机制尚不明确，成相反应也不易控制。

2. 稀土永磁材料成相行为和组织结构演变尚需加深认识

稀土永磁合金相结构复杂，成相的工艺窗口狭窄，同时稀土永磁材料制备工艺冗长，显微组织的演变过程繁杂，这使得研究人员对稀土永磁材料成相行为和组织演变过程难以获得全面清晰的认识。研究者已经认识到稀土永磁材料必须具备特殊的显微结构特征才能获得优异的磁性能。当前世界各国竞相开展的重稀土元素晶界扩散研究是调控稀土永磁材料精细结构的代表性工作，利用这种方法在晶粒表层形成含重稀土的壳层结构，达到晶粒表层的"磁硬化"效应，极大地提升了磁体矫顽力，并且实现重稀土的高效利用，避免了剩磁的降低。在高丰度稀土永磁材料方面，一般认为高丰度稀土元素的 $RE_2Fe_{14}B$ 化合物成相相对困难，导致显微组织结构破坏，难以获得较高的磁性能。近年来，研究人员发现利用快速凝固技术可以获得稳定 (Nd, Ce)-Fe-B 合金相结构，并进一步实现了高丰度稀土永磁材料的产业化应用。由于组织结构对磁性能具有决定性的作用，深刻理解稀土永磁材料在制备过程中的成相行为和组织结构演变是提高稀土永磁材料磁性能的关键科学问题。

3. 稀土永磁材料矫顽力机制尚待更为深入研究

具有高的矫顽力特性是永磁材料区别于其它磁性材料的关键参量。钕铁硼永磁材料和钐钴永磁材料由于其特殊的物相和显微组织，决定了它们的矫顽力机制可粗略地解释为反磁化畴的形核机制与畴壁钉扎机制。探索和开发新型高性能稀土永磁材料及其关键技术一直是人们的梦想，但在新型材料及技术的研究过程中没有取得期望的更大进展，其主要原因是对永磁材料内在机理，尤其是矫顽力机理尚缺乏更深入的理解，对永磁材料成分-组织-性能之间的定量规律和物理本质认识也不够深刻，相关材料基础数据的积累不够充分，难以建立材料合成及组织结构调控的科学模型，进而缺乏对技术发展和创新的科学预测与指导。特别是随着稀土永磁材料的不断创新发展，新的实验现象被不断发现，原有的矫顽力理论无法给予合理的解释。可以肯定，矫顽力机理的深刻认识和理解对发展更高性能的稀土永磁材料具有重大的科学指导意义和推动作用。

4. 高丰度稀土替代机制还需进一步探索

现阶段已经较为清晰地了解到晶格常数、离子半径以及磁性能之间存在着相互影响，但尚未明确究竟是由于晶格常数的变化造成的晶位空间尺寸的差别，从而使得占位离子具有不同的电子态，从而影响磁性能，还是由于电子态不同的离子有选择性地于晶间进行占位后，产生的晶格变化来影响磁性能。这个问题的深入研究可以揭示影响含 Ce 磁体磁性能的最本质原因，这样更能够有的放矢地进行相关工艺的探索。已有研究利用双主相或多主相的方式，利用稀土元素的再分配构建出不均匀的化学结构，这种化学结构有助于提高磁体的性能，但其生成机理与控制方法尚未有明确的研究结论。

5. 稀土永磁体的防腐蚀问题尚未解决

钕铁硼稀土永磁材料的应用、发展，离不开其腐蚀防护技术的进步、创新。钕铁硼中存在的多相结构以及各相之间的化学特性差异，使得钕铁硼稀土永磁材料表现出固有的耐蚀性不足，目前已经研究开发出了许多钕铁硼磁体的腐蚀防护方法，也取得了较好的耐蚀效果，但各种防护方法有不同的缺陷：对磁粉进行处理不能从根本上解决钕铁硼磁体固有的缺陷；水溶液电镀时，钕极易被氧化，且有氢存在于镀层中引起氢脆；酸性镀液易残留在磁体孔隙内，从镀层内腐蚀基体。

一般来说，提高材料耐蚀性的基本途径可以从提高材料自身耐蚀性和对材料表面进行涂层防护这两方面来考虑。前者通过在平衡电位较低的、原本耐蚀性较差的金属中加入平衡电位较高的合金元素，可使合金的平衡电位升高，增加了热力学稳定性；而后者则可以通过电镀、化学镀、有机涂覆以及物理气相沉积等方法实现。改善钕铁硼永磁材料在工序中不同接触介质中的防腐蚀问题，需要通过在不同接触介质中添加适宜的缓蚀剂，提供钕铁硼永磁材料表面的短时保护。但针对不同的工序中的接触介质（如切削液、振磨液、酸洗液等），如何选用合适的缓蚀剂是一个值得研究的问题，不同缓蚀剂在不同接触介质中在钕铁硼磁体表面的作用机理及缓蚀机理也是值得我们探究的内容。

钕铁硼磁体防腐涂层开发的难点还在于如何解决好钕铁硼结构疏松，孔隙率高，易残留酸、碱等前处理液造成对磁体的长期腐蚀的问题。目前研究采取的封孔技术有一定的报道，且市面上有一些针对钕铁硼磁体的封孔剂在出售，但都还没有达到一个较理想的效果。因而，今后的研究应着重于如何解决好钕铁硼高孔隙的问题，解决好孔隙是获得高结合力、高防腐优异涂层的关键，这些将有赖于新化学封孔剂及新技术的出现。

6. 废旧稀土永磁体的再生制造尚待突破

废旧磁体重新熔炼工艺流程较长，且需要补加稀土金属等，成本较高；将废旧磁体氢爆和气流磨破碎后，与适量的钕铁硼粉末混合后，可重新制得钕铁硼永磁体，但此种工艺制成的磁体性能会降低，且废磁钢的添加量超过40%时磁体性能急剧恶化。采用钙还原法将烧结钕铁硼油泥中得到混合氧化物还原制备钕铁硼再生磁体，将面临如何控制最终再生磁体中的碳含量以及如何控制钙的还原反应等问题。油泥受到切削液等有机溶剂的浸泡，如果高温焙烧过程中脱碳不彻底，将在最终的再生磁体中残留有碳，而碳对磁体性能有恶化作用；另外，还原烧结工艺尚不明确，金属钙化学性质极其活泼，与氧化铁反应过程十分剧烈，致使反应物喷溅，在此过程中，还需要严格控制氧含量。

将粘结磁体中的磁粉分离回收时，主要涉及的是粉末与粘结剂间的剥离问题，且不应损害磁粉的表面性质，从而保护磁粉的磁性能。目前应用的方法主要是采用溶剂法，化学溶解或分解粘结剂，从而剥离磁粉。但是如何找到合适的溶剂，以及采用此方法的分离效果（即是否可以完全剥离，是否影响磁粉性能及后续使用）、分离效率，以及分离回收使用的性价比尚缺乏完整性的评估研究。

二、稀土单分子磁体方面

近年来单分子磁体因其在信息存储、分子自旋电子学和量子计算等方面的潜在应用而引起了人们广泛的关注，基于镧系化合物单分子磁体显示出很强的磁各向异性、更高的能垒和阻塞温度，因而成为其中的佼佼者。单分子磁体发展至今亟需解决的问题主要有：

1. 高性能、高稳定性稀土单分子磁体的合成

诸多高性能单分子磁体在空气中是不稳定的，这将在一定程度上阻碍单分子磁体的应用，因此合成更高性能、更高稳定性的单分子磁体仍是目前面临的主要任务。

2. 单分子磁体的负载

通过自组装或定向成键的方式将分子磁体负载在基底上实现单层有序排布是其实现广泛应用的重要前提，目前在分子磁体与基体之间相互作用的认识上仍然存在盲区。

3. 强轴向性晶体场的突破

Dy(Ⅲ)基卡宾化合物（氮卡宾、碳卡宾）的合成面临较大阻力；将稀土离子包覆在富勒烯等空腔中是获得高对称性和强轴向性晶体场不可忽视的重要方法。

4. 分子内强相互作用与自旋中心强轴向性晶体场的结合

第三节　展望与建议

一、稀土永磁材料方面

我国稀土永磁材料产业仍处于高速发展阶段，稀土永磁产品的生产技术、装备、研究水平以及产品的种类、质量等都有了很大的提高及改善，并逐步接近世界同行先进水平，成为世界稀土永磁材料的生产和应用的发展中心。同时应注意到我们目前仍存在一些问题，如产品的性能、新技术和材料的开发与国外发达国家仍具有一定的差距，产业发展模式不完善，技术开发缺乏科学指导、大数据平台资源严重不足、先进装备的研发能力薄弱等重大问题。为此，当前我国稀土永磁材料发展需重点开展以下方面的研究。

1. 建立烧结钕铁硼磁体晶界扩散的模型

系统研究各因素及其耦合对晶界扩散的影响，建立烧结钕铁硼磁体晶界扩散的模型，并进行实际验证。系统建立烧结钕铁硼的晶界扩散模型对产业化实现晶界扩散效果的完全可控具有指导意义，并且对提升厚磁体的扩散效果和突破目前矫顽力提升上限具有启发意义。

2. 加强对钕铁硼永磁领域新工艺的研究

鉴于钕铁硼永磁材料在未来新能源产业、智能传感器等领域的重要地位，以及我国的稀土资源优势，加强对钕铁硼永磁领域新工艺的研究进一步提升产品性能档次仍具有重要的经济意义。此外，以钕铁硼磁性能研究为依托，拓展可能的复合材料组合工艺，新材料领域，开拓并培育其相应市场，可开拓新的经济增长点。对于钕铁硼永磁材料，利用晶间相的反应可进一步修复主相晶粒表面，调控晶间相。晶间相调控与成分、工艺联系较为密切，多组分的构成使得可能的晶间反应复杂，在先前研究充分理解的基础上，探索可能提高磁体矫顽力的晶间相调控，是未来研究思路的一个重要方向选择。另外，需进一步研发热挤压变形和近终成型技术，以开发高性能磁环等新型稀土永磁材料。

3. 加强理论计算研究

需要按照基础科学问题-关键技术创新-应用示范全链条创新研究思路，变革传统材料研发理念和模式，实现新材料研发由"经验指导实验"的传统模式向"理论预测、实验验证"的新模式转变。加快大数据平台的建设，建立稀土永磁材料相图、材料成分、组织结构与性能的数据库，利用大数据平台资源与技术方法，开展新型稀土永磁材料的热力学计算、相场模拟和微磁学等理论计算和实验研究，指导稀土永磁材料成相行为和组织结构演变以及矫顽力机制探索，用以研发接近理论磁能积的钕铁硼磁体以及探索新型的稀土永磁材料，研发性价比更高的稀土永磁体。

4. 持续关注高丰度稀土永磁材料研发

促进高丰度 La、Ce、Y 等元素在 2：14：1 型永磁材料中的应用，是稀土永磁材料基础研究的重要方向。稀土铈磁体被工信部列入《重点新材料首批次应用示范指导目录（2017 年版）》，主要针对家用电器领域应用，要求性能达到铈含量占稀土总量≥30%，$(BH)_{max}(MGOe)+H_c(kOe)$≥50；铈替代量≥50%时，$(BH)_{max}$≥24MGOe，矫顽力≥10kOe。建议开展通过小原子进入晶格或大尺寸原子撑开晶格改变晶格常数，含 Ce 不同热压热变形阶段价态的变化，以及双主相中化学不均匀结果提升磁性能的机制等方面的研究。研发高矫顽力纳米双相钕铁硼永磁体并实现商业应用是实现高丰度稀土在永磁材料中平衡应用的关键途径。

5. 开发特殊用途的高工作温度、高矫顽力磁体

随着烧结钕铁硼永磁材料在节能永磁电机、风力发电机、电动汽车和军工装备的应用，对磁体的热稳定性和长期稳定性提出更高要求。因为风力发电、电动汽车等装备工作环境较复杂，需承受高温、低温、风沙、雨雪乃至盐雾等恶劣环境，要保证其在 20～30 年设计寿命期内安全、可靠地运行，钕铁硼磁体具有高热稳定性和长期稳定性是必要条件之一。

航天、航空、船舶、无人驾驶等领域对高精度仪器仪表的要求越来越高，而永磁体的磁稳定性和仪器仪表的精度密切相关，因此其稳定性备受关注，如高温磁体的使用温度超过 600℃，满足国防军工和特殊环境应用的工业机器人需求。为此，应继续大力投入提升 Sm 系稀土永磁材料工作温度及矫顽力的基础和应用研究。

6. 钕铁硼永磁材料的表面防护研究

通过选用适宜的缓蚀剂，对提高钕铁硼永磁材料在服役环境中的使用寿命有着显著意义。针对钕铁硼永磁材料不同工序的接触介质，选择适宜的缓蚀剂，针对缓蚀效果以及缓蚀剂的环境友好特性进行合理评估，从而筛选出适宜的钕铁硼永磁材料缓蚀剂。良好的粉末包覆工艺可获得流动性好、包覆能力强，常温下比较稳定，中温时容易挥发脱除，无毒害作用、无腐蚀性的粉末。通过对包覆方法的研究和尝试，期望开发出低成本、高效率和环境友好型的绿色化工艺，配合烧结 Nd-Fe-B 的晶粒细化工艺，获得高性能磁体。另外，开发使用高性能钕铁硼永磁体封孔剂，可增加钕铁硼毛坯的存放时间，降低空气中的氧化，并改善磁体与镀层界面的结合力，从而获得高结合力的镀层，还可降低钕铁硼磁体成品的成本。

7. 废旧钕铁硼永磁材料的再生

系统研究并优化烧结钕铁硼油泥的回收工艺，使工艺过程不再繁复，工

艺产生污染少，并能具有成本优势，对磁性材料企业具有很强的现实意义，对整个稀土永磁的回收也具有重要价值。建议依据不同稀土种类和含量的油泥和不同种类的机加工辅助液，系统研究油泥的脱碳工艺；依据钙还原前混合氧化物的成分和氧含量，系统研究开发钙还原工艺。对于回收的块状废旧稀土永磁材料，建议加强通过重熔或氢爆工艺等途径制造再生磁体的研究。

废旧粘结稀土磁体的回收方面，针对在生产过程中硫化后的橡胶磁体材料，压缩成型的热固性树脂进行固化处理后的部分不合格品，以及回收器件中的粘结磁体，采用合适的化学溶剂和性价比高的可靠分离方法将磁粉与粘结剂进行分离，并对磁粉进行回收，从经济角度和资源利用角度都有重要意义。建议筛选化学溶剂，对化学溶剂对粘结磁体进行溶解后的分离效果、分离效率和分离回收使用的性价比进行系统评估，从而找到合适的化学溶剂以及合适的处理方法。

二、稀土单分子磁体方面

量子计算取得的巨大突破性进展预示着量子计算机步入商业和生活的步伐越来越近，同时也给予磁学工作者足够的动力继续专注单分子磁体方面的研究。因为单分子磁体不仅在量子计算、自旋电子学领域有潜在的应用价值，而且有望实现高密度信息存储，即在单个分子上存储和读写信息。另外，随着对双稳态化学体系的深入研究，科研工作者也逐渐意识到功能化单分子磁体的重要性，它们不仅可能为分子磁性材料的发展提供重要基础，同时也将会在量子计算领域谱写新的篇章。稀土单分子磁体的特点和研究方向可以分为以下四个方面：

1. 构筑高能垒、高阻塞温度和良好化学稳定性的单分子磁体

通过设计稀土离子的晶体场和磁相互作用来构筑具有高能垒、高阻塞温度和良好化学稳定性的单分子磁体，主要发展方向为改善分子整体的对称性、加强镧系离子间的磁相互作用，构建 Ln=N 键以改善配体原子和镧系离子中心的相互作用，引入卡宾配体增强磁各向异性，以富勒烯笼捕捉镧系离子得到高对称性或高轴对称性环境的单分子磁体等。

2. 揭示稀土单分子磁体的弛豫机理

稀土单分子磁体常常表现出复杂的多弛豫现象，对它们的弛豫机理至今

还没有合理统一的解释，因此需着力研究它们的磁动力学行为，揭示其中的弛豫机理。

3. 调控稀土单分子磁体的磁行为

基于稀土单分子磁体的磁动力学行为对它的结构非常敏感，微小的结构变化包括溶剂分子的释放、物理状态的改变等都会对它的磁性产生影响，可通过修饰端基配体、掺杂，以及外界光、电、热的刺激来对它的磁行为进行调控。

4. 设计新颖的多功能材料

结合稀土自身的荧光特性以及配体的光学活性，以及聚合物三维骨架的气体吸附、离子交换的性质而设计新颖的多功能材料。如磁性-发光化合物在信息存储与传输、显示器、发光传感器、荧光免疫分析等多个领域具有潜在的应用前景，已引起了人们极大的兴趣。

三、政策建议

发展稀土永磁材料的基础研究和应用开发不仅是科学研究本身发展的需要，更是国家科技和经济发展的需求。针对稀土永磁材料学科发展和新一代高技术产业的重大需求，提出以下建议。

1. 加强稀土永磁材料及其应用前沿和共性关键技术研发

设立以稀土永磁材料重大基础科学问题为牵引，结合产学研合作，重点支持和培育稀土永磁材料及其应用技术的研发，强化知识产权储备和布局，通过基因组等新型研究手段构建材料基因数据库，抢占新型稀土永磁材料知识产权和技术高地；加快高丰度/共伴生新型稀土永磁材料布局和研发进程，带动产业转型升级。

2. 坚持"以人为本"的理念，引进和培养稀土永磁材料领域专业人才

支持研究机构稀土永磁领域基础设施和科研环境建设，扶持高校、研究院所联合企业建设技术研发机构，将稀土永磁专项人才列入国家人才重点需求领域，加大各级人才引进和培养政策的幅度和保障力度；充分发挥青年人才的创新性和能动性，打造一批高质量、成规模、影响力高、结构合理的稀

土永磁人才队伍。

3. 鼓励装备研发应用

加强稀土永磁材料新型装备研发，以专项项目、资金补贴和配套等多种形式大力支持适用于稀土永磁材料研究、制造装备的创新、升级和应用，增强在稀土永磁材料技术与装备的领先优势。加强自动化生产装备开发，推进"机器换人"步伐，注重适用于全行业的关键自动化装备研发攻关，加强装备技术的知识产权保护力度，激励高校、研究院所联合企业进行制造装备的升级，大力推广智能化、自动化装备，使中国在真空快淬炉、自动压机、连续烧结炉、连续热压/热变形压机等关键设备方面达到世界先进水平，实现高性能磁体关键技术的突破，提升中国稀土永磁行业的整体技术水平和国际市场竞争力。

参考文献

［1］Fischbacher J，Kovacs A，Gusenbauer M，et al. Micromagnetics of rare-earth efficient permanent magnets. J Phys D：Appl Phys，2018，51：193002（17）.

［2］Tsukahara H，Iwano K，Mitsumata C，et al. Implementation of low communication frequency 3D FFT algorithm for ultra-large-scale micromagnetics simulation. Comput Phys Commun，2016，207：217-220.

［3］Yi M，Xu B X，Zhang H，et al. Atomistic spin model for $Nd_2Fe_{14}B$-type magnets. In：Proceeding of 25th International Workshop on Rare Earth Permanent Magnets and Advanced Magnetic Materials and Their Applications，2018，O14-A0425.

［4］Westmoreland S C，Evans R F L，Hrkac G，et al. Multiscale model approaches to the design of advanced permanent magnets. Scripta Mater，2018，148：56-62.

［5］Rottmayer R E，Batra S，Buechel D，et al. Heat-assisted magnetic recording. IEEE Trans Magn，2006，42：2417-2421.

［6］Toga Y，Matsumoto M，Miyashita S，et al. Monte Carlo analysis for finite-temperature magnetism of $Nd_2Fe_{14}B$ permanent magnet. Phys Rev B，2016，94：174433（9）.

［7］Hinokihara T，Nishino M，Toga Y，et al. Exploration of the effects of dipole-dipole interactions in $Nd_2Fe_{14}B$ thin films based on a stochastic cutoff method with a novel efficient algorithm. Phys Rev B，2018，97：104427（8）.

［8］Akai H. Maximum performance of permanent magnet materials. Scripta Mater，2018，

154：300-304.

[9] Kuno T，Suzuki S，Urushibata K，et al.（Sm，Zr）（Fe，Co）$_{11.0-11.5}$Ti$_{1.0-0.5}$ compounds as new permanent magnet materials. AIP Adv，2016，6：025221（5）.

[10] Fischbacher J，Kovacs A，Oezelt H，et al. On the limits of coercivity in permanent magnets. Appl Phys Lett，2017，111：072404（5）.

[11] Miyashita S，Nishino M，Toga Y，et al. Perspectives of stochastic micromagnetismof Nd$_2$Fe$_{14}$B and computation of thermally activated reversal process. Scripta Mater，2018，154：259-265.

[12] Miyake T，Akai H. Quantum theory of rare-earth magnets. J Phys Soc Jpn，2018，87：041009（10）.

[13] Nishio H，Yamamoto H，Nagakura M，et al. Effects of machining on magnetic properties of Nd-Fe-B system sintered magnets. IEEE Trans Magn，1990，26（1）：257-261.

[14] Nakamura H，Hirota K，Shimao M，et al. Magnetic properties of extremely small Nd-Fe-B sintered magnets. IEEE Trans Magn，2005，41（10）：3844-3846.

[15] Cao X J，Chen L，Guo S，et al. Coercivity enhancement of sintered Nd-Fe-B magnets by efficiently diffusing DyF$_3$ based on electrophoretic deposition. J Alloys Compd，2015，631：315-320.

[16] Cao X J，Chen L，Guo S，et al. Impact of TbF$_3$ diffusion on coercivity and microstructure in sintered Nd-Fe-B magnets by electrophoretic deposition. Scripta Mater，2016，116：40-43.

[17] 杨潇，郭帅，丁广飞，等. 晶界结构对晶界扩散行为影响机理的研究. 中国稀土学会 2017 学术年会摘要集，2017，87.

[18] 李家节，周头军，郭诚君，等. 烧结 NdFeB 磁体晶界扩散 DyZn 合金磁性能与抗蚀性能研究. 中国稀土学报，2018，35（6）：723-727.

[19] 高岩，刘国征，付建龙，等. 高性能烧结钕铁硼表面扩散镝铁工艺研究. 中国稀土学会 2017 学术年会摘要集，2017，86.

[20] Zeng H，Li Z，Li W，et al. Significantly enhancing the coercivity of NdFeB magnets by ternary Pr-Al-Cu alloys diffusion and understanding the elements diffusion behavior. J Magn Magn Mater，2019，471：97-104.

[21] Tang M，Bao X，Zhang X，et al. Tailoring the mechanical anisotropy of sintered NdFeB magnets by Pr-Cu grain boundary reconstruction. J Rare Earth，2019，37（4）：393-397.

[22] Bae K H，Lee S R，Kim H J，et al. Effect of oxygen content of Nd-Fe-B sintered

magnet on grain boundary diffusion process of DyH$_2$ dip-coating. J Appl Phys，2015，118（20）：203902（5）.

[23] Bae K H，Kim T H，Lee S R，et al. Magnetic and microstructural characteristics of DyF$_3$/DyH$_x$ dip-coated Nd-Fe-B sintered magnets. J Alloy Compd，2014，612：183-188.

[24] 王子涵，饶晓雷，胡伯平，等.热变形 Nd-Fe-B 磁体研究现状与发展趋势.热加工工艺，2015，44（19）：10-16.

[25] 王俊明，郭朝晖，靖征，等.热流变速率对纳米晶 Nd-Fe-B 磁体性能的影响.中国稀土学报，2018，36（3）：274-279.

[26] Xu X D，Sepehri-Amin H，Sasaki T T，et al. Comparison of coercivity and squareness in hot-deformed and sintered magnets produced from a Nd-Fe-B-Cu-Ga alloy. Scripta Mater，2019，160：9-14.

[27] Wang Z，Ju J，Wang J，et al. Magnetic properties improvement of die-upset Nd-Fe-B magnets by Dy-Cu press injection and subsequent heat treatment. Sci Rep-UK，2016，6：38335（12）.

[28] 剧锦云，陈仁杰，尹文宗，等. 一种稀土永磁体及其制造方法. 中国发明专利：201610212535.4，2016.

[29] 潘建峰，王红玉，张勇，等. 富稀土晶界相对三种热变形钕铁硼合金矫顽力的影响. 中国稀土学报，2018，36（1）：61-68.

[30] Akiya T，Liu J，Sepehri-Amin H，et al. High-coercivity hot-deformed Nd-Fe-B permanent magnets processed by Nd-Cu eutectic diffusion under expansion constraint. Scripta Mater，2014，81：48-51.

[31] Zhang T Q，Chen F G，Wang J，et al. Improvement of magnetic performance of hot-deformed Nd-Fe-B magnets by secondary deformation process after Nd-Cu eutectic diffusion. Acta Mater，2016，118：374-382.

[32] Lee Y I，Huang G Y，Shih C W，et al. Coercivity enhancement in hot deformed Nd$_2$Fe$_{14}$B-type magnets by doping low-melting RCu alloys（R = Nd，Dy，Nd + Dy）. J Magn Magn Mater，2017，439：1-5.

[33] Chang H W，Lee Y I，Liao P H，et al. Significant coercivity enhancement of hot deformed NdFeB magnets by doping Ce-containing（PrNdCe）$_{70}$Cu$_{30}$ alloys powders. Scripta Mater，2018，146：222-225.

[34] 胡伯平，饶晓雷，钮萼，等. 稀土永磁材料的技术进步和产业发展. 中国材料进展，2018，37（09）：653-661.

[35] Fidler J，Schrefl T. Overview of Nd-Fe-B magnets and coercivity. J Appl Phys，

1996，79（8）：5029-5034.

[36] 胡伯平. 稀土永磁材料的现状与发展趋势. 磁性材料及器件，2014，45（2）：66-80.

[37] Brooks O，Walton A，Zhou W，et al. The hydrogen ductilisation process（HyDP）for shaping NdFeB magnets. J Alloy Compd，2017，703：538-547.

[38] Brooks O P，Walton A，Zhou W，et al. Complete ductility in NdFeB-type alloys using the Hydrogen Ductilisation Process（HyDP）. Acta Materialia，2018，155：268-278.

[39] 彭海军，罗阳，于敦波，等. 添加 Ti 对快淬纳米晶 Nd-Ce-Fe-B 合金矫顽力的影响. 中国稀土学会 2018 学术年会摘要集，2018：37.

[40] 李岩峰，朱明刚，齐渊洪，等. Nd-Fe-B 速凝带的研究现状. 中国稀土学报，2018，36（4）：385-393.

[41] Endoh M，Tokunaga M，Harada H. Magnetic-properties and thermal stabilities of Ga substituted Nd-Fe-Co-B magnets. IEEE Trans Magn，1987，23（5）：2290-2292.

[42] 昭和电工株式会社. R-T-B 系稀土类永久磁铁、电动机、汽车、发电机、风力发电装置. PCT 中国发明专利：201180031647.5.

[43] Sasaki T T，Ohkubo T，Takada Y，et al. Formation of non-ferromagnetic grain boundary phase in a Ga-doped Nd-rich Nd-Fe-B sintered magnet. Scripta Materialia，2016，113：218-221.

[44] Ding G，Guo S，Chen L，et al. Coercivity enhancement in Dy-free sintered Nd-Fe-B magnets by effective structure optimization of grain boundaries. J Alloy Compd，2018，735：795-801.

[45] 魏恒斗，钱勇，钱辉，等. 边界结构改性对烧结钕铁硼矫顽力的影响. 稀土，2017，38（3）：57-59.

[46] Tereshina I S，Pelevin I A，Tereshina E A，et al. Magnetic hysteresis properties of nanocrystalline（Nd，Ho）-（Fe，Co）-B alloy after melt spinning, severe plastic deformation and subsequent heat treatment. J Alloy Compd，2016，681：555-560.

[47] Sepehri-Amin H，Ohkubo T，Shima T，et al. Grain boundary and interface chemistry of an Nd-Fe-B-based sintered magnet. Acta Materialia，2012，60（3）：819-930.

[48] Murakami Y，Tanigaki T，Sasaki T T，et al. Magnetism of ultrathin intergranular boundary regions in Nd-Fe-B permanent magnets. Acta Materialia，2014，71：370-379.

[49] Chrobak A，Ziołkowski G，Randrianantoandro N，et al. Ultra-high coercivity of（$Fe_{86-x}Nb_xB_{14}$）$_{0.88}Tb_{0.12}$ bulk nanocrystalline Magnets. Acta Materialia，2015，98：318-326.

[50] Ziółkowski G，Chrobak A，Klimontko J，et al. High coercivity in Fe-Nb-B-Dy bulk

nanocrystalline magnets. Phys Status Solidi A，2016，213：2954-2958.

[51] 马冬威，胡志华，瞿海锦，等. 烧结 Nd-Fe-B 磁体多主相复合制备及微观结构研究. 中国稀土学报，2017，35（6）：728-733.

[52] 黄涛，王向东，石晓宁，等. 钕铁硼稀土永磁材料腐蚀防护技术的研究进展. 中国稀土学报，2018，36（4）：394-405.

[53] 向可友，徐良，刘梦兰，等. 钕铁硼磁体表面电沉积纳米氧化硅复合镀锌层的研究. 表面技术，2017，46（4）：27-31.

[54] 刘国征，赵明静，夏宁，等. 烧结钕铁硼磁体长时间稳定性研究. 稀土，2017，38（6）：12-17.

[55] 胡志华，华建杰，马冬威，等. 烧结 Nd-Fe-B 磁体表面多弧离子镀 Ti（Al）N 镀层性能研究. 稀土，2017，38（6）：51-56.

[56] Xu J L，Xiao Q F，Mei D D，et al. Microstructure，corrosion resistanceand formation mechanism of alumina micro-arc oxidation coatings on sintered NdFeB permanent magnets. Surf Coat Technol，2017，309：621-627.

[57] Xu J L，Xiao Q F，Mei D D，et al. Preparation and characterization of amorphous SiO_2 coatings deposited by mirco-arc oxidationon sintered NdFeB permanent magnets. J Magn Magn Mater，2017，462：361-368.

[58] 丁雪峰. 烧结 NdFeB 表面磁控溅射陶瓷类薄膜防护性能的研究. 太原：中北大学，I，2016.

[59] 张鹏杰，吴玉程，曹玉杰，等. 前处理工艺对 NdFeB 表面真空蒸镀 Al 薄膜结构及性能的影响. 中国表面工程，2016，29（4）：49-59.

[60] Zhang P，Liu J，Xu G，et al. Anticorrosive property of Al coatings on sintered NdFeB substrates via plasma assisted physical vapor deposition method. Surf Coat Technol，2015，282：86-93.

[61] 邓飞云，武笑宇，余向飞，等. 超细粉体表面包覆技术研究进展. 材料开发和应用，2012，27（6）：102-104.

[62] 李现涛. 烧结钕铁硼废料的再制造技术及机理研究. 北京：北京工业大学，I-II，2016.

[63] Yin X，Liu M，Wan B，et al. Recycled Nd-Fe-B sintered magnets prepared from sludges by calcium reduction-diffusion process，J Rare Earth，2018，36：1284-1291.

[64] Li X T，Yue M，Liu W，et al. Recycle of waste Nd-Fe-B sintered magnets via NdH_x nanoparticles modification. IEEE Trans Magn，2015，51（11）：2102503（3）.

[65] 张月明，李安华，冯海波，等. 富铈液相合金添加的再生烧结钕铁硼磁体研究.

稀土，2018，39（4）：11-17.

［66］Sepehri-Amin H，Ohkubo T，Zakotnik M，et al. Microstructure and magnetic properties of grain boundary modified recycled Nd-Fe-B sintered magnets. J Alloy Compd，2017，694：175-184.

［67］张玉，刘敏. 废旧粘结钕铁硼永磁体的回收. 第十七届全国磁学和磁性材料会议论文集，2017，168.

［68］启明. 溶剂分解新方法及其在粘结磁体上的应用. 金属功能材料，2002（2）：36-37.

［69］Miura K，Masuda M，Itoh M，et al. Microwave absorption properties of the nano-composite powders recovered from Nd-Fe-B bonded magnet scraps. J Alloy Compd，2006，408-412：1391-1395.

［70］Gandha K，Ouyang G，Gupta S，et al. Recycling of additively printed rare-earth bonded magnets. Waste Manage，2019，90：94-99.

［71］Zhang Y，Ma T，Jin J，et al. Effects of REFe2 on microstructure and magnetic properties of Nd-Ce-Fe-B sintered magnets. Acta Mater，2017，128：22-30.

［72］Jin J，Zhang Y，Ma T，et al. Mechanical properties of La-Ce-substituted Nd-Fe-B magnets，IEEE Trans. Magn.，2016，52（7）：2100804（4）.

［73］Xi L L，Li A H，Feng H B，et al. Phase structure of Al-doped Ce-rich liquid phase alloys and its effect on magnetic properties of sintered Ce-Fe-B magnets. In：Proceeding of 25th International Workshop on Rare Earth Permanent Magnets and Advanced Magnetic Materials and Their Applications，O13-A0332，2018.

［74］Lai R，Chen R，Yin W，et al. High performance（La，Ce，Pr，Nd）-Fe-B die-upset magnets based on misch-metal. J Alloy Compd，2017，724：275-279.

［75］Zhang Z Y，Zhao L Z，Zhang J S，et al. Phase precipitation behavior of rapidly quenched ternary La-Fe-B alloy and the effects of Nd substitution. Mater Res Express，2017，4：086503（7）.

［76］Liao X F，Zhao L Z，Zhang J S，et al. Enhanced formation of 2：14：1 phase in La-based rare earth-iron-boron permanent magnetic alloys by Nd substitution. J Magn Magn Mater，2018，464：31-35.

［77］Liu Z，Zhang Z，Hussain M，et al. Understanding the fundamental behavior of La，Ce and Y based RE-Fe-B permanent magnetic alloys. In：Proceeding of 25th International Workshop on Rare Earth Permanent Magnets and Advanced Magnetic Materials and Their Applications，O12-A0174，2018.

［78］ Liao X，Zhang J，Yu H，et al. Understanding the phase structure，magnetic properties and anti-corrosion behavior of melt-spun (La，Y)$_2$Fe$_{14}$B alloys. J Magn Magn Mater，2019，489：165444（7）.

［79］ Liao X.，Zhang J.，Yu H.，et al. Exceptional elevated temperature behavior of nanocrystalline stoichiometric Y$_2$Fe$_{14}$B alloys with La or Ce substitutions. J Mater Sci，2019，54：14577-14587.

［80］ Ma T，Yan M，Wu K，et al. Grain boundary restructuring of multi-main-phase Nd-Ce-Fe-B sintered magnets with Nd hydrides. Acta Mater，2018，142：18-28.

［81］ Ma T，Wu B，Zhang Y，et al. Enhanced coercivity of Nd-Ce-Fe-B sintered magnets by adding (Nd，Pr)-H powders. J Alloy Compd，2017，721：1-7.

［82］ 吴茂林，周燕，师大伟，等. TbH$_3$ 晶界扩散对含 Ce 烧结 NdFeB 微观结构及性能影响. 中国稀土学会 2017 学术年会摘要集，2017，84.

［83］ Tang X，Sepehri-Amin H，Ohkubo T，et al. Coercivity enhancement of hot-deformed Ce-Fe-B magnets by grain boundary infiltration of Nd-Cu eutectic alloy. Acta Mater，2018，144：884-895.

［84］ Zha L，Wu R，Liu Z，et al. Efficiently controlling crystallization and magnetic properties of nanostructured Nd-Ce-Fe-B ribbons via electron beam exposure. J Alloy Compd，2019，807：151669（6）.

［85］ Zhang Y，Ma T，Yan M，et al. Post-sinter annealing influences on coercivity of multi-main-phase Nd-Ce-Fe-B magnets. Acta Mater，2018，146：97-105.

［86］ 白馨元，罗阳，于敦波，等. 热压/热变形钕铁硼和铈铁硼双主相磁体的结构及磁性能研究.中国稀土学会 2018 学术年会摘要集，2018，38.

［87］ 李卫，朱明刚，冯海波，等. 低成本双主相 Ce 永磁合金及其制备方法. 中国发明专利：201210315684.5，2012.

［88］ 朱明刚，王景代，李卫，等. 一种低钕、无重稀土高性能磁体及制备方法.中国发明专利：201110421875.5，2011.

［89］ 朱明刚，李卫，韩瑞，等. 一种高矫顽力烧结态 Ce 磁体或富 Ce 磁体及其制备方法. 中国发明专利：201510686157.9，2015.

［90］ Ding G，Guo S，Cai L，et al. Enhanced thermal stability of Nd-Fe-B sintered magnets by intergranular doping Y$_{72}$Co$_{28}$ alloys. IEEE Trans Magn，2015，51（8）：2100504（4）.

［91］ Fan X，Chen K，Guo S，et al. Core-shell Y-substituted Nd-Ce-Fe-B sintered magnets with enhanced coercivity and good thermal stability. Appl Phys Lett，2017，110（17）：172405（4）.

[92] Fan X, Ding G, Chen K, et al. Whole process metallurgical behavior of the high-abundance rare-earth elements LRE (La, Ce and Y) and the magnetic performance of Nd0.75LRE0.25-Fe-B sintered magnets. Acta Mater, 2018, 154: 343-354.

[93] Ma Q, Yue M, Xu X, et al. Effect of phase composition on crystal texture formation in hot deformed nanocrystalline $SmCo_5$ magnets. AIP Adv, 2018, 8: 056214 (4).

[94] Xu X, Li Y, Yue M, et al. Magnetic properties and texture of nanocrystalline $SmCo_5$ magnets prepared by lower-temperature hot deformation. In: Proceeding of 25th International Workshop on Rare Earth Permanent Magnets and Advanced Magnetic Materials and Their Applications, O16-A0532, 2018.

[95] Yu L Q, Zhang Y P, Yang Z, et al. Chemical synthesis of $Nd_2Fe_{14}B/Fe_3B$ nanocomposites. Nanoscale, 2016, 8: 12879-12882.

[96] 岳明, 吴琼, 李成林, 等. 制备各向异性 $SmCo_5$ 纳米粒子的新方法及磁性能的调控. 中国稀土学会 2018 学术年会摘要集, 2018, 66.

[97] Liu L, Liu Z, Li M, et al. Positive temperature coefficient of coercivity in $Sm_{1-x}Dy_x$ $(Co_{0.695}Fe_{0.2}Cu_{0.08}Zr_{0.025})_{7.2}$ magnets with spin-reorientation-transition cell boundary phases. Appl Phys Lett, 2015, 106 (5): 052408 (5).

[98] 刘雷, 闫阿儒. 双低温度系数 2: 17 型 SmCo 磁体的制备及稳定性研究. 中国稀土学会 2018 学术年会摘要集, 2018, 28.

[99] Song K, Sun W, Chen H, et al. Revealing on metallurgical behavior of iron-rich $Sm (Co_{0.65}Fe_{0.26}Cu_{0.07}Zr_{0.02})_{7.8}$ sintered magnets. AIP Adv, 2017, 7: 056238 (7).

[100] Zhang C, Liu Z, Li M, et al. The evolution of phase constitution and microstructure in iron-rich 2: 17-type Sm-Co magnets with high magnetic performance. Sci Rep-UK, 2018, 8: 9103 (9).

[101] Yu N, Zhu M, Fang Y, et al. The microstructure and magnetic characteristics of $Sm (Co_{bal}Fe_{0.1}Cu_{0.09}Zr_{0.03})_{7.24}$ high temperature permanent magnets. Scr Mater, 2017, 132: 44-48.

[102] Yu N, Zhu M, Song L, et al. Coercivity temperature dependence of Sm_2Co_{17}-type sintered magnets with different cell and cell boundary microchemistry. J Magn Magn Mater, 2018, 452: 272-277.

[103] Chen H, Wang Y, Yue M, et al. Attractive domain wall pinning enhanced magnetic properties via Cu particle doping in $Sm (Co, Fe, Cu, Zr)_z$ permanent magnets. In: Proceeding of 25th International Workshop on Rare Earth Permanent Magnets and Advanced Magnetic Materials and Their Applications, O16-A0259, 2018.

[104] Matsuura M，Yarimizu K，Tezuka N，et al. Magnetic properties of Mn diffused Sm$_2$Fe$_{17}$N$_x$ core-shell powder by reduction diffusion process. In：Proceeding of 25th International Workshop on Rare Earth Permanent Magnets and Advanced Magnetic Materials and Their Applications，O15-A0274，2018.

[105] Matsuura M，Shiraiwa T，Tezuka N，et al. High coercive Zn-bonded Sm-Fe-N magnets prepared using fine Zn particles with low oxygen content. J Magn Magn Mater，2018，452：243-248.

[106] Tozman P，Sepehri-Amin H，Takahashi Y K，et al. Intrinsic magnetic properties of Sm（Fe$_{1-x}$Co$_x$）$_{11}$Ti and Zr-substituted Sm$_{1-y}$Zr$_y$（Fe$_{0.8}$Co$_{0.2}$）$_{11.5}$Ti$_{0.5}$ compounds with ThMn$_{12}$ structure toward the development of permanent magnets. Acta Mater，2018，153：354-363.

[107] Zhu Z，Guo M，Li X L，et al. Molecular magnetism of lanthanide：Advances and perspectives. Coordin Chem Rev，2019，378：350-364.

[108] 袁晨. 单分子磁体磁构效关系的理论研究. 南京：南京师范大学，Ⅰ，2018.

[109] Ungur L，Chibotaru L F. Ab Initio Crystal Field for Lanthanides. Chem Eur J，2017，23（15）：3708-3718.

[110] 朱振华，郭梅，李晓磊，等. 单分子磁体研究的最新进展. 中国科学：化学，2018，48（8）：790-803.

[111] 张杉，李言，刘正宇，等. 一个新型的混合配体一维稀土镝（Ⅲ）配合物：合成、结构和磁性能. 天津师范大学学报（自然科学版），2018，38（3）：46-50.

[112] Gavey E L，Hareri M A，Regier J，et al. Placing a crown on Dy^{Ⅲ} - a dual property Ln^{Ⅲ} crown ether complex displaying optical properties and SMM behavior. J Mater Chem C，2015，3：7738-7747.

[113] Pointillart F，Cador O，Guennic B L，et al. Uncommon lanthanide ions in purely 4f single molecule magnets. Coordin Chem Rev，2017，346：150-175.

[114] Huang G，Fernandez-Garcia G，Badiane I，et al. Magnetic slow relaxation in a metal-organic framework made of chains of ferromagnetically coupled single-molecule magnets. Chem Eur J，2018，24：6983-6991.

[115] Tang J，Hewitt I，Madhu N T，et al. Dysprosium triangles showing single-molecule magnet behavior of thermally excited spin states. Angew Chem Int Ed，2006，45：1729-1733.

[116] 张宇. 多核稀土配合物的设计—合成及磁性研究. 呼和浩特：内蒙古大学，Ⅱ-Ⅲ，2018.

[117] Wu J，Zhao L，Zhang L，et al. Macroscopic Hexagonal Tubes of 3d-4f

Metallocycles. Angew Chem Int Ed，2016，55：15574-15578.

［118］Wu J，Li X L，Guo M，et al. Realization of toroidal magnetic moments in heterometallic 3*d*-4*f* metallocycles. Chem Commun，2018，54：1065-1068.

［119］Ungur L，Lin S Y，Tang J，et al. Single-molecule toroics in Ising-type lanthanide molecular clusters. Chem Soc Rev，2014，43：6894-6905.

［120］Latendresse T P，Bhuvanesh N S，Nippe M. Slow Magnetic Relaxation in a Lanthanide-[1]Metallocenophane Complex，J Am Chem Soc，2017，139：8058-8061.

［121］Latendresse T P，Bhuvanesh N S，Nippe M. Hard single-molecule magnet behavior by a linear trinuclear lanthanide-[1]metallocenophane complex. J Am Chem Soc，2017，139：14877-14880.

［122］Xiong J，Ding H Y，Meng Y S，et al. Hydroxide-bridged five-coordinate Dy Ⅲ single-molecule magnet exhibiting the record thermal relaxation barrier of magnetization among lanthanide-only dimers. Chem Sci，2017，8：1288-1294.

［123］Zhang P，Perfetti M，Kern M，et al. Exchange coupling and single molecule magnetism in redox-active tetraoxolene-bridged dilanthanide complexes. Chem Sci，2018，9：1221-1230.

［124］孙琳. 酰腙席夫碱-镝单分子磁体的构筑及磁弛豫动力学研究. 西安：西北大学，Ⅰ-Ⅱ，2018.

［125］Guo F S，Day B M，Chen Y C，et al. A dysprosium metallocene single-molecule magnet functioning at the axial limit. Angew Chem Int Ed，2017，56：11445-11449.

［126］Guo F S，Day B M，Chen Y C，et al. Magnetic hysteresis up to 80 kelvin in a dysprosium metallocene single-molecule magnet. Science，2018，362：1400-1403.

［127］Jia J H，Li Q W，Chen Y C，et al. Luminescent single-molecule magnets based on lanthanides：Design strategies，recent advances and magneto-luminescent studies. Coordin Chem Rev，2019，378：365-381.

［128］Long J，Guari Y，Ferreira R A S，et al. Recent advances in luminescent lanthanide based single-molecule magnets. Coordin Chem Rev，2018，363：57-70.

［129］Jiang S D，Wang B W，Su G，et al. A mononuclear dysprosium complex featuring single-molecule-magnet behavior. Angew Chem Int Ed，2010，122：7610-7613.

［130］Jim é nez J R，Díaz-Ortega I F，Ruiz E，et al. Lanthanide tetrazolate complexes combining single-molecule magnet and luminescence properties：The effect of the replacement of tetrazolate N$_3$ by β-Diketonate ligands on the anisotropy energy barrier. Chem Eur J，2016，22：14548-14559.

［131］朱灿灿. 基于 β-二酮配体的稀土配合物的合成及光-磁性能研究. 郑州：郑州轻工业学院，Ⅰ-Ⅱ，2018.

［132］Bi Y，Chen C，Zhao Y F，et al. Thermostability and photoluminescence of Dy(Ⅲ) single-molecule magnets under a magnetic field. Chem Sci，2016，7：5020-5031.

［133］Chen Y C，Liu J L，Lan Y H，et al. Dynamic magnetic and optical insight into a high performance pentagonal bipyramidal DyⅢ single-ion magnet. Chem Eur J，2017，23：5708-5715.

［134］梁福永. 基于环胺酚配体的 4f 和 3d-4f 配合物的构筑及性能研究. 南昌：江西理工大学，Ⅰ，2018.

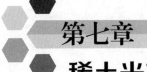

第七章
稀土光功能材料

第一节　国内外研究进展

稀土光功能材料具有照明、显示、医疗、生物荧光标记、农业、太阳能电池等丰富多样的终端应用领域，是稀土应用的主要领域之一。在诸多稀土的本征特性中，稀土的发光性质尤其突出。稀土元素因其原子具有未充满的 $4f$ 及 $5d$ 电子组态的特殊电子层结构，表现出丰富的电子能级，能级跃迁通道多达 20 余万个，产生的辐射吸收和发射发光几乎覆盖了从紫外、可见到红外的范围。与其它发光材料相比，稀土发光材料具有很多优点：发光谱带窄、色纯度高、色彩鲜艳；转换效率高；发射波长分布区域宽；荧光寿命从纳秒跨越到毫秒达 6 个数量级甚至更长。现有应用的发光材料几乎离不开稀土，不仅大多数发光材料需要以稀土元素（如 Ce，Eu，Tb，Dy，Tm，Er 和 Nd 等）为发光中心，而且稀土元素（如 Y，Gd，La 和 Lu 等）也是重要的发光材料基质组成部分。因此，稀土化合物成为探寻新型高性能发光材料的主要对象。

近年来，稀土光功能材料研究领域的新研究成果、新技术和新应用在带动着传统稀土光功能材料及其终端产业的更替与升级，从而推动了新的稀土光功能材料及其新产业的出现。如稀土荧光粉是照明用白光发光二极管（light emitting diode，LED）以及液晶显示背光源的核心材料之一，为人类提供了绿色高效的光源；稀土激光晶体和光纤在光通讯、激光测距、光信号中继放大、无人驾驶激光雷达、激光制造、国防高技术等诸多领域广泛应用；

稀土闪烁晶体是核医学成像设备的核心材料；而稀土纳米荧光材料则在快速和低成本的医学检测技术中有重要应用。本节将重点回顾近年稀土光功能材料在上述各领域应用研究方面的进展情况。

一、绿色照明与显示

稀土发光材料种类和用途的更迭是时代发展进步的产物，与产业升级密不可分，照明与显示领域的技术革新与更替速度尤快。传统三基色荧光灯与冷阴极荧光灯（cold cathode fluorescent lamp，CCFL）曾经一度是室内外照明与背光显示的主流技术，但存在环境污染和光效较低等技术瓶颈。二十世纪末以来，为了适应高效节能、绿色环保的三基色节能照明、半导体照明（light emitting diode，LED）及高清平板显示（flat display panel，fDP）技术，如液晶显示（liquid crystal display，LCD）、等离子显示（plasma display panel，PDP）、3D显示、场发射显示（field emission display，FED）与有机发光二极管（organic light-emitting diode，OLED）等的发展需求，稀土发光材料的研究又步入了一个新的活跃期。随着更为绿色、高效节能的半导体芯片技术的迅速发展，白光LED照明与背光显示技术已经成为新的市场主流技术，也导致了传统三基色荧光灯和CCFL灯用稀土发光材料市场规模大幅度缩水，2017年其市场规模减至约1000t，仅只有高峰期时的十分之一左右。此外，PDP技术几乎完全退出历史舞台，相应的PDP荧光粉市场也完全萎缩。这进一步加剧了传统照明与显示用稀土荧光粉的需求疲软。而半导体照明是全球公认的新一代节能照明产品，白光LED用稀土发光材料市场迅猛发展，我国LED光源整体产值2016年首次突破5000亿元，产业规模同比增长了22.8%。但由于单个器件所需稀土荧光粉用量很少，其总体市场消耗也仅仅达到百吨级稀土的规模。

预计到2020年将占照明市场70%的份额，市场规模将达800亿欧元。但是，商业化白光LED用稀土发光材料主要核心专利均为日本、美国和欧洲的研究机构和企业掌握，如商业化YAG:Ce黄粉+蓝光半导体芯片封装技术为日亚化学专利，商业化CASN氮化物红色荧光粉为三菱化学专利。随着半导体发光器件应用水平不断提高、应用领域不断拓展，涌现出许多新兴技术需求，如超大功率照明、激光照明、高效近红外发光LED、全光谱照明、植物照明等，这些将是未来技术争夺的焦点。目前国外研究机构和公司在全光谱照明、激光照明、高效近红外发光材料等领域处于领先水平；国内在超大功率照明、植物照明等领域做得较好。

稀土发光材料根据组成可分为稀土无机发光材料和稀土有机配合物发光材料。目前，稀土无机发光材料仍占据市场的主导地位。

1. 稀土无机发光材料

当下全球的能源和环境都面临严峻的问题，节能环保的"绿色照明"和显示技术成了一个热门的研究方向。作为白光发光二极管（LED）固态照明技术中关键材料的无机固体发光材料（白光 LED 用荧光粉）被列为中国科学院科技战略咨询研究院等单位发布的《2016 研究前沿》中指出的"化学与材料科学"领域的 10 个热点前沿之一，备受国内外学术界和产业界的关注。

白光 LED 具有更长的使用寿命、更低的能量消耗、更高的可靠性，且更为环保。荧光粉涂敷型 LED 是目前固态照明的主要方法。在获取白光 LED 的技术方案中，综合成本、技术和性能等因素考虑，以蓝光 InGaN 芯片激发 $YAG:Ce^{3+}$ 黄色荧光粉是目前市场应用最广泛的白光产生方式。但因其主要为波长 450nm 左右蓝光芯片激发荧光粉形成白光，会导致蓝光辐射过重，同时所得到的白光光谱中缺少红色及绿色成分，难以制得高显色的白光 LED 器件，特别是一些劣质的光源产品，容易导致视力下降、白内障、失明等不同程度的眼疾。因此，高质量的类自然光全光谱 LED 光源，已成为健康舒适照明发展的新趋势。目前的 LED 全光谱光源可有多种解决方案。蓝光芯片结合红色和绿色荧光粉的组合是 LED 技术发展的一个重要方向。以 450～460nm 蓝光芯片激发混合荧光粉，通过改善荧光粉提高显色指数和光效，Ra 可达到 97 以上，但依然表现为较高强度的蓝色波峰，只是荧光粉的覆盖波段比普通 LED 更宽泛，但光谱的连续性并不完美，且各波段的强度比例与太阳能之间存在很大差异，因此这种解决方案用于健康照明的优势并不明显。另外一种更优方案为紫光芯片激发红、绿、蓝多色荧光粉，实现连续光谱。这种方案的光源最大限度地接近太阳光谱，不仅可实现高还原度、高饱和度，而且避免了短波蓝光的出现。

1）蓝光激发 LED 荧光粉

与蓝光芯片结合用于白光 LED 发光的商用荧光粉主要有 $(Y, Gd)_3(Al, Ga)_5O_{12}:Ce^{3+}$（525～580nm）、$(Ca, Sr)AlSiN_3:Eu^{2+}$（610～660nm）、$(Ba, Sr)_2SiO_4: Eu^{2+}$（515～525nm）、$A_2BF_6$（A = Na，K，Rb，Cs；$A_2$ = Ba，Zn；B = Si，Ge，Ti，Zr，Sn）$:Mn^{4+}$（窄带发射，～630nm）、$SrLiAl_3N_4:Eu^{2+}$（窄带发射，～650nm）、$BaSi_2O_2N_2:Eu^{2+}$（～490nm）。

　　蓝光芯片涂敷的荧光粉需要具有与蓝光发射谱较好匹配的宽激发谱、发射谱适宜、量子效率高、热淬灭系数小、化学稳定性好等性能。激活离子（如 Eu^{2+} 或 Ce^{3+}）宇称允许的 d-f 电偶极跃迁可实现高强度发射，其 $5d$ 电子与邻近配位阴离子存在强相互作用，吸收和发射波长可通过基质晶格调节。氮化物基质有比氟化物和氧化物基质引起更大 $5d$ 能级偏移的能力。稀土掺杂的氮化合物以[SiN₄]或/和[AlN₄]四面体为骨架，可形成丰富多变的结构类型，为 Eu^{2+}/Ce^{3+} 等稀土离子发光中心提供了多样化的配位环境，有效降低稀土离子最低 $5d$ 能级，相应的激发和发射光谱红移，可实现高效的蓝光吸收和红光发射，满足白光 LED 照明和显示需求。Eu^{2+} 被认为是 $Sr_2Si_5N_8$ 基质中应用最有前途的激活剂，因其可产生由 $4f^6 5d^1$-$4f^7$ 跃迁产生的宽发射带。Wang 等[1]和 Cui 等[2]分别以稀土铕掺杂的 $CaAlSiN_3$（照明用宽带发射）和 $SrLiAl_3N_4$（显示用窄带发射）基氮化物红色荧光粉为研究对象，系统研究了不同晶体学位置可容纳的元素种类和含量，以及对稀土配位环境和发光性能的影响。并通过收集和分析大量数据，揭示了氮化物中稀土 Ce^{3+}/Eu^{2+} 的 $5d$ 能级与结构和成分之间的关系。Wang 等[3]还搜集分析了氮化物中 Ce^{3+} 和 $Eu^{2+}4f^{n-1}5d$ 能级的晶体场分裂能 ε_{cfs} 数据。研究显示，晶体场分裂与配位数、配位多面体形状和尺寸相关，但与阴离子种类无关。该研究可为 Ce^{3+} 或 Eu^{2+} 掺杂氮化物荧光粉发光性能预测提供指导，为白光 LED 用新型荧光粉的设计和开发提供依据。

　　考虑到 Eu^{2+} 和 Sr^{2+} 具有非常接近的离子半径，Liu 等[4]合成了一系列 $Sr_{2-2x}Eu_{2x}Si_5N_8$ 固溶体化合物。测试表明，这些化合物的发光带最大值在 610～725nm 的较大范围内变化。热淬灭性能随 Eu^{2+} 增加呈现恶化趋势；x = 0.15 时化合物的结晶性最好；在 660nm 具有最高的发射强度，温度升高至 400K 时发射强度仍能保持室温时 88.5%。深红荧光粉 $Sr_2Si_5N_8$：Eu^{2+} 的 LED 器件组装实验展现了其在全谱高质量照明、彩色装饰照明、植物生长照明等方面应用的良好前景。

　　由于 Ce^{3+} 离子只含有一个 $4f$ 电子，具有最简单的 $4f$-$5d$ 跃迁，因而 Ce^{3+} 激发的荧光粉激发和发射波长范围受其周围配位环境的影响非常明显，可以很好的从材料发光性质探测基质结构信息。而双晶格位发光材料存在不止一个发光中心，相比于单一晶格位发射有更宽的光谱响应区间，使材料对光的吸收效率增强。许多荧光粉基质可供激活离子占据的晶体学格位都不止一种，因此，可通过调控激活离子在晶体学格位中的占位实现 Ce^{3+} 发光性质的调控。$M_3Al_2O_6$（M = Ca，Sr）晶体结构中存在 6 种不同的 Ca/Sr 晶格位，

Ce^{3+}在这几种不同的晶格位上应对应着不同的激发和发射光谱。在$Ca_3Al_2O_6$和$Ca_{2.5}Sr_{0.5}Al_2O_6$中，Ce^{3+}较容易进入配位数为7、8、9的M晶格位，分别发射黄光、绿蓝光和紫蓝光。Li等[5]通过合成原料的选择及掺杂浓度的调整两种方式，实现了通过Ce^{3+}占位的调控进行光谱的调控。发现若用Al_2O_3作为Al源，在合适的温度、时间下，$Ca_3Al_2O_6:Ce^{3+}$和$Ca_{2.5}Sr_{0.5}Al_2O_6:Ce^{3+}$均以蓝光激发下的黄光发射（550nm）为主；而若用$Al(OH)_3$作为Al源，$Ca_3Al_2O_6:Ce^{3+}$以近紫外光激发下的紫蓝光（418nm）发射为主，而$Ca_{2.5}Sr_{0.5}Al_2O_6:Ce^{3+}$的发光随$Ce^{3+}$浓度的增加从绿蓝光（470nm）逐渐蓝移到紫蓝光（418nm）。

Qiu等[6]采用溶胶－凝胶法制备了一系列$Sr_{3-m}Ca_m(BO_3)_2:Eu^{2+}$固溶体荧光粉。随着$m$值逐渐增大，固溶体荧光粉发射光谱呈现连续性蓝移现象。研究发现，晶胞参数随Ca^{2+}含量增加发生连续变化。通过测定Eu^{2+}在固溶体荧光粉中的衰减曲线，以及计算和比较碱土金属阳离子配位多面体的变形指数与对称性变化，可判断Eu^{2+}离子在固溶体晶体中选择性格位掺杂，推测其光谱迁移的可能机理。通过改变荧光粉中Sr/Ca比例，发射波长在橙黄光-绿光区范围内可调；发射峰半峰宽大于70nm，有利于提高LED的显色指数。激发光谱能够与蓝光芯片匹配，可作为黄色-绿色成分应用于蓝光芯片白光LED的荧光粉。

大功率LED由于寿命长、能耗低等特点受到了广泛的关注。该领域应用的$La_3Si_6N_{11}:Ce^{3+}$氮化物黄色荧光粉高温固相合成存在纯相合成困难和发光效率低等问题。杜甫等[7]以高纯氮化物作为原材料，通过控制工艺条件制备了高纯$La_3Si_6N_{11}:Ce^{3+}$荧光粉，有效提升了外量子效率。在最佳Ce^{3+}浓度激发下，该荧光粉发射峰值波长位于535nm，半峰宽为110nm覆盖黄绿区，监测波长为530nm下，激发光谱主要分布在紫外区和蓝光区的宽带激发。通过Y掺杂，实现了发射光谱峰值波长由535nm红移至552nm，显著改善了封装后的光色性能。此外，该荧光粉具有优异的热稳定性能，变温光谱测量结果显示在200℃温度下，外量子效率保持在室温下的98%以上，绝对量子效率达78.2%。

2）紫外光激发LED荧光粉

红、绿、蓝三基色荧光粉在紫外光LED芯片激发下制备白光LED的方式具有高显色、高光效、稳定的发光颜色等特点，有望成为市场白光LED的主流。

（1）红色荧光粉

红色荧光粉不仅可有效改善显色指数，还可控制发射谱分布。近年，Eu^{2+}

掺杂的含 Li 氮化物（M-Li/Mg -Si/Al-N，M＝Ca，Sr，Ba）因具有良好的窄带红色发射成为发光材料领域研究的热点。其中 Sr[LiAl$_3$N$_4$]：Eu^{2+}作为一个典型代表，量子效率高，热稳定性好，展现了在白光 LED 领域实际应用的良好潜质。Eu^{2+}取代 M 后位于一个特殊的刚性结构内，这一结构限域性以及氮化物中的强共价键使 Eu^{2+}产生窄带红光发射。Wu 等[8]通过固相反应合成的 Li$_2$SrSi$_2$N$_4$:Eu^{2+}在近紫外谱区激发下于 615nm 产生 FWHM=100nm 的红光发射。Li$_2$SrSi$_2$N$_4$能带宽度的 DFT 计算和实验测定值分别为 3.2eV 和 3.9eV，但这一相对较窄的带宽也导致了 Li$_2$SrSi$_2$N$_4$:Eu^{2+}热稳定性较差。使用该荧光粉封装的白光 LED 器件显色指数高，相关色温低，因而 N-Li-Si 体系或可成为稀土掺杂红色荧光粉的良好基质材料。

Eu^{3+}离子由于独特的 4f^6 电子构型通常会产生源于其 ^{5}D$_0$ 多重态的红色荧光，作为红色荧光粉发光中心，表现出很好的发光性能，因此 Eu^{3+}掺杂的荧光粉受到了广泛的研究，并且在照明显示领域有着重要的应用。Eu^{2+}掺杂的 Ba$_2$SiO$_4$荧光粉已在 LED 中应用，但 Eu^{3+}掺杂的 Ba$_2$SiO$_4$因其不能被紫外或蓝光高效激发而少有研究。但随着高能紫外 LED 芯片的出现，Eu^{3+}荧光粉也得到了 LED 中实际应用的可能。但 Eu^{3+}在传统固相合成工艺制备中不常见，因为在制备绿色荧光粉通常采用还原灼烧气氛，Eu^{2+}也更容易取代晶格位点中 Ba^{2+}离子。Bispo 等[9]采用一种改进的溶胶凝胶方法合成得到了 Eu^{3+}掺杂的 Ba$_2$SiO$_4$荧光粉。Ba^{2+}被 Eu^{3+}的取代导致了 Ba$_2$SiO$_4$位点中的结构缺陷，所得红色荧光粉的光学带隙值小于正常纯 Ba$_2$SiO$_4$基质，证明 Eu^{3+}增加了基质的结构/电子缺陷。4%掺杂的样品展现了最高的相对发光强度，而 5%掺杂的样品具有最高的量子效率（72.6%）。

钡长石（BaAl$_2$Si$_2$O$_8$），属于铝硅酸盐类物质，同样具有硅酸盐体系基质的各项优点。王飞等[10]通过高温固相法合成了红色荧光粉系列 Ba$_{1-x}$Al$_2$Si$_2$O$_8$:Eu^{3+}$_x$，Li$^+$$_{0.03}$，并系统地研究了该系列荧光粉的晶体结构和发光性质。通过 393nm 波段对系列试样进行有效激发，收集到发射光谱均位于 550～750nm，且发射光谱中出现多条锐线峰，在 614nm（^{5}D$_0$→^{7}F$_2$）处发射峰最强。当掺杂离子 Eu^{3+}浓度 x≤0.03 时，荧光粉的发光强度随着掺杂离子 Eu^{3+}浓度 x 的增加而增加，当 x>0.03 时，随 x 的增加而减小，浓度淬灭机理为电偶极–电偶极相互作用。

稀土离子掺杂的氟化物纳米材料由于其具有无辐射几率小、声子能量低、高热稳定性、化学稳定性、量子效率高、上转换效率高等优点，因此是各种荧光发射的理想基质材料。从应用的角度考虑，制备的纳米材料不但要具有可调节的微观结构和尺寸、理想的成分，而且要用绿色环保的方法进行合成和组装。因此，如何采用一种温和、可控的方法，制备具有特定结构以及稳定光学性质的稀土氟化物发光材料便具有了重要的理论意义和实际价值。已有研究采用共沉淀法制备了 $LaF_3:Eu^{3+}$，但其主峰位置在 591nm 处，为橙红色荧光粉。张晓蓉等[11]采用微波法成功合成了具有特殊荧光性质的 Eu^{3+} 掺杂 LaF_3 和 CaF_2 红色荧光粉。制备的 $LaF_3:Eu^{3+}$ 为椭球状粒子，$CaF_2:Eu^{3+}$ 为近立方状粒子。调节酒石酸钠的添加量与 Eu^{3+} 掺杂量能够调控 Eu^{3+} 在 LaF_3 与 CaF_2 晶格中所处的位置，进而影响发射主峰的位置和强弱。以 LaF_3 作为基质，当酒石酸钠添加适量时，在紫外光激发下获得了以 $^5D_0 \rightarrow ^7F_2$ 跃迁为主的红色荧光粉；当 Eu^{3+} 掺杂量 $x = 0.6$ 时，获得了同时具有 $^5D_0 \rightarrow ^7F_2$ 跃迁和 $^5D_0 \rightarrow ^7F_1$ 跃迁的荧光粉；以 CaF_2 作为基质，当适宜酒石酸钠添加量，Eu^{3+} 掺杂量 $x = 0.4$ 时，Eu^{3+} 在 CaF_2 中的格位发生转变，获得了以 $^5D_0 \rightarrow ^7F_2$ 跃迁为主的红色荧光粉。

$NaBiF_4$ 是一种优异的荧光基质材料，其纳米颗粒的上转换荧光行为已有系统研究。Du 等[12]在室温下，采用超快化学沉淀方法制备了 Eu^{3+} 激活的 $NaBiF_4$ 纳米颗粒荧光粉，并在 394nm 光激发下获得了明亮的红色发光。优化的掺杂浓度为 40mol%，浓度猝灭机制为偶极-偶极相互作用控制；温度相关光致发光光谱显示所制备的荧光粉具有相当好的热稳定性，活化能达到 0.237eV；合成纳米颗粒的内量子效率估计高达 73.1%。与商用蓝粉和绿粉混合涂敷装配的近紫外激发 LED 装置，可发出明亮的白光，具有 88.2 的高显色指数和 6851K 的适中相关色温。该荧光粉还具有优异的阳极射线发光性能，或也可用于场发射显示领域。

商用红色荧光粉 $Y_2O_3:Eu^{3+}$、$Y_2O_2S:Eu^{3+}$，$CaAlSiN_3:Eu^{2+}$ 和 $Ba_2Si_5N_8:Eu^{2+}$ 等的合成常需要较高的温度（如大于 1273K）或还原气氛，导致高成本或环境问题。Zhao 等[13]制备了具有良好热稳定性的、可发射高亮度红光的甲酸铕 $Eu(HCOO)_3$ 晶体。在 395nm 光激发下，该晶体发射的红光色纯度高达 90.4%。$Eu(HCOO)_3$ 与蓝色 $BaMgAl_{10}O_{17}:Eu^{2+}$ 和绿色 $(Ba, Sr)_2SiO_4:Eu^{2+}$ 组成三基色荧光粉，在近紫外芯片表面涂敷组装的白光 LED 灯，可得到良好的发光显色指数（78.2）和相关色温（6386K）性能。

（2）蓝色和绿色荧光粉

蓝色荧光粉大多基于 Eu^{2+} 和 Ce^{3+} 掺杂，但合成过程通常也需要还原环境，且 Eu^{2+} 和 Ce^{3+} 易于被氧化，导致荧光粉使用寿命降低。Yang 等[14]在更简单的合成条件下制备了具有良好化学稳定性的 Bi^{3+} 和 Dy^{3+} 共掺杂 $SrGa_2B_2O_7$

蓝色荧光粉。其中，Bi^{3+}作为蓝光的发光中心，Dy^{3+}作为敏化剂，可增强Bi^{3+}的蓝光发射，改善荧光粉的发光效率和稳定性。$Sr_{0.98}Ga_2B_2O_7$:$0.01Bi^{3+}$，$0.01Dy^{3+}$荧光粉量子产率高达65.54%，在紫外光激发下展现了明亮的430nm蓝光发射，色纯度为94.2%，且在高温下仍能保持强的蓝光发射（95%，100℃）。

Xiao等[15]采用高温固相合成制备了一种$Ba_2(Lu_{0.98}La_{0.02})_5B_5O_{17}$:$Ce^{3+}$（BLLB: Ce^{3+}）蓝光发射荧光粉。$Ba_2Lu_5B_5O_{17}$通常难以获得纯相，研究发现引入具有更大离子半径的La^{3+}（2%）取代Lu^{3+}可稳定化其结构。在348nm光激发下，纯相BLLB:Ce^{3+}荧光粉在443nm出现了一个蓝光发射峰，发光内量子效率（92%）与商用蓝粉$BaMgAl_{10}O_{17}$:Eu^{2+}相当。1% Ce^{3+}掺杂荧光粉的发光强度最大，Ce^{3+}离子间发光猝灭的临界距离为2.41nm，猝灭温度为403K。BLLB:Ce^{3+}蓝粉与商用$(Ba, Sr)_2SiO_4$:Eu^{2+}绿粉和$CaAlSiN_3$:Eu^{2+}红粉混合装配的近紫外激发LED产生的白光具有较低的相关色温（4356K）和较高的显色指数（93.2）。

与紫外芯片相匹配的绿色和红色商用荧光粉ZnS:Cu^+，Al^{3+}和Y_2O_2S:Eu^{3+}化学稳定性差，严重影响LED寿命，且对环境有污染。硅酸盐合成方法简单、物理化学和热稳定性好，是稀土荧光材料的良好基质。近年来，Eu^{2+}单掺的碱土正硅酸盐Ba_2SiO_4、Sr_2SiO_4、Mg_2SiO_4、Ca_2SiO_4基质荧光粉被广泛研究，它们在440～570nm范围内表现出强烈的宽带发光，且改变碱土正硅酸盐体系中碱土金属离子（Ba^{2+}、Ca^{2+}、Sr^{2+}、Mg^{2+}等）相对含量或是用碱金属离子（Li^+、Na^+、K^+等）部分取代碱土金属离子所形成固溶体的晶体环境不同，具有f-d跃迁的稀土离子掺杂的正硅酸盐和其固溶体的荧光特性也会不同，发光位置会随着晶体环境的不同而改变，如Eu^{2+}，Ce^{3+}，当它们处在不同的晶体环境时，其发射光谱可以从近紫外区延伸到近红外区。周晨露等[16]选用具有宽谱吸收特性的Ce^{3+}离子为敏化剂，与激活剂Eu^{2+}离子组合，采用高温固相法合成了蓝色Ca_2SiO_4:Ce^{3+}以及蓝绿双色Ca_2SiO_4:Ce^{3+}，Eu^{2+}荧光粉。结果显示，在355nm激光激发下，Ca_2SiO_4:Ce^{3+}，Eu^{2+}不仅产生了Ce^{3+}的蓝光，还产生了峰值在505nm的Eu^{2+}宽带绿光发射。随着Eu^{2+}浓度的增加，Ce^{3+}的蓝光发射强度不断降低，荧光寿命逐渐减小，证实了存在Ce^{3+}→Eu^{2+}的能量传递。Ce^{3+}单掺、Ce^{3+}-Eu^{2+}共掺荧光粉均可吸收近紫外波段的光，并产生蓝光和绿光发射，表明它们是很有潜力的近紫外激发的白光LED用荧光材料。

Wang等[17]报道了一种微波促进含RE^{3+}、磷酸、尿素和硫酸根阴离子溶液反应简易制备 REPO$_4$ 单分散荧光粉的途径。较大稀土离子 La～Tb 的磷酸盐晶化得到六方结构，而较小离子稀土 Dy～Lu 和 Y 的磷酸盐为准四方结构。尿素分子可在微波辐射条件下迅速水解，有利于 REPO$_4$ 的爆发式成核；而 SO$_4^{2-}$ 的存在认为可抵消成核表面吸附 H$^+$ 的静电排斥作用，促进成核的有效团聚，形成单分散微球。随 SO$_4^{2-}$/RE^{3+} 摩尔比不同，所得微球的平均直径位于 1.8～2.7μm 之间。制备的以 YPO$_4$ 为基质、不同稀土激活剂掺杂的稀土磷酸盐荧光粉，发光颜色在红到深蓝的大跨度范围变化。该研究发展的合成途径应也可在其它类无机材料合成中获得更为广泛的应用。

传统白光 LED 用绿色荧光粉主要包括铝酸盐、磷酸盐和硅酸盐等体系。其中，铝酸盐和磷酸盐基质荧光粉的颜色不纯正、发光效率较低，而硅酸盐基质荧光粉存在热稳定性和化学稳定性较差的问题。β-Sialon 是以 (Si, Al) (O, N)$_4$ 四面体为基本结构单元形成的新型氮氧化物，具有优异的常温和高温力学性能、化学稳定性和热稳定性。β-Sialon:Eu^{2+} 绿色荧光粉具有高发光效率、可被可见光有效激发、高的热稳定性和化学稳定性等优点，在白光 LED 领域已受到广泛重视。陈凯等[18]总结了近年白光 LED 用 β-Sialon:Eu^{2+} 绿色荧光粉的研究进展和应用现状，并提出了相关发展趋势。为提升 β-Sialon:Eu^{2+} 荧光粉的发光性能，建议未来应重点研究 Eu^{2+} 在 β-Sialon 基质晶格中所处的化学环境与 β-Sialon:Eu^{2+} 荧光粉发光性能之间的关系，提高制备过程中 Eu^{2+} 进入 β-Sialon 晶格六边形管状通道的含量。在研究手段上，可考虑利用理论计算对比预测、同步辐射光源或者球差电镜等技术深化对 β-Sialon:Eu^{2+} 荧光粉发光特性与发光中心晶格配位环境关系的研究；在组成与结构上，可通过元素掺杂或者形貌控制等手段，改善稀土离子周围的晶体场环境，实现 β-Sialon:Eu^{2+} 荧光粉量子效率的提高或者发光性能的裁剪设计等。另外，在探索条件和缓、低成本制备 β-Sialon:Eu^{2+} 荧光粉的工艺技术以及改善合成粉体的形貌与粒径分布等方面，仍有待进一步突破创新。

（3）可调色发光荧光粉

传统应用的绿色和红色荧光粉 LaPO$_4$:Tb^{3+} 和 Y$_2$O$_2$S:Eu^{3+} 具有较高的量子效率和色纯度，但由于 4f-4f 禁阻跃迁使其在近紫外的激发带窄且弱。仅从光谱学角度，Eu^{2+} 掺杂的（氧）氮化物荧光粉可满足上述要求，但苛刻的合成条件严重限制了它们的实际应用。敏化是一个有效扩展近紫外激发带、增强稀土离子发射的良好途径。Zhang 和 Gong[19]的研究发现应用 Ce^{3+}→Tb^{3+}→Eu^{3+} 级联能量传递策略，可以获得高效的 Eu^{3+} 敏化红光发射。他们合成的系列 Ce^{3+}，Tb^{3+}，Eu^{3+} 三掺杂 KBaY(BO$_3$)$_2$（KBYB）荧光粉通过 Ce^{3+} 的 4f-5d

跃迁吸收近紫外光，受激产生的蓝色发射可敏化 Tb^{3+} 和 Eu^{3+} 的绿色和红色发射。通过对 Ce^{3+} 和 Tb^{3+} 荧光寿命和荧光强度的拟合，确定了 $Ce^{3+} \rightarrow Tb^{3+}$ 和 $Tb^{3+} \rightarrow Eu^{3+}$ 能量传递机理的具体类型。基质结构和 Tb^{3+} 掺杂浓度对 $Ce^{3+} \rightarrow Tb^{3+} \rightarrow Eu^{3+}$ 能量传递效率有重要影响，随 Tb^{3+} 浓度增大，Ce^{3+}-Eu^{3+} 之间的金属-金属电荷迁移效应减弱，而 Tb^{3+} 作为连接 Ce^{3+} 和 Eu^{3+} 的桥梁效应逐渐增强，极大地提高 Eu^{3+} 红光发射的敏化效果。通过控制 Ce^{3+}/Tb^{3+}/Eu^{3+} 比例，荧光粉的发光可在蓝色、绿色和红色之间调节，具有宽带近紫外吸收峰，可作为近紫外光激发的下转换荧光粉。

Li 等[20]合成了 Ce^{3+}/Tb^{3+}/Eu^{3+} 离子掺杂的 $(GaO)_3(BO_3)_4$ 蓝、绿和红色系列荧光粉。基于上述 $Ce^{3+} \rightarrow Tb^{3+} \rightarrow Eu^{3+}$ 桥联能量转移机制，在 344nm 紫外光激发下，系列荧光粉的发射光可从蓝（0.1661，0.0686）、绿（0.3263，0.4791）到红（0.5284，0.4040）调节。$(GaO)_3(BO_3)_4:Ce^{3+}$，Tb^{3+}，Eu^{3+} 还具有非常高的内量子产率以及良好的热稳定性。Li 等[21]还合成了 Tb^{3+}、Eu^{3+} 共掺杂 $LaBWO_6$ 荧光粉，在 380nm 近紫外激发下具有源于 Tb^{3+} 和 Eu^{3+} 离子 f-f 跃迁的可调可见光发射，可用于基于近紫外激发的白光 LED。通过增加 Eu^{3+}/Tb^{3+} 浓度比，$LaBWO_6:Tb^{3+}$，Eu^{3+} 荧光粉发光从绿到黄，再到红色可调。Tb^{3+} 和 Eu^{3+} 离子间的能量转移为共振型偶极-偶极机制，计算的浓度猝灭临界距离为 11.1Å。另外，温度相关发射光谱显示所制备的荧光粉具有良好的热稳定性。

Wang 等[22]制备的 $Ca_3Lu(AlO)_3(BO_3)_4:0.02Ce^{3+}$，$xTb^{3+}$ 中随 Tb^{3+} 掺杂浓度的增加，荧光粉发光颜色从深蓝（0.1691，0.0476）到绿色（0.3663，0.5388）可调，x 为 0.5 时绿光的发射强度最大。$Ca_3Lu(AlO)_3(BO_3)_4:Ce^{3+}$，$Tb^{3+}$ 荧光粉最大内量子效率为 69.3%，Ce^{3+} 到 Tb^{3+} 的能量转移效率高达 96%。蓝色 $BaMgAl_{10}O_{17}:Eu^{2+}$、红色 $CaAlSiN_3:Eu^{2+}$ 和绿色 $Ca_3Lu(AlO)_3(BO_3)_4:0.02Ce^{3+}$，$0.5Tb^{3+}$ 荧光粉混合装配的 365nm 近紫外激发 LED 可发出明亮的白光，相关色温、显色指数和色坐标分别为 3128K，81 和（0.4279，0.4004）。

Guo 等[23]合成的 $Na_3Sc_2(PO_4)_3:Ce^{3+}$，Tb^{3+} 荧光粉在 320nm 紫外光激发下具有可调的蓝色到绿色发光。研究采用传统固态合成方法制备的 $Na_3Sc_2(PO_4)_3:Ce^{3+}$，Tb^{3+} 荧光粉发射光谱在 450～650nm 之间显示 4 个发射带，其中最大的位于 542nm 附近。Ce^{3+} 和 Tb^{3+} 离子间以电偶极-偶极机制进行能量转移。通过调节 Tb^{3+} 离子浓度，发光颜色从深蓝（0.171，0.050）到绿色（0.299，0.593）可调，Tb^{3+} 浓度为 10mol% 时，绿色发光强度达到最大。$Na_3Sc_2(PO_4)_3$:$0.03Ce^{3+}$，$0.1Tb^{3+}$荧光粉量子产率达 65%，在 423K 时的发射强度为 303K 时的 85.6%，显示出良好的热稳定性。

钼酸盐具有高稳定性和优异性能，已被大量研究用于上转换和下转换发光材料的基质。Li 等[24]的研究合成了一系列新型稀土掺杂的纯相 KBaY $(MoO_4)_3$ 荧光粉。Tb^{3+}、Eu^{3+} 和 Sm^{3+} 单掺杂荧光粉都显示了相应的特征激发和发射，优化组成的 $KBaY_{0.60}(MoO_4)_3$:$0.40Tb^{3+}$、$KBaY_{0.50}(MoO_4)_3$:$0.50Eu^{3+}$ 和 $KBaY_{0.96}(MoO_4)_3$:$0.04Sm^{3+}$ 荧光粉在 376、392 和 402nm 光激发下的相应量子产率分别为 15.80%、40.67% 和 16.79%。Tb^{3+}/Eu^{3+} 和 Tb^{3+}/Sm^{3+} 共掺杂样品中可分别观察到 $Tb^{3+}{\rightarrow}Eu^{3+}$ 和 $Tb^{3+}{\rightarrow}Sm^{3+}$ 的能量转移，在紫外光激发下分别给出自绿到红和绿到橙红的可调发射光。

Rakova 等[25]采用燃烧法合成的 Yb^{3+} 和 Eu^{3+} 共掺杂的 CaF_2 荧光粉上转换发射包含蓝-绿区和橙-红区两个发射带，协同上转换发光可在绿到红色发光间通过稀土离子的掺杂浓度控制调节。Yb^{3+} 和 Eu^{3+} 间的能量转移速率与同样方法制备的 CaF_2：Yb^{3+}:Tb^{3+} 荧光粉中相当。

碱土金属卤酸盐 $M_5(PO_4)_3X$（M = Ca，Sr，Ba；X = F^-，Cl^-，Br^-）是一类性能优良的发光基质材料，具有优良的物理化学稳定性和激活剂高量子效率。赖海珍等[26]采用高温固相法制备了不同浓度 Eu^{2+}、Tb^{3+} 离子掺杂的 Ba_5 $(PO_4)_3Cl$ 系列荧光粉。研究表明，$Ba_5(PO_4)_3Cl$:Eu^{2+} 和 $Ba_5(PO_4)_3Cl$:Tb^{3+}，Na^+ 荧光粉分别显示蓝光和绿光发射，而 $Ba_5(PO_4)_3Cl$:Eu^{2+}，Tb^{3+}，Na^+ 的发光颜色在蓝光-绿光区连续可调。体系中存在 $Eu^{2+}{\rightarrow}Tb^{3+}$ 的能量传递过程，最高能量传递效率可达 69.15%。将 $Ba_5(PO_4)_3Cl$:Eu^{2+}，Tb^{3+}，Na^+ 荧光粉与商用红色荧光粉和 365nm 近紫外芯片混合封装，可获得显色指数为 90.7 的暖白光 LED 器件。

Chen 等[27,28]研究了 Eu^{3+} 和 Eu^{2+} 共激活的 YBO_3:Eu、$LaAlO_3$:Eu、$BaGdB_9O_{16}$:Eu、$LaSr_2AlO_5$:Eu 和 $CaLa_4Si_3O_{13}$:Eu 系列荧光粉的制备和发光性能，探讨了利用纳米材料表面缺陷、晶格缺陷的构造以及双金属阳离子格位来实现 Eu^{3+} 可控还原的相关途径，并讨论了结构对其发光颜色的影响以及荧光粉在 LED 照明方面的潜在应用价值。研究发现在 $LaSr_2AlO_5$:Eu 中引入 Ba^{2+} 或 Ca^{2+} 对于 Eu^{3+} 的还原几乎没有影响，而 Si^{4+} 的引入可导致 Eu^{2+} 紫外激发下 ~520nm 的发射而使荧光粉发光从红到黄和黄绿区可调。通过高温固相反应合成的 $Ba_{1-x}Sr_xGd_{1-y}Y_yB_9O_{16}$ 中实现了 Eu^{3+} 的可控还原，其中 Eu^{2+} 具有 ~460nm 的蓝光发射，与 Eu^{3+} 的红光发射强度比可通过 Sr^{2+} 或 Y^{3+} 的引入量调节。$LaAlO_3$: Eu 中 Eu^{2+} 和 Eu^{3+} 离子的发射强度比可通过改变 Sr^{2+}、Si^{4+} 和 Eu^{3+} 的掺杂量控制。

（4）白光荧光粉

单色或混合色涂敷产生白光 LED 的两种方式都存在缺陷，LED 单色荧光粉产生的发光强度差，混合荧光粉由于不同的老化速率而导致长时间使用后色彩失配。而发展一种单相的、高色度白色荧光粉可解决上述问题。

在单一基体中进行多元素掺杂产生多个发射带，从而获得白色荧光粉的研究已引起关注，但能量转移效率相对偏低，掺杂物间的能量转移机制也难以预测。Ye[29]研究通过固态合成反应制备了一系列 Ce^{3+}/Tb^{3+}/Eu^{3+}单、双和三掺杂 $Ca_2MgSi_2O_7$荧光粉。表征显示，所有稀土离子均完全进入了晶格位点，得到的荧光粉均具有单相结构。Ce^{3+}/Tb^{3+}/Eu^{3+}单掺杂样品的激发和发射光谱显示，Ce^{3+}的发射带与 Tb^{3+}和 Eu^{3+}的激发带有重叠，Tb^{3+}的发射带与 Eu^{3+}的激发带存在重叠。Ce^{3+}/Eu^{3+}、Ce^{3+}/Tb^{3+}和 Tb^{3+}/Eu^{3+}共掺杂的荧光粉中 $Ce^{3+}\rightarrow Eu^{3+}$的能量转移是禁阻的，但可发生 $Ce^{3+}\rightarrow Tb^{3+}$和 $Tb^{3+}\rightarrow Eu^{3+}$的能量转移。而 Ce^{3+}/Tb^{3+}/Eu^{3+}三掺杂的 $Ca_2MgSi_2O_7$荧光粉中 $Ce^{3+}\rightarrow Eu^{3+}$的能量转移可通过 $Ce^{3+}\rightarrow Tb^{3+}\rightarrow Eu^{3+}$链实现。因此，$Ce^{3+}$/$Tb^{3+}$、$Tb^{3+}$/$Eu^{3+}$和 Ce^{3+}/Tb^{3+}/Eu^{3+}掺杂 $Ca_2MgSi_2O_7$荧光粉可得到可调节的发光性能。尤其对于 $Ca_2MgSi_2O_7$:Ce^{3+}/Tb^{3+}/Eu^{3+}荧光粉，Ce^{3+}、Tb^{3+}、Eu^{3+}的发射带分别位于蓝、绿和红色区域，可通过调节三种离子的掺杂浓度获得理想的白色发光。另外，姜伟等[30]还采用溶胶—凝胶法制备了共掺杂铕、铽离子（Eu^{3+}、Tb^{3+}）的硼酸钇 YBO_3-$2SiO_2$发光体，以 319nm 激发波长测得样品通过 CIE931xy 程序计算得到的色标图落点接近于白光。该白色发光体在 900℃时主要以 YBO_3形式存在，Eu^{3+}/Tb^{3+}的最佳掺杂摩尔浓度为 9.0%/9.0%。

LED 用荧光粉中，Eu^{3+}常被用于红色荧光粉的激活剂，Eu^{2+}的发光因所处晶格环境的不同而可以在蓝光到红光范围内变化。在合适的基质中，调控 Eu^{3+}的还原，实现 Eu^{3+}和 Eu^{2+}的共掺，在二者同时激发下，有可能获得多色或者白色荧光粉，因而利用 Eu^{2+}和 Eu^{3+}共掺是获得高性能的白色发光材料手段之一。Xie 等[31,32]采用基质组分和铕离子价态双因素调控法制备了系列混合价态铕离子掺杂发光材料：Ca_2NaSiO_4F:Eu、$Ca_2SiO_2F_2$:Eu、$Ca_6La_2Na_2(PO_4)_6F_2$:Eu、$LiLa_9(SiO_4)_6O_2$:Eu，利用调控以及取代产生的空穴、电荷补偿、合成方法和条件变化等进行铕离子价态调控，进而通过改变共掺体系中 Eu^{2+}和 Eu^{3+}掺杂浓度比进一步调控发光材料的发光颜色，最终获得适用于（近）紫外芯片激发的单一元素离子掺杂单一基质的高显色性白光 LED 用白光发射荧光粉材料。该方案具有白光性能好、制备简单等优点。

Lin 等[33]在通过高温固相法在空气环境中合成的 $BaZnSiO_4$:RE（RE = Sm，Eu，Tm，Yb）荧光粉中观察到了 Eu、Tm、Yb 的自还原现象，而 Sm 没有。在近紫外光激发下，$BaZnSiO_4$:Eu 和 $BaZnSiO_4$:Tm 有很好的宽带发射，发射峰位置分别在 500nm、541nm 处。$BaZnSiO_4$:0.03Eu 的 CIE 色坐标为（0.339，0.377），接近白光发射，而 $BaZnSiO_4$:0.0139Tm 的色坐标为（0.349，0.427），为黄绿光发射，它们是在紫外 LED 芯片激发有潜在应用价值的荧光粉。从发光强度计算得到 Eu、Tm 和 Yb 离子的自还原比例分别为 21%、15% 和 35%。该工作为获得新型硅酸盐基质白色 LED 荧光粉材料提供了一种新的途径。

Gautier 等[34]发展了一种两步法制备单掺杂白色荧光粉的制备设计策略，即首先调整固体溶液基体材料的组分，然后调整单一掺杂元素的氧化态，通过此两过程参数的控制对发射光谱进行调整。该研究使用这一策略设计了一种 $Na_4CaMgSc_4Si_{10}O_{30}$:Eu 白色荧光粉，其显色指数 CRI 可到达 90，已非常接近常规混合荧光粉光源的水平。该策略也可拓展到其它发光材料应用领域，如生物医药和通信等。

通过调控单相荧光粉中多个阳离子位点的稀土激活剂分布可实现多色发光输出，获得高质量白色发光。已有研究开发不同的荧光粉基质材料，其中 β-$Ca_3(PO_4)_2$ 类化合物因结构类型多样以及可提供丰富的激活剂位点而吸引了大量关注。Leng 等[35]以 β-$Ca_3(PO_4)_2$ 为基质材料，通过 Mg^{2+} 诱导的 Eu^{2+} 激活离子分布调控，实现了 $Ca_{10.5-x}Mg_x(PO_4)_7$:Eu^{2+} 系列荧光粉发光性能的调控；所得 $Ca_{9.75}Mg_{0.75}(PO_4)_7$:$Eu^{2+}$ 样品中存在 3 个发射中心，分别在 418、465 和 630nm 产生发射带。$Ca_{9.75}Mg_{0.75}(PO_4)_7$:$Eu^{2+}$ 单相荧光粉涂敷的白光 LED 在 365nm 光激发下具有较高的显色指数 Ra（85）和 R9（91）值。

钒酸盐荧光粉存在一个紫外区高效吸收，产生源于[VO_4]四面体中 V^{5+}-O^{2-} 电荷转移跃迁的可见发射，而稀土离子激活的钒酸盐荧光粉可通过控制 [VO_4]$^{3-}$ 到 RE 激活剂的能量转移，使钒酸盐基质的内禀发射与掺杂离子的发射耦合产生可调节的可见光发射。Huang 和 Guo[36]制备了一种 Sm^{3+} 掺杂的 $LiCa_3MgV_3O_{12}$（LCMV）新型高效白色荧光粉。LCMV 基质可自激活，在 250～400nm 范围存在高效激发带，产生一个强的内量子效率为 39% 的宽蓝绿光发射带。340nm 光激发下，通过组合 LCMV 的自激发光和 Sm^{3+} 的红色发光，LCMV:Sm^{3+} 荧光粉可产生明亮的白光；优化组成的白光 LCMV:0.01Sm^{3+} 荧光粉的内量子效率可达 45%。

除紫外光激发外，也有研究利用上转换发光产生白光。上转换发光是一种将长波长的光（如红外、近红外光）转换为短波长的光（紫外、可见光区域）的过程。近年来，稀土掺杂的上转换发光研究引起了人们的极大关注，这主要因为三价的稀土离子存在寿命较长的中间态能级，可以吸收多光子，同时内部的 f-f 跃迁被外层电子屏蔽，受外界晶体场的影响较少，从而能够发射出较强烈、且尖锐的上转换发射光谱，在显示、传感、红外探测以及上转换光催化等方向都有较好的应用。在稀土离子中，Er^{3+}、Tm^{3+} 都是比较重要的激活离子，因为其具有丰富的中间态能级，发射波长可以从可见到红外区域；Yb^{3+} 可作为敏化剂，能够吸收能量，随后将能量传递给 Er^{3+}、Tm^{3+}，从而增强上转换发光效率。上转换发光对于基质的依赖性也很强，之前研究主要集中在声子能量较低的晶体材料和玻璃态物质中以减少其发光过程中的能量损失。邓陶丽等[37]采用共沉淀法制备 Er^{3+}、Tm^{3+} 共掺杂 Yb^{3+} 的 $GdAlO_3$ 荧光粉。研究表明，使用 NH_4HCO_3 共沉淀法比传统的固相法制备发光体系所需的煅烧温度更低，而且能够得到分散均匀、颗粒大小一致的纳米荧光粉。在 980nm 波长激发下，掺杂 Er^{3+}/Yb^{3+} 的 $GdAlO_3$ 荧光粉体系得到 524nm、546nm（绿光）与 659nm（红光）的上转换发射光谱，且红色成分随着 Er^{3+} 和 Yb^{3+} 的掺杂浓度增加而不断增加；添加 Tm^{3+} 离子后，在荧光粉（$GdAlO_3$: $Er^{3+}/Yb^{3+}/Tm^{3+}$）体系中调节三种稀土离子的掺杂浓度，可得到较理想的复合白光。

3）LED荧光粉设计策略

设计和发现新型 LED 荧光粉的方法主要包括激活剂的选择（如宽带发射的 Eu^{2+}、Ce^{3+} 和 Mn^{2+}，线状发射的 La^{3+}、Mn^{4+} 等）和基质材料的选择（如石榴石、硫化物、（氧）氮化物、硅酸盐、铝酸盐、硼酸盐、磷酸盐等）。选择适宜实现高效和高稳定性掺杂离子发光的新型无机基质，以及从局域结构、微结构和掺杂离子等方向入手调控光谱并优化发光性能是解决白光 LED 用稀土掺杂固体发光材料应用中科学和技术问题的关键。近年来，Xia 和 Liu[38]致力于研究无机稀土掺杂固体发光材料组分、结构及其对发光性能的调控研究。针对基质材料结构构筑，提出了矿物结构模型筛选和结构单元共取代的设计理念，为实现新材料体系的高效开发和性能提升提供了晶体学基础；还揭示了基质局域结构（如调幅结构相、配位多面体模型等）对一些材料发光性能的影响机制，探索了实现其光谱调制和热稳定性增强的途径；提出了通过调控激活离子的价态和能量传递过程实现发光材料光色调控和效率提升的方法。该研究关于稀土发光无机基质材料结构设计原则的理解和探寻对发现新型白光 LED 荧光粉提供了有益指导。

钇铝石榴石（$Y_3Al_5O_{12}$，YAG）及其 Ce^{3+} 掺杂化合物是一类高效荧光粉，在阴极射线管、荧光灯等传统领域以及闪烁晶体、长余辉和白光 LED 涂敷荧光粉等新兴领域中广泛应用。石榴石晶体的通式为 $\{A\}_3[B]_2(C)_3O_{12}$，其中 A、B 和 C 为处于不同对称位点的阳离子，通过各位点阳离子的调控可调节其发光性能。理解构效关系对于发展新型功能材料至关重要，晶体化学手段是材料性能理解和调节的基础，对于新型发光材料的结构设计亦是如此。Xia 等的综述[39]分析了 Ce^{3+} 掺杂石榴石结构和组成变化与发光性能的关系。Ce^{3+} 掺杂石榴石可产生特异性的黄光发射，过去的几十年为不断改善其显色指数、结构稳定性、X 射线吸收、发光热淬灭以及余辉等性能开展了大量研究，也发现了一些该类材料发光性能修饰的晶体化学规律。当在十二面体位点取代的离子半径大于 Y^{3+} 时，将导致相比于 YAG:Ce^{3+} 红移的 Ce^{3+} 发射，而增加 B 和 C 位取代离子的半径将导致蓝移发射，此两效应可通过理论计算得到解释。Ce^{3+} 离子 $5d$ 能级相对于基质能带边位置的改变可被用于理解热淬灭和余辉行为。对于石榴石中化学组成和 Ce^{3+} 发光性能关系的不断加深理解将可指导未来新型 Ce^{3+} 掺杂石榴石材料方面的研究，同时也将有助于发展具有特定光学特性的新型发光材料。

Qiao 等[40]系统回顾了近年有关发光热淬灭（TQ）特征和实现热稳定发光的研究。基于对 TQ 行为评估参数的分析，总结了固态 LED 荧光粉获得热稳定性发光的策略。其一是设计具有高度刚性结构的荧光粉。基质晶格的刚性结构可限制非辐射跃迁发生的概率，利于获得高量子产率。荧光粉的德拜特征温度 θ_D 可在一定程度上作为 TQ 性能的衡量，如 $Y_3Al_5O_{12}$:Ce^{3+} 较 Ba_2SiO_4:Eu^{2+} 具有更高的 θ_D 值，也相应具有更高的热稳定性。第二种方式是通过控制阳离子无序实现对 TQ 性能的调控。局域结构的阳离子无序效应将改变晶格应力，最早被用于磁性能的调控。Lin 等[41]最近研究发现，阳离子高度无序也可提高荧光粉的热稳定性，以 $(Ca_{0.55}Ba_{0.45})$ 取代 Sr 制备的 $Sr_{1.98-x}$ $(Ca_{0.55}Ba_{0.45})_xSi_5N_8$:$Eu_{0.02}$（$x = 0.5$）荧光粉荧光发射强度较无取代荧光粉在 $25 \sim 200\,^\circ\!C$ 温度范围内增加了 20%～26%。阳离子无序可破坏晶格振动，抑制非辐射过程，并产生释放电子的深阱，抑制热淬灭。第三种方式是通过缺陷能级到 Eu^{2+} 的能量转移过程消除 TQ 行为。Kim 等[42]的研究发现，缺陷能级捕获的能量可转移到 Eu^{2+}，从而在 $Na_3Sc_2(PO_4)_3$:Eu^{2+} 荧光粉中温度高达 $200\,^\circ\!C$ 时实现零 TQ。紫外激发下，陷阱被电子充满，同时在价带产生空穴，电子-空穴对的能量在高温下转移至 Eu^{2+} 的 $5d$ 带，从而有效抑制 TQ 发生。表面涂敷策略也已用于荧光粉热稳定性增强[43]。荧光粉颗粒表面缺陷的存在会导致能量损失，SiO_2 的表面包覆可减少表面缺陷数目，因而减少非辐射跃迁和发射淬灭。并且，温度增加时 Eu^{2+} 易被氧化为 Eu^{3+}，SiO_2 的包覆可减少颗粒与氧的接触，从而降低 Eu^{2+} 被氧化的概率。另外，由于发光玻璃具有优异的耐热性能，荧光粉玻璃复合技术（PiG）也可改善 TQ 行为。PiG 可方便地通过灼烧荧光粉颗粒与低熔点无机玻璃的混合物实现，所得发光玻璃可同时作为荧光粉涂敷和 LED 封装材料。

4）稀土发光玻璃

除白光荧光粉以外，发射白光的玻璃也可在白色 LED 中应用，具有高发光强度的稀土掺杂玻璃可成为白光 LEDs 的极佳选择。无机物晶体可为发光中心高效能量转移提供有利的局域环境，因而被认为是制备可调控发射性能的理想基质材料，但其缺点是制备工艺复杂、成本高昂。光致发光玻璃透明度高（尤其是在紫外-可见区），化学稳定性好，制备工艺简单，无光晕效应，成本低，热稳定性高，易于量产，也易于进行多激活剂掺杂，因而也可成为一种良好的发光基质材料候选。

近紫外光激发玻璃荧光粉获得白光 LED 的方法具有可调发射光色、良好的适应性以及高发光效率等优势。磷酸盐玻璃作为发光基质具有折射率各向同性、透明窗口宽和易于制备等优点，稀土激活的磷酸盐玻璃荧光粉已被发展用于光学显示、光波导、长余辉和白光 LED 等领域。Dy^{3+} 离子可吸收近紫外-蓝光辐射，既可作为 Sm^{3+}、Tm^{3+}、Eu^{3+} 和 Tb^{3+} 等发射中心的良好敏化剂，占据基质适当晶格位点时还可产生强于蓝光的黄光发射，用于黄色固态激光源。Luewarasirikul 等[44]对含 Dy^{3+} 的玻璃体系进行了研究，该体系中通过蓝色和黄色光的发射产生白光。但通常在单一掺杂的玻璃体系中，蓝光的发光效率较黄光低，因而难以得到非常纯正的白光。Sołtysa 等[45]采用传统的熔体旋淬技术制备了无定形 Dy^{3+}/Ce^{3+} 和 Dy^{3+}/Tm^{3+} 等稀土离子对共掺杂的钡镓锗玻璃。光谱研究结果显示，该系列玻璃中，Dy^{3+} 和 Ce^{3+} 或 Tm^{3+} 之间发生了有效的能量转移，在紫外-可见光激发下由 Dy^{3+} 和 Ce^{3+} 或 Tm^{3+} 的几个发射带同时发射使得玻璃体系发射白光。

Caldiño 等[46]研究了 Eu_2O_3（2.0mol%）或 Dy_2O_3（2.0mol%）单掺杂以及 Dy_2O_3（2.0mol%）/Eu_2O_3（2.0mol%）共掺杂的钠锌磷酸盐玻璃荧光粉。发现 Dy^{3+} 单掺杂样品中对应 $^4F_{9/2} \rightarrow {}^6H_{13/2}$ 跃迁的黄光发射高于已有报道的其它 2mol% Dy_2O_3 掺杂的氧化物玻璃；Dy^{3+} 的 $^4F_{9/2}$ 能级发光量子效率高达 0.96；在 349nm 光激发下相对蓝色更强的黄光发射提供了 4647K 的中性白光。Eu^{3+} 单掺杂样品在 394nm 光激发下产生 2166K 的橘红色光，红光色纯度为 97.7%，色坐标（0.642，0.351）接近于标准的红色荧光粉（0.67，0.33）。Dy^{3+}/Eu^{3+} 共掺杂玻璃的发射光从 349nm 光激发下 3628K 的暖白色到 364nm 光激发下 1891K 的橘红色可调。暖白色发光主要源于 Dy^{3+} 的 $^4F_{9/2} \rightarrow {}^6H_{13/2}$、$^6H_{15/2}$ 和 Eu^{3+} 的 $^5D_0 \rightarrow {}^7F_2$ 跃迁，其中 Eu^{3+} 通过非辐射能量转移基质被 Dy^{3+} 敏化，能量转移效率为 0.22。349、364、394nm 的激发光可分别由 AlGaN，GaN 和 InGaN 基 LED 提供，因而，Dy^{3+} 和/或 Eu^{3+} 掺杂的钠锌磷酸盐荧光粉玻璃可作为固态照明技术所需紫外光激发发射中性/暖白光和橘红色的光源。

王官华等[47]以高温固相法制备了以 $47CaO-23SiO_2-30B_2O_3$ 为基质掺杂 Eu^{3+} 和 Dy^{3+} 的发光玻璃。由其发射光谱可以看出，在 388nm 激发下的发射光谱中含有 3 个发射峰，分别为 484nm 的蓝绿光、575nm 的黄光和 612nm 的红光，其中前两个发射峰对应于 Dy^{3+} 的 $^4F_{9/2} \rightarrow {}^6H_{15/2}$ 和 $^4F_{9/2} \rightarrow {}^6H_{13/2}$ 的跃迁，612nm 的红光对应于 Eu^{3+} 的 $^5D_0 \rightarrow {}^7F_2$ 的跃迁。在 Eu^{3+} 离子浓度不变的情况下，随着 Dy^{3+} 离子浓度的增加，Eu^{3+} 离子红光发射减弱，使得发光玻璃的色坐标发生变化。当基质玻璃中添加 4mol% Dy^{3+} 和 2mol% Eu^{3+} 时，样品色坐标为（0.355，0.333），非常接近标准白光（0.333，0.333），表明该玻璃在固态发光照明方面具有潜在应用前景。

Kemere 等[48]采用熔态淬火工艺制备了 Dy_2O_3（0.5～1mol%）和 Eu_2O_3（0～4mol%）掺杂的 $SiO_2-CaF_2-Al_2O_3-CaO$ 玻璃，再经 680 和 750℃热处理制得相应的玻璃陶瓷材料。掺杂 0.5mol% Dy^{3+} 的样品在 453nm 光激发下呈现较 1mol% Dy^{3+} 和共掺杂样品更高的荧光发射强度。稀土离子间的能量转移和 Dy^{3+} 的交叉弛豫均可提高发光强度；光谱检测可观察到共掺杂玻璃和玻璃陶瓷样品中的 Dy^{3+} 到 Eu^{3+} 的能量转移，能量转移效率与稀土掺杂浓度有关，估算介于 11% 和 68% 之间；随 Eu^{3+} 的掺杂，Dy^{3+} 在 453nm 光激发下的 575nm 发射平均荧光寿命缩短。在 350nm 光激发下，Dy^{3+} 和 Eu^{3+} 接近等浓度掺杂的样品可呈现白光发射。

Kaur 等[49]制备了 Dy^{3+} 掺杂的锌硼碲酸盐玻璃（TBZDy$_x$）和相应的纳米玻璃陶瓷（TBZDy$_x$GC）。TBZDy$_x$GC 主相为 α-TeO$_2$，还含有 γ-TeO$_2$，纳米颗粒尺寸为约 80～100nm。纳米玻璃陶瓷中 Dy^{3+} 的 Judd-Ofelt 参数与其在相应玻璃材料中表现出较大偏离，说明 Dy^{3+} 离子的局域结构环境发生了变化，从共价的玻璃态环境转换为更多离子氧化物纳米晶成分，这一效应也在纳米玻璃陶瓷的黄-蓝强度比中得到印证。纳米玻璃陶瓷的 CIE 色坐标与商用 LED 非常接近，色温更接近于冷光源。该研究中制备的纳米玻璃陶瓷或适宜装配白色激光和彩色显示设备。另外，Khan 等[50]制备的 Dy^{3+} 掺杂 Li$_2$O-PbO-

Gd_2O_3-SiO_2 玻璃也显示了在白光 LED 和激光领域应用的潜质。

Wang 等[51]采用熔体旋淬法制备了系列 Cu^+/Eu^{3+} 共掺杂的硼硅酸盐玻璃。325nm 的紫外光激发下 Cu^+ 和 Eu^{3+} 离子的发射峰有较大重叠，Cu^+ 的跃迁可为 Eu^{3+} 在 611nm 的红色发射提供贡献，因而由于 Cu^+ 离子的存在，Eu^{3+} 的发光强度提升了近一倍，而 Cu^+ 离子发射强度降低，寿命缩短，说明存在 Cu^+ 至 Eu^{3+} 的能量转移过程。可通过改变 Cu^+/Eu^{3+} 浓度比，结合 Cu^+ 离子的蓝-绿发射和 Eu^{3+} 离子的橙–红发射实现发光的连续调控。

稀土掺杂无机物玻璃在发展近红外低损耗波段工作的宽带集成光波导放大器方面的应用也具有研究意义。Er^{3+} 离子的 $^4I_{13/2}\rightarrow{}^4I_{15/2}$ 跃迁对应的近红外发射已常用于光通信中的信号放大，但基于硅玻璃的商用 Er^{3+} 掺杂光纤放大器为窄线宽发射，需要寻找一种新的具有相对荧光发射线宽更宽、寿命更长的新型稀土掺杂玻璃基质材料，以满足未来光波导放大器和近红外固体激光器的需求。含铅的锗玻璃是一种具备吸引力的用于光子器件的无定形材料。基于健康和环境危害考虑，Pisarska 等[52]提出了以无铅的钡镓锗玻璃作为发光基质的方案，制备得到了 Nd^{3+} 和 Ho^{3+} 单掺杂的钡镓锗玻璃，并考察了其近红外发光性能。作为光活性中心的稀土离子 Nd^{3+} 和 Ho^{3+} 分别在 1064nm 和 2020nm 产生近红外发射，分别来源于 $^4F_{3/2}\rightarrow{}^4I_{11/2}$（$Nd^{3+}$）和 $^5I_7\rightarrow{}^5I_8$（Ho^{3+}）的跃迁。该系列稀土掺杂钡镓锗玻璃发光荧光寿命长，量子效率高，受激发射截面大，因而在近红外激光领域具有潜在应用价值。另外，Zhu 等[53]合成的 Pr^{3+}、Nd^{3+} 和 Yb^{3+} 三掺杂的碲酸盐 TeO_2-ZnO-Na_2O-WO_3 玻璃在 488nm 光激发下，可产生从 800 到 1120nm 的超宽带近红外发射。该玻璃的超宽发射带是因分别位于 900 和 1035nm 的 Pr^{3+} 发射带、880 和 1060 的 Nd^{3+} 发射带以及 978nm 的 Yb^{3+} 发射带叠加所致。该玻璃较高的玻璃态转变温度表明其具有良好的热稳定性。

2. 稀土有机发光配合物

稀土无机发光材料具有良好的热稳定性和高的发光效率，但稀土金属离子的电子跃迁受限于拉波特（Laporte）规则，导致稀土无机发光材料量子产率低、吸收弱。解决这个问题的一种方法是使用可以强吸收光的有机配体与稀土金属络合，有机配体先吸收能量，激发配体通过无辐射分子内能量传递将受激能量传递给中心离子，使中心离子发出特征荧光（天线效应或称敏化发光）。因而与稀土无机发光材料相比，稀土有机配合物发光材料光吸收较强，相同条件下荧光粉用量小，如果能够用稀土有机配合物发光材料替代稀土无机发光材料，将大大降低稀土用量，更好地实现稀土的高价值利用。

1）稀土有机光致发光

自 1942 年，Wessman[54]首次证明稀土离子发光的主要能量来源于分子内的能量转移以来，稀土配合物发光性质一直是研究的热点[55]。近年来，随着近紫外或蓝紫光 LED 芯片技术发展和效率提高，稀土配合物用作近紫外激发有机荧光粉的研究得到了人们的重视。在稀土有机配合物中的有机配体主要有芳香胺类衍生物、β-二酮类衍生物、多胺多羧酸类衍生物等类型。多胺多羧酸类衍生物大多存在活性基团，主要用于生物相关领域，如标记蛋白质等。

稀土芳香胺类衍生物发光配合物都存在很强的共轭体系，因而具有较强的发光强度。Wei 等[56]利用一类八羟基萘啶的衍生物得到了能够具有良好紫外耐受性能的稀土铕配合物发光材料（紫外辐照数百小时发光亮度未见明显衰减）。而且该系列材料具有很好的热稳定性（分解温度大于 400℃），高的发光量子产率（～84%）。Wei 等[57]还报道了一种基于吡啶-羟基萘啶的三齿阴离子配体，将其用于三价稀土离子 Nd，Yb，Er 的敏化并制备出 OLED 器件。Nd，Er 和 Yb 的最大红外辐射强度和最大外量子效率分别为 25μW/cm、0.019%，0.46μW/cm，0.004%，86μW/cm、0.14%。最近，Li 等[58]合成了多齿 8-羟基喹啉衍生物配体，并利用配位化学原理和溶剂热法，将其与 Yb 盐组装成配合物。表征与性能测试发现，其发射光波长在近红外区且具有上转换发光性质。

一般来说，稀土离子与 β-二酮类衍生物形成配合物时，是以氧原子的螯合双齿的结构形成配位键。这一类的有机配体不但与稀土离子的能量交换效率高，而且形成配合物的结构相对较稳定，结合能力强，稀土离子不容易脱离有机配体。Eu(III)的 1，3-二酮毫无疑问是所有镧系元素配合物中研究最多的，主要原因是这类化合物在 614nm 附近基于 $^5D_0 \rightarrow {}^7F_2$ 强跃迁的近单色红光发射，以及其相对低的共振能级 $^5D_0$（17，200/cm）可与许多常用配体较好匹配。这类化合物可用于发展新型光电组件，如全光谱和平板显示以及多组元白光 OLED。然而，这些化合物绝大多数都是由几个简单的 1，3-二酮制备得到，只是改变辅助配体。配体选择最为关键的是要实现高强度发射，其它还有包括溶解性、挥发性、电导和膜形貌等重要特性都主要依赖于配体结构。使用稀土有机配合物作为 OLED 中的发光层的最大问题是其载流子迁移率差。可通过在配合物结构中引入强共轭分子基团，或将配合物复合到基质材料中两种途径改善载流子迁移率。Taydakov 等[59]制备了一系列新型吡唑取代的具氟代烷基的 1，3-二酮，并系统研究了它们与 Eu(Ⅲ)形成发光配合物的性能。这些配合物具有相当好的热力学稳定，透明性和高真空中的挥发性以及常用溶剂中的溶解性，既适于干法，也适于采用湿法装配 OLED 器件。基于上述 Eu(Ⅲ)配合物组装的 OLED 器件显示出了较标准商用 Eu(TTA)₃(Phen)荧光粉更高的能量效率。

2）稀土有机电致发光

稀土有机电致发光材料能将电能转换成光能，具有发光单色性好、颜色丰富鲜亮、内量子效率高、有机配体修饰不影响材料发光颜色等优点。除此之外，稀土电致变色发光材料兼具稀土激发态寿命长、发光谱带窄、发光效率高、辐射波长范围宽等特性以及电化学响应速度快、简单易控、可逆、实时原位、环境友好等特点，在发展新型光电器件方面前景非常可观。特别是在高色纯度、高灵敏性、低检测限的生物检测方面具有很大优势。目前，国际上稀土有机电致变色发光材料文献鲜有报道，器件方面的研究尚处于起步阶段，因而存在极大的发展机遇。

Li 等[60]利用过渡金属配合物发光材料、设计双发光层器件结构并引入稀土配合物作为载流子注入敏化剂，成功制备出一系列蓝、绿、红、白色有机电致发光器件。其中：蓝色器件的最大电流效率为 54.27cd/A；绿色器件的最大电流效率为 119.36cd/A；红色器件的最大电流效率为 65.53cd/A；纯白光器件的最大电流效率为 54.25cd/A。

近红外稀土配合物电致发光材料方面也有许多研究。Katkova[61]等合成了基于 S，O，N 配体[2-2(2-苯并噻唑-2-)苯酚]的一系列近红外发射的稀土元素（Pr，Nd，Ho，Er，Tm 和 Yb）配合物，并对其电致发光性能作出了表征，其中基于 Nd 和 Yb 的器件最高辐照效率分别达到了 0.82 和 1.22mW/W。

Ye 等[62]报道了基于全氟代化合物 Er(F-TPIP)₃ 掺杂在全氟代配体 Zn(F-BTZ)₂ 中作为发光层的光放大器件。由于避免了 C-H 振动对于红外发射的淬灭，器件的量子效率可达 7%，远高于一般非全氟代配体 Er 配合物的效率，展示了稀土红外材料在光通信领域的利用前景。该材料也实现了在 OLED 中的应用，将电能转为红外光子。

稀土配合物光致发光和电致发光的研究不断取得新的进展，但一直未能作为发光材料在照明和显示等领域得以应用。其原因在于达到应用的材料必须具有良好的综合性能，如高的发光亮度和量子产率，在近紫外或蓝光激发下，具有大的吸收截面和宽的激发范围，环境友好，良好的紫外光耐受性等；而且能够应用于 OLED 显示或照明的稀土配合物材料，还需要具有良好的载流子传输性能，有利于将电能高效转化为光能，以及良好的热稳定性、成膜性，以便有效地制作发光器件。

3）稀土发光配位聚合物

由金属离子和有机连结剂组成的配位聚合物已在配位化学、无机化学、超分子化学和聚合物材料化学引起了极大兴趣。作为一种易于制备的新的有机-无机杂化材料，金属离子与有机配体在一维、二维、三维尺度形成的交错序列结构展现了非凡的物理性能。镧系元素配位聚合物因其源自 $4f$-$4f$ 跃迁的独特的窄带发射、宽频发射区域以及较长的发光寿命，同时还具有诸多独特的物理性能，如 400℃ 以下保持高效发光、热响应变色发光以及摩擦发光等。使用镧系元素发光配合物的显示设置将可应用于柔性和可穿戴设备中，在光功能材料领域备受关注。

带有芳香类分子天线的镧系元素配合物可获得高光子吸收效率，从而获得高亮度、高效率发光。在已有研究的芳香类镧系元素配合物中，Eu(Ⅲ)和Tb(Ⅲ)的单色发射对于构建应用于全色显示器所需红色和绿色元素至关重要，如有机电致发光、电化学发光、LED 等尖端器件。还可采用氧化膦类作为连结配体制备镧系元素发光配位聚合物。具有低振动频率的氧化膦类配体作为连结剂制备聚合物可抑制振动弛豫引发的非辐射跃迁，从而获得较高的发射量子产率（>75%）。作为连结剂的有机配体无疑是控制聚合物光物理特性和结构特性的关键，Eu(Ⅲ)配位聚合物的光致和电致发光性能也依赖于配合物在聚合物中的立体结构。Hasegawa 等[63]首次使用二齿或三齿咔唑膦氧化物配位的 Eu(Ⅲ)聚合物制备得到了单红光电致发光器件，器件的发光亮度在 15V 时可达到约 188cd/cm^2，优于之前所有报道过的 Eu(Ⅲ)配合物。使用 Eu(Ⅲ)配位聚合物的单色电致发光器件有望成为固态物理化学和材料科学的前沿领域。

Hasegawa 等[64]还报道了一种以刚性三角形配体作为连结剂的 Eu(Ⅲ)发光配位聚合物，具有高效光致发光和摩擦发光性能。摩擦发光源于对体相材料的机械压力，有研究认为是由破坏非中心对称晶体结构产生的压电效应引起。由三角结构连结的 Eu(Ⅲ)配体聚合物具有密堆积结构，机械压力下可产生晶体结构的有效破裂。该类聚合物显示了高热稳定性（分解温度：354℃）和量子产率（$\Phi_{4f\text{-}4f}$ = 82%，光敏能量转移效率=78%）；激光脉冲照射下，摩擦发光效率计算值为 49%。

LED 中的白光通常由两种互补色（如蓝和黄）或者三基色（蓝、绿和红）产生。大量研究仍在继续探寻更简便实现白光LED系统的方法。最近，作为一种新型的尺寸小于10nm被称为碳点（carbon dots，CDs）的碳纳米材料，因其优异的发光等特性受到了广泛关注。Chen和Feng[65]以CDs和稀土配合物作为荧光材料嵌入PMMA聚合物基质中制备得到了一种白光发射的聚合物复合膜材料。CDs作为蓝色光源，未饱和配位的Eu(DBM)$_3$和Tb(DBM)$_3$（DBM：dibenzoylmethide）分别作为红色和绿色光源。未饱和配位的稀土配合物可与PMMA中的O原子络合，发光源均匀分布在聚合物中，有利于能量转换过程。通过调节三种光源在聚合物中的比例，可优化得到较好热稳定性的透明薄膜，在400nm激光激发下产生纯白色光，量子效率为16.6%。

4）太阳能电池用稀土发光材料

太阳能被认为是满足未来能源需求的一种极有发展潜力的能源，如何高效利用太阳光就成为关键的科学问题。光-电转换材料是一类重要的太阳能利用方式，但目前光伏产业存在光电转换效率低、成本高等问题而限制了其应用，每年在全球电能总能耗中占的比例不到1%。限制光伏材料光电转换效率低的原因主要是太阳能电池材料的吸收区间与标准太阳能辐射光谱间存在不匹配的问题，因此，如何提高太阳光的可见光和红外光的利用效率，并最终提高光电转化效率成为晶体光伏技术未来广泛应用所面临的关键。

提高硅基太阳能电池转换效率的途径有两种：将紫外-可见光下转换为1000nm左右的红外光，以及将更长波的中红外和远红外光上转换为约1000nm的光。其中，下转换方式是实现太阳光高效利用和提高硅电池光电转换效率的重要的太阳光谱修饰途径，可有量子剪裁（QC）和频率转换（DS）两种方式将紫外-可见光转换为红外光。以往稀土光谱转换材料研究中的重点主要放在材料新体系（包括新组成与不同材料形态，如块材、纳米粉体、玻璃与薄膜等）的探索、稀土光谱转换性能优化与光谱转换机理研究等上面。近些年来，相关研究聚焦到如何开展稀土光谱转换材料在太阳能电池的应用研究方向上。

2015年台湾交通大学Hung等[66]报道了一种亚微米Gd$_2$O$_2$S:Eu^{3+}-PVP复合材料，并成功将其应用到硅基太阳能电池。其中，纯亚微米Gd$_2$O$_2$S:Eu^{3+}粉体的量子效率达到36.2%。利用复合材料所制作的稀土光谱转换型太阳能电池器件的短路电流密度达到6mA/cm^2，相对增幅达到23%，能量转换效率增幅达到8.9%。

近期 Zhao 等[67]制备的 Tb^{3+}-Yb^{3+} 硅酸盐玻璃具有作为太阳能电池中所需发光材料的应用潜质。研究证实了下转换发光的存在，Tb^{3+} 可吸收高能光子，并将能量高效传递给 Yb^{3+} 离子，然后 Yb^{3+} 离子发生与单晶硅太阳能电池相匹配的近红外光，能量转换效率增幅达到 8.6%。

由于稀土配合物优良的荧光性能，有机配体可高效吸收紫外光，传递给稀土离子发生下转换发光，可用于提高太阳能的利用率，此外与纯无机粉体相比，稀土配合物很容易分散并制作成膜。因此，将稀土配合物材料制成高效转光膜用于光伏电池转光膜，近几年越来越被人们所重视。Yang 等[68]利用三联吡啶（Tpy-OCH$_3$）配体敏化稀土铕离子得到稀土配合物 $Eu(TTA)_2Tpy$-$OCH_3 \cdot 2H_2O$，将其掺杂到 PMMA 制得 Eu/PMMA 荧光薄膜，其量子产率高达 54.43%。他们还引入纳米 SiO_2 得到纳米复合材料 Eu/PMMA/SiO_2，最高量子产率可达 78.57%。

近年，包头稀土研究院天津分院在稀土光谱转换材料实际应用研究方面取得了重要进展。他们合成的稀土有机光转换材料具有较高的量子产率，材料的抗老化性能较好，天津地区户外 1 年半、加速老化 5000 小时，材料性能基本保持稳定。稀土无机光转换材料加入到太阳能电池封装膜，满足了封装膜的基本性能要求，同时具有光转换效果，其抗紫外老化和抗湿热老化达到了 2000 小时以上。封装膜用于太阳能电池，经权威评价机构的多次测试评价（太阳能电池组件大小为 $1484 \times 669mm$），可以提高太阳能电池的组件功率 2.4%，达到同行业先进水平。将稀土光转换膜用于自建的屋顶太阳能测试电站，评价其发电效果，运行 3 个多月（天津地区），可使电站的发电量提高 3%左右。

二、稀土光学晶体

稀土晶体优异的光、电、磁学性能主要源自占据晶格位点的稀土元素独特的 4f 电子结构。对于稀土光学晶体而言，三价稀土离子 Sc^{3+}、Y^{3+}、$La^{3+}(4f^0)$、$Lu^{3+}(4f^{14})$ 具有满壳层结构，相应形成的稀土卤化物、稀土氧化物、稀土含氧酸盐晶体等是优良的光学基质材料。此外，稀土离子具有丰富的电子能级，作为稀土晶体的发光中心使晶体具有优异的发光性能。作为稀土发光材料的重要分支，稀土激光晶体和稀土闪烁晶体等稀土光学晶体被广泛应用于航空航天、国防安全、医疗诊断、工业加工、辐射探测、高能核物理等领域。作为器件的核心工作物质，根据器件设计往往需要用到不同尺寸、不同发光波段的稀土晶体。

1. 稀土激光晶体

激光用途极为广泛，包括新一代信息技术、高端制造、新能源、新材料、节能环保以及先进医疗设备产业等。同时，激光在一些新兴应用领域如光信号中继放大、无人驾驶用激光雷达、人眼安全测距、激光制造等新兴领域发展极为迅速，具有巨大市场前景。

中红外激光（2~5μm）覆盖多个大气传输窗口及众多分子化学键吸收峰"指纹"区域，在空间光通讯、环境监测、医疗、军事等领域均有重要的应用前景。产生中红外激光的技术众多，其中基于直接泵浦稀土掺杂晶体的中红外激光技术，具有结构简单、可连续输出、光束质量高等优点。直接泵浦铒离子（Er^{3+}）掺杂激光晶体是实现 3μm 波段中红外激光的最重要技术之一。为了解决 Er^{3+} 离子 3μm 激光输出通道的下能级（$^4I_{13/2}$）寿命远高于上能级（$^4I_{11/2}$）引起的激光振荡自终止效应，一般采取 Er^{3+} 离子高浓度掺杂的方式，其掺杂浓度往往高于 30 at%，甚至 50 at%。但是，高浓度掺杂会引起激光晶体热导率大幅下降，以及激光上能级（$^4I_{11/2}$）浓度猝灭增强，从而导致 3μm 波段输出功率受限和激光效率偏低。

氟化物玻璃热稳定性不足、机械强度低、防潮性差，而 Er 掺杂的稀土氧化物（Lu_2O_3、Y_2O_3 和 Sc_2O_3）晶体相比于氟化物和 YAG 晶体具有更低的声子能量和更高的热稳定性，尤其是 Lu_2O_3 晶体更适于作为基质材料，因 Lu^{3+} 与 Er^{3+} 离子半径和原子质量相近，更易实现高掺杂浓度。高浓度 Er^{3+} 掺杂引发 $^4I_{13/2}$ 能级的能量转移上转换发光，有利于产生 2.8μm 的高效激光。Lu_2O_3 的熔点高达 2490℃，且晶体生长速度慢，获得高质量 Lu_2O_3 单晶非常困难，具有优异机械强度和热稳定性的 Lu_2O_3 多晶透明陶瓷为高功率中红外激光发射提供了可能。Uehara 等[69]制备的 $Er:Lu_2O_3$ 陶瓷可实现 2.8μm 波长激光的室温连续波工作。11 at%的 Er^{3+} 掺杂 Lu_2O_3 陶瓷样品显示出最好的激光性能；对于 10W 的泵浦功率，该陶瓷可产生 2.3W 的输出，斜率效率为 29%。

中国科学院上海硅酸盐研究所研究员苏良碧课题组，以低声子能量的氟化锶（SrF_2）晶体为掺杂基质，利用该晶体特殊的萤石型结构形成的掺杂稀土离子的"团簇"效应，在 Er^{3+} 离子极低掺杂浓度下（<5 at%）克服 3μm 激光振荡自终止效应，实现了高效率的双波长激光输出。当 $Er:SrF_2$ 晶体中 Er^{3+} 离子掺杂浓度为 4 at%时，3μm 激光下能级寿命是上能级的 1.58 倍，小于 4 at% $Er:CaF_2$ 晶体的 1.66 倍，更低于 33 at% $Er:YAG$ 晶体的 60.4

倍，30 at% Er:YSGG 晶体的 2.62 倍，以及 15 at% Er:YLF 晶体的 3.25 倍。同时，该晶体的光谱参数品质因子（发射截面与荧光寿命的乘积）为 7.45×10^{-20}ms·cm^2，高于 Er:CaF$_2$ 晶体的 3.89×10^{-20}ms·cm^2，也远高于 Er:YAG 晶体的 0.3×10^{-20}ms·cm^2 和 Er:YLF 晶体的 1.64×10^{-20}ms·cm^2。该课题组与山东师范大学教授刘杰合作，采用激光二极管直接泵浦 4at%Er:SrF$_2$ 晶体（未镀膜），实现了高斜效率、双波长中红外激光输出，斜效率 22.0%，在保证晶体不被损坏的前提下，获得最高平均输出功率 483mW，激光波长约为 2789nm 和 2791nm[70]。此前，该课题组和山东师范大学合作，采用石墨烯作为可饱和吸收体，在 4at% Er:CaF$_2$ 晶体中实现了 2.8μm 被动调 Q 脉冲激光输出，脉冲宽度 1.3μs，重复频率 62kHz，平均输出功率 172mW，在此基础上，通过共掺去激发离子 Pr^{3+}，在 3 at% Er，0.03 at% Pr:CaF$_2$ 晶体中，首次实现了 2.8μm 自调 Q 脉冲激光输出（即不需要额外的可饱和吸收体），脉冲宽度 718ns，重复频率 52kHz，平均输出功率 262mW[71]。

近年来，随着 1150nm 的激光泵浦源问题逐步得到解决，Ho^{3+} 在 2.8～3.0μm 激光跃迁通道 $^5I_6 \rightarrow {}^5I_7$ 越来越受到人们的重视，在医疗、生物工程以及科研等领域有着重要的应用前景。张沛雄等[72]选择 PbF$_2$ 晶体作为激光基质晶体，采用下降法首次生长出了高质量的 Ho^{3+} 掺杂的 PbF$_2$ 激光晶体，研究了晶体的红外吸收特性，2.8～3.0μm 波段的荧光光谱和荧光寿命，采用 J-O 理论计算了晶体的荧光发射特性，着重研究了 $^5I_6 \rightarrow {}^5I_7$ 荧光发射特性。实验和计算结果表明，Ho^{3+}:PbF$_2$ 晶体在 2.9μm 波段具有明显的荧光发射，最大荧光峰值位于 2.86μm（1.44×10^{-20}cm^2）。2.9μm 跃迁通道 $^5I_6 \rightarrow {}^5I_7$ 的荧光分支比高达 20.99%，荧光寿命长达 5.4ms，量子效率高达 88.4%。另外，Ho^{3+}:PbF$_2$ 晶体的最大声子能量为 257/cm，可以大大降低多声子弛豫引起的非辐射能量损失，用来发展高效中红外激光。Ho^{3+}:PbF$_2$ 晶体可望发展成为一种具有应用前景的高性能中红外激光晶体材料。

石榴石系列晶体由于其高对称性、高化学稳定性、高热导率性能以及在熔融状态下易长出大尺寸和均匀的单晶体而吸引了广大科研工作者的关注。GSAG 和 YSAG 晶体是结合了 YAG 和 GSGG 优点的晶体，采用 Al 离子替换了 Ga 离子，更容易生长出高质量、均匀和大尺寸的晶体。此外，与含 Ga 的晶体如 GGG，GSGG，YSGG 等相比较，含 Al 的石榴石晶体如 YAG，YSAG，GSAG 具有更稳定的氧化物组成成分。使得含 Ga 的石榴石晶体中由于氧化物形态的变化和氧空位的形成形成色心的问题，在含 Al 的石榴石晶体中被大大地抑制。Er:GSAG 和 Er:YSAG 晶体曾被认为不能应用于中红外波段激光的产生，近年来，随着 LD 激光器的迅猛发展，使得泵浦光的选择和效率得到了很大的提高，以及目前对于多波长高功率激光器的需求，均为 Er 离子掺杂的 GSAG 和 YSAG 中红外激光晶体的发展创造了好的条件，使它们成为具有发展潜力的中红外晶体材料。张庆礼等[73]开展了以 GSAG 和 YSAG 为基质材料的新型 Er:GSAG，Er, Pr:GSAG 和 Er，Pr:YSAG 中红外激光晶体的探索研究工作，通过高浓度 Er^{3+} 的掺杂，成功生长出了高光学质量的 Er:GSAG，Er, Pr:GSAG，Er, Pr:YSAG 单晶体。在常温下采用 962nm 的 LD 激光器泵浦，实现了晶体位于 2.6~3.0μm 的激光输出运转，其中 Er, Pr:GSAG 和 Er, Pr:YSAG 晶体实现了该波段范围的双波长激光输出。对于 Er^{3+}, Pr^{3+}: GSAG 晶体，退激活 Pr^{3+} 的掺入有效地加宽了晶体的吸收带，降低了 Er^{3+} 的下能级寿命，提高了晶体的激光转换效率，降低了晶体的泵浦阈值。此外，与 GSAG 晶体相比，YSAG 晶体具有更好的热力学性能，更适合做激光增益介质，Er, Pr:YSAG 是一种具有发展潜力的中红外激光晶体材料。

Zhou 等[74]采用 Czochralski 方法成功生长得到了 1.0 at% Nd^{3+} 掺杂的 $Gd_{0.1}Y_{0.9}AlO_3$（Nd^{3+}:GYAP）晶体，并进行了 808nm 激光二极管的演示。在 24.12W 和 15.22W 的输入功率条件下，该晶体分别在 1078nm 和 1341nm 发射最大功率为 8.12W 和 2.36W 的激光；实验测得的两激光系在饱和效应前的斜率系数分别为 41% 和 21%。Nd^{3+}:GYAP 晶体产生的激光还具有良好的极化性能。

Fang 等[75,76]采用特殊的晶体生长温场结构及组合气氛等方法有效抑制了镓挥发，克服了晶体螺旋生长、开裂等难题，生长出了一系列高质量的钪镓石榴石晶体。采用混晶调节晶格场，获得了晶格常数可调的大晶格常数磁光衬底基片，同时晶体的抗辐射性能也得到了提高；优化了敏化、激活及能级耦合离子浓度，不仅提高了泵浦效率，也使 Er^{3+} 和 Ho^{3+} 离子的 2.7~3μm 激光上下能级寿命得到了良好的匹配，实现了高性能的 2.79μm 及 2.84μm 中红外激光输出。对热键合复合激光晶体的热分布进行了理论分析及激光性能比较，结果表明，晶体端面键合的纯同基质晶体可以作为热沉，加快激光晶体元件端面散热速率，从而有效改善了晶体的热透镜效应，进一步提高了晶体的激光性能。

徐民等[77]采用提拉法首次生长了 Yb, Ho:YAG 晶体及 Yb, Pr, Ho:YAG 晶体，研究了 Yb^{3+}、Pr^{3+} 对 Ho:YAG 晶体 2.8μm 中红外发光的影响。吸收光谱表明，掺入 Yb^{3+} 有助于增强晶体 850~1050nm 的吸收，利于高功率 InGaAs 激光二极管泵浦。晶体 2.8μm 波段附近的荧光光谱显示，Yb, Ho:YAG 晶体最

大发射截面为 $1.23 \times 10^{-20} cm^2$ @2848nm，Yb, Pr, Ho:YAG 晶体最大发射截面为 $1.69 \times 10^{-20} cm^2$@2780nm。荧光寿命及能量转移分析表明，$Yb^{3+}$能够延长 Ho^{3+} 上能级 $^5I_6$ 的寿命，而 Pr^{3+}可降低 Ho^{3+}下能级 $^5I_7$ 的寿命，从而形成有益的粒子数反转。光谱实验分析说明 Yb, Pr, Ho:YAG 晶体是 2.8μm 中红外激光输出的有效增益介质。

稀土氟化物激光晶体具有声子能量低、物化性能优良等特性，是一类重要的中红外和可见激光晶体材料。胡明远等[78]采用布里奇曼坩埚下降法生长出 Dy^{3+}及其 Nd^{3+}共掺的 LaF_3 晶体，确定了晶体的结构，采用第一性原理计算得出了能带结构、态密度等电子结构信息，测试研究了室温偏振吸收光谱、近红外和中红外发射光谱，探索了 Nd^{3+}与 Dy^{3+}离子之间的能量转换机理，并利用了声子辅助能量转换理论计算出微观能量传输系数，实验证明 Nd^{3+}可以有效敏化 Dy^{3+}离子实现～3μm 中红外波段的荧光发射，采用 790nm LD 泵浦，有望实现 Dy^{3+}/Nd^{3+}:LaF_3 在～3μm 中红外波段的激光输出。

平面波导结构具有光纤结构的诸多优点，同时散热性更好、能更有效地克服热效应的限制、输出功率可达 100KW 以上，这使得平面波导结构成为十分有潜力的高功率激光材料。陶瓷单晶化技术能有效消除平面波导内的键合面，适量的烧结助剂掺入能进一步排除陶瓷内部微气孔，优化样品质量，其中生长单晶层在 1064nm 处的透过率达到 83.62%。同时陶瓷单晶化技术能有效抑制稀土离子的扩散行为，保留平整的阶跃式折射率差，进一步提高工作物质的光束输出质量。张戈等[79]报道了利用陶瓷单晶化技术制备得到了陶瓷为芯层的高掺杂 YAG/4 at%Nd:YAG/YAG 复合结构，实验结果表明，陶瓷单晶化过程能消除 Nd^{3+}在晶粒内部与晶界上的分凝，聚集在晶界上的 Nd^{3+}随着晶界的迁移而被排除到生长单晶之外，最终得到了高掺杂无分凝均匀性十分优异的 Nd:YAG 单晶芯层。在最大吸收泵浦功率为 8.5W 的连续波激光激发下，YAG/Yb:YAG/YAG 平面波导在 1030nm 处获得最大平均输出功率为 3.4W，斜率效率高达 60%；在 5W 的吸收泵功率下得到了质量因子 M_{2x} = 1.1，M_{2y} = 2.1 的多模光束剖面。

1.55μm 波段激光具有大气吸收弱、透雾能力强、人眼安全、处于石英光纤传输最低损耗窗口以及易被探测等优点，在测距、测速、雷达、地空通信、着舰导引、三维成像、量子信息等领域具有广泛的应用。目前国际上主要使用的激光介质为稀土掺杂磷酸盐玻璃，但受制于玻璃小的热导率，其输出功率较小、效率较低，难以满足实际应用。国内在此领域开发了稀土掺杂硼酸盐晶体材料，实现了大于 1W 的连续激光输出，斜率效率达到 35%，处于国际领先的水平。在紫外激光器以及大功率光纤激光器领域，国外企业垄断紫外激光器及大功率光纤激光器高端市场；特别是高功率266nm紫激光器国内没有相关产品，核心关键技术尚未取得突破。

稀土硼酸铝系列稀土晶体是一类重要的非线性光学晶体，其中$YAl_3(BO_3)_4$（YAB）晶体因具有优异的非线性光学性质、良好的化学稳定性、不潮解等优点而得到广泛的关注和研究[80]。复合功能晶体概念的提出，使同时具有非线性光学和激光效应的激光自倍频稀土晶体得到广泛关注和大量研究。$Nb_xY_{1-x}Al_3(BO_3)_4$（NYAB）稀土晶体是典型的激光自倍频晶体，目前已经实现了连续和调Q自倍频运转。NAB晶体是单斜晶系，YAB晶体为三方晶系，NAB与YAB晶体结构的差异造成NYAB的不均匀性，很难获得高质量单晶，阻碍了NYAB的实用化进程。$Yb:YAl_3(BO_3)_4$（Yb:YAB）晶体中Yb^{3+}和Y^{3+}半径接近，Yb^{3+}容易掺入到基质中去，且不存在YbAB晶体的夹杂，晶体光学均匀性良好，具有量子效率高、量子缺陷低、热效应弱等优点，是一种优良的激光自倍频晶体，其缺点是晶体生长成本高、起振阈值高，限制了Yb:YAB的大规模实际应用。中国科学院福建物质结构研究所、山东大学等单位在该领域做了大量的研究工作，并取得了进展。在激光自倍频领域具有较好应用前景的另一类稀土晶体是$RECa_4O(BO_3)_3$（RECOB），属于单斜晶系，可采用提拉法生长，容易生长大尺寸高质量的单晶，同时兼具有位相匹配范围大、损伤阈值高、化学稳定性好、易加工等优点[81]。

目前稀土晶体研发趋向于生长多元稀土晶体，即四元及四元以上的稀土晶体。它们多是稀土晶体改性的产物，以期获得性能更为优异的多元稀土晶体，如使用Sc替代GGG中的Ga元素，形成$Gd_3Sc_2Ga_3O_{12}$（GSGG）晶体，Nd^{3+}在其中具有更大的分凝系数（0.75），提高了掺杂晶体的光学均匀性，能够实现高浓度的Nd^{3+}掺杂，且易实现平界面生长，可获得更高质量的稀土激光晶体，有利于提高激光质量[82]。

镧系元素掺杂的玻璃和晶体对于激光应用来说很有吸引力，因为三价镧系元素离子的亚稳态能级有助于在相对低的泵功率下建立粒子数反转和放大受激辐射。在纳米尺度上已可制备具有精确控制的相、尺寸和掺杂水平的镧系元素掺杂的上转换纳米颗粒（up-conversion nano-particles，UCNP）。当在近红外激发时，这些UCNP在各种可选择的波长下能够发射稳定、明亮的可见光，具有单纳米颗粒敏感性，这使得它们适合应用于高级发光显微镜。Liu等[83]展示了用高浓度Tm^{3+}掺杂的UCNP在980nm波长处激发，可以容易地建立它们的中间亚稳态$^3H_4$能级的粒子数反转：在高Tm^{3+}掺杂浓度下减小的发射体间距离导致强烈的交叉弛豫，诱导快速填充亚稳态 $^3H_4$ 能级的类光子雪崩效应，最终致使相对于单个纳米颗粒内 $^3H_6$ 基态的粒子数反转。因此，808nm 的激光照射与 $^3H_4 \rightarrow {}^3H_6$ 跃迁的上转换能带匹配，可以触发放大受激发射以释放 $^3H_4$ 中间能带，因此上转换路径可以光学抑制蓝色发光的产生。利用这些属性可实现低功率超分辨率受激发射损耗显微镜并实现纳米尺度光学分辨率（纳米显微镜），从而对单个 UCNP 成像，分辨率为 28nm，即波长的 1/36。这些调控的纳米晶体提供的饱和强度比目前在受激发射损耗显微镜中使用的荧光探针的饱和强度低两个数量级，启发了减轻平方根律的新方法，通过这种技术可实际实现通常被限制的分辨率。

2. 稀土闪烁晶体

稀土闪烁晶体是探测高能射线/粒子的关键材料。闪烁是透明介质在电离辐射诱导下发生的一种不连续的冷发光现象，闪烁材料则是在高能射线激发下能产生高效荧光发射的发光材料。在 X 射线、γ 射线或其它荷电粒子辐照下，闪烁材料发出紫外或可见荧光，光敏器件（如光电倍增管、CCD、光电二极管等）将闪烁材料所发射出的荧光转变为放大的电脉冲信号，然后被电子仪器记录下来，实现对高能射线信号的探测。闪烁材料具有对高能射线吸收系数大、发光效率高、强度与入射线能量成正比等特点，在核医学影像、工业无损检测、港口安全检查、环境监测、地质勘探、油井钻探、高能物理和天文空间物理等方面具有非常广泛的应用。单光子发射计算机断层扫描显像（single photon emission - computed tomography，SPE-CT）和正电子发射计算机断层扫描显像（positron emission tomography - computed tomography，PET-CT）探测器材料均需使用闪烁晶体。

高密度、快衰减和高发光效率一直是闪烁晶体材料所追求的三大基本目标。NaI:Tl 晶体由于光产额高而被广泛应用，成为高能射线探测器中最重要的闪烁晶体材料。但 NaI:Tl 晶体的荧光寿命长（230ns），降低了最终的成像质量，且 NaI:Tl 晶体易潮解的性质对应用范围也有所限制。因此，当新的高密度闪烁材料 $Bi_4Ge_3O_{12}$（BGO）晶体出现以后，BGO 晶体曾一度占领了高端核医学影像设备正电子断层成像仪（PET）系统用闪烁晶体市场的 50% 以上。但是，BGO 晶体的光产额只有 NaI:Tl 晶体的 20%～50%，并且它的荧光衰减时间也较长（300ns），不利于时间分辨率的提高，也不利于减少患者在做 PET 检查时受高能射线辐照的剂量，这就要求人们继续探索具有高光产额、快荧光衰减、对高能射线吸收强、物理化学性能稳定的新型优良闪烁晶体材料，以满足新一代 PET 和 γ-相机对闪烁晶体的需求[84]。

由于稀土元素中的 Y^{3+}、La^{3+}、Gd^{3+} 和 Lu^{3+} 离子不仅具有高的原子序数，而且属于光学惰性离子，适合于做基质材料；而 Ce^{3+}、Pr^{3+} 和 Eu^{2+} 具有宽而强的 $4f$-$5d$ 跃迁，不仅可以有效吸收能量，呈现较强的发射强度，而且其光谱为宽的带谱、荧光寿命短，因而可以用作发光中心或激活剂，因此以 La^{3+}、Gd^{3+} 和 Lu^{3+} 离子为基质的稀土闪烁晶体也是最近二十年的研究热点。

1）稀土硅酸盐闪烁晶体

稀土硅酸盐闪烁晶体的典型代表为 Ln_2SiO_5:Ce（Ln＝Y，Gd，Lu）。它由 $[SiO_4]$ 四面体和 $[LnO_n]$（n = 7，9）多面体连接而成，有单斜 C 和单斜 P 两种晶体结构。该类晶体的性能特点是发光效率高，衰减时间短，物理化学性能稳定，因而成为当今闪烁晶体材料中的佼佼者，已经在核物理、高能物理和 PET 等核医学诊断设备中获得越来越广泛的应用。稀土焦硅酸盐 $Ln_2Si_2O_7$:Ce（Ln＝Y，Gd，Lu）系列是 RE_2O_3-SiO_2 二元体系中 RE_2O_3:SiO_2 = 1∶2 的一个中间化合物，含有较高比例的 SiO_2 使其熔点下降、稀土占比降低，有利于晶体制备成本的降低。最近的研究发现 $Gd_2Si_2O_7$ 中掺 La 离子可克服该晶体的不一致熔融问题，已经作为一个新产品推向市场。

硅酸铋（$Bi_4Si_3O_{12}$，BSO）晶体是一种具有闪铋矿结构的闪烁材料，其衰减时间快于锗酸铋（BGO）晶体，光输出高于钨酸铅（PWO）晶体，原料成本远低于 BGO 且环境友好，被认为是 BGO 晶体最有希望的替代品和新一代双读出量能器的重要候选材料。但是，BSO 晶体的光输出远不及 BGO 晶体，稀土离子掺杂是提高光输出的重要途径。基于材料基因组研究思想，Yang 等[85]在现有坩埚下降法生长技术基础上，发展了掺杂晶体高通亮制备工艺，在同一炉同步生长了不同稀土离子掺杂的 BSO 晶体以及不同浓度 Dy 掺杂的 BSO 晶体。闪烁性能测试发现，0.1mol%及以下浓度的 Dy 掺杂可以显著提高 BSO 晶体的光输出，最高可提高 50%。更高浓度掺杂会导致 BSO 晶体光输出下降。该工作还探讨了同一炉生长 BSO 和 BGO 晶体、同步生长不同配比 BGO-BSO 混晶的可行性，为高通量制备单晶材料提供一条有效途径。

2）稀土铝酸盐闪烁晶体

稀土铝酸盐晶体包括具有钙钛矿结构的 $LnAlO_3$（Ln＝Y，Gd，Lu）和具有石榴石结构的 $Ln_3Al_5O_{12}$（Ln＝Y，Gd，Lu）两套体系，其中基于 LuAG:Ce 石榴石闪烁晶体发展起来的 $Gd_2Lu_1Al_3Ga_2O_{12}$:Ce 闪烁晶体和 $Gd_3Al_2Ga_3O_{12}$:Ce（Ce:GAGG）闪烁晶体不仅具有较高的密度，而且其光输出和能量分辨率已分别达到氧化物闪烁晶体目前所能达到的最高值，展示出良好的应用前景[86]。尤其是以 Ce:GAGG 晶体为代表的多组分石榴石结构闪烁晶体已是近年来闪烁晶体领域的研究热点，它具有光输出高、能量分辨率好、衰减时间快、物化性能稳定等优点，在 SPE-CT、PET-CT、辐射计量、高能物理等领域具有良好的应用前景。国内外诸多高校和科技公司先后对 Ce:GAGG 晶体的制备、结构特点、发光机理、闪烁性能和组件制作做了广泛而深入的研究。在应用方面，目前已有公司推出了中试产品，表明 Ce:GAGG 晶体即将进入实用化阶段。中国电子科技集团公司第 26 研究所于 2013 年开始研制 Ce:GAGG 晶体的制备和加工技术，目前已突破 3 英寸晶体生长技术和阵列制作技术，晶体的光输出、发光均匀性、阵列的峰谷比、泛场图等关键技术指标已与 C&A、Furukawa 等公司的产品相当，并成功实现了批量生产和商业化[87]。

自 2012 年欧洲核子中心利用 LHC 发现希格斯粒子以来，高能物理的研究得到了世界各地科学家们的关注。在新的发展形势下高能物理实验需要闪烁材料在更大的能量剂量及更低的信噪比环境中工作，这就要求闪烁体要有足够高的辐照硬度及快的衰减时间。LuAG:Ce 具有比 LYSO 晶体更好的抗辐照损伤性能，在高能物理领域备受关注，但过高的慢分量一直是阻碍其得到实际应用的主要原因。马婉秋等[88]报道的研究采用固相反应法结合退火处理工艺，制备了 Ca^{2+} 离子与 Ce^{3+} 离子共掺的 LuAG 闪烁陶瓷。制得的陶瓷在 500～800nm 范围内的透过率达到 66%，其发射波长位于 510nm，与硅光电二极管的灵敏探测区匹配良好，衰减时间达到 48ns，且具有良好的能量分辨率。该工作首次将 LuAG:Ce 陶瓷闪烁体的快分量提高到 90%，比之前文献报道中的值都要高，F/（F+S）的值也达到了 80%以上，在高能物理领域具有广阔的应用前景。

3）稀土钨酸盐闪烁晶体

钨酸盐闪烁晶体属于自激活荧光体，在高能粒子和射线的激发下，不需要掺入其它激发离子，便可以呈现出高效荧光，具有密度高、发光效率高、辐照硬度高、无潮解等优点，因此，其发展一直受到闪烁材料研究领域的重视。复式钨酸盐体系钨酸钇镉和钨酸镧镉均属于白钨矿结构，四方晶系。研究表明，钨酸钇镉晶体在 X 射线和紫外激发下，发光性能较弱，但其较易生长；钨酸镧镉晶体则具有较好的发光性能，快的衰减时间，综合性能优异，但其高温下熔体的挥发导致其组分偏离，使晶体产生严重的结构缺陷，导致结晶时析出白钨矿和类白钨矿两个相，严重影响了晶体生长。

杜飞等[89]提出一种新型的 $CdGd_xLa_{2-x}(WO_4)_4$ 固溶体晶体。采用固相合成法得到了系列多晶料，XRD 表征说明其为连续性固溶体。采用提拉法以自发成核的方式进行了固溶体晶体的生长，得到的晶体较为透明，比钨酸镧镉质量有明显提高。在室温下测试了 $CdGd_xLa_{2-x}(WO_4)_4$ 系列晶体的光致发光光谱、X 射线激发发射光谱、光致发射衰减时间等。结果表明，随着 x 的增加，其光致发光强度和 X 射线激发发光强度均呈递减的趋势。在 296nm 紫外光的激发下，样品在 350～600nm 范围内具有宽阔的蓝绿发光带，发射峰的峰值为 470nm。当 x 从 0.2 增加到 1.0 时，其衰减时间分别为 410.5ns，345.5ns，295.7ns，268.2ns，271.2ns，呈递减趋势。X 射线激发下，$CdGd_{0.2}La_{1.8}(WO_4)_4$ 晶体的发光强度最大。

4）稀土卤化物闪烁晶体

20 世纪末，二元稀土卤化物晶体被应用于光学材料中，发展了一系列性能优异的光学基质晶体，其化学式可表示为 REX_3（RE = Y，La，Ce，Gd，Lu；X = F，Cl，Br，I）。如北京玻璃研究院从 20 世纪 90 年代开始先后参加了多个国际国内的高能物理实验工程项目，开发的产品主要包括氟化铈（CeF_3）、掺铈氯化镧（$LaCl_3$:Ce）、掺铈溴化镧（$LaBr_3$:Ce）等稀土闪烁晶体。REX_3 的晶体结构变化较为复杂，阴阳离子半径比值是决定其晶体结构的重要因素。以 $LaBr_3$ 为基质制备的 $LaBr_3$:Ce 稀土晶体是目前稀土卤化物中综合闪烁性能最优异的闪烁晶体，已广泛应用于核医学成像、安全检查、地球物理辐射探测等领域。实现大尺寸晶体的产业化生产是目前发展的关键。目前 $LaBr_3$ 的最大生产厂家是圣戈班公司，已公布的最大晶体尺寸为 Φ97mm×244mm。国内研究单位如福建物质结构研究所、上海硅酸盐研究所、中国计量学院、清华大学等也积极开展晶体制备技术、闪烁特性、器件应用等方面的研究，但制备的 $LaBr_3$ 晶体尺寸相对较小，距离产业化还有一定的差距[82]。

最近二十年，对于卤化物闪烁体而言是个收获丰硕的时期，涌现出大量光输出高、能量分辨率好或者同时具有伽马和中子分辨能力的新型闪烁晶体。其中稀土卤化物闪烁晶体主要可分为四类：①Ce^{3+} 激活的稀土三卤化物（LnX_3，Ln = Ce，Y，La，Gd，Lu 及其混合；X = Cl，Br，I 及其混合）系列晶体，例如 $LaBr_3$:Ce 和 $CeBr_3$ 晶体等。②Ce^{3+} 激活的碱金属和稀土金属卤化物复盐晶体，包括以 R_2LnX_5:Ce（R = K，Rb；Ln = La，Ce）为代表的晶体系列，以及钾冰晶石结构的 A_2BLnX_6:Ce（A = Li，K，Rb，Cs；B = Li，Na，Cs；Ln = Y，La，Ce，Gd；X = Cl，Br）系列晶体。③Eu^{2+} 激活的碱土金属卤化物（MeX_2:Eu，Me = Ca，Sr，Ba 及其混合；X = Cl，Br，I 及其混合）系列晶体，例如 SrI:Eu 晶体等；④Eu^{2+} 激活的碱金属和碱土金属卤化物复盐晶体，较为关注的是 RMe_2X_5（$R = Li$，Na，K，Rb，Cs；$Me = Ca$，Sr，Ba）系列晶体，如 $CsBa_2Br_5$:Eu 晶体和 $CsBa_2I_5$:Eu 晶体等[90]。

近几年来，国际上对其中化学通式为 A_2BLnX_6 的钾冰晶石类卤化物晶体材料进行了广泛而深入的研究，发现了许多掺铈（Ce^{3+}）的钾冰晶石类非氟卤化物晶体对 γ 射线都有较高的探测效率、较优异的能量分辨率和较小的能量响应非线性特性，优于传统的 NaI:Tl 闪烁晶体，是优良的 γ 射线探测材料[91]。其中，一些锂基的非氟卤化物晶体材料对中子也具有很高的探测效率，优于传统的锂玻璃闪烁体和 LiI:Eu 闪烁晶体，又是较难得的固态中子探测材料[91,92]。这类新型的中子、γ 射线双探测闪烁晶体，深受核辐射探测器制造厂商青睐，其中的突出代表 Cs_2LiYCl_6:Ce（CLYC）闪烁晶体已被制作成闪烁探测器件[93]，实际应用于中子/γ 射线混合场中探测中子。

氟化钡（BaF_2）晶体是目前已知最快无机闪烁体之一，具有亚纳秒的闪烁光快成分（195nm，220nm），该晶体在发光初始 0.1ns 内的约两倍于 LSO/LYSO:Ce 晶体的光输出，快成分发光无自吸收，其抗辐照性能强且具有显著的成本优势。但除闪烁光快成分外，该晶体还有一个衰减时间约 620ns（310nm）、光输出相当于快成分 4～5 倍的闪烁光慢成分；在高计数率辐射事件测量时，该慢成分的存在会引起严重的信号堆积，这很大程度上限制了该晶体在超高频计数率时间测量、超高速成像和飞行时间技术等辐射探测领域的应用。抑制 BaF_2 晶体的闪烁光慢成分是该晶体得以应用的基本前提，稀土离子掺杂是抑制该晶体闪烁光慢分量的有效途径，其相关研究在过去三十多年受到了持续关注。最近研究结果显示，稀土钇离子掺杂可以使得氟化钡晶体的慢分量减少至纯晶体的 10%[94]。

5）稀土氧化物闪烁晶体

多晶镥基氧化物闪烁材料是一类具有高密度、优良发光性能和出色物理化学稳定性的新型闪烁材料，在高能射线探测和医疗数字成像领域具有广泛的应用前景。施鹰等[95]报道了关于稀土发光离子（Eu^{3+}等）掺杂氧化镥发光粉体及 Ce^{3+} 离子掺杂硅酸镥发光粉体的湿化学合成方法以及相应透明闪烁陶瓷材料研制方面的研究。采用复合沉淀法成功地制备出低团聚、球形颗粒的高烧结活性 Lu_2O_3 基纳米发光粉体，经干压结合等静压成型后于流动 H_2 气氛下经 1850℃/6h 常压烧结后，可获得具有良好光学透明性的 Eu^{3+} 离子掺杂 Lu_2O_3 基陶瓷材料，在可见光波段的直线光学透过率可达 80% 以上。在 X 射线激发条件下其发光强度达 BGO 单晶的 10 倍。还采用 sol-gel 方法在 1000℃

的温度下合成了两种不同晶体结构的单相铈掺杂硅酸镥（$Lu_2SiO_5:Ce$）亚微米发光粉体，经无压烧结结合高温等静压（hot isostatic pressing，HIP）工艺制备出了单相半透明 LSO:Ce 闪烁陶瓷，其晶粒尺寸约为 $1 \sim 2\mu m$，在 420nm 处的光学直线透过率达 1.4%。XANES 谱表明：经 HIP 处理后的多晶 LSO:Ce 陶瓷经 1300℃的空气氛下退火 4h 后，大部分掺杂 Ce 离子仍保持+3 价态，光产额提高至退火前的 1.81 倍。该 LSO:Ce 闪烁陶瓷的绝对光产额达到 21000ph/MeV，达到 LSO:Ce 闪烁单晶的 91%。

闪烁晶体是核医学影像诊断设备核心材料，每台 PET 需要用到 3 万～6 万块闪烁晶体器件，总价超过 100 万美元，全球年需求超过 20 亿美元。以铈掺杂溴化镧为代表的第三代闪烁晶体具有高时间分辨率、高光产额、高能量分辨率，能够实现 TOF 技术、能显著提升 PET 分辨率（5mm～1mm）和信噪比，是当前研究的重点。目前，法国圣戈班、美国 Bicron 和捷克 Crystur 公司垄断国际市场，且 3.0 英寸以上溴化镧闪烁晶体产品对我国禁运。

3. 稀土晶体生长工艺

稀土闪烁晶体在核医学成像、高能核物理、现代勘探等领域发挥了不可替代的作用，大尺寸稀土闪烁晶体的高品质和快速生长是目前面临的主要科学技术问题之一。稀土晶体由于不同的物理化学性质，采用的晶体生长方法也不尽相同。常用的晶体生长方法有丘克拉斯基（Czochralski）提拉生长法、布里奇曼（Bridgeman）法、悬浮区熔法、微下拉法、化学气相沉积（chemical vapor deposition，CVD）法等。

理论上，从生长界面处的微观相变出发可证明结晶热力学和动力学协同控制晶体生长界面处的化学键合过程，因此，利用结晶生长的化学键合理论能够定量优化稀土晶体的系列生长参数，用于指导生长多尺度氧化物稀土激光晶体和闪烁晶体。研究结果表明[96]，计算的生长参数将各向异性的结晶热力学表达和各向同性的动力学表达控制在不同尺度区间内，可实现公斤级大尺寸高品质稀土晶体的快速生长；对于微下拉生长过程，坩埚尺寸和生长速率分别作为热力学和动力学关键生长参数，通过优化关键生长参数，可成功生长系列稀土铝酸盐、镓酸盐和硅酸盐单晶光纤。

直拉生长法是目前大尺寸稀土晶体生长的主要方法，中科院长春应用化学研究所对原有生长系统进行升级改造，增加了可视化元件与温度元件，实现单晶生长过程实时记录与精确温度监控，为单晶生长及机制研究提供了技术保障[82]。Sun 等[97,98]从物理学、化学、工程学的角度也证明了生长界面处的化学键合过程主导了无机晶体的各向异性生长，因此，在微观生长界面处构筑长程、均一的化学键合结构有助于获得高品质的稀土闪烁晶体。该课题组利用结晶生长的化学键合理论针对 Ce:YAG 和 Ce:LYSO 开展热力学模拟计算，在微观生长界面处有效调控生长界面处的化学键合行为，优化晶体生长环境[99]。与此同时，结合生长界面处的传质方程确定晶体生长的动力学参数，开展界面处的各向同性生长调控，加快晶体生长速率，稳定高指数晶面。该工作从理论到生长实践，实现了公斤级稀土闪烁晶体的快速生长，其中，Ce:YAG（78mm、重 3.45kg）和 Ce:LYSO（68mm、重 4.22kg）的生长速率达到同类技术的 1.5～3.0 倍。此外，Sun 等[100]还利用原位分子振动光谱在原子水平上分析了稀土离子和含氧配体之间介观尺度结构的形成和演变过程，为稀土闪烁新材料的结构设计提供了有力支撑。

掺 Ce 硅酸钇镥 LYSO:Ce 闪烁晶体性能优异，已在核医学 PET 中实现应用，但进一步实现 LYSO 的规模化应用仍存在许多难题，如光输出分布不均匀、组分分布不均、价格高昂等。有效的改进途径是提高 LYSO 的晶体生长工艺，实现 LYSO 大尺寸高质量低成本晶体生长[101]。国际上圣戈班公司提供的 LYSO 晶体尺寸可大于 $\Phi60mm\times310mm$，国内中国电子科技集团公司第 26 研究所使用提拉法生长了 $\Phi60mm\times280mm$ 的 LYSO:Ce[102]。近期稀土资源利用国家重点实验室固态化学组采用提拉法生长的 LYSO:Ce 晶体，基于结晶生长的化学键合理论进行参数优化设计，大大缩短了晶体的生长周期，晶体尺寸可达 $\Phi60mm\times220mm$，无色透明，无云层、开裂、色心等缺陷。该技术能够有效提高晶体生长质量，显著降低晶体的生产成本，有望为国产化 PET 成像技术提供低成本关键闪烁探测晶体。同时 LYSO 也可作为激光晶体进行实际应用。

微下拉（micro-pulling down）晶体生长方法是近年来发展的高效晶体生长技术，可生长小尺寸的体单晶、纵横比较大的单晶光纤材料。日本东北大学首次开发了这种晶体生长技术，至今仍在该研究领域占有主导地位。目前该技术还没有完全商业化，技术发展多以校企结合的模式进行。法国里昂第一大学与 Fibercryst SAS 公司紧密合作，应用微下拉法生长 YAG 单晶，并形成了模块化的产品[103]。国内对此项技术研究不多，山东大学晶体材料研究所首次对该种生长方法进行了全面系统的研究，自主研发了微下拉单晶生长设备[104]。微下拉单晶生长法具有用料少、生长速度快、试验周期短、晶体截面形状可控等优点，可生长稀土氧化物、稀土卤化物、稀土金属及合金等多种稀土晶体材料，在未来的新材料开发、基本性质研究、单晶光纤制备等方面具有非常明显的优势。

随着实际应用的需要，闪烁晶体的性能不断得到优化和提高。但闪烁晶体在闪烁光散射和光导体系耦合方面存在固有的缺陷，这总是影响着探测成像时像素分辨率的提高。为解决这一问题而发展起来的有序微结构共晶闪烁材料可克服闪烁体大单晶材料加工成小晶体单元时的高损耗问题，还能使荧光在不同折射率的两相界面以全反射方式传导，有效提高了定向导光效率，从而实现高能射线辐照高分辨率成像，这将使闪烁共晶在核医学和工业无损探伤等领域拥有潜在的应用前景。但要获得大规模有序微纳结构的共晶闪烁材料还存在着设备和工艺方面的挑战。目前文献报道的具有有序微纳结构的共晶闪烁材料主要是用微下拉法制备得到，该方法获得的样品尺寸有限，还不能实现规模化应用。这要求在研发共晶闪烁材料时，不仅要进一步了解有序共晶的生长机制，同时还要注重对共晶材料生长设备的改进与发展，丰富闪烁晶体生长基础理论，完善共晶材料的制备方法。

三、先进医疗用稀土荧光材料

近年来，随着生物医学的快速发展，生物医学成像也取得了重要进展。磁共振成像、超声波成像、X 射线成像、正电子发射断层成像、光学成像和核医学成像等可视化技术纷纷被开发出来并运用到临床上。其中，光学成像凭借着其高灵敏性和低花费等优势成为了最有开发前景的成像技术。光学成像技术的开发最基本的需求可分为两项，一是光学成像探针，二是光学信号探测技术。生物荧光成像需要由外源性荧光团来提供读出信号或增强成像的对比度，这使得荧光探测手段的功效在很大程度上取决于荧光探针的性能。目前光学成像领域大部分的研究都关注到了新型光学成像探针的开发上，有机染料、量子点发光材料和上转换发光材料以及长余辉发光材料等典型的发光材料都被科学家开发并应用到了生物活体成像领域，其中含稀土的发光材料尤其得到关注。

1. 稀土长余辉发光材料

长余辉发光材料是一种激发光源停止后仍然可以持续发光几秒、几小时甚至几天的发光材料[105]。虽然长余辉发光材料研究历史悠久，但真正取得巨大突破是在 20 世纪末，特别是稀土铝酸盐绿色长余辉发光材料的发现将长余辉发光材料的应用和研究推向了一个全新的阶段，已经被广泛应用在了安全指示、夜间照明、玩具制造、装潢和军工等领域。近些年，长余辉发光材料这个既古老又鲜活的材料被科学家赋予了全新的使命。2007年，法国科学研究中心的Chermont等[106]研究人员将一种稀土硅酸盐近红外长余辉材料（650~1300nm）应用到了生物活体成像领域。凭借着这种新型活体成像方式的超高信噪比优势，近红外长余辉发光材料迅速吸引了国内外研究人员的注意，从而为长余辉发光材料的研究开启了新的篇章。

近红外长余辉发光纳米材料用于生物活体成像可分为以下三步：①将近红外长余辉发光纳米材料溶于生理溶液中，通常在体外使用紫外光激发；②将激发过的近红外长余辉发光纳米材料生理溶液通过生物体（如小鼠）尾部静脉注射进小鼠体内；③使用光学探测装置收集纳米材料所发射出的近红外长余辉光学信号，得到活体成像图。近红外长余辉发光纳米材料用于生物成像具有体外激发与体内超长延迟发光的特点，这种方式可以避免紫外光对生物体的损伤，并且完全避免由紫外灯照射生物体引起的组织发光，大大减少背景干扰。同时，发射波段处于光学窗口，生物组织对在这个范围内的发光吸收较少，使得近红外光能够到达更深的生物组织，实现深组织成像。因此，相比于传统的光学成像探针，近红外长余辉发光纳米材料具有更深的组织成像能力，更少的背景干扰和更高的信噪比。

2015年，Maldiney等[107]在近红外长余辉发光纳米材料用于生物成像领域的研究取得了突破性的进展。该课题组使用水热法制备得到的$ZnGa_2O_4$:Cr^{3+}近红外长余辉纳米材料具有优异的长余辉性能并且可使用白光LED激发得到近红外长余辉，克服了由近红外长余辉纳米材料余辉时间有限导致的无法进行长时间成像的难题，更为重要的是该材料的信噪比远高于量子点荧光探针。进而，该课题组通过将具有MRI造影能力的稀土离子Gd^{3+}共掺杂进$ZnGa_2O_4$:Cr^{3+}近红外长余辉纳米材料当中[108]，成功实现了多模成像，不但具有优异的生物活体荧光成像能力，而且也有不错的MRI活体成像能力。两种成像模式可以实现互补，解决了荧光成像空间分辨率不高和MRI成像灵敏性不高的问题。

2017年，中山大学王静课题组[109]成功开发出一种纳米复合体近红外长余辉多模探针，利用介孔SiO_2作为反应容器和模板成功制备了100nm大小的核壳结构$ZnGa_2O_4$:Cr^{3+}/Sn^{4+}@MSNs@Gd_2O_3近红外长余辉纳米材料。制备得到的双模式成像探针兼具出色的磁共振成像和优异的近红外长余辉荧光成像能力。由T_1和T_2弛豫速率计算结果，可以得到ZGOCS@MSNs@Gd_2O_3的r_1和r_2值分别为9.16和35.51，均优于目前临床上应用的商用造影剂Gd-DTPA

（$r_1 = 6.13$，$r_2 = 5.68$）。此外，尾静脉注射 ZGOCS@MSNs@Gd$_2$O$_3$ 后小鼠肝脏部位的 MRI 信噪比相比于注射前增强了 46.2%。综合体外和体内优异的 MR 成像效果，认为制得的 ZGOCS@MSNs@Gd$_2$O$_3$ 完全可以成为一种高效的 MRI 造影剂。

南开大学严秀平课题组[110]将 Zn$_{2.94}$Ga$_{1.96}$Ge$_2$O$_{10}$:Cr^{3+}, Pr^{3+} 近红外长余辉纳米材料与具有 CT 成像能力的 TaO$_x$ 通过 SiO$_2$ 组装到了一起。通过在 Zn$_{2.94}$Ga$_{1.96}$Ge$_2$O$_{10}$:Cr^{3+}, Pr^{3+}@TaO$_x$@SiO$_2$ 近红外长余辉纳米材料的表面嫁接上能够靶向识别癌细胞的多肽，成功实现了活体癌细胞的靶向荧光成像和 CT 成像。

2. 近红外稀土荧光探针

生物医学需要持续发展用于高分辨率、高对比度和高穿透力活体成像探针所需的新型发光材料。传统生物荧光成像所使用的荧光探针多以可见光作为激发源、而且信标光位于可见光区；而对于那些以深源细胞或组织为探测目标的应用而言，这类激发光和信标光都位于可见光区的荧光成像会在穿透深度上受到很大的限制。在临床诊断和外科手术的实时可视监测应用中，近红外（NIR）光成像具有强组织穿透能力、高信噪比和高成像分辨率，激发和发射光学窗口（也就是诊断窗口）通常介于 650～1450nm 之间等优势。因而，该应用领域关键挑战是发展具有良好生物兼容性、高亮度和高光学稳定性的 NIR 吸收剂和发射探针。

1）近红外激发上转换稀土荧光材料

在过去的 20 多年中，基于包括量子点、纳米金刚石、上转换纳米颗粒、Ln 纳米颗粒等纳米颗粒的应用，荧光成像得以迅速发展。这些纳米颗粒分别具有不同光学成像应用方面所需特异的光物理和光化学特性，不同应用需要在高亮度（量子点、聚合物纳米颗粒、纳米金刚石）或有效抑制内源发光（上转换纳米颗粒、Ln 纳米颗粒）等方面做出权衡选择，但通常很难二者兼得。上转换纳米颗粒可被近红外光激发，有效降低内源发光，但无论对于何种应用领域，如医学诊断和太阳能电池的下转换应用或上转换应用，Ln 基纳米颗粒仍始终受限于较低的光吸收效率，因其多光子过程效率低，导致光吸收弱、量子产率低。长发光寿命（μs 到 ms 级）的 Ln 荧光体时间门光致发光检测也可有效抑制生物体内短发光寿命的内源发光体（ns 到 μs 级）。通过配体被称为"天线效应"的间接光敏化，Ln 基荧光标记物发光强度可通过敏化剂增强，获得达到 10^4 mol·cm 水平的发光亮度。

由"天线"和中心 Ln 离子组成的分子配合物仍存在光子通量较低的缺

陷。一种解决方案是增加纳米颗粒内部 Ln 发射中心的局域浓度，但研究还只停留在概念阶段。如何对稀土上转换纳米晶进行表面修饰和功能化，使其具有良好的水溶性、生物兼容性和特异性的生物识别功能，是该材料应用于生物医学领域的前提和关键。设计与 Ln 基纳米颗粒结合的光敏配体以提升其发光亮度已有大量研究关注。Dos Santos 等[111]报道了一种 $La_{0.9}Tb_{0.1}F_3$ 纳米颗粒表面组装 Tb 配合物敏化剂天线的超高亮度表面光敏化的 Tb 纳米颗粒。该纳米颗粒具有超高亮度、高光稳定性和长荧光寿命，在低至 12pmol/L 的纳米颗粒浓度下，可实现对细胞内囊泡超过 72h 无细胞毒性的时间门成像。Goetz 等[112]采用一种简易且重现性好的微波辅助法，在水溶液介质中合成了 Tb 掺杂的 $La_{0.9}Tb_{0.1}F_3$ 纳米颗粒，11 个具有不同配位和光敏能力的配体被设计分别键合到 Tb 掺杂纳米颗粒表面，并测试筛选出了两个最有效的光敏配体，相应纳米颗粒产物发光亮度分别达到 2.2×10^6 和 $2.1 \times 10^7 mol^{-1}cm^{-1}$ 水平，水溶液中发光量子产率分别为 0.29 和 0.13。制备的纳米颗粒通过荧光显微镜在 Hela 细胞中成像，观察到其在溶酶体中较为特异的定域能力。

Charbonnière 等研究了使用镧系元素配合物的超分子体系在室温溶液中上转换发光的可能性。向 YbLD（LD 为一种含重氢的大分子配体）配合物的 D_2O 溶液中加入 Tb 盐可得到[$(YbLD)_2Tb_x$]（$x = 1 \sim 3$）大分子配合物，在 980nm 近红外激发下，观察到了前所未有的 Yb 到 Tb 的上转换敏化现象，从而激发了 Tb 的典型绿光发射[113]。他们的另一个工作[114]将吡啶膦酸单元组装到九齿三脚配体 L 中，合成得到了同构的高稳定性单分子镧系元素系列配合物。这些配合物在水中稳定性好，在吡啶膦酸单元天线对于 Eu、Tb 和 Yb 的高效敏化作用下展现良好的发光特性。结构分析显示，这一九齿配体还可成为构建高稳定配合物络合物的基本结构单元。

典型的上转换荧光粉由无机晶体基质和掺杂在晶格中的稀土离子组成。$NaYF_4$ 具有适宜掺杂敏化剂离子（如 Yb^{3+}）和激活剂（如 Er^{3+}、Tm^{3+}、Ho^{3+}）离子的晶格位点，是一种良好的上转换荧光粉基质材料。已有诸多方法用于合成高质量稀土掺杂的 $NaYF_4$ 荧光粉。Pu 等[115]报道了一种以稀土三氟乙酸盐为前驱体、石蜡作为高沸点非配位溶剂的简单、低成本和环境友好的 $NaYF_4: Yb^{3+}, Tm^{3+}$ 上转换荧光粉合成途径。所得立方相荧光粉具有明亮的上转换发光。在以两亲聚合物覆盖后，荧光粉微颗粒可在水溶液中高度分散，且呈现低细胞毒性。将合成的荧光粉颗粒注入小鼠脑部，可在 1mm 深度得到近红外上转换为蓝光发射的清晰活体荧光成像，且嵌入的荧光粉颗粒两周内在小鼠脑部未发生明显扩散。

具有上转换发光的稀土掺杂 $NaYF_4$ 也存在上转换发光效率低和发光亮度不足的缺陷，即便引入核-壳结构，上转换发光量子效率也通常不高于 5%。Eu 和 Sm 等掺杂的碱土金属硫化物具有高效上转换发光，如 CaS:Eu, Sm 和 SrS: Eu, Sm，其中 CaS:Eu, Sm 的上转换发光量子效率可达 76%。然而这些硫化物材料主要以块材或粉末形式应用，而在生物分析中的应用则受到其易于水解、大颗粒尺寸以及较差的分散性所限制。Wang 等[116]采用反相胶束技术合成了可超亮发光的 Eu、Sm、Mn 掺杂的 CaS 纳米颗粒。样品颗粒尺寸为~30nm，上转换发光量子产率接近 60%。对于纳米颗粒进行有机物外层包覆修饰可使其在水溶液中稳定分散，而无荧光强度的显著损失。该类上转换纳米材料可在潜指纹显现、深部组织成像和活体成像等领域具有潜在应用价值。

2）近红外发射稀土荧光材料

光学响应探针需具有一个识别单元，需能与生物待分析物有选择地键合或反应，或者对特定酶产生响应；还需具备报告单元，具备随识别单元状态变化而变化的光发射功能。发色团的选择是设计生物应用中优异发光性能配合物设计的重要因素。相比于可见荧光探针，近红外荧光发色团通常化学和光稳定性差，难于进行近红外探针的开关转换过程。Ln^{3+} 基发光材料可成为生物应用中有机荧光发色团的良好替代。发色团 T_1 激发态与 Ln^{3+} 离子激发态间的能差一定要足够小，以保证高效的能量转移，同时也要足够大，以避免热激发导致由 Ln^{3+} 的激发态重回发色团的 T_1 激发态。作为高效稀土荧光标记物配体的必要条件包括：吸收系数高、随配位目标稀土元素可精细调节单线和三线态能级、对于 Ln^{3+} 离子有较好的掩蔽（配位数达到 8~10）、热力学和动力学稳定性高、对于生物介质良好的兼容性以及具有活化荧光标记功能等。

由于镧系元素存在禁阻的 f-f 跃迁，创造具有良好光捕获能力的无机基质或有机配体的适宜微环境是敏化稀土离子近红外发光的有效途径。第一配位层的调控，包括配体立体结构、配位原子和天线配体激发态，以及被称为"双因素法"的外配位层调控已广泛用于设计 Ln 发光传感器。理想的天线分子体系应至少满足高敏化效率和大内禀量子产率两个条件。位于配合物内第二配位层高能 X-H（X = C，N，O）键振动引发的淬灭效应严重降低量子产率，多声子弛豫现象在近红外发射 Ln 离子的情况尤其明显，因其最低激发态和最高基态间的能差较小，严重抑制 Ln 的近红外发射，因而使用 C-D 或 C-X（X = F，Cl，Br）取代 C-H 键常被用于增强近红外发射并延长衰减寿命。Ning 等[117]报道了一种利用第二配位层调控设计近红外 Ln 发光传感器的方法。通过卟啉末端 β-OH 的立体异构，设计合成了两个同质异构的近红外发射化合物：Yb-up 和 Yb-down。Yb-up 分子中可形成分子内氢键，而 Yb-down 不能。分子内氢键可缩短 β-OH 和 Yb(Ⅲ)之间的距离，从而弱化 Ln 激发态的非辐射跃迁。Yb-up 和 Yb-down 都对温度高度敏感。Yb-up 复合的 PMMA 聚合物的近红外发射温度灵敏度在 77~400K 宽温范围内高达 6%/℃，高于 Yb-up 的 3.8%/℃。

氘化和氟化等消除内配位层配体中高频 C-H 振子以抑制淬灭的传统方法非常复杂。Varaksina 等[118]报道了一种更方便的氟化技术。对于 C-H 振子，连结 Eu^{3+} 最低激发态与最高基态需要 4 个声子，而对于 C-F 振子则需要 10 个声子，所需声子数目的增加将减少多声子弛豫发生的概率。基于此，该工作合成了 5 个新型含吡唑的 β-二酮 Eu 配合物。测试表明，当高振动能的 C-H 键被低振动能的 C-F 键取代时，能量转移效率得到改善，Eu^{3+} 的发光强度显著增加。但氟化链长的增加导致非辐射跃迁速率锐减，同时发光衰减速率增加。理论研究结果与时间分辨荧光显微镜实验数据基本一致。

Ning 等[119]设计合成的具有生物兼容性的 β 氟化卟啉 Yb^{3+} 配合物对于卟啉化合物 410nm 附近 Soret 吸收带和 500~620nm 的 Q 吸收带激发表现出了较高的 NIR 发光性能（在二甲亚砜和水中的量子产率分别为 23%和 13%），以及相比于无氟化配合物更高的稳定性和更长的衰减寿命（达到 249μs）。当 Yb^{3+} 配合物引入活体细胞时，可由 NIR 共聚焦荧光成像在细胞内发现强的特异性 Yb^{3+} 荧光信号，表现出了作为 NIR 稳态发光以及时间分辨荧光寿命成像所需荧光探针的特殊性能。

Hu 等[120]设计合成了系列高 NIR 发射的具有三明治结构的 Yb 配合物。配合物结构为 Yb 夹在一个八氟化卟啉天线配体和一个含重氢的 Klaui 配体之间，这种结构可在一个体系中同时进行双因素优化。优化得到的一个配合物在 CD_2Cl_2 量子产率达到了前所未有的 63%（估计不确定度 15%）、寿命达到 714μs。除了高荧光效率，这些 Yb 配合物还有诸如可见光区受激发和较大的淬灭系数等作为 NIR 光学材料的优异性能。

装配捕光天线的 Ln 配合物在发色团受激后会引发一系列进程，其中向 Ln 的能量转移利于 Ln 发光。Eu(Ⅲ)是最易被还原的 Ln(Ⅲ)离子，因而其更容易通过被激发态芳香天线还原至 Eu(Ⅱ)态。这种电荷转移几乎总是会降低 Eu 发射的量子产率，不利于 Eu 的发光，但在配合物设计时通常很少被考虑。Kovacs 等[121]基于对电荷转移过程在 Eu 配合物设计中的作用分析，提出了削弱这一淬灭作用的策略。在发光配合物中，由激发态天线到 Eu(Ⅲ)的电荷转移是一个能量有利的过程，可通过降低激发态天线的能量，或可通过将

Eu(Ⅲ)封装在具小腔配体中形成中性配合物或带负电荷配合物以稳定 Eu(Ⅲ)氧化态的方式减小其淬灭驱动力。但前者会改变天线单线态和三线态能级，进而引发其它不利进程（如能量自 Ln 到天线的反迁移）；后者也仍存在双重阻碍，一是尚缺乏 Eu(Ⅲ)氧化态稳定方法的系统研究，二是配体选择有限。

近红外 Ⅱb 区（1500～1700nm）是哺乳动物理想的深层组织光学成像窗口，但尚缺乏明亮发光、生物兼容性良好的探针。Zhong 等[122]发展的生物兼容性立方相 Er 基稀土纳米颗粒（ErNPs）在～1600nm 展现了明亮的下转换发光，可用于小鼠癌症免疫疗法动态成像。研究将交联亲水性聚合物层功能化的 ErNPs 附着在抗-PD-L1 抗体上，用以对大肠癌小鼠体内的 PD-L1 分子成像，肿瘤-正常组织成像信噪比达到了～40。交联功能化层还促使 ErNP 在 2 周内排泄了 90%，小鼠体内未检测到毒性。

Tan 等[123]通过核-壳和稀土掺杂设计合成了在近红外区具有高强度和长寿命发光的氟化物纳米颗粒。通过选择掺杂元素以优化能量转移过程得到的 $NaGdF_4$：2% Yb^{3+}，3% Nd^{3+}，0.2% Tm^{3+}纳米颗粒（～13nm）可产生明亮的、寿命为 1.3ms 的 980nm 发射；合成的 10nm 以下具有稀土高掺杂浓度的单分散核-壳结构 $NaYF_4$:10% Yb^{3+}，30% Nd^{3+}@CaF_2纳米颗粒可在近红外 Ⅱ 区 1000nm 产生明亮的、寿命接近 1ms 的发射。在近红外 Ⅰ 和 Ⅱ 区提供近 1ms（长于组织自发光寿命）的强发光使这些纳米颗粒适用于高穿透性、无自发光干扰的时间门近红外活体成像。

Lv 等[124]设计构建了用 NIR 光通过双光子吸收过程进行激发、发射 NIR 荧光的复合型聚合物荧光探针；其荧光成像穿透深度可高达 1.2mm、对深置目标及具有一定厚度的生物样品进行成像具有实用意义。他们还设计合成了一类可用 NIR 光触发、具有良好的生物兼容性及隐身能力、良好的氧气通透性及对活性单重态氧的递送能力、可进行程序化递送的光动力学治疗（photo dynamic therapy，PDT）纳米载体，实现了对模型小动物肿瘤极为有效的光动力学治疗效果[125]。他们还构建了具有超常斯托克斯位移（大于 200nm）的 NIR 荧光开关探针；基于超常的斯托克斯位移、NIR 荧光信号，及动态比照荧光开关转换三重机制的共同作用，成功地克服背景噪音的干扰、将细胞内荧光成像的灵敏度提高两个数量级[126]。他们还设计并合成了将具有双光子激发特性的能量捕获单元和能发射 NIR 荧光的能量受体单元集成到聚合物分子链中的新型嵌段共聚共轭聚合物；并基于这种光学活性聚合物构建了肿瘤细胞膜包覆的、可实现 NIR 光激发、NIR 荧光发射的 "NIR input-NIR outgoing"

的仿生荧光探针。这种荧光探针以波长在具有最大光通透性的生物窗口范围的光（700～1000nm）为激发源且具有双光子激发荧光特性，无需将能量给体与受体进行掺杂，在确保探针结构稳定性的前提下实现高的荧光成像穿透深度。该探针所具有的高度特异性靶向能力，及对活体肿瘤的高清晰度荧光成像能力在模型荷瘤小鼠实验中得到了充分验证[127]。

3. 生物分析和监测用稀土荧光探针

1）稀土配合物

Ln 标记物中，Eu 和 Tb 配合物激发态寿命可维持几毫秒，其它镧系元素也可达到微秒量级，这要比传统有机发色团（激发态寿命通常几十纳秒）和半导体纳米晶（激发态寿命约 1～100ns）高出 2～6 个数量级。时间分辨（或时间门）检测的基本原理是在进行样品的脉冲激发后，待内源快速发光等干扰信号消失后，再延迟获取发射信号，可将信噪比提高 3～4 个数量级。除利用 Ln 配合物的长寿命可显著抑制背景信号以外，其窄且易于分离的发射带还可用于一些生物相关物质如肠毒素、酶、离子、蛋白质和其它肿瘤标记物、核酸、含活性氧和氮的物质、过氧化氢等的分析和它们的活性监测，以及配体与人体细胞核受体、甲状腺肿瘤受体或雌激素受体之间的相互作用监测。

肿瘤标志物的超敏特异性检测对肿瘤患者的早期诊断、治疗以及增加其存活率具有重要意义。使用镧系元素螯合物作为荧光探针，已出现了一些肿瘤的标记检测方法，如时间分辨荧光免疫分析和解离增强镧系元素荧光免疫分析（DELFIA），然而这些荧光生物探针都还不同程度地存在光化学稳定性差以及费用高等缺陷。相比于传统应用的分子生物探针，Ln^{3+} 掺杂的无机纳米粒子（NPs）具有更吸引人的化学和光特性，诸如长寿命、多色发射和光子上转换能力等，被认为是最具潜力的用于早期癌症诊断的换代试剂，尤其是具有优异发光性能的 Eu^{3+}。Liu 等的研究[128]采取将 Eu^{3+} 分别掺杂到内外壳层的设计策略，成功研发了一种基于 Eu^{3+} 双线程（上转换/下转移）发光的核-壳-壳结构纳米荧光探针，并成功将其应用到甲胎蛋白（AFP）的上转换和溶解增强下转移发光双线程体外检测。AFP 作为一种可靠的原发性肝癌肿瘤标志物，被普遍应用于肝癌的早期诊断和术后病情监测中，因而 AFP 超灵敏检测对于原发性肝癌的诊疗具有重要意义。据悉，这种新型纳米荧光探针 AFP 上转换检测的检测限低至 20pg/mL，比商用 DELFIA 试剂盒灵敏度提升近 30 倍，是已有报道基于稀土纳米探针 AFP 检测的最低值。另外，基于

Eu^{3+}的双线程发光特性，研究还提出了利用同一纳米探针溶解增强下转移发光体外检测模式作为自参照标准评价其上转换体外检测准确性和可靠性的新思路，实测了肿瘤医院提供的20例癌症患者和正常人的血清AFP水平，结果与商用DELFIA试剂盒一致，并通过多次血清样品检测的变异系数以及回收率测定等验证了该检测方法的特异性、精确度和可靠性。

甲状腺特异抗原（PSA）是最常用作早期诊断和监测甲状腺癌（PCa）的肿瘤标志物。早期诊断标准是PSA>4ng/mL，而甲状腺切除治疗后PSA通常在血清中的浓度降至～1pg/mL，因此对于PCa诊疗进行的PSA检测需要在～1pg/mL至>4ng/mL的宽浓度范围进行。然而，现有荧光免疫测定的检测下限仅为约0.1ng/mL。已有研究的PSA荧光免疫测试方法中，基于稀土配合物植入的聚苯乙烯或二氧化硅纳米颗粒可获得高于商用检测方法的灵敏度，但这些纳米颗粒在水溶液中易于团聚和溶胀，且稀土配合物容易流失。相比于Ln配合物，Ln掺杂的无机纳米粒子具有生物共轭方面更高的稳定性和更大的灵活性，因而已成为生物检测方面的研究热点。另外，为最小化对抗体-抗原结合过程的影响，要求纳米生物探针尽可能超小至接近生物大分子尺寸（<5nm）。基于前期关于溶解增强荧光生物分析技术研究，Xu等[129]制备了一种单分散、超小的Ln^{3+}（Ln = Eu，Yb/Er）掺杂的Lu氟氧化物纳米颗粒$Lu_6O_5F_8:Ln^{3+}$。该纳米颗粒加入到含胶束增强剂的溶液中时，Ln^{3+}被萃取进入胶束形成高发光镧系元素配合物，增强了检测灵敏度。$Lu_6O_5F_8:Ln^{3+}$中的Ln-O键较Ln-F键更易于通过质子化反应断裂释放Ln^{3+}，因而选择氟氧化物体系。Ln^{3+}掺杂的$Lu_6O_5F_8:Ln^{3+}$中Ln^{3+}离子的摩尔密度更高，有利于进一步增强检测灵敏度。该纳米颗粒PSA的检测可靠性好，下限可达到0.52ng/mL，线性检测范围为8.5×10^{-4}～5.6ng/mL，在PCa的早期检测和术后PCa复发检测方面具有极好的应用前景。

实时监测酶的行为对于生物学和生物医学研究至关重要，是了解酶反应动力学和反应机制的重要手段，也是发现新型酶抑制剂和促进剂首当其冲的关键一环。ATP、ADP和GDP等核苷多聚磷酸根离子是多种药物相关酶的重要底物，是包括激酶和鸟苷三磷酸酶等药物发现过程中的关键物质。现有激酶行为检测仅能进行终点测量，无法给出过程动力学信息以及反应机理信息。Hewitt等[130]发展了一种新型激酶行为监测方法，其中使用了一种稳定的Eu^{3+}发光配合物阳离子[Eu.1]$^+$，该阳离子可与ATP和ADP进行可逆缔合，产生独特的发射光谱响应，可跟踪激酶反应过程中ADP/ATP比例的变化。该方法不需要用以识别特定磷酸化作用底物的价格昂贵的抗体。配合物阳离子

[Eu.1]$^+$在常规激酶分析条件下非常稳定，且省去了采用发光或放射性标记对酶或底物进行修饰的环节，从而避免了高强度且耗时的合成过程。

Mg 在人体细胞中起到一系列重要作用，如参与超过 600 多种酶的反应，控制三磷酸腺苷（ATP）、核酸和蛋白质的形成等。APTRA 是文献中最为广泛使用的 Mg 螯合剂，但其具有与 Ca^{2+}更高的络合能力。为提高检测选择性，Walter 等[131]合成了三个包含敏化发色团的 APTRA 基的 Eu^{3+}配合物。这些配合物的发光强度对于 pH 不敏感，但相比于其它报道的 APTRA 衍生物，对 Mg^{2+}离子具有较好的选择性。配合物中引入的吡啶炔芳基（pyridylalkynylaryl）发色团对 Mg^{2+}有最高的亲和力和选择性。

尿是动物体中蛋白质代谢的最终产物。人体血液中尿氮（UN）的正常浓度为 1～10 mmol/L，而在尿样中可富集至血液值的 50 倍。UN 的检测是肝和肾功能的重要诊断指标，同时尿样还是血液透析治疗效果的量化和监测指标。尿液浓度可由很多分析技术实现，但尚无明确最佳方法。Smrcka 等[132]发现 Eu(III)的配合物（[Eu(DO$_3$A)(L)]$^-$）和碳酸根可形成失去荧光活性的稳定配合物[Eu(DO$_3$A)(CO$_3$)]$^{2-}$，这一取代反应可通过间接测定尿素酶催化下尿分解反应产生的碳酸根用于生物样品的尿分析，且这一新分析方法无系统误差。研究也同时发现一些金属离子，如 Zn(II)，Pb(II)，Cd(II)，Ag(I)等对于尿的酶催化反应存在抑制作用，因此该法也可用来进行这些金属离子的测定。而为消除这些离子对于酶催化反应的影响，推荐使用 EDTA 进行预先掩蔽。相比于其它尿素生物传感器，该方法快速、选择性好、灵敏度高。

稀土发光 MOFs 因结合了稀土离子优异的发光性能和金属有机骨架（MOFs）多样的结构特性而被广泛用作检测环境污染物的荧光探针。目前报道的绝大多数 Ln-MOFs 荧光探针均是对环境污染物的外暴露检测，即环境监测。但环境监测不能反映通过不同途径（呼吸道、消化道和皮肤等）接触有害物质的总量，且环境中有害物质水平并不等于人体实际接触和吸收的水平，因而环境监测不能有效地反映个人差异而导致的吸收区别。作为环境监测的有效补充，生物监测可提供人体接触有害化学物质的内剂量，揭示污染物与人体健康的内涵实质，因此在环境健康的风险评价中具有十分重要的实用价值。Hao 等[133]的研究尝试将 Ln-MOFs 作为荧光探针用于对有机化合物甲苯、多环芳烃等在尿液中的生物标志物的检测。该工作针对多环芳烃（PAHs）致癌物的生物标志物——尿中 1-羟基芘（1-HP），利用荧光共振能量转移原理，设计合成了一个基于 Eu 功能化 MOF 的新型纳米荧光探针。作为首例检测 1-HP 的荧光探针，它对 1-HP 表现出优异的传感性能，如选择性好、灵敏度高、检测速度快、循环利用性能好等。此外，他们还基于该探针设计了一款简单、便捷的 1-HP 尿液检测试纸，该试纸可实现机体对 PAHs 中毒程度的快速评估。

多线程分析因可在最小样品和时间消耗条件下定性或定量获取更多生物质信息的能力而在生命科学领域受到极大关注。探索新型光学标记物以满足这一领域的应用要求仍存在挑战，当前的关键点在于上转换发光选择性的有效调制。Ln 离子的多重窄带、长寿命光致发光发射也可用于进行多线程生物传感，亦即在同一个样品中同时分析多个生物组元或相互作用情况。可通过以下 3 种方案实现基于镧系元素的多线程分析：①选择不同的 Ln 离子调节发光波长；②使用一种 Ln 离子作为与几种多色荧光共振能量转移（forster resonance energy transfer，FRET）受体结合使用的给体，调节发光波长；③使用一种 Ln 离子作为 FRET 给体，一种稀土离子或发色团作为受体，调节发光寿命[134]。

人体超过一半的基因受 microRNA（miRNA）控制，一类 miRNA 可有几百种靶基因。因其在病理过程中的重要性，miRNA 已成为下一代疾病诊断和预测的生物标记物。Jin 等[135]报道了采用 FRET 的方式将能量从 Tb 给体传递给三种不同有机发色团受体（Cy3.5、Cy5 和 Cy5.5）用以实现 miRNA 三线程检测的方法。337nm 的激发产生了特征的 Tb 发光光谱，可与 Cy3.5、Cy5 和 Cy5.5 的吸收谱重叠，导致了 Tb→发色团的多色荧光共振能量转移，此时 miRNA 与 Tb-DNA 和发色团-DNA 两探针均存在杂化/结扎键合。FRET 淬灭的 Tb 给体和 FRET 敏化的发色团受体时间门发光强度可分别在不同的发射波长进行测量。三种不同的 miRNA 和三种不同的单链 DNA 可在单一样品中同时检测得到，检测具有高灵敏度和特异性。样品中加入 5%的血清不影响检测的灵敏度，故而这一技术具备临床诊断中血循环 miRNA 检测的可能。引入更多的受体发色团或可实现更多线程分析的可能。

2）稀土掺杂上转换纳米颗粒（UCNPs）

与有机荧光探针和半导体量子点相比，稀土掺杂 UCNPs 具有优异的上转换发光性能、高化学稳定性、无荧光闪烁以及无光致褪色等优势，同时因其低毒性、高信噪比和近红外强的活体组织穿透能力，吸引了大量关于其在生物成像、生物传感、药物输运和癌症治疗等方面应用的研究关注，并已取得了极大进展。稀土掺杂 UCNPs 是一类具有独特反 Stokes 光学特性和物理化学特性的新兴光学生物探针，其典型的发光机制为掺杂的 Yb^{3+} 敏化剂吸收近红外辐射激发，并通过非辐射转换能量给共掺杂的激活剂 Ln^{3+}（Ln = Er，Ho，Tm），从而产生可见或紫外上转换发光（UCL）。

具有多色发光的荧光探针可通过同时使用一系列颜色编码探针对大量生物化学物质进行高通量检测，从而在分子水平揭示生物复杂性。在 Yb^{3+} 作为敏化剂体系中掺杂不同类型的激活剂，可在单一 980nm 激发波长下激发 Yb^{3+} 离子敏化激活剂产生多原色 UCL。但 980nm 的近红外激发光可被水分子吸收，过度照射会引起水过热，导致严重的细胞和组织损伤。近期发展的 Nd^{3+} 敏化 UCNPs 通过 $Nd^{3+} \rightarrow Yb^{3+} \rightarrow Ln^{3+}$（Ln = Er，Tm，Ho）的多级敏化过程，使用 Nd^{3+} 可吸收但水吸收系数很低的 800nm 近红外光激发实现上转换发光。但 Nd^{3+} 敏化产生高效多色发光仍难以实现，其中存在的挑战主要包括：①通过不同类型激活剂组合（如 Er^{3+} 和 Tm^{3+}）调控发光颜色通常存在不同类型激活剂间较强的交叉弛豫，导致 UCL 效率较低，因而要求不同类型激活剂在纳米尺度上实现分离；②文献报道的典型 Nd^{3+} 敏化的核/壳结构 UCNPs 设计能量从 Nd^{3+} 掺杂的光吸收层通过核/壳界面单向传递给 Yb^{3+}/Ln^{3+}（Ln = Er，Ho 或 Tm）共掺杂层，这种单向传递很难实现同时敏化位于不在同一层的两类激活剂，因为激活剂的发光效率对于 Nd 掺杂层和激活剂掺杂层间的距离非常敏感；③$Nd^{3+} \rightarrow Yb^{3+}$ 的非辐射能量传递效率正比于掺杂区每个 Nd^{3+} 对应的 Yb^{3+} 数量，而 UCNPs 在 800nm 的光捕获能力决定于掺杂的 Nd^{3+} 总数目，因此，Yb^{3+} 和 Nd^{3+} 离子浓度的最大化是实现高效多色上转换发光的关键。为此，Hao 等[136]设计合成了具有三明治结构的 $NaYbF_4$:Tm，Nd@CaF_2:Nd@CaF_2:Nd，Yb，Er 核/壳/壳 UCNPs。$NaYbF_4$ 和 CaF_2 作为基质材料，尤其是 CaF_2 作为外壳层可增强 UCNPs 的生物相容性。中间层 Nd^{3+} 以及内核和外壳层的 Yb^{3+} 的掺杂浓度分别高达 30%和 20%，以增强激发光吸收和敏化效率；Tm^{3+} 和 Er^{3+} 激活剂分别被掺杂在内核和外壳层，可避免激活剂间的交叉弛豫。制备得到的核/壳/壳 UCNPs 可在 800nm 激光激发下高效发射多色光，波长从蓝光到白光，通过激活剂浓度的精确控制可方便地调控所需的上转换发光色输出。

具有特异发光性能核/壳结构纳米颗粒的组装常采用外延生长法，但要求核和壳材料晶体具有相似的结构和非常匹配的点阵参数（失配度<3%）。Dong 等[137]报道了一种基于阳离子交换机制的异构外延生长镧系元素核/壳纳米颗粒的方法。通过 Ca^{2+} 和 Na^+ 的阳离子交换，可在 β-$NaLnF_4$ 纳米颗粒的表面生长得到一层六方-立方过渡的缓冲层，可消除 β-$NaLnF_4$ 核和 CaF_2 壳间的结构失配，外延生长得到均一的 CaF_2 壳层。所得 CaF_2 壳层可有效抑制 Ln^{3+}

离子的界面扩散，从而抑制其向水溶液中的扩散流失。包覆 CaF_2 壳后，β-NaLnF$_4$ 自身的绝对量子产率也从 0.2% 增加到 3.7%，可改善其生物成像性能。

稀土钠氟化物 NaREF$_4$:Yb, Er 纳米晶是一种有效的光上转换载体，其中 Er^{3+} 的红光发射（$^4F_{9/2} \rightarrow ^4I_{15/2}$）通常伴随绿光发射（$^2H_{11/2}$，$^4S_{3/2} \rightarrow ^4I_{15/2}$），产生黄光输出，发光的选择性阻碍了其多线程应用。解决发光选择性问题目前可有三种方案：控制稀土元素掺杂浓度、从其它稀土或过渡元素引入外部能级、通过引入受体构建 FRET 体系。但稀土或过渡元素发光中心的过量掺杂会导致大量非辐射交叉弛豫进而降低上转换发光效率，而对于 FRET 体系，不仅组装工艺冗长费力，而且能量转换效率通常也不高。已发现不同材料上转换选择性具有显著差异的现象，使得上转换材料的结构相关性研究具有意义。Dong 等[138]发展了一种通过调控纳米晶中发光中心局域结构高效获取稀土发光目标选择性的简易新方法。通过在 Na$_x$YF$_{3+x}$:Yb, Er 纳米晶中维持发光中心（Yb^{3+} 和 Er^{3+}）不变的条件下改变[Na]/[RE]（[F]/[RE]）摩尔比调控发光中心局域结构，Er^{3+} 发光的红/绿比可在~2 到~100 间变化，相应输出黄色到红色光。另外，使用同样的方法也可调控 Tm^{3+} 的 NIR/红发光比例在~38 到~96 间变化。

Dong 等[139]还发展了一种可在单一纳米颗粒中结合发光波长和发光寿命的多线程纳米尺度生物检测平台。将含有稀土发光中心的光学活性壳层与不含稀土发光中心的光学惰性壳层整合于单个纳米晶中，构筑出一系列洋葱状多层结构稀土上转换发光纳米晶。Er^{3+} 的绿光发射和 Tm^{3+} 的蓝光发射可分别在 808nm 和 980nm 激发下引发，体系中 Tb^{3+} 的引入不仅引入 Tb^{3+} 的发射，同时还导致了 0.13ms（Er^{3+}）和 3.6ms（Tb^{3+}）的发光寿命变化。该系列纳米晶具有正交发光性质，即纳米晶在不同的激发条件下呈现出不同的发射光。通过比较纳米晶的上转换发光颜色和发光寿命，可识别激发光的波长，通过比较上转换发光光谱中特定发射峰的比例，可识别激发光的功率密度。利用纳米晶正交的发光性质，可实现多色指纹成像以及不同拖尾长度的旋转圆盘成像。与传统的上转换纳米晶相比，该工作设计的洋葱状核壳结构纳米晶可携带更多的光学信息，在多色编码、防伪等领域也具有良好的应用前景。

UCNPs 的生物学应用还在雏形或实验室阶段，离实际应用还存在一定的差距，尚未取得显著的社会和经济效益。究其原因，主要在于许多技术瓶颈仍待解决，例如稀土纳米晶的上转换效率的维持、构建方式和表面修饰程度的可控性等。另外，稀土纳米晶的安全性还未得到完整的探索，其毒性问题尚有争议，需要在将其应用于实际临床试验前进行系统的探索并改进其生物相容性和安全性。为此，Heller 等[140]系统研究了稀土元素对于动物和人类的健康风险。以正常老鼠的肾脏细胞（NRK-52E）和人类胚胎肾细胞（HEK-293）为对象的研究发现，稀土元素对于细胞活性的影响是与浓度和时间相关的，同时也与细胞系和稀土元素种类有关。浓度低于 10^{-4}mol/L 的稀土离子不显示出生物学毒性，更高浓度的稀土离子将逐渐引起所研究两细胞系活性的逐渐丧失。通常，La 和 Lu 对于细胞活性的影响强于序列中间的元素，但 Ce 是所有稀土元素中对于细胞活性影响最显著的。除了损失细胞活性，稀土元素还会改变细胞的形貌，如在坏死之前逐渐变圆、萎缩等。两个细胞系相比，NRK-52E 对于稀土元素的反应明显比 HEK-293 更加敏感。

为从实验室研究走向实际应用，除上述提及的生物毒性外，还需克服其它一些挑战。首先需降低激发光产生的组织损伤，生物组织中的水吸收980nm 的光可能产生热损伤，激发波长可移至915nm 或 808nm，或采用脉冲光激发。尽管稀土离子通常具有较重金属较低的毒性，仍需改善 UCNPs 的表面稳定性。另外，还需拓展 UCNPs 在 NIR-II 上转换发光的应用范围，在成像方面，稀土掺杂 UCNPs 的发光带（从 UV 到 NIR-II ）和荧光强度可通过改变掺杂元素和浓度进行调节，掺杂特定稀土离子具有 NIR-II 上转换发光的 UCNPs 在 CT、MR 和正电子发射型计算机断层显像等领域的应用或将成为研究热点[141]。

4. 多功能稀土荧光生物探针

目前，纳米科学的研究热点之一是新型纳米材料的设计及其在分子、生物细胞水平上的应用。然而，单一功能纳米材料的应用往往是比较有限的，为了赋予纳米粒子更加丰富与高效的功能应用，功能复合的无机材料成为一个重要的研究热点，亦即通过各种不同功能材料之间的相互作用达到材料多组分整合的目的，从而实现纳米粒子的多功能和多应用发展。这类复合材料可广泛应用于医学及诊断领域的传感、能量富集器件、多功能电学器件以及药物输送等各种领域。

近年来，利用稀土离子与纳米材料的结合作为一个交叉方向引起众多研究者的关注。利用各种不同的功能化方式实现纳米材料与稀土离子的结合，改善了稀土配合物的缺陷，同时实现了纳米材料的功能化及其在生物、环境等众多领域中的应用。这种结合方式具有很高的生物及环境应用价值，有望应用于细胞成像、药物输送和癌症治疗等领域。如何通过巧妙的设计实现稀土对纳米粒子的功能化，并在此基础上开发其多功能应用是当前稀土功能化纳米材料研究中的重点问题。在已有工作基础上，进一步开展稀土功能化纳米材料的设计合成、性能优异的荧光探针及发光器件的组装以及仿生学手段的应用将是解决这些问题的关键所在。随着人们对这类稀土功能化纳米材料结构与性能的深入研究及开发应用，它势必会成为一种性能优异的新型材料，广泛应用于光学器件和生物医学等领域。

1）多模态成像稀土荧光探针

多模态成像在单次检测中集成了 2 种或多种互补的成像模态，可同时获得多种模态的良好成像，相互弥补其它模态的不足。相应地，发展新型多模态对比剂成为了一个研究热点。

磁共振成像（magnetic resonance imaging，MRI）是一种空间分辨率非常好的医学成像工具，但其灵敏度相对较低，需与另一种高灵敏度的技术如光学成像（optical imaging，OI）相结合获取互补信息。绝大多数的医学成像技术都使用特殊设计的对比剂（contrast agents，CAs）优化成像效果。MRI 对比剂的设计要求有一个磁性离子，一个或更多数目的可交换配位水，以及在生物介质中足够高的稳定性。新型 CAs 的设计不仅需为 MRI 引入一个顺磁中心，还需要为 OI 引入光学探针。Ceulemans[142]对提高新型 CAs 性能的设计方法总结为：①通过非共价键方式与蛋白质缔合，如人体血清蛋白（HAS），可有效增加 CAs 的弛豫；②增加单体 Gd(Ⅲ)配合物的分子质量，如与大分子结合。超枝蔓化聚合物旋转动力学介于线性聚合物（旋转快速）和星形聚合物（水分子不易接近）之间，适于成为良好的 CAs。枝蔓状分子适于作为 CAs 骨架，因其具有刚性结构、多价态表面和纳米尺寸。不同应用可选择不同级别的枝蔓状分子；③在 CAs 结构中引入长链烷基形成胶囊或脂质体。由于烷基尾部的疏水性促使形成这种聚集体，亲水部分朝向外部体相水排列。最近的研究开始引入两个烷基链到 CAs 骨架结构中，可更好锁定 Gd(Ⅲ)配合物，增加弛豫；④通过增加单位体积所含 Gd(Ⅲ)数目获得高弛豫，例如将顺磁离子装配到纳米颗粒中；⑤通过自组装刚性异核金属或金属星配合物增加旋转相关时间，如可观察到由 Cu 金属冠配合物与 Gd(Ⅲ)配合物组装分子的分子量与弛豫间的线性关系。据此原则，Ceulemans 成功合成了两种含 Ln 的新型多模态 CAs：①DTPA 基的异多金属 Ln 金属星形系列配合物$(GdL^1)_3Ln$，$(GdL^2)_3Ln$ 和$(GdL^3)_3Ln$；②BODIPY 发色体通过 Cu 催化环加成反应得到的新型 Gd(Ⅲ)DOTA 配合物。

核磁共振（NMR）除可通过加入被称为对比剂的外部试剂来实现增加组织的内禀对比度外，使用高场 MRI 检测器也可提高信噪比，从而提高空间和时间分辨率。但在高场下，通过加入常用对比试剂增加对比度-噪声比的效果被大大削弱。Dy^{3+}因具有较高的磁矩（10.6uB）和较短的弛豫时间（~0.5ps），表现出在高场下应用的优势，已作为替代的对比试剂应用于高场 MRI。由于波长小于 650nm 的光波在活体组织中穿透性差，为此，上转换纳米颗粒（UCNPs）已被开发用于光学成像对比剂，然而双模态对比剂很少可用于高场 MRI。Biju 等[143]基于 $NaGdF_4$，以 Yb^{3+}/Er^{3+}掺杂为核、以 Yb^{3+}/Dy^{3+}掺杂为壳，合成了一系列平均颗粒尺寸介于 29.2~32.9nm 的水溶性的、同时具有良好 MRI 和光学成像特性的 AC/AS-UCNPs。新合成的纳米颗粒在 7~11.8T磁场下具有更高的横向弛豫（r_2）值，表明它们可成为一类新型的、用于光学和高场（>7T）MR 成像的双模态对比剂。

在生物成像方面应用的金属有机框架材料（MOFs）中，三价镧系元素离子是构建纳米 MOFs 中无机离子的理想选择。Ln 发光中心可实现多模态成像，Eu 和 Tb 在紫外激发下可提供可见发射光。镧系元素还拥有优异的磁特性，尤其是拥有 7 个未配对电子的 Gd。由于不同 Ln^{3+}离子间的半径非常接近，在同一个 MOFs 中嵌入几种 Ln^{3+}离子易于实现，因而通过多种 Ln^{3+}离子嵌入，纳米 MOFs 可成为集成多种不同功能的良好平台。Gonzalez 等[144]采用溶剂热法合成了两个纳米 MOFs 聚合物，$\{EuGd(BTC)_2(H_2O)_{12}\}_n$ 和$\{TbGd(BTC)_2(H_2O)_2\}_n \cdot 2DMF$，其 中 BTC 为 1，3，5-benzenetricarboxylicacid，DMF为 N, N'-dimethylformamide。两个聚合物中都含有两种不同功能的镧系离子，一个为光学成像的发光中心 Eu 或 Tb 离子，另一个为磁共振成像的 Gd离子。

2）诊疗一体化稀土荧光探针

治疗诊断学（theranostics）旨在将成像和治疗相结合，监测治疗过程中的药物输运、药物释放和治疗效果。如通过在同一分子或纳米颗粒体系集成诊断和治疗功能的诊疗一体化技术，既可以对肿瘤进行可视化检测，又可以动态评估肿瘤的治疗效果，具有广阔的应用前景。因此，设计和开发多模式诊疗试剂，协同传统医学中诊断和治疗两个过程，实现治疗过程中"原位"监测，是当前生物医学、生物无机化学以及配位化学交叉领域中的研究热点。

近年来，临床医学对兼具精准影像诊断和高效治疗功能的无机功能材料的需求日益迫切，其中，基于具有独特的光学和磁学性质的稀土配合物的癌症诊疗一体化试剂受到了国内外学者极大关注。但是稀土配合物自身的缺陷，如大多水溶性和生物相容性较差、功能单一等，限制了其在精准医疗上的应用。因此开发基于稀土配合物的生物兼容性的、多功能的诊疗一体化平台具有广阔的应用前景。已有研究设计配位聚合物纳米粒子，即通过聚合物包覆的方法，制备基于稀土配合物的生物兼容性的诊疗试剂，或将稀土配合物和具有不同功能的纳米材料（氧化硅、碳材料等）进行偶联，制备基于稀土配合物复合多功能材料等途径设计开发基于稀土配合物的诊疗一体化平台。生物、医药领域，药物释放装置、医学成像造影剂、热理疗（PTT）、光动力疗法（PDT）等领域都需要用到纳米材料。

稀土上转换纳米探针（upconversion nanoprobe，UCNP），是一类具有长波段激发、短波段发射特性的发光材料，具有自身独有的诸多优点，在生物成像引导的可视化癌症化疗和理疗领域起着越来越重要的作用，已成为生物医用稀土功能材料的一个新兴的重要分支。光动力疗法利用光敏剂在光照和氧气存在条件下杀灭活细胞组织，是一种非侵入性的癌症治疗手段，其化学原理是基于光激发敏化氧气为高活性单线态氧（$^1O_2$）杀伤癌细胞。由于采用808nm激光激发可有效避免"过热"效应对细胞和组织造成的潜在损伤[145]，Nd^{3+}离子敏化的上转换纳米颗粒（UCNPs）可实现808nm激光激发的上转换发光。侯智尧和林君[146]研究通过核壳结构的设计提高UCNPs的上转换发光量子效率，同时设计多种稀土离子掺杂在单一UCNPs中实现上转换荧光（Er^{3+}/Tm^{3+}）、核磁共振（Gd^{3+}）和计算机断层扫描（Yb^{3+}）等多模态生物成像，旨在建立基于Nd^{3+}离子敏化的UCNPs新型纳米诊疗平台，综合利用UCNPs的成像探针、药物载体和能量转换等多重功能，实现医学影像导航下808nm近红外光响应的抗肿瘤治疗。考虑到肿瘤部位特殊的低pH微环境，选取聚丙烯酸和羟甲基壳聚糖作为载药材料对UCNPs进行包覆得到核壳结构纳米复合材料，构建了上转换荧光成像介导的pH响应释药体系。利用UCNPs能量转换器的功能将近红外光转换为可见/紫外光，选取纳米TiO_2和金纳米簇作为光活性物质，可在808nm激光照射下产生活性氧物质实现抗肿瘤的光动力治疗。

Liu等[147]设计制备了基于UCNP的新型氧气感应探针，该氧气感应探针对肿瘤组织中氧气分子含量成功实现了高灵敏无损检测，从而实时监控乏氧肿瘤组织的氧合状态；在此基础上发现了UCNP稀土功能材料的"放疗增敏效应"。该课题组提出了稀土化学组分调控和微结构功能化设计的思路，分别采用"克服乏氧、利用乏氧和规避乏氧"三种治疗策略，将UCNP与氧化硅融合为一体，成功构建了基于UCNP放疗增敏技术的新型多功能诊疗材料，实现了基于乏氧肿瘤的多模态影像介导下的"光热/放疗增敏""PDT/

放疗增敏"[148] "PDT/化疗（生物还原性治疗）"[149] "智能调节的光热治疗"[150] "X 射线诱导 X-PDT/放疗"[151] "X 射线诱导 NO 控释/放疗"[152]等多种高效双模式协同治疗。这种以新型多功能稀土上转换纳米诊疗剂构建的集医学影像诊断和原位治疗于一体的新技术，有望在未来人类重大疾病的高效诊断和治疗中发挥重要作用。

理想的诊疗一体化平台应该既能优化治疗效果，也能可靠地评估肿瘤的特性。刺激响应的纳米药物结合外部刺激如光、超声波、磁场可以进行有效的肿瘤靶向性运载。由于单模式成像技术提供的诊断信息不足，多模式成像技术引起了广泛关注。Wang 等[153]通过层层组装制备钆杂化等离子体金纳米复合物 Au@SiO$_2$(Gd)@Dox@HΛ，集成了温度控制、体内追踪、药物负载和肿瘤靶向性多种功能，并可以同时实现五种成像分析技术。这种纳米复合物的设计可以成功地克服生理和病理的壁垒，增强药物和成像剂在肿瘤内的积累和渗透，实现高灵敏成像从而提高癌症的治疗效果。

癌症的治疗根据发病阶段和肿瘤位置而采取不同的方法，传统上手术、化疗和放疗是最常用手段。然而，由于化疗和理疗都有各自的优缺点，如果能将这两种治疗方法结合在一起，将大大提高其疗效。魏若艳等[154]将 pH 响应的 SH-PEG-DOX 前药嫁接到原位生长纳米金修饰的稀土上转换发光纳米粒子表面，设计合成了一种新型的同时具有化疗和理疗的纳米复合物。在前药分子中引入了腙键，在细胞内酸性条件下，DOX 会逐渐释放，达到化疗的作用。柠檬酸修饰的上转换纳米粒子（cit-UCNPs）作为还原剂和稳定剂，使纳米金晶体直接生长在上转换纳米粒子表面，用于光热理疗。该方法条件温和、简单易行。在 808nm 激光器照射下，最终得到的纳米复合物 UCNPs@Au-DOX 表现出明显的癌细胞毒性，说明该材料具有协同化疗和光热理疗的作用。此外，该复合物还具有上转换荧光和磁共振双模式成像功能，可以作为癌症治疗中良好的可视化追踪剂，有望将来得到进一步的应用。

化疗和放疗要么存在侵入伤害，要么存在副作用或无治疗效果。因此，临床在研究开发替代疗法或辅佐疗法，如免疫细胞疗法、靶向化疗、光动力疗法和热疗法等。临床发现热疗法结合化疗和/或放疗可增加癌症病人的存活率，改善局部损伤的控制。但热疗法尚缺乏特异性，常使正常组织过热，使用纳米颗粒作为药物或药物载体的靶向热疗可解决这一问题。但达到肿瘤位点的纳米颗粒的浓度通常不够高，热转换效率低，不足以将肿瘤温度加热到进行有效热疗的范围。另一个方案是光热疗法（photothermal therapy，PTT），使用靶向分子对可吸收具有高组织穿透能力的近红外光（near infrared，NIR）纳米粒子进行表面修饰，则可定向输送至肿瘤位点，再吸收 NIR 辐射后将肿瘤温度升高至 42℃，使其细胞凋亡。Lin 等[155]通过将 IR806 光热敏化剂装配到具有核-壳-壳结构的 NaYF$_4$:Yb, Er@NaYF$_4$:Yb@ NaYF$_4$:Yb, Nd 上转换纳米颗粒 UCNP，再通过表面修饰，设计合成了一种具有靶向功能的新型纳米复合物 UCNP@mSiO$_2$/IR806@PAH-PEG-FA。在 793nm 的 NIR 激光照射下，Nd^{3+}离子通过 Yb^{3+}离子被敏化上转换能量到 Er^{3+}离子，形成了 540nm 和 654nm 的可见光发射，同时下转换能量到 Yb^{3+}离子发射 980nm 的近红外光。PTT 治疗时，793nm 的 NIR 照射可激发 IR806，MDA-MB-231 癌细胞活性显著降低。因此，合成的纳米颗粒复合物在单一波长 NIR 光照射下，同时具备了靶向光热疗法和上转换荧光成像功能。

　　基于贵金属等离激元覆盖上转换纳米材料的多功能核-壳纳米复合物可集成多模成像、光热效应、良好的生物兼容性和高效治疗等于一体，已成为一种很有前途的癌症诊疗纳米平台。合理组合等离激元和上转换材料以及增加探测深度决定癌症治疗的功效。Wang 等[156]设计组装了一种独特的热-磁共振核-壳结构上转换发光纳米结构，可同时实现光热治疗和多模态成像。金纳米棒（GNRs）作为等离激元、Yb^{3+}/Er^{3+}共掺杂的 NaGdF$_4$ 为上转换发光壳层可装配得到上转换纳米棒 GNRs@NaGdF$_4$:Yb^{3+}, Er^{3+}。水热合成的 NaGdF$_4$ 壳层替代 GNRs 表面的溴化十六烷基三甲基铵，可降低毒性，增加生物兼容性。Yb^{3+}/Er^{3+}产生的红色和绿色发光可将近红外光转换为可见光，适当覆盖了 GNRs 的吸收，改善光热转换效率。

　　基于 UCNPs 的纳米载体构建机制根据纳米载体的空间结构及修饰层的位置可大体分为三种：①UCNPs 为核心，修饰层在纳米晶的表面；②UCNPs 为核，与外壳之间形成中空夹层，修饰层在中空夹层及纳米晶的表面；③UCNPs 为空心微球的外壳，修饰层在微球的内部及其表面[157]。这三种 UCNPs 载体构建机制各有利弊。UCNPs 实心载体机制表面修饰层的可调节性高，是最常用、最方便的载体构建方式，但修饰层增多会增加纳米晶的尺寸，超过一定限度会影响其作为药物载体在体内的运输。UCNPs 夹层载体机制是核壳结构的一种改良，有两个可负载空间：夹层空间和外壳表面。在 PDT 领域，光敏分子可以被负载到 UCNPs 夹层载体的中空夹层，利用夹层的独特优势，光敏分子与 UCNPs 之间的能量共振转移作用的效率会因为它们之间的距离的缩短而大大提高，光敏分子可以吸收更多的上转换荧光而被激发，继而将更多能量传递给氧分子而产生更多有杀伤力的 $^1O_2$，加大对癌细胞的杀伤作用。夹层载体的外壳表面也可以进行各种功能化的表面修饰。但夹层空间有限，限制了药物分子的负载量。另外，分子进入夹层空间需要穿过多孔外壳，这对分子尺寸与性质、外壳的孔径和组成都有特殊的要求，在一定程度上限制了 UCNPs 夹层载体的应用研究。UCNPs 空心壳载体拥有充裕的内部空间和可以在深层组织进行上转换荧光成像的 UCNPs 外壳，因此主要用于高负载量及可实现生物成像等的多功能药物载体设计，更适合用于有效靶向药物载体的构建。UCNPs 空心载体优势是内部为主要的修饰空间，功能化修饰不会改变纳米晶的尺寸，但同样对所负载的分子要求苛刻。

绝大多数的诊疗试剂均基于纳米平台，如纳米颗粒、配位聚合物、脂质体和胶团等。相比于纳米平台，分子基水溶性试剂易于进行物化性质的评估和控制，具有适于诊断治疗学应用的优势。Schmitt 等[158]将具有光动力治疗功能的双光子敏化剂 DPP-ZnP 与可作为磁共振探针的 Gd(Ⅲ)DOTA 配合物组装合成了一种诊疗试剂[DPP-ZnP-GdDOTA]⁻。对于单水合分子体系，[DPP-ZnP-GdDOTA]⁻具有较高的纵向水质子弛豫速率（20MHz、25℃时为 19.94mmol⁻¹s⁻¹）。另外，该配合物还可产生单线态氧，对癌细胞诱导产生较高的单光子和中等强度双光子光毒反应。在此基础上，该课题组[159]还将 4 个 [GdDTTA]⁻配合物连结到内消旋四苯基卟啉，合成了一种可用于磁共振成像（MRI）和光理疗的分子基诊疗试剂。质子弛豫测量显示 $r_1 = 43.7 \text{mmol}^{-1}\text{s}^{-1}$，为文献已有二水合 Gd(Ⅲ)基对比剂报道的最高值，这应源于其分子的刚性结构。配合物还表现出了相当可观的水中单线态氧量子产率（0.45）。实验还发现该 Gd(Ⅲ)配合物具有渗透进入癌细胞的能力，微摩尔浓度的配合物在中等光照射下可诱发 50%细胞死亡。因而，该 Gd(Ⅲ)基配合物有成为兼具 MRI 和 PDT 功能诊疗试剂的良好潜质。

卟啉及其衍生物由于具有消光系数大、光稳定性高、敏化氧气效率好、易在肿瘤组织中聚集等优点，是 PDT 常用的光敏剂。与稀土离子配位后，可通过重原子效应提高配体系间窜越速率，增大配体的三线态布居数和发光寿命。另外，由于 Gd³⁺发射能级较高（$^6P_{7/2}$，约 32000cm⁻¹），通常不易产生 $4f$-$4f$ 跃迁发光。因此，Gd(Ⅲ)配合物通常表现出配体的三线态发光（磷光），同时可以向基态分子氧传递能量，敏化产生单线态氧。与配体相比，Gd(Ⅲ)配合物氧气敏化效率显著提高，如 Gd(Ⅲ)卟吩内酯配合物可高效敏化 O_2，敏化效率高达 95%以上。但卟啉在红光区吸收较弱，其光照效率及穿透深度受到限制。为克服这一缺点，杨宇舒等[160]借鉴叶绿素结构和功能，模拟自然界对四吡咯染料的 β 位调节方式，结合卟吩内酯近红外吸收和三线态能级可调、且易于修饰的优点，设计并合成了 Gd(Ⅲ)卟吩内半缩醛配合物，并通过水溶性铵基修饰，使之具有两亲性质。这样的结构改造可以调节其光物理性质，使分子在长波段吸收红移，且吸收强度显著提高。该类配合物能较好地敏化 O_2，单线态氧量子产率约 0.75，且可应用于光毒性治疗，即使在红光（$600\sim700nm$）激发下，其对 HeLa 细胞的半数致死浓度（IC_{50}）仍低至 $1.5\mu mol \cdot L^{-1}$。同时，Gd-4 的纵向弛豫率（r_1）为 $1.1mmol \cdot L^{-1} \cdot s^{-1}$（0.5T，37℃），表明配合物具有磁共振成像（MRI）造影能力。因此，该配合物同时具有 PDT 和 MRI 诊疗功能探针的应用前景。

5. 稀土荧光温度探针

实现温度的精准测量在医学、低温学、安全部门、工程、化学反应监测等领域都至关重要。随着温度测量领域的不断扩展，对温度传感设备的性能要求也越来越高。例如，对高电压电气设备、核磁医疗设备、工业微波设备、石油/煤炭开采设备以及科研设备等具有高电压、强电磁干扰、易燃易爆特殊环境的温度监测，传统的热电偶、热电阻等利用电信号来表征温度的传感元件是无法实现长期、稳定和精确的温度测量。为了满足以上环境的测温要求，人们提出了基于荧光材料的测温方法——荧光温度传感技术，这是一种新型的非接触式测温手段，具有响应快速、空间分辨率高、可用于远程测量等特点，在温度监测领域有着广阔的应用前景。

荧光温度探针在 20 世纪后期 20 多年探索性研究后，在过去的 10 年经历了突跃发展。作为一种纳米尺寸的温度计，荧光温度探针在微电子学、微光学、光子学、微（纳）米流体学、纳米医学，以及其它一些如热诱导药物释放、声/等离子/磁诱导热疗等方面具有广阔的应用前景，还可在纳米尺度监测放热化学反应或酶反应等的进行。已有报道的研究既有独立的热探针，如有机发色团、聚合物、量子点、镧系元素基 β 二酮和纳米颗粒等，也有复杂结构的嵌入聚合物或有机-无机杂化基质中的温度探针，其中以镧系元素相关的研究报道为最多，占总体研究量的 1/3 左右。荧光温度探针利用发光特性获取材料温度变化的信息，其中最常用到的是记录一个或两个跃迁的稳态强度或荧光寿命。近年来，基于两个上转换发射带相对强度比的光学温度传感技术引起了科研人员的极大兴趣，称为比值式温度计。这种温度传感材料应有至少两个可分辨的发射峰用于信号监测。荧光温度探针的性能主要以绝对温度灵敏度（S_a）和相对温度灵敏度（S_r）衡量。包括 Ln^{3+} 基在内的各种类型比值式温度计最大相对灵敏度 S_m 均在 0.1%/K 到 10%/K 之间。[161]

稀土离子的发光具有强度高、寿命长、斯托克位移大等优点。稀土 Ln 单掺杂及 Ln-Ln′混合掺杂材料已有在不同温度范围有效测温方面的研究报道，具有较好温度依赖发光性能的 Ln 基金属-有机框架（LnMOFs）是较多研究的一类 Ln 基荧光温度计。选择合适的有机配体与稀土离子相结合构筑的 LnMOFs 将 MOFs 可调孔的特点和稀土离子的发光特点相结合，是一类具有很好应用前景的化学或生物检测材料。陈莲等[162]选用了一类含有不饱和氮配位点的多羧酸配体和稀土离子合成了一系列簇基稀土框架材料，利用其孔道的形状、性能、以及稀土周围的环境等特点，构筑了一系列对温度、特定金属离子和溶剂分子具有特殊响应的金属有机框架荧光检测材料。同时，这些材料突破了传统 MOFs 材料稳定性差的特点，可以适应在各种环境下进行检测。

目前而言，LnMOFs 的主要瓶颈在于这些化合物大多是微细尺寸材料，不易加工在实际应用的材料中，而且很少有 LnMOFs 可在特定低温区工作，且通常在低温区时的相对灵敏度都很低（通常小于 1%/K）。多金属氧酸根（POMs）是一种含前过渡金属（通常为具最高氧化态的 W、Mo 或 V）的阴离子型金属-氧簇合物，具有尺寸、形状和核等方面极大的可调节性。具发光性的 LnPOM 簇可视为由 POM 结构单元堆积而成，其中 POM 扮演了无机配体的角色，通过配体-金属的电荷转移，这些配体可激发 Ln^{3+} 离子发光。Kaczmarek 等[163]首次报道了一种在低温区（<100K）具有良好测温性能的基于 Eu^{3+}/Tb^{3+} 的混合 LnPOMs 比值式温度计。含 Tb^{3+} 的多金属氧酸簇中 Eu^{3+} 离子掺杂浓度分别为 1.6%（P1）和 8.4%（P2），其中 P1 材料显示了较好的温度依赖发光性能。当激发 Mo-O 电荷转移带，室温仅观察到 Eu^{3+} 离子的发射，说明存在一个有效的电荷转移过程：$Mo\text{-}O \rightarrow Tb^{3+} \rightarrow Eu^{3+}$，而 Tb^{3+} 的发射仅在低温区可见。LnPOM 材料的水溶性或易于形成纳米尺寸材料的性质使其易于后续加工，如嵌入材料中或打印到实际应用材料的表面等。为此，Kaczmarek[164]进而采用水热法合成了 Eu^{3+}/Tb^{3+} 或 Dy^{3+} 掺杂的 LnPOM@MOFs：Eu，TbPOM@MOF，DyPOM@MOF，以及通过有机连结剂合成了它们的 2D 片状聚合物。研究显示，2D 片状聚合物具有更好的比值式测温传感性能。

为提高探针材料的温度灵敏度，Gao 等的研究[165]根据稀土 Tb^{3+}、Pr^{3+} 与具有 d^0 电子构型过渡金属离子具有价间电荷转移跃迁（IVCT）的特性，提出了一种具有普适意义的荧光测温新策略，即在具有两种金属-金属 IVCT 的荧光材料中，利用不同 IVCT 位型曲线偏差导致的荧光热猝灭差异进行测温。基于该策略，设计合成了系列 Tb^{3+}/Pr^{3+} 共掺的荧光温敏材料，如 NaLu$(MoO_4)_2$、NaLu$(WO_4)_2$、LaVO$_4$、La$_2$Ti$_3$O$_9$ 等。测试表明，这些材料晶体结构各异，但其 S_a 和 S_r 都比传统的荧光温敏材料高数倍（其中 Tb^{3+}/Pr^{3+}: LaVO$_4$ 的 S_a 和 S_r 分别达到 0.156/K 和 5.3%/K）。该测温技术的另一个优点是监测的两个荧光发射峰分别位于红光和绿光波段，信号甄别度非常高。

Er^{3+} 作为一种重要的上转换发光中心，热耦合能级 $^2H_{11/2}$ 和 $^4S_{3/2}$ 的能隙适中，非常适合温度传感技术的应用。然而，由于吸收截面小，Er^{3+} 单掺材料在 980nm 辐射下的上转换效率很低，无法满足实际应用的需要。Yb^{3+} 在 980nm 附近具有更大的吸收截面，而且可以共振地传递能量给 Er^{3+}，因此常用作 Er^{3+} 的敏化剂。但 Yb^{3+}/Er^{3+} 共掺常导致高强度的红光发射，不利于开发基于绿光强度比的温度传感器。简荣华和庞涛[166]设计通过控制 Yb^{3+} 掺杂浓度，在 Gd$_2$Mo$_3$O$_{12}$ 晶格中形成敏化可对红光发射抑制的 Yb^{3+}-MoO_4^{2-} 二聚体。固相反应法合成的 Gd$_2$Mo$_3$O$_{12}$:x%Yb^{3+}/1%Er^{3+} 荧光粉，当 Yb^{3+} 浓度超过 5% 时，Yb^{3+}-MoO_4^{2-} 二聚体形成并发挥敏化作用；当 Yb^{3+} 浓度达 20% 时，二聚体敏化主导上转换发光，成功获得高强度的绿色上转换发光。基于两个绿光发射带的相对强度比，Gd$_2$Mo$_3$O$_{12}$:Yb^{3+}/Er^{3+} 可应用于 300～500K 范围内的温度传感。

常利用检测 Er^{3+} 热耦合能级（$^2H_{11/2}$ 和 $^4S_{3/2}$）的绿光发射进行温度感应，但其位于第一生物窗口非热耦合能级（$^4F_{9/2(1)}$ 和 $^4F_{9/2(2)}$）的红光发射少有研究。Gd$_2$O$_3$ 因具有良好的化学稳定性、热稳定性和低声子能量而成为良好的上转换发光基质。Hao 等[167]系统研究了 Gd$_2$O$_3$:x mol% Er^{3+}，y mol% Yb^{3+} 荧光粉温度相关的绿光和红光发射。通过调节荧光粉中 Er^{3+} 和 Yb^{3+} 的掺杂比例可获得强的绿光（522nm 和 562nm）和红光（660nm 和 682nm）发射。Gd$_2$O$_3$: 1mol% Er^{3+}，4mol% Yb^{3+} 和 Gd$_2$O$_3$:1mol% Er^{3+}，6mol% Yb^{3+} 荧光粉基于 522nm 和 562nm 处的荧光强度比测温灵敏度分别达到 1.16%/K 和 1.2%/K（523K），而基于 660nm 和 682nm 的荧光强度比时分别为 0.8%/K 和 0.6%/K（300K）。升降温循环过程中的荧光强度比变化小于 3%。

体相氟化物玻璃-陶瓷（glass-ceramic，GC）在氧化物玻璃中存在均匀分布的氟化物纳米晶，可综合体现体相氧化物玻璃的低成本、稳定性好、高塑性以及纳米晶中稀土离子优异的上转换发光优势，且此时稀土离子在母合金热处理后更倾向于富集形成纳米晶，稀土离子间距小，降低了非辐射跃迁几率，增加了能量转换效率，从而表现出优异的上转换发光行为。Cao 等[168]通过母合金热处理制备了立方相 Sr$_{0.84}$Lu$_{0.16}$F$_{2.16}$:Yb^{3+}/Er^{3+} 纳米晶嵌入的透明

GC。Er^{3+}离子在纳米晶中的富集增加了发射强度，延长了 Er^{3+} 的荧光寿命。温度相关发光行为研究发现，GC 样品具有较高的绝对灵敏度（606K 时为 27.4×10^{-4}/K）。另外，Zou 等[169]通过组成优化和适当热处理条件控制制备了稀土掺杂的 $NaY(WO_4)_2$ 均匀分散于玻璃基体形成的新型 GC 发光材料。晶化热处理促进了 $NaY(WO_4)_2$ 的良好晶化以及掺杂稀土离子在 $NaY(WO_4)_2$ 纳米晶中的富集。低能声子 $NaY(WO_4)_2$ 纳米晶的嵌入使掺杂 Er^{3+} 离子在 980nm 光激发下的特征绿色和红色上转换发光增强，且发光强度比与温度相关，523K 时的最大温度灵敏度为 146×10^{-4}/K。

细胞层面进行温度和氧浓度的精确测量对于肿瘤诊断非常重要。Xu 等[170]报道了一种覆盖介孔硅并负载氧敏钌发光配合物的上转换发光纳米颗粒复合物 $NaYF_4$:Yb, Er@$NaYF_4$@$mSiO_2$-Ru。该纳米复合物同时具备两种功能。Er^{3+}产生的绿色上转换发光（激发/发射波长：980/525nm 和 544nm）可用于测量温度，在 10～50℃间荧光强度比与温度具有良好的线性关系，在 25～40℃生理温度区间具有较高的相对灵敏度；Ru 配合物红色下转换发光（激发/发射峰：455nm/606nm）可被氧猝灭，发光强度与 O_2 浓度较好符合 Stern-Volmer 关系，可用于 O_2 的传感和成像。温度和氧传感性能在不同波长被激发，可避免彼此的干扰。

为改善作为发光温度探针的检测灵敏度，Zhang 和 Hua[171]发展了基于 Er^{3+}/ Ho^{3+}热耦合和非热耦合能级的新型稀土激活上转换发光材料，设计合成了一系列 Yb^{3+}-Er^{3+} 和 Yb^{3+}-Ho^{3+} 掺杂的 $Ca_3La_6Si_6O_{24}$（CLS）荧光粉。对于 CLS:$0.6Yb^{3+}$, xEr^{3+}和 CLS:yYb^{3+}, $0.03Er^{3+}$样品，Er^{3+}不同发射峰的相对发光强度随稀土离子浓度改变而改变；对于 CLS:$0.6Yb^{3+}$, mHo^{3+}和 CLS:nYb^{3+}, $0.03Ho^{3+}$样品，Ho^{3+}的 $^5F_5$-$^5I_8$ 跃迁发射强度相对于其($^5F_4$, $^5S_2$)-$^5I_8$ 跃迁则随 Yb^{3+}或 Ho^{3+}浓度的增加而减小，这也可解释为 Yb^{3+}和 Ho^{3+}间的交叉弛豫。温度相关荧光强度比研究显示该系列荧光粉可实现较高的温度检测灵敏度。

适于 Ln^{3+}离子掺杂的基质晶体结构和颗粒的高晶化度是材料高效发光的关键。非中心对称、晶化良好的无机氟化物，如 β-$NaYF_4$ 或 β-$NaLuF_4$，可作为高效发光材料基质的良好候选。Runowski 等[172]制备了 Yb^{3+}，Er^{3+} 和 Ho^{3+}离子掺杂的六方结构 β-$NaLuF_4$ 上转换微晶材料。研究发现，$NaLuF_4$:$16\%Yb^{3+}$-$2\%Er^{3+}$-$0.5\%Ho^{3+}$材料在 975nm 激光照射下可发射亮黄色上转换荧光。在 450～1650nm 宽频范围测定的发射光谱显示该材料在可见和近红外区有两个分别对应于 Er^{3+}和 Ho^{3+}的强特征发射带，两发射带强度比变化与温度相关；位于第一生物光学窗口的 Ho^{3+}:$^5I_5 \rightarrow {}^5I_8$（887nm）和 Er^{3+}:$^4I_{9/2} \rightarrow {}^4I_{15/2}$

（817nm）跃迁强度比为温度检测提供了高灵敏度。

Zhao 等[173]研究使用 Eu^{3+}掺杂 $Ca_3Sc_2Si_3O_{12}$（CSSO）作为传感器实现温度测量，这是一种利用两个热偶激发能级发射强度比值测量温度变化的新方法。在 610.6nm 波长光激发下，处于 $^7F_2$ 多重态的 Eu^{3+}离子受激到 $^5D_0$ 态，源于 $^5D_0$ 态的荧光强度随温度自 123K 到 273K 增加而显著增强。这一机制由于检测蓝移发射，可较少受到测温基质和掺杂物杂散光的影响。单光子激发发光的高量子效率也可改善测温分辨率。另外，样品还观测到了一个近红外宽带发射，这也可作为利用发光强度比测温机制的参比。

Runowski 等[174]的研究发现，$SrF_2:Yb^{3+}$，Er^{3+}上转换纳米材料可在纳米尺度感受压力传感，在压力不断增加至 5.29GPa 的过程中，样品上转换发射寿命单调减小，压力与发光寿命呈现良好的负线性相关性。发光寿命的缩短应归因于原子间距离缩短而使 4f 电子和配位离子价电子层增加重叠引起的能量转移速率变化。高压力时发射中心离子配位场对称性的变化还将导致发光强度、发射带比值及其谱峰位置的变化。Runowski 等[175]进而合成了一种 Ln 掺杂的磷酸盐体系多功能测压-测温光学传感器，Yb^{3+}和 Tm^{3+}掺杂的纳米尺寸磷酸盐 $LaPO_4$ 和 YPO_4，研究了其在高压（达～25GPa）和高温（293～773K）条件下的上转换发光性能。随所受压力升高，纳米晶发射带红移，发射带比值改变，同时上转化发光寿命缩短，适于作为纳米测压的光学压力传感器。基于较大的能量差（～1800/cm），受热的 Tm^{3+}离子发射光谱易于分离，因而给出良好的高温分辨率，Tm^{3+}发射带比值变化可用于测温，适于作为光学纳米温度计。该研究中的上装换光学传感器优势还在于使用了在许多材料中都具有高穿透能力的近红外光作为激发光源。

非接触热成像通常依赖中红外相机和温度敏感荧光粉的荧光成像，而近红外区的荧光温度探针是一种分析深度生物组织的新兴技术。Chihara 等[176]发展了基于荧光寿命的近红外荧光时间门成像荧光温度探针技术。使用的发色团为 Nd^{3+} 和 Yb^{3+} 共掺杂的 $NaYF_4$，在 1000nm 发射荧光。发色团外覆盖肉片以调节观测深度。温度变化可通过分析 $NaYF_4:Nd^{3+}$，Yb^{3+}颗粒在 808nm 激光激发下的荧光发射寿命衰减获知。研究显示，荧光粉的热灵敏度为 $0.0096℃^{-1}$；温度荧光探针的响应与所在的组织深度无关，荧光寿命的灵敏度在组织深度从 0～1.4mm 间几乎恒定（$-0.0092～-0.010℃^{-1}$）。另外，Du 等[177]制备的 Tm^{3+}掺杂 $NaYF_4$上转换纳米颗粒在 980nm 光激发下可产生明亮的可见光上转换发射，且源于 Tm^{3+}离子热耦合能级（$^3F_{2,3}$ 和 $^3H_4$）的荧光强度比与温度相关。制备反应温度优化不仅可改善 $NaYF_4:Tm^{3+}$纳米颗粒的上转换发光强度，也可提高其作为荧光温度探针的感应灵敏度。优化条件下，该纳米颗粒在 298～778K 的较大温度范围内可有 $2.1×10^{-4}/K$ 的感应灵敏度。

稀土基荧光温度探针是一种多功能的技术，可在紫外到红外宽范围电磁波谱内应用，可使用峰位移、发光寿命、时间或强度的比值作为测温参数，可在从几 K 到几百 K 温度范围内工作，但这一领域研究的大门实际上刚刚开启，未来相关研究应将持续增长。

第二节 制约发展的基础科学问题

一、稀土配合物光致/电致发光光物理过程的揭示

稀土配合物的发光涉及复杂的能量传递过程，一般认为配体在光/电的激发下至激发态，进而将激发态能量传递给稀土离子，稀土离子从激发态回到基态，发出稀土离子特征的 f-f 跃迁谱线。但是更为细致的传能机理、动力学过程以及配体和配合物结构对相关过程的影响等基础科学问题尚有待探索，而相关研究对于指导稀土配合物发光材料的设计至关重要。另外，稀土有机配合物的发展仍受到量子产率不高及光热稳定性差等问题的影响，使其应用范围受到制约，未来的研究应致力于合成可以增加配合物刚性并对稀土离子进行有效保护的新的配体，显著提高新的稀土有机配合物的发光性能和稳定性。

二、荧光粉的热淬灭问题

荧光粉的热淬灭仍是未来高功率 LED 应用面临的一个巨大挑战。发现具有高度刚性结构的新型荧光粉对于改善热稳定性至关重要，筛选一些体系引入阳离子无序可一定程度上优化热淬灭行为；自陷阱到 5d 能级的能量转移应被作为一种有效抑制热淬灭的方法，甚至可望实现零淬灭，但缺陷能级产生的根源仍不明确，使得晶格中陷阱的可控设计难以实现，如可突破这一障碍，将可通过在晶格中设计引入适当陷阱获得更多具有零淬灭行为的荧光粉；荧光粉颗粒的表面包覆可削弱一些不稳定荧光粉的热降解，但效果有限，目前荧光粉玻璃复合被认为是一种传统环氧树脂/硅酮基荧光粉涂敷制备

高功率 WLED 的优异替代技术。

三、稀土光学晶体生长理论与模型的建立

晶体生长理论和模型的建立能够深入理解晶体生长过程，有助于设计/优化生长参数。现有晶体生长理论存在过多假设物理参量，无法获得真实数据，与实际晶体生长技术还有很大差距，不能很好地展现理论的指导作用。亟待从基本物理、化学理论入手，开展理论推导，归纳出具有实际数据的关键因素，获得直接影响晶体生长的物理化学参量。目前，稀土晶体主要面临高纯原料质量不过关、制备困难、生长工艺不稳定、生长成本高、晶体性能、质量和外观尺寸亟待提升等挑战。因此，大力发展新型稀土晶体、研发低成本生长技术、开发高精度稀土晶体生长设备是实现稀土高值化利用的重要出路之一。

四、高发光效率、多模态稀土荧光生物探针

"天线效应"的间接光敏化可提高 Ln 基荧光标记物发光亮度，但无论对于何种应用领域，如医学诊断和太阳能电池的下转换应用或上转换应用，Ln 基纳米颗粒仍始终受限于较低的光吸收效率，需设计更好的与 Ln 基纳米颗粒结合的光敏配体以提升其发光亮度；对于近红外发射的 Ln(Ⅲ)，尚缺乏结构-敏化关系的系统研究，精确调控能量转移过程仍难以实现；探索多色成像和多线程分析所需新型光学标记物以满足这一领域的应用要求仍存在挑战，当前的关键点在于上转换发光选择性的有效调制；为设计和开发多模式诊疗试剂，协同传统医学中诊断和治疗两个过程，如何构建一种兼具"疾病多模态影像精准诊断和高效协同治疗"的新型稀土功能材料体系，依然是稀土材料学科亟须解决的关键科学问题。

五、深入理解纳米尺度的热转移过程

设计多功能的纳米温度计，在一个纳米颗粒中集成加热和测温功能，以及在加热温度计纳米平台进一步集成药物输运、MRI、PDT 和 IR 成像等功能在生物及纳米医学等方面的应用潜力巨大。深入理解纳米尺度的热转移过程，例如，对于磁、等离子或声子诱导的热疗进行连续的温度监测可为纳米

尺度热流动研究提供可能，同时，在纳米液体（纳米颗粒的悬浮物）中测定温度梯度也可推进热传输的定量表征，因而成为构建新一代纳米液体器件的有力工具。为理解决定热灵敏度的能量转移机制，需建立基质到掺杂离子、掺杂离子到基质的能量转移机制，且可进行定量描述，亦可定量计算测温参数。

另外，稀土光功能材料发展的制约因素还包括：稀土 $4f$ 电子与 d 轨道相互作用规律与其光、电、磁、热性质的关系；稀土长余辉发光材料的机理；稀土化合物的合成、组成、结构、局域环境对称性、价态、缺陷、尺度等对发光性质的影响规律；稀土离子间能量迁移和传递的规律；量子裁剪现象的机理和应用；稀土有机电致发光材料中的光化学和光物理过程；高通量新型稀土光功能材料的合成、表征和筛选等。

第三节　展望与建议

一、发展趋势

稀土发光材料是非常重要的稀土资源的高值化应用领域，同时对改善人们的生活品质也具有十分重要的意义。为了提高中国稀土资源的利用率，提高稀土产品的附加值，需要扩展稀土发光材料在新兴领域的应用，开发物联网、夜视探测、超容量光存储、生物影像及光控释药、太阳能电池等上/下转换新型稀土光发光材料。然而，目前国内在这方面的研究基础不足，处于跟踪模仿国外先进技术的阶段，国家政策支持不足，进一步限制了其系统研究和实际应用。因此，需要加快新兴领域光功能材料的开发研究进程，引导并支持中国稀土发光材料产业实现跨越式发展，真正将资源优势转化为技术和经济优势。

为打破稀土发光材料领域"低端产品产能严重过剩、高端产品严重依赖进口"的尴尬局面，缩小中国在高端领域用稀土发光材料与国外先进水平的差距，促使中国稀土发光材料产业的转型升级及新型照明和平板显示完整产业链的形成，建议应重点发展以下领域。

1. 白光 LED 用稀土发光材料及其产业化制备技术

针对中国新型、高性能白光 LED 用稀土发光材料特别是氮化物/氮氧化物发光材料研究开发与国外先进水平存在较大差距，以及氮化物/氮氧化物无法连续生产的国际行业共性技术难题，要突破氮化物/氮氧化物的常压低成本、连续化规模化制备共性技术及装备，并实现氮化物荧光粉可控制备，进一步优化其粒度、形貌、发光效率和稳定性。针对铝酸盐荧光粉批次稳定性差、小粒径产业化技术不成熟的行业共性技术难题，突破和提升高性能铝酸盐荧光粉均匀化焙烧、连续化生产能力，开发适合批量生产的小粒径铝酸盐荧光粉制备技术，促进中国白光 LED 稀土发光材料性能及产业的跨越式发展，达到国际领先水平。

建议加强对蓝光或紫光半导体芯片激发全光谱照明材料、窄带发射绿光和红光发光材料、高效近红外发光材料的研究。荧光粉对白光 LED 的推广起着重要作用，一些新型的光转换荧光粉正在发展。以发光离子来看，Eu^{2+} 或 Ce^{3+} 依然是最适合的。石榴石和硅酸盐体系的黄色荧光粉是目前的主流商用材料，氮化物体系也显示出了极大的潜力，已被认为是 LED 急需的高效高显色性红光发射材料的理想候选。从白光颜色指标看，近紫外激发类型更具潜力。但在工业化前景上，蓝光 LED 芯片加黄色荧光粉因技术成熟度高、成本相对较低，近期内仍将是实现白光 LED 的主流方式。建议加强对高抗热冲击性、高发光效率 YAG:Ce 荧光陶瓷的合成与发光机理研究。

基于能量传递获得多种发光颜色荧光粉的研究仍将持续。但是，开发具有合适激发和发射波长、高的能量转换效率、突出的热稳定性等要求的荧光粉仍面临挑战。对红、绿、蓝光发射荧光粉与 UV/n-UVLED 芯片封装得到的白光 LED 虽然具有高的显色指数和低的色温，但需考虑蓝光被绿红光的重吸收问题，而且需要考虑它们的衰减速率以使色坐标稳定。对于单一基质白光发射荧光粉，需要解决的主要问题是其效率较低。虽然对荧光粉的研究很多，但是，对掺杂离子在不同物质和晶体结构中的发光性质进行理论计算和模拟的研究很少，因而通过综合理论模拟与实验数据能够更好地为发现具有良好发光性质的荧光粉提供指导。

针对决定透明光功能陶瓷品质的关键因素：陶瓷的透光性及均匀性，急需在软化学制备法基础上，开发新型的透明陶瓷粉体以及高效、简便实用的闪烁陶瓷烧结工艺；同时研究各类不同掺杂元素对材料光输出、衰减、余辉、辐射损伤等闪烁性能的影响及机理，扩大闪烁陶瓷的应用范围。此外，激光透明陶瓷仍有许多基础问题亟待解决，如光物理机制、微结构和缺陷与光散射的相互作用关系、梯度掺杂与热应力分布设计、单掺杂与多掺杂、宏观结构设计与材料性能匹配等等。开发出具有国际先进水平的适用于大功率

LED 及高能量激发的陶瓷荧光体、高产额和高能量分辨率的激光陶瓷以及闪烁陶瓷材料。

2. OLED 等新型稀土发光材料及其制备技术

针对未来具有极大应用前景的新型稀土发光材料，打破中国稀土发光材料自主创新能力不足、长期处于跟踪模仿的发展现状与思路，开发出系列适合规模化生产的新型稀土发光材料先进制备技术。开发 OLED 用发光材料及其低成本规模化制备技术；开发 OLED、太阳能电池用发光材料的大面积、低成本成膜技术；开发规模化制备生物影像光控释药等用稀土纳米材料的晶粒可控生长技术、表面修饰技术及无损分散技术；开发新型稀土发光材料农用光转换膜制备技术。

建议基于多种谱学或原位表征方法更深入全面分析材料的长程及微观结构信息、结合材料的高通量和理论模拟计算等，理解与材料性能相关的关键影响因素或内在规律，进而指导设计合成性能优异的新型稀土发光材料。

3. 高纯稀土卤化物、闪烁晶体及其制备技术

建议加强对第三代溴化物闪烁晶体的无水原料合成方法、晶体生长与器件制备技术的研究。针对中国稀土卤化物发光材料的纯度、颗粒均匀度难以满足高品质金卤灯照明以及闪烁晶体等新兴领域的应用需要，建设高纯稀土卤化物发光材料研究开发中试线，发展其合成与提纯的一体化技术和装备，特别是突破超低水氧含量卤化物材料的规模化制备工艺及装备，以及开发提纯工艺与造粒工艺相结合的高均匀性稀土卤化物造粒共性技术及装备，开发出高能量、时间分辨率的新型稀土闪烁晶体及器件。另外，建议加强对 $1.55\mu m$ 激光晶体材料、266nm 紫外激光器关键材料和技术的研究。

稀土晶体研究方面，仍需探索稀土离子的成键行为，构筑优化的局域结构，大力提高稀土晶体性能；设计高通量筛选计算及实验平台，获得新型稀土晶体；深入研究稀土晶体生长机制，实现大尺寸高品质稀土晶体的制备；开发高精度稀土晶体生长设备，提高晶体成品率、降低生长成本。

4. 稀土荧光生物探针的应用技术研发

建议加强对稀土纳米发光材料的合成机制、发光机理以及体外诊断关键技术的研究。作为新一代的纳米荧光探针，稀土掺杂上转换纳米晶具有独特的近红外激发的反斯托克斯上转换发光以及长荧光寿命等特征，被认为是有

机染料、稀土螯合物、量子点等传统荧光探针在肿瘤早期诊疗领域最有应用前景的替代者。但相比于传统发光材料，Ln³⁺掺杂的上转换纳米颗粒仍存在发光效率偏低的问题，应从基质-掺杂选择、核-壳结构设计以及天线响应等方面的优化研究解决。降低灵敏度、特异性和可靠性的非指定性表面键合的存在也是一个困扰上转换纳米颗粒基生物分析的问题，需要发展较为普适的、有效的表面功能化方法，以精确控制纳米颗粒表面结合的功能团，提供设计要求的生物亲和性、生物活性和靶向能力，表面功能化纳米探针的长时间稳定和毒性也是需要考察的关键因素，尤其是用于活体检测和肿瘤成像。

5. 为生物应用和纳米医学领域设计纳米温度计

新设计的纳米结构荧光温度计发射和吸收带应位于所谓的生物窗口（650～950nm 和 1000～1350nm），生物组织在这些波长有最小化的散射和吸收。生物介质中的光学活性、生物兼容性以及被细胞的易摄入性也是发展纳米医学所需温度计的必要条件。新设计的纳米荧光温度计需可实现时空分辨率小于 1μm 和 1s 的时间分辨细胞内温度分布图记录。尽管过去几年已有大量关于细胞内测温研究，但精确的高分辨细胞内温度分布测量问题还未能解决，还需进一步改善测温时空分辨率至小于 1μm～1ms 水平。光电集成电路中的温度分布测量也要求满足高时间和高空间分辨、适应连续高速率数据处理、适应现代半导体器件最小化等要求。

因荧光温度计相对于已有技术（如 IR 温度计）具有诸多优势，可以预见，不远的将来或将出现将 Ln³⁺基温度计组装商品化的荧光温度计原型产品。

6. 功能导向的稀土配合物发光材料的持续探索

对于文章导向的基础研究工作，通常只需在材料的某一方面性能（如吸光能力、激发波长、发射波长、发光寿命、光/电致发光量子产率、稳定性等）有所改善即可达到目的，但其离应用甚远，因为不同的应用领域，对发光材料的综合性能有不尽相同的更高要求。此外，稀土配合物发光材料的设计与合成是一个经典的课题，单一性能的改善已经取得很好的进展，相关研究面临新意少、突破小、实质应用难的困境。但是稀土配合物发光材料所表现出来的极为优异的光物理性质始终激励人们去解决其应用和产业化过程中的"硬骨头"。为此，在基础科学问题的研究中，也应该以功能为导向，针对目标应用，在深入理解稀土配合物光物理过程的基础上，开展系统的、考虑综合性能优化的分子设计、合成和应用研究。

二、政策建议

1. 制定有利于产业健康发展的管理政策

需要科学规划稀土发光材料产业发展，选择体现新型节能照明和平板显示重点发展方向以及高端稀土发光材料制备最高技术水平的白光 LED 以及荧光陶瓷、激光陶瓷、闪烁陶瓷、闪烁晶体等稀土光功能材料为重点，着力开发生物影像及光控释药、太阳能电池、物联网、夜视探测、超容量光存储等用新型稀土发光材料，扩展稀土发光材料的应用领域，以促进中国稀土发光材料整体质量提升和产业健康发展。

应加大对发光材料产业的扶持力度和密度，出台鼓励产业发展的若干政策，包括产业布局、投融资、财政、税收、专项资金、人才等特殊配套政策；集中优势资源支持具有自主创新意识、能力强、能参与国际竞争的龙头企业，培育出具有国际竞争力的稀土发光材料领军企业，打造完善产业链。

2. 建立共性关键技术研发、测试基地或平台

针对中国在高端应用稀土发光材料领域技术水平偏低，产业化开发进程缓慢、市场占有率低等现状，建议以具有广泛应用前景的高端应用稀土发光材料为对象，建成具有国际先进水平的制造技术中试基地或共性关键技术研发基地，除各种不同灯用稀土发光材料的研究开发外、设立制灯实验室，以标准化、规范化考核灯用稀土荧光粉的理化性能和二次特性；以加速推动中国稀土发光材料技术的整体提升，促进中国由稀土发光材料大国向强国转变。

稀土发光材料在其各自的应用领域均属于中间产品，其性能的好坏最终要在植入相应的应用器件之后，通过器件的性能而间接体现出来。目前国内几乎所有的研究单位和制造企业均是通过送样给下游客户制成器件验证的方式来了解自己产品的应用性能，造成测试结果缺乏可信度及权威性，一定程度上阻碍了中国稀土发光材料的产业化进程。完善的、权威的稀土发光材料测试平台的建立，是中国稀土发光材料研发的必要保证。

强化稀土深加工产品的标准化管理，建议国标等级由参考标准上升到国家强制性标准，健全相关稀土发光材料的监督抽查的检验机制。提倡自

检为主、抽查为辅的原则，进一步提高全行业的质量意识。创中国品牌、世界品牌。

3. 建立有效的产学研合作及技术开发机制，拓展应用领域，强化上下游合作

建议积极引导高等院校、研究院所与稀土企业进行深度的产学研合作，防止研发与市场脱节，并及时将研发成果转化为产业价值。此外还应该建立合理的利益分配机制，调动科研人员的研发热情和主观能动性，处理好基础研究和产业应用的关系，建立完善的衔接转换机制，为中国稀土发光材料发展助力。

4. 加强基础研究，抢占产业发展技术制高点

核心技术是稀土发光产业竞争的关键，要树立自主创新的信心，强化自主创新意识，不断加大研发力度，对于体现新一代照明、显示及信息探测技术发展趋势的 OLED、闪烁晶体、太阳能高效利用、生物医用、光信息传感等稀土发光材料，要抓住稀土发光产业和技术发展的战略机遇期，提前制定战略、科学规划和有效引导，占据知识产权、技术开发和产业发展的制高点；对于具有较好应用前景的白光 LED 用氮化物等荧光粉开展其高性能化的科学基础和应用研究，避免重走"技术跟踪模仿、产权受制于人、产业大而不强"老的发展道路。

另外，由于稀土纳米荧光生物标记材料的研发投入成本低但技术含量高，其产品的附加值很高，因此基于稀土纳米晶的新一代生物标记材料的成功研制有助于形成拥有中国自主知识产权的荧光标记材料，具有很大的市场前景和商业价值。此外，借助中国在稀土资源和纳米材料制备的优势，可实现中国稀土发光材料在生物医学应用的突破和产业链延伸。

5. 建立、健全稀土资源的回收利用制度

稀土是不可再生资源，稀土通过深加工，产品源源不断地流入世界各地和国内的城市、乡村。在废弃和寿终灯管中含有大量的稀土元素和有害物质（汞金属、卤化物质等），特别是发光材料广泛应用的中重稀土尤其宝贵。在欧美、日本已有多个公司开展了对废弃荧光灯的玻璃、金属卤化物、汞、荧光粉的回收再利用。应认真考虑从源头和终端全面开展电光源产品主要材料的回收再利用。立法健全废弃和寿终荧光灯，高强度气体放电灯的回收处理、再利用的安全保障体系和制度，促进稀土资源的绿色消费。

参考文献

[1] Wang T, Xiang Q, Xia Z, et al. Evolution of structure and photoluminescence by cation cosubstitution in Eu^{2+}-doped（$Ca_{1-x}Li_x$）（$Al_{1-x}Si_{1+x}$）N_3 solid solutions. Inorg Chem，2016，55：2929-2933.

[2] Cui D，Xiang Q，Xia Z，et al. The synthesis of narrow-band red-emitting $SrLiAl_3N_4$：Eu^{2+} phosphor and improvement of its luminescence properties. J Mater Chem C，2016，4：7332-7338.

[3] Wang S，Song Z，Kong Y，et al. Crystal field splitting of $4f^{n-1}5d$ -levels of Ce^{3+} and Eu^{2+} in nitride Compounds. J Lumin，2018，194：461-466.

[4] Liu X，Song Z，Kong Y，et al. Effects of full-range Eu concentration on $Sr_{2-2x}Eu_{2x}Si_5N_8$ phosphors：A deep-red emission and luminescent thermal quenching. J Alloy Compd，2019，770：1069-1077.

[5] Li M，Zhang J，Han J，et al. Changing Ce^{3+} content and codoping Mn^{2+} induced tunable emission and energy transfer in $Ca_{2.5}Sr_{0.5}Al_2O_6$：Ce^{3+}，Mn^{2+}. Inorg Chem，2017，56（1）：241-251.

[6] Qiu Z，Lian H，Shang M，et al. The structural evolution and spectral blue shift of solid solution phosphors $Sr_{3-m}Ca_mB_2O_6$：Eu^{2+}. CrystEngComm，2016，18：4597-4603.

[7] 杜甫，刘荣辉，刘元红，等. LED 用大功率黄色荧光粉 LSN：Ce^{3+}结构与发光性能研究. 中国稀土学会 2017 学术年会摘要集，2017，195.

[8] Wu Q，Li Y，Wang C，et al. $Li_2SrSi_2N_4$：Eu^{2+}：Electronic structure and luminescence of a red phosphor. J Lumin，2018，201：485-492.

[9] Bispo Jr A G，Ceccato D A，Lima S A M，et al. Red phosphor based on Eu^{3+}-isoelectronically doped Ba_2SiO_4 obtained via sol-gel route for solid state lightning. RSC Adv，2017，7：53752-53762.

[10] 王飞，陈慧慧，田一光，等. 红色荧光粉 $BaAl_2Si_2O_8$：Eu^{3+}，Li^+的制备和发光性能研究. 稀土，2017，38（2）：80-86.

[11] 张晓蓉，任建学，欧阳艳，等. 配位体修饰下 Eu^{3+}掺杂 CaF_2 和 LaF_3荧光粉发光性能的研究. 稀土，2017，38（1）：95-101.

[12] Du P, Huang X, Yu J S. Facile synthesis of bifunctional Eu^{3+}-activated $NaBiF_4$ red-emitting nanoparticles for simultaneous white light-emitting diodes and field emission displays. Chem Eng J, 2018, 337: 91-100.

[13] Zhao M, Fu Q, Du P, et al. Facile fabrication of thermal stable $Eu(HCOO)_3$ red-emitting crystals with high color purity for near-ultraviolet chip triggered white light-emitting diodes. J Lumin, 2019, 213: 409-414.

[14] Yang S, Dai Y, Shen Y, et al. Blue emission from $Sr_{0.98}Ga_2B_2O_7$: $0.01Bi^{3+}$, $0.01Dy^{3+}$ phosphor with high quantum yield. J Alloy Compd, 2019, 810: 151849 (10).

[15] Xiao Y, Hao Z, Zhang L, et al. An efficient blue phosphor $Ba_2Lu_5B_5O_{17}$: Ce^{3+} stabilized by La_2O_3: Photoluminescence properties and potential use in white LEDs. Dyes Pigments, 2018, 154: 121-127.

[16] 周晨露, 陈家玉, 姚合宝. 白光 LED 用 Ca_2SiO_4: Ce^{3+}/Eu^{2+}荧光粉的合成及发光特性. 中国稀土学报, 2017, 35 (6): 695-702.

[17] Wang Z, Xu Z, Shi X, et al. Unprecedented rapid synthesis of $REPO_4$ monospheres (RE=La-Lu lanthanide and Y) and investigation of multi-color photoluminescence. Chem Eng J, 2018, 343: 16-27.

[18] 陈凯, 徐会兵, 邵冷冷, 等. 白光 LED 用 β-Sialon: Eu^{2+}氮氧化物绿色荧光粉的研究进展. 中国稀土学报, 2017, 35 (4): 440-448.

[19] Zhang X, Gong M. Photoluminescence and energy transfer of Ce^{3+}, Tb^{3+}, and Eu^{3+} doped $KBaY(BO_3)_2$ as near-ultraviolet-excited color-tunable phosphors. Ind Eng Chem Res, 2015, 54: 7632-7639.

[20] Li B, Huang X. Multicolour tunable luminescence of thermal-stable $Ce^{3+}/Tb^{3+}/Eu^{3+}$-triactivated $Ca_3Gd(GaO)_3(BO_3)_4$ phosphors via $Ce^{3+} \rightarrow Tb^{3+} \rightarrow Eu^{3+}$ energy transfer for near-UV WLEDs applications. Ceram Int, 2018, 44: 4915-4923.

[21] Li B, Huang X, Guo H, et al. Energy transfer and tunable photoluminescence of $LaBWO_6$: Tb^{3+}, Eu^{3+} phosphors for near-UV white LEDs. Dyes Pigments, 2018, 150: 67-72.

[22] Wang S, Sun Q, Li B, et al. High-efficiency and thermal-stable tunable blue-green-emitting $Ca_3Lu(AlO)_3(BO_3)_4$: Ce^{3+}, Tb^{3+} phosphors for near-UV-excited white LEDs. Dyes Pigments, 2018, 157: 314-320.

[23] Guo H, Devakumar B, Li B, et al. Novel $Na_3Sc_2(PO_4)_3$: Ce^{3+}, Tb^{3+} phosphors for white LEDs: Tunable bluegreen color emission, high quantum efficiency and excellent thermal stability. Dyes Pigments, 2018, 151: 81-88.

[24] Li K, Deun R V. Photoluminescence and energy transfer properties of a novel molybdate KBaY（MoO$_4$）$_3$：Ln^{3+}（Ln^{3+}=Tb^{3+}，Eu^{3+}，Sm^{3+}，Tb^{3+}/Eu^{3+}，Tb^{3+}/Sm^{3+}）as a multi-color emitting phosphor for UV w-LEDs. Dalton Trans，2018，47：6995-7004.

[25] Rakova N, Duarte S C, Maciel G S. Evaluation of the energy transfer mechanism leading to tunable green-to-red cooperative up-conversion emission in Eu^{3+}-Yb^{3+} co-doped CaF$_2$ powders. J Lumin，2019，214：116561（6）.

[26] 赖海珍，侯得健，崔俊，等. Eu^{2+}/Tb^{3+}掺杂氯磷酸盐荧光粉的发光和能量传递研究. 中国稀土学会 2018 学术年会摘要集，2018，110.

[27] Chen W, Yi J, Yuan H F, et al. Synthesis and tunable luminescence of Eu^{3+} and Eu^{2+} codoped LaSr2AlO5：Eu phosphors for LED application. Mater Today Commun，2017，13：290-294.

[28] Chen W. Eu^{2+} and Eu^{3+} co-activated LaAlO$_3$ phosphor：synthesis and tuned luminescence. Dalton Trans，2015，44：17730-17735.

[29] Ye C. Ca2MgSi2O7：Ce^{3+}/Tb^{3+}/Eu^{3+} phosphors：Multicolor tunable luminescence via Ce^{3+}→Tb^{3+}，Tb^{3+}→Eu^{3+} and Ce^{3+}→Tb^{3+}→Eu^{3+} energy transfers. J Lumin，2019，213：75-81.

[30] 姜伟，王喜贵. Eu^{3+}/Tb^{3+}掺杂 YBO$_3$-2SiO$_2$ 发光体的结构与发光性质. 稀土，2018，39（1）：98-103.

[31] Xie M, Zhu G, Li D, et al. Eu^{2+}/Tb^{3+}/Eu^{3+} energy transfer in Ca6La2Na2(PO4)6F2：Eu，Tb phosphors. RSC Adv，2016，6：33990-33997.

[32] Xie M, Zhu G, Pan R, et al. Optical properties of Eu^{2+}/Eu^{3+} mixed valence phosphor Ca2SiO2F2：Eu^{2+}/Eu^{3+}. Luminescence，2017，32：1169-1173.

[33] Lin Y, Niu Z, Han Y, et al. The self-reduction ability of RE^{3+} in orthosilicate（RE = Eu，Tm，Yb，Sm）：BaZnSiO4-based phosphors prepared in air and its luminescence. J Alloy Compd，2017，690：267-273.

[34] Gautier R, Li X, Xia Z, et al. Two-step design of a single-doped white phosphor with high color rendering. J Am Chem Soc，2017，139：1436-1439.

[35] Leng Z, Li R, Li L, et al. Preferential neighboring substitution-triggered full visible spectrum emission in single-phased Ca$_{10.5-x}$Mg$_x$（PO$_4$）$_7$：Eu^{2+} phosphors for high color-rendering white LEDs. ACS Appl. Mater. Interfaces，2018，10：33322-33334.

[36] Huang X, Guo H. LiCa3MgV3O12：Sm^{3+}：A new high-efficiency white-emitting phosphor. Ceram Int，2018，44：10340-10344.

[37] 邓陶丽，闫世润. GdAlO$_3$：Er^{3+}/Yb^{3+}/Tm^{3+}上转换荧光粉的制备与发光性能表征. 中国稀土学报，2018，36（1）：27-33.

［38］Xia Z，Liu Q. Progress in discovery and structural design of color conversion phosphors for LEDs. Prog Mater Sci，2016，84：59-117.

［39］Xia Z，Meijerink A. Ce^{3+}-Doped garnet phosphors：composition modification，luminescence properties and applications. Chem Soc Rev，2017，46：275-299.

［40］Qiao J，Zhao J，Liu Q，et al. Recent advances in solid-state LED phosphors with thermally stable luminescence. J Rare Earth，2019，37：565-572.

［41］Lin C C，Tsai Y T，Johnston H E，et al. Enhanced photoluminescence emission and thermal stability from introduced cation disorder in phosphors. J Am Chem Soc，2017，139：11766-11770.

［42］Kim Y H，Arunkumar P，Kim B Y，et al. A zero-thermal-quenching phosphor. Nat Mater，2017，16：543-551.

［43］Liu H，Xia Z，Zhuang J，et al. Surface treatment investigation and luminescence properties of SiO$_2$-coated Ca$_2$BO$_3$Cl：0.02Eu^{2+} phosphors via sol-gel process. J Phys Chem Solids，2012，73：104-108.

［44］Luewarasirikul N，Kim H J，Meejitpaisan P，et al. White light emission of dysprosium doped lanthanum calcium phosphate oxide and oxyfluoride glasses. Opt Mater，2017，66：559-566.

［45］Sołtysa M，Górnya A，Zurb L，et al. White light emission through energy transfer processes in barium gallogermanate glasses co-doped with Dy^{3+}-Ln^{3+}（Ln =Ce，Tm）. Opt Mater，2019，87：63-69.

［46］Caldiño U，Lira A，Meza-Rocha A N，et al. Development of sodium-zinc phosphate glasses doped with Dy^{3+}，Eu^{3+} and Dy^{3+}/Eu^{3+} for yellow laser medium，reddish-orange and white phosphor applications. Journal of Luminescence，2018，194：231-239.

［47］王官华，张吉林，周文理，等. Eu^{3+}/Dy^{3+}共掺 CaO-SiO$_2$-B$_2$O$_3$ 玻璃的白光发射及颜色调控. 中国稀土学会 2017 学术年会摘要集，2017，201.

［48］Kemere M，Rogulis U，Sperga J. Luminescence and energy transfer in Dy^{3+}/Eu^{3+} co-doped aluminosilicate oxyfluoride glasses and glass-ceramics. J Alloy Compd，2018，735：1253-1261.

［49］Kaur S，Pandey O P，Jayasankar C K，et al. Spectroscopic，thermal and structural investigations of Dy^{3+} activated zinc borotellurite glasses and nano-glass-ceramics for white light generation. Journal of Non-Crystalline Solids，2019，521：119472（11）.

［50］Khan I，Rooh G，Rajaramakrishna R，et al. Photoluminescence properties of Dy^{3+} ion-doped Li$_2$O-PbO-Gd$_2$O$_3$-SiO$_2$ glasses for white light application. Braz J Phys，2019，49：

605-614.

［51］Wang Y, Sarcina I D, Cemmi A, et al. Enhanced, shortened and tunable emission in Eu^{3+} doped borosilicate glasses by Cu^+ co-doping. Opt Mater, 2019, 87: 80-83.

［52］Pisarska J, Sołtys M, Górny A, et al. Rare earth-doped barium gallo-germanate glasses and their near-infrared luminescence properties. Spectrochim Acta A, 2018, 201: 362-366.

［53］Zhu Y, Shen X, Zhou M, et al. Ultra-broadband 1.0μm band emission spectroscopy in $Pr^{3+}/Nd^{3+}/Yb^{3+}$ tri-doped tellurite glass. Spectrochim Acta Part A, 2019, 222: 117178（9）.

［54］Wessman S I. Intramolecular energy transfer the fluorescence of complexes of europium. J Chem Phys, 1942, 10: 214-217.

［55］Huang C H. Rare Earth Coordination Chemistry: Fundamentals and Applications. Singapore: John Wiley & Sons（Asia）Pte Ltd, 2010.

［56］Wei H, Zhao Z, Wei C, et al. Antiphotobleaching: A type of structurally rigid chromophore ready for constructing highly luminescent and highly photostable europium complexes. Adv Funct Mater, 2016, 26: 2085-2096.

［57］Wei H, Yu G, Zhao Z, et al. Constructing lanthanide [Nd(Ⅲ), Er(Ⅲ) and Yb(Ⅲ)] complexes using a tridentate N, N, O-ligand for near-infrared organic light-emitting diodes. Dalton Trans, 2013, 42（24）: 8951-8960.

［58］Li Z, Gao L, Wang S, et al. Two cubane-type Ln_4（OH）$_4$ compounds derived from tridentate ligand 8-hydroxyquinoline: Synthesis, structures, one/two-photon luminescence and magnetism. J Lumin, 2018, 198: 208-214.

［59］Taydakov I V, Akkuzina A A, Avetisov R I, et al. Effective electroluminescent materials for OLED applications based on lanthanide 1.3-diketonates bearing pyrazole moiety. J Lumin, 2016, 177: 31-39.

［60］Li H Y, Zhou L, Teng M Y, et al. Highly efficient green phosphorescent OLEDs based on a novel iridium complex. J Mater Chem C, 2013, 1: 560-565.

［61］Katkova M A, Pushkarev A P, Balashova T V, et al. Near-infrared electroluminescent lanthanide [Pr(Ⅲ), Nd(Ⅲ), Ho(Ⅲ), Er(Ⅲ), Tm(Ⅲ), and Yb(Ⅲ)] N, O-chelated complexes for organic light-emitting devices. J Mater Chem, 2011, 21（41）: 16611-16620.

［62］Ye H Q, Li Z, Peng Y, et al. Organo-erbium systems for optical amplification at telecommunications wavelengths. Nat Mater, 2014, 13（4）: 382-386.

［63］Hasegawa Y, Natori S, Fukudome J, et al. Effective europium coordination luminophores linked with Bi-and tridentate carbazole phosphine oxides for organic electroluminescent devices. J Phys Chem C, 2018, 122: 9599-9605.

[64] Hasegawa Y, Tateno S, Yamamoto M, et al. Effective photo-and triboluminescent europium (ⅲ) coordination polymers with rigid triangular spacer ligands. Chem Eur J, 2017, 23: 2666-2672.

[65] Chen B, Feng J. White-light-emitting polymer composite film based on carbon dots and lanthanide complexes. J Phys Chem C, 2015, 119: 7865-7872.

[66] Hung W B, Chen T M. Efficiency enhancement of silicon solar cells through a downshifting and antireflective oxysulfide phosphor layer. Sol Energ Mat Sol C, 2015, 133: 39-47.

[67] Zhao F, Liang Y, Lee J B. Applications of rare earth Tb^{3+}-Yb^{3+} co-doped down-conversion materials for solar cells. Mater Sci Eng B, 2019, 248: 114404 (4).

[68] Yang C, Zhou H, Xu J, et al. A series of highly quantum efficiency PMMA luminescent films doped with Eu-complex as promising light-conversion molecular devices. J Mater Sci-Mater El, 2016, 27 (11): 11284-11292.

[69] Uehara H, Tokita S, Kawanaka J, et al. Optimization of laser emission at 2.8μm by Er: Lu_2O_3 ceramics. Opt Express, 2018, 26 (3): 3497-3507.

[70] Ma W, Qian X, Wang J, et al. Highly efficient dual-wavelength mid-infrared CW Laser in diode end-pumped Er: SrF_2 single crystals. Sci Rep-UK, 2016, 6: 36635 (7).

[71] Liu J, Fan X, Liu J, et al. Mid-infrared self-Q-switched Er, Pr: CaF_2 diode-pumped laser. Opt Lett, 2016, 41 (20): 4660-4663.

[72] 张沛雄, 杭寅, 陈振强, 等. 新型中红外激光晶体 Ho^{3+}: PbF_2 的生长和性能研究. 中国稀土学会 2018 学术年会摘要集, 2018, 102.

[73] 张庆礼, 陈媛芝, 刘文鹏, 等. 2.6~3.0μm 新型 Er^{3+} 掺杂激光晶体生长与性能研究. 中国稀土学会 2018 学术年会摘要集, 2018, 120.

[74] Zhou H, Zhu S, Li Z, et al. Investigation on 1.0 and 1.3μm laser performance of Nd^{3+}: GYAP crystal. Opt Laser Technol, 2019, 119: 105601 (5).

[75] Fang Z, Sun D, Luo J, et al. Thermal analysis and laser performance of a GYSGG/Cr, Er, Pr: GYSGG composite laser crystal operated at 2.79μm. Opt Express, 2017, 25: 21349-21357.

[76] Fang Z, Sun D, Luo J, et al. Influence of Cr^{3+} concentration on the spectroscopy and laser performance of Cr, Er: YSGG crystal. Opt Eng, 2017, 56 (10): 107111 (7).

[77] 徐民, 洪佳琪, 张连翰, 等. Yb/Pr/Ho 共掺 YAG 晶体 2.8μm 中红外发光特性研

究. 中国稀土学会 2018 学术年会摘要集，2018，97.

[78] 胡明远，朱昭捷，王燕，等. Dy^{3+} 及其 Nd^{3+} 共掺 LaF_3 激光晶体的研究. 中国稀土学会 2018 学术年会摘要集，2018，95.

[79] 张戈，姜本学，张攀德，等. 基于陶瓷单晶化技术制备平面波导复合结构. 中国稀土学会 2018 学术年会摘要集，2018，100.

[80] 朱阳阳，岳银超，赵营，等. 不同气氛下 $YAl_3(BO_3)_4$ 晶体的生长和激光性能研究. 人工晶体学报，2016，45（7）：1727-1731.

[81] 刘彦庆. $RECa_4O(BO_3)_3$，$Ca_3(BO_3)_2$ 晶体的生长和非线性光学性能研究. 济南：山东大学，Ⅰ-Ⅲ，2016.

[82] 徐兰兰，孙丛婷，薛冬峰. 稀土晶体研究进展. 中国稀土学报，2018，36（1）：1-17.

[83] Liu Y，Lu Y，Yang X，et al. Amplified stimulated emission in upconversion nanoparticles for super-resolution nanoscopy. Nature，2017，543：229-244.

[84] 邹征刚，彭光怀，刘芳，等. 稀土共晶闪烁材料研究进展. 中国稀土学报，2018，36（1）：18-26.

[85] Yang B，Xu J，Zhang Y，et al. Improvement and luminescent mechanism of $Bi_4Si_3O_{12}$ scintillation crystals by Dy^{3+} doping. Nucl Instrum Meth A，2016，807：1-4.

[86] 任国浩，李焕英，史坚，等. 稀土氧化物闪烁晶体的研究进展. 中国稀土学会 2018 学术年会摘要集，2018，91.

[87] 冯大建，丁雨憧，刘军，等. Ce：GAGG 闪烁晶体生长与性能研究. 压电与声光，2016，(3)：430-432.

[88] 马婉秋，姜本学，陈水林，等. 基于石榴石结构的超快闪烁陶瓷的研究. 中国稀土学会 2018 学术年会摘要集，112，2018.

[89] 杜飞，殷洁，栗茹，等. $CdLa_2(WO_4)_4$ 晶体的生长及发光性能的研究. 人工晶体学报，2018，47（2）：235-239.

[90] 任国浩，李焕英，史坚，等. 稀土卤化物闪烁晶体的研究进展. 中国稀土学会 2017 学术年会摘要集，2017，211.

[91] Budden B S，Stonehill L C，Dallmann N，et al. A Cs_2LiYCl_6：Ce-based advanced radiation monitoring device. Nucl Instrum Methods A，2015，784：97-104.

[92] Giaz A，Pellegri L，Camera F，et al. The CLYC-6 and CLYC-7 response to γ-rays, fast and thermal neutrons. Nucl Instrum Methods A，2016，810：132-139.

[93] Budden B S，Stonehill L C，Warniment A，et al. Handheld readout electronics to fully exploit the particlediscrimination capabilities of elpasolite scintillators. Nucl Instrum

Methods A，2015，795：213-218.

［94］陈俊锋，杜勇，李翔，等. 氟化钡闪烁晶体慢分量的稀土离子掺杂抑制. 中国稀土学会 2018 学术年会摘要集，2018，122.

［95］施鹰，范灵聪. 谢建军. 多晶镥基闪烁材料的制备与性能调控. 中国稀土学会 2017 学术年会摘要集，2017，112.

［96］Sun C T，Xue D F. Pulling growth technique towards rare earth single crystals. Sci China Technol Sci，2018，61（9）：1295-1300.

［97］Sun C，Xue D. Crystal growth：an anisotropic mass transfer process at the interface. Phys Chem Chem Phys，2017，19：12407-12413.

［98］Sun C，Xue D. Crystallization：A phase transition process driving by chemical potential decrease. J Cryst Growth，2017，470：27-32.

［99］薛冬峰，孙丛婷. 低成本稀土闪烁晶体的生长. 中国发明专利：201710060012.7，2017.

［100］Sun C，Chen X，Xue D. Hydrogen bonding dependent mesoscale framework in crystalline Ln(H2O)9(CF3SO3)3. Cryst Growth Des，2017，17（5）：2631-2638.

［101］周文平，牛微，刘旭东，等. 闪烁晶体 Ce：LYSO 的研究进展和发展方向. 材料导报，2015，29（25）：214-218.

［102］王佳，岑伟，李和新，等. 大尺寸闪烁晶体 Ce：LYSO 的生长. 压电与声光，2013，35（3）：401-407.

［103］Kononets V，Auffray E，Dujardin C，et al. Growth of long undoped and Ce-doped LuAG single crystal fibers for dual readout calorimetry. J Cryst Growth，2016，435：31-36.

［104］原东升. 微下拉设备研制、单晶生长及功能晶体 TbCOB 的制备和性能研究. 济南：山东大学，I-V，2016.

［105］Eeckhout K V d，Poelman D，Smet P F. Persistent luminescence in non-Eu²⁺-doped compounds：a review. Materials，2013，6：2789-2818.

［106］Chermont Q M，Chaneac C，Seguin J，et al. Nanoprobes with near-infrared persistent luminescence for in vivo imaging. PNAS，2007，104（22）：9266-9271.

［107］Maldiney T，Bessière A，Seguin J，et al. The in vivo activation of persistent nanophosphors for optical imaging of vascularization，tumours and grafted cells. Nat Mater，2014，13：418-426.

［108］Maldiney T，Doan B T，Alloyeau D，et al. Gadolinium-Doped Persistent Nanophosphors as Versatile Tool for Multimodal In Vivo Imaging. Adv Funct Mater，2015，25：331-338.

［109］Zou R，Gong S，Shi J，et al. Magnetic-NIR persistent luminescent dual-modal ZGOCS@MSNs@Gd₂O₃ core-shell nanoprobes for in vivo imaging. Chem Mater，2017，29：3938-3946.

［110］Lu Y C，Yang C X，Yan X P. Radiopaque tantalum oxide coated persistent luminescent nanoparticles as multimodal probes for in vivo near-infrared luminescence and computed tomography bioimaging. Nanoscale，2015，7：17929-17937.

［111］Dos Santos M C，Goetz J，Bartenlian H，et al. Autofluorescence-free live-cell imaging using terbium nanoparticles. Bioconjugate Chem，2018，29：1327-1334.

［112］Goetz J，Nonat A，Diallo A，et al. Ultrabright lanthanide nanoparticles. Chem Plus Chem，2016，81：526-534.

［113］Souri N，Tian P P，Platas-Iglesias C，et al. Upconverted photosensitization of Tb visible emission by NIR Yb excitation in discrete supramolecular heteropolynuclear complexes. J Am Chem Soc，2017，139：1456-1459.

［114］Salaam J，Tabti L，Bahamyirou S，et al. Formation of mono- and polynuclear luminescent lanthanide complexes based on the coordination of preorganized phosphonated pyridines. Inorg Chem，2018，57：6095-6106.

［115］Pu Y，Lin L，Wang D，et al. Green synthesis of highly dispersed ytterbium and thulium co-doped sodium yttrium fluoride microphosphors for in situ light upconversion from near-infrared to blue in animals. J Colloid Interf Sci，2018，511：243-250.

［116］Wang J，He N，Zhu Y，et al. Highly-luminescent Eu，Sm，Mn-doped CaS up/down conversion nano-particles：application to ultra-sensitive latent fingerprint detection and in vivo bioimaging. Chem Commun，2018，54：591-594.

［117］Ning Y，Liu Y W，Meng Y S，et al. Design of near-infrared luminescent lanthanide complexes sensitive to environmental stimulus through rationally tuning the secondary coordination sphere. Inorg Chem，2018，57：1332-1341.

［118］Varaksina E A，Taydakov I V，Ambrozevich S A，et al. Influence of fluorinated chain length on luminescent properties of Eu^{3+} β-diketonate complexes. J Lumin，2018，196：161-168.

［119］Ning Y，Tang J，Liu Y W，et al. Highly luminescent，biocompatible ytterbium(Ⅲ) complexes as near-infrared fluorophores for living cell imaging. Chem Sci，2018，9：3742-3753.

［120］Hu J Y，Ning Y，Meng Y S，et al. Highly near-IR emissive ytterbium(Ⅲ) complexes with unprecedented quantum yields. Chem Sci，2017，8：2702-2709.

[121] Kovacs D, Borbas K E. The role of photoinduced electron transfer in the quenching of sensitized europium emission. Coordin Chem Rev, 2018, 364: 1-9.

[122] Zhong Y, Ma Z, Wang F, et al. In vivo molecular imaging for immunotherapy using ultra-bright near-infrared-IIb rare-earth nanoparticles. Nat Biotechnol, 2019, 37(9):1322-1331.

[123] Tan M, del Rosal B, Zhang Y, et al. Rare-earth-doped fluoride nanoparticles with engineered long luminescence lifetime for time-gated in vivo optical imaging in the second biological window. Nanoscale, 2018, 10: 17771-17780.

[124] Lv Y, Liu P, Ding H, et al. Conjugated polymer-based hybrid nanoparticles with two-photon excitation and near-infrared emission features for fluorescence bioimaging within the biological window. ACS Appl Mater Inter, 2015, 7: 20640-20648.

[125] Ding H, Lv Y, Ni D, et al. Erythrocyte membrane-coated NIR-triggered biomimetic nanovectors with programmed delivery for photodynamic therapy of cancer. Nanoscale, 2015, 7: 9806-9815.

[126] Wang J, Lv Y, Wan W, et al. Photoswitching near-infrared fluorescence from polymer nanoparticles catapults signals over the region of noises and interferences for enhanced sensitivity. ACS Appl Mater Inter, 2016, 8: 4399-4406.

[127] Lv Y, Liu M, Zhang Y, et al. Cancer cell membrane-biomimetic nanoprobes with two-photon excitation and near-infrared emission for intravital tumor fluorescence imaging. ACS Nano, 2018, 12: 1350-1358.

[128] Liu Y, Zhou S, Zhuo Z, et al. In vitro upconverting/downshifting luminescent detection of tumor markers based on Eu^{3+}- activated core-shell-shell lanthanide nanoprobes. Chem Sci, 2016, 7: 5013-5019.

[129] Xu J, Zhou S, Tu D, et al. Sub-5 nm lanthanide-doped lutetium oxyfluoride nanoprobes for ultrasensitive detection of prostate specific antigen. Chem Sci, 2016, 7: 2572-2578.

[130] Hewitt S H, Parris J, Mailhot R, et al. A continuous luminescence assay for monitoring kinase activity: signalling the ADP/ATP ratio using a discrete europium complex. Chem Commun, 2017, 53: 12626-12629.

[131] Walter E R H, Williams J A G, Parker D. APTRA-based luminescent lanthanide complexes displaying enhanced selectivity for Mg^{2+}. Chem Eur J, 2018, 24: 7724-7733.

[132] Smrcka F, Lubal P, Sidlo M. The urea biosensor based on luminescence of Eu(Ⅲ) ternary complex of DO_3A ligand. Monatsh Chem, 2017, 148: 1945-1952.

[133] Hao J N, Yan B. Determination of urinary 1-Hydroxypyrene for biomonitoring of human exposure to polycyclic aromatic hydrocarbons carcinogens by a lanthanide-functionalized metal-organic framework sensor. Adv Funct Mater, 2017, 27: 1603856（8）.

[134] Sy M, Nonat A, Hildebrandt N, et al. Lanthanide-based luminescence biolabeling. Chem Commun, 2016, 52: 5080-5095.

[135] Jin Z, Geiβ ler D, Qiu X, et al. A rapid, amplification-free, and sensitive diagnostic assay for single-step multiplexed fluorescence detection of microRNA. Angew Chem Int Ed, 2015, 54: 10024-10029.

[136] Hao S, Chen G, Yang C, et al. Nd^{3+}-Sensitized multicolor upconversion luminescence from a sandwiched core/shell/shell nanostructure. Nanoscale, 2017, 9: 10633-10638.

[137] Dong H, Sun L D, Li L D, et al. Selective cation exchange enabled growth of lanthanide core/shell nanoparticles with dissimilar structure. J Am Chem Soc, 2017, 139: 18492-18495.

[138] Dong H, Sun L D, Wang Y F, et al. Efficient tailoring of upconversion selectivity by engineering local structure of lanthanides in Na$_x$REF$_{3+x}$ nanocrystals. J Am Chem Soc, 2015, 137: 6569-6576.

[139] Dong H, Sun L D, Feng W, et al. Versatile spectral and lifetime multiplexing nanoplatform with excitation orthogonalized upconversion luminescence. ACS Nano, 2017, 11: 3289-3297.

[140] Heller A, Barkleit A, Bok F, et al. Comparative study of the effects of seven lanthanides onto two mammalian kidney cell lines. In: Abstract, ICfE, 2018, 1.

[141] Hong E, Liu L, Bai L, et al. Control synthesis, subtle surface modification of rare-earth-doped upconversion nanoparticles and their applications in cancer diagnosis and treatment. Mater Sci Eng C, 2019, 105: 110097（22）.

[142] Ceulemans M. Development of bimodal contrast agents for mri and optical imaging, Leuven: Dissertation of University of Leuven, 2016, 26-27.

[143] Biju S, Harris M, Elst L V, et al. Multifunctional β -NaGdF$_4$: Ln^{3+}（Ln= Yb, Er, Dy）nanoparticles with NIR to visible upconversion and high transverse relaxivity: a potential bimodal contrast agent for high-field MRI and optical imaging. RSC Adv, 2016, 6: 61443-61448.

[144] Gonzalez A S, Xiu M C, Pitton K A, et al. Developing luminescent lanthanide coordination polymers and metal-organic frameworks for bioimaging applications. Fau

Undergraduate Research Journal，2017，6：37-43.

[145] Wang Y F，Liu G Y，Sun L D，et al. Nd³⁺-Sensitized upconversion nanophosphors：efficient *in vivo* bioimaging probes with minimized heating effect. ACS Nano，2013，7：7200-7206.

[146] 侯智尧，林君. 基于 Nd³⁺敏化上转换荧光纳米颗粒构建的多功能抗肿瘤诊疗平台. 中国稀土学会 2017 学术年会摘要集，2017，208.

[147] Liu J N，Bu W B，Shi J L. Silica coated upconversion nanoparticles：a versatile platform for the development of efficient theranostics. Accounts Chem Res，2015，48（7）：1797-1805.

[148] Fan W，Bu W，Shen B，et al. Intelligent MnO_2 nanosheets anchored with upconversion nanoprobes for concurrent pH-/H_2O_2-responsive UCL imaging and oxygen-elevated synergetic therapy. Adv Mater，2015，27：4155-4161.

[149] Liu Y，Liu Y，Bu W，et al. Hypoxia induced by upconversion-based photodynamic therapy：towards highly effective synergistic bioreductive therapy in tumors. Angew Chem Int Ed，2015，54：8105-8109.

[150] Zhang C，Bu W，Ni D，et al. A polyoxometalate cluster paradigm with self-adaptive electronic structure for acidity/reducibility-specific photothermal conversion. J Am Chem Soc，2016，138（26）：8156-8164.

[151] Zhang C，Zhao K，Bu W，et al. Marriage of scintillator and semiconductor for synchronous radiotherapy and deep photodynamic therapy with diminished oxygen dependence. Angew Chem Int Ed，2015，54：1770-1774.

[152] Fan W，Bu W，Zhang Z，et al. X-ray radiation-controlled NO-release for on-demand depthindependent hypoxic radiosensitization. Angew Chem Int Ed，2015，54：14026-14030.

[153] Wang J，Liu J，Liu Y，et al. Gd-hybridized plasmonic Au-nanocomposites enhanced tumor-interior drug permeability in multimodal imaging-guided therapy. Adv Mater，2016，28：8950-8958.

[154] 魏若艳，刘金亮，孙丽宁. 原位生长纳米金修饰的上转换纳米复合物用于协同化学和光热理疗. 中国稀土学会 2017 学术年会摘要集，2017，186.

[155] Lin S L，Chen Z R，Chang C A. Nd³⁺ sensitized core-shell-shell nanocomposites loaded with IR806 dye for photothermal therapy and up-conversion luminescence imaging by a single wavelength NIR light irradiation. Nanotheranostics，2018，2：243-257.

［156］Wang C，Xu C，Xu L，et al. A novel core-shell structured upconversion nanorod as a multimodal bioimaging and photothermal ablation agent for cancer theranostics. J Mater Chem B，2018，6：2597-2607.

［157］燕照霞，姜磊，刘涵云，等. 稀土上转换纳米载体的构建及功能化修饰机制的研究进展. 中国稀土学报，2017，35（3）：301-314.

［158］Schmitt J，Heitz V，Sour A，et al. A theranostic agent combining a two-photon-absorbing photosensitizer for photodynamic therapy and a gadolinium（Ⅲ）complex for MRI detection. Chem Eur J，2016，22：2775-2786.

［159］Sour A，Jenni S，Ortí-Suárez A，et al. Four gadolinium（Ⅲ）complexes appended to a porphyrin：a water-soluble molecular theranostic agent with remarkable relaxivity suited for MRI tracking of the photosensitizer. Inorg Chem，2016，55：4545-4554.

［160］杨宇舒，宁莹莹，张俊龙. 钆（Ⅲ）仿叶绿素配合物的合成、表征以及作为光磁双模式诊疗探针的应用. 中国稀土学报，2016，34（6）：764-772.

［161］Brites C D S，Millan A，Carlos L D. Chapter 281 Lanthanides in luminescent thermometry. In：Handbook on the Physics and Chemistry of Rare Earths. Amsterdam：North Holland，2016，339-427.

［162］陈莲，杨燕，江飞龙，等. 稀土有机框架检测材料. 中国稀土学会 2017 学术年会摘要集，2017，193.

［163］Kaczmarek A M，Liu J，Laforce B，et al. Cryogenic luminescent thermometers based on multinuclear Eu^{3+}/Tb^{3+} mixed lanthanide polyoxometalates. Dalton Trans，2017，46：5781-5785.

［164］Kaczmarek A M. Eu^{3+}/Tb^{3+} and Dy^{3+} POM@MOFs and 2D coordination polymers based on pyridine-2，6-dicarboxylic acid for ratiometric optical temperature sensing. J Mater Chem C，2018，6：5916-5925.

［165］Gao Y，Huang F，Lin H，et al. A novel optical thermometry strategy based on diverse thermal response from two intervalence charge transfer states. Adv Funct Mater，2016，26：3139-3145.

［166］简荣华，庞涛. Yb^{3+}/Er^{3+}共掺 $Gd_2Mo_3O_{12}$ 的强绿色上转换发光及温度传感特性. 中国稀土学报，2018，36（5）：533-540.

［167］Hao H，Zhang X，Wang Y，et al. Up-conversion luminescence of Yb^{3+}/Er^{3+} doped Gd_2O_3 phosphors for optical temperature sensing in green and red regions. Opt Commun，2019，452：387-394.

［168］Cao J，Xu D，Hu F，et al. Transparent $Sr_{0.84}Lu_{0.16}F_{2.16}$：$Yb^{3+}/Er^{3+}$ glass ceramics：

Elaboration, structure, up-conversion properties and applications. J Eur Ceram Soc, 2018, 38: 2753-2758.

[169] Zou Z, Wu T, Lu H, et al. Structure, luminescence and temperature sensing in rare earth doped glass ceramics containing NaY（WO_4）$_2$ nanocrystals. RSC Adv, 2018, 8: 7679-7686.

[170] Xu S, Yu Y, Gao Y, et al. Mesoporous silica coating $NaYF_4$: Yb, Er@$NaYF_4$ upconversion nanoparticles loaded with ruthenium（Ⅱ）complex nanoparticles: Fluorometric sensing and cellular imaging of temperat. Microchimica Acta, 2018, 185: 454（10）.

[171] Zhang J, Hua Z. Effect of dopant contents on upconversion luminescence and temperature sensing behavior in $Ca_3La_6Si_6O_{24}$: Yb^{3+}-Er^{3+}/Ho^{3+} phosphors. J Lumin, 2018, 201: 217-223.

[172] Runowski M, Bartkowiak A, Majewska M, et al. Upconverting lanthanide doped fluoride $NaLuF_4$: Yb^{3+}-Er^{3+}-Ho^{3+} - optical sensor for multi-range fluorescence intensity ratio （FIR）thermometry in visible and NIR regions. J Lumin, 2018, 201: 104-109.

[173] Zhao L, Cai J, Hu F, et al. Optical thermometry based on thermal population of low-lying levels of Eu^{3+} in $Ca_{2.94}Eu_{0.04}Sc_2Si_3O_{12}$. RSC Adv, 2017, 7: 7198-7202.

[174] Runowski M, Marciniak J, Grzyb T, et al. Lifetime nanomanometry-high-pressure luminescence of up-converting lanthanide nanocrystals-SrF_2: Yb^{3+}, Er^{3+}. Nanoscale, 2017, 9: 16030-16037.

[175] Runowski M, Shyichuk A, Tyminski A, et al. Multifunctional optical sensors for nanomanometry and nanothermometry: high-pressure and high-temperature upconversion luminescence of lanthanide-doped phosphates $LaPO_4$/YPO_4: Yb^{3+}-Tm^{3+}. ACS Appl Mater Inter, 2018, 10: 17269-17279.

[176] Chihara T, Umezawa M, Miyata K, et al. Biological deep temperature imaging with fluorescence lifetime of rare-earth-doped ceramics particles in the second NIR biological window. Sci Rep-UK, 2019, 9: 12806-12813.

[177] Du P, Luo L, Yu J S. Controlled synthesis and upconversion luminescence of Tm^{3+}-doped $NaYbF_4$ nanoparticles for non-invasion optical thermometry. J Alloy Compd, 2018, 739: 926-933.

第八章
稀土催化材料

第一节　国内外研究进展

　　稀土在催化方面起到重要作用，特别是稀土铈基氧化物催化剂。从广义上来讲，催化反应可分为酸碱催化和氧化还原催化两大类。稀土元素具有特殊的电子结构，它们的价电子填充涉及的原子轨道比较多，价电子轨道多数涉及（n-2）f、（n-1）d 和 ns 轨道，有利于稀土在催化领域中广泛的应用[1,2]。所有稀土原子最外层都是 s^2 结构，这就决定了所有稀土金属都是活泼金属，因此，稀土元素的原子或相应的氧化物都具有碱性。稀土元素的原子一般都具有次外层的 d 价轨道和倒数第三层的 f 价轨道，既具有价电子，也具有空轨道，因此稀土元素的化合物（特别是氧化物）可以同时具有酸性和碱性，特别是可以具有路易斯酸性[1]。另外，某些稀土元素，如 Ce 和 Pr 具有变价，因此，它们的氧化物具有很好的氧化-还原性能。鉴于稀土元素的原子或化合物可以兼具酸碱性和氧化还原性等多种功能，而酸碱性和氧化还原性能是影响催化剂催化性能的最本质的化学控制因素，使得稀土元素成为催化材料和催化剂设计和利用研究领域的重要组成部分和内容。稀土元素几乎可以用于所有催化领域：热催化、光催化和电催化。

一、稀土在热催化方面的研究进展

　　化学反应中，反应分子原有的某些化学键，必须解离并形成新的化学键，这需要一定的活化能，而活化能和温度有关，所以绝大多数催化反应都有热催化的存在。目前，稀土在热催化领域的研究和应用不仅大量存在于石油化工催化和汽车尾气净化，还扩展到工业废气与室内污染的治理以及催化燃烧和有机化学反应等领域。随着国家对于能源和环保的日益重视，稀土催化材料在这些领域将具有巨大的应用市场和发展潜力。目前，稀土热催化研究和应用领域主要包括：致霾颗粒物（particle matter，PM）氧化催化剂、脱硝（DeNO$_x$）催化剂、挥发性有机物（volatile organic compounds，VOCs）催化氧化催化剂、石油化工催化剂以及其它多种化学反应催化剂。

1. 致霾颗粒物氧化催化剂

机动车尾气排放已成为中国大中城市的主要污染源之一，也是制约中国经济可持续发展的不利因素。在机动车尾气净化器中，催化剂是核心，其性能决定了尾气中有害成分的处理质量。传统的机动车尾气催化剂一般是以贵金属为主，但也需加一定量的稀土。目前在汽车尾气三效催化剂和柴油车尾气净化催化剂中使用较为广泛的是 Ce 基催化剂和镧基复合金属氧化物催化剂。其中，Ce 的电子构型为 $4f^25d^06s^2$，因此具有+3（Ce$_2$O$_3$）和+4（CeO$_2$）两种价态，两种价态间较易转化，使二氧化铈具有强储放氧能力。由于尾气中空燃比不断变化，氧化铈所具有的储放氧能力对氧浓度的急剧变化能起到缓冲作用。目前的研究内容主要集中在两点：提高氧化铈的催化活性（本征活性和掺杂结构）和提高其在尾气环境中的耐用性（热稳定性和耐硫性）[3]。

1）掺杂其它元素调变稀土基催化剂的性能

储氧材料和金属活性中心的热稳定性是实际三效催化剂研发中所面临的关键性问题。Zr、Hf 和稀土金属如 Tb、Sm、Nd、Pr、La 和 Gd 被引入到氧化铈中，可合成具有高热稳定性的碳烟氧化去除催化剂。由于离子半径与 Ce 相近，它们的加入可能导致 Ce 基固溶体的形成，并由此导致 CeO$_2$ 晶格的扭曲，这可以增加氧空位数量，由此改善氧化铈的储氧能力和氧化还原性能。过渡金属相对于 Zr、Hf 和稀土金属，由于在一定范围内价态可变，因此其本身表现出良好的氧化还原能力[4]。Cu 和 Mn 改性的二氧化铈被认为是过渡金属掺杂改性的二氧化铈中活性最高的。

Ce-Zr 基储氧材料因其在汽车尾气三效催化剂（three-way catalysts，TWCs）中的重要应用而备受关注，而增大 Ce-Zr 基稀土材料在 TWCs 中的应用则是大幅度提升稀土附加值的一条有效途径。由于排放标准的升级，导致排放限值降低和耐久里程延长，因此对 TWCs 活性和耐久性的要求也越来高。Ce-Zr 基储氧材料是负载催化剂活性组分的载体材料，其性能的好坏直接影响着 TWCs 活性的高低。由于 TWCs 恶劣的工作环境（温度高至 $1000\sim1100^{\circ}C$），因而迫切需要进一步提高 Ce-Zr 基储氧材料的高温热稳定性能，如要求 Ce-Zr 基储氧材料经 $1000^{\circ}C$ 老化后比表面积维持在 $50m^2/g$ 以上。王健礼等[5]以制备高性能 Ce-Zr 基储氧材料为目标，系统研究了不同的制备方法对储氧材料性能的影响，发现通过对制备过程的精细控制，以共沉淀法制备的 Ce-Zr 基储氧材料经 $1000^{\circ}C$ 老化 4h 后的比表面积仍然维持在 $49m^2/g$ 左右，与国外公司水平相当。李伶聪等[6]利用液相还原与浸渍两步法制备的 $Pd@Ce_{0.5}Zr_{0.5}O_2/Al_2O_3$ 三效催化剂老化后活性并没有明显降低。表征分析发现，该催化剂在经老化后，载体 $\theta\text{-}Al_2O_3$ 会产生含有表面羟基的 $\alpha\text{-}Al_2O_3$ 物相；载体表面的活性组分 $Pd@Ce_{0.5}Zr_{0.5}O_2/Al_2O_3$ 的核壳结构会被破坏，形成半包特殊的核壳结构，使其中的 Pd 暴露，并与含有表面羟基的载体 $\alpha\text{-}Al_2O_3$ 相互作用形成 Pd-O-Al 键，可有效阻止 Pd 纳米粒子的迁移聚集，从而提高催化剂的抗烧结能力。

Zr^{4+} 引入到 CeO_2 晶格可增加还原能力和储氧能力（oxygen storage capacity，OSC），同时增加萤石结构的热稳定性和电导。实际上 Ce-Zr 复合氧化物也代表了三效催化剂用 OSC 材料目前的技术水平。化学组成是决定 OSC 的重要因素，也被作为不同领域应用 Ce-Zr 材料催化性能的关键指标。已有 DFT 理论计算显示，Ce/Zr 比例接近 1 是 $Ce_{1-x}Zr_xO_2$ 固体溶液获得优异 OSC 性能的必要条件，然而最新研究建议减少稀土材料的使用。相应需要研究的问题是降低总 Ce 浓度，是否仍可获得高还原性、OSC 以及高温热稳定性。Yeste 等[7]合成了 Ce-Y 稳定氧化锆（CYSZ）系列样品，可在低 Ce 浓度下（<20%）获得非常高的 OSC 和优异的低温（<150℃）还原性能。Arias-Duque 等[8]进而通过在 Y 稳定氧化锆纳米晶表面沉积 CeO_2，再进一步在高温还原气氛下活化处理，可获得含 13mol%CeO_2 具有亚纳米厚度的催化剂。该烧绿石结构的催化剂不仅呈现高 OSC 值，更重要的是在 1000℃ 以上具有优异的稳定氧化还原响应，这是对传统 Ce-Zr 材料相关性能的极大改善。

燃油直喷（gasoline direct injection，GDI）发动机技术采用分层稀薄燃烧、精确的电控技术和较高的压缩比，比传统燃油喷射技术提供更高的热效率和动力输出，可从根本上提升总燃油经济性，降低 CO_2 排放水平。然而这种先进发动机也存在一个负面效果，即相对于进气口燃油喷射技术（port fuel injection，PFI）颗粒物排放显著增加，装载 GDI 发动机汽车排放的超细颗粒数量较 PFI 汽油发动机高出两个数量级。汽油颗粒物过滤器（gasoline particulate filter，GPF）是一种使 GDI 发动机驱动汽车达到欧 6 颗粒物排放标准的潜在应用技术。超过 90%的排放颗粒物为碳烟，主要组成是单质碳和少量碳氢化合物。在 GPF 中捕获累计的碳烟可通过高温氧化消减。然而汽油发动机正常操作是在化学计量比工况下，NO_2 已在上游三效催化剂中处理到极低水平，也没有合适的氧气作为氧化剂。催化碳烟燃烧是处理 DPF 的有效再生技术，但在完全不同的工况条件下，传统柴油发动机碳烟燃烧催化剂效率将会大打折扣。CeO_2 在三效催化剂中用于缓冲氧化/还原条件的特性也可用于促进碳烟燃烧，因而成为一种柴油车中促进碳烟燃烧、控制气体污染物排放的良好催化剂，而混合氧化物 $Ce_{1-x}Pr_xO_{2-\delta}$ 可在较低温度下比纯 CeO_2 产生更多的氧交换。Martinez-Munuera 等[9]合成了两个系列具有不同组成的 $Ce_{1-x}Pr_xO_{2-\delta}$ 催化剂，并系统研究了它们在惰性气氛下的碳烟催化氧化行为，以探索其在 GDI 发动机 GPF 中的应用。Pr 嵌入到 CeO_2 中增强了表面以下和体相中 O 的流动性，惰性气氛中增加了 O_2 的释放量，x 在 0.5 左右时在中等温度（达到 500℃）下促进 O_2 释放效果更为显著。催化剂凭借自身释放的活性氧，即使在较为疏松接触状态下，也可在惰性气氛下对碳烟进行催化氧化。反应发生的机制或与温度，更主要与碳烟与催化剂的接触状态有关。在疏松接触和中到低温条件下，从催化剂释放的新鲜 O_2 比低浓度 O_2 气流对于碳烟颗粒的氧化更为有效；相反，在更高温度和紧密接触条件下，催化剂自身的晶格氧即可有效迁移至碳烟颗粒表面。

CePr 复合氧化物催化剂具有良好的低温活性和热稳定性，构筑不同 CePr 组成结构会直接影响催化碳烟燃烧特性。范丽佳等[10]采用固相研磨法以铈镨摩尔比均为 0.7∶0.3 的不同铈镨前驱体组合制备了不同结构的 CePr 催化剂，发现其中 $Ce(NO_3)_3$+$Pr(NO_3)_3$ 的 CePr 催化剂氧化碳烟的温度最低，即其低温催化活性最好，且其热稳定性也最好，当焙烧温度为 800℃时，活性明显优于 CeO_2。表征发现，固溶体结构对于催化活性具有较大影响。

目前，催化转化性能改善主要考虑两个关键特性：①提升低温活性，以减少冷启动排放；②提升高温热稳定性，以避免热冲击导致烧结。由于催化转化器呈现靠近发动机安装的趋势，因而后者已吸引了大量研究关注。绝大多数转化催化剂含有分散在 CeO_2 基氧化物载体上的贵金属（Pd、Pt、Rh）。Pd/CeO_2 催化剂在 0~800℃的宽温范围内具有高 CO 氧化活性，该优异特性源于金属-载体间强相互作用，离子形态的 Pd 在萤石类 CeO_2 结构中形成 $Pd_xCe_{1-x}O_{2-\delta}$ 而得以稳定化，这种表面形成良好分散的 Pd 物种可在催化剂中更有效使用 Pd。另外，Pd 可修饰 CeO_2 结构，产生更多氧空位，增加储氧能力。然而，1100℃高温氧化还原循环会由于金属颗粒的烧结而使催化活性降低。$Pd_xCe_{1-x}O_{2-\delta}$仅能在高分散CeO_2基体中存在，因而在800℃以上如何保持小尺寸CeO_2颗粒是改善催化剂热稳定性的关键因素。已有研究报道等价态阳离子[Sn(Ⅳ)、Ti(Ⅳ)、Hf(Ⅳ)、Zr(Ⅳ)]掺杂和产生多层结构的特定合成方法可改善催化剂热稳定性。Kardash等[11]采用等离子体电弧法制备的Pd/Ce-Sn-O催化剂经1000℃后灼烧展现了优异的低温CO催化氧化性能。检测到CeO_2晶格中的高分散Pt^{2+}以及位于表面的PtO_x簇；Pd/Ce-Sn-O催化剂中高流动性氧数量5倍高于Pd/CeO_2样品；Sn的掺杂可增强储氧能力；$Pd-CeO_2$固体溶液结构的破坏将导致催化剂失活。

2）暴露晶面和形貌结构对催化性能的影响

柴油车尾气碳烟颗粒的催化燃烧是一个固（碳烟颗粒）-固（催化剂）-气（O_2）的深度氧化反应，在紧密接触的条件下，催化剂具有较佳催化效果；但在松散接触的条件下，由于碳烟颗粒与催化剂的活性位接触受限，严重影响催化剂本征活性的体现。然而，松散接触为柴油车尾气中碳烟颗粒与催化剂的实际接触状态。因此，开发新型催化剂体系，在提高催化剂本征活性的同时通过改善催化剂形貌进而改善催化剂与碳烟颗粒的接触，具有非常重要的实际意义。

CeO_2易于可逆还原为偏离化学计量比组成，但同时保持其萤石晶体结构，因而CeO_2基催化剂适于催化碳烟氧化反应。通常认为碳烟氧化遵循马尔斯-范克雷维伦（Mars-van Krevelen）机制，亦即CeO_2表面数层中的晶格氧迁移到碳烟颗粒，随后气相的O_2填充到所产生的氧空位中。这种独特的储氧能力与CeO_2纳米颗粒暴露晶面决定的形貌相关。

除了活性氧机制，CeO_2还可通过NO_2辅助机制促进碳烟燃烧。NO是柴油发动机产生的主要氮氧化物，CeO_2可促进$NO+O_2$产生NO_2的反应，而NO_2可在比NO和O_2所需更低的温度与碳烟快速反应。活性氧尽管具有较NO_2更好的氧化性，但寿命非常短，绝大多数活性氧在到达碳烟颗粒之前即转化为稳定的气体分子而消耗掉；活性氧机制的另一个不利因素是催化剂和碳烟都是固体，而固-固间的接触很差。而NO_2是稳定分子，可在催化剂和碳烟颗粒间自由扩散。活性氧和NO_2辅助两种机制在CeO_2催化的NO_x+O_2气氛碳烟燃烧反应中同时发生，每种机制的贡献决定于特定反应条件，如CeO_2催化剂的物理-化学特性、碳烟-催化剂接触状态、气体浓度等。已有工作致力于通过最大限度利用活性氧机制改善碳烟燃烧CeO_2催化剂性能。一个策略是通过在CeO_2中掺杂增加活性氧，另一个策略是控制CeO_2颗粒的形貌，以改善活性氧从催化剂到碳烟颗粒的迁移。

一般认为，CeO_2 纳米棒和纳米立方体，由于暴露具有较 {111} 更高活性的 {110} 和 {100} 面，而比纳米八面体（暴露 {111} 面）和传统纳米晶 CeO_2 具有更高的碳烟燃烧反应催化活性。Aneggi 等[12]利用水热法制备了不同暴露晶面且不同形貌的 CeO_2 催化剂，该研究结果也证明了不同暴露晶面的 CeO_2 在碳烟颗粒的催化燃烧中展示不同的活性，为制备特殊晶面的 Ce 基催化剂提供研究思路。随后，Aneggi 等[13]又研究了在不同煅烧条件下 CeO_2 形成的不同晶面对碳烟颗粒的催化燃烧性能及活化氧在不同晶面下与碳烟的相互作用，以实验的方法验证了 CeO_2 自身在催化反应中的氧化还原机制以及 Ce^{3+} 离子的存在。为进一步研究不同晶面的铈基催化剂催化燃烧碳烟颗粒的活性，Aneggi 等[14]又将 Zr 掺杂到 CeO_2 的晶格中，研究了不同晶面和不同接触条件下催化剂的性能，并在纳米尺度下研究了碳烟颗粒的燃烧过程，证明了制备的催化剂可以在 50～150℃ 的温度下活化氧物种。

Piumetti 等[15,16]研究了具有特殊晶面结构的 CeO_2、铈锆复合氧化物和铈镨复合氧化物催化剂（Zr 和 Pr 含量不同）对催化燃烧碳烟颗粒的性能的影响。结果表明，除 Zr 与 Pr 含量的影响以外，铈锆（镨）复合氧化物的表面结构对催化剂的活性有较大的影响。Sudarsanam 等[17]将 Co_3O_4 纳米颗粒担载到纳米立方体结构的 CeO_2 载体上，制备了 Co_3O_4/CeO_2 催化剂。由于 CeO_2 本身的氧化还原性和立方体 CeO_2 暴露的 {100} 晶面以及 Co_3O_4 的 {100} 晶面的原因，催化剂在碳烟颗粒的催化燃烧中具有较高的活性。

CuO/CeO_2 作为经典的氧化反应催化剂，在多相催化中得到广泛研究。Wang 等[18,19]通过采用沉积沉淀法合成了 1wt%Cu/CeO_2-棒和 1wt%Cu/CeO_2-颗粒。表征显示 CuO_x 团簇高度分散在 CeO_2 表面，两类催化剂的储氧量（OSC）、耗氢量及铜分散度数据结果接近，但 1wt%Cu/CeO_2-颗粒的 CO 转化活性中心数量是 1wt%Cu/CeO_2-棒的约 3.7 倍，两者活性差异明显；还发现主要暴露低活性面 {111} 的 CeO_2-颗粒与 CuO_x 团簇弱的作用，可以有效降低还原温度；而 CeO_2-棒的活性晶面 {110}/{100} 诱导产生的 Cu-[O_x]-Ce，则不利于还原。CeO_2-{111} 表面可以促使界面处 CuO_x 更容易还原到 Cu^+，而更多的 Cu^+-CO（2105/cm）活性位点是其体现高活性的主要因素。

大孔基催化剂的研发是近年来机动车尾气领域最具代表性的成果之一，最近已有研究报道三维有序大孔 CeO_2（3DOM）对于碳烟燃烧具有高催化活性。由于柴油碳烟颗粒尺寸一般都大于 25nm（最可几分布的颗粒尺寸为 100～200nm），而普通催化剂的孔道结构尺寸小于 10nm，因此，开发大孔基催化剂可以大大提高碳烟颗粒进入催化剂孔道与催化剂活性位的接触效率。Wei 等[20]利用气膜辅助还原法合成了三维有序大孔的 Ce 基氧化物担载贵金属纳米颗粒催化剂。所合成的 $Ce_{0.8}Zr_{0.2}O_2$ 担载的 Au@Pt 核壳结构催化剂在与碳烟颗粒松散接触的条件下，表现出了极佳的性能，碳烟颗粒的起燃温度为 218℃。与相应担载金的催化剂相比，3DOM 氧化物担载核壳结构的双金属催化剂不仅催化剂的稳定性大大提高，而且催化剂的本征活性也大幅度提高。

金属-氧化物核-壳纳米结构可优化金属-氧化物界面活性位点密度，从而增强碳烟氧化反应催化活性。以能够提供良好接触能力的 3DOM 结构稀土氧化物为载体，以贵金属纳米颗粒作为活性组分，制备得到的大孔 3DOM 氧化物担载 Au、Pt 纳米颗粒新型催化剂，不仅活性高，而且稳定性很好。Wei 等[21]将 $Pt@CeO_2$ 核壳纳米颗粒高度分散担载在 3DOM 氧化物 $Ce_{1-x}Zr_xO_2$ 载体上，此结构的设计增加了贵金属与氧化物之间强相互作用的界面面积和活性位，从而提高了催化剂对分子氧的吸附与活化能力；单原子分散的 Pt 进一步增强了与 CeO_2 的相互作用，增加了 CeO_2 表面的氧缺陷位数量，从而提高了碳烟燃烧催化活性。

作为一个气-固-固的多相催化反应，除了提高催化剂本征活性和催化剂与碳烟颗粒的接触效率，对气体小分子的活化同样影响着催化剂的活性。设计成同时具有大孔和介孔结构催化剂将更有利于碳烟颗粒的催化燃烧。Yu 等[22]利用软硬模板相结合的方式成功制备出了三维有序大孔-介孔结构（3DOM-m）的二氧化硅，并利用简单的等体积浸渍法将 $Mn_xCe_{1-x}O_\delta$ 活性组分担载到上述载体上制备了一系列 $Mn_xCe_{1-x}O_\delta$/3DOM-m SiO_2 催化剂。该催化剂在碳烟颗粒的催化燃烧中展示了高活性，特别是在抗硫、耐水方面具有较好的性能。

对于 3DOM 结构 CeO_2 催化碳烟燃烧反应机制的理解对于催化剂的进一步设计和优化是十分必要的。Alcalde-Santiago 等[23]制备了传统结构（以 Ref 表示）和 3DOM 结构 CeO_2 催化剂，详细研究了碳烟燃烧反应的催化剂结构效应。同位素交换实验显示 CeO_2-3DOM 催化剂比传统结构 CeO_2-Ref 催化剂对于 O_2 化学吸附可产生更多的活性氧，这些活性氧由于大孔结构可更有效地迁移到碳烟颗粒。二者对于 NO 向 NO_2 的氧化反应加速效应相当，但使用 NO_2 燃烧碳烟时 CeO_2-3DOM 较 CeO_2-Ref 的催化更有效。NO_2 在碳烟燃烧机制中有两种作用，一是直接氧化碳烟，二是化学吸附在 CeO_2 表面产生活性氧。在使用 CeO_2-Ref 时，NO_2 的主要角色仅为直接氧化碳烟，因为产生的活性氧由于较差的碳烟-催化剂固-固接触而较难从催化剂迁移至碳烟颗粒。

而 3DOM 结构改善了活性氧的迁移，使得 NO_2 贡献的活性氧可在 3DOM 结构中有效迁移至碳烟颗粒。

应用于载体时，La 元素与 Ce 元素不同，在催化燃烧碳烟颗粒的反应中主要是与其它元素相互复合或者是形成具有特殊结构的复合氧化物，其中最常见的固定结构的复合氧化物为含 La 的钙钛矿和类钙钛矿型复合金属氧化物。由于钙钛矿或类钙钛矿型催化剂的特殊结构和性能，其在催化领域尤其是机动车尾气处理方面得到了广泛的研究。关于碳烟催化氧化领域的钙钛矿催化剂，目前的研究主要集中在提高其本征活性（掺杂和改变空间结构）和利用其结构稳定性以及表面丰富的氧空位来作为优良的催化载体，如 Tang 等[24]制备的三维有序大孔 $LaCoO_3$ 显示了很好的催化活性。

在催化转化领域应用的是 CeO_2 纳米尺度结构复杂的粉末，金属和氧原子在颗粒表面的排布形式决定了 CeO_2 的物理和化学性能，但目前为止，准确分析纳米 CeO_2 表面发生的重排和重构过程依然十分困难。Yang 等[25]发展了一种以 CO、O_2、N_2O 等小分子作为探针分子的研究方法。这些小分子吸附到纳米颗粒表面后，采用 IR 光谱记录探针分子的振动频率，并借助单晶模型基底获得指认不同振动带所需的标准，最终在电子结构计算辅助下分析所记录的振动频率信息。结果显示，圆柱形铈纳米颗粒具有相对高的表面缺陷密度，如锯齿形纳米面、氧空位、角缺陷、边缺陷等，说明这类纳米颗粒或具有更高的催化活性。

大量研究成果证实，除载体外，贵金属活性相纳米材料的性能也与其暴露的晶面密切相关。Pd 纳米粒子由于其良好的催化性能，而被广泛应用于汽车尾气净化处理领域。目前，制备的 Pd 纳米粒子大多数为表面能较低的{100}、{111}晶面围成的多面体，对于制备表面能较高的{110}晶面的纳米钯难度较大。另外，得到的 Pd 纳米粒子尺寸在 40nm 以上，致使其比表面积较小，暴露的活性位点较少，钯粒子利用率低。李伶聪等[26]利用葡萄糖做还原剂，Na_2PdCl_4 做钯前驱体，通过调节温度、时间及葡萄糖浓度，制备出具有均一形貌的暴露{110}晶面 15～20nm 的钯纳米晶，将其负载到 CeO_2 载体上（Pd 负载量为 1wt%），经过 500℃焙烧 3 小时得到 Pd/CeO_2 催化剂，用于汽车尾气三效催化反应，并与具有{100}和{111}晶面的 Pd/CeO_2 做对比研究。活性测试表明，暴露{110}晶面的 Pd/CeO_2 具有最好催化活性，其对 CO 和 HC 氧化反应及 NO 还原反应的完全转化温度分别为 140℃、160℃、140℃，明显优于对比催化剂的催化活性，说明该催化剂提高了贵金属 Pd 的利用率。

2. 稀土基脱硝（DeNO$_x$）催化剂

NO$_x$是酸雨的主要贡献者，也是空气中造成可吸入颗粒（PM$_{2.5}$）急剧增加的罪魁祸首之一。NO$_x$的消除技术主要包括：选择催化还原技术（selective catalytic reduction，SCR）和NO$_x$储存还原（NO$_x$ storage reduction，NSR）技术。利用稀土元素特有性质改进催化剂的性能成为氨选择性催化还原技术（NH$_3$-SCR）研究的热点，尤其是以立方萤石结构存在的CeO$_2$通过Ce^{4+}/Ce^{3+}之间的氧化还原为DeNO$_x$反应提供活性氧，其结构中氧空位的存在促进了氧的储存和移动，而且CeO$_2$的存在可以提高催化剂的热稳定性，从而进一步提高催化剂的活性。

1) 稀土基SCR催化剂

目前柴油车尾气NO$_x$主要依靠SCR催化剂，PM主要依靠颗粒捕集过滤器（DPF）来实现排放控制。NO$_2$可显著提高SCR、DPF的催化活性，当NO$_2$/NO=1时会发生"快速SCR反应"，可将300℃以下低温段NO氧化的转化效率提高50%以上。因此，在柴油车催化净化技术中，NO$_2$极为关键，但发动机排气中NO$_2$含量低于NO$_x$总量的10%，为此，可通过NO的催化氧化促进SCR和DPF催化剂效能的发挥。目前市场应用的NO氧化催化剂主要是Pt/Al$_2$O$_3$体系，但受低温动力学和高温热力学的影响，NO氧化反应区间窄（通常在200~450℃），最高转化效率低于60%。研究表明，贵金属Pt/SiO$_2$催化剂具有优异NO氧化活性；Al$_2$O$_3$载体中掺CeO$_2$可提高催化剂的NO氧化活性。王加俊等[27]采用溶胶凝胶法合成的CeO$_2$/SiO$_2$复合氧化物兼具CeO$_2$优异的氧化还原特性和SiO$_2$的高比表面积，其中CeO$_2$/SiO$_2$=1时形成的复合氧化物综合性能最佳。该法有效丰富了孔隙结构，将纯CeO$_2$、纯SiO$_2$的大孔结构改变为中孔，比表面积增加；CeO$_2$高度分散于SiO$_2$表面或孔道，其中复合氧化物粒径在40~70nm，CeO$_2$粒径在4~6nm。大大降低了CeO$_2$的还原温度，且拓宽了还原峰，有效提高了氧化还原特性。复合氧化物中Ce3d、Si2p及O1s键能均发生了偏移，CeO$_2$与SiO$_2$间形成了化学键。

SCR技术中最常用的还原剂是NH$_3$，NH$_3$-SCR技术具有脱除NO$_x$效率高，燃油经济性好，良好的耐硫性等优点，是目前已商业化的最为有效的烟气脱硝技术之一，在燃煤电厂和工业锅炉烟气脱硝中得到了广泛的应用。几乎所有欧洲载货汽车生产企业也均采用该技术，中国重汽、潍柴、玉柴、朝柴等企业都将在后处理路线上采用SCR技术。目前，商业化的SCR催化剂主要有钒钨钛催化剂[V$_2$O$_5$-WO$_3$(MoO$_3$)/TiO$_2$体系]和分子筛催化剂两种。其中，钒钨钛催化剂具备极高的脱硝活性（通常大于80%）与抗硫性；但其工作温度一般为300~400℃，操作温度窗口较窄；当运行温度较高时，该催化剂SCR反应的N_2选择性较低；而当运行温度较低时，目前大部分脱硝催化剂的性能会受到烟气中SO_2和水汽的影响，烟气中的NH_3、SO_2和水汽在一定的条件下相互作用会生成黏稠状的硫酸铵盐（如NH_4HSO_4），附着在催化剂表面，堵塞活性位点，引起催化剂活性下降；且该体系催化剂的活性组分V_2O_5具有一定的毒性；另外，该技术主要被庄信万丰及巴斯夫等跨国公司垄断。分子筛催化剂为目前欧美发达国家的主流技术，但其成本是钒钨钛催化剂的3~4倍。因此，开发新型低温高效、稳定的无钒催化剂意义重大，很多研究者开始致力于开发环境友好的新型稀土基NH_3-SCR催化剂，以期能低成本实现柴油车尾气的高效脱硝。

基于V_2O_5-WO_3/TiO_2催化剂的SCR过程要求相对高且窄的温度范围，而柴油或贫燃汽油发动机产生的含NO_x废气温度要低得多，经过除尘、脱硫处理后烟气温度一般会低于150℃。另外，这些发动机催化转换器体积受限，要求在高气时空速（GHSV）条件下有效工作。因此，需要设计在低温和高GHSV条件下具有良好活性和选择性的SCR催化剂。在低于150℃时，MnO_x基催化剂可实现NO的接近完全转化，但常因燃料气中SO_2和水汽等其它组分引起失活和/或有N_2O副产物产生。后一效应对于纯MnO_x尤其突出，可通过掺杂CeO_2等得到抑制。另外，铜离子交换沸石也显示了柴油车催化方面的应用潜力，但还存在水热稳定性和N_2选择性较差等不足。对比可知，Ce基或Ce掺杂的催化剂通常表现出相对优异的性能。通过Ce^{4+}与Ce^{3+}之间的价态改变高效储存和释放氧的性能对于NH_3-SCR反应的Mars-van Krevelen机制非常重要，其中基质被晶格氧氧化形成的O空位被气态O_2占据。在Ce基载体中，O的流动性可通过将尺寸更小的不同价态金属阳离子引入到Ce晶格位点而得到促进，如Zr^{4+}和Ti^{4+}等。Vuong等[28,29]的研究显示，V/$Ce_xZr_{1-x}O_2$系列催化剂在200℃几乎实现了NO到N_2的100%转化，同时在70000/h条件下工作190h未发现失活。V在V^{5+}和V^{4+}间变化，但Ce^{4+}和Zr^{4+}不改变其价态，这与相应的V/$Ce_xTi_{1-x}O_2$系列不同。对V/$Ce_xTi_{1-x}O_2$体系研究显示，该催化剂在190℃、70000/h条件下也显示了几乎100%的NO到N_2的转化，是当时所能达到的最佳低温NH_3-SCR性能，反应进程为艾列-莱德列（Eley-Rideal）机制，即气态NO与吸附的NH_3和NH_4^+反应。该系列催化剂中因Ti的引入，使得在SCR条件下保持较高的稳态V^{5+}浓度，可促进路易斯酸性，从而促进NH_3的吸附。

Gillot 等[30]对 CeVO$_4$ 的 NH$_3$-SCR 催化活性研究发现，以 CeO$_2$ 形式稳定存在的低浓度 Ce^{4+} 与 CeVO$_4$ 的共存体系对于增强 NO 氧化生成中间物 NO$_2$ 至关重要。在 500℃和 600℃的潮湿气氛下的老化过程中 CeVO$_4$ 的锆石型结构具有良好的稳定性，而且未观察到钒物种的流失。经过老化的 CeVO$_4$ 催化剂在 NO 转化率和选择性方面表现出优于新鲜样品的催化性能。向 CeVO$_4$ 催化体系中添加钨制备 CeV$_{1-x}$W$_x$O$_4$ 进一步提高了催化剂中 Ce 与 V 的相互作用与各元素的稳定性[31]。

CeO$_2$/TiO$_2$ 催化剂表现出高的氧化还原性能、高的脱硝活性和 N$_2$ 选择性以及宽的反应温度窗口等优异特性。Ce-Ti 复合氧化物中的 CeO$_x$ 具有丰富的酸中心，可促进 NH$_3$ 分子在催化剂表面的吸附和活化，拓宽催化剂的工作温度窗口。除了 TiO$_2$ 外，CeO$_2$ 还可以和其它过渡金属氧化物结合，将一些过渡族金属氧化物（如 CuO、WO$_3$ 或 MoO$_3$）引入到 CeO$_2$/TiO$_2$ 体系中，由于 Ce 与这些金属氧化物之间存在相互作用，可进而提高催化剂的氧化还原性能。典型的催化材料体系有 CeO$_2$-MnO$_2$ 和 CeO$_2$-WO$_3$ 复合氧化物等。WO$_3$ 和 MoO$_3$ 可以抑制催化剂对 SO$_2$ 的氧化反应，进而提高催化剂的 SCR 反应活性及其耐硫耐水性能。已有研究显示 WO$_3$-CeO$_2$/TiO$_2$ 催化剂具有较多的吸附态 NO$_x$ 和 NH$_3$ 物种，从而可以明显拓宽其操作温度窗口。王艳等[32]以 CeWTi 为活性组分，采用提拉法在堇青石载体上对其进行涂覆成型。结果表明优化工艺条件涂覆成型的蜂窝 CeWTi 催化剂在 200℃时 NO$_x$ 转化率为 80%，250～500℃ NO$_x$ 转化率高达 93%以上。催化剂的 NO$_x$ 和 NH$_3$ 转化率与涂覆量成正相关，但其 N$_2$ 选择性与涂覆量无明显对应关系。此外还发现，比表面也是影响蜂窝催化剂 SCR 性能的主要因素之一。

苏垚超等[33]制备了系列 CeSnTiO$_x$ 复合氧化物催化剂，发现掺杂少量 Sn 的 Ce$_{0.42}$Sn$_{0.05}$TiO$_x$ 催化剂具有最佳的低温 SCR 活性，在 180℃时，NO 去除率即可达 97%。表征显示，Ce$_{0.42}$Sn$_{0.05}$TiO$_x$ 较 Ce$_{0.46}$TiO$_x$ 催化剂具有更高的 NH$_3$-SCR 脱硝活性，这可能与其具有较大的比表面积、高的 Ce^{3+}/(Ce^{3+}+Ce^{4+})比例、较多的 L 酸性位点以及较好的低温还原能力有关，较高的抗硫抗水性能可能与 Sn 的掺杂抑制了 SO$_2$ 分子在复合氧化物催化剂表面的吸附有关。

已有报道 MnO$_x$/TiO$_2$ 催化剂具有良好的低温 NH$_3$-SCR 催化活性。黄骏等[34]采用浸渍法制备了不同稀土掺杂的 30% Mn/TiO$_2$ 催化剂。结果表明，不同稀土的掺杂均提高了 30% Mn/TiO$_2$ 催化剂的低温 NH$_3$-SCR 性能，其中 30% Mn-3% Nd/TiO$_2$ 表现出最好的低温催化活性，80℃时 NO$_x$ 的转化率超过 65%，当反应温度超过 90℃时，NO$_x$ 转化率超过 90%。当通入 50ppm 的 SO$_2$

和 3%的 H_2O 时，该催化剂能在一段时间内保持活性不下降，停止通入 SO_2 和 H_2O 后，其催化活性能够迅速恢复到 90%以上。但当只通入 50ppm 的 SO_2 时，30%Mn-3%Nd/TiO_2 催化剂比 30% Mn/TiO_2 催化活性下降慢，停止通入 SO_2 时，两催化剂的催化活性均不能恢复，表明水的存在在一定程度上抑制了催化剂 SO_2 的中毒，且稀土元素 Nd 的加入提高了 30% Mn/TiO_2 催化剂的低温抗水、抗硫性能。

对于负载型稀土基 SCR 催化剂，稀土组分主要分散在载体表面，其粒径、分散状态、界面原子的活动度与载体的比表面积和表面电子结构密切相关。Boningari 等[35]发现负载于 TiO_2 载体上的 CeO_2 比 SiO_2 作载体所制备的铈基催化剂具有较高浓度的表面 Ce^{3+}物种，即可以形成更多的氧空位，有利于 NO 的吸附和活化。对于三元复合氧化物 MnO_2-CeO_2-TiO_2 催化剂体系，Boningari 等[36]的研究结果表明，该类催化剂的 NH_3-SCR 性能主要与以下几个因素有关：催化剂表面组成和价态分布（Ce^{3+}/Ce^{4+} 和 Mn^{4+}/Mn^{3+}）、表面酸中心的数量与分布、催化剂的氧化还原性能等。CeO_2 可以增加储氧量，改善表面氧的流动性，使得 MnO_2-CeO_2-TiO_2 催化剂体系表现出了优异的低温 SCR 脱硝活性。

Fan 等[37]研究了以 Gd 作为掺杂元素改善 MnO_x 的 SCR 催化性能和抗硫毒化性能。结果显示，引入适量的 Gd 可有效抑制 MnO_x 的晶化，增加材料的比表面积，增加表面 Mn^{4+} 和化学吸附氧物种浓度以及表面酸性位点的数量和酸性。Gd/Mn 摩尔比为 0.1 的样品 MnGdO-2 催化性能最佳，可在 120～330℃温度范围内获得 100%的 NO 转化率，在 150～300℃、36000/h 高空速条件下获得 100%的 N_2 选择性。Gd 的掺杂可改善 NH_3 在已预吸附 NO_x 物种催化剂上的吸附，有利于 NH_4^+ 物种发生 SCR 反应。更重要的是，相比于纯 MnO_x 催化剂，MnGdO-2 显现出更强的抗水蒸气或硫中毒能力，这应归因于 Gd 的引入抑制了 MnO_2 向 Mn_2O_3 的转变以及 $MnSO_4$ 的形成，阻止了路易斯酸位点的减少和 B 酸位点的增加，缓解了 NO 和 SO_2 间的竞争吸附。

Gu 等[38]考察了钙钛矿结构催化剂 $La_{1-x}Pr_xMnO_3$ 中 Pr 取代量的影响，发现 $x \leq 0.2$ 时，NO 催化氧化反应的转化率随 x 增加而提高，但进一步增加 Pr 掺杂量时则 NO 转化率下降；$La_{0.8}Pr_{0.2}MnO_3$ 在 260℃时 91%的 NO 催化转化率为最佳值。研究还发现适当的 A 位 Pr 加入量（$x \leq 0.2$）会导致 $LaMnO_3$ 的还原性能以及 Mn^{4+}/Mn^{3+} 和 O_{ads}/O_{total} 的摩尔比增加，有利于 NO 的氧化；另外，NO 吸附量的增加以及因适量 Pr 的存在而使硝酸盐分解温度的降低也有利于提升催化剂活性。

山东天璨环保科技有限公司开发了蜂窝式 SCR 稀土脱硝催化剂生产技术。一般情况下，稀土脱硝催化剂的脱硝效率较钒钛催化剂效率相当，有些工况优于钒钛催化剂。价格两者相差不大，稀土催化剂略贵于钒钛催化剂。由于两者所使用的体积量也相当，在相同的工况条件和标准要求下，稀土型催化剂与钒钛系催化剂的氨耗量相同，运行费用相同，但钒钛系催化剂在废弃后属于危险废物，需要专业的危废处理。同时，镧铈轻稀土资源是稀土脱硝催化剂的重要原料，质量占比为 10%左右，稀土催化剂的推广应用有助于推动中国轻稀土的平衡利用。另外，与现有钒钛系催化剂相比，在保证催化剂活性的前提下，拓展了活性温度窗口区间、扩大了产品适用范围，还提高了催化剂载体的机械强度和热稳定性，产品使用寿命更长，可以替代传统钒钛系脱硝催化剂产品。产品稀土脱硝催化剂市场已实现工程应用，可达到工程设计值及国家环保排放标准要求。

2）稀土基 NO_x 储存还原（NSR）催化剂

1994 年日本丰田公司首次提出了 NO_x 储存还原（NSR）催化技术并得到了迅速的发展。此技术使发动机在贫燃和富燃两种条件下周期性切换进行。近年来，对具有 ABO_3 型钙钛矿结构催化剂催化消除 NO_x 有了一定的研究成果[39-41]。钙钛矿有个很大的优点得以被广泛运用：钙钛矿型复合氧化物中的 A 位和 B 位阳离子都可以被其它的阳离子部分替代，具有更好的氧化还原性能，即使在非化学等当量的情况下，依然有稳定的结构。Ce 基氧化物能增加催化剂的存储 NO_x 能力，且更容易被还原。因此，Ce 基氧化物作为助剂添加到 NSR 催化剂中，可以提高催化剂的活性。

将稀土元素（La、Sr、Ce 等）与过渡金属元素（Co、Mn、Fe、Cu 等）相结合形成 ABO_3 钙钛矿复合氧化物，由于其氧化/还原性能优异、价格便宜、热稳定性好、机械强度高、种类丰富、催化性能理想，而被广泛应用于环境催化领域。而传统的钙钛矿氧化物合成通常经历高温（>800℃）路线，因而所制备钙钛矿氧化物的比表面积较低（<10 m^2/g），导致表观活性不理想，限制了其实际应用。有效提高钙钛矿比表面积、改善织构特性，以便于其氧化/还原性能的充分发挥显得尤为重要。Zhang 等[42]通过 SBA-15 硬模板纳米浇铸技术，获得了具有长程介孔有序，高比表面的钙钛矿氧化物，研究发现，SBA-15 的残留对比表面积和催化行为均产生重要影响。而通过苯甲醇合成方法，获得晶粒小于 15nm 的钙钛矿氧化物，其比表面积也获得了显著提升。鉴于钙钛矿复合氧化物优异的氧化/还原性能，其表面氧物种的考察非常必要。针对分子氧、原子氧、晶格氧、超化学计量氧等物种进行了系统

地研究，认为钙钛矿氧化物表面的氧空位有利于分子氧的形成，是氧化/还原活性好坏的关键所在。在 CO 氧化过程中，除表面氧外，表面晶格氧也发挥了重要作用。另外，采用原位红外漫反射技术，推断出 $LaFe_{1-x}(Cu,Pd)_xO_3$ 钙钛矿氧化物上丙烯催化还原 NO 遵循"含氮有机中间物种"机理，提出了 Cu、Pd 部分取代可改变反应路径的新观点：Cu 离子掺杂有利于丙烯的活化，生成大量的含氧有机物，导致 $LaFeO_3$ 脱硝活性的提高；而 Pd 离子掺杂有利于抑制惰性离子态硝酸盐的形成，取得理想的低温脱硝效果。钙钛矿氧化物的量化计算也成为机理研究的有力支撑。

雷利利等[43]通过浸渍法制备了不同 Ce/Ba 比的 NO_x 存储还原（NSR）催化剂：$xCe(25-x)Ba/\gamma-Al_2O_3$（$x$ 为质量分数，且 $x=8\sim12$），当 Ce/Ba 质量比为 10：15 时，晶粒分布较其它配比均匀，催化剂表面的孔容和孔径数值最大，更有利于吸附。Zhang 等[44]制备了不同形貌的氧化铈担载 Pt、BaO 催化剂，不同形貌的氧化铈影响催化剂的储存还原 NO_x 的能力。根据氧化铈形貌的不同，NO_x 的储存能力排序为：纳米棒>纳米颗粒>纳米立方体。在空速为 360000/h 纳米棒状催化剂表现出最好的还原效率，在 200～400℃氮氧化物转化效率达到 99%，研究表明，催化剂表面氧空位增多能够生成更多的硝酸盐，形成有效位点增强 NO_x 的储存能力。Bueno-López 等[45]制备了 $Ce_{0.8}M_{0.2}O_x$（M=Zr、La、Ce、Pr 或 Nd）为载体担载 5%CuO 的 NO_x 储存氧化催化剂。在没有还原剂脉冲的情况下，低于 250℃时 NO_x 作为亚硝酸盐和硝基储存于催化剂表面，硝酸盐是主要物种。储存在催化剂上的 NO_x 的稳定性取决于掺杂物质的酸碱性质（M 酸性越强，储存的 NO_x 越不稳定）。在 400℃时，$CO+H_2$ 脉冲下进行的 NSR 实验中 NO_x 消除率最高的是使用 La 掺杂的催化剂，性能最差的是 Zr 掺杂的 NSR 催化剂。

当前汽车尾气后处理技术要求较高温度，因而冷启动 NO_x 的净化存在巨大挑战。目前贫燃尾气系统使用贫 NO_x 捕获（lean NO_x traps，LNT）或选择 SCR 技术，都要求 200℃以上才能有效工作。被动式 NO_x 吸附器（passive NO_x adsorber，PNA）是一种冷启动 NO_x 净化的代表性技术，2001 年福特汽车公司专利最早公布了一种与尿素-SCR 耦合使用的 $Pt/\gamma-Al_2O_3$ PNA。已有大量关于 CeO_2 基催化剂用于低温 NO_x 净化的研究报道[46]。Jones 等[47]制备了系列 $Pt/CeO_2-M_2O_3$ 和 $Pd/CeO_2-M_2O_3$（M=La、Pr、Y、Sm 或 Nd）样品，并研究了它们作为 PNA 方面的性能。120℃时，Pt 系列催化剂储 NO_x 容量高于 Pd 系列。对于稀土掺杂量为 5%的 Pt 系列催化剂，NO_x 储存效率（NSE）排序为 Pr>Nd>Sm>Ce（未掺杂）>Y、La。稀土掺杂量由 5%增加到 20%时，仅有 Pr

掺杂样品 NSE 增加。在 NO_x 的程序升温解吸过程中，所有样品均分别在 350℃以下和 350~500℃存在两步解吸过程。Pr 掺杂样品在 350℃以下解吸的 NO_x 量大于其它稀土掺杂样品，且除 Pr 外，稀土掺杂浓度增加均使解吸峰向高温方向移动。这些结果可由 Pr 具有在 CeO_2 晶格中产生更多缺陷的能力得到合理解释。

在欧洲，现行欧 6 排放标准的实施已促进了高效贫燃涡轮增压汽油发动机和针对柴油发动机的 NO_x 催化净化系统（尿素选择性催化还原；氮氧化物捕集技术）的发展。欧 7 标准预期将要求 NO_x 排放进一步降低到 0.04g/km，而颗粒物排放维持 0.005g/km。柴油发动机尾气组成为：约 200ppm 的 NO，5% CO_2，5% O_2，4% H_2O。三效催化剂（TWC）可在计量比条件下有效工作，但在氧存在下会丧失活性；尿素 SCR 的给料系统太过复杂，并不适于大多数小型乘用柴油车；NSR 系统仍需进一步完善，以实现更高温度和空间速度条件下的高 NO_x 转化率。丰田公司的 Inoue 等[48]发展了 Di-Air 系统，通过在 NSR 催化剂（Pt/Rh/Ba/K/Ce/Al_2O_3）尾气上游直接注入燃料产生短富燃区和长贫燃区。该系统可在 800℃高温条件下达到 80%以上的 NO_x 转化率。但该系统如何获得这一良好性能未有明确解释。Wang 等[49]研究了 Di-Air 系统的工作原理。采用产物瞬时分析技术调查了一个 La-Zr 掺杂铈催化剂对于 CO、C_3H_6 和 C_3H_8 的还原反应以及 NO 在预还原处理催化剂上还原为 N_2 反应的效果。NO 在催化剂还原处理产生的氧阴离子缺陷作用下发生分解反应。C_3H_6 或 C_3H_8 还原产生的沉积碳为后续反应积蓄了还原剂，不直接参与 NO 的还原，而是通过晶格氧将沉积碳氧化后产生氧阴离子缺陷而活化 NO 还原。

3）CO 催化还原 NO 催化剂

在三效催化剂（TWC）上发生的几个反应中，NO 的还原是最重要的。已知的有两种 NO 催化还原机制模型：NO 的解离吸附和还原剂存在下的吸附 NO 分子的还原。无论哪种机制，活性位点存有氧原子总将阻碍 NO 进一步还原，因而需还原剂及时清除氧原子。CO 催化还原 NO 是一种很有前途的方法，因为 CO 是汽车尾气中含量最大的还原性气体。TWC 广泛应用于汽车尾气净化，但应降低稀缺铂族金属的使用，需研究使用更丰富的过渡金属取代贵金属。已有一些研究使用过渡金属催化剂催化 CO-NO 反应，通常认为 CeO_2 作为载体的同时，也作为氧化还原促进剂，起到了至关重要的作用。Yoshida 等[50]制备了 Cr-Cu/CeO_2 催化剂。该催化剂中两种金属的负载量仅各有 0.07wt%，但却表现出高 CO 催化氧化活性，可优于或相当于铂族金属催化剂。由 Cu^+ 和 Cr^{3+} 组成的活性相嵌入 CeO_2 表面结构，Cu^+ 位点在低温下具有强 CO 化学吸附性能，这也为理论计算结果所证实。Yoshida 等[51]进而在几种金属氧化物载体上合成了 Cr-Cu 共负载的样品，并研究了它们对于等化学计量比 CO-NO 反应的催化性能。在所有制备的催化剂中，Cr-Cu/CeO$_2$ 催化性能最佳，且还可通过 900℃、25h 的热处理得以进一步提升，尽管热处理后比表面显著降低。这种特异现象未发生在 Cr 或 Cu 单金属负载以及无负载 CuCrO$_2$ 氧化物样品中，说明 Cr 和 Cu 存在协同作用，在 CeO$_2$ 表面经热处理形成了具有活性的 Cu$^+$ 和 Cr^{3+} 局域结构。Cr-Cu/CeO$_2$ 催化的 CO-NO 反应可能的机制是 NO 解离吸附后与表面进行 O 交换，同时发生表面氧与 CO 的氧化反应。

3. 挥发性有机物催化氧化催化剂

VOCs 是中国大气复合污染的重要原因之一，根据 VOCs 的排放源不同，VOCs 的减排催化剂可以分为工业源排放 VOCs 催化剂和室内环境 VOCs 催化剂。工业源废气作为大气 VOCs 的主要来源，其中工业排放量最大的物质为芳烃类和卤代烃类。对于室内污染源，最受关注的是家具与屋内装修所释放出的甲醛、甲苯、二甲苯等 VOCs 物质。VOCs 的危害主要表现在损伤人类神经中枢，造成神经系统障碍，以及在光照条件下发生光化学反应形成光化学烟雾、二次有机气溶胶等。国内一般住宅新装修后甲醛浓度可达 0.20mg/m^3，部分甚至达到 0.70mg/m^3。可见，室内 VOCs 污染已然成为不容忽视的问题。稀土催化材料由于其氧化态优异的储氧能力和高的氧流动性而具有良好的催化性能，以及独特的低温活性和优越的抗中毒能力，在有机废气治理方面已显示出越来越优越的开发应用前景，成为催化氧化 VOCs 的研究热点。

近年来，通过调控载体 Ce 基氧化物的物化性质进而调控催化性能的研究较多。一方面，载体的颗粒大小和形貌结构可影响其比表面积，载体表面的氧空位起到稳定纳米金粒子和提高其分散度的作用，进而影响催化剂表面活性位点的多少；另一方面，形貌结构的改变会导致暴露晶面取向不同，不同晶面上的电子跃迁能和氧空位形成能不同，从而影响载体与金活性金属之间的相互作用，影响材料性能。Barakat 等[52]的研究表明，优化催化剂制备方法可获得粒径比较小的金催化剂；对 Au/CeO$_2$-Ti 材料催化燃烧苯的性能研究发现，CeO$_2$ 载体颗粒大小、晶胞收缩或扩张等微观结构的变化对催化剂的低温活性影响较大。

含氯挥发性有机物（chlorinated VOCs，CVOCs）因其具有高稳定性，较好的挥发性以及溶解性能，对环境和生态危害极大。催化燃烧法被认为是消除 CVOCs 最经济有效的方法。以 CeO_2 为载体的贵金属催化剂最近成为研究热点，但贵金属催化剂易氯中毒从而使得催化剂选择性、活性和寿命降低。王晨和郭耘[53]报道了他们以 Pt/CeO_2 为催化剂，以氯乙烯为模型反应的研究工作，考察了 Ti 对其催化氯乙烯的选择性影响。采用水热法和浸渍法制备得到不同 Ti/Ce 摩尔比的 Pt/Ti-Ce 催化剂。Ti 掺杂后，催化剂的活性有所提高，Ti/Ce=0.09 时的全转化温度比不加 Ti 时提高了 40℃。低温活性并没有明显提高；Ti 改性后的催化剂副产物浓度大大降低，其中 1,1-二氯乙烯减少了 27.9ppm，三氯乙烯减少了 29.4ppm，三氯乙烷减少了 20.6ppm。说明 Ti 的引入能有效降低副产物的浓度，提高催化剂的选择性。

Yan 等[54]制备了 $CeO_2/AlOOH$ 负载的 Pt 纳米颗粒。其中在室温下 Pt/Al_9Ce_1 催化剂表现出对甲醛（HCHO）蒸汽的氧化去除具有显著的催化活性和稳定性。这种高活性被归功于丰富的表面羟基浓度、CeO_2 强的氧储存能力、Pt 纳米粒子高分散性以及 AlOOH 优良的吸附性能。Tan 等[55]采用具有不同形貌铈基载体的 Pd/CeO_2 催化剂消除室内甲醛污染。CeO_2 立方体负载钯纳米颗粒催化剂比负载在 CeO_2 八面体和 CeO_2 纳米棒上展现出更佳的催化活性。当空速为 10000/h 及室温条件下，1wt%Pd/CeO_2 纳米（1~2nm）立方体催化剂能将 600ppm 浓度的 HCHO 完全转化为 CO_2。

Peng 等[56]报道了一种 La 掺杂的 Pt/TiO_2 催化剂在室温下用于室内甲醛污染物的消除。研究发现 La 掺杂后 Pt 纳米颗粒的降低导致了其更高的分散性，增加了反应的活性位点和活性氧物种的数量以及提高了载体与贵金属的相互作用能力，因此获得了高活性和稳定性的催化甲醛氧化的能力。将这种催化剂涂覆在堇青石蜂窝陶瓷载体上，在保持催化活性的同时大大降低了贵金属 Pt 用量。

Jeong 等[57]制备了 Pt/CeO_2-ZrO_2-NiO/γ-Al_2O_3 催化剂。在立方萤石类型 CeO_2-ZrO_2 结构中掺入少量的 NiO 可有效提高催化剂的储放氧能力，这是由于氧空位的形成和 $Ni^{2+/3+}$ 的氧化还原特征所导致的。对于 Pt（10wt%）/$Ce_{0.64}Zr_{0.16}Ni_{0.2}O_{1.9}$（16wt%）/$\gamma$-$Al_2O_3$ 催化剂，甲苯完全氧化反应能在低至 100℃的温度条件下实现，且具有良好的抗水性能。

钌基催化剂具有良好的催化活性，广泛应用于加氢反应、F-T 合成、水蒸气重整、合成氨、CO 氧化以及 VOCs 的催化燃烧。在催化剂中，Ce 的存在可加快晶格氧的迁移，在 CO 氧化和 VOCs 净化中扮演着重要的角色。王征等[58]以钌负载在氧化铈的催化剂为对象，将不同形貌的氧化铈作为载体负载 1%的贵金属钌，以丙烷催化燃烧为模型反应，考察催化剂的催化活性。

结果表明，对于组成为：$0.2\%C_3H_8+2\%O_2+97.8\%Ar$ 的反应气体，立方体的氧化铈（CeO_2-C）作为载体时，其催化丙烷燃烧的活性最佳，而棒状氧化铈（CeO_2-R）作为载体时活性较差。

双金属之间的相互作用，如金属之间可形成金属间化合物，并进一步改变金属价态，可影响双金属催化剂的活性。Kaminski[59]等制备了一系列 $CuAu/CeO_x$ 样品，发现金是主要的活性组分，而非贵金属主要起稳定金的作用。除了非贵金属与金形成双金属并负载到 Ce 基氧化物外，双贵金属基催化剂也值得研究。在催化燃烧过程中，Pd 的存在防止金颗粒的聚集长大，纳米 Au 较为适中的吸附能力促进污染物分子活化过程的进行，Au-Pd 两者之间存在的强协同作用可显著提高催化剂的催化性能。Tabakova 等[60]用连续沉积–沉淀法制备的 $FeCeO_x$ 负载 Pd-Au 催化剂（Pd-AuFeCe），在同等条件下对苯的消除效果明显优于单金属 AuFeCe 催化剂。经分析认为催化性能的提高与高活性 Pd 的添加和对 CeO_2 的改性有直接联系。提高阳离子态的金/合金粒子浓度促进活性氧的生成从而能改善活性，Au^{3+} 含量较多的 Au/CeO_2 基催化剂活性比金主要以 Au^0 存在的催化剂要好。

开发廉价高效的非贵金属催化剂是催化燃烧处理 VOCs 领域的重要课题。Zhang 等[61]研究 $LaMnO_3$ 钙钛矿对 VOC 的催化氧化性能发现，$LaMnO_3$ 在催化反应过程中会产生不可逆转的失活现象，其原因可以归结为表面 Cl^- 的残留以及 Mn 物种化合态的改变和氧物种的流失，提高催化剂的比表面积能够有利于延缓催化剂的失活。作者采用 Al_2O_3、TiO_2、YSZ 和 CeO_2 担载 $LaMnO_3$[62]，但只有 TiO_2 和 YSZ 表面形成了 $LaMnO_3$ 钙钛矿晶型。相较于未负载的催化剂，负载型 $LaMnO_3$ 表现出更好的催化活性与抗老化性。Pan 等[63]评价了 La_2CoMnO_6 和 La_2CuMnO_6 的双钙钛矿型催化剂催化消除 VOCs 的活性，并与单钙钛矿（$LaCoO_3$，$LaMnO_3$ 和 $LaCuO_3$）进行对比。在空速（GHSV）为 30000/h，100～600℃的条件下，双钙钛矿能够更好地催化氧化甲苯。在 300℃下，甲苯被 La_2CoMnO_6 完全氧化成 CO_2。表征结果表明双钙钛矿具有独特的表面性质以及更高含量的晶格氧。Li 等[64]合成了一系列的 $Mn_xCe_{1-x}O_2$ 复合物型氧化物催化剂。在 $x=0.3$ 和 0.5 时，大部分 Mn 被加入到 CeO_2 的萤石结构中，形成固溶体。其中 $Mn_{0.5}Ce_{0.5}O_2$ 化合物在 270℃即可实现甲醛的完全转化，这可能与 Mn 物种的添加提高了晶格氧的移动性有关。$Mn_{0.5}Ce_{0.5}O_2$ 担载 5%的 CuO_x 化物可进一步降低甲醛的转化温度。

挥发性有机硫化合物的排放是当前大气环境污染的一个主要来源，作为硫酸盐气溶胶的主要成分，是造成酸雨、$PM_{2.5}$、雾霾等污染的主要原因。针对其中一种典型代表的甲硫醇（CH_3SH）的有效脱除研究工作目前已成为中国严控硫污染和实现硫以及VOCs减排工作中的新任务。当前去除甲硫醇的基本方法主要有物理法、生物法、化学法。而催化分解法是处理甲硫醇的一种十分有效的化学方法，该方法因处理效率高、产生危害小、成本低等优点，得到普遍应用，成为当下环境领域的研究热点。刘江平等[65]系统研究并比较了HZSM-5沸石分子筛、CeO_2、Al_2O_3三种催化剂应用于催化分解CH_3SH的降解行为。研究显示，它们对CH_3SH催化分解的作用机制不同，HZSM-5和Al_2O_3主要是依靠自身的酸碱性，酸性位点提供催化分解CH_3SH的活性中心，碱性位点有利于对CH_3SH分子的吸附，两者共同作用导致CH_3SH的最终去除，CeO_2主要是其表面具有大量的可移动氧空位点，可作为催化分解CH_3SH分子的活性中心，同时CeO_2还具有一定的氧化还原能力，进一步促进了CH_3SH分子的氧化分解。HZSM-5和Al_2O_3导致失活的原因是各自表面生成了大量的积碳，覆盖了活性位点；CeO_2导致失活的原因则主要是生成了Ce_2S_3，不仅使得参与反应的CeO_2明显减少，生成的Ce_2S_3的也会引起表面活性位点的覆盖。

铈基催化剂用于甲硫醇催化分解的研究因其简单易处理的无机产物受到越来越广泛的关注。然而，CeO_2经历高温会使颗粒自身烧结，从而降低其催化活性。而在CeO_2中添加一定量的ZrO_2，通过合适的方法制备，可形成特定结构及颗粒度的铈锆固溶体复合氧化物（$Ce_xZr_{1-x}O_2$），不仅有效地阻止CeO_2的烧结，而且能够提高铈锆固溶体的储氧能力和热稳定性，增强其低温催化活性。陈定凯等[66]采用微波辅助柠檬酸络合法制备了一系列不同铈锆比的铈锆固溶体，考察不同含量锆的掺杂对制备固溶体结构特性以及催化分解甲硫醇性能的影响。表征显示，该制备方法成功合成铈锆固溶体且均保留立方萤石结构；锆的引入会导致合成固溶体的晶粒变小、晶格收缩，且晶格参数随着锆引入量的增加而降低；同时，锆的添加仅仅导致物种缺陷的形成而不会产生更多的氧空位。$Ce_{0.75}Zr_{0.25}O_2$因具有最大比表面积、最好的还原性能而表现出最佳的甲硫醇催化活性，之后随着锆的添加其催化性能呈现下降趋势。铈锆固溶体催化分解甲硫醇的反应中，二甲基硫醚为中间产物，且仅在低温区产生。

4. 废水处理稀土基催化剂

稀土基催化剂在环保领域尤其在水处理领域中的优势日益显现，根据水处理的要求设计并制备出新型的高活性、高选择性及稳定性好的稀土基催化剂已经取得初步成效，目前主要应用在染料、助剂、化工等高浓度有机废水处理上。

湿式空气氧化（wet air oxidation，WAO）是处理高浓度难降解有机废水的有效方法，但通常反应条件非常苛刻。催化湿式空气氧化（catalytic wet air oxidation，CWAO）是近几十年来发展起来的高级氧化技术，它是在高温（125～320℃）和高压（0.5～20.0MPa）条件下，以氧气或空气为氧化剂，将有机污染物氧化分解为二氧化碳和水等无机物或有机小分子的化学过程。采用CWAO法处理废水具有高效、价廉、不产生二次污染等特点。该技术在保持处理效果的条件下，可降低反应温度和压力，极大地推动湿式氧化的发展和应用。用于CWAO法处理废水的催化剂组分有过渡金属、稀土金属和贵金属3种。过渡金属催化剂价格低廉、有较高的催化活性，但稳定性差；稀土金属（如Ce、La）催化剂因具备特殊的理化性质而表现出特殊的氧化还原性，被广泛用于催化剂的研究中，常被用作催化助剂；贵金属（如Pt、Pd）催化剂活性高、寿命长、适应性强，但是因价格昂贵应用受限。CWAO技术的关键是研制出高氧化活性、高稳定性的催化材料。稀土金属氧化物催化剂不但本身具有较高的催化活性和稳定性，其复合或负载型催化剂还存在协同增效作用。Jing等[67]在CWAO反应的进展中，所列文献涉及稀土元素最多的就是Ce，其中包括Mn-Ce，Cu-Ce等混合氧化物，并强调Cu、Mn、Ce基是相比于贵金属最有潜力的物种。

国内外用于CWAO处理废水的稀土系列催化剂基本以Ce基催化剂为基础，包括Ce-Mn、Ce-Cu、Ce-Ti等二元混合氧化物或者是它们中的三元混合催化剂；也包括将Cu、Fe等元素引入CeO_2晶格后的复合氧化物。不论是单纯的机械混合还是骨架掺杂，由于金属之间的协同效应使得CeO_2的氧化性得到增强从而提高催化剂的催化活性，同时催化剂的吸附性能和稳定性也有一定改善，COD去除率大幅度提高，废水中的有毒有害离子的浓度大大降低。印染废水具有组分复杂、色度高、ρ（COD_{Cr}）高、悬浮物多、水质及水量变化大、难降解等特点，是较难处理的工业废水之一。张永利等[68]采用CWAO法处理甲基橙模拟印染废水，以过量浸渍法制备Cu-Fe-La/FSC催化剂，以水样COD_{Cr}去除率和脱色率表征催化剂的活性。废水COD_{Cr}去除率和脱色率可分别达到79.1%和98.9%，催化剂的活性较高；使用该催化剂处理后的废水中Cu、Fe、La、Al的溶出量（以ρ计）分别为6.1、2.4、2.2、3.2mg/L，说明金属元素的溶出量较低，催化剂的稳定性较高。

臭氧（O_3）具有强氧化性和环境友好性，在污水深度处理中被广泛应用。然而，单独使用 O_3 氧化有机物存在耗能高、选择性强、易生成小分子副产物等问题。催化臭氧化技术利用催化剂促进臭氧分解形成氧化性更强的羟基自由基（·OH），可以实现对有机物的彻底氧化。催化臭氧化技术分为均相催化臭氧化和多相催化臭氧化，均相催化臭氧化技术易导致催化剂在水体中的流失，多相催化臭氧化利用固体作为催化剂，催化剂易于回收再利用。Al_2O_3 具有较大的比表面积和良好的催化性能。CeO_2 具有较强的氧化还原能力，可以加快 O_3 分子分解为·OH，加速有机物的矿化。张兰河等[69]为了提高臭氧催化氧化污水深度处理的效率，分别利用 CeO_2 和 Al_2O_3 作为活性组分和载体制备掺杂型 CeO_2/Al_2O_3 催化剂。研究结果表明，制备的催化剂具有较大的比表面积、孔容和孔径，分别达到 $125m^2/g$、$0.2422cm^3/g$ 和 7.7778nm。COD 去除率最高 42.8%。较高的催化效率归功于活性物质 CeO_2 中同时具有 Ce^{3+} 和 Ce^{4+}，加速了臭氧生成更多的强氧化性·OH，催化剂的多孔结构为有机物的降解提供了充足的反应空间。催化剂使用寿命长，当催化剂重复使用 5 次后，COD 去除率仍保持 40% 以上。Dai 等[70]通过沉淀法制备了活性炭上担载铈基催化剂（Ce/AC），并研究其催化臭氧化对医药工业废水中 COD 的去除效率。研究结果表明，Ce 在活性炭表面以 CeO_2 形式存在，最佳负载量为 1%。废水中的有机物通过 Ce/AC 处理 60min 后，COD 的去除效率达到 74.1%，而仅使用 AC 的去除效率只有 62.4%。

FCC 废催化剂来源于以重质石油烃为原料生产汽、柴油等原料的流化催化裂化（fluid catalytic cracking，FCC）工艺，FCC 催化剂一般为以高岭土为主料或全白土的粉末硅酸铝、微球硅酸铝催化剂，同时含有一定量的稀土。废 FCC 催化剂表面沉积富集了含量可观的重金属组分，将废 FCC 催化剂作为臭氧催化氧化催化剂处理石化废水具有很大的潜力。目前，我国每年约产生 16 万吨的废 FCC 催化剂，基本上以填埋和制作水泥等建筑材料为处理手段，利用程度较低，浪费了大量资源。余稷等[71]使用废 FCC 催化剂协同臭氧催化氧化处理石化污水研究显示，废 FCC 催化剂中的重金属组分可作为臭氧催化氧化的活性中心，处理硝基苯废水和石化废水获得了理想效果，处理后的石化废水 COD 浓度达到《城镇污水处理厂污染物排放标准》（GB 18918—2002）的污水排放标准，实现了"以废治废"，具有良好的应用前景。

5. 稀土催化剂在石油化工中的应用

石油化工是稀土应用的一个重要领域，也是使用并消耗稀土的大户之一。在石化工业中，稀土催化技术占有极其重要的地位，应用在各种催化反应过程之中，如在催化裂化、催化裂解、甲烷氧化偶联、脱氢制烯烃以及加氢反应等石油化工催化过程中起到了十分重要的作用。

1）催化裂化中的稀土基催化剂

稀土裂化催化剂是石油化工用催化剂中最大的一个种类。催化裂化是以减压馏分油、焦化蜡油等重质馏分油或渣油为原料，在较低压力和450～510℃条件下，催化转化生产气体、汽油、柴油等轻质产品和焦炭的过程，反应机理一般认为是碳正离子机理。在石油炼制方面，由于中国的原油偏重，用蒸馏的方法只能得到约30%的轻质油，剩下的重质油需通过二次加工，进一步获得汽油和柴油等轻质油品，因而催化裂化是中国重油轻质化的重要二次加工手段，中国70%以上的汽油和30%以上的柴油均来自催化裂化。

沸石分子筛是裂化催化剂中必不可少的活性组分。从20世纪60年代初开始，以分子筛代替无定型硅铝作为裂化催化剂被誉为"炼油工业的技术革命"。稀土元素作为一个重要组分被引入到裂化催化剂后能显著提高催化剂的活性和稳定性，大幅度提高原料油裂化转化率，增加汽油和柴油的产率。同时，稀土-分子筛催化剂体系还具有原油处理量大、轻质油收率高、生焦率低、催化剂损耗低、选择性好等优点。稀土元素的引入会改变催化裂化分子筛的酸性，增加裂化过程中氢转移反应的发生，分子筛内部活性位的增加，提高活性的同时，由于稀土氧化物同时具有碱性也会使积碳选择性下降。因此在催化剂中掺入稀土，通过减少沸石中铝原子的流失，可以提高裂化反应中汽油的收率[72]。稀土的量、沸石的酸度和催化剂的超稳定性对汽油的质量和辛烷值有不同的影响。高酸位密度导致高的内在活性，但焦炭选择性较差，汽油烯烃的辛烷值较低。Hao等[73]用直接水热合成制备了Ce掺杂、Cs浸渍的Ce-SBA-15复合介孔材料，Ce成功嵌入了SBA-15的骨架结构，改变了载体的酸碱性能，促进了Cs物种的弥散分布，改善了催化。

稀土可改善催化剂的抗钒污染性能。以前，我国催化裂化的原料油中钒含量较低，但20世纪90年代以后，随着新疆原油和中东高钒原油加工量的逐年增加，对裂化催化剂的抗钒污染能力提出了更高的要求。钒的影响主要是造成催化剂中沸石晶体的崩塌，催化剂基质因熔化而烧结，使催化剂永久性中毒。Du等[74]在USY沸石中使用稀土化合物作为钒捕集剂，结果表明，稀土高度分散在沸石中，部分稀土迁移到沸石笼中，提高了沸石的水热稳定性和催化活性。在LaPO-USY沸石中，稀土类物质LaPO₄分布在沸石表面，不影响催化剂的性能。FCC催化剂的再生和老化过程容易导致活性位失活和脱铝，稀土的存在可以调控晶胞尺寸和酸位密度，从而改变其活性和选择性，并抑制沸石结构脱铝，提高催化剂的稳定性。

2）催化裂解中的稀土基催化剂

催化裂解是在催化剂存在的条件下，对石油烃类进行高温裂解来生产乙烯、丙烯、丁烯等可作为基本化工原料的低碳烯烃，并同时兼产轻质芳烃的过程，其反应机理既包括碳正离子机理，又涉及自由基机理。催化裂解的原料范围比较宽，可以是催化裂化的原料，还可以是石脑油、柴油以及C4、C5轻烃等。由于催化剂的存在，催化裂解可以降低反应温度，增加低碳烯烃产率和轻质芳香烃产率，提高裂解产品分布的灵活性。催化裂解所使用的催化剂一般是分子筛催化剂和金属氧化物催化剂。

稀土通过提高表面积保持率和抑制脱铝作用而提高了沸石的热稳定性，从而使酸性位点予以更大保留。研究发现 La^{3+} 或 Ce^{3+} 对沸石的交换促进了其热稳定性的提高，可能是由于稀土阳离子和晶格氧原子之间形成稳定的氧络合物。催化剂的稳定性随着稀土原子的离子半径降低而降低。Liu 等[75]等研究发现，钇改性沸石 Y（YHY）显示出比 CeHY 更高的稳定性，并且 REY 分子筛的稳定性和活性随着稀土元素离子半径的减小而增加。

Sanhoob 等[76]用镧、铈和硼对 ZSM-12 沸石进行改性，并在固定床反应器中对正己烷的蒸汽催化裂解进行了评价。研究发现，浸渍了不同浓度的稀土作为额外骨架元素，导致 Brønsted 酸减少，而 Lewis 酸位点增加。ZSM-5 的稀土改性研究发现，稀土可能沉积在晶体外表面，且会减少在裂化过程中形成芳香族副产物。Jang 等[77]研究浸渍二氧化铈和氧化镧的 ZSM-5 沸石发现，氧化铈停留在沸石外表面形成小晶体，补偿了 B 酸中心，但不会阻塞沸石孔。铈呈现 Ce^{3+} 和 Ce^{4+} 氧化态，并为反应物吸脱附提供了扩散孔道。

3）甲烷氧化偶联反应中的稀土基催化剂

天然气作为一种清洁能源和化工原料，随着近年来探明储量和开采量的不断上升，逐渐成为最具经济价值的重要自然资源之一。天然气的直接化学转化，不仅可以实现高附加值利用，还能避免天然气运输所带来的高额费用和污染。天然气中的主要化合物是甲烷，研究如何对甲烷进行直接活化，是科学上目前面临的主要挑战，也可以说是有机化学研究领域的"圣杯"。工业上将天然气的主要成分甲烷转化为液体燃料的主要方式为甲烷蒸气重整结合费托合成，该过程在热力学上受限，而通过甲烷氧化偶联反应（oxidative coupling of methane，OCM）产生 C2 烃类的方式在热力学上更为有利[78]。

20 世纪 90 年代 OCM 领域的主要研究工作集中在寻找催化剂上，其中稀土氧化物催化剂由于强碱性和氧化还原性受到广泛关注。纯稀土氧化物催化剂或以稀土氧化物为主体的催化剂是 OCM 研究的催化体系之一。以稀土为主体的催化剂的主要特点是反应活性高、反应温度低，一般可在 600～800℃下进行，其中，La、Ce、Sm 是研究较多的稀土组分。

La_2O_3 作为该反应的一种活性成分，从过去到现在得到了充分研究。Song 等[79]制备了单分散的 Sr-La_2O_3 纳米纤维，由于 Sr 的离子半径（0.118nm）比 La 的离子半径（0.1032nm）稍大，因此 Sr 的掺杂会使 La_2O_3 的晶格间距变大，影响其电子结构和反应性。此外，Sr 的掺入会产生更多强碱性位点和缺电子物种，使 CH_4 的活化更容易进行。Hou 等[80]合成了具有不同形貌的纳米级 La_2O_2CO_3，棒状样品在低温（420～500℃）下具有的甲烷氧化偶联催化活性比任何其它形貌的样品高 20 倍，这种差异归因于暴露的晶面，在暴露的 {110}、{120}和{210}晶面上具有相对松散的原子构型，表面积更大，吸附氧和 CO_2 的能力更强，可形成化学吸附氧物种和大量的碱性位点，利于 C2 产物的形成，催化 OCM 的活性和选择性更高，高于相似形貌的 La_2O_3。

OCM 催化剂的性能与表面活泼氧物种及表面碱中心密切相关。表面活泼氧物种如 O^-、O_2^-、O_2^{2-} 等的含量越高，碱中心数量越多，其相应的 C2+产物选择性及产率也越高。不同的稀土金属氧化物酸性不同，因此甲烷氧化偶联活性有所差异。太强的酸性中心不利于 C2 烃的选择性。几种不同组分氧化物的复配，例如稀土金属氧化物与碱土金属氧化物的复配，在提高催化剂在 OCM 反应活性的同时，也保持了良好的热稳定性。烧绿石催化材料具有高热稳定性，较好的氧流动性以及丰富的本征氧缺位，是潜在的 OCM 催化材料。Xu 等[81]利用溶胶-凝胶法制备了系列 B 位为 Ce 离子含不同 A 位离子的 Ln_2Ce_2O_7（Ln=La，Pr，Sm，Y）烧绿石用于甲烷氧化偶联反应。表征显示，该系列烧绿石形成了缺陷的萤石结构；通过调配不同 A、B 位离子半径比 $r_{A^{3+}}/r_{B^{4+}}$，Ln_2Ce_2O_7 烧绿石表面的 O_2^{2-}/O_2 摩尔比和碱中心含量不同，且其 C2+产率随 O_2^{2-}/O_2 比例和碱中心含量的升高而增高，表明烧绿石催化剂表面 O_2^{2-} 和碱中心数目是决定其性能的主要因素。La_2Ce_2O_7 表面的 O_2^{2-} 和碱中心含量最高，其对于甲烷氧化催化性能也最佳，在 750℃时的 C2 产率为 16.6%。La_2Ce_2O_7 还具有优良的低温性能和反应稳定性。

4）脱氢制烯烃反应中的稀土基催化剂

丙烯广泛用于生产聚丙烯、丙烯腈、丙烯酸和环氧丙烷等日用化学品，是一种重要的化工基础原料。当前，丙烯主要从石油中石脑油高温蒸气裂解生产乙烯的副产物中获得。但近年由于页岩气的发现，乙烷大量应用作为蒸气裂解的原料，使得丙烯副产物产出减少，这促进了以乙烯作为目标产品的技术研究。丙烷的氧化脱氢是一种极具吸引力的丙烯生产途径，但过度氧化常导致丙烯选择性差。Xie 等[82]报道了一种在 HCl 存在下以 O_2 氧化的丙烷脱氢方法。研究显示，在 O_2+HCl 气氛中，CeO_2 是一种有效的丙烷催化转化制备丙烯的催化剂，且转化反应对于催化剂的结构敏感，催化行为与 CeO_2 纳米晶的暴露晶面密切相关。暴露{110}和{100}面的纳米棒具有最高的催化活性，而暴露{100}面的纳米立方体具有最高的丙烯形成选择性。NiO 修饰的 CeO_2 纳米棒对于丙烷转化率和丙烯选择性均有提升。对于 8%NiO-CeO_2 催化剂，773K 时可实现 80%的丙烯选择性和 69%的丙烷转化率。表面氧缺陷和表面氯覆盖率是两个决定活性和选择性的关键因素。机制研究建议，由吸附在表面氧缺陷的 O_2 形成的过氧物种（O_2^{2-}）可能活化氯产生一种类自由基的活化氯物种，而活化氯进而活化丙烷的 C-H 键，最终获得主要产物丙烯。

5）加氢反应催化剂

炔烃加氢生成烯烃也是一类重要的工业催化反应。石油裂解产出的乙烯中常含有 1%水平的乙炔，需要净化除去，以避免对下游聚合催化剂的毒化，为后续聚合工艺制备具有商业价值的原料。乙炔的去除工业上采用选择催化加氢生成乙烯的方法实现，通常选择金属基催化剂。Pd 具有乙烯催化加氢活性，但选择性较差，所得产物主要是乙烷，而非需要的乙烯。Ag 可用作工业催化剂中改善乙烯选择性的改进剂。但 Pd-Ag 组合导致形成重产物（绿油），并进而导致催化剂失活以及乙烯选择性显著下降。

CeO_2 已广泛用于氧化反应的催化剂，也用在烯烃加氢催化剂中，但主要是作为载体，起助催化剂和稳定剂的作用。最近已有研究发现 CeO_2 在丙炔和乙炔催化选择加氢分别制备丙烯和乙烯两过程表现出良好的催化性能，主要暴露{111}面的传统多面体 CeO_2 颗粒比主要暴露{100}面的 CeO_2 纳米管催化性能更佳。但这类反应的机制少有研究。Cao 等[83]利用原位漫反射傅里叶变换红外光谱法对不同温度下 CeO_2 表面 C_2H_2 催化半加氢反应进程进行了观测研究。在 C_2H_2 的半加氢反应过程中，CeO_2 的表面部分被还原，且存在大量羟基，O 和 Ce 位点都具有催化 C_2H_2 半氢化反应生成 C_2H_4 的能力，相比之下，O 位点较 Ce 位点活性更高。位于 O 位点含 π 键的 C_2H_2 为具有活性的主要反应物种。该研究有助于推进对于 CeO_2 催化 C_2H_2 半氢化反应的理解。

手性环丙烷化合物是许多生物活性天然产物和药物的重要组成部分，有必要发展高效、高选择性环丙烷衍生物合成途径。由于炔基易于进一步功能化，因而含炔基的手性环丙烷尤其引起关注，但手性炔基环丙烷的异构体选择性合成尚未有研究报道。Teng 等[84]发展了一系列具有手性的、对于非对称 C-H、N-H 键加成反应具有良好异构选择性和催化活性的半三明治结构稀土配合物。研究制备的一系列稀土 Sc、Y、Sm、La 等的二烷基半三明治手性配合物，对于各种胺与取代环丙烯的加氢氨基化反应的催化性能研究显示，该催化反应具有良好的原子经济性和异构选择性，室温条件进行的多个手性氨基环丙烷衍生物合成反应中，最高产率可达 96%，立体选择性达 20∶1 以上。制备的一种半三明治结构的 Gd 配合物[85]可作为端炔基对环丙烯的异构选择性 C-H 加成反应，产率可达 65%～96%，立体选择性>20∶1。该课题组 Luo 等[86]还合成了系列 Y 基具有异构选择性催化剂，同样发现它们有效催化了 2-甲基吡啶等与各种取代环丙烯的非对称加成反应，可高收率、高异构选择性制备得到一系列新的吡啶甲基功能化环丙烷手性化合物。

6. 稀土元素用于气相小分子转化反应催化剂

稀土元素由于具有强碱性、氧化还原性和高配位数等性质，对于许多化学反应都表现出优异的催化性能。小分子的活化与转化反应近年来得到研究者的广泛关注。气相小分子的转化反应，如 CO、CH_4 和 NH_3 等的氧化反应，CH_4 和 H_2O 或 CO_2、NH_3 等的重整反应等，都与能源问题息息相关，在工业上得到充分的发展和应用。稀土催化剂由于其多样的催化性能，在小分子转化反应中也吸引了诸多研究。

1）CO 催化氧化反应

CO 催化氧化一直在环境保护、燃料电池、CO 气体防毒面具以及半封闭、密闭系统内微量 CO 消除等方面具有很高的应用价值。在修订后的《中华人民共和国环境保护法》中，有毒污染物 CO 浓度检测项目也被列入了环境空气质量指数的监测指标。CO 氧化是三效催化装置中的基本步骤，同时也是多相催化中重要的模型反应，用于探究催化剂的氧化还原性质。

龚学庆等[87]采用密度泛函理论方法系统研究了 CeO_2{100}极性面的结构及其稳定性，并深入分析了一氧化碳在 CeO_2{100}面上的吸附和反应。CeO_2{100}极性表面垂直方向上存在非零偶极矩，稳定性较差，将表面电荷进行重新分配或者改变表面化学计量数的配比可获得稳定极性面。在 CeO_2{100}表层分布氧空位的结构比体相中分布氧空位的结构要稳定，氧空位的分布越接近表面，其结构稳定性就会越高。CO 在 CeO_2{100}稳定结构上与表面晶格氧反应形成吸附 CO_2 中间态，可进而直接解离成气相二氧化碳；而在 CeO_2{100}次稳定结构中 CO 很难与表面晶格氧形成吸附 CO_2 中间态，而是与表面晶格氧反应后直接产生气态 CO_2，体现出这类表面氧的活性较高。

纯 CeO_2 已表现出相当的 CO 氧化活性，向 CeO_2 中掺入杂质离子，可进一步调控 CeO_2 的催化活性，也可以作为载体负载贵金属，进一步提高 CO 氧化的活性。$CeZrO_2$ 固溶体作为载体，不仅能高度分散活性组分，减少活性组分的用量，还能提高催化剂的活性。研究发现，$CeZrO_2$ 可促进 O 向 Pd 的传递，并可抑制 PdO 向 Pd 的转变；而 $Pt/Ce_{0.67}Zr_{0.33}O_2$ 的活性要比 Pt/Al_2O_3 高得多。陈玲等[88]采用浸渍法制备了 $Pt/Ce_{0.6}Zr_{0.4}O_2$ 粉末催化剂，涂覆到蜂窝陶瓷载体表面得到整体式催化剂。结果表明，$3.0Pt/Ce_{0.6}Zr_{0.4}O_2$ 整体式催化剂的 CO 氧化活性最高，反应温度 200℃时，尽管发现水汽和 CO_2 对催化剂活性有明显的抑制作用，此时 CO 转化率仍可达 87%，具有较高的水汽-CO_2 环境下的 CO 氧化活性。研究还发现，催化剂的还原能力越高，相对应的 CO 氧化活性也越高；添加适量的 Pt 有利于提高催化剂的还原能力，从而提高其活性，但是过量的 Pt（大于 3.0%）会使催化剂活性下降。

沉积在氧化物载体上的高分散 Pt 纳米颗粒常作为汽车尾气催化转化、燃料电池反应、CO 优先氧化和 CO 氧化反应等工业过程催化剂中的活性相。载体上分散金属颗粒的催化活性受几个因素影响，包括金属分散度、金属相对负载量和载体的性质及其与金属颗粒的相互作用强度等。传统上，Pt-氧化物催化剂由高价态前驱体浸渍后，再经干燥和氢气还原或进一步热活化得到金属 Pt 纳米颗粒。在不可还原（Al_2O_3，ZrO_2，SiO_2）载体上负载的 Pt 在氢化还原后氧化处理常不能确保 Pt 纳米颗粒的完全氧化，而在可还原或混合价态氧化物载体上，如 CeO_2、SnO_2 和 TiO_2 等，Pt 的氧化行为更加多样化，与载体的强化学相互作用导致阳离子和不同金属簇等多种 Pt 形态的形成。已有研究显示，金属态 Pt 颗粒与 CeO_2 载体的相互作用使得 Pt 具有较 Pt/Al_2O_3 更好的催化活性。揭示催化活性与 Pt-CeO_2 间相互作用强度的关系以及表征这种相互作用过程中 Pt 的形态变化具有重要研究意义。Slavinskaya 等[89]在乙醇和水介质中制备得到了不同尺寸和缺陷度的 Pt 和 CeO_2 纳米颗粒，并进而研究了二者机械混合得到 Pt-CeO_2 在 $CO+O_2$ 或 O_2 气氛中的金属态 Pt 与 CeO_2 颗粒的相互作用。在 450~600℃，以 $CO+O_2$ 反应介质或 O_2 气氛热活化均在固体溶液表面形成 Pt^{2+}/Pt^{4+}氧化态和 PtO_x 团簇。O_2 气氛中的热活化可将初始催化惰性混合物转换为高活性低温 CO 氧化催化剂，但在接近或高于 800℃时也可因破坏离子 Pt 表面溶解形态而使催化剂失活。

CeO$_2$暴露晶面、表面结构等性质对反应活性的影响已有大量的研究工作。研究表明，活性组分与载体间的相互作用与其催化反应性能密切相关。相同载体呈现不同形貌时，由于其物理化学性能差异使其与活性组分间产生不同的相互作用，从而导致催化剂具有不同性能。李林等[90]通过制备不同形貌的 CeO$_2$ 纳米棒（CeO$_2$-R）和 CeO$_2$ 纳米立方体（CeO$_2$-C），构筑不同氧缺陷的载体，并负载 NiO 制备催化剂，用于探究载体氧缺陷对 NiO 负载型催化剂对 CO 氧化反应的影响。结果表明，与纯 NiO 相比，CeO$_2$-R 和 CeO$_2$-C 负载 NiO 催化剂活性大幅提高。载体 CeO$_2$-R 比 CeO$_2$-C 有较多的氧空穴及较强的氧流动性，使 CeO$_2$-R 负载 NiO 催化剂表面氧更活泼，从而使其催化 CO 氧化反应活性更高。

传统上 Pt 基纳米催化剂的制备方法包括沉淀、浸渍、沉积-沉淀等，可获得分散于高比表面纳米载体材料上的微细 Pt 纳米颗粒。但高温下 Pt 纳米颗粒倾向于迁移生长为较大颗粒，以降低比表面能，从而导致催化性能严重下降，甚至完全失活。为获得高热稳定性催化剂，可将 Pt 纳米颗粒禁锢在载体内彼此分立的腔体中，以阻止其迁移。因此，中空微/纳米结构的材料或将成为理想载体。另外，将 Pt 纳米颗粒嵌入到中空结构的外壳层形成嵌 Pt 复合物或可使 Pt 纳米颗粒与载体间的相互作用最大化，将有效抑制催化反应过程中 Pt 纳米颗粒的迁移、聚集和性能失活。Wu 等[91]通过无需模板的"一锅法"乙酸辅助的乙二醇溶剂热法，合成得到了嵌 Pt 的 CeO$_2$ 多孔中空球复合物催化剂。Pt 纳米颗粒的嵌入是促进产生氧空位和活化表面化学吸附氧的关键因素，可促进铈氧空穴生成、激活表面化学吸附氧，并有效防止 Pt 纳米颗粒聚集，从而产生更多的活性位点，因而嵌 Pt 的 CeO$_2$ 中空球催化剂表现出较 Pt/多孔 CeO$_2$ 纳米球催化剂显著改善的 CO 氧化反应催化性能。该工作发展的嵌入方案易于控制穿过中空外壳层 Pt 纳米颗粒的位置、分布以及均匀性，且相比于传统的沉积法更易于实现、更稳定、也更经济。

CeO$_2$ 具有优异的物理和化学性能，通过纳米结构的可控合成，可赋予其更多性能，如缺陷化学和形状效应等特征。与体相材料相比，厚度小于 5nm 的超薄 2D 纳米材料具有高比表面、丰富的表面缺陷以及强量子限域效应等特性，是高效催化剂、纳米器件等领域良好的潜在应用材料。Liu 等[92]发展了一种可普适于全系列稀土氧化物（包括 CeO$_2$）超薄 2D 纳米盘合成的二维模板法。首先在 310℃、N$_2$ 气氛下，将乙酸稀土的油酸和油胺溶液注射到油酸和油胺混合物中，形成单层或多层 REO(CH$_3$COO) 纳米盘，再通过 REO(CH$_3$COO) 的原位热解即可获得超薄 RE$_2$O$_3$ 纳米盘。

未来先进发动机的尾气温度将大幅低于现有发动机，要求催化剂需在低于150℃条件下对CO/碳氢化合物进行有效氧化转化，以满足未来尾气排放标准要求。Betz 等[93]提出了一种通过短还原脉冲使 Pt/CeO$_2$ 催化剂获得低温氧化活性的新策略。在车辆典型老化条件下，Pt 以单原子形式固化在 CeO$_2$ 载体上。在车辆运行过程中，采用两步还原脉冲原位激活 Pt 原子。第一步在较高温度下更长的还原过程形成具有优化粒度尺寸的 Pt 颗粒，然后通过短（~5s）还原脉冲进行活化处理。活化催化剂在 100℃对于典型柴油尾气中 CO 的转化率高于 80%。

对于大气质量及室内空气质量（IAQ）的关注持续增长，对于私家车、公共交通工具等有限空间方面的特定应用，非均相催化剂，如 IAQ 净化催化剂的室温催化活性是改善空气质量的关键。Gatla 等[94]采用一种硝酸盐前驱体慢速分解的简易途径，制备了晶粒尺寸为 9nm 的高比表面 Pt 掺杂 CeO$_2$ 样品，再用 H$_2$ 在不同温度下进行还原处理以调控催化性能。300℃还原处理的催化剂具有最好的室温 CO 催化氧化活性，此时的样品未在表面观察到轮廓分明的 Pt 纳米颗粒，一些 Pt 处于还原态。EXAFS 结果显示最好性能催化剂在 CeO$_2$ 表明形成了 Pt-O-Ce 键，特征键长为 2.1Å。

低温燃料电池用氢的高效生产常需多个工艺步骤，包括碳氢化合物或含氧碳氢化合物的催化重整以及后续的水煤气转化反应（water-gas shift reaction，WGS）。为避免失活，典型燃料电池所用 Pt 阳极要求原料氢中需不能含有 CO。由于热力学限制，两级 WGS 也很难将重整气中的高浓度 CO 降至 0.5mol%以下，大大高于燃料电池阳极所能承受的水平。在选择性处理 CO（通常降至 100ppm 以下）的可能方案中，CO 催化优先氧化（CO-PROX）被认为是最简单也最高效的途径。文献报道的 CO-PROX 催化剂主要分为三类：以 Al$_2$O$_3$、SiO$_2$ 或沸石为载体的贵金属（主要是 Pt，也有 Pd、Rh 和 Ir）催化剂、负载在多种氧化物载体上的 Au 催化剂以及各种碱金属氧化物催化剂，如 Cu、Mn、Co、Ni 和 Fe 的单一或复合氧化物。在后者中，Cu 和 Ce 复合的氧化物已显示出可与贵金属催化剂相当的优异性能，尤其是它们具有比 Pt 组催化剂更高的选择性和比金催化剂更好的耐 CO$_2$ 性能。Cu-Ce 复合氧化物催化剂的优异性能认为是因在两金属氧化物界面处的协同氧化还原特性为 CO 的氧化反应提供了特异活性位点所致。另外，基于 Cu 和 Mn 混合氧化物也是一种良好的 CO 氧化反应催化剂，且由于价格低廉，该类催化剂已被用于面具中去除呼吸空气中的 CO。但有关 Cu-Mn 混合氧化物催化剂在 CO-PROX 过程中的应用研究很少。Elmhamdi 等[95]研究分析了 Cu-Mn 混合氧化物（尖晶石型 $CuMn_2O_4$ ）负载不同量 CeO_2 作为改进剂时的 CO-PROX 性能。该方法与反向负载的 Cu-Ce 氧化物催化剂类似，即 Cu 氧化物为载体负载 CeO_2 ，被认为是这类催化剂的优化构型。不同 Ce 负载（5wt%~80wt%）对于样品结构影响显著。理论单分子层覆盖量（约 10wt%）是比表面的转折点，超过时 CeO_2 纳米晶聚集形成新的孔状结构，导致比表面增加。CeO_2 掺杂量变化还影响与催化剂 CO-PROX 性能相关的 CeO_2 纳米晶颗粒尺寸，生成 CO_2 的选择性随 CeO_2 晶粒尺寸降低而增加。另外，与 CO 氧化活性相关的两组元间产生的界面活性位点数量随着 Ce 负载量达到 40wt% 之前增加而增加。Ce 负载量增加引起的另一个效果是使 $CuMn_2O_4$ 载体表面具有良好 CO 氧化活性的 Cu^+ 浓度降低。

$Cu-CeO_2$ 催化剂具有 CO 优先氧化特性，可用于富 H_2 气中 CO 的去除（小于 100ppm），在经济性方面可成为从碳氢化合物或生物质燃料制氢过程产品纯化用贵金属催化剂的良好替代。催化过程的活性位点位于两组分氧化物的界面处。Monte 等[96]对于 CeO_2 负载 Cu 氧化物样品研究表明，在界面处存在 Cu^+ 位点，这一结果也得到 DFT+U 理论计算的支持。而此时 H_2 的氧化变得更为困难，有益于获得 CO 的高氧化选择性。进一步研究发现[97]，Cu 氧化物簇与 CeO_2 的{100}面（通常出现在纳米管中）接触比与{111}面（通常出现在切角立方八面体颗粒）接触时对于 CO 氧化的催化活性更差，但具有更好的 CO_2 转化选择性。

通过 CeO_2 与负载金属间的强相互作用固化高分散的催化活性组元可获得单原子分散的贵金属。Spezzati 等[98]合成的单原子分散的 $Pd-CeO_2$ 非均相催化剂表现了良好的 CO 催化氧化性能。单原子 Pd 以 PdO 和 PdO_2 的形式固化在经 50℃ 活化的 CeO_2 纳米柱暴露{111}面上。研究显示，单原子 Pd 的存在是该催化剂具有高 CO 催化氧化活性的关键。Muravev 等[99]进一步研究显示，$5\%Pd/CeO_2$ 单原子催化剂在较高温度（>200℃）下，Pd-O 氧化物发生还原反应，形成了 Pd 的金属/亚氧化物，进而在较低反应温度下显著增强了 CO 氧化反应的催化活性。

2）甲烷燃烧反应

天然气作为新型清洁能源之一，储量丰富，开采技术成熟，燃烧时产生的环境污染物较少。采用催化剂催化天然气燃烧反应，可使天然气的主要成分甲烷在催化剂表面进行氧化燃烧，避免不完全燃烧产物 CO 等气体的排放，提高燃烧效率，降低烟气中 NO_x 含量，最终达到环保节能的目的。车载发动机温室气体的大量排放促使更高效净化催化剂的发展。对于市场正在以指数增长的天然气燃料汽车，设计改善低温活性和提高工作条件抗失活能力的催化剂尤其紧迫。Pd 基催化剂对于甲烷催化氧化反应最为有效，而以 CeO_2 作为载体可提升催化性能。实验和计算研究均显示增强 Pd-CeO_2 相互作用可显著改善这类催化剂性能，尤其当 Pb 进入 CeO_2 晶格形成高反应活性 $Pd^{2+/4+}$ 位点，此时甲烷的活化势垒较分立 PdO_x 单元更低。已有研究采用溶液燃烧法合成了活性得以改善的 Pd/CeO_2 催化剂，其中 Pd^{2+} 离子取代进入 CeO_2 晶格导致氧缺陷有序阵列和高反应性氧原子的形成；CeO_2 基材料与碳研磨，得到覆盖 2D 碳层 CeO_2 颗粒，可改善两种材料间的界面反应性。将此两种方法结合，Danielis 等[100]将 Pd 纳米颗粒与 CeO_2 颗粒混合，使用一步干磨工艺制备得到的催化剂由于具有独特的纳米尺度金属/载体界面结构，如无定形 Pd-O-Ce 壳层和嵌入 CeO_2 晶格的 Pd 簇，表现出了优于传统 Pb/CeO_2 的甲烷催化氧化性能。该法避免使用 Pd 硝酸盐或氯化物溶液，可显著降低废水产生。

　　CeO_2 沉积的高分散纳米结构相具有易于还原、高储氧能力以及在严酷、高温、氧化/还原交变气氛条件下良好的稳定性。以 ZrO_2、YSZ 或 MgO 作为载体，可制备得到低稀土含量的铈催化剂。深入结构研究发现奇特纳米结构的存在，这或是该类催化剂表现出非传统氧化还原行为的根源。尤其是在 MgO 负载的 CeO_2 催化剂中观察到了各种高分散的纳米结构，如彼此分离的 Ce 物种、纳米尺寸 CeO_x 小岛或 CeO_x 双层膜等[101]。考虑到使用其它稀土元素对 CeO_2 掺杂常产生有益效果，Sánchez-Gil 等[102]合成了一种新型催化剂 $Ce_{0.5}Tb_{0.5}O_x$（3mol%）/MgO，并考察了其对于甲烷的催化氧化反应性能。结果显示，相比于 CeO_2（6mol%）/MgO 催化剂，Tb 掺杂铈催化剂在氧化还原和对于甲烷氧化催化活性方面都得到改善。另外，与文献对比可知，该类低稀土含量、无贵金属催化可在活性和稳定性方面与含高 Ce 浓度的体相、非纳米结构 CeO_2-MgO 混合氧化物相当。

　　钙钛矿型是一种非常稳定的催化剂晶型，其中单钙钛矿型甲烷催化燃烧催化剂 ABO_3 的晶型结构可在较高温度下稳定存在，并且维持较高催化活性。其中 A 位离子一般为离子半径较大的稀土金属离子，常见有 La、Ce 等，B 位离子一般为离子半径较小的过渡金属离子，常见的有 Fe、Co、Ni、Mn、Cu 等，B 位过渡金属离子对该型催化剂吸附反应物的性质有较大影响，其中催化剂表面吸附氧和晶格氧的催化活性是影响催化剂催化性能的主要因素。徐壮等[103]采用共沉淀法制备单钙钛矿型催化剂 $LaFe_{1-x}Ni_xO_3$ 系列催化剂，以催化甲烷燃烧为目标反应，考察不同 Ni^{2+} 掺杂量对催化活性的影响。结果表明，不同掺杂量的 Ni^{2+} 对该系列催化剂性能影响较大，其中 $LaFe_{0.6}Ni_{0.4}O_3$ 催化剂的比表面积为 $13.4m^2/g$，催化活性最好，起燃温度 $T_{10\%}$ 为 $402℃$，完全转化温度 $T_{90\%}$ 为 $542℃$。

白云鄂博尾矿中含有多种过渡金属氧化物、稀土氧化物，可对工业气体的处理起到催化作用，如烟气脱硝、煤层气催化燃烧等。赵然等[104]以白云鄂博矿稀土尾矿为原料，使用前磨碎、过筛，以聚氨酯海绵为模板，采用有机泡沫浸渍法将其制成多孔陶瓷材料。将粉末状的原矿与制备成的多孔陶瓷材料用于催化低浓度甲烷燃烧，获得甲烷转化率与反应温度关系的催化活性曲线，发现制备成多孔陶瓷结构的催化剂性能优于粉末状的样品，这是由于泡沫陶瓷催化剂存在分布均匀且相互贯通的微孔，因而具有密度小、气孔率较高、比表面积大等优点。此外，泡沫陶瓷制造工艺简单且制备成本低，为白云鄂博稀土尾矿二次资源绿色再利用提供一条可行的途径。

3）小分子重整反应

合成气是一种重要的原料气，可进一步生成汽油、甲醇、乙醇、乙二醇、醋酸等。下游的不同需求要求合成气生产过程产出 H_2/CO 不同比例的产品，如直接二甲醚合成、高温费托（Fischer-Tropsch）反应和乙酸合成等要求的富 CO 合成气并不适合在现有合成气工艺中生产，而干法甲烷重整（dry reforming of methane，DRM）可产出富 CO 合成气。甲烷和二氧化碳是两种主要的温室气体，通过两者的重整反应（DRM）可制备工业上用途多样的合成气。与直接甲烷氧化偶联法相比，采用以合成气（H_2 和 CO 混合物）为原料的天然气间接转换为高价值化工原料和燃料具有效率更高的优越性。CH_4/CO_2 重整制合成气也是可以同时实现天然气化工利用和二氧化碳循环转化的有效途径，加之作为热泵在化学储能系统中独特的优势，正再次受到广泛关注。

对于工业上大量使用的非贵金属 Ni 基 CH_4/CO_2 重整制合成气催化剂而言，由于高温条件导致 Ni 活性组分烧结，加之甲烷分解反应等副反应导致催化剂表面积碳，从而使反应活性大大降低，甚至造成催化剂失活。将稀土元素作为助剂可以使 Ni 基催化剂的活性和稳定性大幅提升。向 Ni/Al_2O_3 载体中掺入多种稀土元素，包括 Pr、Nd、Sm、Eu、Gd、Tb、Dy、Ho、Er、Tm[105]，发现掺杂的催化剂表现出更大的 BET 表面积和更强的还原性，但由于孔径较小导致掺杂催化剂的起始活性反而不及未掺杂的催化剂。稳定性由积碳类型而决定，由透射电子显微镜（transmission electron microscope，TEM）可观察到碳纳米管和无定形碳等多种形态，Er-，Tm-，Sm-掺杂的催化剂中碳纳米管（有序的 sp^2 杂化）居多，稳定性更高。积碳类型和 Ni^0 颗粒尺寸相关，颗粒尺寸越小，碳纳米管比例越高。各种稀土元素掺杂的催化剂中，Er 掺杂的 Ni/Al$_2$O$_3$ 表现出最高的 DRM 效率，因为其无定形碳比例低，还原性强，Ni 颗粒尺寸适当。Ranjbar 等[106]还研究了纳米晶 Ni/Al$_2$O$_3$ 及其 Ce、La、Mg、K 掺杂催化剂对于逆向水煤气转化反应的催化性能。5% Ni/Al$_2$O$_3$ 催化剂显示出高 CO$_2$ 转化率和 CO 选择性。为进一步改善其性能，尝试掺杂 1 或 2 wt%的 Ce、La、Mg、K，结果发现 1 wt%的 La 和 2 wt%的 K 掺杂催化剂得到了最高的 CO$_2$ 转化率和 CO 选择性。掺杂催化剂中 Ni 分散性的增加（或 Ni 颗粒尺寸的降低）、表面活性位点浓度的增加以及掺杂元素碱性导致的 CO$_2$ 吸附量的增加应是高活性和高 CO 选择性的根源。

尽管已有许多稳定甲烷干法重整（DRM）反应用 Ni 负载 CeO$_2$ 催化剂方面的研究，但仍缺乏对于随载体化学组成和反应温度变化的两个惰性 C 形成途径（CH$_4$→C-s+2H$_2$ 和 2CO→C-s+CO$_2$）的理解，也缺乏与载体晶格氧形成 CO 反应（惰性 C 的气化）有关的活性 C 浓度、位点反应性和实验证据等信息。Vasiliades 等[107]研究了 5%Ni 负载的 Ce$_{1-x}$Pr$_x$O$_{2-\delta}$ 在不同载体组成（$x =$ 0.0～0.8）和反应温度（550～750℃）条件下对于 DRM 反应的催化活性和选择性等特性。研究发现，通过 CH$_4$ 和 CO$_2$ 两活化途径产生惰性 C 的比例与反应温度和 Pr 在载体中的掺杂浓度强烈相关。550℃、载体为 CeO$_2$ 和 Ce$_{0.2}$Pr$_{0.8}$O$_2$ 时 CO$_2$ 活化途径对于惰性 C 的贡献分别为 65.7%和 60.1%，750℃时则分别为 54.0%和 50.9%。参与 CO 形成反应活性 C 的覆盖率也与载体组成和温度有关，550℃时为 0.03～0.15，750℃时为 0.07～3.4。20%原子比 Pr 引入 CeO$_2$ 晶格，可显著降低惰性 C 的形成速率，Pr 掺杂原子比进一步增加到 80%则可大幅降低反应 25h 后的沉积碳，而 CH$_4$、CO$_2$ 转化率以及 H$_2$/CO 产出比仅略有降低。

Djinovic 等[108]报道了一种用于 CH$_4$ 和 CO$_2$ 为原料生产合成气的 CeZrO$_2$ 负载 Ni-Co 双金属的催化剂。毗邻 CeZrO$_2$ 氧空穴的小于 45nm 的双金属簇为 CH$_4$ 和 CO$_2$ 的活化位点，这些位点的适当设计可使两反应进程达到均衡对等，从而得到对于较宽的 CH$_4$-H$_2$ 组成原料均可有效阻止碳积累的催化剂。常温常压条件下，Ni-Co/CeZrO$_2$ 催化剂 550h 连续运行显示了稳定的催化性能，产出 H$_2$/CO 比为 0.82；20bar 气压下稳定运行 60h，产出 H$_2$/CO 比为 0.33。碳积累量较当期水平下降了 2～3 个数量级。

水煤气转化（WGS）是一种重要的制氢途径，常以重整工艺产生的合成气为原料。商业化使用的 CO 制氢 WGS 反应催化剂为 Fe-Cr 和 CuO/ZnO/Al$_2$O$_3$，但前者需要非常高的反应温度，而后者易于自燃和化学中毒。已有研

究发现 CeO_2 负载的 Pd、Ni、Co 和 Cu 等具有低温 WGS 催化剂的潜在应用。CeO_2 或其掺杂载体可调节负载催化剂的电子结构，从而增强它们的催化性能。CuO/CeO_2 因低成本和优异的催化性能被认为是一种很有前途的 WGS 催化剂。许多工作已致力于揭示 CeO_2 的物理化学特性对 Cu 催化剂 WGS 催化性能的影响。CeO_2 的形貌和暴露晶面显著影响 Cu 的分散和催化性能；在 CeO_2 中掺杂 La^{3+}、Nb^{5+}、Zr^{4+} 和 Y^{3+} 等金属离子也可产生提升 CuO/CeO_2 催化性能的效果。金属离子掺杂可改善促进 CO 吸附的氧化还原特性、增强 Cu 的分散效果和氧空穴的产生、增强 CuO 和 CeO_2 间的相互作用。氧空位是研究 CuO/CeO_2 催化剂活性和稳定性的一个重要参数，可通过控制氧空位的密度和类型调控 CeO_2 催化剂的反应性，目前已报道的制备具氧空位的还原 CeO_2 的方法包括：Ar^+ 溅射、高温煅烧、甲醇或 CO 还原等。Chen 等[109]采用共沉淀法于 300℃ 分别在空气、真空和氢气气氛中灼烧制备 CeO_2，并以其为载体组装了 WGS 反应用 CuO/CeO_2 催化剂。发现 H_2 还原 CeO_2 为载体的 CuO 催化剂因具有强的 CuO-CeO_2 协同相互作用以及高浓度的弗仑克尔（Frenkel）类氧空穴而具有最高的 WGS 反应催化活性。

CO_2 氢化获得如烯烃等高价值产品是一种很有前途的生产化学工业基本原料的方法。目前已开展大量以 CO_2 废气作为资源的研究工作，以发展驱动 CO_2 循环的新技术。其中仅当通过大量消耗 CO_2，获得燃料或者基础化工原料的反应才是实质减少 CO_2 排放的根本解决之道。费托反应（FTS）是一类熟知的合成气转化为液体燃料的催化过程，主要产物为不同分子量碳氢化合物的混合物。使用可再生 H_2 还原 CO_2 的催化反应，即逆向水煤气转化反应（rWGS，$CO_2 + H_2 \leftrightarrow CO + H_2O$）进而通过费托反应和/或甲醇合成反应可实现 CO_2 的循环利用。rWGS 反应过程轻微放热，是高温下热力学有利反应。催化剂需能在较为恶劣的工作环境中具有高活性、高选择性和稳定性。催化反应性可通过在催化剂中引入促进 CO_2 解离和 H_2 溢出的金属态活化相以及使用可促进 CO_2 吸附具有 O 空穴的载体而得到增强。

载体及负载催化剂间的协同是决定多相催化剂性能的关键因素，金属-Ce 界面调控可显著影响负载催化剂性能。纳米晶和核壳结构纳米颗粒已被用于制备具有均一结构特异催化剂的结构单元。常压下通过 CO_2 的甲烷化反应生成 CH_4 和通过 rWGS 反应产生 CO 均属 CO_2 的催化还原反应。载体-催化剂界面对于 CO_2 的催化还原反应至关重要，载体活化 CO_2，而催化剂金属活化 H_2，两功能间的相互作用决定哪一路径主导反应。一般认为，CO 的脱附决定这一过程的选择性；如果脱附有利，以 rWGS 为主，相反则以甲烷化反应为主。因而这类材料通常被划分为两类：甲烷化催化剂或 rWGS 催化剂。通过反应条件控制的催化剂形貌是调节催化剂性能的关键因素。Aitbekova 等[110] 关于 CO_2 还原反应选择性与 Ru 纳米颗粒尺寸以及载体的关系研究发现，在相对较低的温度（210℃）下，氧化预处理可诱发 Ru 纳米颗粒在 CeO_2 载体上重排，从而导致材料性能由具有良好选择性的甲烷化完全转化为 rWGS。这一重排过程源于金属氧化物低温处理时与载体产生与 CeO_2 载体键合的稳定 RuO_x/CeO_2 结构，该结构可具有极佳产生 CO 的反应选择性。因此认为，反应选择性强烈依赖于催化剂结构，而催化剂的结构调控也可以在较低温度下完成。

Ru 是一种已知的具有较高活性和稳定性的甲烷化催化剂，近期的研究认为该金属对于 CO_2 的催化氢化行为与其纳米尺寸和载体性质相关。理解尺寸和载体效应的主要挑战是需比较具有完全相同尺寸分布的不同催化剂体系，这通常很难通过传统的浸渍式合成方法实现。因此，Aitbekova 等[111]采用胶体合成法制备了不同尺寸（1nm、3nm、5nm）Ru 纳米颗粒负载在不同载体（Al_2O_3，TiO_2，CeO_2）上的催化剂样品。结果发现，小的 Ru 纳米颗粒更有利于促进 rWGS 反应形成 CO，1 和 3nm 的 Ru/CeO_2 生成 CO 的选择性大于90%，而 CO_2 转化率小于 5%；因金属态 Ru 更有利于活化 H_2，这可以理解 Ru/CeO_2 中因存在不同氧化态 Ru 而具有较高 CO 选择性的原因。Ru/CeO_2 具有良好的 rWGS 催化活性，Ru/Al_2O_3 和 Ru/TiO_2 也可促进甲烷化过程。CeO_2 极大影响 Ru 氧化态，促进其氧化，因而大幅改善其催化性能。

CO_2 的甲烷化也被称为 Sabatier 反应，是一个 CO_2 和 H_2 反应生成甲烷和水的放热反应。尽管这一反应发现于 100 年以前，但直到近年才因为减少 CO_2 排放以及制备高价值燃料而得到大量关注。作为燃料，甲烷相比于 H_2 最主要的优势是易于液化后使用已有液化天然气设备进行运输，而 H_2 的储存和运输依然是难以解决的问题。尽管萨巴提（Sabatier）反应是放热的，但由于反应气的高稳定性而在动力学上难于进行，必须使用催化剂加速反应进程，以达到工业应用的反应速度要求。研究已涉及的活化催化剂有 Ru、Pd、Rh 和 Ni 等。贵金属催化剂可在较 Ni 催化剂更低的温度下工作，但价格要贵得多，因而 Ni 应是温和条件催化剂的优选。Al_3O_2 是研究最多的 Ni 催化剂载体，但已有研究显示 CeO_2 负载的 Ni 催化剂具有更高的催化活性。为评估镧系元素氧化物负载 Ni 催化剂的催化活性，Alcalde-Santiago 等[112]制备了 LaO_x、CeO_2、PrO_x 负载 Ni 的系列催化剂样品。此三种载体的催化活性测试显示，它们都具有形成 CH_4 的良好选择性，但活性不同，顺序为：$Ni/CeO_2 > Ni/PrO_x \geqslant Ni/LaO_x$。

催化活性决定于催化活性位点的特性以及表面 CO_2 和 H_2O 的稳定性。Ni/CeO_2 催化剂中 Ni^{2+}-CeO_2 相互作用产生了更多 CO_2 解离的活性位点，存在可对 H_2 解离活化的还原态 Ni^0 位点，而且表面 CO_2 和 H_2O 的稳定性最低，因而具有最高的催化活性。LaO_x 较 CeO_2 的碱性更强，预期可促进 CO_2 和 H_2O 的化学吸附，因而对于催化剂表面产生毒害作用，且 La 不能如 Ce 和 Pr 那样完成可逆的氧化还原过程。Ce 和 Pr 的化学性质相似，因它们都可由 3+ 和 4+ 两氧化态，但氧化还原和化学吸附特性仍存在差别，PrO_x 为载体的催化剂形成活性位点的能力相对较差，CO_2 的化学吸附稳定性相对更高。

有学者建议在使用富 CO 合成气时，伴随 FTS 反应同时进行水煤气转化反应（WGS），通过控制催化剂组成和工艺条件，使大约一半的 CO 可通过 WGS 反应转化。此时为分别控制两个反应的进程，以控制 FTS 反应的选择性，要求两个反应在不同的催化位点上发生。Bobadilla[113] 报道了通过将 FTS 反应催化剂 Co-Re/Al_2O_3 与 WGS 反应催化剂 Pt/CeO_2 进行物理混合，同时进行 FTS 和 WGS 反应的研究。在 Pt/CeO_2 催化剂存在下，CO 转化率因发生 WGS 反应而显著增长。但发现高于大气压力条件不利于 WGS 反应发生，而在 FTS 反应条件下 CO/CO_2 的氢化反应更为有利。在 FTS 反应条件下，尽管 WGS 反应仍会发生，但在催化剂表面也会发生 CO 的氢化反应。可能的反应机制为 CO 插入 Pt-甲基键后氢化为氧合化合物和烯烃。

氢是一种很有前途的清洁能源，来源丰富，能量密度高。伴随氢的大量使用，同时必须解决大量氢的运输、储存等相关基础设施建设问题。但氢的储存和运输都受到其低密度的限制，通过富氢化合物原位制氢是解决这些问题的一种有效途径。不同原料可用于制氢，如煤、天然气、汽油、甲烷和乙醇等，而氨作为制氢原料具有以下优势：Haber-Bosch 过程广泛用于氨生产，可保障氨的充分供给；氨易于在相对温和的条件下液化，可在 20℃约 0.8MPa 以液态储运；氨具有高达 3000Wh·kg^{-1} 的能量密度和 17wt% 的高氢含量；NH_3 分解仅产生 H_2 和 N_2，无 CO_x 产生；未转换的 NH_3 可通过适当吸收剂降低至 200ppb 水平。已有大量促进 NH_3 分解催化剂的报道，其中 Ru 展现了最为优异的催化活性，但其性能也与载体有关，碳纳米管作为载体时最佳。但碳纳米管在氢存在下将发生甲烷化反应，因而需为 Ru 探寻新的合适载体。Huang 等[114]研究了以具有独特电子结构和强碱性位点的 La_2O_3 为载体负载 Ru 基催化剂的氨分解催化性能。结果显示，载体 700℃灼烧浸渍法制备的催化剂 Ru/La_2O_3 的 NH_3 转化率最高，可达 90.7%，显著高于一步热解制备的样品，也高于以 Al_2O_3、SiO_2 和 Er_2O_3 为载体的 Ru 催化剂。催化剂在

525℃经 84h 展现的良好性能稳定性应归因于 Ru 颗粒在 La$_2$O$_3$ 中良好分散性而使彼此隔离。KOH 添加还可进一步增强催化剂活性。

氨催化分解产生的氢具有高纯度，可避免质子交换膜燃料电池中 Pt 中毒问题。然而在相对低温条件以氨分解制氢实现高产率仍存在挑战，亟须发展高效催化剂。Hu 等[115]通过在 La 掺杂 MgO 表面沉积均匀分散过渡金属（Co、Ni 和 Fe）纳米颗粒的方法制备得到了一种氨分解制氢催化剂。研究显示，该催化剂中活性物种和载体间的强相互作用可有效阻止活性物种在氨分解反应过程中的聚集；La 的引入不仅有利于 NH$_3$ 分子的吸附和分解以及 N$_2$ 分子的脱附，而且可促进活性物种更好地分散。相比于已有报道中相同组分的样品，该研究制备的催化剂显示了非常高的氨分解催化活性；同时，该催化剂也表现出优异的高温稳定性，且未发生任何失活现象。

乙醇蒸气重整转化制氢（ESR：C$_2$H$_5$OH +3H$_2$O → 6H$_2$ + 2CO$_2$）是一个重要的制氢过程，近年也被用于燃料电池领域。负载金属的氧化物催化剂对该反应具有显著的催化活性。值得注意的是，近年出现的 Ni-氧化物基催化剂具有活化碳氢氧合物中 C-C 和 C-H 键的能力，展现了对于该重整反应与 Rh、Pt 和 Pd 等贵金属可比的高活性和/或选择性。Ni 和 CeO$_2$ 组合在同一催化剂体系中，不仅可活化乙醇和水中的 C-C、C-H 和 O-H 键，还可选择性提取 H$_2$，不产生甲烷或其它 C-O 副产品。实验和 DFT 计算结果一致认为在 CeO$_2${111}面负载 Ni 的纳米颗粒具有活性，可通过金属-载体相互作用影响催化化学过程。Liu 等[116]结合常压 X 射线光电子能谱和红外反射吸收光谱手段研究了 Ni-CeO$_2${111}模型催化剂催化 ESR 反应的活性位点和进程。结果显示，CeO$_2$ 基底表面层在反应条件下呈现较高的还原和羟基化程度，负载的 Ni 纳米颗粒以 Ni^0/Ni$_x$C 形式存在。Ni^0 是导致乙醇中 C-C 和 C-H 键断裂的活化相，也是产生积碳的主要原因，而 CeO$_x$ 相对于乙醇/水去质子化为羟乙基或 OH 中间体的反应起到关键作用。活化态的 CeO$_x$ 是一种由乙醇还原和水解离产生的 Ce^{3+}(OH)$_x$ 化合物。催化反应过程中 Ni^0 与 Ce^{3+}(OH)$_x$ 通过金属-载体相互作用协作促进了乙醇/水的氧迁移和活化。

7. 稀土元素用于有机和高分子化学合成的催化剂

稀土化合物及其有机配合物具有独特的催化性能，已被广泛应用于环境友好的有机和高分子化学合成反应中，自 20 世纪 80 年代以来已成为国际化学及化工界的前沿领域和研究热点。

1）C-C 和 C-N 键断裂反应

应对气候变化的斗争急需工业的武器。目前，人类依赖化石燃料，这是温室气体二氧化碳的主要来源，但其不仅是能源，也可以制造化学品。为摆脱这种依赖，必须找到新的"绿色"原材料来源，这样工厂和实验室才能在不生产和排放二氧化碳的前提下持续运行。日本大阪大学的一个研究小组使用富含有机分子的生物质材料[117]，以基本上是植物材料的废物为原料，在催化剂存在下，实现打破 C-C 键的化学反应。现有方法可以打破这些分子中的 C-O 键，从而产生例如塑料之类的原料。但是，为了缩短分子链而打破 C-C 键是很困难的，需要极高的温度，并经常会产生不需要的产品。日本大阪大学的开发方法是使用了一种新型负载钌的氧化铈催化剂。研究人员在合成催化剂之后，对生物质材料进行了乙酰丙酸（LA）的测试。LA 在 150℃的温度下发生了 C-C 键断裂，这个温度对于在工业标准上是相对温和的。反应产物 2-丁醇，是制造溶剂的重要化学物质。这是首次以这种绿色方式使用 LA 来制造 2-丁醇。传统工业上，它是由来自高度污染炼油厂的丁烯所制成。该团队还测试了其它生物质化学品的催化剂，并获得了一系列有价值的产品。至关重要的是，反应总是打破 C-C 键，这使得他们能够生产出例如尼龙制造中的重要化学品环己醇。研究者们对 X 射线和显微镜的观察研究证实了钌、氧化铈和水的组合对于反应的发生是极为重要的。

酰胺的还原转化是一类重要的有机化学反应，分为 C-O 键解离至胺和 C-N 键解离至醇和胺（或氨）两个路径。由于酰胺中羰基亲电性较低，使得酰胺的还原转化通常难以进行。传统认为金属氢化物等化学计量比还原试剂可用于 C-O 键的剪切，而氨基硼氢化物和 SmI_2 对于 C-N 键剪切有效。然而这些体系存在还原剂成本高、产生大量盐等缺陷。使用廉价还原剂如 H_2 的催化还原将是发展的替代方案。已有大量关于 C-O 键解离的均相和非均相催化剂研究报道。对于 C-N 键的解离，尽管也已有一些工作进展，如发现 Ru、Fe、Mn 等的配合物可有效催化 C-N 键的解离，但所有研究都未能得到一种可在温和条件下有效催化酰胺还原至醇和胺（或氨）反应的催化剂。Tamura 等[118]的研究发现 Ru/CeO_2 是一种对于酰胺，尤其是伯酰胺 C-N 键选择性解离的高效非均相催化剂。研究对比了碳类材料和其它氧化物如 SiO_2、ZrO_2、Al_2O_3 等作为载体，以及其它贵金属作为活性相时的催化性能，发现 Ru 和 CeO_2 的组合是最有效的，反应温度为 333K、以氢作为还原剂、水作为溶剂时的环己甲酰胺的转化反应选择性和转化率可分别达到 97%和 52%。

2）C-C 及 C-N 链构筑反应

Aza-Micheal 加成反应常用于构筑碳链，其中 Aza-Micheal 加成反应是一种形成 C-N 键的重要有机反应，可以合成 β-氨基羰基化合物、β-内酰胺类药物以及抗肿瘤天然生物活性物质。常用的离子液体、过渡金属盐、SmI_2、$Zn/InCl_3$、杂环卡宾等路易斯酸催化剂往往会大量消耗、难以分离回收，且存在环境污染，因而该反应绿色化工艺开发具有重要的理论和现实意义。Mu 等[119]采用溶剂热法合成了磁性 Fe_3O_4 纳米颗粒，然后在磁性 Fe_3O_4 纳米颗粒表面包覆一层 SiO_2，最后以 $Y(NO_3)_3 \cdot 6H_2O$ 为钇源、均苯三甲酸（H_3BTC）为有机配体，在磁性 $SiO_2@Fe_3O_4$ 纳米微球表面原位合成了不同 Y-MOF 含量的磁性 Y-MOF@$SiO_2@Fe_3O_4$ 催化剂，评价了催化剂对苯胺和丙烯酸甲酯的 Aza-Micheal 加成反应性能。结果表明，Y-MOF 能均匀包覆在磁性 $SiO_2@Fe_3O_4$ 纳米微球表面形成具有核壳结构的催化剂，粒径范围为 150～200nm。磁性催化剂的饱和磁化强度在 13.4～57.6emu/g 之间，具有良好的超顺磁性。磁性催化剂对苯胺和丙烯酸甲酯的 Aza-Micheal 加成反应具有很好的催化性能和磁性回收重复使用性能。Y-MOF 含量为 43.3% 的 Y-MOF@$SiO_2@Fe_3O_4$ 为催化剂在 80℃ 的反应条件下，丙烯酸甲酯的转化率为 88%，产物的选择性为 100%。反应后的磁性催化剂经磁性回收重复使用五次，仍具有高的转化率和选择性。

基于绿色和可持续化学发展理念，近年已有大量研究关注非均相催化剂在精细化学品合成方面的应用。所使用的催化剂需易于回收和重复使用，因而氧化物基的金属催化剂因具有较高的化学稳定而成为一种很有前途的材料。另一方面，Ru 催化剂在合成化学中的地位难以替代，其它后过渡金属配合物无法达到 Ru 催化剂的优异性能。除了不对称加氢和烯烃复分解反应以外，通过 C-H 键活化形成 C-C 键也是一个重要工艺过程。尽管近年在负载金属催化剂方面取得了很大的进展，但应用的反应领域仍严重受限。Miura 等[120]报道了 Ru-CeO_2 催化的几种 C-C 键的形成。Ru-CeO_2 催化剂对于多种 C-C 键的形成有效，如芳香性 C-H 官能团化反应、炔烃的加氢酰化反应以及醛、炔和 CO 等的[2+2+1]环加成反应等。催化过程表征显示 CeO_2 表面存在 Ru(Ⅳ)=O 的变形是催化精细化学品有效合成的关键。所有情况下，活化催化剂总是从 CeO_2 表面的 Ru(Ⅳ)=O 原位产生低价态 Ru，Ru=O 可在催化反应后很容易地通过在空气中高温处理恢复高价态。

3）高分子聚合反应

包含多种组分、结构和功能各异的具有交替结构的有机大分子已吸引功能材料领域极大研究兴趣。通常将与功能化或预组装的有机分子逐步共聚生长时合成这种交替聚合物的有效途径。然而，聚合生长过程常伴随产生一种等摩尔量的副产品。一种有机化合物与非共轭二烯的C-H加成聚合反应原则上可通过形成C-C键合成相应交替聚合物，这一路径不产生副产品，具有原子经济性。半三明治稀土烷基配合物是最近出现的一类聚合/共聚反应高效催化剂。Shi等[121]首次以一种Sc基半三明治结构稀土催化剂，在[Ph₃C][B(C₆F₅)₄]共催化下，通过对苯二甲醚和对二甲氧基联苯与非共轭二烯如对二乙烯基苯的C-H加聚反应制备得到了一种交替聚合物。该课题组合成的一系列具有三明治结构的稀土烷基配合物，在共催化剂存在下，催化有机合成和烯烃聚合反应显示了前所未有的高活性和高选择性。

聚合物反应通常可分为两类：链式增长反应和逐步生长反应。链式增长反应只发生在链的末端与聚合单体之间，而逐步生长反应在链末端、分子单体、低聚体和聚合物产品之间均可发生。由于不同的反应机制，很难使这两类聚合反应同时发生。而同一单体同时发生链式聚合和逐步聚合反应可生成具有独特结构的聚合物，对于发展新型高效萃取剂体系具有意义。Shi等[122]以一种半三明治稀土烷基配合物和[Ph₃C][B(C₆F₅)₄]共催化下，对-和邻-甲氧基苏合香烯同时发生了链式增长和逐步生长聚合反应，获得了一个新的具有独特苯甲醚-乙烯交替结构的大分子家族。

间规聚苯乙烯（syndiotactic polystyrene）中相邻苯取代基沿聚合物链彼此对位取向规则排列，作为一种工程塑料，因具有高熔点、高结晶速率以及良好的化学/溶剂耐受性而广泛应用。苯乙烯的间规链转移聚合原则上可提供一种合成分子质量可控的末端功能化间规聚苯乙烯的有效途径，但很少有催化剂可高立体选择性且高效催化这一反应。Yamamoto等[123]使用一个阳离子半三明治Sc烷基催化剂(C₅Me₄SiMe₃)Sc(CH₂C₆H₄NMe₂-o)₂/[Ph₃C][B-(C₆F₅)₄]作为链转移试剂，首次实现了苯乙烯间规链转移聚合反应，制备得到了末端功能化的间规聚苯乙烯。认为这一链转移聚合反应机理应是通过一个由苯甲醚单元的o-C-H键催化活化（去质子化），再由苯乙烯插入到催化中间体中的Sc-甲氧苯基键。

聚羟基脂肪酸酯（PHA）是一类具有3碳骨架结构的天然或合成脂肪酸聚合物，不同PHA聚合物仅在β位取代基（R）有所不同。作为一种"绿色"工程塑料，因其良好的生物可降解性和生物相容性，已成为包装、组织工程和药物输送等相关生物应用领域的最佳选择。环酯的开环聚合反应（ROP）可用于制备具有这类特定结构的聚合物，相关研究主要是发展用于精细调节聚合物分子质量、端基和微结构的金属基催化剂或有机催化剂，尤其是在控制与聚合物物理化学特性密切相关的等规度方面。Ligny 等[124]首次汇报了一种功能化外消旋 β 丙交酯的催化 ROP 反应，该反应催化剂为一个非手性四齿配体{ONOO$^{R'2}$}$^{2-}$稳定化的 Y 配合物，具有良好催化活性和产物分子质量较高的可控度。针对这类 β 丙交酯，通过对配体中邻位和对位 R'取代基的简单修饰，可实现从完全的间规化选择性聚合转化为异构化选择性聚合。这也是当时首例报道的外消旋手性 β 丙交酯的高异构选择性开环聚合反应。

4）合成橡胶反应

近年来，随着汽车、制鞋等工业的快速发展，有力地促进了我国橡胶工业的发展。我国已经成为世界上最大的橡胶消费国家，今后仍将保持较快发展速度。由于稀土元素独特的电子结构，使得其在橡胶领域中具有广泛应用。当合成橡胶主催化剂为含有卤素的稀土化合物时，通常加入烷基铝即可形成具有催化活性的催化剂，是为二元体系；当主催化剂为不含卤素的稀土化合物时，除了加入烷基铝，还必须加入可提供卤素的路易斯酸，才可以形成具有催化活性的催化剂，是为三元体系。基于钕化合物制备的催化剂活性高于其它稀土化合物，因此大部分研究和生产都采用钕化合物。稀土催化剂在橡胶领域，主要用作聚异戊二烯橡胶、聚丁二烯橡胶以及集成橡胶（SIBR）等合成的催化剂[125]。

李文强和李静[126]开发出一种钕系异戊二烯聚合橡胶稀土催化剂的制备方法。它是以稀土化合物、有机铝化合物或相应的混合物、二烯烃、有机溶剂、醇类为稀土催化体系，钕元素和异丙醇的物质的量比为 1 :（1～5），三异丁基铝甲苯溶液中的三异丁基铝的质量分数为 7%～25%，n（Nd）: n（Al）: n（间戊二烯）为 1 :（5～20）:（1～10），陈化时间为 15～20h。该制备方法可以有效地提高稀土催化剂的使用效率和橡胶制品的性能指标，实现适用于工业化、连续性聚合生产异戊橡胶的目的。

稀土催化剂的聚合丁二烯反应具有环保、单体转化率高以及不易发生交联反应的特点。在分子质量控制方面，由于稀土催化剂聚合丁二烯的产物相对分子质量是随单体转化率的增加而增加的，因此，聚合活性高，这是其它类型催化剂体系无法达到的。张浩等[127]利用稀土钕催化体系合成窄相对分子质量分布的顺丁橡胶（NMWD-NdBR），研究了 NMWD-NdBR 的结构和性能，并与宽相对分子质量分布的稀土顺丁橡胶（WMWD-NdBR）进行对比。

结果表明，NMWD-NdBR 表现出较 WMWD-NdBR 更为优异的流变行为，焦烧时间和硫化时间基本相似，但最小转矩（ML）降低，最大转矩（MH）提高，表现为更好的加工行为和更佳的物理机械性能；同样配方和加工工艺条件下，NMWD-NdBR 具有与 WMWD-NdBR 相似的佩恩（Payne）效应和更低的滞后损失（$\tan\delta$），$\tan\delta$ 与炭黑分散性以及滚动阻力吻合性良好。

5）醇选择性氧化反应

催化氧化反应是将化工原料转化为高附加值产品的核心技术，其中选择性氧化醇类至羰基化合物是有机合成中的一个重要反应，其在合成药物、维生素、香料及人造纤维等精细化学工业中具有关键的作用。醇类选择性氧化的传统方法主要采用 Cr(Ⅵ)、Mn(Ⅶ)等无机强氧化剂以化学计量的方式进行反应，但大量重金属和试剂的废弃物及生成的无用副产物严重污染了环境。利用分子氧作为氧源，构筑绿色氧化体系已成为催化领域的一大热点。栾奕和何洪[128]利用硝酸铈和 TDPAT 有机配体为前驱体反应得到 CeTDPAT 金属有机骨架材料，再通过在 400℃、2h 条件下有氧煅烧获得新型介孔氧化铈材料。该材料微观结构具有排布均匀的介孔，场发射电镜清晰可见其孔径为 13～14nm，煅烧后的氧化物为氧化铈晶型，其BET比表面积为 $188m^2/g$，高于文献中的 $80～140m^2/g$ 的平均水平。新型介孔氧化铈材料被用于绿色醇类氧化反应中，实现介孔稀土氧化物与绿色催化氧化的高效耦合。

Zhu 等[129]分析了稀土 Ce 在 $La_{1-x}Ce_xCoO_3$ 催化分子氧选择氧化液相醇类中的作用。以甲醇和乙二醇为络合剂、用溶胶-凝胶法制备了系列 $La_{1-x}Ce_xCoO_3$ 钙钛矿氧化物催化剂。研究表明：该方法在 650℃ 即能形成纯相的钙钛矿，但在 $x > 0.1$ 时，出现 CeO_2 杂相；特别是该方法能生成具有丰富大孔结构的 $La_{1-x}Ce_xCoO_3$ 样品，且无需添加其它的模板剂；催化测试显示 $La_{0.9}Ce_{0.1}CoO_3$ 对于分子氧氧化苯甲醇具有高催化活性，转化率和选择性均高于 95%；已使用催化剂表面再生可恢复 94% 的原始催化活性；在表征和活性结果的基础上，提出了一个新的反应机理。其中，氧气在氧空位上得到电子被活化，醇类分子在金属位上失去电子被活化。

相比于传统工艺制备的 CeO_2，去合金化法得到 CeO_2 具有更高的比表面和更为优异的储氧能力。去合金化法从多组分合金中以酸或碱选择性腐蚀去除特定组分，从而可得到高比表面纳米孔径材料。这类材料中原子常无序排列，同时存在大量低配位原子，导致大量表面台阶和位错，因而所得 CeO_2 表现出高催化性能。多组分合金前驱体中原子的排列对于最终所得纳米孔径催化剂的结构和催化性能影响显著，无定形合金前驱体较相应晶化合金所得多空金属催化剂结构更为精细。Al 与 Ce 可在 7%～10%Ce 范围内形成无定形合金，且 Al 可较易通过碱液处理去除。Nozaki 等[130]从 Ce-Al 无定形合金以去合金化法制备了 Au-CeO$_2$ 催化剂，并研究了其对于 O$_2$ 氧化苯甲醇至苯甲醛反应的催化性能。结果显示，使用无定形前驱体可改善 Au-CeO$_2$ 催化活性，由无定形 Au-Ce-Al 合金直接制得的催化剂活性最高；制备的催化剂中绝大多数 Au 呈+1 价，这有利于氧原子在晶格中的迁移，从而提升催化剂活性。

6）其它有机合成化学反应

乙酸正丁酯是一种广泛应用于硝化纤维、香料香精、医药工业等工业生产中的重要工业用化学品。传统生产乙酸正丁酯采用的浓硫酸催化过程存在副反应多、设备腐蚀严重、产率低、继续处理复杂、三废排放量大污染环境等问题。分子筛具有催化活性高，选择性好等优点，是一种对环境友好的催化剂。王亚楠等[131]采用浸渍法对 HY/SBA-15 微孔介孔复合分子筛进行了 Ce 改性，制备的 Ce-HY/SBA-15 催化剂保持了 HY/SBA-15 的微孔、介孔结构，Ce 离子均匀地分散在分子筛的孔道里，没有出现团聚。表征结果表明，Ce 的负载使羟基表现出更强的 B 酸强度，有利于提高催化剂的酸催化活性。以 Ce-HY/SBA-15 为催化剂催化合成乙酸正丁酯，优化制备条件下酯化率最高可达 94.4%，证明 Ce 的负载和 HY 的结构有利于提高催化剂的酸催化活性。

碳酸二甲酯（DMC）具有较高的氧含量，可作为汽油添加剂提高辛烷值，提高燃烧的效率，降低因尾气排放造成的环境污染。DMC 还可以替代光气、硫酸二甲酯等作羰基化和甲基化试剂。近些年以 CO$_2$ 和甲醇为原料直接合成 DMC 受到了广大研究学者的关注。该方法的原料 CO$_2$ 价廉易得，且操作工艺简单、条件温和，被认为是生产碳酸二甲酯最有前途的方法。有报道显示稀土 La 能降低反应温度，显著提高催化剂活性。赵越等[132]使用不同比例的 La$_2$O$_3$ 和 ZrO$_2$ 对载体 ZnO-Al$_2$O$_3$-HZSM5 进行了改性，用硼氢化钾还原法和共沉淀法制备了一系列 Cu 基催化剂，并通过表征分别在分散度、比表面积、酸碱性三个角度来分析催化剂的结构和性质。La$_2$O$_3$ 和 ZrO$_2$ 比例为 2：1 时，活性组分的分散度较大，且催化剂表面具有适宜的弱酸位、弱碱位和中强酸位。在反应温度 230℃，反应压力为 1.0MPa，催化剂用量 1.0g 的反应条件下，Cu/Zn-Al-La-Zr(2：1)-Z5 催化剂的性能最佳，甲醇的转化率为 8.99%，碳酸二甲酯的选择性为 88.33%。

稀土金属化合物及有机配合物作为有机合成反应的催化剂已被广泛研究和应用，涉及的稀土化合物包括稀土氯化物、稀土烷基化试剂、稀土有机氢化物、稀土三氟甲基磺酸盐以及含稀土的固体超强酸等，涉及的化学反应类型繁多。

8. 稀土基单原子催化剂

"单原子催化"即采用单原子分散的金属催化剂进行催化反应，是近几年催化和材料研究领域非常热门的课题。由于催化剂表面的活性组分高度分散，其金属的利用率非常高（理论上达 100%），催化活性高，在资源利用上有着普通催化剂不具备的优势。当前单原子催化剂研究的重点在于开发适宜的制备工艺。

随着纳米科学的发展，人们认识到催化剂活性组分颗粒尺寸减小所带来的尺寸效应对于催化反应具有极大的影响。在催化科学的发展历程中，科学家们通过不断减小活性金属粒子的尺寸不断提高金属原子利用率，获得催化剂的高活性。理论上讲，催化剂活性组分的极限尺寸为单个原子，此时活性成分的原子利用率为 100%，传统的催化剂以及称之为"纳米和亚纳米"的催化剂的原子利用率远低于这种理想的水平。2011 年，Zhang 课题组[133]成功地制备了 Pt_1/FeO_x 单原子 Pt 催化剂，首次提出了"单原子催化"的概念。经过几年的发展，催化工作者从理论以及实验中发现单原子催化剂不同于纳米和亚纳米催化剂。当粒子分散度达到原子尺寸时能够引起诸如表面自由能、量子尺寸效应、不饱和配位环境和金属-载体相互作用等性质发生急剧变化。由于单原子催化剂兼具均相催化剂的均匀单一的活性中心和多相催化剂的结构稳定、易分离等特点，被认为是沟通多相催化与均相催化的桥梁，因此，单原子催化可以帮助催化工作者更好地认识催化反应（特别是多相催化反应）的本质。

Lykhach 等[134]综述了近年在纳米结构 CeO_2 为载体的单原子催化剂制备及其作为质子交换膜燃料电池阳极催化剂方面的应用前景。与负载的原子水平分散的 Pt 和亚纳米尺寸 Pt 颗粒相关的两种状态间的相互作用赋予了负载超低量 Pt 的 Ce 基催化剂的非凡性能和耐久性。这两种状态的产生是源于 Pt 和纳米结构 CeO_2 间的强相互作用，在氧化状态下产生原子级单分散 Pt，而在还原条件下产生亚纳米级 Pt 颗粒。{100}纳米台面上 4 个氧原子的平面四方形排列是纳米结构 CeO_2 表面的关键结构因素，Pt 可以 Pt^{2+} 的形式在此附着，O 空穴或吸附还原剂引发的有 Ce^{3+} 参与的氧化还原过程进一步引发了 Pt^{2+} 向亚纳米 Pt 颗粒的转化。大量存在的与{100}纳米台面上相似的特异吸附位点决定了 Pt 在 $Pt\text{-}CeO_2$ 膜上的最大吸附量。该类膜材料中可进行原子级分散 Pt

向亚纳米 Pt 颗粒的可逆转变,从而可在燃料电池运行中产生高活性和高耐用性。

张宁强等[135]对单原子催化剂过去几年的主要进展进行了综述。制备单原子催化剂,首先需要考虑将孤立的单个原子负载于载体之上,避免在制备和使用过程中发生金属原子的团聚。理论上,提高单原子金属的负载量和避免团聚可以采取两种措施:一是增大载体的表面积,二是增强金属和载体的相互作用。基于以上两种措施,单原子催化剂制备方法主要有共沉淀法、浸渍法、质量分离软着陆法、原子层沉积法等。研究制备的单原子催化剂活性组分涉及有贵金属、非贵金属以及贵金属合金,其中贵金属包括 Pt、Pd、Rh、Au、Ag、Ir 等,非贵金属有 Fe、Co 等,合金类有 Pd、Pt 等的合金。

已有可获得单原子催化剂的方法主要是通过强静电吸附、离子交换、共沉淀、接枝法、注入法或沉积-沉淀法等方法负载量和操作温度都很低,以避免单原子聚集为纳米颗粒。然而工业应用要求较高的金属负载以及稳定的高温性能,为此,Datye 等[136]研究了一种以具有捕获分立单原子能力的 CeO_2 作为载体制备单原子催化剂的方法。Pt/CeO_2 催化剂采用等体积浸渍法合成,单原子 Pt 金属负载可达到 3wt%,750℃处理的样品产生稳定的氧空位,对于 CO 氧化具有高催化反应活性。

单原子催化剂拥有众多优点的同时,也存在着一些不足,比如当金属粒子减小到单原子水平时,比表面积急剧增大,导致金属表面自由能急剧增加,并且随着负载量的增加,在制备和反应时极易发生团聚耦合形成较大的团簇,从而导致催化剂失活等。在反应条件或者强热下,原子发生迁移(或团簇迁移)从而团聚形成大颗粒,破坏原有的单原子分散状态,影响催化剂的稳定性。因此,获得优良的稳定性和大的负载量是单原子催化剂制备和应用过程中所面临的巨大挑战。Jones 等[137]发现利用氧化铈(CeO_2)与铂(Pt)的相互作用可以将 Pt 原子非常稳定地"铆"在 CeO_2 的部分晶面上,使得原子级分散的 Pt 能够在高温下保持稳定而不团聚。研究者利用 Pt 与 CeO_2 的相互作用,通过将 Pt 在高温下气化(PtO_2 形式)并沉积在 CeO_2 表面的方式在 800℃下制备得到了原子级分散的 Pt 催化剂,并表现出了一定的 CO 氧化活性。这是一种利用金属与载体之间的相互作用来制备稳定的单原子催化剂的方法。

对于防止烧结来说,调节单个金属原子和氧化物载体之间的结合强度是至关重要的。美国宾夕法尼亚大学 Janik 和 Senftle 研究组[138]在单金属原子及氧化物载体作用研究中,应用密度泛函理论以及基于最小绝对收缩和选择算子回归的统计学习方法，来识别预测单个金属原子和氧化物载体之间相互作用强度的性质描述符，并展示了界面结合是与负载金属（例如通过氧化物形成能进行测量的亲氧性）和载体（例如通过氧空位形成能进行测量的还原性）的物理性质相关的。这些性质可用于凭经验筛选金属-载体对之间的相互作用强度，从而有助于设计对抗烧结稳固的单原子催化剂。

虽然对于单原子催化剂的研究已经取得了诸多优异的成果，但是，单原子催化学说的发展还停留在起步阶段，尤其是单原子催化剂还存在着制备方法不成熟、负载量较低、热稳定较差以及可催化反应的局限性等缺陷；另外，单原子催化机制也需要更多的工作去研究和发现。

9. 稀土催化反应过程机理研究

经过几十年催化科学的发展，以及纳米催化概念和研究方法的出现，人们已经掌握很多催化反应研究和表征的方法，这些方法有的能给出宏观层次信息，有的能给出微观层次信息。但是，人们对于催化的本质并没有充分的认识，催化的本征特性还需进一步探索。随着科学技术的发展，催化工作者通过将物理-化学的新效应、新现象和新方法应用于催化反应的研究，可以更加精确地测定催化剂活性位的结构和数量，提高对催化剂表面催化过程的分辨能力，进而理解催化的本征特性。

1）理论计算研究

优异性能氧化物材料的物理化学特性常与缺陷的类型、分布和特性密不可分，因而已有大量关于缺陷的识别和表征研究。仅基于基础实验结果的分析常不足以实现对于缺陷的充分认识，因而理论计算在支持和解释实验发现方面扮演越来越重要的角色。

催化剂结构-活性关系（structure-activity relationship，SAR）是材料合理设计和功能化首当其冲需要面对的问题。作为一种基本的 SAR 类型，面相关性可在分立的模型体系上研究，通常选择低指数面。Duchoň[139]报道了一种可在相同条件下进行易还原氧化物面相关特性的直接比较的方法，有效规避了热力学参数控制方面的高精度要求。研究观察到 CeO_2{111}面暴露时有较{111}暴露时更显著的还原，这也和密度泛函理论（DFT）计算结果相符合；另外，{100}和{111}两个面还原性方面差异不决定于还原反应的动力学速率常数，而是由氧缺陷的平衡浓度控制。这些信息目前尚未有通过分立模型方法研究发现的报道。

氧空位是 CeO_2 中与催化性能直接相关的缺陷，不仅是具有催化活性金属在载体上的着床位点，同时也影响负载金属簇的结构和电荷，从而影响催化活性。因此，对于 CeO_2 表面缺陷结构的认识成为理解 Ce 基催化剂体系反应性的关键。扫描隧道显微术（scanning tunneling microscopy，STM）、动态力显微术（dynamic-force microscopy，DFM）以及 DFT 计算等方法已被用于研究还原 CeO_2{111}表面的氧缺陷。然而，尚没有一种模型可完好解释理论计算结果与 STM 和 DFM 等实验观测结果之间的差异，Han 等[140]结合 DFT 理论计算与蒙特卡洛（Monte Carlo，MC）模拟尝试解决这一问题。计算发现一种较之前报道都更稳定的新型三聚空穴结构，这可完好解释 STM 观测到的双线性氧空穴簇特征。MC 模拟显示，在低温和低空穴浓度下，空穴更倾向于表层下位点，而绝大多数的线性表面空穴簇则需在较高温度和还原度条件下形成。该研究结果可解释稳定空穴结构和 CeO_2{111}表面空穴簇间的矛盾，提供了一种对于金属氧化物氧化还原和催化化学的理解。

CeO_2 是一种易还原氧化物材料，在氧化反应催化剂中即可作为助催化剂，也可作为催化剂本身。在汽车尾气净化催化剂及一些其它高温环境应用中，CeO_2 主要作为储氧材料，以保障在波动的氧化/还原环境中维持催化剂的高氧化能力。CeO_2 的高储氧能力通常认为源于其易于形成氧空位，但对于纳米颗粒的 CeO_2，也已有提出不同机制。如 CO 和 O_2 的低温催化氧化反应进程则无氧空位参与，而在非化学计量比纳米晶 CeO_2 表面的离子化氧物种如超氧负离子 O_2^- 发挥了主要作用。这种离子化氧物种仅在特定形状（如柱状或立方体等）且非常小（$d<5nm$）的纳米颗粒中大量存在。这种形状和尺寸与性能的强相关性部分可从 DFT 计算得以理解，但还存在不能解释之处，最主要的问题是半局域 DFT 计算 O_2 分子在还原处理 CeO_2 上的吸附能太小，因而得出 O_2 不能在高于室温时形成超氧负离子的与实验观测相悖的结论。Du 等[141]尝试用杂化 DFT 方法解决这一问题。发现理论与实验的差异源于对与局域 f 电子相关能级的不正确估计，而使用杂化 DFT 计算得到的平均 O_2 吸附能，外延到较大纳米颗粒（3～10nm），结合一级解吸动力学，发现超氧离子确实可以在室温以上稳定存在于纳米颗粒氧化铈中。

对于 CeO_2 载体负载金属纳米颗粒的催化剂，金属-氧化物相互作用可对催化活性产生巨大影响已为人熟知，为研究这种载体效应，成熟的 Ce 基催化剂常作为研究模型。Lustemberg 等研究了 Ce 负载 Ni、Co、Cu 催化甲烷干法重整反应（DRM:$CH_4+CO_2\rightarrow 2H_2+2CO$）[142-144]以及 Ce 负载 Ni 催化水煤气转化制氢反应过程（WGS：$CO+H_2O\rightarrow CO_2+H_2$）[145]。甲烷分解和水的解离分别为 DRM 和 WGS 过程最难进行的反应步骤。应用自旋极化 DFT+U 方法研究了甲烷在化学计量比 $CeO_2\{111\}$ 面和还原 $Ce_2O_3\{0001\}$ 面沉积 Co、Ni、Cu 纳米颗粒催化剂以及 H_2O 在 $Ni/CeO_2\{111\}$ 上的解离吸附行为。以单原子和小四面体簇作为模型的计算结果与扩展金属面模型进行了对比分析。结果表明，载体氧化物可在实质上改变吸附金属的电子特性，使之呈现与相应体相金属非常不同的化学特性，如在 $CeO_2\{111\}$ 面上 Ni^{2+} 打开 C-H 和 O-H 键的能力；负载金属的种类也显著影响催化活性和稳定性。因而，改善催化剂性能可通过选择正确的金属-氧化物组合、调控金属-氧化物间的相互作用以及控制负载金属的效应等手段实现。该系列研究提供了可很好与实验观测符合的金属/CeO_2 理论计算模型。

目前，CeO_2 产生催化功能的原子和电子结构研究主要通过密度泛函（DFT）计算进行。然而，目前绝大多数的 DFT 计算研究均是基于表面扩展模型的，这可较为充分地给出关于 CeO_2 表面科学过程和现象方面的信息，但忽略了 CeO_2 催化剂纳米结构的内禀特性。另外，纳米尺度的 CeO_2 的各种关键性能也会完全不同，如 CeO_2 的还原性以及与之相关的储氧能力。因此，没有特定设计的模型很难进行纳米结构氧化铈及其催化相关纳米复合物理想的密度泛函研究。Neyman 等[146-149]发展了可较好预测和/或解释一些实验观测的纳米结构计算模型。该密度泛函计算采用结合现场库伦修正 U 的广义梯度近似，可描述部分还原 CeO_2 中的局域 Ce4f 电子。计算主要关注以下几个问题：①Pt/CeO_2 纳米颗粒聚集体中 O 到 Pt 物种的溢出；②通过 Pt-CeO_2 界面电荷转移的量化；③燃料电池催化剂 Ce 基纳米材料中负载的单 Pt 原子和金属颗粒之间的相互作用。研究还循环进行了设计实验对理论预测的检验。所选择的模型以及电子结构计算在大多数情况还不能达到足够精确，还需结合实验进一步修正。

高效甲烷转化，尤其是低温活化 C-H 键的能力，是丰富天然气资源的有效使用和降低温室气体排放的必要环节。大量研究显示 Pd/CeO_2 界面的协同相互作用可在比其它已知异相催化剂所需更低的温度实现甲烷的快速催化转换。一般认为，CeO_2 促进 Pd 的氧化，因而可作为催化氧化反应的活化相。活化金属/载体界面位点原子水平的细节依然有待研究，Senftle 等[150]应用经验的 ReaxFF 反应力场法，结合 DFT 分析了 Pd-Ce 混合氧化物的形成过程。基于 ReaxFF 的巨正则蒙特卡罗（grand canonical Monte Carlo，GCMC）模拟可提供 Pd/CeO_2 界面的氧化物结构微观信息，由此获得的表面模型进一步用于反应分子动力学模拟（reactive molecular dynamics，RMD），显示当 Pd 混合进入 CeO_2 晶格时可引起甲烷的快速燃烧。基于 GCMC/RMD 模型的 DFT

模拟建议在 PdO$_x$ 簇中的 Pd^{4+} 态因部分嵌入 CeO$_2$ 晶格而得以稳定化，这种催化位点可产生较低的甲烷活化势垒。该研究结合了量子/传统计算方法，也可拓展用于其它氧化物−金属载体催化剂行为研究。

重整、加氢或脱氢反应等重要的催化体系涉及金属或氧化物表面的氢化，但这些反应中活性位点的确切类型依然存在争议。Ga 基催化剂已被用于进行 CO$_2$ 加氢甲烷化反应，其中在氧化镓表面形成了碳酸盐物质，这些物质进一步加氢形成甲酸盐、甲基异氧化物和甲氧基等，因为 H$_2$ 在 Ga$_2$O$_3$ 表面被解离。另外，已有研究证实向 CeO$_2$ 中掺杂 Ga 可显著增加纯 CeO$_2$ 对于烯烃选择性半加氢反应的催化活性，这可归因于 Ga 改进催化剂表面分子氢活性的增强。Vecchietti 等[151]结合实验结果和计算研究提出了纯 CeO$_2$ 以及 Ce-Ga 混合氧化物表面 H$_2$ 解离的四步反应机制。在 Ce-Ga 混合氧化物界面的 Ga 位点打破 H-H 键形成 GaH 和 OH，再重组产生水和一个氧空位，最后 Ce^{4+} 被氧空位还原到 Ce^{3+}。研究还发现，Ga 改进 CeO$_2$ 表面 Ce^{4+} 的还原比在纯 CeO$_2$ 中快得多；Ga 掺杂量越大，表面氧空位越多；H$_2$ 活化的活性位点位于富 Ga 和富 Ce 纳米畴间的界面处；反应能垒基本与 Ga 掺杂浓度无关。在 Ga···O-Ce 位点 H$_2$ 解离活化能很小，仅为~4kcal/mol，假设 H-H 键的异裂为速控步骤。而在纯 CeO$_2$ 表面，实验活化能为~23kcal/mol，表明 Ga^{3+}离子的添加可促进 H$_2$ 的分裂。因此表面 Ga$_2$O$_3$ 纳米畴周围 Ga···O-Ce 位点的产生应是混合氧化物反应性增强的原因所在。这种新类型位点对选择乙烯加氢和甲烷脱氢等相关反应起到关键作用。

2）催化过程机理的表征研究

尽管已有大量关于 CeO$_2$ 反应面结构与催化性能相关机制的报道，但真实氧化还原条件下表面原子结构的实时演变过程尚待探究。Bugnet 等[152]利用原位环境透射电镜提供了一种室温下直接观测 CeO$_2$ 纳米立方体{100}表面 Ce 原子流动性的方法。量化观测显示，Ce 原子在高真空状态下存在明显的流动性，但在 O$_2$ 气氛下流动性显著降低，而在 CO$_2$ 气氛中则完全观测不到流动性。高分辨 TEM 显示 O$_2$ 气氛中{100}面末端为 O 原子，而 CO$_2$ 气氛中表面吸附形成碳酸盐层，因而抑制了表面流动性。阳离子流动性的直接观测可提供关于环境条件对于 CeO$_2$ 表面影响的信息，这对于催化材料性能的控制和促进具有重要意义。

Ce 基催化剂的功能受负载金属纳米颗粒和氧化物载体间各种类型相互作用控制。Lykhach 等[153]利用模型催化剂调查了非均相催化反应过程中不同类型金属-载体相互作用，并讨论了与催化性能之间的关联。金属纳米颗粒与氧化物载体之间的电子相互作用影响材料的稳定性、催化活性和选择性等功能。电子相互作用主要表现为通过金属/载体界面的电子转移，该研究结合同步辐射光电子能谱、扫描隧道显微术和密度泛函理论计算量化研究了已知催化剂 Pt/CeO$_2$ 的界面电子转移过程。研究显示，对于含大约 50 个原子的 Pt 纳米颗粒平均每个原子的电子转移数目最大，大约每 10 个 Pt 原子产生 1 个自纳米颗粒到载体的电子转移。对于更大的颗粒，电荷转移会达到其内禀极限，而对于更小颗粒的电荷转移会受到缺陷处的成核作用而抑制。该研究有助于更好理解金属/氧化物纳米材料中的颗粒尺寸效应以及电子相关的金属-载体相互作用。

Au/CeO$_2$ 是一种具有良好催化氧化反应性能的催化剂，尤其是对于水-煤气转化或氢纯化过程。尽管已有大量相关研究，铈载体及其缺陷结构等对于催化性能的影响仍需深入探索研究。Schilling 等[154, 155]采用拉曼光谱和 DFT 计算方法，研究了 CeO$_2$ 体相和{111}晶面的拉曼光效振动，以获取 CO 氧化过程中 Au/CeO$_2$ 催化动力学的直接证据。结果表明，拉曼光谱结合振动的 DFT 分析可在分子水平研究活性铈催化剂的行为。发现 CeO$_2${111}晶面的振动特性与 CeO$_{2-x}$ 体相的 F$_{2g}$ 拉曼带对于氧缺陷敏感，由此可进行表面及表面以下氧缺陷浓度的量化。结果显示，还原预处理时，载体的还原不仅发生在表面，也已扩展至表层以下，在 CO 催化反应条件下，表层迅速再氧化，但表层以下的再氧化过程缓慢进行。因而认为表层以下的还原与高催化活性直接相关。

CeO$_2$ 也是一种重要的储 NO$_x$ 材料，常与 Ba 或 Zr 结合使用。为更深入分析 CeO$_2$ 的储 NO$_x$ 性能，Hess 等[156]对比研究了无 Pt 和有 Pt 负载样品的行为。已有对于 CeO$_2$ 储 NO$_x$ 机制研究主要手段为漫反射傅里叶变换红外光谱法（diffuse reflectance Fourier transform infrared spectroscopy，DRIFTS）。相比于 DRIFTS，拉曼光谱不仅可监测被吸附物，也可监测 CeO$_2$ 的缺陷及晶格常数变化等性能，因而研究使用拉曼光谱结合紫外可见光谱研究了 CeO$_2$ 材料中储 NO$_x$ 的机制，发现 Ce-O 表面位点数量对 NO$_x$ 的总吸附量产生显著影响，由此获得了 Ce-O 位点参与到 CeO$_2$ 表面反应的直接证据，这在其它光谱方法中尚无法直接监测到。

反向负载氧化物/金属催化剂体系适于研究催化反应中氧化物和氧化物/金属界面行为。该体系因具有通常在氧化物载体上沉积氧化物难于达到的强氧化物-金属相互作用而表现出特殊的结构和催化性能。在体相中看不到的或者亚稳态的氧化物相可在氧化物/载体体系中稳定存在，这也为探寻材料新的化学特性提供了可能。为研究 CeO_2 催化活性机制，Grinter 等[157]通过基于X 射线光电子显微术（X-ray photoemission electron microscopy，XPEEM）的真实和倒易空间技术结合低能电子显微术研究了一种反向负载模型催化剂，即将 CeO_2{111}生长在 Rh{111}和 Pt{111}基底上形成薄膜纳米岛的还原和再氧化过程，尤其关注了铈催化剂催化循环过程中的再氧化环节。铈纳米岛需首先还原预处理，这一过程采用一个第三代同步辐射源产生的微聚焦软 X 射线束进行，以避免化学反应诱导还原。研究获得了一个有意义的发现，即还原处理薄膜再氧化过程有源自金属载体的氧参与，而普遍认同的 Mars-van Krevelen 模型机制中再氧化过程是铈与 O_2 直接反应的。

CO_2 的循环利用是针对温室效应日益加剧的有效解决途径。其中，通过异相催化的手段将 CO_2 转化为 CH_4，对于产热、发电、车辆燃油替代以及蒸汽重整制合成气等工业领域具有重要意义。CO_2 加氢转化为 CH_4 的反应在热力学上有利，但动力学上阻碍较大，并具有多种反应路径，这为阐释催化剂在反应中的构效关系带来很大挑战。负载在可变价氧化物载体（CeO_2、TiO_2）上的贵金属纳米颗粒（Ru、Pd、Rh）对这一反应表现出优异的催化性能，但催化剂中的金属-载体强相互作用（strong metal-support interaction，SMSI）如何影响其甲烷化反应活性和反应路径，还未得到深入的探究。郭毓等[158]将 RuO_x 原子簇负载在晶化良好的 CeO_2 纳米线上，利用尺寸效应和掺杂效应来研究 SMSI 对反应动力学以及反应路径的影响。通过研究发现，RuO_x 与 CeO_2 之间的 SMSI 包括电荷迁移和物质运输两部分，不同尺寸的 RuO_x 原子簇上可能发生不同的反应历程，而向 CeO_2 中掺入其它稀土离子仅引起活性位点浓度的变化，而反应历程未改变；氧空位不是唯一的活性位点，活性位点的具体组成需要结合原位表征手段进行进一步探究。

Sun 等[159]制备了具有恒定比表面的系列 $Ce_xZr_{1-x}O_2$ 固体溶液，以研究吸/放氧容量与 CO 和 HCl 两催化氧化反应活性的关系。非均相催化剂可视为一种表面现象，气相与固相催化剂表面接触后转化为目标产品。然而，除在反应物和催化剂间的电子交换，体相和表面的催化剂组分，如可还原氧化物中的氧离子，或也参与氧化催化过程，即为通常所说的 Mars-van Krevelen 机制。可还原氧化物的典型代表是具有优异氧化还原化学的 CeO_2，在晶格中吸/放氧同时可维持结构整体性的特性赋予了其在催化科学和技术方面的独特性能，例如在三效催化剂方面，CeO_2 基材料主要作为储氧元件用于缓冲尾气组分的波动。通常认为 CeO_2 基催化剂的氧化反应活性是与其 OSC 相关的，然而如将 OSC 直接作为氧化催化剂性能的衡量指标仍存在问题。OSC 测定实验采用不同设备结果确有差异，同时 OSC 数据也与还原氧化物的不同合成工艺以及活性表面的不同区域显著相关，另外，OSC 测定使用的还原剂一般也与实际研究体系不同，因而难于准确建立 OSC 与催化活性的关联。该研究结果显示，随 Ce 浓度 x 的变化，430℃时的总 OSC 与相同温度下 CO 的氧化活性线性相关，符合预期的 Mars-van Krevelen 机制；对于 430℃时的 HCl 催化氧化反应，催化活性同样与总 OSC 线性相关，其中 $Ce_{0.8}Zr_{0.2}O_2$ 具有最大催化活性。

尽管价格昂贵，Rh 作为催化剂活性相可沉积在各种氧化物载体中应用于不同领域，如三效催化剂、燃料电池、CO 优先氧化、CO_2 甲烷化等。CeO_2 可增加负载 Rh 催化剂的催化活性。催化剂的储氧能力（OSC）是调节尾气中氧化-还原组分比的关键因素。CeO_2 的 OSC 可通过掺杂更小尺寸或电荷的氧离子（如 Zr^{4+}、Y^{3+}、Gd^{3+}、Sm^{3+}）而产生更多的氧空穴得到进一步提升，但 OSC 并非随掺杂浓度而单调增加，过高的掺杂浓度将导致氧空穴被掺杂原子捕获几率增加，使 OSC 降低。在适当的制备和操作条件下，含铂族金属（platinum group metal，PGM）和 CeO_2 的催化剂中 PGM 由于与 CeO_2 间存在强电子相互作用而可以离子形态被稳定化，在表面以下和体相中形成固体溶液。而 Rh 在 CeO_2 中形成均一的固体溶液是研究金属与氧化物载体间强相互作用的良好模型。Derevyannikova 等[160]采用共沉淀法制备了纳米晶 Rh 掺杂的 CeO_2 催化剂，研究了其整体和局域结构。Rh 掺杂浓度小于 10wt% 的样品 450℃灼烧得到的均一固体溶液对于低温 CO 氧化表现出高催化活性。实验结果与双体分布函数（pair distribution function，PDF）模型数据对比显示 Rh^{3+} 在萤石相中取代了 Ce^{4+} 晶格位，同时产生氧空穴以维持电荷平衡。固体溶液仅在纳米晶形态时稳定存在，高于 450℃灼烧处理导致表面以下区域 Rh 的聚合，阴离子亚晶格结构强烈扭曲，同时催化活性降低。

铈负载金属催化剂已在催化转化、水煤气变换反应以及乙醇和柴油等燃料的重整反应等工业领域广泛应用。仍需加强在纳米尺度认识金属/载体界面如何影响该类催化剂性能的研究。Ke 等[161]选择暴露{110}面且具有完好表面结构的 CeO_2 纳米线作为载体，表面沉积亚纳米尺度的 PtO_x 簇产生界面位点，以低温 CO 催化氧化作为探针反应，研究了 PtO_x 簇局域配位结构对于催化性能的影响。发现在亚纳米 PtO_x/CeO_2 纳米线结构中，相对小的 Pt-O 配位数时有利于获得更佳的催化性能。

为了设计反应性能更加优异的稀土多相催化剂，充分、有效地利用稀土资源，首先需要对稀土催化材料进行深入的基础研究，包括利用各种现代表征方法和技术对稀土材料的结构（相态，晶面，缺陷等）在真实反应条件下/原位反应下对其电子分布、电荷转移、吸脱附性质的影响，从而理解每种稀土元素的酸碱性和氧化还原性在催化反应中的作用方式和主要影响因素。在充分理解稀土催化材料性质的基础上，合理地设计特定结构的稀土多相催化剂，通过优化的合成手段，将稀土元素可控地引入催化剂的特定位点，例如，可以考虑将稀土元素作为多孔骨架或金属有机框架的节点，从而为结构特性与催化性质建立有效关联。除此之外，强关联体系计算方法的发展也是优化稀土多相催化剂催化性能的不可缺少的途径。由于稀土元素这类强关联体系在理论计算中具有一定的复杂性，从电子结构出发的催化剂设计对其实际催化性质不能给出很好的预测，也造成稀土催化剂理性设计的困难。

二、稀土催化剂在光/电催化中的应用

稀土元素拥有复杂的 $4f$ 层核外电子（独特亚电子层）以及数目巨大的能级结构，而且半数稀土氧化物都具备有可见光的吸收能力，因此在光催化方面的研究和应用越来越广泛。如稀土元素 Ce，由于具有特殊的电子结构，可在近可见光区域具有较大吸收，能提供良好的电子转移轨道，可作为催化剂的"电子转移站"，因此，CeO_2 在光催化方面具有潜在应用价值。目前，稀土元素作为光/电催化剂方面的研究主要包括：①光催化分解水、光催化降解污染物和光催化还原 CO_2 等化学反应；②敏华太阳能电池；③稀土元素掺杂改性锂离子电池；④用于高温燃料电池。

1. 化学反应光催化剂

1）催化分解水稀土基催化剂

近年来，稀土元素在光催化分解水产氢领域有较多研究，涉及的稀土元素包括 La、Y、Sm、Ce、Er、Pr 和 Gd 等，主要用于对 $BiVO_4$、TiO_2 和 ZnO 等催化剂的掺杂改性，通过改变半导体光催化的能带位置来提高其光催化分解水产氢活性。使用稀土元素制成的固溶体具有良好的可见光吸收，通过跟其它光催化剂复合可以使其具有优异的光催化全分解水活性。另外，采用稀土元素制成的钙钛矿型过渡金属氮氧化物也是近年来的研究热点，这一类型的光催化剂也具有良好的光催化分解水产氢性能。

（1）稀土元素掺杂催化剂

$BiVO_4$ 是一种受到广泛关注的新型光催化剂，带隙宽度为 2.4eV，具有

可见光活性，广泛应用于光催化分解水制氧反应中。为了使得 $BiVO_4$ 具有光催化分解水制氢能力，对其进行改性研究受到了科研人员的广泛关注。Fang 等[162]使用稀土元素 Y 的二元金属氧化物 YVO_4，将其与 $BiVO_4$ 制备固溶体 $Bi_xY_{1-x}VO_4$，改变了其带隙结构，使其具有完全分解水的能力。此外 Fang 等[163]还制备了具有完全分解水能力的 $Bi_xM_{1-x}VO_4$（M = Y、Dy、Sm）等系列稀土化合物。

TiO_2 是一种广泛使用的光催化剂，具有光催化活性好、无毒、廉价等优点，但其带隙宽度较大，为 3.2eV，只在紫外线照射下具有光催化活性。扩展 TiO_2 的光响应范围引起了科研人员的广泛关注。稀土离子可见–紫外的上转换过程可用于诱导 TiO_2 的光催化活性。Reszczyńska 等[164]使用溶胶凝胶法制备了 Er^{3+}-TiO_2，Yb^{3+}-TiO_2 以及 Er^{3+}/Yb^{3+}-TiO_2。Er^{3+} 和 Yb^{3+} 通过取代 TiO_2 中的 Ti^{4+}，改变了 TiO_2 的带隙结构，减小了带隙宽度，将 TiO_2 的光响应范围扩展至可见光区。

ZnO 是一种性能优良的光催化剂，具有优良的物理化学性质，对环境友好，储量丰富而且价廉易获得，但其带隙较宽，为 3.3eV，只能在收到 $\lambda<385nm$ 的紫外线照射时具有光催化活性。Sin 等[165]以 $Nd(NO_3)_3 \cdot 6H_2O$、$EuCl_3 \cdot 6H_2O$、$(NH_4)_2Ce(NO_3)_6$ 以及 $Zn(NO_3)_2 \cdot 6H_2O$ 为前驱体，使用溶胶凝胶法焙烧制得 Nd、Eu、Ce 掺杂的 ZnO。将 Nd、Eu、Ce 掺杂进 ZnO 的晶格中，改变了 ZnO 的带隙结构，使得 ZnO 具有可见光活性。同时由于 Nd、Eu、Ce 的掺杂提高了 ZnO 的电子空穴分离效率，提高了 ZnO 的光催化分解水活性。

（2）稀土基固溶体催化剂

将稀土元素氧化物与其它过渡元素氧化物制成固溶体可以制得一些具有优良性能的光催化剂。Sakai 等[166]使用具有约 100nm 横向分辨率的光电发射光谱系统研究了 $La_5Ti_2MS_5O_7$（M= Cu、Ag）颗粒光电电极在 Ga 掺杂和不掺杂的情况下的局域电子结构，发现 Ga 掺杂后的 $La_5Ti_2CuS_5O_7$ 的光电阴极响应更强。在 Ga 掺杂后 $La_5Ti_2CuS_5O_7$ 的化学势向上位移了大约 0.35eV，而 $La_5Ti_2AgS_5O_7$ 的电子结构几乎不受 Ga 掺杂的影响。Suzuki 等[167]采用颗粒转移法对 $La_5Ti_2CuS_5O_7$ 粉末进行时间分辨漫反射（time resolved diffuse reflection，TRDR）表征，证明了长寿命光激发载流子的存在，并且在 $La_5Ti_2CuS_5O_7$ 中存在防止载流子复合的机制，这些均有助于光催化分解水气体的生成。Higashi 等[168]采用 Al 掺杂的 $La_5Ti_2Cu_{0.9}Ag_{0.1}S_5O_7$ 作为光阴极和 $BaTaO_2N$（BTN）作为光阳极组成光电化学电池（photoelectro-chemistry cell，PEC），并将其用于光催化全分解水。使用 CdS、Pt 和 TiO$_2$ 对 Al 掺杂的 La$_5$Ti$_2$Cu$_{0.9}$Ag$_{0.1}$S$_5$O$_7$ 进行表面修饰，有效提高了其光催化分解水产氢速率。

此外，Liu 等[169]使用 La$_2$O$_3$、La$_2$S$_3$、TiO$_2$、MgO、Ga$_2$O$_3$、Cu$_2$S 还制备了 La$_5$Ti$_2$Cu$_{1-x}$Ag$_x$S$_5$O$_7$ 光电极，在收到 λ<710nm 可见光照射时具有分解水活性。Ma 等[170]还使用 Sm$_2$O$_3$、TiO$_2$、TiS$_2$、CsCl 合成了 Sm$_2$Ti$_2$S$_2$O$_5$（STSO），同时将 Sm$_2$Ti$_2$S$_2$O$_5$ 担载于 ITO 上制成光电极，在负载 IrO$_2$ 作为助催化剂，在收到 λ<680nm 可见光照射时具有分解水活性。

（3）钙钛矿型稀土基氧/氮化物催化剂

Z-Scheme 光催化分解水体系中，H$_2$（HEP）和 O$_2$（OEP）的生成反应分别在不同催化剂上发生，可以有效提高催化剂的光吸收范围。Pan 等[171]首先制备出了光吸收范围≤600nm 的过渡金属氮氧化物 LaMg$_{1/3}$Ta$_{2/3}$O$_2$N，在负载 Rh$_2$O$_3$ 或者 RhCrO$_x$，并用无定型 TiO$_2$ 包覆后，LaMg$_{1/3}$Ta$_{2/3}$O$_2$N 具有全分解水性质。随后，Pan 等[172]采用 RhCrO$_x$/LaMg$_{1/3}$Ta$_{2/3}$O$_2$N 为 HEP 和金红石相 TiO$_2$ 为 OEP，比 RhCrO$_x$/LaMg$_{1/3}$Ta$_{2/3}$O$_2$N 和金红石相 TiO$_2$ 单独反应时具有更高的光催化活性。但是光催化分解水过程往往伴随着氮氧化物的光氧化反应，在 RhCrO$_x$/LaMg$_{1/3}$Ta$_{2/3}$O$_2$N 上生长一层无定型 TiO$_2$ 可以有效抑制这一反应的发生。Pan 等[173]还采用 RhCrO$_x$/LaMg$_{1/3}$Ta$_{2/3}$O$_2$N 为 HEP，Mo-BiVO$_4$ 为 OEP 组成 Z-Scheme 体系进行光催化全分解水反应，Au 为载流子传输介质，其全分解水速率较直接混合的 RhCrO$_x$/LaMg$_{1/3}$Ta$_{2/3}$O$_2$N 和 Mo-BiVO$_4$ 粉末提高了近 5 倍。在 RhCrO$_x$/LaMg$_{1/3}$Ta$_{2/3}$O$_2$N/Au/Mo-BiVO$_4$ 上包覆无定型 TiO$_2$ 也可以有效提高其可见光催化分解水稳定性。使用 ZrO$_2$ 对 LaMg$_{1/3}$Ta$_{2/3}$O$_2$N 进行表面修饰，可以有效减少 LaMg$_{1/3}$Ta$_{2/3}$O$_2$N 表面的缺陷位，从而提高其光催化活性。

钙钛矿结构过渡金属氧化物还可作为高效氧析出反应（oxygen evolution reaction，OER）和氧还原反应（oxygen reduction reaction，ORR）双功能电催化剂。Wang 等[174]通过控制 A 位等价取代外延生长了一系列稀土镍钙钛矿薄膜，并研究了其结构和物理性能与 OER/ORR 催化活性间的关系。发现 A 位元素离子半径的减少会降低 RENiO$_3$（RE=La、La$_{0.5}$Nd$_{0.5}$、La$_{0.2}$Nd$_{0.8}$、Nd、Nd$_{0.5}$Sm$_{0.5}$、Sm 和 Gd）膜的导电性，使 ORR 催化活性单调降低；当以 Nd 替代 La 时，随 Nd 替代量增加 OER 催化活性增加，并在 La$_{0.2}$Nd$_{0.8}$NiO$_3$ 膜中达到最大值。OER 活性的增加应归因于氧缺陷的存在导致部分 Ni^{3+} 还原至 Ni^{2+}。该工作提供了一种调整 A 位元素获得 ORR 和 OER 双功能催化活性的有效策略。

2）光催化降解污染物

目前光催化中研究最多的光催化剂是纳米 TiO_2 催化剂。其化学性质稳定，无毒安全，成本较低，是实际应用中较理想的光催化剂材料。但是它也存在自身的缺陷。在有机化合物的光降解中，金红石相（在较高煅烧温度下可检测到）的存在导致了光催化活性的降低。理论上，只有四个主要的镧系元素离子（即 Er^{3+}、Ho^{3+}、Nd^{3+} 和 Tm^{3+}）可以通过 Vis-到-UV 或 NIR-到-UV 来激活 TiO_2 光催化剂。

Reszczyńska 等[175]报道了通过水热和溶胶-凝胶路线获得的 Er-TiO_2 光催化剂的相关特征。所有通过水热法合成的 Er-TiO_2 样品比溶胶-凝胶法制得的具有更高的 BET 表面积和更低的晶粒尺寸。尽管如此，通过溶胶-凝胶法制备的光催化剂在其表面上含有更多的 Er_2O_3，并且比通过水热法制备的粉末含有更少的 OH 基团和 Ti^{3+}。将 Er 掺入结构中会引起显著的红移，随后会缩小带隙值，光催化活性的改善主要归因于能带从较窄的带隙以及从 Er^{3+} 到 TiO_2 的能量转移程度较小。为了增强 Er-TiO_2 的可见光响应并因此降解污染物，目前已经应用了一些光催化剂的额外改进，例如碳敏化和 Fe-Er 共掺杂等。类似于 Er-TiO_2，Ho 掺杂也有效地抑制了从锐钛矿向金红石的进一步转变。随着 Ho 掺杂量的增加，Ho-TiO_2 的晶粒尺寸减小。有关铥掺杂或共掺杂材料在不同应用的研究并不多[176]。适量的 Nd 掺杂剂在 TiO_2 对甲基橙分解的光催化活性方面起着至关重要的作用。目前已经被学术界公认的是加入钕离子能增加二氧化钛的光催化活性以除去甲基橙[177]、苯酚、Remazol black B、direct blue 53、活性艳红 X-3B、孔雀绿、罗丹明 B 以及铬(Ⅵ)的光催化还原。

Xu 等[178,179]以硝酸铈为原料，用含有钇、镧、钐和钕等稀土材料进行掺杂合成了多孔的扫把型三维多层次结构二氧化铈，其暴露的晶面主要为{111}晶面。这种形貌的最小单元是 10nm 左右的颗粒。分析发现不同产物晶相组成相同，均为立方萤石结构氧化铈的纯相。利用 Rietveld 精修方法对各产物进行了结构分析发现晶胞参数存在一定差异，这主要是由于不同掺杂元素的离子半径不同，其进入到氧化铈晶格中会产生相应的变化。拉曼光谱研究表明除了本征 MO8 型的固有的振动外（$\sim$460cm^{-1}），还观察到本体缺陷特征峰（$\sim$600cm^{-1}）和掺杂缺陷特征峰（$\sim$530cm^{-1}），通过计算得出产物中 Ce^{3+} 的浓度。光电能谱仪的结合能分析可以看出，掺杂元素主要影响着表面活性氧的结合能，而对晶格氧的影响很小。同时计算得出表面活性氧的浓度[O_{sur}]。光催化降解乙醛的实验表明，Sm 掺杂扫把型多孔结构的二氧化铈具有较强的光催化反应活性，这主要由于 Sm 的引入以及多孔的结构可以产生更高浓度的氧空穴。氧空穴一方面可以在 CeO_2 表面聚集形成更高浓度和高反应活性的活性氧，另一方面可以有效抑制光生电子和空穴的复合几率，从而提高了 CeO_2 光催化活性。另外，Magdalane 等[180]采用水热合成制备了 Er^{3+} 掺杂的 CeO_2 纳米颗粒，其光催化分解罗丹明 B 染料污染废水的染料去除率可达～94%。

Li 等[181]研究了过渡金属（Co）和稀土（La、Ce、Sm、Eu）共掺杂的 TiO_2 纳米颗粒的光催化活性。带宽估计为 2.4eV，小于 TiO_2 的内禀带宽；TiO_2 的光催化响应范围从紫外扩展至可见光区，且表现出良好的光催化性能。过渡金属和稀土的协同作用可调制带宽，拓展吸收光谱范围，提升 TiO_2 纳米颗粒的光催化活性，或可在废水处理和环保领域具有应用前景。

Caschera 等[182]采用改进的一步法合成了油酸覆盖不同 Eu 掺杂的锐钛矿 TiO_2 纳米晶。该合成方法产率高、成本低，且无需高温后处理。Eu 的掺杂为 TiO_2 纳米晶提供了一个强红色发光，还使纳米晶发生形貌变化（从纳米棒转变为球形）和相对于无掺杂 TiO_2 吸收边界的蓝移。0.5mol% Eu 掺杂的 TiO_2 纳米晶在紫外和可见光照射下对甲基蓝（methylene blue，MB）的光催化降解活性最佳；所有 Eu 掺杂油酸覆盖 TiO_2 纳米晶对可见光催化活性的提升更为有效。应用在棉纺织品上的 0.5mol% Eu 掺杂 TiO_2 纳米晶可在可见光照射下高效分解 MB；该纳米晶的引入还改变了棉纺织品的润湿行为，呈现出了超疏水性，甚至对强酸性和碱性环境亦是如此。该研究中得到同时具有发光、超疏水性和可见光催化活性的材料应可应用于诸多领域。

Ahmad[183]采用燃烧法合成了 Er 和 Yb 共掺杂的 ZnO 光催化剂。Er 和 Yb 的引入显著改变了 ZnO 在可见光区的吸收性能，吸收带发生了自 3.23eV 到 3.16eV 的红移。样品对于甲基橙分解的可见光催化活性随 Er 和 Yb 共掺杂浓度的增加而增强，最高掺杂浓度时，甲基橙可在 90 分钟可见光照射下几乎光催化分解完全。

在半导体氧化物中掺杂稀土金属因可迟滞受激后电子-空穴对复合而成为一种增强光催化活性的有效手段。Alam 等[184]采用溶胶凝胶工艺合成了不同稀土金属（La、Nd、Sm 和 Dy）掺杂的 ZnO 纳米颗粒。发现所有稀土掺杂的 ZnO 样品在紫外光照射下对于 MB 的光催化降解活性都得到了提升，其中 Nd 掺杂样品活性最佳，MB 降解率达到 98%。

3）光催化还原 CO_2

近些年来，稀土元素在光催化还原 CO_2 方面的应用研究也逐渐增多，主要有元素掺杂和形成稀土金属化合物两种。稀土元素掺杂能够显著的调控能带结构，拓宽催化剂光响应范围，提高光能利用率，并且能够促进光生载流子分离效率，从而提高催化剂活性。稀土金属氧化物既可以作为光催化基体接受其它元素掺杂亦可以负载在基体表面形成复合催化剂，提高催化剂的活性。

使用稀土元素改性 TiO_2 能够使催化剂的光吸收发生红移，同时还能够抑制 TiO_2 的锐钛矿相向金红石相的转变，而且能够有效的抑制电子-空穴对的复合，提高 TiO_2 的光催化活性。并且合适的掺杂浓度有利于形成更多的 Ti^{3+}，有利于有效的分离光生电子和空穴；当掺杂浓度过低时，不能形成足量的捕获载流子的浅势阱，电子和空穴对不能最大限度地分离，光催化活性较低；当掺杂浓度过高时，掺杂元素可能成为电子和空穴对的复合中心，增大电子、空穴的复合率，从而降低光催化活性。

Liu 等[185]通过 La 元素改性在 TiO_2 上同时引入碱性 La_2O_3 和 La 元素的掺杂。研究结果表明，大部分的 La 是以纳米氧化镧的形式存在于二氧化钛表面，少量 La 原子替代了表面的 Ti 原子以 Ti-O-La 的形式存在。表面 La_2O_3 能够有效地吸附和富集 CO_2，少量的 La 掺杂 TiO_2 催化剂表面有 Ti^{3+} 产生，同时有氧空位产生以平衡电荷。光催化还原 CO_2 反应结果表明，光照 20h 的 CH_4 生成量为 3.46μmol，通过调控 La 的添加量可以进一步提高光催化还原生成 CH_4。光催化选择性产生 CH_4 的主要原因是具有碱性的 La_2O_3 能够吸附 CO_2，氧空位能够活化水蒸气以及 Ti^{3+} 能够有效地分离光生电子之间的协同效应。

Ce 掺杂 TiO_2 的光催化剂用于光催化还原 CO_2 反应，在全光照射情况下还原产物中通常有 CO，H_2 和 CH_4。Ce 的掺杂使 TiO_2 光催化剂的电子结构发生变化，合适的 Ce 掺杂量能够有效的分离光生电子和空穴，从而提高光催化活性。随着 Ce 掺杂量的增多，Ce/TiO_2 光催化剂的电子能量就会逐渐低于 H^+ 的还原电势，所以掺杂量增加导致催化剂的催化活性反而会降低[186]。

当 CeO_2 作为基体，被其它元素掺杂时，也表现出优异的光催化还原 CO_2 活性。据理论计算，CeO_2 价带（O2p）与导带（Ce5d）间的禁带宽度较大，导致电子跃迁困难；但由于 Ce4f 轨道介于 O2p 和 Ce5d 之间，因而在近可见光作用下，电子可被激发至 Ce4f 轨道；然而，O2p 和 Ce4f 轨道间的带隙宽度仍旧较大（约为 3.2eV），致使可见光利用率较低。为了提高 CeO_2 对可见光的利用率，常用掺杂方法形成掺杂能级，降低电子跃迁阻力。除过渡金属元素掺杂可提高 CeO_2 的光催化性能外，其它稀土元素掺杂 CeO_2 也日益受到研究者重视。如已有研究发现 Pr 掺杂对 CeO_2 紫外-可见光吸收性能效果明显优于 La 掺杂，且在可见光作用下对相关染料污染物具有较好的催化降解作用。

郝仕油等[187]利用氨基硅烷与表面羟基间的缩合作用，合成了表面羟基含量较高的氨基功能化介孔 Ce-Pr-O。表征结果表明，以 25%Pr(NO$_3$)$_3$ 掺杂所获得的 Ce-Pr-O 结构性能较好；该样品氨基功能化后，除孔径、表面积及孔容变小外，其它性能基本保持不变。以酸性红 14(AR14) 为探针分子对合成材料的光催化性能进行评价结果显示，在可见光作用下，所合成的氨基功能化介孔 Ce-Pr-O 能较彻底地催化降解溶液中的 AR14。由于 Pr 掺杂后形成氧缺位，提高了样品的可见光吸收强度；此外，通过嫁接氨基，提高 AR14 的吸附量。氨基硅氧烷与基体通过共价键结合令氨基稳定性较好，在重复使用多次后，NH$_2$-Ce-Pr-O 的催化效率仍然保持在较高水平。Wang 等[188]以 SBA-15 为模板合成了不同浓度 Fe 掺杂的有序的二维六角形介孔结构 CeO$_2$ 催化剂，掺杂的 Fe 物种能够进入 CeO$_2$ 的晶格结构，可以有效地延长催化剂对紫外到可见光区的光谱响应，提高了光催化性能，并且催化剂中 Ce^{3+}/Ce^{4+} 的存在和高含量的表面化学吸附氧也有助于提高光催化活性。

在稀土元素化合物表面沉积贵金属也能显著提高催化剂光催化还原 CO$_2$ 活性。当在 LaPO$_4$ 上沉积 Pt 时，能够显著提高催化剂的光催化还原 CO$_2$ 活性。Pan 等[189]研究发现，单一的 LaPO$_4$ 纳米棒光催化还原 CO$_2$ 生成 CH$_4$ 和 H$_2$ 的产率分别为 0.11 和 0.08μmol/h。当在表面沉积 Pt 时，显著提高了光催化性能并且提高了 CO$_2$ 转化为 CH$_4$ 的选择性。当 Pt 的质量分数为 1% 时，与单一的 LaPO$_4$ 相比，催化剂的表观量子产率提高了 5 倍，并且在 3wt%Pt 负载下 CH$_4$ 产生的选择性达到 100%。在 LaPO$_4$-Pt 催化剂中，Pt 的添加加速了电子转移，并且提高了催化剂基体对 CO$_2$ 的吸附能力。

2. 稀土元素在太阳能电池中的应用

稀土发光主要包括上转换（up-conversion，UC）发光和下转换（down-conversion，DC）发光两种类型，上转换发光材料吸收长波而辐射出短波，下转换发光材料吸收高能量的光子（紫外光）而发出 2 个或多个低能量光子（可见光）。两类转换发光材料的发射谱线主要位于 400～700nm 之间，这一波段正好可被太阳能电池高效利用。所以这些谱线发光能被引入太阳能电池中，以便电池对光线更加充分地吸收和利用。此外，稀土发光材料还可以作为敏化剂，大大提高激活剂的发光性能，是一种有效提高电池光电转换效率的方法。

制备具有上/下转换发光功能的单掺杂或共掺杂二氧化钛纳米晶对拓宽二

氧化钛电极的光谱响应范围、提升太阳能电池光电转换效率具有积极的促进作用。最早 Shan 和 Demopoulos[190]在 2010 年将 Er^{3+}-Yb^{3+}共掺杂 LaF_3 与 TiO_2 结合当做上转换层（UC-TiO_2 薄膜）来制造一个染料敏化太阳能电池的三层工作电极，因此近红外光就可以被染料敏化太阳能电池利用。为了进一步改进染料敏化太阳能电池的光吸收和光电流，很多研究者都结合了局域表面等离子体共振（LSPR）和上转换效应。

为了提高光捕获，下转换发光材料结合一维结构用作染料敏化太阳能电池的光电阳极。Hafez 等[191]用水热法合成了 TiO_2:Eu^{3+}纳米棒，然后成功合成 TiO_2:Eu^{3+}/TiO_2 纳米粒子双层电极的染料敏化太阳能电池。对比无掺杂双层电极，电池的光电转换效率提高到 1%，因为 Eu^{3+}粒子从紫外光到可见光的转移和染料在可见光区的吸附增加。此外，还有课题组报道了稀土离子掺杂发光材料的光散射的引入。

上转换纳米发光材料能够有效吸收近红外光，并转换成能量较高的光子，再被钙钛矿太阳能电池吸收，从而提高钙钛矿太阳能电池的光电转换效率。理论上，禁带宽度为 1.1eV 的典型硅太阳能电池，在加入上转换纳米材料层后，其效率可以从 20%提升到 25%。He 等[192]首次报道了使用上转换材料提高有机卤化物钙钛矿太阳能电池效率的可行性方案：使用 $NaYF_4$:Yb/Er 上转换纳米材料作为钙钛矿太阳能电池的介孔电极，成功提高了 $CH_3NH_3PbI_3$ 钙钛矿太阳能电池对近红外光的吸收，加入上转换介孔电极后，钙钛矿太阳能电池的光电转换效率由 17.8%提高到 18.1%。

Ramasamy 等[193]报道了在染料敏化太阳能电池里用一个由 β-$NaGdF_4$:Yb，Er，Fe 上转换纳米颗粒和银颗粒组成的反射结构，得到了 21.3%增强的效率。上转换纳米颗粒可以吸收近红外光以及释放可见光子，同时银颗粒因其表面等离子效应和高散射率可以增强上转换发光。此外，含金属纳米颗粒的上转换材料 β-$NaYF_4$:Yb^{3+}，Er^{3+}@SiO_2@Au 作为染料敏化太阳能电池内 TiO_2 顶部的多功能层被成功制备[194]。在此复合结构中，覆盖在 $NaYF_4$:Yb^{3+}，Er^{3+}上面的 SiO_2 作为 Au 和绝缘层的界面可以阻止电子陷落以及被上转换材料捕捉。在光照时，$NaYF_4$:Yb^{3+}，Er^{3+}@SiO_2上近红外光可转化为可见辐射，还可以随机散射光到 TiO_2 薄膜上。把 Au 引入核壳结构后，光可以因为 LSPR 存在而有效集中在电池内部。同时上转换的发射强度会增强，因为 Au 的等离子体共振效率与上转换发射的绿光和红光重叠。因此，$NaYF_4$:Yb^{3+}，Er^{3+}@SiO_2@Au 复合层上的显著的光散射、LSPR 和增强的上转换发射使染料敏化太阳能电池性能得到增强。

要使得上转换材料应用于钙钛矿太阳能电池中,上转换发光材料还需要满足以下条件:两者的光谱响应相匹配;材料具有高的上转换效率和低的上转换阈值;上转换介质在太阳能电池光伏响应波长范围内是近乎透明的,抑制上转换层对可见光的吸收损耗。为此,Chen 等[195]制备了 $LiYF_4:Yb^{3+}$,Er^{3+} 单晶体,并将其应用在有机/无机杂化钙钛矿太阳能电池中,以提高其性能。MYF_4(M=Li、Na、K、Ru、Cs)材料声子能量低,是稀土离子上转换材料最合适的宿主,单晶结构不仅能抑制上转换材料缺陷态的影响,还能够保证介质的透明度。Er^{3+} 不仅在蓝绿和紫外波段有多条上转换荧光谱线,而且在红外波段也有谱线特征。Yb^{3+},Er^{3+} 共掺杂使得材料在近红外光激发下可以发射可见光。将单晶体 $LiYF_4:Yb^{3+}$,Er^{3+} 放在钙钛矿太阳能电池前,钙钛矿太阳能电池光电转换率提高了 7.9%,这说明无论在理论上,还是在实际应用中,上转换材料确实能够提高钙钛矿太阳能电池的转换效率。

使用介孔 TiO_2 作为电子传输层的钙钛矿太阳能电池(perovskite solar cells,PSCs)能量转化效率(power conversion efficiency,PCE)超过 20% 的报道已经很多。然而,TiO_2 能够减小 PSCs 在光照(包括紫外光)时的稳定性。La 掺杂的 $BaSnO_3$(LBSO)钙钛矿的电子迁移和电子结构使其很可能成为一种理想的替代材料,但是分散良好的细颗粒状 LBSO 或合成温度低于 500℃结晶良好的 LBSO 还未实现。Shin 等[196]利用一种超氧化物溶胶溶液法在低于 300℃ 的温和条件下制备了 LBSO 电极。利用 LBSO 和甲基胺碘化铅(MAPbI₃)制备的 PSCs 表现出 21.2% 稳定的 PCE。这一 PSCs 在全太阳光照 1000h 后仍能保持起始性能的 93%。

三、稀土元素掺杂锂离子电池

锂离子电池具备高能量密度、高功率密度、高寿命、无污染等优点。相对负极材料而言,锂离子电池正极材料的发展相对滞后,因此提高锂离子电池的性能,在很大程度上取决于正极材料的发展。稀土元素具有电荷高,离子半径大以及自极化能力强等特点,因此稀土元素掺杂是锂离子电池改性研究中的一个重要方向。

$LiMn_2O_4$ 具有尖晶石结构,该材料中锂离子的扩散具有三维迁移通道,作为正极材料有很多优点,但比容量在循环过程中的下降是制约其应用的一个非常重要的方面。分析表明,这是由于 Mn^{3+} 离子的 Jahn-Teller 效应以及在工作温度下 Mn 在电解液中的溶解所致。因此对于 $LiMn_2O_4$ 正极材料，掺杂改性增强其结构稳定性显得尤为重要。Lee 等[197]对 $LiMn_2O_4$ 材料进行了稀土掺杂，研究了 $LiMn_{2-x}RE_xO_4$（RE=Y、Nd、Gd、Ce）体系，发现稀土掺杂后 $LiMn_2O_4$ 的晶格常数增大了，并发现稀土掺杂能够起到稳定 $LiMn_2O_4$ 骨架的作用，进而提高了其循环稳定性，此外还发现稀土掺杂扩充了锂离子迁移通道，进而促进了锂离子在其中的迁移。

$LiCoO_2$ 具有很高的理论比容量（274mAh/g），然而，基于 $LiCoO_2$ 的电极电压相对于 Li/Li^+ 超过 4.35V 时容易引起结构不稳定和严重的容量衰减。因此，商业化的 $LiCoO_2$ 表现出的最大容量仅有 165mAh/g 左右。Liu 等[198]发展了一种掺杂技术能够解决这一长期循环不稳定的问题，并且能够增加 $LiCoO_2$ 的容量。La 和 Al 共同掺杂在 $LiCoO_2$ 的晶格中，其中 La 作为支柱增加 c 轴的间距，而 Al 作为正电荷中心促进 Li^+ 的迁移，即使在 4.5V 的截止电压也能够稳定结构和抑制循环过程中的相变。这种掺杂的 $LiCoO_2$ 电极表现出极高的容量（190mAh/g），保持 96%的容量能够稳定循环 50 圈，而且能够提高材料的倍率性能。

稀土掺杂锂离子电池过程中，还有一些实际问题也是值得研究的，包括以下几个方面：电极材料的力学性质在稀土掺杂后的变化情况，这将影响制备过程中材料的尺寸与均匀性；稀土元素不同的氧化态对材料的物理化学性质的影响，因为在脱嵌锂的充放电循环过程中，稀土离子在中间各个阶段化合价态有可能发生变化，从而会影响材料的电子结构性质以及过渡金属元素的价态，进而对材料的性能产生影响；稀土掺杂对不同类型的正极材料的改性机理是有区别的，理解不同正极材料中稀土掺杂后性能提升的机理将能更好地优化和提升现有的这些正极材料体系。

四、稀土元素在燃料电池中的应用

燃料电池能量转化效率高，污染物超低或零排放，是 21 世纪高效、低污染的绿色能源。燃料电池主要可分为碱性燃料电池、固体氧化物燃料电池和质子交换膜燃料电池，按所使用的燃料也可有氢燃料电池和甲醇燃料电池（direct methanol fuel cell，DMFC）等。燃料电池中的电催化反应包括阴极的氧还原反应（ORR）和阳极的氢氧化反应（hydrogen oxidation reaction，HOR）或甲醇氧化反应（methanol oxidation reaction，MOR）。以铂为主的贵金属催化剂由于价格昂贵而制约燃料电池商业化，降低铂的用量，开发高性能和高稳定性非铂催化剂成为近年来电催化剂的主要研究方向。目前稀土主要用于高温燃料电池，特别是在固体氧化物燃料电池中，从正极材料、负极材料、固体电解质材料，到连接件，全都离不开稀土成分。稀土氧化物具有良好的离子和电子导电性，对改善固体氧化物燃料电池的性能有着无法取代的作用。通过选择合适的氧化物组成，可提高电极材料的离子导电率，降低氧还原的活化能。通过研究组成、结构与导电性的关系以及掺杂离子的形态，来设计、合成新型结构的复合稀土氧化物，获得高电催化活性和高电导率的稀土电极材料，是固体氧化物燃料电池目前的研究热点，其中由稀土元素组成合金催化剂及钙钛矿型金属氧化物催化剂在固体氧化物燃料电池和质子交换膜燃料电池中受到了广泛关注。

1. 固体氧化物燃料电池

固体氧化物燃料电池和其它燃料电池相比具有独特的优点：发电效率高，能量密度大；电池结构为全固态，可以避免使用液态电解质带来的腐蚀和电解液流失等问题；燃料使用面广；高度模块化设计，安装位置灵活方便等。钙钛矿结构的 ABO_3 型氧化物和类钙钛矿结构的 A_2BO_4 型氧化物是目前研究较热的电极材料。其中 A 表示稀土元素或者碱土金属元素，B 代表过渡金属元素。虽然钙钛矿型催化剂导电性能较差以及表面积受限，但由于钙钛矿型氧化物优良的双功能催化活性并且可以通过调变组分的方法来改变催化剂的物理、化学以及催化性质，受到了广泛研究。调变后的形式可以写成 $A_{1-x}A'_xB_{1-y}B'_yO_3$。Liu 等[199]所制备的 Ni 改性 $Ce_{0.6}Mn_{0.3}Fe_{0.1}O_2$（Ni-CMF）材料被认为是混合直接碳燃料电池（hybrid direct carbon fuel cell，HDCFC）的阳极材料。在 HDCFC 操作条件下 Ni-CMF 催化剂较纯 CMF 显示出高电导率，并且具有优异的催化活性和稳定性，在 800℃仍具有高的极限电流密度。Fan 等[200]制备了纳米孔径的 $Sm_{0.95}Ce_{0.05}FeO_3$，在 800℃时阴极和阳极的极化电阻分别低至 0.15Ω 和 0.08Ω，表现出了优良的 ORR 活性。Wang 等[201]将 $Li_{0.33}La_{0.56}TiO_3$ 制成阳极外壳，比非核壳型具有更高的活性，且可在含硫气氛中长时间稳定，抗硫性能显著提高。

2. 质子交换膜燃料电池

质子交换膜燃料电池一般包括采用纯氢气或重整气（如天然气）为燃料、氧气或空气为氧化剂的氢-氧质子交换膜燃料电池（proton exchange membrane fuel cell，PEMFC）以及以液态甲醇为燃料、氧气或空气为氧化剂的直接甲醇燃料电池（DMFC）。主要采用以贵金属铂为主的催化剂，但是越来越多的稀土元素被应用到催化剂中。Malacrida 等[202]对 Pt_5La、Pt_5Ce 和 Pt_3La 进行了 ORR 活性测试，发现 Pt_5La 和 Pt_5Ce 比 Pt 有更好的活性和稳定性，有望用于质子交换膜燃料电池。Alvi 和 Akhtar[203]使用静电纺丝技术制备了 Pd-Ce 双金属修饰的碳纳米纤维，有望用于高浓度甲醇氧化的阳极电催化剂材料。Pd-Ce 双金属修饰的碳纳米纤维阳极催化剂在碱性介质中具有优异的活性，在甲醇氧化方面表现出优异的性能，可以提高燃料电池的性能和稳定性。Liu 等[204]将 $LaNiO_3$ 负载到 CeO_2 上，催化剂对乙醇蒸气重整反应有非常好的活性和稳定性，是由于 La^{3+} 掺杂到 CeO_2 晶格中，产生了更多的氧空位。Lu 等[205]测试了加入 La、不同的 NiO 负载量以及不同的载体在 Ni 基催化剂中对甲醇蒸气重整的活性，结果表明加入 La 的 Ni 基催化剂降低了重整温度以及一氧化碳的选择性，可能是由于 La 的加入导致 NiO 以更小的粒径高度分散更有利于甲醇的反应。

尽管由于高的能源转换效率以及环境友好性等优点，燃料电池成为非常有潜力的能量转换装置，但成本问题限制了燃料电池应用。据了解，质子交换膜燃料电池（PEMFC）所需成本的 45%都来自于铂电催化剂的使用，因此，如何在不使用铂催化剂的前提下保持燃料电池高效的性能是亟须解决的问题。阴离子交换膜燃料电池（anion exchange membrane fuel cell，AEMFC）因此应运而生，但是 AEMFC 依然没有大规模应用，这是由于其阳极催化剂的氢氧化反应动力学进程十分缓慢。Miller 等[206]制备了无铂的 Pd/C-CeO_2 催化剂，这种催化剂与传统的 Pd/C 催化剂相比性能提升了五倍，形貌观察看到 Pd 纳米颗粒均匀分散在 CeO_2 基底上，这样的结构削弱了 Pd-H 键并且可以为 Pd-H_{ad} 提供 OH_{ad}，因此加速了整个氢氧化反应。这种催化剂用在 AEMFC 中以干燥的 H_2 和部分过滤的空气（<10ppm CO_2）为反应气得到的峰值功率密度超过了 $500mW/cm^2$，具有十分优异的性能。

综上所述，稀土催化材料不仅大量应用于石油化工、汽车尾气净化，还扩展到工业废气与室内污染的治理、催化燃烧以及燃料电池等领域，在整个稀土用量中，稀土催化材料占据很大的比例。特别是，稀土催化研究和应用最广最多的是稀土元素丰度最大的 La 和 Ce 两种元素，这为解决高丰度稀土利用不平衡问题提供了切实可行的解决办法。

第二节　制约发展的基础科学问题

随着国家对资源的优化利用和可持续发展的需要不断增加，对环境保护提出了更加严格的要求，同时随着催化技术的不断发展，对催化材料也提出了更高的要求，稀土元素因特有的催化性能在多种催化材料中发挥着重要且不可替代的作用。但目前有关稀土催化的研究，主要集中在性能评价与应用开拓上，有关其催化作用的本质与活性机理的研究还不深入。一般认为，稀土作为催化材料的作用主要有：提高负载型金属催化剂的分散度和稳定性、增加催化剂储/放氧能力等。但稀土元素引入后产生独特性能的本质原因尚不清楚，如何进一步提高稀土催化剂的催化性能，还缺乏基础理论指导与规律性认识。如何使催化材料更好地发挥它的作用和开拓其在新的催化过程中应用，仍有许多问题不清楚。同时对于稀土在催化剂中的作用，也还有许多内在规律有待探索。

从目前稀土催化材料在能源和环境领域的研究情况来看，制约稀土催化领域发展的基础科学问题大体来说有以下三个方面。

1. 新型高效多功能稀土复合催化剂设计与制备方法

目前已发现稀土二氧化铈具有优良的储氧和氧化还原性能，不仅本身可以作为主催化剂，而且还可以部分或完全替代贵金属、改善催化剂的高温稳定性、改善催化剂的抗硫和抗铅中毒能力以及稀土在催化中的协同作用等。多功能方面既包括酸碱催化功能和氧化还原催化功能，也包括高储放氧功能及抗污染中毒（如抗硫）功能等；复合催化剂既包括化学组成和结构的复杂性，也包括形貌和空间孔道结构的复杂性设计。如何针对目标反应的多功能要求，设计构筑催化剂活性位，进一步设计新型高效多功能稀土复合催化剂，建立简便易行的制备方法是当前稀土催化需要解决的一个关键问题。另外，目前发展的稀土多相催化剂在反应中主要表现其碱性，除 CeO_2 之外其它体系虽然也可将氧缺陷作为反应活性位点，但针对氧缺陷精细调控的工作较少。此外，稀土元素引入多相催化剂的方式大多为简单混合的前驱体通过溶胶凝胶法或水热法得到合金或负载型催化剂，或者直接利用浸渍法得到负载型催化剂，稀土元素位点的分布无法调控。

2. 分子、原子层次上深入认识催化活性位结构和催化机理反应机理

目前已发现稀土元素的 $4f$ 电子结构、配位数及电子构型对其催化性能有重要影响，但详细的理论解释还有待进一步的研究，有关稀土催化作用机理的理论模拟目前研究的较少。应利用现代原位动态表征技术对反应条件下催化剂及其活性位结构的动态变化进行表征研究，探讨催化剂的结构特别是活性位的结构与催化性能的关系，利用实验或理论计算方法探讨反应活性中间物种，进而深入认识稀土复合催化剂与反应物分子的催化作用机理。

3. Ce 以外其它稀土元素催化作用的基础研究

目前稀土催化剂的研究中，关于 Ce 基催化剂的活性调控和反应机制探究已经有大量的研究工作。无论是作为活性成分还是作为载体或助剂，Ce 基多相催化剂的构效关系都得到充分研究，包括催化剂的相态、暴露晶面、表面缺陷种类、金属-载体相互作用对催化活性的影响。但其它稀土元素主要是以助剂的形式参与反应，对于其它稀土元素的选择主要以实验结果或催化性能为依据，常用的筛选方法为依次替换稀土成分，通过比较其性质得到表现最优的元素，而无法由理论得出指导性意见，这也与对于其它稀土元素在分子水平上的催化作用的基础研究相对缺乏有关，后者极大限制了稀土元素在多相催化中的应用方式和前景。

第三节　展望与建议

一、前瞻性、科学性的研究思路

针对目前稀土催化的主要应用领域（能源与环境催化）和存在的主要问题，未来稀土催化发展的研究思路建议主要应集中在以下几个方面。

1. 新型多级孔稀土催化材料

催化剂的空间孔道结构为催化剂提供了丰富的比表面积同时也大大改善了反应物和产物分子扩散传递性能。一方面保证活性组分的均匀分散，提供尽可能多的表面活性位；另一方面，增加了反应物分子与活性位的有效接触

和相互作用。如何进一步提高孔道内表面的有效利用率，提高反应物和产物分子的扩散速率，制备新型多（级）孔稀土催化材料是未来稀土催化研究的重要方向之一。

2. 发展更先进表征工具

对于CeO_2形状进行纳米尺寸调控是一种制备得到更高性能催化剂的有力工具。暴露特定晶面已是科学家手中一个设计催化活性和选择性的有力工具，但在纳米尺度上表面控制的复杂性及相关动力学行为使得准确表征非常困难。为此，需发展在实时实空间条件下使用的更先进表征工具。氧空穴的浓度和结构在决定CeO_2基金属催化剂表面反应性和催化性能方面扮演重要角色，晶粒尺寸和形状的调控可调控空穴浓度，促进空穴的形成。研究中还需特别关注在"无空穴"小纳米颗粒中超氧化物的形成与储氧能力的关系，这对促进低温反应性尤其重要。另外，单原子催化剂制备过程面临的一个巨大挑战是高温下特定金属原子在载体上高原子密度且高稳定性的固化，CeO_2形状调控或是克服这一挑战的关键。

3. 研究催化剂及其活性位结构的动态变化

利用现代表征技术，结合量化计算方法，深入研究催化反应条件下催化剂及其活性位结构的动态变化，探讨催化剂的结构特别是活性位的结构与催化性能的关系。这可以从两个方面进行探讨，即运用质谱、原位 IR、原位 Raman、EXAFS、电镜、X 射线光电子能谱等方法探究催化剂在反应过程中催化剂及其活性位的结构及其变化情况，表面产生的中间物种的结构和变化情况，探讨催化反应机理；其次，运用密度泛函理论计算反应中各分步反应所需克服的最低能垒，形成相应的数学模型，再进一步验证上述反应机理的正确性。

4. 低成本、高稳定性稀土催化材料研发

在制备高性能稀土元素催化剂的过程中，应该考虑高丰度低成本催化剂的设计和研发，我国轻稀土 La 和 Ce 丰度高，利用率偏低，加大开发 La，Ce 基廉价稀土催化剂用于能源和环境领域的工业化生产，将具有更大的社会效益和经济效益，是目前稀土催化化学领域值得研究的重要方向。

二、发展方向

稀土催化材料在能源与环境中的应用研究涉及材料科学、催化科学、能源科学和环境科学等多个学科，需要从多学科、多角度进行交叉研究，才能取得突破。稀土催化材料在能源和环境领域催化领域中主要有以下一些研究方向。

1. 探究基础原理

揭示具有独特 $4f$ 电子组态的稀土元素催化作用的本质和规律，$4f$ 电子对催化剂表面态性能的影响，以及发现稀土催化的新现象和新原理等。

2. 阐明构效关系

阐明稀土型复合氧化物组成-结构-性能间的独特构效关系，特别是非化学计量的稀土复合催化材料的表面键态、电子态、原子配位等。揭示稀土激活复合氧化物氧化性能的机制，稳定复合氧化物结构的原理，稀土与其它氧化物、稀土与过渡金属和贵金属相互作用的机制等。

3. 发展特定性能的稀土催化材料

发展特定性能的稀土催化材料，如高性能的稀土储/放氧材料，稀土耐硫材料、耐热材料等具有大比表面、高储氧能力和高热稳定性的复合催化材料，新型的稀土基介孔材料等。

4. 发展稀土催化材料的制备化学

发展稀土催化材料的制备化学，研究稀土在特定结构材料中的分子组装技术、不同尺度的稀土催化材料与性能的关联，研究制备技术及环境条件对稀土催化材料性能的影响，发展特定耐高温表面材料、耐久性涂层技术和长寿命纳米催化材料制备技术等。

5. 拓展稀土催化的新应用

研究稀土催化材料在反应气氛下的表面动态学，建立动态催化理论；探讨特定反应物的活化和反应机理，拓展稀土元素在催化中的新功能和催化作用。

三、国家政策导向

随我国国民经济的高速增长，汽车、石化等支柱产业以及新能源等新兴产业的迅速发展，对资源的合理利用及环境保护提出了更严格的要求。因此，发挥我国稀土资源优势，开展有关稀土催化基础研究，探讨稀土在催化中的合理和高附加值利用，为稀土在能源环境领域中的应用提供理论指导和技术支持，特别是为解决我国高丰度轻稀土利用不平衡问题提供可行的解决办法。

1. 加大科研投入力度，扩大稀土催化的研发水平与应用规模

加大稀土催化领域基础与应用研发的支持力度，实施一批重大基础性、前沿性、战略性科研项目，扩大稀土，尤其是高丰度轻稀土元素在催化领域内的应用，带动稀土产业转型升级。更加关注世界新技术的发展趋势，更加注重稀土催化材料的高端化和精细化，增加产品附加值，扩大稀土催化材料的应用领域。

2. 引导多学科融合，促进稀土催化行业的快速发展

稀土催化不仅仅涉及催化学科，同时也涉及材料科学、化学化工和稀土化学等多学科，发展稀土催化需要从国家政策方面进行引导，进行多学科或跨学科交叉融合，进而促进稀土催化行业的跨越式发展。

综上，随着国家对于能源和环保的日益重视，稀土催化材料在这些领域将具有巨大的应用市场和发展潜力。通过纳米水平的设计，开发出先进的稀土催化材料，可大大降低贵金属的用量。对于稀土催化材料的应用还面临着许多挑战，许多机理上的东西有待进一步研究和认识，如：如何充分利用稀土特殊电子层结构等特点，制造出性能更为优异的净化催化剂；如何充分发挥稀土复合多组分氧化物的储氧能力和耐高温性能；如何充分利用稀土氧化物本身的催化性质。此外，利用纳米粒子本身具有的特殊性能，如微粒尺寸小、比表面积大等特性，进一步研究开发稀土纳米催化材料在尾气净化方面的应用，也是一个值得探索的问题。因此，结合国家能源结构调整和发展环保产业的机遇，大力开发稀土在催化材料领域中的应用，对推动稀土产业的跨越式发展，开拓新的经济增长点，带动高新技术产业群的发展，提升我国在国际竞争力，实现社会、经济可持续发展具有十分重要的战略意义。

参考文献

［1］徐光宪. 稀土. 北京：冶金工业出版社，1995：503-504.

［2］王艳杰，刘瑞，吕广明，等. 纳米 CeO_2 的催化基础及应用研究进展. 中国稀土学报，2014，32（3）：257-269.

［3］于学华，迟克彬，王斓懿，等. 铈基、镧基稀土催化剂催化燃烧柴油炭烟颗粒的研究进展. 中国稀土学报，2016，34（6）：693-714.

［4］Dosa M，Piumetti M，Bensaid S，et al. Novel Mn-Cu-containing CeO_2，nanopolyhedra for the oxidation of CO and diesel soot：effect of dopants on the nanostructure and catalytic activity. Catal Lett，2018，148（1）：298-311.

［5］王健礼，徐海迪，陈耀强. 高性能 Ce-Zr 基储氧材料的制备与性能研究. 中国稀土学会 2017 学术年会摘要集，2017：167.

［6］李伶聪，张宁强，黄星，等. Pd@$Ce_xZr_{1-x}O_2$/Al_2O_3 三效催化剂的合成及热稳定性研究. 中国稀土学会 2017 学术年会摘要集，2017：145.

［7］Yeste M P，Hernandez-Garrido J C，Arias D C，et al. Rational design of nanostructured，noble metal free，ceria-zirconia catalysts with outstanding low temperature oxygen storage capacity. J Mater Chem A，2013，1：4836-4844.

［8］Arias-Duque C，Bladt E，Munoz M A，et al. Improving the redox response stability of ceria-zirconia nanocatalysts under harsh temperature conditions. Chem Mater，2017，29：9340-6350.

［9］Martinez-Munuera J C，Zoccoli M，Gimenez-Manogil J，et al. Lattice oxygen activity in ceria-praseodymia mixed oxides for soot oxidation in catalysed Gasoline Particle Filters. Appl Catal B-Environ，2019，245：706-720.

［10］范丽佳，席康，周瑛，等. CePr 催化剂构建及催化碳烟燃烧性能研究. 中国稀土学会 2017 学术年会摘要集，2017：174.

［11］Kardash T Y，Slavinskaya E M，Gulyaev R V，et al. Enhanced thermal stability of Pd/Ce-Sn-O catalysts for CO oxidation prepared by plasma-arc synthesis. Top Catal，2017，60：898-913.

［12］Aneggi E，Wiater D，Leitenburg C D，et al. Shape-dependent activity of ceria in soot combustion. ACS Catal，2014，4（1）：172-181.

［13］Aneggi E，Divins N J，Leitenburg C D，et al. The formation of nanodomains of Ce_6O_{11}，in ceria catalyzed soot combustion. J Catal，2014，312（15）：191-194.

［14］Aneggi E，Rico-Perez V，Leitenburg C D，et al. Ceria-zirconia particles wrapped in a 2D carbon envelope：improved low-temperature oxygen transfer and oxidation activity. Angew Chem Int Edit，2015，4（47）：14040-14043.

［15］Piumetti M，Bensaid S，Russo N，et al. Investigations into nanostructured ceria-zirconia catalysts for soot combustion. Appl Catal B-Environ，2016，180：271-282.

［16］Andana T，Piumetti M，Bensaid S，et al. Nanostructured ceria-praseodymia catalysts for diesel soot combustion. Appl Catal B-Environ，2016，197：125-137.

［17］Sudarsanam P，Hillary B，Dumbre D K，et al. Highly efficient cerium dioxide nanocube-based catalysts for low temperature diesel soot oxidation：the cooperative effect of cerium-and cobalt-oxides. Catal Sci Technol，2015，5（7）：3496-3500.

［18］Wang W W，Du P P，Zou S H，et al. Highly dispersed copper oxide clusters as active species in copper ceria catalyst for preferential oxidation of carbon monoxide. ACS Catal，2015，5：2088-2099.

［19］Wang W W，Yu W Z，Du P P，et al. Crystal plane effect of ceria on supported copper oxide cluster catalyst for CO oxidation：importance of metal-support interaction. ACS Catal，2017，7：1313-1329.

［20］Wei Y，Zhao Z，Liu J，et al. Multifunctional catalysts of three-dimensionally ordered macroporous oxide-supported Au@Pt core-shell nanoparticles with high catalytic activity and stability for soot oxidation. J Catal，2014，317：62-74.

［21］Wei Y，Jiao J，Zhang X，et al. Catalysts of self-assembled Pt@CeO$_{2-\delta}$-rich core-shell nanoparticles on 3D ordered macroporous Ce$_{1-x}$Zr$_x$O$_2$ for soot oxidation：nanostructure-dependent catalytic activity. Nanoscale，2017，9：4558-4571.

［22］Yu X，Wang L，Chen M，et al. Enhanced activity and sulfur resistance for soot combustion on three-dimensionally ordered macroporous-mesoporous Mn$_x$Ce$_{1-x}$O$_\delta$/SiO$_2$ catalysts. Appl Catal B，2019，254：246-259.

［23］Alcalde-Santiago V，Davó-Quiñonero A，Lozano-Castelló D，et al. On the soot combustion mechanism using 3DOM ceria catalysts. Appl Catal B- Environ，2018，234：187-197.

［24］Tang L，Zhao Z，Wei Y，et al. Study on the coating of nano-particle and 3DOM LaCoO$_3$，perovskite-type complex oxide on cordierite monolith and the catalytic performances for soot oxidation：the effect of washcoat materials of alumina silica and titania. Catal Today，2017，297（15）：131-142.

［25］Yang C，Yu X，Heißler S，et al. Surface faceting and reconstruction of ceria nanoparticles. Angew Chemie Int Ed, 2016, 56: 375-379.

[26] 李伶聪, 张宁强, 黄星, 等. 葡萄糖做还原剂制备暴露高活性面的 Pd/CeO$_2$ 汽车尾气三效催化剂. 中国稀土学会 2018 学术年会摘要集, 2018: 52.

[27] 王加俊, 常仕英, 赵云昆, 等. NO 催化氧化用 CeO$_2$/SiO$_2$ 复合氧化物研究. 稀土, 2018, 39 (3): 1-8.

[28] Vuong T H, Radnik J, Kondratenko E, et al. Structure-reactivity relationships in VO$_x$/Ce$_x$Zr$_{1-x}$O$_2$ catalysts used for low-temperature NH$_3$-SCR of NO. Appl Catal B-Environ, 2016, 197: 159-167.

[29] Vuong T H, Radnik J, Rabeah J, et al. Efficient VO$_x$/Ce$_{1-x}$Ti$_x$O$_2$ catalysts for low-temperature NH$_3$-SCR: reaction mechanism and active sites assessed by in situ/operando spectroscopy. ACS Catal, 2017, 7: 1693-1705.

[30] Gillot S, Tricot G, Vezin H, et al. Development of stable and efficient CeVO$_4$ systems for the selective reduction of NO$_x$ by ammonia: structure-activity relationship. Appl Catal B-Environ, 2017, 218: 338-348.

[31] Gillot S, Tricot G, Vezin H, et al. Induced effect of tungsten incorporation on the catalytic properties of CeVO$_4$ systems for the selective reduction of NO$_x$ by ammonia. Appl Catal B-Environ, 2018, 234: 318-328.

[32] 王艳, 赵文怡, 张丞, 等. 柴油车用铈基 SCR 蜂窝催化剂制备工艺及性能研究. 稀土, 2018, 39 (6): 1-9.

[33] 苏垚超, 何洪, 孙向丽, 等. CeSnTiO$_x$ 复合氧化物的 NH$_3$-SCR 性能研究. 中国稀土学报, 2018, 36 (2): 161-171.

[34] 黄骏, 黄河, 刘立成. 稀土元素对 MnO$_x$/TiO$_2$ 催化剂上 NO$_x$ 低温 NH$_3$-SCR 性能的影响. 中国稀土学会 2017 学术年会摘要集, 2017: 163.

[35] Boningari T, Pappas D K, Ettireddy P R, et al. Influence of SiO$_2$ on M/TiO$_2$ (M = Cu, Mn, and Ce) formulations for low-temperature selective catalytic reduction of NO$_x$ with NH$_3$: surface properties and key components in relation to the activity of NO$_x$ reduction. Ind Eng Chem Res, 2015, 54: 2261-2273.

[36] Boningari T, Ettireddy P R, Somogyvari A, et al. Influence of elevated surface texture hydrated titania on Ce-doped Mn/TiO$_2$, catalysts for the low-temperature SCR of NO, under oxygen-rich conditions. J Catal, 2015, 325: 145-155.

[37] Fan Z, Shi J W, Gao C, et al. Gd-modified MnO$_x$ for the selective catalytic reduction of NO by NH$_3$: the promoting effect of Gd on the catalytic performance and sulfur resistance. Chem Eng J, 2018, 348: 820-830.

[38] Gu Q, Wang L, Wang Y, et al. Effect of praseodymium substitution on La$_{1-x}$Pr$_x$MnO$_3$（x=0–0.4）perovskites and catalytic activity for NO oxidation. J Phys Chem Solids, 2019, 133: 52-58.

[39] Peng H H, Pan K L, Yu S J, et al. Combining nonthermal plasma with perovskite-like catalyst for NO$_x$ storage and reduction. Environ Sci Pollut Res, 2016, 23（19）: 19590-19601.

[40] Yue P, Si W, Luo J, et al. Surface tuning of La$_{0.5}$Sr$_{0.5}$CoO$_3$ perovskite catalysts by acetic acid for NO$_x$ storage and reduction. Environ Sci Technol, 2016, 50（12）: 6442-6448.

[41] Wen W, Wang X, Jin S, et al. LaCoO$_3$ perovskite in Pt/LaCoO$_3$/K/Al$_2$O$_3$ for the improvement of NO$_x$ storage and reduction performances. RCS Adv, 2016, 6: 74046-74052.

[42] Zhang R, Li P, Xiao R, et al. Insight into the mechanism of catalytic combustion of acrylonitrile over Cu-doped perovskites by an experimental and theoretical study. Appl Catal B-Environ, 2016, 196: 142-154.

[43] 雷利利, 李靖, 刘桂武, 等. 不同 Ce/Ba 比对柴油机 NSR 催化剂性能的影响. 机械设计与制造, 2016.（11）: 136-138.

[44] Zhang Y, Yu Y, He H. Oxygen vacancies on nanosized ceria govern the NO$_x$ storage capacity of NSR catalysts. Catal Sci Technol, 2016, 6（11）: 3950-3962.

[45] Bueno-López A, Lozano-Castelló D, Anderson J A. NO$_x$ storage and reduction over copper-based catalysts. Part 1: BaO+CeO$_2$, supports. Appl Catal B-Environ, 2017, 198: 189-199.

[46] Ji Y, Xu D, Bai S, et al. Pt- and Pd-promoted CeO$_2$-ZrO$_2$ for passive NO$_x$ adsorber applications. Ind Eng Chem Res, 2017, 56: 111-125.

[47] Jones S, Ji Y, Bueno-Lopez A, et al. CeO$_2$-M$_2$O$_3$ Passive NO$_x$ adsorbers for cold start applications. Emiss Control Sci Technol, 2017, 3: 59-72.

[48] Inoue M, Bisaiji Y, Yoshida K, et al. deNO$_x$ Performance and reaction mechanism of the Di-air system. Top Catal, 2013, 56: 3-6.

[49] Wang Y X, de Boer J P, Kapteijn F, et al. Fundamental understanding of the Di-air system: the Role of Ceria in NO$_x$ Abatement. Top Catal, 2016, 59: 854-860.

[50] Yoshida H, Yamashita N, Ijichi S, et al. A thermally stable Cr-Cu nanostructure embedded in the CeO$_2$ surface as a substitute for platinum-group metal catalysts. ACS Catal, 2015, 5: 6738-6747.

[51] Yoshida H, Okabe Y, Yamashita N, et al. Catalytic CO-NO reaction over Cr-Cu embedded CeO$_2$ surface structure. Catal Today, 2017, 281: 590-595.

[52] Barakat T, Idakiev V, Cousin R, et al. Total oxidation of toluene over noble metal based Ce, Fe and Ni doped titanium oxides. Appl Catal B-Environ, 2014, 146: 138-146.

[53] 王晨, 郭耘. Pt/TiO$_2$-CeO$_2$ 催化剂上氯乙烯的低温催化燃烧. 中国稀土学会 2017 学术年会摘要集, 2017: 152.

[54] Yan Z, Xu Z, Yu J, et al. Enhanced formaldehyde oxidation on CeO$_2$/AlOOH-supported Pt catalyst at room temperature. Appl Catal B-Environ, 2016, 199: 458-465.

[55] Tan H, Wang J, Yu S, et al. Support morphology-dependent catalytic activity of Pd/CeO$_2$ for formaldehyde oxidation. Environ Sci Technol, 2015, 49 (14): 8675-8682.

[56] Peng H, Ying J, Zhang J, et al. La-doped Pt/TiO$_2$ as an efficient catalyst for room temperature oxidation of low concentration HCHO. Chin J Catal, 2017, 38 (1): 39-47.

[57] Jeong M, Nunotani N, Moriyama N, et al. Introduction of NiO in Pt/CeO$_2$-ZrO$_2$/γ-Al$_2$O$_3$ catalysts for removing toluene in indoor air. Mater Lett, 2017, 208: 43-45.

[58] 王征, 詹望成, 卢冠忠. Ru/CeO$_2$ 对丙烷的燃烧的催化性能. 中国稀土学会 2017 学术年会摘要集, 2017: 153.

[59] Kaminski P, Ziolek M. Mobility of gold, copper and cerium species in Au, Cu/Ce, Zr-oxides and its impact on total oxidation of methanol. Appl Catal B-Environ, 2016, 187: 328-341.

[60] Tabakova T, Ilieva L, Petrova P, et al. Complete benzene oxidation over mono and bimetallic Au-Pd catalysts supported on Fe-modified ceria. Chem Eng J, 2015, 260: 133-141.

[61] Zhang C, Wang C, Hua W, et al. Relationship between catalytic deactivation and physicochemical properties of LaMnO$_3$ perovskite catalyst during catalytic oxidation of vinyl chloride. Appl Catal B-Environ, 2016, 186: 173-183.

[62] Zhang C, Wang C, Gil S, et al. Catalytic oxidation of 1, 2-dichloropropane over supported LaMnO$_x$ oxides catalysts. Appl Catal B-Environ, 2017, 201: 552-560.

[63] Pan K L, Pan G T, Chong S, et al. Removal of VOCs from gas streams with double perovskite-type catalysts. J Environ Sci, 2018, 205-216.

[64] Li J W, Pan K L, Yu S J, et al. Removal of formaldehyde over Mn$_x$Ce$_{1-x}$O$_2$ catalysts: thermal catalytic oxidation versus ozone catalytic oxidation. J Environ Sci, 2014, 26 (12): 2546-2553.

[65] 刘江平, 何德东, 胡亚楠, 等. HZSM-5, CeO$_2$, Al$_2$O$_3$ 应用于催化分解甲硫醇的比较研究. 中国稀土学报, 2018, 36 (5): 550-557.

[66] 陈定凯, 何德东, 陆继长. 铈锆固溶体制备、表征及其催化分解甲硫醇 (CH$_3$SH) 研究. 中国稀土学报, 2018, 36 (2): 172-182.

[67] Jing G，Luan M，Chen T. Progress of catalytic wet air oxidation technology. Arab J Chem，2016，9：S1208-S1213.

[68] 张永利，韦朝海，王庆雨，等. 制备工艺对 La 改性湿式氧化催化剂活性和稳定性的影响. 环境科学研究，2014，27（2）：210-217.

[69] 张兰河，周靖，郭映辉，等. CeO$_2$/Al$_2$O$_3$ 催化剂的制备表征及在污水处理中的应用. 农业工程学报，2017，33（1）：219-224.

[70] Dai Q，Wang J，Chen J，et al. Ozonation catalyzed by cerium supported on activated carbon for the degradation of typical pharmaceutical wastewater. Sep Purif Technol，2014，127（127）：112-120.

[71] 余稷，姜蕊，陈中涛. 废 FCC 催化剂协同臭氧催化氧化处理石化污水. 当代化工，2018. 47（11）：2281-2284.

[72] Zhang L，Li Q，Qin Y，et al. Investigation on the mechanism of adsorption and desorption behavior in cerium ions modified Y-type zeolite and improved hydrocarbons conversion. J Rare Earth，2016，34（12）：1221-1227.

[73] Hao M，Zhu W，Zhang C，et al. Synthesis and characterization of Ce-SBA-15 supported cesium catalysts and their catalytic performance for synthesizing methyl acrylate. Reac Kinet Mech Cat，2018，125：395-409.

[74] Du X，Zhang H，Cao G，et al. Effects of La$_2$O$_3$，CeO$_2$，and LaPO$_4$，introduction on vanadium tolerance of USY zeolites. Micropor Mesopor Mat，2015，206：17-22.

[75] Liu X，Liu S，Liu Y. A potential substitute for CeY zeolite used in fluid catalytic cracking process. Micropor Mesopor Mat，2016，226：162-168.

[76] Sanhoob M A，Muraza O，Yoshioka M，et al. Lanthanum，cerium，and boron incorporated ZSM-12 zeolites for catalytic cracking of n-hexane. J Anal Appl Pyrol，2017，129：231-240.

[77] Jang H G，Ha K，Kim J H，et al. Ceria and lanthana as blocking modifiers for the external surface of MFI zeolite. Appl Catal A-Gen，2014，476：175-185.

[78] Sudarsanam P，Hillary B，Mallesham B，et al. Designing CuO$_x$ nanoparticle-decorated CeO$_2$ nanocubes for catalytic soot oxidation：role of the nanointerface in the catalytic performance of heterostructured nanomaterials. Langmuir，2016，32（9）：2208-2215.

[79] Song J，Sun Y，Ba R，et al. Monodisperse Sr-La$_2$O$_3$ hybrid nanofibers for oxidative coupling of methane to synthesize C2 hydrocarbons. Nanoscale，2015，7（6）：2260-2264.

[80] Hou Y H，Han W C，Xia W S，et al. Structure sensitivity of La$_2$O$_2$CO$_3$ catalysts in the oxidative coupling of methane. ACS Catal，2015，5（3）：1663-1674.

［81］Xu J，Peng L，Fang X，et al. Developing reactive catalysts for low temperature oxidative coupling of methane：on the factors deciding the reaction performance of $Ln_2Ce_2O_7$ with different rare earth A sites. Appl Catal A-Gen，2018，552：117-128.

［82］Xie Q，Zhang H，Kang J，et al. Oxidative dehydrogenation of propane to propylene in the presence of HCl catalyzed by CeO_2 and NiO-modified CeO_2 nanocrystals. ACS Catal，2018，8：4902-4916.

［83］Cao T，You R，Zhang X Y，et al. An in situ DRIFTS mechanistic study of CeO_2-catalyzed acetylene semihydrogenation reaction. Phys Chem Chem Phys，2018，20：9659-9670.

［84］Teng H L，Luo Y，Wang B L，et al. Synthesis of chiral aminocyclopropanes by rare-earth-metal-catalyzed cyclopropene hydroamination，Angew Chem Int Ed，2016，55：15406.

［85］Teng H L，Ma Y，Zhan G，et al. Asymmetric C（sp）-H addition of terminal alkynes to cyclopropenes by a chiral gadolinium catalyst. ACS Catal，2018，8：4705-4709.

［86］Luo Y，Teng H L，Nishiura M，et al. Asymmetric yttrium-catalyzed C（sp^3）@H addition of 2-methyl azaarenes to cyclopropenes. Angew Chem Int Ed，2017，56：9207-9210.

［87］龚学庆，钟素红，卢冠忠. 稀土 CeO_2（100）表面结构和催化活性的密度泛函理论研究. 中国稀土学会 2017 学术年会摘要集，2017：155.

［88］陈玲，金祝年，洪庆红，等. 水汽-CO_2环境下 $Pt/CeZrO_2$ 催化剂的 CO 氧化性能研究. 中国稀土学报，2017，35（3）：337-343.

［89］Slavinskaya E M，Stadnichenko A I，Muravyov V V，et al. Transformation of a Pt-CeO_2 mechanical mixture of pulsed-laser-ablated nanoparticles to a highly active catalyst for carbon monoxide oxidation. Chem Cat Chem，2018，10：2232-2247

［90］李林，李晓，王翔，等.不同形貌 CeO_2 负载 NiO 催化剂用于 CO 氧化：探究载体氧缺陷效应. 中国稀土学会 2017 学术年会摘要集，2017：159.

［91］Wu K，Zhou L，Jia C J，et al. Pt-embedded-CeO_2 hollow spheres for enhancing CO oxidation performance. Chem Front，2017，1：1754-1763.

［92］Liu R，Wu K，Li L D，et al. Self-sacrificed two-dimensional REO（CH_3COO）template-assisted synthesis of ultrathin rare earth oxide nanoplates. Inorg Chem Front，2017，4：1182-1186.

［93］Betz B，Müller E，Hoyer R，et al. Low temperature CO/hydrocarbon oxidation in automotive exhaust using short pulse reductive activation of Pt/ceria. In：3rd fundamentals and applications of cerium dioxide in catalysis，2018，OP-2.1.

［94］Gatla S，Aubert D，Flaud V，et al. Facile synthesis of high-surface area platinum-doped ceria for low temperature CO oxidation. Catal Today，2019，333：105-112.

[95] Elmhamdi A，Pascual L，Nahdi K，et al. Structure/redox/activity relationships in $CeO_2/CuMn_2O_4$CO-PROX catalysts. Appl Catal B-Environ，2017，217：1-11.

[96] Monte M，Munuera G，Costa D，et al. Near-ambient XPS characterization of interfacial copper species in ceria-supported copper catalysts. Phys Chem Chem Phys，2015，17：29995-30004.

[97] Hungríaa A B，Monteb M，Castañedac R，et al. Preferential oxidation of CO over catalysts combining copper and cerium oxides：interfacial effects on catalytic properties. In：3rd fundamentals and applications of cerium dioxide in catalysis，2018，OP-2.2.

[98] Spezzati G，Su Y Q，Hofmann J P，et al. Atomically dispersed Pd-O Species on CeO_2 （111）as highly active sites for low-temperature CO oxidation. ACS Catal，2017，7：6887-6891.

[99] Muravev V，Spezzati G，Hofmann J P，et al. Operando near-ambient pressure XPS study of CO oxidation over Pd/CeO_2 powder catalysts. In：3rd fundamentals and applications of cerium dioxide in catalysis，2018，OP-2.6.

[100] Danielis M，Colussi S，de Leitenburg C，et al. Outstanding methane oxidation performance of palladium-embedded ceria catalysts prepared by a one-step dry ball-milling method. Angew Chem Int Ed，2018，57：10212-10216.

[101] Tinoco M，Sánchez J J，Yeste M P，et al. low-lanthanide-content ceo2/mgo catalysts with outstandingly stable oxygen storage capacities：an in-depth structural characterization by advanced STEM techniques. ChemCatChem，2015，7（22）：3763-3778.

[102] Sánchez-Gil J J，López-Haro M，Hernández-Garrido J C，et al. Detailed characterization and methane combustion performance of a highly stable and redox active $Ce_{0.5}Tb_{0.5}O_x$（3% mol.）/MgO catalyst. In：3rd fundamentals and applications of cerium dioxide in catalysis，2018，OP-4.1.

[103] 徐壮，王旭君，周毛毛，等. $LaFe_{1-x}Ni_xO_3$ 甲烷燃烧催化剂的制备及其性能研究. 合成化学，2018，26（11）：836-844.

[104] 赵然，文明，龚志军，等. 稀土尾矿制备泡沫型陶瓷催化剂催化甲烷燃烧. 中国稀土学会 2018 学术年会摘要集，2018：50.

[105] Amin M H，Putla S，Hamid S B A，et al. Understanding the role of lanthanide promoters on the structure-activity of nanosized Ni /γ-Al_2O_3 catalysts in carbon dioxide reforming of methane. Appl Catal A-Gen，2015，492：160-168.

[106] Ranjbar A，Irankhah A，Aghamiri S F. Catalytic activity of rare earth and alkali metal

promoted（Ce，La，Mg，K）Ni/Al₂O₃ nanocatalysts in reverse water gas shift reaction. Res Chem Intermediat, 2019, 45: 5125-5141.

[107] Vasiliades M A, Makri M M, Djinovid P, et al. Dry reforming of methane over 5 wt% Ni/Ce$_{1-x}$Pr$_x$O₂-catalysts: performance and characterisation of active and inactive carbon by transient isotopic techniques. Appl Catal B-Environ, 2016, 197: 168-183.

[108] Djinovic P, Pintar A. Stable and selective syngas production from dry CH₄-CO₂ streams over supported bimetallic transition metal catalysts. Appl Catalysis B: Environ, 2017, 206: 675-682.

[109] Chen C, Zhan Y, Zhou J, et al. Cu/CeO₂ catalyst for water-gas shift reaction: effect of CeO₂ pretreatment. Chem Phys Chem, 2018, 19: 1448-1455.

[110] Aitbekova A, Wu L, Wrasman C J, et al. Low-temperature restructuring of CeO₂-supported Ru nanoparticles determines selectivity in CO₂ catalytic reduction. J Am Chem Soc, 2018, 140: 13736-13745.

[111] Aitbekova A, Wu L, Goodman E D, et al. Unravelling the role of size and support in CO₂ hydrogenation over Ruthenium. In: 3rd fundamentals and applications of cerium dioxide in catalysis, 2018, OP-6.2.

[112] Alcalde-Santiago V, Davó-Quiñonero A, Lozano-Castelló D, et al. Ni/LnO$_x$ catalysts（Ln=La，Ce or Pr）for CO₂ methanation. Chem Cat Chem, 2019, 11: 810-819.

[113] Bobadilla L F, Egaña A, Castillo R, et al. Enhancing the performance of the Fischer-Tropsch reaction by adding a Pt/CeO₂ catalyst: WGS or CO hydrogenation? An operando DRIFTSMS study at moderated pressures. In: 3rd fundamentals and applications of cerium dioxide in catalysis, 2018, OP-6.1.

[114] Huang C, Yu Y, Yang J, et al. Ru/La₂O₃ catalyst for ammonia decomposition to hydrogen. Appl Surf Sci, 2019, 476: 928-936.

[115] Hu X C, Wang W W, Jin Z, et al. Transition metal nanoparticles supported La-promoted MgO as catalysts for hydrogen production via catalytic decomposition of ammonia. J Energy Chem, 2019, 38: 41-49.

[116] Liu Z, Duchon T, Wang H, et al. Ambient pressure XPS and IRRAS investigation of ethanol steam reforming on Ni-CeO₂（111）catalysts: an in situ study of C-C and O-H bond scission. Phys Chem Chem Phys, 2016, 18: 16621-16628.

[117] Mizugaki1 T, Togo1 K, Maeno Z, et al. New routes for refinery of biogenic platform chemicals catalyzed by cerium oxide-supported ruthenium nanoparticles in water. Sci Rep, 2017, 7: 14007.

[118] Tamura M，Ishikawa S，Betchaku M，et al. Selective hydrogenation of amides to alcohols in water solvent over a heterogeneous CeO₂-supported Ru catalyst. Chem Commun，2018，54：7503-7506.

[119] Mu J C，Jiang S，Ji S F. Preparation and properties for Aza-Micheal addition reaction of magnetic Y-MOF@SiO₂@Fe₃O₄ catalysts. Chin J Inorg Chem，2018，34（9）：1753-1760.

[120] Miura H，Hosokawa S，Wada K，et al. CeO₂-supproted Ru catalysts effective for selective syntheses of fine Chemicals. In：3rd fundamentals and applications of cerium dioxide in catalysis，2018，P-31.

[121] Shi X，Nishiura M，Hou Z. C-H polyaddition of dimethoxyarenes to unconjugated dienes by rare earth catalysts. J Am Chem Soc，2016，138：6147-6150.

[122] Shi X，Nishiura M，Hou Z. Simultaneous chain-growth and step-growth polymerization of methoxystyrenes by rare-earth catalysts. Angew Chem Int Ed，2016，55：14812-14817.

[123] Yamamoto A，Nishiura M，Oyamada J，et al. Scandium-catalyzed syndiospecific chain-transfer polymerization of styrene using anisoles as a chain transfer agent. Macromolecules，2016，49：2458-2466.

[124] Ligny R，Hanninen M M，Guillaume S M，et al. Highly syndiotactic or isotactic polyhydroxyalkanoates by ligand-controlled yttrium-catalyzed stereoselective ring-opening polymerization of functional racemic β-lactones. Angew Chem Int Ed，2017，56：10388-10393.

[125] 崔小明. 稀土催化剂在橡胶领域的应用研究新进展. 精细与专用化学品，2018，26（2）：37-40.

[126] 李文强，李静. 2 钕系异戊二烯聚合橡胶稀土催化剂的制备方法及其应用. 中国发明专利：201510928493.X，016.

[127] 张浩，于琦周，张新惠，等. 窄分布支化结构稀土顺丁橡胶的性能. 应用化学，2016，（12）：1408-1414.

[128] 栾奕，何洪. 基于铈基金属有机骨架的介孔氧化铈制备及其绿色催化应用. 中国稀土学会 2017 学术年会摘要集，2017：147.

[129] Zhu J，Zhao Y，Tang D，et al. Aerobic selective oxidation of alcohols using La₁₋ₓCeₓCoO₃ perovskite catalysts. J Catal，2016，340：41-48.

[130] Nozaki A，Yasuoka T，Kuwahara Y，et al. Oxidation of benzyl alcohol over nanoporous Au-CeO₂ catalysts prepared from amorphous alloys and effect of alloying Au with amorphous alloys. Ind Eng Chem Res，2018，57：5599-5605.

[131] 王亚楠，史春薇，张彩红，等. Ce 负载微孔-介孔复合分子筛催化合成乙酸正丁

酯. 稀土，2017，38（3）：109-114.

[132] 赵越，贾雯雯，商永臣. La-Zr 改性的 Cu 基催化剂上甲醇和 CO_2 合成碳酸二甲酯. 中国稀土学报，2017，35（6）：703-708.

[133] Qiao B，Wang A，Yang X，et al. Single-atom catalysis of CO oxidation using Pt_1/FeO_x. Nat Chem，2011，3（8）：634-641.

[134] Lykhach Y，Bruix A，Fabris S，et al. Oxide-based nanomaterials for fuel cell catalysis：the interplay between supported single Pt atoms and particles. Catal Sci Technol，2017，7：4315-4345.

[135] 张宁强，李伶聪，黄星，等. 单原子催化剂的研究进展. 中国稀土学报，2018，36（5）：513-532.

[136] Datye A，Wang Y. Atom trapping：a novel approach to generate thermally stable and regenerable single-atom catalysts. Natl Sci Rev，2018，5（5）：630-632.

[137] Jones J，Xiong H，DeLaRiva A T，et al. Thermally stable single-atom platinum-on-ceria catalysts via atom trapping. Science，2016，353（6295）：150-154.

[138] O'Connor N J，Jonayat A S M，Janik M J，et al. Interaction trends between single metal atoms and oxide supports identified with density functional theory and statistical learning. Nat Catal，2018，1：531-539.

[139] Hackl J，Duchoň T，Mueller D N，et al. On the structure-dependent reducibility of ceria：（100）vs.（111）. In：3rd fundamentals and applications of cerium dioxide in catalysis，2018，OP-5.5.

[140] Han Z K，Yang Y Z，Zhu B，et al. Unraveling the oxygen vacancy structures at the reduced CeO_2（111）surface. Phys Rev Mater，2018，2：035802（8）.

[141] Du D，Kullgren J，Hermansson K，et al. From ceria clusters to nanoparticles：superoxides and supercharging. J Phys Chem C，2019，123：1742-1750.

[142] Liu Z，Grinter D C，Lustemberg P G，et al. Dry reforming of methane on a highly-active $Ni-CeO_2$ catalyst：effects of metal-support interactions on C-H bond breaking. Angew Chem Int Ed，2016，55：7455-7459.

[143] Lustemberg P G，Ramírez P J，Liu Z，et al. Room-temperature activation of methane and dry re-forming with CO_2 on $Ni-CeO_2$（111）surfaces：effect of Ce^{3+} sites and metal-support interactions on C-H bond cleavage. ACS Catal，2016，6：8184-8191.

[144] Liu Z，Lustemberg P，Gutiérrez R A，et al. In situ investigation of methane dry reforming on metal/ceria（111）surfaces：metal-support interactions and C-H bond activation at low temperature. Angew Chem Int Ed，2017，56：13041-13046.

［145］Carrasco J，López-Durán D，Liu Z，et al. In situ and theoretical studies for the dissociation of water on an active Ni/Ceo₂ catalyst：importance of strong metal-support interactions for the cleavage of O-H bonds. Angew Chem Int Ed，2015，54：3917-3921.

［146］Bruix A，Neyman K M. Modeling ceria-based nanomaterials for catalysis and related applications. Catal Lett，2016，146：2053-2080.

［147］Vayssilov G N，Lykhach Y，Migani A，et al. Support nanostructure boosts oxygen transfer to catalytically active platinum nanoparticles. Nat Mater，2011，10：310-314.

［148］Kozlov S M，Neyman K M. Effects of electron transfer in model catalysts composed of Pt nanoparticles on CeO₂（111）surface. J Catal，2016，344：507-514.

［149］Lykhach Y，Bruix A，Fabris S，et al. Oxide-based nanomaterials for fuel cell catalysis：the interplay between supported single Pt atoms and particles. Catal Sci Technol，2017，7：4315-4345.

［150］Senftle T P，van Duin A C T，Janik M J. Methane Activation at the Pd/CeO₂ Interface. ACS Catal，2017，7：327-332.

［151］Vecchietti J，Baltan á s M A，Gervais C，et al. Insights on hydride formation over cerium-gallium mixed oxides：A mechanistic study for efficient H₂ dissociation. J Catal，2017，345：258-269.

［152］Bugnet M，Overbury S H，Wu Z L，et al. Direct visualization and control of atomic mobility at {100} surfaces of ceria in the environmental transmission electron microscope. Nano Lett，2017，17：7652-7658.

［153］Lykhach Y，Kozlov S M，Skála T，et al. Counting electrons on supported nanoparticles. Nat Mater，2016，15：284-289.

［154］Schilling C，Hess C. Real-time observation of the defect dynamics in working Au/CeO₂ catalysts by combined operando Raman/UV-Vis spectroscopy. J Phys Chem C，2018，122：2909-2917.

［155］Schilling C，Hofmann A，Hess C，et al. Raman spectra of polycrystalline CeO₂：a density functional theory study. J Phys Chem C，2017，121：20834-20849.

［156］Hess C，Filtschew A. Shining light onto the mechanism of NOₓ storage in ceria using operando spectroscopy：the role of defects and Ce-O sites. In：Proceding of 3rd fundamentals and applications of cerium dioxide in catalysis，2018，OP-1.1.

［157］Grinter D C，Muryn C，Sala A，et al. Spillover reoxidation of ceria nanoparticles. J Phys Chem C，2016，120：11037-11044.

［158］郭毓，张亚文. RuOₓ/CeO₂负载型催化剂的金属-载体强相互作用对CO₂甲烷化

反应性质的影响. 中国稀土学会 2017 学术年会摘要集, 2017: 143.

[159] Sun Y, Li C, Djerdj I, et al. Oxygen storage capacity versus catalytic activity of ceria-zirconia solid solutions in CO and HCl oxidation. Catal Sci Technol, 2019, 9: 2163-2172.

[160] Derevyannikova E A, Kardash T Yu, Kibis L S, et al. The structure and catalytic properties of Rh-doped CeO_2 catalysts. Phys Chem Chem Phys, 2017, 19: 31883-31897.

[161] Ke J, Zhu W, Jiang Y, et al. Strong local coordination structure effects on subnanometer PtO_x clusters over CeO_2 nanowires probed by low-temperature CO oxidation. ACS Catal, 2015, 5: 5164-5173.

[162] Fang W, Liu J, Yang D, et al. Effect of surface self-heterojunction existed in $Bi_xY_{1-x}VO_4$ on photocatalytic overall water splitting. ACS Sustain Chem Eng, 2017, 5 (8): 6578-6584.

[163] Fang W, Jiang Z, Yu L, et al. Novel dodecahedron $BiVO_4$: YVO_4 solid solution with enhanced charge separation on adjacent exposed facets for highly efficient overall water splitting. J Catal, 2017, 352: 155-159.

[164] Reszczyńska J, Grzyb T, Sobczak J W, et al. Visible light activity of rare earth metal doped (Er^{3+}, Yb^{3+} or Er^{3+}/Yb^{3+}) titania photocatalysts. Appl Catal B-Environ, 2015, 163: 40-49.

[165] Sin J C, Lam S M, Lee K T, et al. Preparation of rare earth-doped ZnO hierarchical micro/nanospheres and their enhanced photocatalytic activity under visible light irradiation. Ceram Int, 2014, 40 (4): 5431-5440.

[166] Sakai E, Nagamura N, Liu J Y, et al. Investigation of the enhanced photocathodic activity of $La_5Ti_2CuS_5O_7$ photocathodes in H_2 evolution by synchrotron radiation nanospectroscopy. Nanoscale, 2016, 8 (45): 18893-18896.

[167] Suzuki Y, Singh R B, Matsuzaki H, et al. Rationalizing long-lived photo-excited carriers in photocatalyst ($La_5Ti_2CuS_5O_7$) in terms of one-dimensional carrier transport. Chem Phys, 2016, 476: 9-16.

[168] Higashi T, Shinohara Y, Ohnishi A, et al. Sunlight-driven overall water splitting by the combination of surface-modified $La_5Ti_2Cu_{0.9}Ag_{0.1}S_5O_7$ and $BaTaO_2N$ photoelectrodes. Chemphotochem, 2017, 1 (5): 167-172.

[169] Liu J, Hisatomi T, Katayama M, et al. Optimal metal oxide deposition conditions and properties for the enhancement of hydrogen evolution over particulate $La_5Ti_2Cu_{1-x}Ag_xS_5O_7$ photocathodes. Chemphotochem, 2018, 2 (3): 234-239.

［170］Ma G，Kuang Y，Murthy D H K，et al. Plate-like $Sm_2Ti_2S_2O_5$ particles prepared by a flux-assisted one-step synthesis for the evolution of O_2 from aqueous solutions by both photocatalytic and photoelectrochemical reactions. J Phys Chem C，2018，122：13492-13499.

［171］Pan C，Takata T，Domen K. Overall water splitting on the transition-metal oxynitride photocatalyst $LaMg_{1/3}Ta_{2/3}O_2N$ over a large portion of the visible-light spectrum. Chem- Eur J，2016，22（5）：1854-1862.

［172］Pan Z，Hisatomi T，Wang Q，et al. Application of $LaMg_{1/3}Ta_{2/3}O_2N$ as a hydrogen evolution photocatalyst of a photocatalyst sheet for Z-scheme water splitting. Appl Catal A-Gen，2016，521：26-33.

［173］Pan Z，Hisatomi T，Wang Q，et al. Photocatalyst sheets composed of particulate $LaMg_{1/3}Ta_{2/3}O_2N$ and Mo-doped $BiVO_4$ for Z-scheme water splitting under visible light. ACS Catal，2016，6（10）：7188-7196.

［174］Wang L，Stoerzinger K A，Chang L，et al. Tuning bifunctional oxygen electrocatalysts by changing the A-Site rare-earth element in perovskite nickelates. Adv Funct Mater，2018，28：1803712（8）.

［175］Reszczyńska J，Grzyb T，Wei Z，et al. Photocatalytic activity and luminescence properties of RE^{3+}-TiO_2 nanocrystals prepared by sol-gel and hydrothermal methods. Appl Catal B-Environ，2016，181：825-837.

［176］Dorosz D，Zmojda J，Kochanowicz M，et al. Structural and optical study on antimony-silicate glasses doped with thulium ions. Spectrochim Acta A，2015，134：608-613.

［177］Parnicka P，Mazierski P，Grzyb T，et al. Preparation and photocatalytic activity of Nd-modified TiO_2 photocatalysts：insight into the excitation mechanism under visible light. J Catal，2017，353：211-222.

［178］Xu B，Zhang Q，Zhang M，et al. Synthesis and photocatalytic performance of yttrium-doped CeO_2 with a porous broom-like hierarchical structure. Appl Catal B-Environ，2016，183：361-370.

［179］Xu B，Zhang Q，Zhang M，et al. Morphology control and characterization of broom-like porous CeO_2. Chem Eng J，2015，260：126-132.

［180］Magdalane C M，Kaviyarasu K，Raja A，et al. Photocatalytic decomposition effect of erbium doped cerium oxide nanostructures driven by visible light irradiation：investigation of cytotoxicity，antibacterial growth inhibition using catalyst. J Photoch Photobio B，2018，185：275-282.

［181］Li S，Yang Y，Su Q，et al. Synthesis and photocatalytic activity of transition metal and rare earth element co-doped TiO₂ nano particles. Mater Lett，2019，252：123-125.

[182] Caschera D，Federici F，de Caro T，et al. Fabrication of Eu-TiO₂ NCs functionalized cotton textile as a multifunctional photocatalyst for dye pollutants degradation. Appl Surf Sci，2018，427：81-91.

[183] Ahmad I. Inexpensive and quick photocatalytic activity of rare earth（Er，Yb）co-doped ZnO nanoparticles for degradation of methyl orange dye. Sep Purif Technol，2019，227：115726（11）.

[184] Alam U，Khan A，Ali D，et al. Comparative photocatalytic activity of sol-gel derived rare earth metal（La，Nd，Sm and Dy）-doped ZnO photocatalysts for degradation of dyes. RSC Adv，2018，8：17582-17594.

[185] Liu Y，Zhou S，Li J，et al. Photocatalytic reduction of CO₂ with water vapor on surface La-modified TiO₂ nanoparticles with enhanced CH₄ selectivity. Appl Catal B-Environ，2015，168：125-131.

[186] Matějová L，Kočí K，Reli M，et al. Preparation，characterization and photocatalytic properties of cerium doped TiO₂：on the effect of Ce loading on the photocatalytic reduction of carbon dioxide. Appl Catal B-Environ，2014，152：172-183.

[187] 郝仕油，王辉，钟云超，等. 介孔 NH₂-Ce-Pr-O 合成及其可见光催化性能. 中国稀土学报，2018，36（5）：541-549.

[188] Wang Y，Wang F，Chen Y，et al. Enhanced photocatalytic performance of ordered mesoporous Fe-doped CeO₂ catalysts for the reduction of CO₂ with H₂O under simulated solar irradiation. Appl Catal B- Environ，2014，147：602-609.

[189] Pan B，Luo S，Su W，et al. Photocatalytic CO₂ reduction with H₂O over LaPO₄ nanorods deposited with Pt cocatalyst. Appl Catal B-Environ，2015，168：458-464.

[190] Shan G B，Demopoulos G P. Near - infrared sunlight harvesting in dye - sensitized solar cells via the insertion of an upconverter - TiO₂ nanocomposite layer. Adv Mater，2010，22（39）：4373-4377.

[191] Hafez H，Wu J，Lan Z，et al. Enhancing the photoelectrical performance of dye-sensitized solar cells using TiO₂：Eu³⁺ nanorods. Nanotechnology，2010，21（41）：415201（6）.

[192] He M，Pang X，Liu X，et al. Monodisperse dual - functional upconversion nanoparticles enabled near-infrared organolead halide perovskite solar cells. Angew Chem-Int Edit，2016，55（13）：4280-4284.

[193] Ramasamy P，Kim J. Combined plasmonic and upconversion rear reflectors for efficient dye-sensitized solar cells. Chem Commun，2014，50（7）：879-881.

[194] Zhao P, Zhu Y, Yang X, et al. Plasmon-enhanced efficient dye-sensitized solar cells using core-shell-structured β-NaYF$_4$: Yb, Er@SiO$_2$@Au nanocomposites. J Mater Chem A, 2014, 2 (39): 16523-16530.

[195] Chen X, Xu W, Song H, et al. Highly efficient LiYF$_4$: Yb^{3+}, Er^{3+} upconversion single crystal under solar cell spectrum excitation and photovoltaic application. ACS Appl Mater Inter, 2016, 8 (14): 9071-9079.

[196] Shin S S, Yeom E J, Yang W S, et al. Colloidally prepared La-doped BaSnO$_3$ electrodes for efficient, photostable perovskite solar cells. Science, 2017, 356: 167-171.

[197] Lee M J, Lee S G, Oh P, et al. High Performance LiMn$_2$O$_4$ cathode materials grown with epitaxial layered nanostructure for Li-ion batteries. Nano Lett, 2014, 14 (2): 993-999.

[198] Liu Q, Su X, Lei D, et al. Approaching the capacity limit of lithium cobalt oxide in lithium ion batteries vialanthanum and aluminium doping. Nat Energy, 2018, 3: 936-943.

[199] Liu J, Qiao J, Yuan H, et al. Ni modified Ce (Mn, Fe) O$_2$ cermet anode for high-performance direct carbon fuel cell. Electrochim Acta, 2017, 232: 174-181.

[200] Fan W, Sun Z, Wang J, et al. A new family of Ce-doped SmFeO$_3$ perovskite for application in symmetrical solid oxide fuel cells. J Power Sources, 2016, 312: 223-233.

[201] Wang W, Qu J, Zhao B, et al. Core-shell structured Li$_{0.33}$La$_{0.56}$TiO$_3$ perovskite as a highly efficient and sulfur-tolerant anode for solid-oxide fuel cells. J Mater Chem A, 2015, 3 (16): 8545-8551.

[202] Malacrida P, Escudero-Escribano M, Verdaguer-Casadevall A, et al. Enhanced activity and stability of Pt-La and Pt-Ce alloys for oxygen electroreduction: the elucidation of the active surface phase. J Mater Chem A, 2014, 2 (12): 4234-4343.

[203] Alvi M A, Akhtar M S. An effective and low cost Pd Ce bimetallic decorated carbon nanofibers as electro-catalyst for direct methanol fuel cells applications. J Alloy Compd, 2016, 684: 524-529.

[204] Liu F, Zhao L, Wang H, et al. Study on the preparation of Ni-La-Ce oxide catalyst for steam reforming of ethanol. Int J Hydrogen Energ, 2014, 39 (20): 10454-10466.

[205] Lu J, Li X, He S, et al. Hydrogen production via methanol steam reforming over Ni-based catalysts: influences of Lanthanum (La) addition and supports. Int J Hydrogen Energ, 2017, 42 (6): 3647-3657.

[206] Miller H A, Lavacchi A, Vizza F, et al. A Pd/C-CeO$_2$ anode catalyst for high-performance platinum-free anion exchange membrane fuel cells, Angew Chem-Int Edit, 2016, 55: 6004-6007.

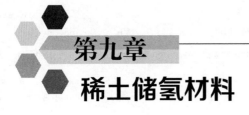

第九章
稀土储氢材料

第一节　国内外研究进展

　　随着石油天然气等不可再生资源的日益枯竭，新能源的发展和利用成为关系人类未来发展的大事。氢是一种新型能源，相比于其它能源方案有显著的优势：储量大、比能量高（单位质量所蕴含的能量高）、污染小、效率高、可贮存、可运输、安全性高等，因而受到了各国的高度重视。氢能也是我国能源革命重要的探索方向。氢能产业链包括上游、中游和下游三大环节，每个环节都有很高的技术壁垒和技术难点。目前上游的电解水制氢技术、中游的化学储氢技术和下游的燃料电池在车辆和分布式发电中的应用被广泛看好。

　　氢气的质量能量密度约为120MJ/kg，是汽油、柴油、天然气的2.7倍，但288.15K、0.101MPa条件下，单位体积氢气的能量密度仅为12.1MJ/m³。因此，储氢技术的关键点在于如何提高氢气的体积能量密度。氢的高密度储存一直是一个世界级难题。储氢技术是氢能源应用的瓶颈，主要在于提高储氢密度，降低储氢成本，提高充放氢速度。氢能的存储有以下几种方式：低温液态储氢、高压气态储氢、固态储氢和有机液态储氢等（图9-1），这几种储氢方式有各自的优点和缺点。低温液态储氢不经济；采用高压将氢气压缩到一个耐高压容器里的高压气态储氢方式是目前最常用并且发展比较成熟的储氢技术，目前所使用的容器是钢瓶，其优点是结构简单、压缩氢气能耗低、充装和排放速度快，但存在泄露爆炸隐患，安全性能较差，还有一个致命的弱点就是体积比容量低，因而也并非理想选择，仅可作为过渡阶段使用。

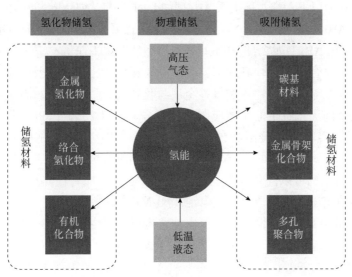

图 9-1　典型储氢技术

　　固态储氢方式能有效克服高压气态和低温液态两种储氢方式的不足，且储氢体积密度大、操作容易、运输方便、成本低、安全性高，特别适合于对体积要求较严格的场合，如在燃料电池汽车上的使用，是最具发展潜力的一种储氢方式。固态储氢是利用氢气与储氢材料之间发生物理或者化学变化从而转化为固溶体或者氢化物的形式来进行氢气储存的一种储氢方式。固体储氢材料种类非常多，主要可分为物理吸附储氢和化学氢化物储氢。其中物理吸附储氢材料包括金属有机框架（MOFs）和纳米结构碳材料；化学氢化物储氢材料可分为金属氢化物和非金属氢化物。目前各种储氢材料基本都处于研究阶段，均存在各自的问题。金属有机框架（MOFs）体系可逆，但操作温度低；纳米结构材料操作温度低、储氢温度低；金属氢化物体系可逆，但多含重物质元素，储氢容量低；二元金属氢化物体系可逆，但热力学性能差；复杂金属氢化物储氢容量高，局部可逆，种类多样；非金属氢化物储存容量高，温度适宜，但体系不可逆。相比之下，虽然金属间化合物储氢材料在其储氢能力上相对于高压储氢和低温吸附储氢等方法比较劣势，但在操作条件、安全性、能量密度和不需要复杂容器等方面具有无可比拟的优势，被认为是一种经济有效的储氢方法。

目前所开发的储氢合金，基本上都是将强键合氢化物元素与弱键合氢化物元素组合而成，前者控制着储氢量，后者控制着吸放氢的可逆性，其从组成上大致可分为以下六类：稀土系 AB_5 型如 $LaNi_5$，镁系如 Mg_2Ni、$MgNi$，稀土-镁-镍系 $AB_{3-3.5}$ 型如 La_2MgNi_9、La_3MgNi_{14}，钛系 AB 型如 TiNi、TiFe，锆、钛系 Laves 相 AB_2 型如 $ZrNi_2$ 和钒基固溶体型如 $(V_{0.9}Ti_{0.1})_{1-x}Fe_x$。

稀土储氢合金具有较高的储氢容量和体积能量密度，以及较好的吸放氢动力学和较低温度等特性。在各种金属氢化物中，稀土储氢材料是最早研究的，也是目前大批量工业生产应用的储氢合金。自 20 世纪 60 年代后期，自荷兰飞利浦实验室和美国布鲁克海文国家实验室分别发现 $LaNi_5$、TiFe、Mg_2Ni 等具有储氢特性的金属化合物以来，储氢合金得到了迅速的发展。人们意识到电极也可以同时作为电化学储存介质，从而替代 Cd 电极，储氢合金最成功的应用也正是作为镍氢电池（Ni-MH）的负极材料。1988 年，美国 Ovonic 公司成功制备了圆柱体镍氢电池并进行了试生产；1989 年日本松下公司首先将 AB_5 型稀土储氢材料成功应用于镍氢电池，从而开始了稀土储氢材料的产业化；1990 年 10 月，日本 SANYO 公司首先实现了镍金属氢电池（Ni-MH）的批量生产[1,2]。

早期的镍氢电池，是以镍镉电池的替代品身份出现，由于其安全性、稳定性、环保性特点突出，迅速占领了便携式电器、电动工具、应急电源等市场，特别是镍氢混合动力汽车电池的诞生，将镍氢电池的发展推向了高峰。目前，镍氢电池正在面临着锂离子电池、新型燃料电池等多方面的挑战，但是在传统电动工具、混合动力汽车等领域仍占有绝对优势。20 世纪 90 年代后期，镍氢电池技术日益成熟，并最早在日本开始用于混合动力汽车（hybrid electric vehicle，HEV），目前商业化的 HEV 大多采用镍氢电池技术。目前，全球镍氢电池 70%以上在中国生产，中国已成为全球先进电池及电池材料的生产中心[3]。

目前研究应用的稀土储氢材料主要有两类。一是 $LaNi_5$ 型储氢材料（即 AB_5 型。A 指可与氢形成稳定氢化物的放热型金属，B 指难与氢形成氢化物但具有催化活性的金属）。以 La、Ni 元素为主的 AB_5 系稀土储氢材料在二次电池中的应用已相当成熟。二是稀土镁基储氢材料（包括 AB_3 型、A_2B_7 型、A_5B_{19} 型等）。La-Mg-Ni 型稀土-镁-镍基储氢材料在容量上较 AB_5 型储氢合金有较大提高，但是在实际应用中循环稳定性尚存在问题，还有待进一步研究和开发。各类稀土储氢合金主要性能见表 9-1。

表 9-1　稀土储氢合金的种类及性能

类型	AB₅	AB₃		A₂B₇		A₅B₁₉	
相结构	CaCu₅	PuNi₃	CeNi₃	Gd₂Co₇	Ce₂Ni₇	Ce₅Co₁₉	Pr₅Co₁₉
储氢量（wt%）	1.4	1.8		1.67		1.6	
理论放电容量（mAh/g）	372	480		430		410	
实际放电容量（mAh/g）	310~340	380~420		370~410		360~400	
循环寿命（60%）	1000	250~300		500~550		600~700	

　　稀土元素作为比较安全有效的吸氢物质，在固体储氢方面得到了极大的应用，寻找新型稀土储氢材料受到科学界的广泛关注。随着二次电池产业的发展，大容量、快速充放电、高安全性的动力电池成为市场的新宠。相应地，稀土储氢合金正在向高比容量、低自放电、低成本、长寿命、快速吸收氢的方向发展，目前全球主要研发热点集中在改善合金的循环使用寿命、储氢容量、宽温区、低自放电、抗氧化和粉化、提高吸放氢速度以及改善吸放氢的条件等方面。近年来，研究人员主要围绕金属与氢键合作用的理论计算、多相多尺度金属氢化物的结构分析、纳米尺寸效应，以及高性价比等方面开展研究，并在纳米调控、催化修饰等研究领域取得了长足进步[4,5]。本章将重点介绍 LaNi₅ 型、稀土镁基储氢材料以及其它新型含稀土储氢材料的研究进展。

一、AB₅ 型稀土储氢合金

　　AB₅ 储氢合金的典型代表为 LaNi₅，可在较温和的条件下实现氢存储，每个 LaNi₅ 晶胞可吸收 6 个氢原子；吸氢纯度大于 99.9%，可用于氢提纯。AB₅ 类金属间合金已商业化用于储氢，尤其是 Ni-MH 电池，目前年生产销售超过 10 亿只。LaNi₅ 类储氢合金初期氢化容易，反应速度快，吸-放氢性能优良，作为二次电池的电极应用时具有高能量密度、耐过充电、良好的倍率充/放电性能和生态安全性等优点，成为 Ni-MH 可充电电池的典型负极材料。尽管 LaNi₅ 类储氢合金相比于其它化合物的储氢容量较低，但其形成氢化物所需温度和压力较低、窄滞后、耐气体毒性和易于活化，而且工业上易于通过传统铸造工艺批量生产。然而基础金属间化合物 LaNi₅ 主要缺点为循环退化严重，易粉化，导致较低的长期吸放氢循环稳定性和较高的自放电，不能在电池中直接应用。通常采用调节 A、B 相的成分优化和表面结构修饰等提高合金的储氢性能。

1. 成分优化

Ni-MH 电池储氢合金组成是影响吸氢动力学以及这种碱性可充电电池电化学行为的重要因素，而基于纯稀土-镍二元合金的 AB_5 类储氢材料无法达到高性能电池要求的吸氢动力学和耐用性能，组分改进是一种行之有效的改善 $LaNi_5$ 性能的方法。近年，镍氢电池的发展还受到了具有更高的能量密度锂离子电池的极大冲击与挑战。为了拓宽镍氢电池应用领域，提高其竞争力，国内外科学家在改善负极用 AB_5 型稀土储氢合金的性能和降低成本方面做了大量的研究，不同金属取代已被研究用于改善金属氢电池性能。第三组分元素 M（Al、Cu、Fe、Mn、Ga、In、Sn、B、Pt、Pd、Co、Cr、Ag、Ir）替代部分 Ni 是改善 $LaNi_5$ 和 $MmNi_5$（Mm 代表混合稀土金属）储氢性能的重要方法。最常用的改善手段是掺杂少量 Co、Mn、Fe 等过渡金属，以提升储氢容量和电化学稳定性；掺杂贵金属也可显著增加 AB_5 合金吸氢动力学。另外 A 侧元素添加 Mg、Ti 等低电负性元素也可以改变其储氢性能，降低生产成本[6]。

对于所有的储氢合金的应用领域，都要求储氢材料具有长期的吸放氢循环寿命，而 AB_5 类合金需要解决的一个关键问题就是循环吸放氢过程吸氢容量的降低。循环过程引起的储氢性能退化分为内禀退化和外因退化两种。外因退化可通过适当调节外部条件得到缓解，但内禀退化难于克服。目前研究报道的内禀退化机制包括歧化、无定形化、出现稳定相等，但支持这些可能机制的实验数据和现象少有报道。研究吸放氢循环过程中 $LaNi_5$ 合金点阵中金属原子的局域结构变化或有望揭示其储氢性能退化的根本原因，为改善其循环稳定性设计提供理论指导。已有许多关于提升 $LaNi_5$ 基合金循环性能的研究，元素替代是最常应用的方法，其中 Al 被认为是一种可有效改善 $LaNi_5$ 基合金循环性能的元素，因而，$LaNi_{5-x}Al_x$ 合金体系可用于在原子局域结构水平研究替代元素的功能化机制。Liu 等[7]采用 EXAFS 手段研究 $LaNi_{5-x}Al_x$ 储氢合金的退化机制，发现具有更大原子半径的 Al 部分取代 $LaNi_5$ 点阵中的 Ni 原子可减小氢化过程点阵体积膨胀率，阻滞循环过程中的原子迁移，从而可有效改善合金的循环稳定性，1000 周循环后从 89.1%($LaNi_5$)提升到 98.2% ($LaNi_{4.5}Al_{0.5}$)。

$LaNi_5$ 基储氢合金在镍氢电池充放电过程中粉化严重，致使循环寿命差，目前已逐渐被具有更高商业价值的 $MmNi_{3.55}Co_{0.75}Mn_{0.4}Al_{0.3}$ 合金替代，但是对该合金的抗粉化机理目前还缺乏深入系统的研究。实践表明，通过在左侧元素用富铈、富镧混合稀土替代 La 可导致其合金的晶胞结构发生变化，从而大幅度提高合金的抗粉化性能；在右侧元素替代中，采用元素 Co、Al、Mn 等替代 Ni 来降低吸放氢过程中造成的合金粉化，同时也可调节吸放氢平台压力，改善合金的电化学性能。其中 Co 的替代可大大增强合金抗粉化能力，延长合金的循环寿命，而 Al 的替代可阻止氢原子从合金本体向反应表面的扩散，保护合金内部在充放电过程中不被氧化，延长合金的循环寿命；Mn 的替代可以使晶胞体积增大，有利于合金提高储氢容量，还可显著提高其动力学性能，但同时也会降低其抗粉化性能，缩短其循环寿命。LaNi$_5$ 合金在吸放氢过程中产生的晶格膨胀率能够达到 23.5%，晶格的反复膨胀和收缩容易导致晶粒间产生较大的晶格应变。储氢合金的电极循环性能与合金晶体结构及组成关系密切，但合金的微结构特征（晶粒尺寸各向异性变化、晶格应变等）对其循环性能也有重要的影响。欧阳希等[8]通过对 X 射线衍射图谱进行分析，对比研究了 LaNi$_5$ 和 MmNi$_{3.55}$Co$_{0.75}$Mn$_{0.4}$Al$_{0.3}$ 两种合金吸氢过程前后晶体结构的变化，MmNi$_{3.55}$Co$_{0.75}$Mn$_{0.4}$Al$_{0.3}$ 合金吸氢前后的晶格微应变为 0.133%，小于 LaNi$_5$ 合金的 0.471%，验证了其抗粉化性能更优，也验证了合金及氢化物微结构参数对抗粉化性能有着重要影响。通过对比 LaNi$_4$X（X= Mn、Al、Co）合金及氢化物的微结构参数，发现 $\Delta c/c$ 的变化规律与合金 SEM 测试结论一致，从而得出 c 轴方向的吸氢膨胀是 AB$_5$ 型储氢合金粉化的关键原因。

LaNi$_5$ 可在相对低 H$_2$ 压和环境温度下形成氢化物 LaNi$_5$H$_{6.7}$，并伴随产生～25%的晶格体积膨胀。另外，该合金因不形成表面强保护膜而较易于激活，也因而仅对原料氢气中低浓度的氧和水杂质具有良好耐受性，而原料气中存在 CO、CO$_2$ 和 CH$_4$ 等杂质气体时会强烈影响合金储氢行为的可逆性。增强合金对 CO、CO$_2$ 耐受性而进行的成分改进通常通过第三种金属 M 取代 Ni 形成 RE-Ni-M 三元合金实现，且该三元合金还需具有吸放氢循环过程中良好的稳定性，添加金属还应对 CO 参与的反应具有催化活性，如用于碱性电池的 LaNi$_{5-x}$Co$_x$。氢化性能通常由压力-组成-温度（pressure-composition-temperature，P-C-T）曲线中的平台压衡量。理想体系的平台压为一条水平线，其位置决定于体系的热力学性能。实际体系因通常无法达到理想的平衡条件而略倾斜，有时还存在多个平台。氢化过程中，H$_2$ 分子首先吸附在合金表面，然后解离为 H 原子，再扩散进入合金体相。在平台区，H 随机分布在合金中，形成金属氢化物相。当合金中形成了有序氢化物相，表面氢化学势与氢化物中氢化学势相等时吸氢停止。合金组成不均匀时，样品中不同组成的区域吸放氢需要不同的热力学条件，可导致 P-C-T 曲线中出现倾斜的平台压，如三元合金 $LaNi_{5-x}M_x$，其中存在多相，这些相的氢化物形成焓不同，P-C-T 曲线中即呈现多个倾斜的平台压。另一导致平台压倾斜的因素是氢表面吸附和解离行为变差，这常由原料气中的杂质引起，如氧可导致 La_2O_3 和 $La(OH)_3$ 的形成，进而引起 Ni 在表面偏析，阻滞氢扩散进入体相，而 CO_x 杂质的存在则导致合金表面形成羰基镍，显著降低活性 Ni 位点数量。

随着循环次数增加，AB_5 类合金也会发生吸放氢平台压缩短、降低以及平台倾斜等现象。理想无倾斜的平台压可允许固定压力和温度条件下完全释放氢，而倾斜的平台意味着固定温度条件下需不断降低压力，或恒定压力时不断升高温度才能实现氢的完全释放。因而基于 P-C-T 曲线的吸放氢平台压研究可获得合金材料循环稳定性的信息。考虑到 Co 替代 Ni 可降低材料硬度，增加塑性，从而改善抗粉化能力和吸放氢循环稳定性，Liu 等[9]研究了 $LaNi_4Co$ 合金长期循环过程中的储氢性能变化，从而为调节 AB_5 类合金的平台压、改善合金循环寿命提供指导。研究发现，样品合金具有一个吸氢平台（α→β 相）和两个氢解吸平台（γ→β 相和 β→α 相）。随着循环次数增加，由于晶胞体积增加，γ→β 相和 β→α 相转化的平台压都减小。循环过程伴随部分相分解、晶粒破裂和表面氧化，导致储氢容量降低。另外，由于原子无序度以及内部微应力和缺陷的增加，吸放氢平台的平均斜率因子（SF/H%）增加。尤其是 SF/H%值 γ→β 相转化平台总是高于 α→β 和 β→α 平台，且随循环次数增加得更快，到 1000 周循环时可达到其它两平台的 4 倍。因而，改善 γ→β 相转化行为应是提升 AB_5 类合金循环行为的一个重要途径。

Co 是一种商用储氢合金中不可或缺的添加元素，仅以 Co 部分取代 Ni 即可显著改善循环稳定性，同时不降低放电容量。除了储氢容量，满足实际应用要求的动力学性能同样至关重要。通过动力学模型分析吸放氢行为可深入理解储氢材料的动力学机制，但 AB_5 类合金的动力学模型以及长期吸放氢行为少有报道。Zhu 等[10]制备了 AB_5 类 $LaNi_{5-x}Co_x$ 系列合金，分析了不同 Co 取代浓度的影响，发现系列合金始终具有 $LaNi_5$ 单相结构，晶胞体积则随 Co 浓度增加而增加，使得吸放氢平台压降低，氢化物相更稳定。所有合金均具有良好的吸放氢动力学性能，343K 可在 300s 内完全吸氢，吸氢速率随循环次数和 Co 浓度增加而增加。循环次数增加还导致出现了一个新 γ 相，可作为释放微应力的缓冲剂，起到减缓容量退化的作用。Co 的添加促进了 γ 相的缓冲作用，改善晶体结构，增加颗粒尺寸和长期循环稳定性。

Cu 可在储氢合金中起到与 Co 相似的作用。Be 的密度与 Mg 相似，但其硬度却接近于 W，且当温度变化达几百度时仍能保持原有的机械特性。在金属固化过程中，Be 的存在可增加结晶度，起到改进晶粒的作用。Han 等[11]以 Be-Cu 共取代 Co，制备了 LaNi$_5$ 相系列合金 La$_{0.6}$Ce$_{0.2}$Pr$_{0.05}$Nd$_{0.15}$Ni$_{3.55}$Co$_{0.75-x}$Mn$_{0.4}$Al$_{0.3}$(Cu$_{0.06}$Be$_{0.04}$)$_x$（$x = 0$，0.15，0.30，0.45，0.60，0.75），发现所有 Be-Cu 取代储氢合金的高倍率性能和动力学性能均得到改善。

已有研究显示少量 Al 取代 Ni 可在不降低储氢容量的同时显著降低平台压，改善循环寿命和耐腐蚀性；而 Bi 取代 Ni 可增加合金的储氢容量。Yilmaz 等[12]采用熔体旋淬技术（melt-spun）制备了 LaNi$_{4.7-x}$Al$_{0.3}$Bi$_x$ 系列储氢合金。表征发现，Al 的引入确如预期降低了吸放氢平台压，而不降低储氢容量，但 Bi 对 Ni 的取代不仅增加了吸放氢平台压，还降低了储氢容量，增加了合金的抗粉化性，这可能归因于在颗粒间界形成了 BiLa 和 AlNi$_3$ 金属间化合物相所致。

LaNi$_5$ 与其它元素的合金化可影响合金性能，已有大量组分改进研究以实现降低金属氢化物稳定性和吸氢压以及改善循环稳定性等。取代元素的选取原则一般遵循经验模型，如 Hume-Rothery 规则（原子半径、电负性和晶体结构相似）、Miedema 模型（基于金属的电荷密度和功函数）或者 Pettifor 结构图（采用化学标度 χ 排序门捷列夫周期表中的元素）。系统分析各种三元合金组成可为耐杂质 LaNi$_{5-x}$M$_x$ 合金的设计合成提供指导。Ab initio 计算可单独分析表面和体相效应，深入理解相应的电子和热力学性能。Łodziana 等[13]汇报了他们采用 ab initio 方法筛选 LaNi$_{4.75}$M$_{0.25}$ 合金的研究工作，其中 M=Ag、Al、Au、B、Bi、Ca、Cd、Cu、Cr、Fe、Ga、Ge、In、Ir、K、Mg、Mn、Mo、Nb、Pb、Pd、Pt、Rh、Ru、Sb、Sn、Ti、V、W、Y、Zn 和 Zr 32 个元素，主要考察了元素替代导致的晶胞体积和氢化物形成焓的变化以及替代元素的表面偏析等。为验证计算结果，还选取 5 种组成合成了相应样品。计算显示，元素替代导致的晶格体积膨胀与替代原子半径有关，但绝大多数情况体积膨胀小于 4%。Al、Co、Cr、Fe、Ga、Ir、Mn、Mo、Nb、Ru、Si、Ti、W、V 和 Zr 等元素在体相中更稳定，不过绝大部分替代元素倾向于在表面偏析。替代元素可能具有催化活性，那些与 LaNi$_5$ 热力学性能相近同时替代元素向表面偏析的合金应是具有催化活性三元合金的候选材料。合成的 LaNi$_{4.75}$Bi$_{0.25}$，LaNi$_{4.75}$Fe$_{0.25}$ 和 LaNi$_{4.75}$Si$_{0.25}$ 合金证实了理论计算对于储氢性能改进不利的预测，而 LaNi$_{4.75}$Ag$_{0.25}$ 和 LaNi$_{4.75}$Pb$_{0.25}$ 也与理论预测相符，具有更好的循环稳定性和吸氢热力学。

储氢合金最早使用纯 La，但是 La 的价格高于混合稀土，因此逐步用混合稀土替代了部分 La 来降低成本。2011 年稀土价格飞速上涨，混合稀土在镍氢电池中占据的成本比例升高。钕铁硼稀土永磁材料生产需要消耗大量的 Pr、Nd，导致 Pr、Nd 价格上涨幅度远高于其它轻稀土。市场上大多为使用混合稀土为原料的合金，如将 A 侧稀土中 3.5wt%左右的 PrNd 用廉价 La、Ce 替代，储氢合金原材料价格可以降低约 10%～15%。储氢合金中，La/Ce/Pr/Nd 作用大体相似，都起着稳定氢化物的作用，但由于元素化学性质的差异，在具体效果上又有些不同。如 La 的原子半径大，形成的氢化物稳定性高，富 La 合金的吸氢量高，循环寿命差；Ce 的原子半径小，形成的氢化物稳定性低，富 Ce 合金的吸氢量低，循环寿命好；而 Pr/Nd 则介于 La 和 Ce 之间。因此采用 La/Ce 来代替 Pr/Nd 在理论上是可行的。

李倩等[14]研究了市售 AB_5 型储氢合金 A 侧成分中 Pr、Nd 元素缺失对其储氢性能和微观结构的影响。发现 Pr、Nd 元素完全被 La 元素取代后，合金电化学容量略微升高、高倍率放电能力不受影响，但合金气相吸/放氢平台压力略微下降、循环寿命略有下降。Huang 等[15]对无 PrNd 高功率型合金 $La_{1-x}Ce_x(NiCoM)_5$ 微观结构、动力学性能及电化学性能进行了研究，发现合金中添加适量的 Ce（$x=0.08$～0.46）有利于提高合金内部氢原子的扩散，改善电极表面的电催化活性，提高合金电极的表面反应动力学性能。Li 等[16]采用 Ce 部分替代 La 的 $La_{0.75}Ce_{0.25}Ni_{3.46}\text{-}Al_{0.17}Mn_{0.04}Co_{1.33}$ 合金制备的 29Ah 的镍氢电池具有较好的综合性能，循环 2000 周容量保持率为 99%。

内蒙古稀奥科贮氢合金有限公司[17]公开了一种以 La、Ce 为主要稀土成分的组成为 $AB_{4.83}$ 的储氢合金，除了 La/Ce 以外，A 侧添加 Y、Zr、Gd 中的一种，在制备过程中，采用结膜方式去除合金中的气体及杂质，并使原料充分合金化，辅以退火处理，能够明显减少合金的成分偏析，消除晶格缺陷及晶格应力。采用该方法制备的储氢合金具有放电容量高、抗粉化能力强、生产成本低等特点，能够满足 Ni-MH 电池的生产成本及性能要求。

厦门钨业股份有限公司在低成本无 Co 储氢合金中去除了 PrNd，并进一步实施全系列无 PrNd 储氢合金的开发，已开发出十几种规格配方，形成一个新的无 PrNd 体系。该系列合金产品性能方面与含镨钕的产品一致、经镍氢电池厂家综合评估可替代使用。从 2012 年开始 MC 系列产品逐渐成为生产、销售的主力，2013～2016 年年销量在 1700～2000t。

电动汽车、混合动力汽车和插电式混合动力汽车中使用的可充电电池包括阀控式铅酸（valve-regulated lead-acid，VRLA）电池、镍镉电池（Ni/Cd）、镍金属氢电池（Ni-MH）、锂离子电池和锂聚合物电池等。在过去的 30 年中通过与 VRLA 和锂离子电池的严酷市场竞争，Ni-MH 电池已在低成本、长寿命、高比能、低自放电和宽温性能等方面得到了极大改善。尤其对于冰寒地区（−50～0℃），Ni-MH 电池较 Li 离子电池具有较大的低温放电和安全性优势。而在−40～60℃温区内放电性能优异的宽温镍氢电池有特定的市场需求，可应用于电动汽车、军事、通讯、离网电源等领域，该类电池研制的关键突破是负极储氢合金[18]。

Ni-MH 电极合金仍存在低温电化学动力学性能的限制，设计具有优异低温放电和高功率输出性能的 MH 电极合金是 Ni-MH 电池发展面临的紧迫任务。调节 MH 的热力学稳定性以及改善其电化学动力学是优化 MH 电极低温性能的核心点。已有研究采用了电解质优化、纳米 Ni 粉末添加以及表面热碱处理等经济可行的方法促进电荷转移过程。多合金化通常被认为是一种调节合金内禀热力学稳定性和电化学动力学的有效途径。通常认为，Al 是一种商业 Ni-MH 电池用 AB_5 类合金获得良好室温热力学和抗腐蚀性的 B 位取代元素，但 MH 合金表面致密的 Al 氧化物膜也将对电荷转移过程产生阻碍。表面热碱处理可优先溶解表面的氧化铝膜，进而形成具有高电催化活性的富 Ni 和富 Co 层而使合金产生优异的低温、高速输出性能。因而，为获得良好的动力学性能，应避免使用 Al。Mn 是另一种 AB_5 类合金 B 为重要掺杂元素，有助于增加室温热力学稳定性、放电容量和高倍放电能力，Mn 部分取代 Ni 可调节氢解吸所需压力，解决无 Al 元素时存在的高平台压问题。Zhou 等[19]设计合成了 $La_{0.78}Ce_{0.22}Ni_{4.40-x}Co_{0.60}Mn_x$ 系列合金。通过与高 Al 合金的对比研究发现，无 Al 合金因更高的表面催化活性可具有更好的低温性能和瞬时高速输出性能。Mn 部分取代 Ni 后，氢解吸容量和平台压均降低，相应改善了热力学稳定性，但这不利于低温输出。随 Mn 取代引起的电荷接受能力和抗腐蚀性增加，室温放电容量和循环稳定性也增加。综合比较各方面性能，$x=0.2$ 为最优化组成，此时合金−40℃时的放电容量为 243.6mAh/g（0.2C），60 周和 300 周循环后的低温放电能力分别为 75.00% 和 30.44%。合金的循环稳定性还需进一步改进。

Zhou 等[20]进而提出了一种低 Al 或无 Al 低温和高速金属氢化物合金循环稳定性差的改性策略，即在 B 位引入抗腐蚀元素（如 Fe、Si、Sn、Cu）以使合金同时具备低温高功率输出和长循环寿命。研究认为优异的电化学动力学（表面催化和体相氢扩散能力）是获得低温高速输出的首要条件，但其会随抗腐蚀能力的增加而变差。因而，Ni、Si、Cu、Fe、Sn 和 Al 的替代将使低温放电（low temperature discharge，LTD）能力、高倍率放电（high rate discharge，HRD）能力和峰值功率降低，而循环稳定性增加。LTD、HRD 和峰值功率的减小顺序为：Ni >Si >Cu >Fe >Sn >Al，而 100 周循环稳定性的减小则呈现相反顺序。Cu 是一种可提供良好抗腐蚀能力和电化学动力学性能的元素。基于热力学和 LTD、HRD、峰值功率以及循环寿命等的综合考虑，设计的(LaCe)$_{1.0}$(NiCoMn)$_{4.85}$Al$_{0.05}$Cu$_{0.1}$ 合金具有最佳的综合电化学性能，使用该合金装配的商用 100Ah 棱柱形 Ni-MH 电池在-40℃具有优异的功率输出性能。

已有在 AB$_5$ 合金中引入 Mo 以改善电池性能的研究认为，Mo 的引入可改善体相氢扩散和表面电荷转移反应，含 Mo 合金获得了良好的动力学性能、浓差过电势以及高倍放电和电荷转移阻抗性能。Erika 等[21]的研究首先在 10℃、23℃和 45℃（通常 Ni-MH 电池的性能在室温下检测）检测了 LaNi$_{3.6}$Co$_{0.7}$Mn$_{0.4}$Al$_{0.3}$ 电极材料的动力学和热力学性能，发现以 Mo 部分取代 Mn（2wt%）可提升电极材料性能。Mo 的加入可降低合金氢化物的热力学稳定性，从而增加合金中氢的扩散系数，有益于氢在合金体相中的迁移，增加合金高电流或低温条件下的放电效率。

Ni/MH 电池的应用要求良好的高倍放电（HRD）和低温（233K）放电（LTD）性能。在 Ni/MH 电池负极中添加 Ni 粉末不仅可作为导电促进剂，同时也可作为电催化剂，这是改善 Ni/MH 电池低温性能的重要因素。已有关于 Ni/MH 负极材料低温条件的研究主要包括结构、合金组成和碱性电解质等，但 Ni 粉末添加剂的尺寸对于 AB$_5$ 合金低温电化学性能和 233K 时的动力学参数研究少有报道。Ma 等[22]在 273K、253K 和 233K 温度下研究了不同 Ni 粉末尺寸对于 MmNi$_{0.38}$Co$_{0.7}$Mn$_{0.3}$Al$_{0.2}$ 储氢合金低温电化学性能的影响。结果显示，使用平均尺寸为 40nm 的 Ni 粉（N40）替代 2.5μm 左右粒度的 T255 镍粉比使用 100nm Ni 粉（N100）对于合金低温电化学性能的改善效果更为显著。N40 电极的 LTD 远高于 T255 电极。相比于 N100，N40 替代 T255 镍粉减小了电荷转移阻抗，更为有效地增加了电极的交换电流密度和氢扩散系数，从而导致更好的电催化活性。

中国科学院长春应用化学研究所研制了一种可在-35～60℃温区有效充放电的新型非化学计量比超熵化储合金，与通常商业 AB$_5$ 型储氢合金相比，该合金在-36℃或-30℃条件下，低温放电容量提高到 3 倍以上，显著提高了储氢合金粉的低温放电电压，解决了 MH-Ni 电池或电池组低温放电功率难达标的技术难题。

在 AB$_5$ 储氢合金耐高温改性方面，通常方法是在电极或者合金中加入抗腐蚀的物质或元素，对 AB$_5$ 合金，如采用 Fe、Co、Mn、V 替代 Ni，以及采用 Y、Ce 等替代 La。Al 是合金中通常添加的元素，以提高合金的抗腐蚀性，通常研究含 Al 元素的合金在常温下的性能。不过，对 Al 在高温下的作用还存在争议，在高温下可以发现 Al 明显溶出，溶液中 Al 离子的浓度明显高于 La、Ce、Ni、Co，却并没有观察到生成钝化膜。Zhou 和 Noreus[23]研究表明，Al 有利于改善高温下的放电容量和高倍率放电性能，主要原因是 Al 在高温电解液中的溶出。

储氚材料的实验和理论研究很少。对于一种安全操作、运输和储存氚的材料，需要具有室温下非常低的氚平衡压力、高吸收容量、强耐毒化能力和长吸放氚寿命。目前研究最多的储氚材料包括铀（U）、锆钴（ZrCo）、钛（Ti）、钯（Pd）、镧镍（LaNi$_5$）等。铀床室温储氚容量高、解吸压力低，但易于在氚化后粉化。ZrCo 容量与 U 相似，且更安全，但易于氚诱发歧化反应。Ti 是一种较便宜的可吸收储存氚的金属，但其活性差，氚解吸困难。Pd 吸氚温度较低，但储氚容量低。相比之下，LaNi$_5$ 具有较好的储氚综合性能，但仍存在室温高氚解吸压力和易于粉化等问题。以 Al 部分取代 Ni 是最常用的组分改进方案，但对于 LaNi$_{5-x}$Al$_x$ 合金体系基本结构和热力学性能还缺乏理解。Liu 等[24]首先进行了 LaNi$_{5-x}$Al$_x$H$_y$ 和 LaNi$_{5-x}$Al$_x$D$_y$ 系列合金的 P-C-T 测量，然后进行了基于密度泛函和冷冻声子法（frozen phonon approach）系列理论计算。随 Al 浓度增加，LaNi$_{5-x}$Al$_x$ 合金晶胞体积增大，吸放氢和吸放氚的平台压都降低，同时平台宽度变窄，氚对应的平台压较氢更高。计算结果表明，Al 部分取代 Ni 可降低 LaNi$_{5-x}$Al$_x$H 的形成能和减少可用间隙位点数量，这可解释氢平台压降低且变窄；H 和 Ni 之间的共价相互作用是评估 LaNi$_{5-x}$Al$_x$H 体系稳定性的重要因素；计算的焓变 ΔH 通常较熵变计算值 ΔS 更为准确，ΔH 对储氢容量曲线可用于预测给定温度下 LaNi$_{5-x}$Al$_x$H（D 或 T）的平台压。该研究中理论预测与实验结构呈现了良好的一致性，因而提供了一种提升 H（D 或 T）存储合金材料设计开发效率的理论工具。

2. 表面优化

除了合金成分的优化，也有大量研究通过表面处理方式提高合金倍率等储氢性能。表面处理的目的可以是获得具有高活性的富 Ni/Co 表面层，抑制表面钝化层的阻碍作用。Zhou 等[25]采用热的 KOH 溶液对预水化的 AB$_5$ 合金颗粒进行表面处理，采用表面处理后的镍氢电池具有非常好的倍率性能，原因是经表面处理合金比表面积增大，反应活性提高。甘辉辉等[26]

采用 12mol/L NaOH+0.5mol/L NH$_4$F+0.1mol/L KBH$_4$ 混合溶液对储氢合金 MlNi$_{4.07}$Co$_{0.45}$ Mn$_{0.38}$Al$_{0.31}$ 进行表面处理，并以纳米碳粉作为导电剂，提高储氢合金电极的高倍率充放电性能。处理后的储氢合金表面生成了纳米棒状微粒；合金表面的 Al、Mn 和 Fe 部分溶解，形成富 Ni 层。Karwowska 等[27]研究了 AB$_5$ 类金属合金 LaMmNi$_{4.1}$Al$_{0.3}$Mn$_{0.4}$Co$_{0.45}$ 在不同碱金属电解质（LiOH、NaOH、KOH、RbOH、CsOH）、不同温度（0～30℃）时的性能，以期设计一个可获得合金最高电化学容量的优化碱金属氢氧化物电解质。发现在 6mol/L 的 KOH 溶液和 LiOH/KOH 混合溶液中 30℃可得到最高的电化学氢容量。可见，设计混合碱金属氢氧化物电解质或可改善合金的储氢容量。

原料气中的杂质常导致稀土基 AB$_5$ 类合金材料吸氢性能恶化，要求合金表面需具有高催化活性和良好的抗腐蚀能力。改善金属氢化物材料（MH）耐毒化的典型方法是表面修饰，这一方面可增加表面 H$_2$ 解离/重组反应的催化活性，同时也可保护因杂质引起催化活性中心的钝化。MH 表面形成新催化活性中心的最有效的方法是引入铂族元素（PGM，尤其是 Pd），引入方法通常倾向采用湿法化学镀技术。机械研磨是另一种将 PGM 引入到包括 AB$_5$ 类 MH 合金材料表面的有效途径。为改善 Pd 修饰合金的吸氢性能，需要与合金表面紧密接触，这可通过球磨实现。已有研究显示，获得纳米结构材料的球磨工艺可便于调节材料组成、结构和形貌，以改善吸氢性能。且球磨法操作简单、成本低廉，可应用于绝大多数的金属间合金。Modibane 等[28]采用球磨法结合传统化学镀技术，研究了 Pd 的引入对于 AB$_5$ 类合金储氢性能和耐毒化性能的影响。当 AB$_5$ 类合金粉末与≤1wt%的钯黑混合共研磨并未导致产物性能的改善，增加 Pd 加入量产生的有益效果也不明显。但样品进一步通过化学镀自催化 Pd 沉积的标准工序处理后，即表现出比无球磨样品相近（≤1wt%Pd）或更好的（>1wt%Pd）吸氢动力学性能。球磨样品具有更高的比表面积，已引入的 Pd 可作为后续沉积 Pd 的成核中心。Hubkowska 等[29]也研究了采用 Pd 纳米颗粒修饰的 AB$_5$ 类储氢合金的电化学行为。表面修饰和原始合金粉末的循环伏安和计时电流曲线对比显示，Pd 修饰复合物氢吸收得到显著增强。Pd 纳米颗粒的修饰显著增加了最大放电电流，已达到了与 Li 离子电池相当的水平，但比能量（specific energy）与修饰前相当。

氟化作用是另一种引入保护层的途径，因表面的氟化处理可通过形成主要由多孔结构 LaF$_3$ 组成的氟化层消除合金表面的氧化物层，这可有效降低水或空气对于储氢容量的毒化影响。Zhao 等[30]研究了氟化和 Pd 沉积组合表面处理技术对于 LaNi$_{4.25}$Al$_{0.75}$ 合金的表面耐毒化性能。处理后的合金表面由 Pd

纳米球和氟化物层组成。对于含 O_2 和 N_2 杂质的 H_2，处理后合金 F-0.5%Pd-LaNi$_{4.25}$Al$_{0.75}$ 的储氢容量和特征吸收速率分别为 1.147wt% 和 0.062wt%/s，相应较未处理合金增加 10% 和 68%，认为氟化和 Pd 沉积对合金性能产生了协同效应。

在负极合金中添加具有高导电性的碳材料对改善合金电极的倍率性能具有较好的作用。Cui 等[31] 在采用高能球磨方法将石墨烯纳米片（graphene nanoplatelets，GNP）与商业 MmNi$_{3.55}$Co$_{0.75}$Mn$_{0.4}$Al$_{0.3}$ 储氢合金粉混合，球磨后在放电电流密度为 3000mA/g 时，合金电极的容量保持率可达 53.0%，进一步添加 GNP 后的容量保持率可提升至 68.3%，是原合金电极的 3.2 倍。这种优异性能主要是由于球磨后较小的合金粒径可减少氢原子的扩散距离，高电导率的 GNP 加速电荷转移，降低电池内阻。

稀土基 AB$_5$ 和 AB$_2$ 类储氢合金已在中国、美国和日本规模化生产。但这些储氢材料都还不能达到美国能源局（Department of Energy，DOE）提出的汽车应用领域的容量要求。美国能源局 DOE 要求 2020 年国内车载氢能电池的氢气质量密度须达到 4.5%，2025 年达到 5.5%，最终目标是 6.5%[32]。在稀土氢化物系列中，LaNi$_5$ 基合金具有更好的储氢容量、快速的动力学、可逆的吸放氢性能以及 1～3MPa 较低的室温平台压。但目前对 LaNi$_5$ 合金的研究报道已逐渐减少，这主要是由于大量的研究工作已经从实验室阶段进入产业化阶段，同时，由于 AB$_5$ 型稀土储氢合金的发展受到材料本身结构的局限，最高容量仅为 1.4 wt%，经优化的合金电极容量已近极限，能量密度也相对较低，自放电性能较差，为提高储氢量，人们把研究方向已投入到其它具有更高吸氢容量的合金中，其中的主要方向为稀土镁储氢合金。

二、稀土镁储氢合金

Mg 是一种最具前途的储氢材料，以 MgH$_2$ 形式的可逆储氢容量达到 7.6wt%，且 Mg 还具有矿资源丰富和无环境毒害等优势。纯 Mg 储氢容量相当于液氢体积密度的两倍多。但存在的动力学问题使得吸放氢速率慢，另外未经纳米结构化的 Mg 吸放氢要求温度高于 673K。因而 Mg 系合金的实际应用主要受到吸放氢反应速度慢以及氢解吸所需温度高的限制。尽管如此，由于具有较高的储氢容量，Mg 基合金被认为是当前应用于车用氢燃料电池最有前途的储氢材料，其中引入稀土得到的 REMg$_{12}$ 类合金储氢容量可达到 3.7wt%～6.0wt%，电化学容量理论上可达到 1000mAh/g。稀土 Mg 基合金储氢材料较二元 Mg-H 体系具有更高的性价比，兼具较高的氢重量比容量、快速吸放氢和较低的金属-氢键稳定性等优势，也具有更好的循环稳定性能，但较强的 Mg-H 键使得 Mg 系合金氢解吸所需温度较高，加之 H 在 MgH_2 中扩散速率较小，在 MgH_2 表面 Mg 的核化和 H 原子重新键合所需能垒较高，使得氢解吸过程缓慢。将稀土 Mg 基合金用于车载储氢材料或 Ni-MH 电池负极材料还需解决氢解吸温度高、吸放氢速度慢以及室温电化学放电容量较低等问题，同时进一步提高 Mg 基合金的储氢容量始终是未来研究人员无法回避的问题。

RE-Mg-Ni 系多相合金均具有独特的$[A_2B_4]$和$[AB_5]$两亚点阵沿 c 轴方向交替堆垛形成的超点阵结构，可作为新型储氢材料。1997 年 Kadir 等首先发现了具有 $PuNi_3$ 型结构、化学式为 RMg_2Ni_9（R=RE，Ca，Y）的 AB_3 型储氢合金。1980 年，Oesterreicher 等[33]采用氩气氛下熔融工艺首次制备了具有 C15 类结构的 $La_{1-x}Mg_xNi_2$ 单相合金。该类合金中通常出现的相包括$(La, Mg)Ni_3$，$(La, Mg)_2Ni_7$ 和$(La, Mg)_5Ni_{19}$等。La-Mg-Ni 超晶格储氢材料还具有良好高低温性能，目前主要应用于镍氢电池领域，是一次性电池、镍镉、铅酸电池的最佳替代品。

2001 年，国内多家单位开始展开对 La-Mg-Ni 系 AB_3 型储氢合金电化学性能的研究，主要包括合金制备方法、成分影响、微观组织及相结构、储氢及电化学性能等。自 2004 年，发现主相为 Ce_2Ni_7 型的 A_2B_7 型合金较 AB_3 型合金具有更好的循环寿命。此后，国内外对 La-Mg-Ni 储氢合金的研究开始由 AB_3 逐渐转向 A_2B_7 型，研究工作主要集中在成分优化、微观组织及相结构调控、Mg 含量控制技术等方面，旨在进一步提高 A_2B_7 型合金的循环寿命。之后又发现 A_5B_{19} 型物相具有更好的循环稳定性，合金中各物相的循环稳定性依次为：$PuNi_3<Ce_2Ni_7<Pr_5Co_{19}$-$CaCu_5$，其中 $PuNi_3$ 型相的循环稳定性最差。La-Mg-Ni 合金一般均为多相结构，其可能含有 $PuNi_3$、Ce_2Ni_7、Pr_5Co_{19}、$CaCu_5$ 等相，因此，合理控制合金的相结构是提高 La-Mg-Ni 储氢合金循环寿命的有效途径之一[2]。

调节 Mg 基储氢合金的热力学和动力学性能已成为促进其应用的关键研究课题。Mg 氢化物研究主要解决的问题包括如何降低 MgH_2 的热力学稳定性、如何实现快速吸放氢动力学以及如何增加材料的循环寿命和使用寿命。合金化、纳米结构化、与其它材料复合以及掺杂催化剂等方法已被用于克服这些缺陷[34]。

（1）纳米结构化：Mg 基氢化物颗粒尺寸减小可引发可逆吸氢动力学方面的显著改善，尤其是当尺寸降低至纳米水平。动力学与颗粒的比表面积正相关，因吸氢过程为表面反应，H 的体相扩散也与比表面和颗粒尺寸密切相关。Mg/MgH_2 的吸放氢速率受限于两个过程：一是体相中 H 的扩散，尤其是氢化物相中；二是氢的结合和解离。纳米结构化可同时改变 Mg 基合金的表面和体相状态，赋予材料大比表面、丰富的边界、短的 H 扩散行程和快速的吸氢动力学等优异性能。另外，小颗粒中拥有丰富的 H 空位，这可使 H 扩散系数显著增加，被认为是纳米结构 Mg 合金具有优异动力学性能的因素之一。纳米结构化也可降低 Mg-H 键稳定性，有利于氢解吸过程。当颗粒尺寸降低到几纳米时，MgH_2 的形成焓降低，小于 $5nmMgH_2$ 颗粒的理论计算形成焓将减小 30% 以上。但目前为止，因为尚无法直接合成 5nm 以下的 Mg/MgH_2 并在室温快速实现晶化，预期的焓减小还没有实验观测到。制备纳米结构 Mg 合金的主要方法是机械球磨法，但球磨样品表面活性高，难于进行形貌的控制，同时不可避免会引入杂质，需开发替代技术。纳米结构 Mg 基合金的一个缺陷是易于被氧化；另外，加基体支撑后部分牺牲了系统的比容量。同时解决两缺陷的一个可能解决途径是纳米限域策略结合表面工程技术，实现支撑材料的多功能协同。

（2）合金化：一个可能的降低氢化物反应焓值的途径是寻找与 Mg 结合形成稳定 Mg 基化合物时产生负热效应的元素。MgH_2 中极强的 Mg-H 键，使得其储氢容量高达 7.6wt%，而如形成 Mg_2Ni 等合金可使 Mg-H 键减弱。除了热力学性能的改善，Mg 基合金的氢扩散速率也比纯 Mg 体系快得多。因而，引入合金元素合成氢化物形式的多元素合金或金属间化合物是一种同时改善 MgH_2 动力学和热力学性能的有效方法。

（3）复合物法：特定催化剂的存在可获得理想的吸氢动力学性能，即低表观活化能和氢解吸起始温度，但不能改变 MgH_2 的形成焓和平台压，因为从热力学角度，催化剂的存在几乎不改变内禀成键特性。为满足实际应用要求，新技术应包含尽可能少的合成步骤。更为重要的是，使用储氢材料应在不牺牲储氢容量的同时实现低温快速吸氢。因而，集成多种成分的优势形成储氢复合物材料系统则是一种可供选择的方案。可供选择的其它材料不仅可为高效催化剂，也可本身就是另一种吸氢材料。

（4）无定形合金化：除了 Mg 基晶化材料，在无定形或亚稳态合金中储氢也是一种极具吸引力的研究课题。相比于传统晶化材料，无定形合金在强度、抗腐蚀性和磁性等方面具有特异性能。无定形材料的无序特性提供了大量可用于氢储存的位点以及便于 H 扩散的位点或通道。无定形结构也可抑制 Mg 基合金吸放氢循环性能的快速退化。另外，无定形结构也可能有利于吸/放氢反应的进行。

（5）表面修饰：材料的表面结构是影响吸放氢动力学的关键因素。氢相关反应有表面氢的吸附和解离以及 H 迁移进入体相两个步骤，表面 M-H 相互作用通常为氢相关反应的决速步。表面修饰，也称表面工程，可为 Mg 基储氢材料提供需要的氢反应活性和抗氧化性。当 Mg 基合金暴露在空气中时，O_2 或 H_2O 对表面的氧化毒化作用不可避免，因而需要一个活化工序以使表面恢复反应性。但球磨活化后得到的高活性复合物进行吸放氢循环时，氢反应性总是严重退化。因而需要开发新型表面工程技术，以使 Mg 基氢化物具有要求的储氢性能，如长循环寿命、耐粉化和抗氧化能力等。有效的表面工程技术应是结合纳米结构化、催化复合化等方法的协同。

在成分优化、相结构调控和合金制备工艺等方面科研工作者做了大量研究工作并取得进展。这为克服 Mg 基氢化物缺陷提供支持。

1）成分优化

Mg 和 Mg 基储氢合金具有高储氢容量、良好的吸放氢可逆性和低成本等优势，但也存在热稳定性高、吸放氢动力学差等缺陷。主要有两种方法改善 Mg 基储氢合金性能：减小颗粒尺寸和加入催化剂。许多研究致力于对 Mg 和 Mg 基合金的热力学和动力学性能的双调节。储氢合金的热力学和动力学性能都与合金的结构密切相关，当减小颗粒至微米尺寸时，Mg 基合金的吸放氢性能可得到显著改善。通常认为稀土元素、过渡金属或其氧化物、卤化物和氢化物可作为降低 MgH_2 稳定性、改善合金吸放氢动力学的良好催化剂。储氢过程的决速步为 H_2 分子在 Mg 表面的解离，因其需要较高的能量，而催化剂可降低 H_2 分子的解离能。理论上，替代原子也可通过其不饱和 d/f 电子与 H 的价电子的相互作用，作为一种催化剂降低 MgH_2 中 Mg-H 键，从而改善 MgH_2 的氢解吸性能。稀土和过渡金属共添加可进一步改善 Mg 的储氢性能。

大量研究表明氧化物是提高合金性能的有效催化剂。虽然氧化物对 Mg 基储氢合金的催化机理还不是十分明确，但目前发现的催化机理主要有：①提供大量的新鲜表面，增加合金表面活性；②产生大量的缺陷，为氢的扩散提供通道，提高氢的输送能力；③在合金的表面提供活化中心，促进氢的扩散；④增大合金颗粒的比表面积，与氢接触更容易；⑤减小颗粒大小，缩短氢扩散的距离；⑥电子与氢分子发生交换作用，促进气固相反应。大量研究在不断地改进制备方法的同时，也在持续尝试新的催化剂，以促进镁基储氢合金在商业领域真正实现大规模应用[35]。

（1）AB$_3$类合金：(La, Ce, Pr, Nd)$_2$MgNi$_9$合金高倍放电性能和循环稳定性有所改善，但放电容量低于La$_2$MgNi$_9$。Ca原子质量小，但也可与过渡金属形成与La相似的金属间化合物。相对较轻的Ca$_{0.6}$Mg$_{1.4}$Ni$_4$合金在273K、5MPa下的储氢容量为1.6wt%，大于REMgNi$_4$，但其氢化物太稳定，在273～323K时不能完全释放氢，显示倾斜的吸放氢平台，且较大的Ca原子半径导致CaMgNi$_4$吸放氢平衡压力很低，而Ca较易腐蚀也使得CaMgNi$_4$合金在碱性电解质的循环稳定性差。相反，具有C15b类结构的REMgNi$_4$化合物具有更为适中的平衡压和更好的碱性电解质中的电化学循环稳定性。以La取代50% Ca的化合物具有更稳定的吸放氢平衡压，298K时的吸氢容量也可达到1.6wt%，放电容量356mAh/g，但高倍放电能力和循环稳定性较差。而不同稀土元素也可对RE-Mg-Ni合金储氢性能产生不同的作用，如RE-Mg-Ni合金中Nd含量的增加可改善高倍放电能力和循环稳定性。考虑到原子半径是影响AB$_3$化合物储氢特性的重要因素，Zang等[36]选取具有不同离子半径的Nd、Gd和Er取代Ca制备了系列RE-Mg-Ni合金Ca$_2$MgNi$_9$，NdCaMgNi$_9$，GdCaMgNi$_9$和ErCaMgNi$_9$。研究显示，RECaMgNi$_9$化合物都呈现明显的吸放氢平台，但储氢容量随稀土原子半径的减小而减小；RECaMgNi$_9$合金电极显示了较Ca$_2$MgNi$_9$更好的循环稳定性和高倍放电能力。由于Gd和Er离子半径较小，GdCaMgNi$_9$和ErCaMgNi$_9$的储氢性能明显不如NdCaMgNi$_9$合金。Zang等[37]还研究了CaMgNi$_4$化合物中以RE（RE=Nd、Gd和Er）50%取代Ca对于合金晶体结构和储氢性能的影响。发现稀土取代Ca后，CaMgNi$_4$的C15类结构转化为C15b类。相比于CaMgNi$_4$，RE$_{0.5}$Ca$_{0.5}$MgNi$_4$化合物的吸放氢热力学得到改善；RE$_{0.5}$Ca$_{0.5}$MgNi$_4$合金电极也具有更好的循环稳定性和更大的高倍放电容量。Nd$_{0.5}$Ca$_{0.5}$MgNi$_4$的储氢性能优于Er$_{0.5}$Ca$_{0.5}$MgNi$_4$，这或也是因Er的原子半径更小。可见，为提升AB$_3$化合物性能，有必要选择添加具有适中原子半径的稀土元素。

辛恭标等[38]采用感应熔炼方法制备了组成为La$_{0.65-x}$Y$_x$Mg$_{1.32}$Ca$_{1.03}$Ni$_9$的储氢合金。研究表明，合金由AB$_3$相和AB$_5$相组成，随着Y元素添加量的增大，合金中AB$_3$相丰度逐渐减小，AB$_5$相丰度逐渐增加，AB$_3$和AB$_5$相的晶格参数和晶胞体积都随之减小。说明Y元素的添加抑制了合金中AB$_3$相的形成，且导致合金容量降低。但随着Y元素添加量的增大，合金平台压升高，合金在0.1～1MPa氢压之间的有效储氢容量得到了明显增加。在放氢压力为

0.1MPa 时，Y 元素添加量为 0.05 的样品在 25℃、40℃和 60℃下的放氢容量分别为 1.624wt%、1.616wt%和 1.610wt%。添加了 Y 元素的稀土镁基储氢材料具有高容量和高平台压，且成本较低，适用于燃料电池等气固相储氢需求。合金在 2000 周循环后的吸氢容量保持率为 85.2%，放氢容量保持率为 80.3%，合金循环寿命衰减的主要原因是多周吸放氢循环之后，样品中部分 AB_3 相发生了晶格失稳分解，生成了 AB_5 相和 $MgNi_2$ 相。

La-Mg-Ni 基储氢容量是商用 $LaNi_5$ 类合金的 1.5 倍，但其气固反应中的循环稳定性差，元素取代是一种提升循环稳定性的方法。Lim 等[39]调查了 Ce 和 Al 的取代对于 La-Mg-Ni 基合金 $La_{0.65-x}Ce_xCa_{1.03}Mg_{1.32}Ni_{9-y}Al_y$ 在气固反应体系中的循环寿命的影响，发现 Ce 和 Al 都对改善 La-Mg-Ni 合金循环寿命起到改善作用，但 Al 的加入明显降低了储氢容量。

（2）A_2B_7 类合金：Mg_2Ni 金属间化合物可在 200℃左右发生吸氢反应形成氢化物 Mg_2NiH_4，并在 250～300℃等量释放氢。Mg_2Ni 储氢含量为 3.6wt%，氢解吸等温线平坦，滞后小，是较理想的储氢合金，但也存在吸放氢温度高、吸放氢速度慢的问题。添加催化剂可以改善这些性能。Ni 是一种 Mg 基合金中的有效催化元素，Ni 可促进合金的无定形化并对吸放氢过程产生高效催化作用，同时还可对碱性溶液具有良好的抗腐蚀性能。由于 RE 与 Ni 的协同作用，RE-Mg-Ni 三元合金展现了优越的综合储氢性能。

A_2B_7 类超堆垛结构的 La-Mg-Ni 合金具有相对较好的储氢容量和电化学性能。通常吸氢的 A 位元素包括 La、Sm、Nd、Ce、Pr 和 Mg，而 Co、Al、Ag、Cu 和 Mn 常被用于不吸氢的 B 位元素。La_2Ni_7 合金的 Ce_2Ni_7 和 Gd_2Co_7 两类结构都由 $CaCu_5$ 和 Laves 相两种单元组成，所不同的是 Laves 单元在 Ce_2Ni_7 类结构中为 $MgZn_2$ 相，而在 Gd_2Co_7 类结构中则为 $MgCu_2$ 相。A_2B_7 合金较传统应用的 AB_5 合金体积比容量更高，且易于活化，平台压适中，可在常规温度下工作，同时也易于通过不同元素对 La 或 Ni 点阵位的取代调控性能。该类合金电化学最大放电容量可达约 400mAh/g，比传统 AB_5 类合金电极高出 25%。但能量需求的增长要求进一步提高其电化学容量和循环稳定性。元素替代、形成复合物和热处理等工艺常被用于改善这些合金的电化学性能，其中元素替代最为有效，也吸引了更多的研究投入。

$(La, Mg)_2Ni_7$ 类储氢合金中，其它稀土元素对 La 以及 3d 元素对 Ni 的替代可改善其电化学性能。La-Mg-Ni 基合金中最常见的相是 $(La, Mg)Ni_3$、$(La, Mg)_2Ni_7$ 和 $(La, Mg)_5Ni_{19}$。已有研究显示，$(La, Mg)_5Ni_{19}$ 和 $LaNi_5$ 相对于合金的快速放电具有催化效应；其它稀土部分取代 La、Co 或 Al 部分取代 Ni

可影响 A_2B_7 合金的晶体结构；Gd 对 La 的替代可显著影响合金的相组成；Nd 和 Co 的掺杂可改善循环稳定性，Co 对 Ni 的替代还可提升 A_2B_7 合金的放电容量，并降低氢化引起的体积膨胀，从而降低合金的粉化和腐蚀；Al 可在颗粒表面形成氧化物层。

日本三洋公司的 AA 型超低自放电 Eneloop 电池采用了 $AB_{3.5}$ 型储氢合金、其中 A 端含有较多的稀土 Nd 元素，A 侧 Nd 元素的添加被认为有助于提高合金中耐腐蚀相的含量，从而保证电池寿命。近年来由于稀土永磁材料的高速发展导致稀土 Nd 消耗量增加，且金属钕价格为镧铈稀土金属价格的近十倍，基于稀土元素的平衡利用，同时为了降低 $AB_{3.5}$ 合金成本，保证合金性能，国内外许多单位进行了替代 Nd 元素的相关研究及产业化推进。

为改善 A_2B_7 类合金的电化学性能，同时降低成本，Ouyang 等[40]以大量的 Sm 取代 A 位的 Pr 或 Nd，以及少量的 Zr、Ag 和 Al 替代 B 位的 Co，制备了不含 Pr、Nd、Co 的 $La_{13.9}Sm_{24.7}Mg_{1.5}Ni_{58}Al_{1.7}Zr_{0.14}Ag_{0.07}$ 合金。研究表明，所得合金主要由 La_2Ni_7 和 $LaNi_5$ 的两相组成；在 330mAh/g、970mAh/g、1600mAh/g 电流密度下的放电能力分别 97%、86% 和 78%，在 233K 时的氢解吸压力位 0.005MPa，有利于低温放电；200 周循环 1C 时的容量保持率可达 86.2%，400 周循环时为 71.5%。另外，Cao 等[41]制备的高 Sm、低 Co、无 Pr/Nd 的 A_2B_7 类合金 $La_{0.95}Sm_{0.66}Mg_{0.40}Ni_{6.25}Al_{0.42}Co_{0.32}$ 也显示了较高的放电容量和优异的循环性能，其放电容量可在 2C 和 5C 的大放电电流下分别达到 311.8 和 227mAh/g，1C 下 239 周循环的容量保持率为 80%。

北京有色金属研究总院[42,43]研究发现适量的 Y 可以有效提高合金的循环稳定性和平台压，有利于合金倍率性能改善；Sm 元素作用与 Y 类似，通过研究 Sm、Y 共同替代，发现了 Sm、Y 元素的协同作用，显著降低 $CaCu_5$ 型相的含量，增加 Ce_2Ni_7 相的含量，合金容量和循环稳定性明显提升。制备的具有高容量和长寿命的 $LaSmYMg(NiAl)_{3.5}$ 稀土储氢合金，较商用含 Pr、Nd、Gd 元素的长寿命低自放电合金成本下降了近 30%，同时在荷电保持率和低温性能方面有显著提升，充放电循环 500 周的容量保持率为 74.2%。另外，Y 元素部分替代不但有利于 $(La, Mg)_2Ni_7$ 相的形成，也可以改善合金电极高温动力学性能。刘治平[44]研究发现，合金 $La_{0.80-x}Y_xMg_{0.20}Ni_{2.85}Mn_{0.10}Co_{0.55}Al_{0.10}$ 当 x 从 0 增加到 0.10，合金电极高倍率放电性能 HRD_{1800} 从 23.6% 增加到 39.7%。随着温度升高，合金电极交换电流密度增加，氢扩散系数降低，HRD 在 318K 下达到最大。

La-Mg-Ni 基合金在碱性电解质中充放电时易于氧化和粉化，导致放电容量严重退化。组成改进、热处理、球磨等技术已被用于提升 La-Mg-Ni 基合金的电化学循环稳定性。合金组成与特定相结构直接相关，进而相应影响电化学性能。已有研究显示 Y 取代 $LaNi_{4.7}Sn_{0.3}$ 合金中的 La，在合金粉末表面形成含 Y 钝化层，可促进合金室温吸放氢反应；Y 取代中 La 还可改善室温和高温条件下 $LaNi_{3.55}Mn_{0.4}Al_{0.3}Co_{0.75}$ 合金的综合电化学性能。因此，Liu 等[45]通过感应熔炼技术合成了 $La_{0.80-x}Y_xMg_{0.20}Ni_{2.85}Mn_{0.10}Co_{0.55}Al_{0.10}$ 系列合金，以期通过 Y 取代 La 改善 $AB_{3.0-3.8}$ 类 La-Mg-Ni 合金的储氢性能。研究发现，样品合金是由 $LaNi_5$ 和 $(La, Mg)_2Ni_7$ 相组成，Y 的取代促进了 $(La, Mg)_2Ni_7$ 相的形成，因而 Y 取代样品展现了更高的放电容量；Y 取代 La 还有效改善了合金电极的放电动力学。当 Y 取代量 x 由 0 增加至 0.1 时，合金电极的室温高倍放电能力由 23.6%增加至 39.7%；另外，样品合金的高倍放电能力还分别与交换电流密度以及不同温度下的氢扩散系数线性相关。

含 La 或 Ce 的 $(RE-Mg)_2Ni_7$ 合金储氢容量高，氢平衡压力适中，且所含元素成本较低。但不同稀土含量对 $(RE-Mg)_2Ni_7$ 合金结构、电化学和电子性能的影响尚缺乏研究报道。Werwinski 等[46]采用机械合金化（MA）制备了不同稀土含量的 $La_{2-x}Mg_xNi_7$ 系列合金。表征显示，样品具有多相特征，主要为六方 Ce_2Ni_7 类和三方 Gd_2Co_7 类的 $(La, Mg)_2Ni_7$ 相，同时也存在少量的 $LaNi_5$ 和 La_2O_3 相；最大放电容量随 Mg 含量增加而增加，并在 $x=0.5$ 时达到最大值 304mAh/g。该研究还进行了基于完全势局域轨道最小基方案的密度泛函理论计算，为模拟化学无序，计算引入了相干势近似。计算结果显示，六方和三方结构的 La_2Ni_7 具有基本相同的总能量，这与两相共存的实验结果一致；Mg 原子倾向于占据 Ce_2Ni_7 类 $(La, Mg)_2Ni_7$ 相中的 $La4f_1$ 位和三方 Gd_2Co_7 类 $(La, Mg)_2Ni_7$ 相中的 $La6c_2$ 位，这也与实验结果相符。$La_{1.5}Mg_{0.5}Ni_7$ 合金的价带主要来自 Ni 电子的贡献，Mg 取代 La 仅稍影响价带。

以 Ce 替代 La-Mg-Ni 中的 La 还可通过增加抗腐蚀性提高循环寿命。Lv 等[47]采用氩气氛感应熔炼+真空热处理制备了 $La_{0.75-x}Ce_xMg_{0.25}Ni_3Co_{0.5}$ 合金，发现所得合金主要由 $(La, Mg)Ni_3$、$(La, Mg)_2Ni_7$ 和 $LaNi_5$ 相组成，增加 Ce 浓度，$(La, Mg)Ni_3$ 和 $(La, Mg)_2Ni_7$ 相减少，而 $LaNi_5$ 相含量增加。$La_{0.75-x}Ce_xMg_{0.25}Ni_3Co_{0.5}$ 合金可在 2 周循环内完全活化；随 Ce 浓度的增加，100 周循环后的稳定性由 62.39%增加到 84.94%；Ce 浓度为 0.1at%时，100 周循环放电容量有最大值，为 259mAh/g，同时高倍放电能力也在此时有最大值。其中 $La_{0.65}Ce_{0.1}Mg_{0.25}Ni_3Co_{0.5}$ 具有最优的综合电化学性能。

Nowak 等[48]采用机械合金化结合氩气氛 1123K 条件下的后续热处理，合

成了 $La_{1.5-x}Gd_xMg_{0.5}Ni_7$ 系列纳米结构合金。研究显示，50 周吸放氢循环后 $La_{1.25}Gd_{0.25}Mg_{0.5}Ni_7$ 合金的可逆电化学容量显著高于 $La_{1.5}Mg_{0.5}Ni_7$；Gd 部分取代 La 还改善了合金的吸氢动力学。另一方面，电化学放电容量稳定性随 x 增加至 1.0 而增加。然而，合金的放电容量在 Gd 取代量 x 大于 0.25 时显著降低。从应用的角度综合分析，$La_{1.25}Gd_{0.25}Mg_{0.5}Ni_7$ 合金未来具有作为 Ni-MH$_x$ 电池电极最好的应用前景。

Liu 等[49]研究了 Sm 和 Mg 对于 $La_{0.85-x}(Sm_{0.75}Mg_{0.25})_xMg_{0.15}Ni_{3.65}$ 合金电化学性能的协同作用。合金中主要包含 $(La, Mg)_2Ni_7$，$(La, Mg)_5Ni_{19}$ 和 $LaNi_5$ 相，Mg 有助于增加超堆垛相含量，因而增强放电容量和高倍放电能力；而 Sm 可细化晶粒，从而提升合金的高倍放电能力和循环稳定性。Sm 和 Mg 部分取代 La 增加 $(La, Mg)_2Ni_7$ 和 $(La, Mg)_5Ni_{19}$ 量超堆垛相含量，细化晶粒，减小晶胞体积，显著改善合金电极的综合电化学性能。$x=0.20$ 对应合金循环寿命可达 280 周，超过其原始合金（$x=0$）的两倍多；1500 周循环的高倍放电能力为 57.2%，增加了 12.3%；最大放电容量从 352mAh/g 增加到 365mAh/g。

Co 和 Al 是已有研究中对于 La-Mg-Ni 基合金循环稳定性的改善效果最为显著的元素。但单纯 Co 和 Al 的替代对于 La-Mg-Ni 性能的改善还远不能达到实际使用要求。考虑到 Mo 可改善合金电极的动力学性能，Yuan 等[50]采用真空感应熔炼 1123K 煅烧 8h 合成了 Co、Al、Mo 多元素取代的 A_2B_7 类 La-Mg-Ni 合金。合金煅烧后主要由 $(La, Mg)_2Ni_7$，$(La, Mg)_5Ni_{19}$ 和 $LaNi_5$ 相组成。Mo 的添加促进了 $LaNi_5$ 向 $(La, Mg)_2Ni_7$ 和 $(La, Mg)_5Ni_{19}$ 相的转变，同时吸放氢容量也随 Mo 的添加而显著增加。$La_{0.75}Mg_{0.25}Ni_{3.05}Co_{0.2}Al_{0.05}Mo_{0.2}$ 合金不仅储氢容量高，还展现了优异的吸放氢动力学，303K 低温仅需 100s 即达到了饱和容量 1.58wt%，338K、400s 放氢 1.57wt%。电化学实验还显示，含 Mo 合金电极也具有良好的活化和最大放电容量性能，$La_{0.75}Mg_{0.25}Ni_{3.05}Co_{0.2}Al_{0.05}Mo_{0.2}$ 合金 253K 时的最大放电容量由 231mAh/g 提升到 334.6mAh/g。Li 等[51]的研究显示，$La_{0.75}Mg_{0.25}Ni_{3.05}Co_{0.20}Al_{0.10}Mo_{0.15}$ 合金的循环稳定性、动力学性能和放电能力等综合电化学性能最佳。Mo 部分取代 Ni 导致了晶胞体积的增加；Mo 的添加显著改善了合金电极的电化学循环稳定性，循环保持率达到 80.9%，比无 Mo 添加时高出 16.4%；放电电流密度 1500mA/g 时的高倍放电能力由 55.2%提升至 60.1%。

Lv 等[52]设计并采用感应熔炼+热处理工艺制备了 $La_{0.75}Mg_{0.25}Ni_{3.5-x}Co_x$ 合金，研究了 Co 浓度对于合金微结构、储氢性能和电化学特性的影响。发现所得样品主要由$(LaMg)Ni_3$，$(LaMg)_2Ni_7$和$LaNi_5$相组成；Co取代Ni可改变各相含量，随Co含量增加，$(LaMg)_2Ni_7$相减少，$LaNi_5$相增加，而$(LaMg)Ni_3$相先增加而后减少。样品合金可在298K时可逆吸放氢，当Co浓度$x=$0.2at%时，吸氢容量达到最大值，为1.14H/M，在298K和323K时，第1分钟吸氢容量分别达到1.09H/M和1.03H/M。样品合金可在2周循环内完全活化；$La_{0.75}Mg_{0.25}Ni_{3.3}Co_{0.2}$合金展现了最优化综合电化学性能，其100周充放电循环稳定性为63.7%，高于$La_{0.75}Mg_{0.25}Ni_{3.0}Co_{0.5}$合金的60%。

DFT计算可用于研究元素替代对于La-Mg-Ni合金结构和性能的影响，如计算获知Mg的引入可降低$(La, Mg)_2Ni_7$的稳定性。Werwinski等[53]采用机械合金化工艺合成了$La_{1.5-x}Gd_xMg_{0.5}Ni_7$和$La_{1.5}Mg_{0.5}Ni_{7-y}Co_y$两系列合金，以实验结合第一性原理计算方法研究了Gd和Co替代对于合金电化学和电子性能的影响。检测显示，样品合金为多相结构，主相为$(La, Mg)_2Ni_7$相的六方Ce_2Ni_7类和三方Gd_2Co_7类结构。Gd和Co的替代可提升MH_x电极的循环稳定性；所有样品在3周充放电循环后达到最大放电容量。优化的合金组成分别为：$La_{1.25}Gd_{0.25}Mg_{0.5}Ni_7$和$La_{1.5}Mg_{0.5}Ni_{6.5}Co_{0.5}$。

（3）其它类合金：稀土系AB_2型储氢材料由于其高的理论储氢容量，有望发展成为一种新型的高容量储氢合金。该系列合金通常具备C15型Laves相结构，易歧化或非晶化。YNi_2是所有稀土系AB_2合金最稳定的一种，但仍然存在歧化导致容量衰减问题，且其最大吸氢量距理论值仍有较大差距。沈浩等[54]开展了Al取代Ni的研究，以期解决YNi_2合金容量衰减问题。研究表明，YNi_2合金在吸放氢过程中发生歧化反应，吸氢相由YNi_2转变为YNi_3，同时形成稳定氢化物YH_2，导致合金吸氢量衰减，首次吸氢量达到1.742wt%，可逆吸氢量仅为0.926wt%。Al取代Ni能够一定程度上改善YNi_2合金的循环稳定性，当$x=0.15$时，稳定吸氢量由0.926wt%提高到1.237wt%，当$x=0.05$、0.1、0.25时，稳定吸氢量也能够提高到1.1wt%左右。通过对合金成分分析，发现当$x\leq0.25$时，容量降低是因为YNi、YNi_3等杂相的出现，当$x>0.25$时，容量降低是因为随着Al替代量增加导致$Y_3Ni_6Al_2$和$YNiAl$两种实际容量较低的新相产生。

微结构调控和合金化可改善储氢合金性能。使用Pr、Nd、Sm、Ce和Y取代La或Co、Al、Mn和Cu取代Ni可提升AB_2类合金的电化学循环寿命。熔体旋淬工艺可得到晶粒细化的合金，从而改善合金的电化学循环性能。Zhang等[55]采用熔体旋淬技术合成了$La_{0.8-x}Ce_{0.2}Y_xMgNi_{3.4}Co_{0.4}Al_{0.1}$系列合金。表征发现，样品合金中主相为 $LaMgNi_4$，还含少量 $LaNi_5$。增加 Y 添加量和旋淬转速均导致颗粒细化，增强合金的抗氧化性、抗粉化性和抗腐蚀性，使得合金循环寿命得到显著提升。但 Y 的添加导致合金放电容量降低；而旋淬速率增加时放电容量和电化学动力学性能都先增加后降低。

Ni 和 Cu 的引入已显示了对于 Mg 吸氢性能的催化效应。Ni 与 Mg 形成更易于解离氢分子的 Mg_2Ni，促进吸氢反应动力学；氢解吸过程中，体积收缩效应使得 Mg_2NiH_4 对相邻 MgH_4 产生收缩应力，促进其释放氢。Cu 与 Mg 可形成两种金属间化合物相：Mg_2Cu 和 $MgCu_2$。Mg_2Cu 可发生吸氢反应生成 MgH_2 和 $MgCu_2$，而 $MgCu_2$ 不发生吸氢反应。Xu 等[56]为研究 Mg_2Ni 和 Mg_2Cu 不同的催化效应，通过熔体旋淬技术制备了 $Mg_{80}Y_5Ni_{15}$ 和 $Mg_{80}Y_5Cu_{15}$ 无定形合金，再氢化活化处理诱导产生 MgH_2-Mg_2NiH_4-YH_2 和 MgH_2-$MgCu_2$-YH_2 纳米复合物。合金活化后，$Mg_{80}Y_5Ni_{15}$ 具有较 $Mg_{80}Y_5Cu_{15}$ 合金更高的储氢容量以及更快速的吸放氢动力学。$Mg_{80}Y_5Ni_{15}$ 合金在 200℃ 10 分钟后可吸收 4.2wt% 的氢，且在 280℃ 5min 后几乎全部解吸。$Mg_{80}Y_5Cu_{15}$ 合金氢化过程中引起多裂纹和晶粒细化结构。Mg_2Ni/Mg_2NiH_4 催化纳米复合物在 Mg/MgH_2 基体中均匀分布，相反，在活化 $Mg_{80}Y_5Cu_{15}$ 合金中，大量的 Mg_2Cu/$MgCu_2$ 相显著偏析，与基体 Mg/MgH_2 分离，因而大大减弱了 Mg_2Cu 的催化效应。

RE 和过渡金属共添加是更有效地促进 Mg 基合金储氢性能的方法。掺杂过渡金属会降低可逆储氢容量，减少 Ni 的浓度可引发合金中形成多相结构，这可成为一个改善吸放氢动力学性能同时保持较大可逆吸氢容量的有利因素。与稀土元素合金化由于对于结构的改进和稀土氢化物的催化效应而可增强储氢动力学，如适量 Y 的加入可增加微细层状低共熔结构的相界面以及原位形成纳米 YH_2 颗粒而显著促进 Mg 的吸氢动力学性能。Li 等[57]采用真空感应熔炼制备了 $Mg_{80-x}Ni_{20}Y_x$ 系列合金。所得合金由主相 Mg_2Ni、片状低共熔复合物 Mg-Mg_2Ni 以及一定量的 YNi_3 组成。氢化后，YNi_3 完全转化为 YH_2 和 YH_3，同时还形成了 Mg_2NiH_4。合金颗粒经吸放氢循环后出现粉化现象，但相组成在 20 周循环后仍保持不变。增加 Y 的含量显著改善合金的吸氢动力学，但因 YH_2 的形成不可避免地降低了储氢容量。随 Y 添加量 x 由 0 增至 5at%，氢化物分解温度由 586K 降至 523K。实验观察到两个平台压，应分别对应于 MgH_2 和 $MgNiH_4$。

Knotek 等[58]采用熔炼法合成了二元 Mg-Ni 和 5 个三元 Mg-Ni-RE（RE 为

混合稀土金属）基合金，通过在 80℃、6mol/L KOH 溶液中电化学氢化过程研究金属间相 Mg_2Ni 和 $Mg_{12}RE$ 对于 MgH_2 的形成和分解的催化效应。发现所有合金电化学氢化后得到的氢化物均只有 MgH_2。Mg_2Ni 和 $Mg_{12}RE$ 通过不同的方式促进吸氢过程；Mg_2Ni 可使二元合金表面以下的氢浓度最大化；而 $Mg_{12}RE$ 趋于降低最大氢表面浓度而促进氢的体相扩散，这最有可能是该合金氢解吸温度相比于 MgH_2 降低超过 190K 的主要原因。

Yang 等[59]采用真空感应熔炼技术制备了系列三元合金 $Mg_{24}Y_3M$（M = Ni、Co、Cu、Al）。测试显示，各合金相结构都不尽相同，但主相均为 $Mg_{14}Y_5$，也都含有一定量的 Mg；在 M=Co 和 M=Al 的合金中分别检测到了 YCo_2 和 Al_2Y 相；在 M=Ni 和 M=Cu 的合金中观察到了长程堆垛超结构相。吸放氢动力学从高到低的顺序为：（M=Ni）>（M=Al）>（M=Co）>（M=Cu）。M=Ni 的合金在所研究的合金中储氢性能最好，其分解峰的温度降低至 313℃。

$LaMg_4Cu$ 含较高的 Mg 浓度，或可获得较高的储氢密度。Jiang 等[60]采用感应熔融结合后续热处理技术制备了六方 $UCoAl_4$ 类结构的 $LaMg_4Cu$ 金属间化合物。该化合物在 573K、H_2 压 4.0MPa 下第一周循环可快速吸氢 3.3wt%，形成了分立的 LaH_2、MgH_2 和 $MgCu_2$ 相。523K 下可逆吸氢容量为 2.6wt%，形成 LaH_2、Mg 和 Mg_2Cu 的混合物。PCT 曲线显示了两个平台，分别对应于 Mg 和 Mg_2Cu 的形成。相比机械制备的 Mg 和体相 Mg_2Cu 合金，此处原位产生的 LaH_2、Mg 和 Mg_2Cu 混合物展现了良好的动力学和循环性能，这应主要归因于 $LaMg_4Cu$ 合金通过 H 诱导分解产生了 La-Mg-Cu-H 纳米结构。该课题组还研究了具有正交晶系 $TbMg_4Cu$ 类结构的 YMg_4Cu 新型储氢合金，YMg_4Cu 合金氢化产生了分立的 YH_3-MgH_2-$MgCu_2$ 相；H_2 压为 4MPa 时，原位形成的 Y-Mg-Cu-H 纳米复合物可在 523K 和 373K 分别吸收 3.0wt% 和 2.6wt% 的氢；PCT 曲线同样显示了两个对应于 Mg 和 Mg_2Cu 形成的平台压[61]。

结构的变化可显著影响 Mg 基合金的吸放氢热力学和动力学。机械研磨和熔体旋淬被认为是两种最为可行的获得纳米结构从而改善储氢性能的制备工艺。然而球磨是否可改善储氢热力学仍然存在疑问。有研究认为理论上当颗粒尺寸足够小时即可通过引入毛细效应改善合金的吸放氢反应热力学，这一尺寸或应小于 5nm，但目前的机械球磨工艺还不能达到这一水平。MgH_2 的氢解吸速度可通过引入这些催化剂得到显著提升。已有研究显示，用 $CoCl_2$ 和含 Mo 催化剂掺杂 MgH_2 可降低吸/放氢所需能垒，Yuan 等[62]研究了

在 Sm_5Mg_{41} 合金中添加 CoS_2 和 MoS_2 等不同催化剂的影响效果。表征显示，CoS_2 和 MoS_2 纳米颗粒嵌入了合金表面，这种微结构降低了吸氢和放氢所需克服的能垒，因而改善了合金的储氢动力学性能。合金氢化后产生 MgH_2 和 Sm_3H_7 相，氢解吸后存在 Mg 和 Sm_3H_7 相。MoS_2 较 CoS_2 对于 Sm_5Mg_{41} 合金储氢性能的改善效果更佳。

MoS_2 是一种天然形成的层状固体，广泛用于固体润滑剂和催化剂。Zhang 等[63]为比较以 MoS_2 为催化剂时不同稀土元素对于 RE-Mg-Ni 基合金的结构和储氢性能的影响，采用球磨工艺制备了 $REMg_{11}Ni-5MoS_2$（RE=Y、Sm）合金。表征显示，所得合金均为含纳米晶和无定形的结构；RE=Y 的合金具有更大的储氢容量、更快速的吸氢速率、更低的起始氢解吸温度和更低的氢解吸活化能。Zhang 等[64]还研究了 CeO_2 对于 Y-Mg-Ni 基合金的催化作用，发现在 $YMg_{11}Ni$ 中加入 CeO_2 可略降低储氢热力学稳定性，明显增加吸放氢速率。加入 5wt%的 CeO_2 可将 $YMg_{11}Ni$ 合金的氢解吸活化能 91.53kJ/mol 降低至 74.89kJ/mol，显示了 CeO_2 对于合金氢解吸反应的催化作用。

相比于单一催化剂，复合催化剂可对吸放氢速率产生协同催化增强效应[65]。过渡金属和/或过渡金属氢化物是最常用的提升 Mg 基合金储氢性能的催化剂，也有部分研究引入稀土金属与过渡金属一起作为复合催化剂引入到 Mg 基合金中。稀土金属（La、Ce、Pr 等）与 Mg 形成 $LaMg_3$，La_2Mg_{17}，$CeMg_{12}$，$LaMg_{11}$，Ce_5Mg_{41} 和 $PrMg_{12}$ 等合金，可在 298~473K 的低温下快速吸氢，气态吸氢容量为 3.7wt%~6.0wt%。这些合金可原位形成具有催化效应的金属氢化物。为了得到 Ce 与过渡金属的复合催化剂，Ouyang 等[66]设计在 MgO 的坩埚中加入 Mg、Ni 和 Ce 金属，通过感应熔炼制备了 $Mg_{80}Ce_{18}Ni_2$ 合金，在部分氢化和完全氢化的 $Mg_{80}Ce_{18}Ni_2$ 合金中可以看到 Mg_3Ce、Ce_2Mg_{17}、CeMg 和 $CeMgNi_4$ 相消失，而出现 $CeH_{2.73}$、MgH_2 和 Ni 等新衍射峰，且这些新衍射峰在后续的吸放氢循环过程中始终存在。其形貌研究可观测到 5nm 宽的盘状 $CeH_{2.73}$ 颗粒镶嵌在颗粒尺寸为 25nm 的 Mg 基体中。$CeH_{2.73}$-MgH_2-Ni 复合物在 548K 氢解吸达到最大储氢容量 90%时的时间为 25min，比 $CeH_{2.73}$-MgH_2 样品快了 4 倍，这一改善主要是因为 $CeH_{2.73}$-MgH_2-Ni 复合物中 Ni 的存在。Ni 纳米颗粒和 $CeH_{2.73}$ 组成的复合催化剂起到了协同催化作用，二者之间原位形成的特殊界面成为了利于 Mg 核化的位点，从而协同催化了氢解吸性能。金属卤化物也可用于制备储氢合金中的复合催化剂。Soni 等[67]采用超声合成法制备了含 CeF_4/Gr（石墨）复合物的 Mg 基合金。经过吸放氢循环，介于 3~5nm 的 CeF_4 纳米颗粒与 Mg 发生不可逆反

应形成 MgF_2 和 CeH_2 纳米颗粒，这些纳米颗粒均匀分散在 Mg 基体中，且在吸放氢循环过程中稳定存在。Mg-CeF_4/Gr 复合物在 300℃ 下 25min 释放 5.85wt% 的 H_2，氢解吸发生温度仅为 115℃。MgF_2 的存在可通过 MgF_2 和 MgH_2 间的电子转移削弱 Mg-H 键强。另一种获得复合催化剂的方法是 Mg 基合金的氢诱导分解。而 Li 等[68]发现，$Mg_{86.1}Ni_{7.2}Y_{6.8}$ 合金吸放氢循环过程形成的 YH_2 纳米催化剂可改善 Mg-Mg_2Ni-YH_2 复合物的循环稳定性，该合金 40 周循环后最大吸氢容量为 5.2wt%，620 周循环后仍可达到 4.3wt%。

许多研究进行了 MgH_2 动力学和热力学的双重调节研究。主流观点认为，MgH_2 的高热力学稳定性源于 Mg 和 H 间较大的电负性差。合金化法可有效降低 MgH_2 的热力学稳定性，如以 Al 部分取代 Mg 即可削弱 Mg-H 键，降低 MgH_2 的氢解吸温度。而对于较差的吸放氢动力学，气固界面较高的氢分子解离能和氢原子在形成的氢化物层中较慢的迁移速率是导致这一问题的主要原因。使用适当过渡金属或其氧化物与 Mg 机械合金化有利于催化 H_2 的解离和促进氢原子在合金中的迁移。稀土氧化物纳米粉末也有促进 MgH_2 氢解吸的优异催化性能，但其催化机制仍需研究探讨。纳米 CeO_2 粉末相比于其它催化剂具有独特的优势，如高效、低成本、易于制备等。因此，Li 等[69]采用机械合金化法在 $Mg_{90}Al_{10}$ 合金中添加纳米 CeO_2 粉末，以通过增强研磨效率和催化氢解吸反应同时实现合金热力学和动力学储氢性能的双调节。XRD 分析显示，加入纳米 CeO_2 粉末导致合金中出现了 $Mg_{17}Al_{22}$ 相，同时产物 $Mg_{90}Al_{10}$+x wt% CeO_2 复合物晶粒得到细化；也增加了 Al 在 Mg 中的固溶度，导致 Mg 晶格体积减小。因晶粒细化和形成多相结构引起的晶粒间界增加有利于减小氢解吸活化能。

Mg-RE-Ni 合金展现了良好的储氢性能，Ni 的添加可调控热力学性能，而稀土可导致对 MgH_2 氢解吸具有良好催化活性的 REH_x 的生成。$Mg_{80}Ni_{15}La_5$ 和 $Mg_{80}Ni_{15}Nd_5$ 无定形合金氢化后形成晶化的 MgH_2，Mg_2NiH_4，La_2Mg_{17} 或 $NdMg_{12}$ 纳米复合物，因而无法再以无定形形态吸氢。最近的研究发现，无定形 Mg-Ce-Ni 合金可在晶化温度以下氢化，发生无定形到无定形的转变，此时的吸氢容量可较相同组分晶化合金高得多。这种无定形到无定形氢化物的转化是一种获得高储氢容量的新方法。但无定形 Mg-Ce-Ni 合金需要较高的氢解吸温度，导致解吸时发生晶化。加入第四个组分，如 Ti、Co、Zn、Ag 或 Cu 等，可有效降低氢化无定形 Mg-Ce-Ni 合金的氢解吸温度。Zhang 等[70]系统研究了不同 Cu 添加比例对于熔体旋淬制备的无定形 Mg-Ce-Ni 合金的氢解吸和热稳定性的影响。无定形 $Mg_{70-x}Ce_{10}Ni_{20}Cu_x$ 合金的初始氢化动力学随

Cu 添加浓度的增加而得到改善；Cu 的添加可提高无定形氢化物的晶化活化能，从而使得吸氢后的无定形相晶化温度显著提高；更为重要的是，Cu 的添加还降低了无定形氢化物的氢解吸温度。

Zhang 等[71]和 Bu 等[72]分别设计以 Ni 部分取代 LaMg$_{12}$ 类 PrMg$_{12}$ 类合金中的 Mg，采用机械研磨法制备了纳米晶和无定形 RMg$_{11}$Ni+$x$wt% Ni（R=La 或 Pr，x=100、200）合金。研究显示，增加 Ni 添加量可明显改善这些研磨合金的气态和电化学性能；Ni 添加量从 100% 增加到 200% 时，LaMg$_{11}$Ni+$x$wt% Ni 最大放电能力由 192.9mAh/g 大幅提升到 1017.2mAh/g。随研磨时间的延长，样品的气态储氢容量和吸氢速率先增加后减小，电化学放电容量和高倍放电能力也呈现相同的变化规律，但氢解吸速率始终增加。

为与 Li 电池竞争，Ni-MH 电池需要进一步提升放电容量和循环寿命。以高电负性的 Y 取代 La 可增强合金的抗腐蚀性，其中 La$_{0.55}$Ce$_{0.3}$Y$_{0.15}$Ni$_{3.7}$Co$_{0.75}$Mn$_{0.3}$Al$_{0.35}$ 合金的循环寿命可高达 1407 周，但其放电容量为 294.3mAh/g，约比商用 AB$_5$ 类储氢合金 MmNi$_{3.55}$Co$_{0.75}$Mn$_{0.4}$Al$_{0.3}$（317.3mAh/g）低 7%。AB$_3$ 类超点阵结构的合金具有较高的理论放电容量 397.5mAh/g，如 La$_2$MgNi$_9$，但其循环寿命小于 100 周，远低于 Ni-MH 电池的实际应用要求。可见现有储氢合金都不能同时拥有较商用 AB$_5$ 合金更高的容量和更长的循环寿命。Wang 等[73]考虑结构、电负性和表面原子配位状态等因素，提出了一种设计高容量、长寿命储氢合金的新策略，其关键点在于使用 Mg 取代合金中的 Ni 原子，同时精确控制化学计量比和 Mg 的浓度。该策略的合理性通过密度泛函理论计算和实验结果得到了验证。通过这一策略设计合成的储氢合金 La$_{0.62}$Mg$_{0.08}$Ce$_{0.2}$Y$_{0.1}$Ni$_{3.25}$Co$_{0.75}$Mn$_{0.2}$Al$_{0.3}$［相当于(LaCeYMg)(NiCoMnAl)$_{4.5}$］可达到 326.7mAh/g 的高容量和 928 周循环的长寿命。

为了寻找新型的高容量热力学性能好的储氢合金，姜晓静等[74]以 RE-Mg-TM 系出发，通过感应熔炼法制备了 RE$_2$MgTM$_2$（RE=La、Y；TM=Ni、Cu）合金。实验结果显示，La$_2$MgNi$_2$、La$_2$MgCu$_2$、Y$_2$MgNi$_2$、Y$_2$MgCu$_2$ 合金在 100℃条件下均具有快速吸氢性能，首次储氢量分别达 1.6wt%、1.5wt%、2.2wt%、2.9wt%。虽然，RE$_2$MgTM$_2$（RE=La、Y；TM=Ni、Cu）合金吸氢后均会有不同程度的分相现象，但相比 La-Mg-Ni 系储氢合金，Y$_2$MgNi$_2$、Y$_2$MgCu$_2$ 均具有较高首次储氢容量，值得进一步深入探索。

表 9-2 汇总了已有研究中通过掺杂不同元素改善 RE-Mg-Ni 系储氢合金性能产生的效果[1]。

表 9-2　不同掺杂元素对于 RE-Mg-Ni 储氢合金的影响效果

掺杂元素	掺杂效果						
	点阵体积	平台压	吸氢动力学	吸放氢	最大放电容量	高倍放电能力	循环稳定性
La	↑	↑	—	—	↑	—	—
Mg	—	—	—	—	—	—	↓
Ce	—	↑	—	↑	—	↑	↑
Pr, Nd	—	↓	—	—	↓	↑	↑
Zr	↓	—	—	—	↓	↑	↑
Co	↑	↓	—	↑	↓	↑	↑
Mn	↑	↓	↑	—	—	—	↑
Al	↑	↓	↑	—	—	—	↑
Fe, Cu	↑	—	—	—	↓	↓	↑
Cr	—	—	—	—	↓	↓	↑
W	—	—	—	—	↓	↑	↑
Mo	—	—	—	↓	↓	↑	

Mg 的吸放氢性能可通过与一些过渡金属的合金化得到改善，Mg_2Ni 为其中的典型代表，另一类 Mg 基合金 Mg-RE（稀土）也显示了较纯 Mg 显著增强的吸氢动力学。但过渡金属和稀土金属的添加也会产生降低储氢容量的负作用，因而为改善 Mg 基合金综合性能，可考虑添加适当量金属元素的合金化与微结构改进相结合。

2）相组成与性能关系

较早商用的两种储氢合金为 AB_5 类和 AB_2 类，但前者由于 $CaCu_5$ 结构的限制而使放电容量较低，而后者由于较低的 Ni 浓度导致合金的活化性能较差。相比于目前商用的稀土基 AB_5 类储氢合金，La-Mg-Ni 基金属氢化物合金具有高放电容量、易于活化以及良好的高倍放电能力等优势，但循环稳定性较差。不同方法合成的 La-Mg-Ni 基合金通常有 AB_3、A_2B_7、A_5B_{19} 和 AB_4 等由[AB_5]（$CaCu_5$，Haucke 相）和[A_2B_4]（$MgZn_2$，Laves 相）两亚点阵分别以 1∶1、1∶2、1∶3 和 1∶4 沿 c 轴交替堆垛而成的不同超点阵结构，且每种结构都有分属 P63/mmc 和 R-3m 空间群的 2H 和 3R 两种类型。正是由于 La-Mg-Ni 合金独特的堆垛超结构而兼具 AB_5 合金快速活化和 AB_2 合金高放电容量的优点。已有研究显示，超点阵结构对于 La-Mg-Ni 基合金的电化学性能影响显著，如合金电极的最大放电容量排序为 $La_2MgNi_9 > La_3MgNi_{14} >$

La_4MgNi_{19}，而循环稳定性和高倍放电能力则呈相反顺序[75]。

在 AB_5 类合金中的晶格膨胀是均匀的，但 RE-Mg-Ni 合金中两亚点阵的膨胀率不同，且吸氢过程中氢原子在两亚点阵中也有不同的分布。吸放氢过程体积膨胀或收缩差异引起两亚点阵间的体积失配，进而在超点阵结构中引发应力，这应当是合金颗粒粉化的主要原因，因而减小吸放氢过程两亚点阵的体积差异将可改善 RE-Mg-Ni 合金的循环稳定性。

（1）AB_3 类合金：AB_3 金属间化合物具有较好的电化学性能以及中等温度和压力下相对较高的储氢容量，但其长程层状结构在吸氢过程中易于被破坏，形成无定形氢化产物，导致解吸和循环性能差。这种氢诱导无定形化是因 $[A_2B_4]$ 和 $[AB_5]$ 两亚点阵体积膨胀时的失配造成，可通过减小两亚点阵体积差 V_{diff} 至 $5.4Å^3$ 加以抑制。H 原子在 AB_3 合金中不仅占据 $[A_2B_4]$ 和 $[AB_5]$ 亚点阵内部位点，也会占据晶胞边界位点。决定氢解吸性能的几何和化学因素都应被考虑，其中前者应起到主导作用。一方面，化学因素（如元素掺杂）通常是通过几何结构的变化而发生作用，另一方面，AB_3 合金结构稳定性主要是由超点阵结构而非元素组成决定。为更好理解亚点阵体积对氢解吸性能的影响，Fang 等[76]设计合成了一系列具有不同 $[A_2B_4]$ 和 $[AB_5]$ 亚点阵体积的 AB_3 金属间化合物 $PrNi_3$、$NdNi_3$、$SmNi_3$、$SmNi_{2.67}Mn_{0.33}$ 和 $Sm_{0.9}Mg_{0.1}Ni_3$，调查了氢解吸性能与亚点阵体积的关系。理论和实验结果显示，当 $[A_2B_4]$ 和 $[AB_5]$ 两亚点阵体积同时控制在分别小于 $89.2Å^3$ 和 $88.3Å^3$ 时，H 可被完全解吸。进而据此亚点阵体积控制机制，设计制备了具有适宜 $[A_2B_4]$ 和 $[AB_5]$ 亚点阵体积分别为 $87.9Å^3$ 和 $85.5Å^3$ 的 $Nd_{0.33}Er_{0.67}Ni_3$ 合金，该合金 25 周循环后仍具有超过 90% 的储氢容量。

（2）A_2B_7 类合金：A_2B_7 类合金综合电化学性能最佳，但为达到实用要求，它们的循环寿命和高倍放电能力尚需进一步完善。相组成对于 RE-Mg-Ni 合金的电化学性能具有重要影响，但如何能够获得目标相组成的合金以及如何设计可达到理想综合电化学性能的合适相组成仍是需要研究的课题。A_5B_{19} 类合金 La_4MgNi_{19} 在循环吸放氢和充放电过程展现了良好的结构稳定性，且 A_5B_{19} 类合金也表现出较高的高倍放电容量。但 $(La, Mg)_5Ni_{19}$ 相的理论储氢容量相对低于 $(La, Mg)_2Ni_7$ 相，因而，在 A_2B_7 类合金中适当增加 $(La, Mg)_5Ni_{19}$ 相或是一种改善合金循环寿命和高倍放电能力，同时维持较高放电容量的有益尝试。前期研究[77]发现 $(La, Mg)_5Ni_{19}$ 相形成的包晶反应温度为 1203K，据此，Liu 等[78]将铸态 $La_{0.75}Mg_{0.25}Ni_{3.5}$ 合金在 1203K 下保持不同时间进行热处理，以在合金中生长 $(La, Mg)_5Ni_{19}$ 相。发现铸态合金中存在

(La, Mg)$_2$Ni$_7$ 和 LaNi$_5$ 主相以及少量(La, Mg)$_5$Ni$_{19}$相，而经热处理后，在 LaNi$_5$ 固相和熔融(La, Mg)$_2$Ni$_7$ 液相之间发生包晶反应形成(La, Mg)$_5$Ni$_{19}$相，(La, Mg)$_5$Ni$_{19}$相的比例由铸态的9.8%增加至46.2%（热处理时间为24h）。吸氢平台压随(La, Mg)$_5$Ni$_{19}$相含量的增加而增加，有利于快速氢解吸和大电流放电。另外，在合金基体中原位形成(La, Mg)$_5$Ni$_{19}$网络可为合金提供吸放氢过程中的良好的结构稳定性，同时，在 LaNi$_5$ 相与超点阵相间的膨胀/应力差异也随着 LaNi$_5$ 相的减少而降低，这也可缓解合金的粉化，增强抗氧化能力。合金电极150周循环的稳定性从初始铸态合金的65.4%增加至80.4%（热处理24h）。

相结构与合金组成直接相关，调节合金的化学计量比是一种调节 La-Mg-Ni 合金相组成和电化学性能的有效途径。另外，热处理在不改变化学组成的条件下也可改变相组成。Fan 等[75]研究了不同组成和热处理条件下 La$_4$MgNi$_x$（$x=$ 16、17、18）合金的相形成过程和电化学特性。在1223K煅烧24h后，La$_4$MgNi$_{16}$ 合金中的少量 AB$_3$ 和 AB$_5$ 相转变为 A$_2$B$_7$ 相，使得 La$_4$MgNi$_{16}$ 合金呈现单一 A$_2$B$_7$ 相结构；而同样处理条件下，La$_4$MgNi$_{17}$ 和 La$_4$MgNi$_{18}$ 合金则得到 A$_2$B$_7$/A$_5$B$_{19}$ 双相，x 大者 A$_5$B$_{19}$ 相占比较大。具有单相 A$_2$B$_7$ 的 La$_4$MgNi$_{16}$ 合金100周充放电循环的最大放电容量和容量保持率分别为373mAh/g 和78.4%。少量 A$_5$B$_{19}$ 的出现可明显改善放电容量和容量保持率，分别可达到388.8mAh/g 和90.1%。因而建议具有 A$_2$B$_7$（主）/A$_5$B$_{19}$（少）相结构的 La-Mg-Ni 合金应具有良好的综合电化学性能，或可为镍金属氢电池提供高功率、长寿命的负极材料。

A$_2$B$_7$ 相可有两种晶体结构：六方 Ce$_2$Ni$_7$（2H）和三方 Gd$_2$Co$_7$（3R）。在 2H 和 3R 类结构中，每个晶胞分别包含2个和3个结构单元，每个结构单元包含2层[RENi$_5$]和1层[REMgNi$_4$]。2H 和 3R 两相结构的不同导致它们的电化学性能也有所差异，如 La$_{0.72}$Nd$_{0.08}$Mg$_{0.2}$Ni$_{3.4}$Al$_{0.1}$ 合金电极中增加 3R 类相可增加放电容量，而 La$_{1.5}$Mg$_{0.5}$Ni$_{7.0}$ 合金中增加 2H 类相则有利于增强电极的循环稳定性。由于两类结构差异不大，通常制备的 RE-Mg-Ni 合金中都包含 3R-A$_2$B$_7$ 和 2H-A$_2$B$_7$ 两种相态。但随着理论研究和制备技术的发展，已有研究组制备得到了单 2H 相的(La, Mg)$_2$Ni$_7$ 合金，但 3R 单相的 A$_2$B$_7$ 类合金未见报道。Wu 等[79]采用感应熔炼1148K热处理工艺制备了含72wt% Gd$_2$Co$_7$-类（3R-A$_2$B$_7$）和28wt% Ce$_2$Ni$_7$类（2H-A$_2$B$_7$）相的 La$_{0.59}$Nd$_{0.14}$Mg$_{0.27}$Ni$_{3.3}$ 合金，并进而对两相之间的转化进行了研究探讨。温度进一步升高至1248K时，3R

相转化为 2H 相，得到的合金组成为 97wt% 2H-A_2B_7 相和 3wt% 3R-A_2B_7 相，相应合金在 100 周循环后的放电容量保持率由 88.5%增加至 92.4%，高倍放电容量也由 56.8%增加至 66.3%。相应 2H 相合金比 3R 相合金显示出在氢解吸过程中更强的抗无定形化能力以及更好的结构稳定性，因而由 3R 相向 2H 相的转化可有利于提高合金的循环稳定性。电化学研究发现有两个平台压，3R 相对应的平台压高于 2H 相。

由于晶体结构的特殊性且难于制备得到单相的 RE-Mg-Ni 合金，仅通过粉末衍射（XRD）和中子衍射（neutron diffraction，ND）方法测定合金相组成以及各相的结构非常困难，而使用透射电子显微镜（TEM）和扫描透射电子显微镜（scanning transmission electron microscopy，STEM）进行的微结构分析可在原子到微米尺度提供晶体和缺陷结构微细信息，应有助于了解 La-Mg-Ni 基合金的相组成。Wu 等[80]制备了一个具有 $La_{1.5}Mg_{0.5}Ni_{7.0}$ 组成的主相为 A_2B_7 的 La-Mg-Ni 基合金，通过 XRD、TEM 和 STEM 对所得合金进行了系统分析。发现该 La-Mg-Ni 三元合金主相为 2H-A_2B_7 相，还含有少量 3R-A_5B_{19}、2H-A_5B_{19} 和 3R-AB_3 相作为主相的共生结构。在 80℃的吸放氢循环后，大多含 Mg_2H-A_2B_7 主相可完好保持其原有结构。在第一周吸放氢循环后，出现了两类缺陷带：第一类为 3R-AB_3 相中出现的无定形带，第二类则是主相 2H-A_2B_7 相中出现的异构应力区。这两类缺陷带应可导致 A_2B_7 基 $La_{1.5}Mg_{0.5}Ni_{7.0}$ 吸放氢循环产生不可逆吸氢容量。

Zhao 等[81]还通过感应熔炼+热处理工艺制备了单相 2H 类（Ce_2Ni_7 型）和单相 3R 类（Gd_2Co_7 型）$La_{0.65}Nd_{0.15}Mg_{0.20}Ni_{3.50}$ 化合物。研究发现，吸放氢循环过程中，3R 类结构中的[A_2B_4]亚点阵体积收缩，2H 类结构中的[A_2B_4]亚点阵则体积膨胀，而两类结构中具有更小原始体积的[AB_5]亚点阵体积均膨胀。3R 类结构合金中的微应力明显小于 2H 类结构，因而具有更为优异的结构稳定性和抗粉化能力。50 周循环后，3R 类化合物的容量保持率为 100%，且未观察到晶体结构的变化，而 2H 类化合物为 87.44%，其晶体点阵已发生较为严重的变形。

相比于 RE-Ni 二元合金，RE-Mg-Ni 基三元合金具有更好的综合电化学性能，其中 Mg 起到了非常独特的作用，其对晶体结构和电化学性能影响的研究引起关注。RE-Mg-Ni 基 A_2B_7 类合金已被认为是最有前途的 Ni/MH 电池负极候选材料。已开展的绝大多数研究得到的都是多相合金，而单相结构更便于进行单一变量的影响研究。在 La-Ni 系列氢化物中，仅有[AB_5]类亚点阵可容纳 H 原子，而 Mg 原子替代的 La 使[A_2B_4]亚点阵也可吸收氢，因而 Mg 的引入可改善 La-Mg-Ni 基合金的放电容量，但降低循环稳定性。因此，有必要开展在亚点阵层面理解 Mg 对于 La-Mg-Ni 基合金结构和电化学性能的影响及其机制研究。为此，Cao 等[82]制备了具有 Ce_2Ni_7 类结构的 $LaNi_{3.50}$ 和 $La_{0.80}Mg_{0.20}Ni_{3.50}$ 两单相合金。研究发现，含 Mg 合金中[A_2B_4]亚点阵吸氢过程中的晶胞体积膨胀大于不含 Mg 的合金，而两合金中[AB_5]亚点阵吸氢过程中晶胞体积膨胀几乎完全相同。含 Mg 合金在吸放氢循环过程中更易于粉化，同时腐蚀电流密度也更大，说明其也易于被氧化。因此，如何使[A_2B_4]和[AB_5]两亚点阵晶胞参数更加接近以及避免 Mg 元素的腐蚀应是增强 La-Mg-Ni 基合金电化学循环稳定性的基本解决之道。

以 Al 部分取代 Ni 的 RE-Mg-Ni 合金可有较商用 AB_5 类 RE-Ni 合金更好的循环稳定性和更高的电化学容量。改进的具有 Ce_2Ni_7 结构的 RE-Mg-Ni 合金可用于零售市场的高端 Ni-MH 电池，而其它具有 Pr_5Co_{19} 结构的 RE-Mg-Ni 合金则更适于低自放电 Ni-MH。Al 部分取代 Ni 对于 AB_5、RE-Ni 以及 RE-Mg-Ni 合金电化学性能的影响已有系统研究，如发现 Al 可溶解进入碱性电解质中，形成一个可在充放电过程中防护氧化的富 Ni 表面层，但 Al 对晶体结构的影响少有研究讨论。为探讨 Al 在 Ce_2Ni_7 结构 RE-Mg-Ni 合金中的作用机制，Yasuoka 等[83]选择有 90%A_2B_7 结构的 $Nd_{0.9}Mg_{0.1}Ni_{3.3}Al_{0.2}$ 作为研究对象，采用同步辐射粉末 X 射线衍射和扫描透射电镜等方法，分析了 Al 元素的位置。发现以 Al 部分取代 Ni 改变了主相 A_2B_7 相的晶格参数，消除了 AB_2 单元和 AB_5 单元间的体积失配。晶格参数的变化使得合金具有更好的储氢可逆性和耐久性。另外，30 周吸放氢循环后，可看到 $Nd_{0.9}Mg_{0.1}Ni_{3.5}$ 合金的表面层呈无定形态，而 $Nd_{0.9}Mg_{0.1}Ni_{3.3}Al_{0.2}$ 合金的表面层未无定形化，后者的退化机制为 AB_2 单元沿 c 轴的膨胀引发。

（3）A_5B_9 类合金：La-Mg-Ni 合金放电容量可比现有商用 AB_5 类合金高出约 25%，为达到商业应用要求，尚需进一步改善 La-Mg-Ni 合金的综合电化学性能。A_5B_{19} 类 La-Mg-Ni 合金中[$LaNi_5$]亚点阵比例更高，这不仅可在吸放氢过程中结构更稳定，抗粉化能力强，而且可改善电化学活性和放电动力学性能，因而相比于 AB_3 和 A_2B_7 类合金具有更为优异的高倍率放电能力，但其循环稳定性仍需提高。改变煅烧条件可调节合金相结构，元素替代是另一种增强储氢合金电化学性能的有效方法，如使用 Co、Fe、Cu、Mn 和 Al 等部分取代 La-Mg-Ni 合金中的 Ni。Al 的引入可增强活性材料抗腐蚀和氧化能力，减缓容量退化，从而延长合金电极的循环寿命，但过量的 Al 也可因合金表面的低活性而使合金的放电动力学性能恶化。Co 的引入可改善 La-Mg-Ni 合金的高倍放电性能和循环稳定性，Cu 取代 Ni 可减小氢化过程的体积膨胀，延迟合金粉化，增加循环稳定性。但这些元素在(La, Mg)$_5$Ni$_{19}$ 合金中的取代效果少有研究。Fan 等[84]采用真空感应熔炼技术+后续煅烧制备了系列 A$_5$B$_{19}$ 类合金 La$_4$MgNi$_{18}$M（M=Ni、Al、Cu 和 Co），研究了 M 对于相转化和电化学性能的影响。发现合金中存在 AB$_5$，A$_2$B$_7$（Ce$_2$Ni$_7$ 和 Gd$_2$Co$_7$）和 A$_5$B$_{19}$（Pr$_5$Co$_{19}$ 和 Ce$_5$Co$_{19}$）相，而在 La$_4$MgNi$_{18}$Al 合金中没有 A$_2$B$_7$（Ce$_2$Ni$_7$ 和 Gd$_2$Co$_7$）相。Al 的取代明显增加了 A$_5$B$_{19}$ 相的比例，而 A$_2$B$_7$ 相消失。Al、Cu、Co 对 Ni 的取代均增加了合金的最大放电容量，这主要与晶胞体积以及 A$_2$B$_7$ 相和 A$_5$B$_{19}$ 相比例的增加有关。煅烧温度为 1223K 时，合金的最大放电容量具有最大值。循环稳定性的变化趋势反比于 LaNi$_5$ 相的比例，三种替代元素都因增强抗腐蚀和抗粉化能力而增强了合金电极的循环稳定性。

合金相结构与元素组成密切相关，调整稀土组成是增强 RE-Mg-Ni 合金电化学储氢性能的有效方法之一。但现有研究少有关于稀土对于 A$_5$B$_{19}$ 类 La-Mg-Ni 基储氢合金相结构和电化学性能影响的报道。Xue 等[85]采用感应熔炼+热处理工艺制备了 La$_3$RMgNi$_{19}$（R=La、Gd、Sm、Y、Nd 和 Pr）系列合金，研究了不同热处理条件下不同稀土对于合金相转化和电化学性能的影响。表征显示，制备的 La$_3$RMgNi$_{19}$ 合金包含 AB$_5$、A$_2$B$_7$（Ce$_2$Ni$_7$ 和 Gd$_2$Co$_7$ 类）和 A$_5$B$_{19}$（Pr$_5$Co$_{19}$ 和 Ce$_5$Co$_{19}$ 类）相，提高热处理温度使 LaNi$_5$ 相比例降低；添加 Sm、Gd 和 Y 有利于形成 A$_5$B$_{19}$ 相，尤其是 Ce$_5$Co$_{19}$ 类相，而 Pr 和 Nd 则促进 A$_2$B$_7$ 相的形成。热处理温度为 1223K 时合金最大放电容量有最大值。最大放电容量和循环稳定性均与 LaNi$_5$ 相含量随热处理温度的变化趋势恰好相反。Pr、Nd、Sm、Gd、Y 对于 La 的替代引起最大放电容量的降低，这应归因于晶胞体积的减小。

La-Mg-Ni 合金两亚点阵在吸放氢循环中膨胀和收缩速率差异导致其循环稳定性差，可通过增加[LaNi$_5$]/[LaMgNi$_4$]两亚点阵之比得到改善，如 A$_5$B$_{19}$ 类 La-Mg-Ni 合金具有相对较好的循环稳定性。另外，也有研究发现以 Pr 部分取代 La 也可改善 La-Mg-Ni 合金的循环寿命。为探明 Pr 和 La 对于 A$_5$B$_{19}$ 类 RE-Mg-Ni 合金结构和电化学性能的影响，Zhao 等[86]制备了 Pr$_5$Co$_{19}$ 类单相合金 Pr$_4$MgNi$_{19}$ 和 La$_4$MgNi$_{19}$，发现两合金具有相近的放电容量，但表现出较大差异的循环稳定性。200 周循环后，Pr$_4$MgNi$_{19}$ 和 La$_4$MgNi$_{19}$ 的容量损失率分别为 22.5%和 43.5%。La$_4$MgNi$_{19}$ 合金表面的氢氧化物呈无序状生长，而在

Pr$_4$MgNi$_{19}$合金表面则形成了一层防腐蚀的致密氢氧化物膜。200周循环后，Pr$_4$MgNi$_{19}$合金中产生的 Pr(OH)$_3$ 占比为 8.07wt%，远小于 La$_4$MgNi$_{19}$合金中 La(OH)$_3$ 的 24.74wt%。Pr$_4$MgNi$_{19}$合金不仅表面氧化程度低，还具有更高的抗粉化能力。200周循环后，Pr$_5$Co$_{19}$类相在 Pr$_4$MgNi$_{19}$合金中仍有80.88wt%，而在 La$_4$MgNi$_{19}$合金中仅余 32.01wt%。在 Pr$_4$MgNi$_{19}$ 和 La$_4$MgNi$_{19}$合金中[A$_2$B$_4$]和[AB$_5$]两亚点阵的膨胀率之差分别为 4.26% 和 10.14%。合金表面形成稠密保护层以及更低的点阵失配共同导致 Pr$_4$MgNi$_{19}$合金具有更为优异的循环稳定性。

Zhao 等[87]通过粉末煅烧工艺制备了超堆垛结构的 La$_{0.60}$M$_{0.20}$Mg$_{0.20}$Ni$_{3.80}$（M=La、Pr、Nd、Gd）化合物。表征发现该系列化合物具有单一 Pr$_5$Co$_{19}$（2H）类结构，但随 M 原子半径的减少，Ce$_5$Co$_{19}$类（3R）结构出现并不断增加，至 La$_{0.60}$Gd$_{0.20}$Mg$_{0.20}$Ni$_{3.80}$ 则为单一 Ce$_5$Co$_{19}$类结构。随着 Ce$_5$Co$_{19}$类结构的增加，合金电极的循环稳定性和高倍放电能力都不断改善。100周循环时 La$_{0.60}$Gd$_{0.20}$Mg$_{0.20}$Ni$_{3.80}$ 的容量保持率高达 93.6%，高倍放电能力达到66.9%（1500mA/g）。50周充放电循环后，Ce$_5$Co$_{19}$类结构颗粒仍保持完好，但 Pr$_5$Co$_{19}$类结构的合金颗粒发生了严重的粉化。第一性原理计算的 Ce$_5$Co$_{19}$类单相结构 La$_{0.60}$Gd$_{0.20}$Mg$_{0.20}$Ni$_{3.80}$ 合金内聚能最高，说明其结构更为稳定。

（4）AB$_4$类合金：AB$_3$、A$_2$B$_7$、A$_5$B$_{19}$类合金的相转化和电化学性能已有大量研究，但少有 AB$_4$类相关研究报道。具有超堆垛结构的 La-Mg-Ni 基储氢化合物在碱性电解质中由于发生粉化和活性组分的氧化/腐蚀而使合金的储氢容量保持率较低。在重复的吸放氢过程中，超结构可能产生扭曲或被破坏形成无定形结构，因而堆垛超结构不够稳定也可导致容量的衰减。超结构的稳定性与[AB$_5$]和[A$_2$B$_4$]两亚点阵密切相关，[AB$_5$]/[A$_2$B$_4$]比值增大，可增加两点阵的匹配度，降低晶格应力，进而可阻滞粉化和无定形化。[AB$_5$]/[A$_2$B$_4$]提升至 4:1 时可形成 AB$_4$类超点阵结构。AB$_4$型超晶格结构是 RE-Mg-Ni 基储氢材料中一个新型结构，但仅能在特定组成和温度条件下稳定存在，使得制备困难。已有研究合成了 La$_{0.8}$Mg$_{0.2}$Ni$_{3.2}$Co$_{0.3}$(MnAl)$_{0.2}$、La$_{0.85}$Mg$_{0.15}$Ni$_{3.8}$ 等化合物，但该类化合物吸放氢过程的结构变化及其结构稳定性尚未有研究。Zhang 等[88]制备了一个单相 AB$_4$类 La$_{0.78}$Mg$_{0.22}$Ni$_{3.67}$Al$_{0.10}$储氢化合物。研究发现，该化合物吸氢容量为 1.50wt%，但放电容量可达到 393mAh/g。化合物在电化学循环过程中可保持其晶态结构，显示了碱性电解质中较强的抗氧化能力，也因此具有良好的循环稳定性，200周循环后的容量保持率达到81.5%。Al 的引入有助于消除晶格失配，同时还在合金表面形成稠密的氧化物膜，使得合金具有良好的结构稳定性和抗腐蚀能力。可见，这种新型 AB$_4$ 型超晶格结构合金是一种具有良好综合电化学性能和应用前景的新型储氢电极材料。

Zhao 等[89]研究了 AB$_4$ 类 La$_{0.78}$Mg$_{0.22}$Ni$_{3.90}$ 合金在区域热处理过程中的相转化情况。发现铸态 La$_{0.78}$Mg$_{0.22}$Ni$_{3.90}$ 合金含 LaNi$_5$（50.8wt%）和(La, Mg)$_2$Ni$_7$（49.2wt%）两相；当热处理温度为 1173K 时，固态的 LaNi$_5$ 相和熔融的 (La, Mg)$_2$Ni$_7$ 液相反应转化为(La, Mg)$_5$Ni$_{19}$ 相；增加温度至 1223K 时，残存的 LaNi$_5$ 相继续与(La, Mg)$_5$Ni$_{19}$ 液相形成一个(La, Mg)$_6$Ni$_{24}$。(La, Mg)$_6$Ni$_{24}$ 新相弥散分布在合金中，这一特异形貌结构产生了大量的相界面，提供更多的氢扩散路径，使得氢扩散系数增加。合金电极的高倍放电能力随(La, Mg)$_6$Ni$_{24}$ 相含量的增加而增加，当(La, Mg)$_6$Ni$_{24}$ 相含量升高至 62.0wt%时，合金电极的高倍放电能力达到 68.0%（1500mA/g）。

LaMgNi$_4$ 化合物具有较强的结构稳定性，但氢化后 LaMgNi$_4$ 晶化峰消失，表现出氢诱导无定形化行为。Baysal 等[90]基于密度泛函理论的第一性原理计算了 LaMgNi$_4$ 及其氢化物 LaMgNi$_4$H，LaMgNi$_4$H$_4$ 和 LaMgNi$_4$H$_7$ 等的结构参数、电子、弹性和点阵动力学等性能，以研究氢化效应机理。计算显示，这些化合物的形成焓均为负值，说明这些晶体结构具有良好的热力学稳定性，相稳定性顺序为：LaMgNi$_4$H$_7$>LaMgNi$_4$H$_4$>LaMgNi$_4$H>LaMgNi$_4$，其中 LaMgNi$_4$H$_7$ 具有最高的氢存储重量比容量，为 1.74wt%；所有化合物都具有金属属性、良好的可延展性和各向异性。声子频率计算认为，LaMgNi$_4$ 中引入的 H 原子数越多，声子频率越高。另外，随着 LaMgNi$_4$ 合金中引入 H 原子增加，化合物自由能降低，但熵和热容增加。该研究有助于理解 Mg 基合金的储氢机制以及进行新型储氢材料的设计工作。

（5）多相结构合金：相界面为氢提供了扩散的通道，并且作为缓冲区域释放了晶格的应力，从而改善了合金的储氢性能。因此，多相 RE-Mg-Ni 合金优良的储氢性能成为未来的研究方向。RE-Mg-Ni 合金的重要材料学特征是该体系可以形成多种合金相且呈现复杂的多相组织。RE-Mg-Ni 体系除可形成 AB$_2$、AB$_3$、A$_2$B$_7$、A$_5$B$_{19}$、AB$_5$ 以及二元体系中不存在的 A$_6$B$_{24}$ 型相。不论采用熔炼、快淬还是烧结等制备方法，RE-Mg-Ni 系合金通常包含三种以上的相结构。材料性能同其组织结构息息相关。诸多研究都表明组织结构是决定 RE-Mg-Ni 合金储氢性能的关键因素。但多相合金体积变化的差别可能是加速粉化的原因之一，也有学者认为如果存在一定均匀分布的较软第二相可以吸收应变从而阻止合金粉化；另有推测 RE-Mg-Ni 合金多相间的电位差将导致电化学腐蚀，Mg 的加入降低了电极电位，促进富 Mg 相的腐蚀。

虽然不乏关于多相组织对 RE-Mg-Ni 合金性能影响的报道，但相含量对合金循环稳定性的作用仍有待进一步明确。李一鸣等[91]将不同含量的 AB₅ 型 (LaCePrNd)(NiCoAl)₅ 合金与 (LaPrMg)(NiAl)₃.₅ 合金（主相为 A₅B₁₉ 和 A₂B₇ 型相，并含有少量的 AB₅ 和 AB₂ 型相）通过球磨混合，研究了相对含量的改变对（AB₃.₅/AB₅）合金体系储氢性能的影响。研究发现，合金体系的气态和电化学储氢容量均随 AB₅ 型合金含量的增加而减小，而当两种初始合金含量相当时体系的电化学循环稳定性最佳；虽然 AB₅ 型合金具有更优良的耐腐蚀性，但其含量的提高会使 AB₃.₅ 型合金的腐蚀加剧，反而导致合金体系的循环稳定性降低。

采用添加催化剂和/或采用各种非传统制备工艺已可获得纳米尺度微结构，以克服 Mg 储氢较慢的吸放氢动力学以及吸放氢反应所需较高的温度，实现在不产生显著储氢容量损失的前提下改善吸放氢动力学和循环稳定性的目的。另一可用的改善 Mg 基合金储氢性能的策略是制备含有不同相的复合物结构合金，使得两种相产生增强材料吸放氢行为的协同效应。其中，Mg-AB₅ 体系是一种很有应用前途的组合。如 Mg-LaNi₅ 纳米晶复合物，在 MgH₂ 和 LaNi₅ 混合球磨过程中形成 LaH₃ 和 Mg₂NiH₄ 相，释放氢后的合金主要由 Mg-LaH₃-Mg₂Ni 的复合相组成，其中 LaH₃-Mg₂Ni 具有协同催化效果。冷轧工艺被认为也是一种制备具有更好动力学性能和更低吸放氢温度 MgH₂ 复合物材料的有效方法，该法比球磨工艺操作更快速。Marquez 等[92]采用冷轧工艺制备了 MgH₂-LaNi₅ 复合物。MgH₂-1.5mol% LaNi₅ 的混合物具有最好的储氢性能。MgH₂-LaNi₅ 复合物在吸放氢循环过程中转化为 MgH₂，Mg₂NiH₄ 和 LaH₃ 三相，这些相适当比例时的协同催化效应在较低温度下促进吸放氢动力学方面起到了关键作用。

目前报道的循环稳定性检测通常在 Ni-MH 电池中进行，其中导致性能退化的因素与储氢应用时发生的气固反应条件下有所不同，但在气固反应时合金的循环稳定性检测研究很少。在储氢应用的气固反应条件下，抗腐蚀性能或许已不再是增加循环寿命的关键因素。Lim 等[93]采用球磨法合成了系列 La-Mg-Ni 合金 La₀.₆₅Ca₁.₀₃Mg₁.₃₂Ni₉ 与商用 AB₅ 类合金 La₀.₈₀Ce₀.₂₀Ni₄.₈₂Mo₀.₁₀Al₀.₀₈ 的复合物，研究了不同 AB₅ 类合金添加量对于合金微结构、储氢性能和循环稳定性的影响。发现增加 AB₅ 类合金浓度有利于提升复合物合金的循环稳定性，AB₅ 类合金添加量为 50wt% 时为优化组成，此时可最大化储氢容量和循环稳定性，同时成本较纯 AB₅ 类合金降低 20%。

3）制备工艺

使用 Ni-MH 电池作为动力的混合动力汽车或电动汽车等绿色能源汽车是减少空气污染的有效方法。研发耐用可充电 Ni-MH 电池所需高效、低成本电极材料是氢能源汽车推广应用的关键。稀土镁基储氢合金具有较高的储氢容量，且易于活化吸氢，但较差的热力学活性和较低的可逆储氢容量则限制了其实际应用。一些方法已被用于改善 La-Mg-Ni 基合金的氢解吸动力学和降低其热力学稳定性，然而 Mg 基合金的生产总是无法克服两个技术问题。一是熔融和铸造过程原料的挥发引起产品中 Mg 的损失和生产安全性问题。尽管可在铸造过程采取特殊气氛保护，但工艺控制还主要依靠操作人员的经验。二是为增加循环寿命和材料的储氢容量，需要一个煅烧过程，以使材料成分均匀化，但 Mg 在煅烧过程的挥发要求严苛的煅烧条件。为防止传统熔炼工艺制备 La-Mg-Ni 合金时 Mg 的汽化损失，已有研究发展了化学共沉淀+金属还原扩散技术、感应熔炼+超高压处理、多前驱体法以及真空熔炼+球磨+热处理等新型工艺。以下汇总近期有关稀土镁储氢合金制备工艺的研究报道。

（1）机械合金化法：Mg_2Ni 类氢化物作为储氢材料具有诸多优点，如较高的理论电化学容量（大约 1000mAH/g）和气态储氢容量（3.6wt%），但为实现工业规模应用，尚需克服高的氢解吸温度，慢的吸放氢动力学和弱的电化学循环稳定性等缺陷。氢化物电极的化学组成和晶体结构显著影响其比容量和吸放氢动力学。合金化和微结构改进可有效增强 Mg 基合金的氢存储性能。Mg 基合金的吸放氢动力学与其微结构密切相关，将 Mg 基合金颗粒尺寸降低至微米级可明显改善吸放氢性能，与晶化 Mg_2Ni 相比，无定形和纳米晶 Mg 和 Mg 基合金具有更大的储氢容量和更好的吸放氢动力学。机械球磨法制备复合物可获得成分均一分布的纳米晶和无定形 Mg 基合金，降低颗粒尺寸，形成晶格缺陷，从而增强吸放氢过程中的氢扩散和成核速率，因而是一种有效改善 Mg 基材料储氢性能的方法。

轻稀土部分取代 Mg 可降低氢化物稳定性，进而降低氢解吸温度，Zhang 等[94-96]采用球磨工艺合成了部分取代的纳米晶和无形性合金 $CeMg_{11}Ni+x$ wt% Ni（x=100、200）。研究发现，球磨样品增加 Ni 的加入量可促进合金的无定形化，同时显著改善合金的气氢和电化学氢化动力学。调节球磨时间也可明显改变合金的储氢性能。随着球磨时间的增加，样品的吸氢容量、氢化速度以及高倍放电能力逐渐达到最大值。x=100 和 200 时储氢容量达到的最大值分别为 5.949wt% 和 6.157wt%。优化 Ni 含量和球磨时间可降低氢解吸活化能，这应是样品具有优异动力学性能的根本原因。

Sun 等[97]采用真空感应熔炼技术制备了 $Mg_{24}Ni_{10}Cu_2$ 和 $Mg_{22}Y_2Ni_{10}Cu_2$ 合金，再经球磨制备了 $Mg_{24}Ni_{10}Cu_2$ 和 $Mg_{24}Ni_{10}Cu_2$-100 wt% Ni 合金，研究了不同制备方法和元素替代对于合金储氢性能的影响。发现在球磨原料中加入 Ni 可明显促进无定形性和纳米晶结构的形成。球磨得到的含 100wt%Ni 的合金样品具有最好的储氢性能，1min 内可吸收 2.03wt% 的氢，电化学容量达到 899.2mAh/g。另外，加 Ni 球磨还可促进电荷转移反应和氢扩散能力，从而改善高倍放电性能。

通过球磨添加催化剂可进一步提升合金储氢性能。已有研究发现，在 Mg 或 MgH_2 中加入含碳添加剂不仅可保持储氢容量，而且还有助于提升吸放氢动力学。过渡金属可催化 H_2 分子解离，从而显著增强 Mg 基合金的吸放氢动力学。已有大量研究试图改善 Mg 基材料的吸放氢动力学，以使其真正达到使用要求，但目前的结果仍不理想，Mg 基合金的低温储氢动力学仍未有得到实质改善。氢化反应速率仍然较慢，操作温度也还需要高达 300℃。Yang 等[98]为增强球磨效率，在原料中加入了 3wt% 的 C 作为抗粘结剂，以及不同量的 Ni 作为催化剂制备了 $Mg_{24}Y_3$-3wt%石墨(C)-x wt% Ni（x=0～20）纳米复合物。微结构分析显示 C 和 Ni 均匀分布在样品中。氢化形成的 YH_2/YH_3 和 Mg_2Ni/Mg_2NiH_4 相对于吸放氢具有显著的催化效应。含大于 3wt%Ni 的复合物 100℃时 1min 内即达到其最大吸氢容量，Ni 浓度增加到 20wt% 时，氢解吸温度降低至 282℃，且有两个应分别对应于 Mg/MgH_2 和 Mg_2Ni/Mg_2NiH_4 的吸放氢反应平台压。综合考虑可逆吸放氢容量和动力学，复合物优化组成为 $Mg_{24}Y_3$-3wt% C-5wt% Ni。

La_2Ni_7 相被认为具有更大吸氢容量，然而，La_2Ni_7 相循环稳定性差。以 Mg 部分取代 La 可稳定化可逆平台压，减小合金的摩尔质量，改善重量比容量，同时也可降低成本。目前主要的储氢材料生产方法为真空感应熔炼。文献中未见直接由机械合金化工艺生产 La_2Ni_7 基合金的报道。Balcerzak 等[99]球磨后在 923K 氩气氛下热处理 0.5h 得到了 $La_{2-x}Mg_xNi_7$ 系列合金，以研究 Mg 取代量对于合金电化学和吸放氢性能的影响。表征显示，所得合金具有多相结构；Mg 部分取代 La 可改善体系的电化学和吸氢特性。$La_{1.5}Mg_{0.5}Ni_7$ 合金具有最大储氢容量 1.53wt%，同时也具有最高放电容量 248mAh/g。Mg 取代 La 也改善氢解吸过程、动力学性能和放电容量的稳定性。该研究也表明机械合金化是一种制备 La-Mg-Ni 储氢合金的有效途径。

已有研究发现偏离 Mg 的最大固溶度值不利于合金的循环稳定性，$Mm_{0.7}Mg_{0.3}Ni_{2.58}Co_{0.5}Mn_{0.3}Al_{0.12}$ 合金比不含 Mg 的 $Mm_{0.7}Ni_{2.58}Co_{0.5}Mn_{0.3}Al_{0.12}$ 合金具有更好放电容量、循环稳定性、抗自放电和粉化能力。这应归因于 Mg 的存在抑制了 $LaNi_{3.8}$ 合金氢诱导粉化效应以及 La 和 Ni 在碱溶液中的溶出。但已有文献尚未见关于 La-Mg-Ni 基合金中 Mg/La 最优取代比的研究报道。Tian 等[100]以 La、Ni、Co、Al 金属和 Mg 粉末为原料，真空熔炼并破碎后，再加入适当 Mg 粉后进行球磨，并在氩气氛中进一步热处理，制备得到了具有精确组成的 $La_{0.70}Mg_xNi_{2.45}Co_{0.75}Al_{0.30}$ 合金。熔炼得到的合金 $La_{0.70}Ni_{2.45}Co_{0.75}Al_{0.30}$ 具有单一 $LaNi_5$ 相，而 $La_{0.70}Mg_xNi_{2.45}Co_{0.75}Al_{0.30}$ 合金包含 $LaNi_5$ 和 $(La, Mg)_2Ni_7$ 相。$La_{0.70}Mg_xNi_{2.45}Co_{0.75}Al_{0.30}$ 合金的最大放电容量和放电电压随 x 的增加首先增加然后减小，$x=0.36$ 时达到最优值；x 较小的合金循环稳定性更好。

机械力化学处理可提供宽范围的不同反应条件，促进不同类型的化学反应和纳米结构化过程，可能产生特异性能的新材料。理论和实验研究均表明 Mg 的吸氢热力学和动力学性能可通过引入催化剂或合金化元素以及将颗粒尺寸减小到几纳米量级而得到改善。球磨制备的纳米 Mg 在较低温度下展现了较体相材料快得多的吸氢速率。稀土金属引入到 MgH_2/Mg 体系中形成 Mg-RE-H 或 Mg-RE 复合物，少量稀土氢化物镶嵌于 MgH_2/Mg 基体中，起到氢泵的作用，可改善吸氢动力学。其中 Mg-La 复合物因 LaH_3 和 $LaH_{2.3}$ 的催化效应而具有最佳的氢化动力学，但对合金热力学性能无改善。而 $3d$ 过渡金属可通过改变合金的形成焓而可有效降低 MgH_2 的稳定性。因此，Chen 等[101]采用反应球磨技术制备了 Mg-La-Fe-H 纳米复合物，以期改善 MgH_2 的综合储氢性能。球磨后合金中形成了不饱和氢化物 $LaH_{2.3}$。因 Mg{102} 和 α-Fe{110} 面晶面间距相似，氢解吸时 Mg 颗粒倾向于在 MgH_2/α-Fe 界面处成核。与 Mg-La-H 或 Mg-Fe-H 复合物相比，Mg-La-Fe-H 的吸氢动力学得到显著改善，氢解吸温度降低。更有意义的是，Mg-La-Fe-H 复合物可在室温下 8h 吸收 5.0 wt% 的氢，463K 时释放出氢。这一低温下的快速吸氢动力学应归因于 $LaH_{2.3}$ 和 α-Fe 的协同催化效应，因此采用反应球磨技术在 MgH_2 中同时添加 La 和 Fe 或可成为一种改善 MgH_2 吸氢动力学性能的有效途径。

（2）熔体旋淬（melt-spun）技术：纳米材料或含纳米晶或无定形相的材料由于具有大量界面以及氢在合金颗粒中的扩散行程更短而表现出较体相材料更好的储氢动力学。球磨产生的亚稳结构很容易在多周吸放氢循环后消失，致使所得合金的循环稳定性差，而熔体旋淬则有利于改善合金的电化学充放电循环稳定性，已被用于制备含过渡金属和稀土金属等催化活性元素、微结构均一的无定形或纳米晶 Mg 基合金，所制备的 Mg 基合金常表现出快速的吸放氢动力学。

已有研究发现，M（M=Cu、Co、Mn）取代 Ni 或 La 取代 Mg 都将显著改善 Mg_2Ni 类合金的电化学和气态储氢性能。Bu 等[102]采用熔体旋淬工艺制备了 Cu 和 La 共掺杂$(Mg_{24}Ni_{10}Cu_2)_{100-x}Nd_x$合金，并系统研究了两掺杂元素对于合金结构和电化学储氢性能的影响。熔炼铸造得到的合金具有多相结构，包括 Mg_2Ni 类主相和少量 Mg_6Ni，Nd_5Mg_{41} 和 NdNi 相；而旋淬后，不含 Nd 的合金为纳米晶，而含 Nd 的合金则为无定形和纳米晶复合结构，且无定形比例随添加 Nd 的增加而增加。Nd 的加入可大大加强合金样品的吸放氢动力学，并增加了电化学放电容量和循环稳定性，但略降低了储氢容量。熔体旋淬因可得到无定形和纳米晶结构可显著促进合金的吸放氢动力学，对于含 Nd 的样品，熔体旋淬对于合金电化学放电容量和循环稳定性的改善尤为显著。

熔体旋淬 Mg 基合金的微结构转化和储氢性能还需进行深入研究。Yang 等[103]选择 $Mg_{86}Y_{10}Ni_4$ 作为研究对象制备了其无定形快淬片，研究了所得合金在吸放氢过程中的微结构变化。结果显示，所得到的合金为无定形，但在第一次氢化过程中转化为纳米晶，氢化样品含 MgH_2，Mg_2NiH_4，YH_2 以及少量 YH_3 相。熔体旋淬的 $Mg_{86}Y_{10}Ni_4$ 合金可在 380℃经 5 周吸放氢循环后完全活化，可逆重量比储氢容量可达 5.3wt%。初始几周循环吸氢动力学增强，这应归因于由粉化和合金颗粒破碎导致的比表面增加。

对于 Mg_2Ni 类合金，以稀土元素取代 Mg 可降低氢化物稳定性，有利于实现氢的解吸过程，加入稀土 Ce 和 Y 也可提高电极材料抗腐蚀性，相应改善其电化学循环稳定性。Zhang 等[104]采用熔体旋淬工艺制备了 La-Mg-Ni-Co-Al 基 AB_2 类合金 $La_{0.8-x}Ce_{0.2}Y_xMgNi_{3.4}Co_{0.4}Al_{0.1}$，研究了 Y 含量和旋淬速率对于储氢合金结构和电化学性能的影响。所得合金样品包含～80%的主相 $LaMgNi_4$ 和少量 $LaNi_5$ 相，Y 含量和旋淬速率显著影响各相含量。随 Y 浓度和旋淬速率增加，$LaMgNi_4$ 相增加，而 $LaNi_5$ 相减少。Y 含量和旋淬速率增加还可使合金晶粒细化。旋淬合金仅经过一个循环后即达到最大放电容量，显示了极佳的活化性能。合金的电化学动力学，包括电荷转移速率、氢扩散系数、高倍放电能力以及极限电流密度都随 Y 浓度和旋淬速率的增加而先增加后减小。Y 对 La 的取代和熔体快淬都可有效改善合金的循环稳定性，这应归因于抗腐蚀性、抗粉化性和抗氧化性能力的增强。x 从 0 增加到 0.2 的旋淬合金（增加 Y 的浓度）150 周循环后的容量保持率由 76.5% 增加到 92.4%。Zhang 等[105]对于采用熔体旋淬技术制备的无定形和纳米晶 $Mg_{25-x}Y_xNi_9Cu$ 合金研究发现，Y 对于 Mg 的替代可降低反应的热力学参数，使得氢解吸启动温度明显降低，同时对吸氢动力学略有不利影响，但显著改善了氢解吸动力学；不过，Y 取代 Mg 明显降低了储氢容量。Cu 部分取代 Ni 可降低氢化物稳定性，改善氢解吸性能，Zhang 等[106]采用熔炼快淬技术制备的 Y 和 Cu 取代的无定形和纳米晶 $Mg_{25-x}Y_xNi_9Cu$ 合金吸氢动力学性能下降，但氢解吸反应活化能显著降低，使得氢解吸动力学得到明显改善。

Lv 和 Wu[107]采用熔体旋淬技术制备了 $La_{0.65}Ce_{0.1}Mg_{0.25}Ni_3Co_{0.5}$ 合金，研究了制备工艺对于合金结构以及电化学储氢动力学性能的影响。熔体旋淬制备的合金主要由 $(La, Mg)Ni_3$，$(La, Mg)_2Ni_7$ 和 $LaNi_5$ 相组成。随旋淬速率的增加，$LaNi_5$ 相占比增加，$La_{0.65}Ce_{0.1}Mg_{0.25}Ni_3Co_{0.5}$ 合金 100 周充放电电化学循环稳定性也增加。旋淬速率为 10/ms 时，温度 248K～298K 下 100 周循环合金充电容量达到最大值，同时合金的高倍放电能力也达到优化值。

Qi 等[108]采用熔体旋淬技术制备了 $(Mg_{24}Ni_{10}Cu_2)_{100-x}La_x$ 合金，以考察旋淬速率和 La 添加量对于合金储氢性能的影响。发现 La 加入后合金中出现了 La_2Mg_{17} 和 $LaMg_3$ 次级相，但主相仍为 Mg_2Ni，合金结构更容易出现玻璃态。在旋淬合金中随着 La 添加量的增加，气态储氢容量明显降低，但显著提升氢化速率。加入 La 和旋淬都可增强氢解吸速率，应是降低了氢解吸反应的活化能所致。另外，合金的放电容量随 La 添加量的增加先增加后减小，在 $x=10$ 时具有最大值；而放电容量始终随快淬速率的增加而增加。

已有大量采用熔体旋淬和球磨工艺制备 Mg 和 Mg 基纳米晶和无定形结构合金的研究，但两种方法优劣的系统比较少见报道。$REMg_{12}$ 二元合金相比于 MgH_2 吸放氢动力学得到较好改善，而以 Ni 部分取代 $REMg_{12}$ 中的 Mg 形成 $REMg_{11}Ni$ 可增加氢解吸速率。Zhang 等[109]使用熔体旋淬和球磨两种技术合成了 $SmMg_{11}Ni$。所得旋淬和球磨合金均为含纳米晶和无定形的结构；球磨合金 593K、120s 时的储氢容量（4.164%）较旋淬合金（4.083%）更大，起始氢解吸温度略低，氢解吸速率更快，593K 时氢解吸 3% 分别耗时 1488s 和 3600s。

（3）纳米合金的表面修饰技术：La-Ni 类储氢材料通常采用氩气氛电弧或感应熔炼合成，机械合金化或高能球磨工艺进行微结构改进可改善这些合金的存储和动力学性能。机械合金化可产生具有小晶粒尺寸和新鲜表面的储氢合金粉末材料，但纳米颗粒通常易于被表面氧化，循环过程中抗聚集能力差，因而获得高比表面，同时也具有高化学稳定性的纳米 MH_x 电极合金存在挑战。对储氢合金以纳米材料进行表面修饰是一种提升合金储氢性能的有效途径。

已有研究采用电解法在储氢合金颗粒表面制备各种 Ni、Cu、Co 和聚合物涂层以期改善合金电化学性能。金属纳米膜涂层因具有显著的催化活性和优异的电子导电性而可在 Mg 基合金电极充放电过程中起到活化作用。化学镀也是一种常用的表面修饰方法，稀土镁储氢合金（RE-Mg）化学镀 Ni 和 Co 的纳米化合物的表面修饰可显著提升其电化学性能。纳米 Ni 也可通过球磨工艺嵌入 La-Mg 基合金表面获得更为优异的储氢性能。使用纳米材料对储氢合金进行表面修饰，尤其是过渡金属的纳米材料可明显改善其性能。但引入这些元素也将降低储氢容量，同时传统表面修饰工艺也常对合金产生表面腐蚀和结构损伤。

在前期工作的基础上，Zhang 等[110]采用一种非接触式、非破坏性的磁控溅射法制备了 Y 表面掺杂的 La_2Mg_{17} 合金。磁控溅射+热处理过程中形成了一个新相 $Mg_{24}Y_5$。修饰后样品的储氢容量和循环稳定性得到改善。在 1 个吸放氢循环后，Y 元素主要以金属间合金化合物的形式存在于合金表面，但 10 个吸放氢循环后则主要以氧化物和氢化物形式存在。合金的氢解吸反应由核化过程控制，含 Y 合金表面涂层可降低氢解吸过程活化能。

Zhang 等[111]还结合球磨和磁控溅射方法以 Co 纳米颗粒对 $LaMg_3$ 合金进行了表面修饰。所得掺杂合金具有更低的吸放氢平台压和更小的压滞，氢解吸表观活化能也得到有效降低，合金表面的含 Co 涂层可作为吸放氢过程的催化剂。Zhang 等[112]采用磁控溅射方法在 RE-Mg 基合金表面制备了 Mo 纳米膜涂层，所得涂敷电极具有更高的容量和更长的循环寿命，也具有更强的抗腐蚀能力和更高的电化学活性；另外，Mo 纳米膜还可促进电荷转移反应以及氢扩散过程。

Ni 无定形薄膜覆盖合金材料颗粒可进一步改善储氢特性。Dymek 等[113,114]首先采用机械合金化+热处理工艺制备了 $La_{1.5}Mg_{0.5}Ni_7$ 和 $La_{1.5}Mg_{0.5}Ni_{6.5}Co_{0.5}$ 合金，然后对所得 $20\sim50\mu m$ 的合金粉末采用磁控溅射分别包覆一层 $0.29\mu m$ 和 $0.48\mu m$ 厚的无定形 Ni 膜。研究发现，以 Co 部分取代 $La_{1.5}Mg_{0.5}Ni_7$ 纳米晶合金中的 Ni 倾向于增加电极的放电容量，提升活化性能，Co 改进的 $La_{1.5}Mg_{0.5}Ni_7$ 纳米晶合金交换电流密度提升了 15%，也改善了氢扩散性能；无定形 Ni 膜的存在使得抗腐蚀性增加了约 30%。

（4）其它制备技术：通常得到的 RE-Mg-Ni 储氢合金具有多相结构，

CaCu$_5$类 AB$_5$ 相、PuNi$_3$类 AB$_3$ 相和 Ce$_2$Ni$_7$ 类 A$_2$B$_7$ 相等，不同相的种类及其比例决定合金的性能，也是优化合金吸放氢能力和循环寿命的关键因素。为精确控制合金产物组成，要求有效控制和减少 Mg 的挥发。Sun 等[115]提出了一种新型且工业化可行的含 Mg 合金高温煅烧工艺方法。为维持合金中 Mg 浓度恒定，设计煅烧过程在一个密闭容器中进行，同时引入一个外部 Mg 蒸气源。密闭的环境减小 Mg 蒸气的挥发量，排除了煅烧炉"冷区"的影响。外部 Mg 蒸气源与合金同时装载在反应容器中，可减少从合金中挥发形成蒸汽的 Mg 数量。该法可降低合金生产成本，合金的组成和性能更可控。

电脱氧过程，也称剑桥法（FFC），是一种将固体金属，尤其氧化物，置于阴极，在熔融盐中还原成较纯金属或者合金的电化学方法。La-Ni 基氢化物的合金化制备首先在保护气氛下熔融和铸造，之后还需较长时间的煅烧热处理以保证结构的均匀性。Aybar 等前期采用具有良好经济性的电脱氧技术合成了 AB$_5$ 类合金 La(Ni$_{1-x}$Co$_x$)$_5$[116]，在此工作基础上，又合成了以 Mg 取代 La 的 A$_2$B$_7$ 类合金(La$_{1-x}$Mg$_x$)$_2$(Ni$_{0.8}$Co$_{0.2}$)$_7$[117]。合成工艺中以 La$_2$O$_3$+NiO+CoO+MgO 混合氧化物为原料、750℃熔融 CaCl$_2$ 为电解质。反应中存在灼烧产生的 LaNiO$_3$ 和 Mg$_{0.4}$Ni$_{0.6}$O 相，有利于电脱氧过程 La-Ni 和 Mg-Ni 相的形成。Mg 浓度的增加使得 LaNi$_5$ 相减少，La$_{1.5}$Mg$_{0.5}$Ni$_7$ 相增加，从而改善电极的储氢性能。(La$_{1-x}$Mg$_x$)$_2$(Ni$_{0.8}$Co$_{0.2}$)$_7$ 合金具有良好的放电容量，随 Mg 浓度增加由 319mAh/g 增加至 379mAh/g。FFC 剑桥法被视为一种具有潜力的精炼方式，未来可能取代某些现有的金属生产方式，对于应用于包含多工序复杂过程的传统合成工艺时优势尤为明显。

三、稀土储氢合金新体系

稀土储氢合金是应用最成熟的储氢产品，以稀土、镁等金属为代表的金属储氢材料是较为传统的研究领域，近年来学术上的新突破相对较少。AB$_5$ 类 LaNi$_5$ 基合金是目前最主要的商用储氢材料，但因其 CaCu$_5$ 类结构属性限制，改性后仍较低的理论电化学容量（372mAh/g）或最大储氢容量（1.43wt%）已不能满足对于储氢容量的发展要求。RE-Mg-Ni 系的 AB$_{3-3.8}$ 类金属氢化物合金具有较高的放电容量（～400mAh/g）等优势，已作为传统 AB$_5$ 类合金的替代，广泛用于 Ni-MH 电池的负极活性材料。由于 Mg 的高蒸汽压，RE-Mg-Ni 系合金在高温熔炼过程中难于精确控制合金组成，且 Mg 的挥发产生毒害和燃爆风险。而氦气保护熔炼和高功率球磨等新技术也还存在高成本或操作复杂等问题。因而发展不含 Mg 同时具有高储氢容量的储氢合金也具有重要意义。

金属间化合物 RM_n（R=稀土；M=过渡金属；$1 \leqslant n \leqslant 5$）可可逆储存大量氢。按照 La-Ni 二元相图，$RNi_3$ 和 R_2Ni_7 相可通过加热发生的包晶反应形成。在所有的 RNi_3 类化合物中（R=La、Ce、Pr、Nd、Sm、Gd、Tb、Dy、Ho、Er、Y），YNi_3 晶胞体积最大、密度最低、电化学性能最好。类似于 R-Mg-Ni 合金，以 La 和/或 Ce 部分取代 YNi_3 中 Y 得到的三元 Y 基合金 $La_{1-x}Ce_xY_2Ni_9$（$0 \leqslant x \leqslant 1$）也具有堆垛超结构，是 RNi_5 和 RNi_2 类结构交替生长而成，可具有较商用 RNi_5 类合金更大的储氢容量。R-Y-Ni 中的 Y 与 R-Mg-Ni 中的 Mg 类似，都可增加吸放氢过程中相应合金的结构稳定性，因而阻滞氢诱导无定形化。

已有研究发现，AB_3 类 LaY_2Ni_9 合金具有 $PuNi_3$ 类结构，氢化产物为 $LaY_2Ni_9H_{12}$，具有同等条件下优于 $LaMg_2Ni_9$ 合金的储氢容量，但该合金电极的最大放电容量和 100 周循环后容量保持率仅分别为 265mAh/g 和 54%。已有研究发现，AB_3、A_2B_7 和 A_5B_{19} 类 La-Y-Ni 合金的可逆储氢性能可通过元素替代调节合金组成得以改善。Yan 等[118,119]进而采用感应熔炼+旋淬+煅烧工艺制备了 $LaY_2Ni_{8.2}Mn_{0.5}Al_{0.3}$（$AB_3$ 类），$LaY_2Ni_{9.7}Mn_{0.5}Al_{0.3}$（$A_2B_7$ 类）和 $LaY_2Ni_{10.6}Mn_{0.5}Al_{0.3}$（$A_5B_{19}$ 类）合金，并系统研究了它们的结构和储氢性能。与 La-Mg-Ni 基合金相似，La-Y-Ni 基合金也为多相结构。A_2B_7 和 A_5B_{19} 类合金在 313K 时的储氢容量分别 1.48wt% 和 1.45wt%，最大放电容量分别为 385.7mAh/g 和 362.1mAh/g，均相应高于 AB_5 类合金的 1.38wt% 和 356.1mAh/g；A_2B_7 和 A_5B_{19} 类的合金电极也比 AB_5 类合金电极具有更好的循环稳定性。最为重要的是，La-Y-Ni 合金可直接通过高温熔炼方法制备得到，而不存在 Mg 基合金制备过程中 Mg 挥发问题。另外，研究还采用熔盐电解法制备了 Y-Ni 中间合金，实验证明，该法可成功批量电解制备出 Y 含量约 50% 的 Y-Ni 合金，利用 Y-Ni 合金代替纯 Y 可大幅降低 La-Y-Ni 合金成本，有利于合金的市场推广。

Mn 可提高合金的循环稳定性和高倍放电能力，对于传统混合稀土基 AB_5 类储氢合金中是必不可少的添加元素。但 Mn 替代 Ni 也因降低了 A_2B_7 相比例而使混合稀土基 AB_5 类合金的储氢容量下降，Mn 浓度增加还使表面催化能力恶化而对结构均匀性、容量、循环稳定性和高倍放电能力产生负面影响。实际应用中，存在一个可改善储氢容量和综合电化学性能的 Mn 的最优化浓度。Xiong 等[120]采用真空熔炼+淬火+煅烧工艺制备了 A_2B_7 类合金

$LaY_2Ni_{10.5-x}Mn_x$。表征显示，合金具有多相结构，主要为Gd_2Co_7类（3R）和Ce_2Ni_7类（2H）。Mn 取代 Ni 使得储氢容量明显增加，$x=0.5$ 的样品有最大储氢容量 1.40wt%和放电容量 392.9mAh/g，大约分别为无 Mn 取代合金的 1.5～1.9 倍，其 400 周循环后的容量保持率为 56.3%。$x=0.5$ 样品的热力学稳定性可达到 Ni-MH 电池氢化物电极的使用要求。

质子导电氧化物在氢传输膜、氢传感器和质子导电陶瓷燃料电池方面已有较多研究，近来，由于该类材料的储氢能力，也引起了其在电池领域应用的研究关注。具有钙钛矿结构的 $LaFeO_3$ 及其掺杂材料 $La_{1-x}Sr_xFeO_3$ 氧化物被认为最有前途。Henao 等[121]在碱性溶液中评估了钙钛矿类氧化物 $La_{0.6}Sr_{0.4}Co_{0.2}Fe_{0.8}O_3$ 不同温度下的储氢特性。结果显示，该材料室温下的储氢能力相对较低，但随温度自 298～333K 升高而升高，相比于同样温度范围的传统金属间合金具有优势。尽管钙钛矿类化合物储氢性能还无法与金属氢化物合金相匹敌，但可作为极端条件下金属氢化物合金失去性能时的替代材料，尤其是环境较高温度时具有更佳的性能。

四、吸放氢反应机制

对于吸放氢行为机制的理解将有助于发展新型 Mg 基储氢材料。已有许多动力学模型用于解释吸放氢反应，如核化-生长-碰撞控制反应模型（JMAK 模型）和 Chou 模型等。Luo 等[122]综述了近几年 Mg 基储氢材料吸放氢动力学机制方面的研究。Mg 基储氢材料因具有高储氢容量、低成本和高自然资源丰度而成为极具潜力的候选材料，但其较差的吸放氢动力学和热力学能力阻碍了其实际应用，尤其在车载领域。现有 Mg 基储氢材料在 623K 以上 3MPa 氢压下需要数小时才能完成吸氢反应，然而车载储氢要求充氢过程在低于 358K 温度下 3～5 分钟完成；氢解吸过程释放 1 个大气压的氢所需温度为 560K，而实际应用也同样需要降低到 358K 以下。在过去的几十年中，许多方法，如球磨、催化化学溶液法合成、氢等离子体金属反应以及原位形成纳米催化剂等，已被用于通过减小颗粒尺寸和引入催化剂增强 Mg 基合金的吸放氢动力学。同时，发展了一些为更好理解不同方法合成材料内禀机制的动力学模型，其中最常见的是扩散控制反应模型和核化-生长-碰撞控制反应模型。另外，扩展 JMAK 模型克服了经典 JMAK 模型的缺陷，可通过等温拟合方法分析等温吸/放氢行为，并进而从等温数据获取动力学参数分析非等温行为。基于该模型，核化和生长活化能参数、核化和生长因子等可通过同时分析等温和非等温数据综合确定。

La-Mg-Ni 三元合金可形成 LaH_3 和 $MgNiH_4$，通过催化和去稳定化效应显著改善吸氢性能，如 $La_{1.5}Mg_{17}Ni_{0.5}$ 合金在 $LaNi_5$ 的催化作用下，LaH_3 和 La 可在 523K、300s 内吸收 4.34wt%、放出 4.12%的 H_2，是同样条件下 La_2Mg_{17} 合金吸放氢速度的 30 倍。储氢合金吸放氢过程中会因 H 进入和脱离合金点阵而引起合金体积的膨胀和收缩，如 $LaNi_5$ 和 Mg_2Ni 合金吸氢过程的体积膨胀率分别高达 24%和 28%～32%，但大多动力学模型未考虑吸放氢反应中的体积变化因素。体积变化通常在材料中伴随产生张力和应力，从而导致合金粉化。考虑了体积因素，Chou 等[123]提出了改进 Chou 模型，其中固体颗粒被认为是具有相同密度和尺寸的球体、平板或纤维，不同密度的产物层在固体颗粒的外表面形成并随着反应时间不断变厚。Mg 基合金的吸放氢过程已被证实满足这一典型的气-固反应假设，因而这一模型应当适用于描述 Mg 基合金的储氢反应。Pang 等[124]尝试使用考虑了 P-B 比（金属表面生成的产物膜中每个金属原子体积与金属体相中每个金属原子体积之比）的改进 Chou 模型解释 La-Mg-Ni 合金的吸放氢反应动力学机制。计算结果与实验数据完好符合，相比于未考虑 P-B 比的原始 Chou 模型，改进的 Chou 模型计算准确度更高，说明改进 Chou 模型可很好描述 La-Mg-Ni 合金的动力学行为。

$LaNi_{5-x}Sn_x$ 合金具有低压和良好的室温动力学性能，且循环稳定，体积比容量高。金属氢化物反应动力学的研究可获知吸放氢过程反应机制以及反应决速步等信息。储氢过程主要包括氢气分子的物理吸附、氢气分子的化学吸附和解离、氢原子的表面渗透、氢化物的形成以及氢原子在氢化物中的扩散等过程。当合金材料完全氢化后，氢化物形成终止，而扩散过程在完全氢化的材料中继续进行。Oliva 等[125]提出了一种唯象模型，使用一个含一阶驱动力的动力学项可同时表述以上前 4 个过程。气固两相间的热力学平衡由它们之间的氢势决定。气相中的氢势假定为其分压，固相中的氢势假定正比于固相中氢原子的浓度。驱动力可通过外分压和与压力-组成-温度（PCT）图对应的平衡压力进行计算。所得模型更适于进行工艺过程优化。计算显示，在实验初期材料未氢化时，过程总速率受吸附动力学项控制，而超过 5%～10%的材料氢化后，整个过程则开始受扩散控制。$LaNi_5$ 显示比 $LaNi_{4.73}Sn_{0.27}$ 和 $LaNi_{4.55}Sn_{0.45}$ 具有更高的储氢容量。该工作可为氢存储和纯化材料建模、设计和优化提供理论计算参考。

热力学参数"形成热（ΔH）"对于储氢合金的设计非常重要，已有进行二元合金或三元氢化物 ΔH 的理论计算研究，但多元素合金 ΔH 的理论计算尚少有报道。Panwar 和 Srivastava[126]提出了简单的唯象公式计算多元素合金的 ΔH，计算的合金包括 AH_m，BH_m，AB_n，AB_nH_{2m}，$AB_{n-x}C_x$，$AB_{nx}C_xH_{2m}$，$AB_{n-x-y}C_xD_y$，$AB_{n-x-y}C_xD_yH_{2m}$ 等 。AH_m，BH_m，$AB_{n-x}C_x$ 和 $AB_{n-x}C_xH_{2m}$ 等体系计算的 ΔH 值与文献报道的实验值很好符合。ΔH 计算值符合范托夫方程，实验报道的平台压随形成热降低而降低，也符合范托夫方程。这表明该研究提出的方程对于计算二元、三元和多元素金属氢化物 ΔH 是有效的。

五、稀土储氢合金的产业化进展

镍氢电池是稀土系储氢合金的应用产品，最早在日本实现商业化生产。目前，世界上批量生产稀土系储氢合金的企业主要集中在中国和日本。中国稀土系储氢合金主要产品为 $LaNi_5$ 型，日本生产的稀土系储氢合金以 A_2B_7 型为主，全世界稀土系储氢合金的总产量为 30000t/a 左右。中国是世界上最大的稀土系储氢合金生产国，但产品竞争力仍不及日本，产品档次以中低端为主。这主要是由于 AB_5 型储氢合金在性能上比 A_2B_7 型稍差，而国内在生产 A_2B_7 型储氢合金产品方面的工艺还不够成熟稳定，成本较高。

中国国内目前储氢合金的产能已达 20000t/a，而市场对稀土系储氢合金的总需求量预计在 8000t/a 左右，产能已严重过剩，再加上 $LaNi_5$ 型储氢合金的技术门槛低，企业利润低，回款慢，发展前景很不乐观，由此造成各生产企业的产品处在以价格竞争为主的恶性竞争中。日本镍氢电池企业的产品以大电池为主，占据了大部分高端镍氢电池市场。2014 年，全球镍氢电池产量中有 70%以上是在中国制造的，但在性价比相对较高的大型镍氢电池市场，日本则占据了绝大多数的份额。另外，由于锂电池的冲击和挤压，镍氢电池行业的发展更是举步维艰。

车载动力电池用 AB_5 型储氢合金是最近几年重点开发的产业新方向，作为镍氢电池的负极材料，储氢合金粉的性能对电池的性能有关键影响。不同厂家的电池工艺不一样，对合金粉的具体指标要求也不完全一样。一般来说，HEV 车用电池要求使用寿命、倍率特性、温度特性等综合性能要好。日本经过 10 多年的开发应用，AB_5 型合金已经非常成熟。

在 La-Mg-Ni 研究中的一个难题是产业化问题，这主要是由于该系合金含有低熔点并极易挥发的 Mg，使得用传统的真空感应熔炼法难以制备，同时挥发的微细镁粉易燃易爆而存在安全隐患。2005 年 11 月日本三洋公司首次宣布 La-Mg-Ni 储氢合金形成批量化生产，并利用此合金制备出了容量为

AA2000，循环寿命可达 1000 周（IEC 标准）的超低自放电电池。La-Mg-Ni 基储氢材料一直是日本独家技术，1997 年以来，日本东芝、三洋、松下等公司申请了大量的 La-Mg-Ni 基储氢材料的核心技术专利。我国经过了多年研究，在基础理论及应用研究中获得了许多有价值的研究成果，但由于一直没有突破批量化制备技术，未能实现产业化。直到 2017 年，包头稀土研究院利用自有技术突破了 La-Mg-Ni 储氢合金的制备技术瓶颈，建成了年产 300t 储氢合金生产线，在国内首先实现了 La-Mg-Ni 储氢合金的批量化生产和销售。研制的 La-Mg-Ni 储氢合金 MBRE01 具有多相结构，主相为 Ce_2Ni_7 相，还含有 Ce_5Co_{19} 和 Pr_5Co_{19} 相，合金 2～3 周循环可完全活化，最大放电容量超过 370mAh/g，循环寿命≥420 周（容量下降到最大值的 60% 的循环次数），合金具有较高的性价比。经电池厂家试用，可满足使用需求。湖南科霸汽车动力电池有限责任开发的低成本新型富镧铈稀土合金，通过优化合金冷却条件等技术改善合金的偏析现象，提高抗粉化能力，进而提高了电池使用寿命，电池制造关键装备技术来源于日本，但全部实现了国产化。

厦门钨业股份有限公司、深圳市豪鹏科技有限公司的高性能稀土镁基储氢材料制备及应用项目根据我国稀土资源特点，研究了轻稀土在稀土镁基储氢材料中的应用，采取自制高熔点中间合金结合惰性气体保护的方法缓解镁挥发，实现了产业化过程中镁含量、合金成分及组织均匀性精确控制，开发了长寿命的高性能稀土镁基储氢材料，并成功应用于低自放电镍氢电池。制备的高性能稀土镁基储氢材料 0.2C 最高放电容量 390mAh/g、60% 循环寿命达到 580 周。项目形成年产 500t 的高性能稀土镁基储氢材料生产线。由于使用高丰度稀土镧替代了钕、用镍替代了高价的钴，配方成本降低约 12.6%。低自放电高端镍氢电池在个人护理、吸尘器行业、取代一次干电池等方面有非常大的需求。

储氢材料行业依托我国的稀土资源优势，经历了快速发展进入平稳期，目前我国已成为世界上储氢材料生产大国。总体上在产能利用和产品价格方面与日本重化学、中央电气、三井金属相比还存在差距。高性能稀土镁基储氢材料的推广一定程度可以带动储氢材料的发展，提高稀土资源利用的附加值。

第二节　制约发展的基础科学问题

储氢合金受制于其性能缺陷，应用领域一直局限于镍氢电池的负极材料。近年来，随着氢燃料电池技术的日趋成熟，气态储氢性能的研发被给予了更多关注。但不论是电化学应用还是气态应用，目前尚无一种理想的合金能够同时满足对活化条件、质量储氢密度、倍率放电性能、循环稳定性以及吸放氢温度等储氢性能的要求。因此，储氢材料发展面临的挑战也十分巨大。氢能要真正走向大规模的应用，储氢材料就必须满足应用要求。一般而言，无论是采用哪种储氢方式，储氢装置应满足以下基本要求：①储氢密度大（包括储氢质量密度和储氢体积密度）；②满足使用要求的吸/放氢压力和温度；③良好的动力学特性，能较迅速并可控地吸氢、氢解吸，满足使用装置的功率输出特性要求；④寿命长，在吸/放氢的反复循环中保持稳定的性能；⑤经济环保，在成本上与现有的能源装置相比具有经济竞争力，同时在全过程中是环境友好的。为发展满足储氢发展要求性能的新型储氢材料，在 La-Mg-Ni 合金研究方面已取得较大进展，近年 AB_3 或 A_2B_7 类和稀土-Mg-Ni 基合金作为负极材料得以发展和商业化应用。La-Mg-Ni 基合金中的超点阵相的组成和结构、不同相间的转化机制和条件、不同制备方法和元素组分对于相转化的影响以及相组成和微结构对电化学性能的影响等都已得到明确认识。但仍存在以下五方面挑战。

1. 稀土基 $LaNi_5$ 储氢合金的掺杂改进

稀土基 $LaNi_5$ 储氢合金，虽然具有比较好的活化性能和电化学性能，但受制于 $CaCu_5$ 型晶体结构，其理论吸氢量仅为 1.36wt%，电化学放电容量仅为 372mAh/g，市售及在研的储氢合金性能已经十分接近这一极限；这类金属间合金在电池温度升高时还会导致电池循环性能恶化；另外这类合金需以稀土和过渡金属的金属作为原料，成本较高。目前，大多数的研究集中在通过用廉价元素对稀土及金属镍、钴的替代，以实现成本的降低。如何在 AB_5 型稀土基储氢合金基础上实现成分及结构的突破，进而在保留其优点的同时，进一步提升储氢容量是该体系合金发展所必须解决的基础问题。

2. 制备得到精确目标组成的合金

组成元素熔点的巨大差异使得制备得到精确目标组成的合金非常困难。如 Mg 元素的蒸汽压非常高，因此，精确控制合金的元素组分仍存在挑战。A_2B_7 型 La-Mg-Ni 基储氢合金，虽然理论电化学容量可达 500mAh/g，但实际测试时只达到 300~400mAh/g，而且循环寿命有待进一步改善。日本生产的 A_2B_7 型 La-Mg-Ni 基储氢合金已经应用于 Eneloop 低自放电型镍氢电池。在中国，部分研发单位已经成功实现了 A_2B_7 型 La-Mg-Ni 基储氢合金的中试生产，但并未发现其在低自放电方面的性能优势。其最大的优点还是通过引入价格更低的 Mg 等元素，降低了原材料成本。然而，Mg 含量越多，其熔炼过程工艺控制越困难，挥发的 Mg 会不断积聚，极易造成安全隐患。

3. 揭示不同超晶格相的基本特性

不同相具有相似的元素组成，同时形成这些相需要精确控制反应温度，使得绝大多数 La-Mg-Ni 合金为多相结构，因而理解某一特定相对于合金电化学性能的影响时不可避免地受到共存相的干扰，因此揭示不同超晶格相的基本特性是另一个重要挑战。

4. 金属和氢原子间的相互作用以及氢在合金中的分布

La-Mg-Ni 基合金通过相晶格储氢，不同相的吸放氢行为是决定合金电化学性能的根本原因，但这一研究同样是非常困难的，因为无法观察到原子水平的行为。因此研究金属和氢原子间的相互作用以及氢在合金中的分布是一个巨大挑战。

5. 制备大容量、高功率和长寿命的 La-Mg-Ni 基储氢合金

La-Mg-Ni 基储氢合金已显示了在动力电池电极材料中应用的巨大潜力，但在大电流放电能力和循环稳定性方面尚需进一步改善，同时还需保障较高的放电容量。未来的研究希望能够通过元素组成和相结构的调控制备得到大容量、高功率和长寿命的 La-Mg-Ni 基储氢合金。

目前，储氢材料研究已经取得了很大进展，例如在纳米调控、多相复合、催化及表面修饰等性能优化及理论研究方面取得了飞跃式发展，但氢能要实现真正大规模的应用，还需要储氢材料满足多方面的要求，面临的问题和挑战还有很多。例如，大多数储氢材料大规模生产制备上还存在一些技术壁垒，还不能满足车载系统的需求，成本需要进一步降低，新储氢材料体系的研究及理论积累不足等。总之，随着储氢材料研究开发的深入，不仅能够促进学科间融合，还能为新材料的发展提供应用价值，从而开拓出更广阔的应用前景。

第三节　展望与建议

针对我国储氢材料研究及产业化领域存在的问题，为增强我国稀土储氢

材料的研发实力，提出以下六点建议。

1. 探索新型稀土储氢材料

因节能减排效果明显且安全可靠，搭载镍氢动力电池的混合动力汽车（HEV）是目前新能源汽车的主流，储氢材料、镍氢电池和稀土行业迎来了新的发展机遇。目前中国是稀土系储氢合金和镍氢电池的产业大国，但还不是产业强国，要摆脱目前的产业困境，必须研发自主知识产权的新型储氢合金。由于目前产业化的稀土系储氢合金存在结构上的局限，所以研究开发具有非 $CaCu_5$ 型晶体结构的新型稀土系储氢合金成为一个重要研究方向。

2. 开发新的产业化工艺技术

金属氢化物储氢高效、安全，但目前为止还没有任何一种储氢合金可满足美国 DOE 提出的车用储氢合金指标要求，主要的瓶颈是放电容量、循环寿命和动力学性能。自 2005 年以来，A_2B_7 型储氢合金的研究取得了突飞猛进的进展，最初制约该类型合金产业化应用的主要是循环寿命问题，但是随着研究深入，通过元素替代和热处理工艺改善等措施，基本解决了循环寿命差这一技术瓶颈，使该合金逐步开始在镍氢电池领域应用。目前，改善 A_2B_7 型循环寿命最常见的一种方式用 Nd 部分替代 La，但由于 Nd 原料的价格昂贵，所以后续又研究采用相对低廉的 Sm 等替代 Nd。此外，具有超堆垛结构的 A_2B_7 型储氢合金在制造过程中容易形成多相，导致材料的稳定性下降；材料组成中含有低蒸汽压的镁元素，使得成分难以保证且存在安全隐患。因此必需开发新的产业化工艺技术。

Mg 基储氢合金的设计和合成目标是充分发挥不同优化策略的优势，开发新型制备工艺需要实现两种或多种效应的协同，要从实验和理论两方面考虑 Mg 的内禀特性，实验与理论预测结合将是高性能储氢合金研究的一个基本趋势。微结构、性能和内在机制的关联研究仍需继续深入研究，对于基础研究、技术应用以及相关的所有环节都至关重要。未来的研究工作将关注对于 Mg 氢化物复合物体系的结构、尺寸、形貌的原位观测和性能相关性研究。

3. 深化储氢机理研究

利用近年来层出不穷的新的表征技术，针对各类储氢材料自身的缺陷，重点研究并提出具有指导意义的理论观点，以促使相关研发工作高效进行。后期应从理论和实验方面研究催化剂与氢分子解离和扩散间相互作用的本质，以理解催化机制与观察到的储氢性能改善之间的关联；制备具有短氢扩散行程和较弱 Mg 氢化物稳定性的含复合催化剂 Mg 纳米颗粒（小于 20nm）仍存在挑战；另外，为提高储氢容量，将含复合催化剂的 Mg 基合金与其它具有高储氢容量的储氢合金混合使用，如氨硼烷，或可设计得到新型储氢合金。

4. 重点推进储氢合金气态性能应用的研发

目前，绝大部分的储氢合金被用于镍氢电池的负极材料，通过电化学反应贮氢。随着氢燃料电池技术和可再生能源产业的发展，对气态氢贮存和应用的需求日趋紧迫。但目前，各类储氢合金都无法满足相关需求。稀土基储氢合金价格较高并且吸氢量较小。钛铁基合金理论容量略高于稀土基储氢合金，但活化十分困难。镁基储氢合金虽然储氢容量较高，但吸放氢温度有待降低。因此，有必要针对具体应用的需求，选择特定合金进行重点优化，以促使其研发应用率先取得进展。

5. 开发新型稀土储氢应用市场

除镍氢电池外，稀土储氢材料可应用的领域还有很多，包括氢能储运、氢气纯化、氢同位素分离、热泵、压缩机、催化剂、传感器等，目前镍氢电池是其最大的应用领域。近年来，可替代一次电池的低自放电镍氢二次电池和稀土储氢负极技术逐年进步，混合动力汽车销量的增长带动了稀土储氢材料产销量的增长。新能源和新能源汽车的快速发展为稀土储氢材料的发展提供了广阔空间，风能等间歇性新能源的储存、燃料电池的高密度氢源，太阳能光热发电储热正逐渐成为稀土储氢材料的应用重点。为满足新的应用需求，稀土储氢材料研发正向高性能化和低成本化的方向发展。不同应用方向需要差异化的稀土储氢材料以及对应的应用技术，需要在偏重某一实用性能指标（如高容量、长寿命、高功率、宽温区）的前提下，平衡其它性能，保证材料的高性价比，提高市场竞争力。同时，开发新组分、新结构的稀土储氢材料是扩大材料应用范围的重要途径。

6. 打造有国际影响力的储氢合金研发团队

目前，国内各大高校、研究院所从事储氢合金研发的人员众多，但总体看还需要进一步提升其国际影响力。建议通过增加学术会议，组建研发平台等方式，使各研发机构间实现相互促进，互通有无，提升国内储氢合金研发团队的国际影响力。

发展稀土系贮氢合金和镍氢电池行业对稀土资源的平衡利用也具有重要意义。中国作为一个稀土大国，如何合理充分利用好丰富的稀土资源，发展高性价比的稀土应用产品是当务之急。稀土系储氢合金和镍氢电池产业采用的稀土原料正是储量最为丰富的镧和铈金属，所以无论从新能源需求方面还是从资源优势方面，都有必要对稀土系储氢合金和镍氢电池行业进行长远战略规划，促进稀土系储氢合金和镍氢电池行业健康、可持续发展。

参考文献

[1] Liang F, Lin J, Cheng Y, et al. Gaseous sorption and electrochemical properties of rare-earth hydrogen storage alloys and their representative applications: A review of recent progress. Sci China Tech Sci, 2018, 61: 1309-1318.

[2] 王利, 闫慧忠, 吴建民. 稀土储氢合金研究及发展现状. 稀土信息, 2018,（3）: 8-11.

[3] 吉力强, 赵瑞霞, 王东杰, 等. 稀土系储氢合金和镍氢电池产业现状及标准化体系建设研究. 稀土, 2018, 39（1）: 149-158.

[4] 李璐伶, 樊栓狮, 陈秋雄, 等. 储氢技术研究现状及展望. 储能科学与技术, 2018, 7（4）: 586-594.

[5] 张怀伟, 郑鑫遥, 刘洋, 等. 稀土元素在储氢材料中的应用进展. 中国稀土学报, 2016, 34（1）: 1-10.

[6] Spodaryk M, Gasilova N, Zü ttel A. Hydrogen storage and electrochemical properties of LaNi$_{5-x}$Cu$_x$ hydride-forming alloys. J Alloy Compd, 2019, 775: 175-180.

[7] Liu J, Li K, Cheng H, et al. New insights into the hydrogen storage performance degradation and Al functioning mechanism of LaNi$_{5-x}$Al$_x$ alloys. Int J Hydrogen Energ, 2017, 42: 24904-24914.

[8] 欧阳希, 钟婷, 文小强. AB$_5$型稀土储氢合金的抗粉化性能研究. 稀土, 2017, 38（6）: 89-96.

[9] Liu J, Zhu S, Zheng Z, et al. Long-term hydrogen absorption/desorption properties and structural changes of LaNi$_4$Co alloy with double desorption plateaus. J Alloy Compd, 2019, 778: 681-690.

[10] Zhu Z, Zhu S, Lu H, et al. Stability of LaNi$_{5-x}$Co$_x$ alloys cycled in hydrogen-Part 1 evolution in gaseous hydrogen storage Performance. Int J Hydrogen Energ, 2019, 44: 15159-15172.

［11］Han X，Wu W，Bian X，et al. A performance study of AB$_5$ hydrogen storage alloys with Co being replaced by Be-Cu. Int J Hydrogen Energ，2016，41：7445-7452.

［12］Yilmaz F，Ergen S，Hong S J，et al. Effect of Bismuth on hydrogen storage properties of melt-spun LaNi$_{4.7-x}$Al$_{0.3}$Bi$_x$（x=0.0，0.1，0.2，0.3）ribbons. Int J Hydrogen Energ，2018，43：20243-20251.

［13］Łodziana Z，Debski A，Cios G，et al. Ternary LaNi$_{4.75}$M$_{0.25}$ hydrogen storage alloys：Surface segregation，hydrogen sorption and thermodynamic stability. Int J Hydrogen Energ，2019，44：1760-1773.

［14］李倩，徐津，吉力强，等. La 替代 Pr、Nd 对 AB$_5$ 系储氢合金成本及性能的影响. 金属功能材料，2016，23（5）：27-31.

［15］Huang H X，Li G H，Wang X Y，et al. Electrochemical properties of M1Ni$_{3.5}$Co$_{0.6}$Mn$_{0.4}$Al$_{0.5-x}$ wt% Mm$_{0.89}$Mg$_{0.11}$Ni$_{2.97}$Mn$_{0.14}$Al$_{0.20}$Co$_{0.54}$ composites. Rare Metals，2015，34：338-343.

［16］Li H，Fei Y，Wang Y，et al. Crystal structure and electrochemical performance of La$_{0.75}$Ce$_{0.25}$Ni$_{3.46}$-Al$_{0.17}$Mn$_{0.04}$Co$_{1.33}$ alloy for high-power-type 29 Ah Ni-MH battery. J Rare Earth，2015，33（6）：633-638.

［17］内蒙古稀奥科贮氢合金有限公司. 一种镍氢电池用储氢合金及其制备方法. 中国发明专利：201510879635.8，2016.

［18］刘文平，秦海青，林峰，等. 温度对 Ni/MH 电池储氢合金负极电化学性能影响的研究. 化工新型材料，2016，（8）：221-223.

［19］Zhou W，Zhu D，Tang Z，et al. Improvement in low-temperature and instantaneous high-rate output performance of Al-free AB$_5$-type hydrogen storage alloy for negative electrode in Ni/MH battery：Effect of thermodynamic and kinetic regulation via partial Mn substituting. J Power Sources，2017，343：11-21.

［20］Zhou W，Zhu D，Liu K，et al. Long-life Ni-MH batteries with high-power delivery at lower temperatures：Coordination of low-temperature and high-power delivery with cycling life of low-Al AB$_5$-type hydrogen storage alloys. Int J Hydrogen Energ，2018，43：21464-21477.

［21］Erika T，Sebastian C，Fernando Z，et al. Temperature performance of AB$_5$ hydrogen storage alloy for Ni-MH batteries. Int J Hydrogen Energ，2016，41：19684-19690.

［22］Ma Z，Zhou W，Wu C，et al. Effects of size of nickel powder additive on the low-temperature electrochemical performances and kinetics parameters of AB$_5$-type hydrogen storage alloy for negative electrode in Ni/MH battery. J Alloy Compd，2016，660：289-296.

[23] Zhou W, Zhu D, Wang Q, et al. Chen. Effects of Al content on the electrochemical properties of $La_{0.78}Ce_{0.22}Ni_{3.95-x}Co_{0.65}Mn_{0.3}Si_{0.1}Al_x$ alloys at 20-80℃. Int J Hydrogen Energ, 2015, 40（32）: 10200-10210.

[24] Liu G, Chen D, Wang Y, et al. Experimental and computational investigations of $LaNi_{5-x}Al_x$（x=0, 0.25, 0.5, 0.75 and 1.0）tritium-storage alloys. J Mater Sci Technol, 2018, 34: 1699-1712.

[25] Zhou Y, Noreus D. Metal hydride electrodes: The importance of surface area. J Alloy Compd, 2015, 664: 59-64.

[26] 甘辉辉, 杨毅夫, 邵惠霞. $M1Ni_{4.07}Co_{0.45}Mn_{0.38}Al_{0.31}$储氢合金的高倍率性能. 电池, 2015, 45（4）: 194-197.

[27] Karwowska M, Fijalkowski K J, Czerwinski A. Comparative study of hydrogen electrosorption from alkali metals electrolytes and hydrogen sorption from gas phase in AB_5 alloy. Electrochim Acta, 2017, 252: 381-386.

[28] Modibane K D, Lototskyy M, Davids M W, et al. Influence of co-milling with palladium black on hydrogen sorption performance and poisoning tolerance of surface modified AB_5-type hydrogen storage alloy. J Alloy Compd, 2018, 750: 523-529.

[29] Hubkowska K, Soszko M, Krajewski M, et al. Enhanced kinetics of hydrogen electrosorption in AB_5 hydrogen storage alloy decorated with Pd nanoparticles. Electrochem Commun, 2019, 100: 100-103.

[30] Zhao B, Liu L, Ye Y, et al. Enhanced hydrogen capacity and absorption rate of $LaNi_{4.25}Al_{0.75}$ alloy in impure hydrogen by a combined approach of fluorination and palladium deposition. Int J Hydrogen Energ, 2016, 41: 3465-3469.

[31] Cui R C, Yang C C, Li M M, et al. Enhanced high-rate performance of ball-milled $MmNi_{3.55}Co_{0.75}Mn_{0.4}Al_{0.3}$ hydrogen storage alloys with graphene nanoplatelets. J Alloy Compd, 2016, 693: 126-131.

[32] Office of Energy Efficiency & Renewable Energy. DOE technical targets for onboard hydrogen storage for light-duty vehicles, https://www.energy.gov/eere/fuelcells/doe-technical-targets-onboard-hydrogen-storage-light-duty-vehicles. 2019.

[33] Oesterreicher H, Bittner H. Hydride formation in $La_{1-x}Mg_xNi_2$. J Less Common Met, 1980, 73: 339-344.

[34] Zhang J, Zhu Y, Yao L, et al. State of the art multi-strategy improvement of Mg-based hydrides for hydrogen storage. J Alloy Compd, 2019, 782: 796-823.

[35] 王旭凤, 刘建. 掺杂金属氧化物对 Mg 基储氢合金性能的影响. 稀土, 2018, 39

（5）：122-134.

[36] Zang J H, Zhang Q A, Sun D L. Hydrogen storage performances of RCaMgNi$_9$（R=Nd, Gd and Er）Compounds. J Alloy Compd, 2019, 794：45-52.

[37] Zang J H, Zhang Q A, Sun D L. Effect of half substitution of R（R=Nd, Gd and Er）for Ca on crystal structure and hydrogen storage properties of CaMgNi$_4$. J Alloy Compd, 2019, 771：711-720.

[38] 辛恭标, 苑慧萍, 蒋利军. 高容量稀土储氢材料研发. 中国稀土学会 2017 学术年会摘要集, 2017：266.

[39] Lim K L, Liu Y N, Zhang Q A, et al. Cycle stability of La-Mg-Ni based hydrogen storage alloys in a gas-solid reaction. Int J Hydrogen Energ, 2017, 42：23737-23745.

[40] Ouyang L, Yang T, Zhu M, et al. Hydrogen storage and electrochemical properties of Pr, Nd and Co-free La$_{13.9}$Sm$_{24.7}$Mg$_{1.5}$Ni$_{58}$Al$_{1.7}$Zr$_{0.14}$Ag$_{0.07}$ alloy as a nickel-metal hydride battery electrode. J Alloy Compd, 2018, 735：98-103.

[41] Cao Z, Ouyang L, Li L, et al. Enhanced discharge capacity and cycling properties in high-samarium, praseodymium/neodymium-free, and low-cobalt A$_2$B$_7$ electrode materials for nickel-metal hydride battery. Int J Hydrogen Energ, 2015, 40：451-455.

[42] 北京有色金属研究总院. 一种 La-Mg-Ni 型储氢材料. 中国发明专利：201410355959.7, 2016.

[43] 北京有色金属研究总院. 一种无镨钕长寿命镍氢电池负极用储氢材料. 中国发明专利：201510573817.2, 2017.

[44] 刘治平. 元素替代对 A$_2$B$_7$ 型 La-Mg-Ni 基合金相结构和电化学性能的影响. 秦皇岛：燕山大学, 2016.

[45] Liu Z, Yang S, Li Y, et al. Improved electrochemical kinetic performances of La-Mg-Ni-based hydrogen storage alloys with lanthanum partially substituted by yttrium. J Rare Earth, 2015, 33（4）：397-402.

[46] Werwinski M, Szajek A, Marczynska A, et al. Effect of substitution La by Mg on electrochemical and electronic properties in La$_{2-x}$Mg$_x$Ni$_7$ alloys：a combined experimental and ab initio studies. J Alloy Compd, 2018, 763：951-959.

[47] Lv W, Yuan J, Zhang B, et al. Influence of the substitution Ce for La on structural and electrochemical characteristics of La$_{0.75-x}$Ce$_x$Mg$_{0.25}$Ni$_3$Co$_{0.5}$（x=0, 0.05, 0.1, 0.15, 0.2 at％）hydrogen storage alloys. J Alloy Compd, 2018, 730：360-368.

[48] Nowak M, Balcerzak M, Jurczyk M. Hydrogen storage and electrochemical properties of mechanically alloyed La$_{1.5-x}$Gd$_x$Mg$_{0.5}$Ni$_7$（$0 \leqslant x \leqslant 1.5$）. Int J Hydrogen Energ,

2018, 43: 8897-8906.

[49] Liu J, Han S, Li Y, et al. Cooperative effects of Sm and Mg on electrochemical performance of La-Mg-Ni-based alloys with A_2B_7- and A_5B_{19}-type super-stacking structure. Int J Hydrogen Energ, 2015, 40: 1116-1127.

[50] Yuan J, Li W, Wu Y. Hydrogen storage and low-temperature electrochemical performance of A_2B_7 type La-Mg-Ni-Co-Al-Mo alloys. Prog Nat Sci-Mater Int, 2017, 27: 169-176.

[51] Li W, Zhang B, Yuan J, et al. Effect of Mo content on the microstructures and electrochemical performances of $La_{0.75}Mg_{0.25}Ni_{3.2-x}Co_{0.2}Al_{0.1}Mo_x$ (x=0, 0.10, 0.15, 0.20) hydrogen storage alloys. J Alloy Compd, 2017, 692: 817-824.

[52] Lv W, Shi Y, Deng W, et al. Microstructural evolution and performance of hydrogen storage and electrochemistry of Co-added $La_{0.75}Mg_{0.25}Ni_{3.5-x}Co_x$ (x = 0, 0.2, 0.5 at%) alloys. Prog Nat Sci-Mater Int, 2017, 27: 424-429.

[53] Werwinski M, Szajek A, Marczynska A, et al. Effect of Gd and Co content on electrochemical and electronic properties of $La_{1.5}Mg_{0.5}Ni_7$ alloys: A combined experimental and first-principles study. J Alloy Compd, 2019, 773: 131-139.

[54] 沈浩, 蒋利军, 李平, 等. Al 替代对 YNi_2 合金储氢性能的研究. 中国稀土学会 2018 学术年会摘要集, 2018.

[55] Zhang Y H, Li Y Q, Shang H W, et al. Electrochemical hydrogen storage performance of as-cast and as-spun RE-Mg-Ni-Co-Al-based alloys applied to Ni/MH battery. Trans Nonferrous Met Soc China, 2018, 28: 711-721.

[56] Xu C, Lin H J, Wan Y, et al. Catalytic effect of in situ formed nano-Mg_2Ni and Mg_2Cu on the hydrogen storage properties of Mg-Y hydride composites. J Alloy Compd, 2019, 782: 242-250.

[57] Li Y, Yang J, Luo L, et al. Microstructure characteristics, hydrogen storage kinetic and thermodynamic properties of $Mg_{80-x}Ni_{20}Y_x$ (x=0~7) alloys. Int J Hydrogen Energ, 2019, 44: 7371-7380.

[58] Knotek V, Lhotka M, Vojtech D. Catalytic effect of Mg_2Ni and $Mg_{12}RE$ on MgH_2 formation and decomposition. Int J Hydrogen Energ, 2016, 41: 11736-11745.

[59] Yang T, Li Q, Liang C, et al. Microstructure and hydrogen absorption/desorption properties of $Mg_{24}Y_3M$ (M = Ni, Co, Cu, Al) alloys. Int J Hydrogen Energ, 2018, 43: 8877-8887.

[60] Jiang X, Wu Y, Fu K, et al. Hydrogen storage properties of $LaMg_4Cu$.

Intermetallics, 2018, 95: 73-79.

[61] Jiang X, Fu K, Xiao R, et al. Hydrogen storage properties of Y-Mg-Cu-H nanocomposite obtained by hydrogen-induced decomposition of YMg$_4$Cu intermetallic. J Alloy Compd, 2018, 751: 176-182.

[62] Yuan Z, Zhang B, Zhang Y, et al. A comparison study of hydrogen storage properties of as-milled Sm$_5$Mg$_{41}$ alloy catalyzed by CoS$_2$ and MoS$_2$ nano-particles. J Mater Sci Technol, 2018, 34: 1851-1858.

[63] Zhang Y H, Zhang W, Yuan Z M, et al. Hydrogen storage performances of as-milled REMg$_{11}$Ni（RE=Y, Sm）alloys catalyzed by MoS$_2$. Trans Nonferrous Met Soc China, 2018, 28: 1828-1837.

[64] Zhang Y, Li Y, Shang H, et al. Hydrogen storage performance of the as-milled Y-Mg-Ni alloy catalyzed by CeO$_2$. Int J Hydrogen Energ, 2018., 43: 1643-1650.

[65] Xie X, Chen M, Hu M, et al. Recent advances in magnesium-based hydrogen storage materials with multiple catalysts. Int J Hydrogen Energ, 2019, 44: 10694-10712.

[66] Ouyang L Z, Yang X S, Zhu M, et al. Enhanced Hydrogen Storage Kinetics and Stability by Synergistic Effects of in Situ Formed CeH$_{2.73}$ and Ni in CeH$_{2.73}$-MgH$_2$-Ni Nanocomposites. J Phys Chem C, 2014, 118: 7808-7820.

[67] Soni P K, Bhatnagar A, Shaz M A, et al. Effect of graphene templated fluorides of Ce and La on the de/rehydrogenation behavior of MgH$_2$. Int J Hydrogen Energ, 2017, 42: 20026-20035.

[68] Li Q, Li Y, Liu B, et al. The cycling stability of the in situ formed Mg-based nanocomposite catalyzed by YH$_2$. J Mater Chem A, 2017, 5: 17532-17543.

[69] Li Y, Shang H, Zhang Y, et al. Effects of adding nano-CeO$_2$ powder on microstructure and hydrogen storage performances of mechanical alloyed Mg$_{90}$Al$_{10}$ alloy. Int J Hydrogen Energ, 2019, 44: 1735-1749.

[70] Zhang C, Wang H, Ouyang L Z, et al. Effect of Cu on dehydrogenation and thermal stability of amorphous Mg-Ce-Ni-Cu alloys. Prog Nat Sci-Mater Int, 2017, 27: 622-626.

[71] Zhang Y H, Li L W, Feng D C, et al. Hydrogen storage behavior of nanocrystalline and amorphous La-Mg-Ni-based LaMg$_{12}$-type alloys synthesized by mechanical milling. Trans Nonferrous Met Soc China, 2017, 27: 551-561.

[72] Bu W, Zhang W, Gao J, et al. Improved hydrogen storage kinetics of nanocrystalline and amorphous Pr-Mg-Ni-based PrMg$_{12}$-type alloys synthesized by mechanical milling. Int J Hydrogen Energ, 2017, 42: 18452-18464.

[73] Wang C C, Zhou Y T, Yang C C, et al. A strategy for designing new $AB_{4.5}$-type hydrogen storage alloys with high capacity and long cycling life. J Power Sources, 2018, 398: 42-48.

[74] 姜晓静, 吴勇, 傅凯, 等. RE_2MgTM_2 (RE = La, Y; TM = Ni, Cu) 金属间化合物储氢性能的研究. 中国稀土学会 2017 学术年会摘要集, 2017: 255.

[75] Fan Y, Zhang L, Xue C, et al. Superior electrochemical performances of La-Mg-Ni alloys with A_2B_7/A_5B_{19} double phase. Int J Hydrogen Energ, 2019, 44: 7402-7413.

[76] Fang F, Chen Z, Wu D, et al. Subunit volume control mechanism for dehydrogenation performance of AB_3-type superlattice intermetallics. J Power Sources, 2019, 427: 145-153.

[77] Liu J, Li Y, Han D, et al. Electrochemical performance and capacity degradation mechanism of single-phase La-Mg-Ni-based hydrogen storage alloys. J Power Sources, 2015, 300: 77-86.

[78] Liu J, Zhu S, Cheng H, et al. Enhanced cycling stability and high rate dischargeability of A_2B_7-type La-Mg-Ni-based alloys by in-situ formed $(La, Mg)_5Ni_{19}$ superlattice phase. J Alloy Compd, 2019, 777: 1087-1097.

[79] Wu C, Zhang L, Liu J, et al. Electrochemical characteristics of $La_{0.59}Nd_{0.14}Mg_{0.27}Ni_{3.3}$ alloy with rhombohedral-type and hexagonal-type A_2B_7 phases. J Alloy Compd, 2017, 693: 573-581.

[80] Wu Z, Kishida K, Inui H, et al. Microstructures and hydrogen absorption-desorption behavior of an A_2B_7-based La-Mg-Ni alloy. Int J Hydrogen Energ, 2017, 42: 22159-22166.

[81] Zhao Y, Wang W, Han S, et al. Structural stability studies of single-phase Ce_2Ni_7-type and Gd_2Co_7-type isomerides with $La_{0.65}Nd_{0.15}Mg_{0.2}Ni_{3.5}$ compositions. J Alloy Compd, 2019, 775: 259-269.

[82] Cao J, Zhao Y, Zhang L, et al. Effect and mechanism of Mg on crystal structures and electrochemical cyclic stability of Ce_2Ni_7-type La-Mg-Ni-based hydrogen storage alloys. Int J Hydrogen Energ, 2018, 43: 17800-17808.

[83] Yasuoka S, Ishida J, Kai T, et al. Function of aluminum in crystal structure of rare earth-Mg-Ni hydrogen-absorbing alloy and deterioration mechanism of $Nd_{0.9}Mg_{0.1}Ni_{3.5}$ and $Nd_{0.9}Mg_{0.1}Ni_{3.3}Al_{0.2}$ alloys. Int J Hydrogen Energ, 2017, 42: 11574-11583.

[84] Fan Y, Zhang L, Xue C, et al. Phase structure and electrochemical hydrogen storage performance of $La_4MgNi_{18}M$ (M=Ni, Al, Cu and Co) alloys. J Alloy Compd, 2017, 727: 398-409.

[85] Xue C, Zhang L, Fan Y, et al. Phase transformation and electrochemical hydrogen storage performances of La$_3$RMgNi$_{19}$（R=La, Pr, Nd, Sm, Gd and Y）alloys. Int J Hydrogen Energ, 2017, 42: 6051-6064.

[86] Zhao Y, Zhang L, Ding Y, et al. Comparative study on the capacity degradation behavior of Pr$_5$Co$_{19}$-type single-phase Pr$_4$MgNi$_{19}$ and La$_4$MgNi$_{19}$ alloys. J Alloy Compd, 2017, 694: 1089-1097.

[87] Zhao Y, Zhang S, Liu X, et al. Phase formation of Ce$_5$Co$_{19}$-type super-stacking structure and its effect on electrochemical and hydrogen storage properties of La$_{0.60}$M$_{0.20}$Mg$_{0.20}$Ni$_{3.80}$（M=La, Pr, Nd, Gd）compounds. Int J Hydrogen Energ, 2018, 43: 17809-17820.

[88] Zhang L, Wang W, Rodríguez-Pérez I A, et al. A new AB$_4$-type single-phase superlattice compound for electrochemical hydrogen storage. J Power Sources, 2018, 401: 102-110.

[89] Zhao Y, Han S, Li Y, et al. Structural phase transformation and electrochemical features of La-Mg-Ni-based AB$_4$-type alloys. Electrochim Acta, 2016, 215: 142-149.

[90] Baysal M B, Surucu G, Deligoz E, et al. The effect of hydrogen on the electronic, mechanical and phonon properties of LaMgNi$_4$ and its hydrides for hydrogen storage applications. Int J Hydrogen Energ, 2018, 43: 23397-23408.

[91] 李一鸣, 张翰威, 任慧平. 等. 相对含量对（AB$_{3.5}$/AB$_5$）合金体系储氢性能的影响. 稀土, 2017, 38（3）: 25-34.

[92] Marquez J J, Leiva D R, Floriano R, et al. Hydrogen storage in MgH$_2$-LaNi$_5$ composites prepared by cold rolling under inert atmosphere. Int J Hydrogen Energ, 2018, 43: 13348-13355.

[93] Lim K L, Liu Y N, Zhang Q A, et al. Cycle stability improvement of La-Mg-Ni based alloys via composite Method. J Alloy Compd, 2016, 661: 274-281.

[94] Zhang Y, Zhang W, Hou Z, et al. Study on the gaseous and electrochemical hydrogen storage properties of as-milled Ce-Mg-Ni-based alloys. Int J Hydrogen Energ, 2019, 44（55）: 29224-29234.

[95] Zhang Y, Li X, Hou Z, et al. Highly ameliorated gaseous and electrochemical hydrogen storage kinetics of nanocrystalline and amorphous CeMg$_{12}$-type alloys by mechanical milling. Solid State Sci, 2019, 90: 41-48.

[96] Zhang Y, Zhang W, Bu W, et al. Improved hydrogen storage dynamics of amorphous and nanocrystalline Ce-Mg-Ni-based CeMg$_{12}$-type alloys synthesized by ball milling. Renew Energ, 2019, 132: 167-175.

［97］Sun H，Feng D，Zhang Y，et al. Gas hydrogen absorption and electrochemical properties of $Mg_{24}Ni_{10}Cu_2$ alloys improved by Y substitution，ball milling and Ni addition. Int J Hydrogen Energ，2019.，44：5382-5388.

［98］Yang T，Wang P，Li Q，et al. Hydrogen absorption and desorption behavior of Ni catalyzed Mg-Y-C-Ni nanocomposites. Energy，2018，165：709-719.

［99］Balcerzak M，Nowak M，Jurczyk M. Hydrogenation and electrochemical studies of La-Mg-Ni alloys. Int J Hydrogen Energ，2017，42：1436-1443.

［100］Tian X，Wei W，Duan R，et al. Preparation and electrochemical properties of $La_{0.70}Mg_xNi_{2.45}Co_{0.75}Al_{0.30}$（$x$=0，0.30，0.33，0.36，0.39）hydrogen storage alloys. J Alloy Compd，2016，672：104-109.

［101］Chen X，Zou J，Zeng X，et al. Hydrogen storage properties of a Mg-La-Fe-H nano-composite prepared through reactive ball milling. J Alloy Compd，2017，701：208-214.

［102］Bu W，Zhang W，Gao J，et al. Hydrogen storage properties of amorphous and nanocrystalline（$Mg_{24}Ni_{10}Cu_2$）$_{100-x}Nd_x$（x=0～20）alloys. Int J Hydrogen Energ，2019，44：5365-5373.

［103］Yang T，Wang P，Xia C，et al. Characterization of microstructure，hydrogen storage kinetics and thermodynamics of a melt-spun $Mg_{86}Y_{10}Ni_4$ alloy. Int J Hydrogen Energ，2019，44：6728-6737.

［104］Zhang Y，Zhang W，Yuan Z，et al. Structures and electrochemical hydrogen storage properties of melt-spun RE-Mg-Ni-Co-Al alloys. Int J Hydrogen Energ，2017，42：14227-14245.

［105］Zhang Y，Li X，Cai Y，et al. Improved hydrogen storage performances of Mg-Y-Ni-Cu alloys by melt spinning. Renew Energ，2019，138：263-271.

［106］Zhang Y，Wang P，Hou Z，et al. Structure and hydrogen storage characteristics of as-spun Mg-Y-Ni-Cu alloys. J Mater Sci Technol，2019，35：1727-1734.

［107］Lv W，Wu Y. Effect of melt spinning on the structural and low temperature electrochemical characteristics of La-Mg-Ni based $La_{0.65}Ce_{0.1}Mg_{0.25}Ni_3Co_{0.5}$ hydrogen storage alloy. J Alloy Compd，2019，789：547-557.

［108］Qi Y，Li X，Yuan Z，et al. Structure and hydrogen storage performances of La-Mg-Ni-Cu alloys prepared by melt spinning. Int J Hydrogen Energ，2019，44：5399-5407.

［109］Zhang Y，Ji M，Yuan Z，et al. A comparison study of hydrogen storage performances of $SmMg_{11}Ni$ alloys prepared by melt spinning and ball milling. J Rare Earth，2018，36：409-417.

[110] Zhang H，Fu L，Qi J，et al. Effects of doping with yttrium on the hydrogen storage performances of the La_2Mg_{17} alloy surface. J Power Sources，2019，417：76-82.

[111] Zhang H，Fu L，Xuan W，et al. Surface doping of the $LaMg_3$ alloy with nano-cobalt particles for promoting the hydrogenation properties through magnetron sputtering. Appl Surf Sci，2019，466：673-678.

[112] Zhang H，Zheng X，Wang T，et al. Molybdenum nano-film induced discharged for La_2MgNi_9 hydrogen storage alloy. Mater Design，2017，114：599-602.

[113] Dymek M，Nowak M，Jurczyk M，et al. Encapsulation of $La_{1.5}Mg_{0.5}Ni_7$ nanocrystalline hydrogen storage alloy with Ni coatings and its electrochemical characterization. J Alloy Compd，2018，749：534-542.

[114] Dymek M，Nowak M，Jurczyk M，et al. Electrochemical characterization of nanocrystalline hydrogen storage $La_{1.5}Mg_{0.5}Ni_{6.5}Co_{0.5}$ alloy covered with amorphous nickel. J Alloy Compd，2019，780：697-704.

[115] Sun T，Hu J，Min D，et al. Study of an industrially oriented Mg content control technology during annealing process of the $LaMg(Ni-Al)_{3.5}$ hydrogen storage alloy. Int J Hydrogen Energ，2018，43：17318-17327.

[116] Anik M，Hatirnaz N B，Aybar A B. Molten salt synthesis of La（$Ni_{1-x}Co_x$）$_5$（$x=$ 0，0.1，0.2，0.3）type hydrogen storage alloys. Int J Hydrogen Energ. 2016，41：361-368.

[117] Aybar A B，Anik M. Direct synthesis of La-Mg-Ni-Co type hydrogen storage alloys from oxide mixtures. J Energ Chem，2017，26：719-723.

[118] Yan H，Xiong W，Wang L，et al. Investigations on AB_3-，A_2B_7-and A_5B_{19}-type La-Y-Ni system hydrogen storage alloys. Int J Hydrogen Energ，2017，42：2257-2264.

[119] Xiong W，Yan H，Wang L，et al. Effects of annealing temperature on the structure and properties of the $LaY_2Ni_{10}Mn_{0.5}$ hydrogen storage alloy. Int J Hydrogen Energ，2017，42：15319-15327.

[120] Xiong W，Yan H，Wang L，et al. Characteristics of A_2B_7-type La-Y-Ni-based hydrogen storage alloys modified by partially substituting Ni with Mn. Int J Hydrogen Energ，2017，42：10131-10141.

[121] Henao J，Sotelo O，Casales-Diaz M，et al. Hydrogen storage in a rare-earth perovskite-type oxide $La_{0.6}Sr_{0.4}Co_{0.2}Fe_{0.8}O_3$ for battery applications. Rare Met，2018，37（12）：1003-1013.

[122] Luo Q，Li J，Li B，et al. Kinetics in Mg-based hydrogen storage materials：Enhancement and mechanism. J Magnes Alloy，2019，7：58-71.

［123］Chou K C，Luo Q，Li Q，et al. Influence of the density of oxide on oxidation kinetics. Intermetallics，2014，47：17-22.

［124］Pang Y，Li Q，Li Q，et al. Kinetic mechanisms of hydriding and dehydriding reactions in La-Mg-Ni alloys investigated by the modified Chou model. Int J Hydrogen Energ，2016，41：9183-9190.

［125］Oliva D G，Fuentes M，Borzone EM，et al. Hydrogen storage on $LaNi_{5-x}Sn_x$. Experimental and phenomenological Model-based analysis. Energ Convers Manage，2018，173：113-122.

［126］Panwar K，Srivastava S. Investigations on calculation of heat of formation for multi-element AB_5-type hydrogen storage alloy. Int J Hydrogen Energ，2018，43：11079-11084.

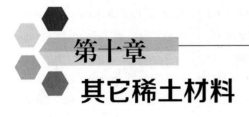

第十章
其它稀土材料

　　稀土元素由于其优良的物理和化学性能，能与其它元素组成性能各异、品种繁多的新型材料。随着科技的发展，稀土应用领域越来越广泛，新的应用也不断出现。除前文述及的稀土磁性材料、稀土光功能材料、稀土催化材料和稀土储氢材料等研究投入较多的领域外，还有大量工作在不断探索稀土的传统或新型应用以提升稀土在材料中的应用性能，本章选择几个研究投入相对较为集中的领域加以补充介绍。

第一节　稀　土　合　金

一、稀土钢

1. 国内外研究进展

　　稀土元素具有强化学活性、价态可变和大原子尺寸等特点，是冶金工业中重要的添加剂，可用作钢的深度净化剂、夹杂物的变质剂和高附加值钢铁材料的重要微合金元素，通过添加稀土元素，可以提升钢材的强度、韧性、耐磨、耐热和耐腐蚀等性能。

　　稀土在钢中的应用是钢铁行业一个悬而未决的老话题。20世纪80年代，中国曾掀起稀土钢的研发和应用高潮，稀土的微合金化作用、稀土-钙双重处理、稀土对低熔点有害杂质的作用等基础研究均取得突破性成果，众多学者对稀土在钢中的物理化学反应、稀土与钙的比较、稀土加入方法与水口结瘤、稀土在钢晶界上的偏聚以及稀土与钢中的氢的反应等开展了广泛研究。但是，在钢中加入稀土后，钢的性能变得时好时坏，在大规模生产过程中也极易堵塞浇口，虽经多年攻关仍未能突破技术瓶颈，这也导致稀土在钢铁行业应用中由热变冷。因此，到了20世纪80年代后期，随着钢冶炼工艺的优化、精炼水平的不断提高，钢水中杂质含量大大降低，纯净度显著提高，从而稀土净化工艺逐步被取代，西方冶金界稀土在钢中的应用也逐渐减少。不过，20世纪90年代，随着细晶、超细晶组织钢研究的迅速发展，稀土元素在钢中的变质作用等基础研究工作又蓬勃发展起来，再次涌现了众多与稀土钢有关的课题，极大地推动了稀土钢的实际应用。

1）钢液添加稀土

周期表元素负电性-原子半径图（Darken-Guny 图）表明，稀土在铁中的固溶处于溶解度椭圆外，说明其溶解度很小。Darken-Guny 图表示的固溶度是在固态下按统计规律分布于基体元素晶格点阵上的溶质含量，并不包括偏聚在晶界、位错、亚晶界等处的稀土原子，也不包含以金属间化合物存在的稀土。目前，测得 La 在 α-Fe 中固溶度最多为 0.2%，在 γ-Fe 中固溶度为 0.4%；Ce 在 α-Fe 中固溶度最多为 0.4%，在 γ-Fe 中固溶度为 0.5%。合金的内耗检测是反应极其灵敏的物理检测手段，可表征动态升温或降温过程中固体内部微观结构的变化过程。原子固溶于晶界、位错等缺陷处，或与基体元素发生作用，或与其它微量元素相互作用形成第二相沉淀或发生其它固态反应，都将导致内耗谱的改变。王海燕等[1]利用多功能内耗仪测量，分析了不同稀土含量对 Fe-RE 系合金内耗峰的影响，在此基础上，探讨了稀土在纯铁晶界处的存在状态与微合金化机理。结果表明，纯铁在 551.4℃（频率为 2Hz）出现纯铁晶界峰；当纯铁中稀土含量为 0.0084% 时，纯铁晶界峰接近于消失，峰温不变，峰值减小，说明有部分稀土固溶在晶界处；当稀土含量为 0.0135% 时，出现固溶晶界峰和第二相沉淀晶界峰，此时稀土以固溶形式和第二相沉淀的形式存在于晶界。

开发新型稀土微合金化高强钢成为科研人员努力的方向之一。有关研究表明，微合金钢中添加微量稀土可以细化奥氏体晶粒，提高奥氏体再结晶激活能和过冷奥氏体稳定性，扩大贝氏体转变区域；此外，还可以抑制奥氏体区析出相的析出，促进铁素体区析出相的析出，球化及细化析出相。而对于微合金高强钢中添加微量稀土，控制相变类型及比例和细化析出相的研究较少，李兵磊等[2]研究了微量La对微合金高强钢组织及析出相的影响，结果表明，实验钢显微组织均为粒状贝氏体、准多边形铁素体、少量板条贝氏体及残余奥氏体，析出相主要为TiN、TiC、NbC、NbTiC$_2$、TiVC$_2$。随La含量的增加，准多边形铁素体相比例降低，尺寸减小，贝氏体相增多且晶粒变小，残留奥氏体和细小析出相增多。该研究可为稀土微合金高强钢的组织控制提供参考。

稀土加入钢中可调控其组织结构，改善其性能，相关机理研究有助于高性能稀土钢的设计。稀土加入钢中，会改变钢的临界点，影响过冷奥氏体转变热力学与动力学，这与固溶稀土的微合金化作用密切相关。稀土在钢中微合金化行为研究的前提是对稀土的存在形式及作用机理进行精确测定与表征，这是稀土钢研究中亟待解决的问题。然而，由于稀土理化性质的特殊性，极易受到钢中氧及其它杂质元素的干扰，导致在实际研究中，稀土在钢中的固溶量、夹杂物尺寸、分布稳定性的控制、存在状态等的精确表征较为困难。郑梦珠等[3]基于高纯钢体系，避免钢中O、S及其它杂质元素的干扰，研究了微量La添加后，Fe-RE系高纯钢γ→α过冷奥氏体转变过程的组织演变规律。结果显示，采用极快速冷却淬火时，高纯净钢将发生较为平衡的γ-α多型性转变，该转变按块状相变方式进行；La添加后，对γ→α多型性转变与块状相变具有明显促进作用。块状相变在晶界处形核，然后迅速长到母相，其显微组织呈现条片状或针状形貌。块状相变组织的晶界呈不规则形态，且具有层状的特征。

薄板坯连铸连轧工艺（compact strip production，CSP）是钢铁工业的先进生产技术，其设备相对简单，生产运行成本低，产品竞争力较强。与常规流程生产的薄板产品相比，因热加工历程的差异，薄板坯连铸连轧产品存在时效明显，屈服强度偏高，表面质量控制难度大等特点，将对后续的冷轧工艺和退火工序产生明显影响。研究表明，添加微量稀土会使CSP条件下低碳钢的铸态组织得到改善，临界点降低，显著推迟动态再结晶，织构组分与微区取向得到优化，这对于钢的力学性能控制及生产高性能厚规格热轧板具有重要意义，但其微结构与作用机理需进一步研究。贾幼庆等[4]以普通低碳SPCC钢和加入稀土的低碳SPCC钢为研究对象，冷轧变形71%后分别在560℃到640℃（每隔20℃）进行再结晶退火。结果表明，稀土元素能细化再结晶后的晶粒，并提高再结晶温度和再结晶激活能。本实验条件下，未加稀土与加稀土的再结晶激活能分别为148kJ/mol和221kJ/mol。

5Cr5MoSiV1钢是一种新型盾构刀具材料。盾构法施工具有对周围环境影响小、自动化程度高、施工速度快、优质高效以及安全环保等优点。掘进机刀具是掘进过程中最易损坏的零部件，是提高掘进效率的瓶颈，努力提高盾构刀具的综合性能成为目前亟待解决的问题。5Cr5MoSiV1 钢具有强度高、耐磨性好等优点，但其铸态枝晶组织粗大，偏析严重，难以用热处理的方法使其有较大改善，致使其塑性、冲击韧性偏低。而向钢中添加稀土元素以后，通过对钢的深度净化、变质及微合金化等作用可明显改善甚至消除这些缺陷。与对钢变质方面研究更多的镧（La）、铈（Ce）两种稀土元素相比，元素钆（Gd）的熔点、密度、原子半径等与钢更加接近，更有利于稀土元素均匀加入并固溶到钢中。阮先明等[5]研究了不同含量 Gd 对 5Cr5MoSiV1 钢微观组织及性能的影响。结果表明，Gd 能够明显细化实验钢晶粒，消除偏析现象，提高实验钢的回火稳定性，使实验钢微观组织由回火索氏体向回火托氏体和回火马氏体转变；能够明显提升实验钢的硬度、抗拉强度及延伸率；使拉伸试样断口从解理及沿晶断裂向准解理断裂转变。Gd 含量为 0.131%（质量分数）时实验钢的变质效果较佳。

稀土变质处理技术是一个由来已久的课题，随着洁净钢冶炼技术的普及和不断提高，稀土净化钢液的作用已经被精炼工艺所取代，而稀土添加不合理易影响生产；与之相比，钙质处理因技术难度较低被广泛使用。国内目前以钙质处理最为普遍。然而，据市场反馈，某些采用稀土处理的产品疲劳性能以及低温冲击韧性等更加优异，这两项性能均与钢中夹杂物控制有关。夹杂物控制依赖于洁净钢生产技术的稳定控制，变质处理也是行之有效的控制手段。稀土处理与钙质处理的对比研究多集中在冶炼技术还相对落后、对钢中残留元素以及夹杂物的控制手段还比较单一的 20 世纪中后期，而在洁净钢冶炼条件下，稀土处理与钙质处理的对比研究工作相对较少。刘宏亮等[6]选择成分简单的热轧低碳钢车轮钢为研究对象，采用先进的精炼技术，通过工业对比实验，系统研究了稀土处理与钙质处理对夹杂物变质效果、组织控制、疲劳性能、冲击韧性等的影响，以为洁净钢生产条件下合理选择夹杂物变质处理技术提供实验数据和理论依据。结果显示，在洁净钢冶炼条件下，稀土处理与钙质处理相比有明显优势。稀土处理样品钢中夹杂物尺寸细小弥散，夹杂物总量较低；珠光体组织减少，铁素体晶粒尺寸细化。稀土处理钢疲劳性能和冲击韧性优于钙质处理样品，特别是低温冲击韧性，影响更加显著。钙质处理尽管同样具有变质夹杂物效果，但会增加大尺寸单颗粒球状类夹杂物，夹杂物总量相对较多，影响冲击韧性和疲劳性能。

虽然稀土通过改质钢中夹杂物，进而提高钢的性能在实验室已被广泛证实，为更有效发挥稀土在钢中的变质作用，近年研究已多在关注稀土对于钢中夹杂物的形成和转变机制。IF 钢是具有优良深冲性能的超低碳铝脱氧钢，广泛应用于汽车面板。钢中夹杂物的数量、类型、形态及其分布直接影响 IF 钢的性能，钢中的大尺寸夹杂物会明显降低 IF 钢冷轧板的深冲性能。IF 钢主要夹杂物为 Al_2O_3 夹杂物。优化钢中夹杂物的形态与尺寸以提升 IF 钢的深冲性能成为研究 IF 钢的主要方向之一。研究超低氧硫 IF 钢中稀土夹杂物的生成规律有重要意义。目前，学者们对氧、硫含量均低于 0.0006% 的超低氧硫 IF 钢中含铈夹杂物生成机理的研究较少。杨吉春等[7]研究了含铈 IF 钢中铈夹杂物生成的热力学规律，以及铈对钢液中 Al_2O_3 夹杂物的变质机理，并采用扫描电子显微镜及能谱仪观察和分析了 IF 钢和含铈 IF 钢中的主要夹杂物。结果表明，铈在氧、硫含量均小于 0.0006% 的超低氧、硫 IF 钢中仍能够同时脱氧、脱硫、脱磷，具有净化钢液作用；含铈 IF 钢中的稀土夹杂物主要为 Ce_2O_3、Ce_2O_2S、$CeAlO_3$ 夹杂物，各稀土夹杂物呈球状或椭球状，且尺寸均小于 2μm，钢中未发现稀土硫化物夹杂；含铈 IF 钢中的 Al_2O_3 夹杂物被铈变质为尺寸较小的 $CeAlO_3$ 夹杂物。

高强 IF 钢除了要有优异的深冲性能以外，还要有足够的强度。金属材料重要的物理冶金过程之一就是再结晶，它还是控制材料组织结构的重要手段之一。热轧过程中的再结晶行为与组织控制对其能否具有高强度有着至关重要的作用。于潇等[8]利用热模拟试验机的研究表明，稀土对高强 IF 钢的动态再结晶有抑制作用，对静态再结晶具有促进作用。确定了奥氏体再结晶温度区和非再结晶温度区，发现在奥氏体未再结晶区内进行大压下率轧制有利于奥氏体分解时的组织细化。

以实际工业生产过程为背景，研究钢中稀土对于夹杂物的改质机理和稀土夹杂物的具体形成过程，鲜有研究涉及。黄宇等[9]以西宁特殊钢股份有限公司生产的不同稀土含量的 H13 钢为载体，系统研究了实际生产过程中稀土对于 H13 钢中夹杂物的影响，并利用热力学软件对其影响机理进行了理论计算。结果表明，未加入稀土时，H13 钢锻材中夹杂物以 $MgAl_2O_4$ 和 $MgAl_2O_4$ 外包覆富 Ti 相最外层包覆富 Nb 相的三层复合结构为主；当锻材中稀土含量为 0.004% 时，锻材中夹杂物的类型主要以 Mg-Al-O 与 $CeAlO_3$ 的混合共生相和共生相外面包覆富 Ti 相的双层复合结构为主；当锻材中稀土含量为 0.034% 时，锻材中夹杂物的类型变为 Ce_2O_3、Ce_2O_2S 和富 Ti 相富 Nb 相的混合共生相。Ce 先将 $MgAl_2O_4$ 改质为 $CeAlO_3$，然后改质为 Ce_2O_3 或 Ce_2O_2S。$MgAl_2O_4$ 和 $CeAlO_3$ 都能作为富 Ti 相的异质形核核心，Ce_2O_3 和 Ce_2O_2S 对于富 Ti 相的异质形核具有很好的抑制效果。Ce 还可以与痕量元素 As 进行有效结合，相应产生的夹杂物存在形式有两种，一种为 RE-As-O/S 夹杂物，另一种为

Ce-As 夹杂物在 Ce-O 或 Ce-O-S 外表面包裹析出。Factsage 热力学软件对于 Ce 改质 Mg-Al-O 系夹杂物的理论计算结果与实验观察结果基本一致。

引入稀土元素提高钢的耐腐蚀性行为研究近年也吸引了更多的关注。稀土元素对 S 和 O 具有极强的亲和力，可纯化熔融钢，同时还可改善夹杂物。钢中的夹杂物是在脱氧和脱硫过程中不可避免产生的有害组分，为保持钢良好的机械性能需尽可能去除或改善钢中的夹杂物。不同成分和尺寸的夹杂物对钢性能的影响不尽相同，如 MnS 在碳钢和不锈钢中可成为点蚀起发位点，SiO_2、CaS、TiN、Al_2O_3 和 Ca-Al-Mg-O 等夹杂物可降低钢的抗腐蚀性。稀土硫化物 RES 较 MnS 形成自由能更低，因而稀土元素可显著抑制 MnS 在钢中的形成，稀土氧化物也有类似情况。另外，稀土氧化物和硫化物的机械加工性能也较其它如 MnS 等夹杂物更好。已有研究发现，经稀土改善的夹杂物尺寸减小，但通常仍大于 $1\mu m$，仍存在作为点蚀起发位点的可能。为更为清晰地了解稀土改善夹杂物局域腐蚀行为，Liu 等[10]研究了 Q460NH 耐候钢（稀土 La 和 Ce，0.04wt%）在海水环境中点蚀的起发行为。研究发现，含稀土元素钢中存在两类夹杂物：$(RE)_2O_2S\text{-}(RE)_xS_y$ 和 $(RE)AlO_3\text{-}(RE)_2O_2S\text{-}(RE)_xS_y$，它们都具有较基体更低的腐蚀电位；点蚀起发位点位于两类夹杂物的中心区域；两类夹杂物点腐蚀形貌有所不同，点蚀起发均为$(RE)_2O_2S\text{-}(RE)_xS_y$ 相的溶解，而 $(RE)AlO_3$ 区在$(RE)_2O_2S\text{-}(RE)_xS_y$ 完全溶解后才开始发生腐蚀。

由于具有极好的强度、优异的延展性和可成形性以及较低的成本，低合金钢近年已被广泛用作结构材料。Nb 和 RE 掺入钢中作为微合金元素可改善力学或耐腐蚀性能。Nb 微合金化是一种控制钢中再结晶过程的手段，Nb 加入钢中可产生强溶质拖曳效应和氮化碳酸盐钉扎，通过晶粒细化和分散强化在含 Nb 钢中产生接近纯的铁素体基体。因化学组成和尺寸的不同，夹杂物对于合金钢性能的影响既可产生强的负面效应，也可产生显著正面效应。在 Cl⁻ 和 MnS 的作用下，商业不锈钢易于引发点腐蚀。Al 通常用于生产镇静碳合金钢，但在低合金钢中易于形成对强度、韧性和耐腐蚀性有害的尖角形 Al_2O_3 夹杂物，而且 Al_2O_3 夹杂物结合处还可作为点腐蚀的起发位点，引起 Fe 基体在各种夹杂物周围的选择性溶解，促进钢基体的腐蚀。稀土在钢中的微合金化可抑制 MnS 和 Al_2O_3 夹杂物的形成，取而代之的是 RE 氧硫化物、RE 硫化物、稀土氧化物和$(RE)AlO_3$ 等夹杂物。Zhang 等[11]比较了低合金钢中 Nb 和 RE 添加对于海水腐蚀行为的影响。发现夹杂物在腐蚀过程中扮演了重要角色，稀土添加的钢中形成了微细球化的(Al，RE)氧硫化物夹杂物，可在 0.5wt%NaCl 溶液中优先溶解，可阻止起发腐蚀行为的延展，而 Nb 添加的

钢中形成粗大的 Al_2O_3 夹杂物，导致 Fe 基体的选择性溶解，并促使起发腐蚀行为不断发展，因而含稀土较含 Nb 的低合金钢具有更高的耐腐蚀性能。该研究还采用第一性原理计算发现与实验结果相一致的夹杂物腐蚀趋势：$(RE)_2O_2S > REAlO_3 > Fe > Al_2O_3$。

双相不锈钢（duplex stainless steel，DSS）具有铁素体(α)+奥氏体(γ)两相组织结构，因而其兼有铁素体不锈钢的耐应力腐蚀性能的特点和奥氏体不锈钢所具有的优良韧性的优点，在很多领域有替代奥氏体不锈钢的趋势。由于服役环境相当苛刻，双相不锈钢的使用性能，尤其是其在化工领域中的耐局部腐蚀性能，受到了极大关注。点腐蚀往往是双相不锈钢最易腐蚀的诱因之一，很多双相不锈钢应力腐蚀后开裂的起始部位就是点腐蚀。刘晓等[12]采用电化学的方法对节镍型含稀土2304双相不锈钢进行了点腐蚀测试，并从材料的微观结构对结果进行了分析，以探讨微量稀土元素对DSS2304耐点蚀性能的影响。结果表明，加稀土后，23Cr型双相不锈钢在 1.0mol/LNaCl 溶液中的点蚀电位及钝化能力明显提高，稀土含量为 0.028% 的实验钢耐点蚀能力最强。硫化物夹杂是23Cr型双相不锈钢的主要点蚀诱发源，合适的稀土含量可以有效的净化钢液，变质长条硫化物夹杂为球状稀土夹杂；稀土夹杂弥散分布在钢中，不形成腐蚀的活性通道，因而抑制了23Cr型双相不锈钢点蚀的发生。刘晓和王龙妹[13]还研究了混合稀土对2205双相不锈钢组织和冲击性能的影响。结果表明，稀土元素细化了22Cr型双相不锈钢的显微组织，并且富集在相界及其周围，减小了铁素体/奥氏体界面处 Cr、Mo 元素的富集程度，延缓了 σ 相的析出，提高了22Cr型双相不锈钢的冲击韧性，20℃时提高约40%，促使其断裂机制从解理断裂向韧窝断裂转变。

受钢中夹杂物的影响，管线钢易破裂，耐腐蚀性差，因此研究钢中夹杂物种类及形貌有重要意义。提高管线钢输送能力是一个热点问题。采用高级管线钢可大幅降低运输成本，开发高钢级、大管径管线钢成为了管线钢的发展总趋势。如在油气管道建设中，采用 X80 代替 X70 可以降低成本 7%，而采用 X100 代替 X70 可以降低成本 30%。然而，高级管线钢在使用过程中不仅遇到强度、韧性等力学性能的限制，同时还受到了耐腐蚀性能的影响。某管线钢失效原因统计表明，39.5% 的失效原因是腐蚀造成的，因而发展好的强韧性、焊接性以及耐腐蚀性的高级管线钢势在必行。杨吉春等[14]研究了钇对 X100 管线钢在 3.5wt% NaCl（质量分数）溶液中抗腐蚀性能的影响。结果表明，钢中加入适量的 Y 可以提高管线钢的抗腐蚀性，但 Y 含量过高对管线钢抗腐蚀性产生危害作用。分析其原因是钢中加入适量的 Y 不仅可以细化晶粒，还可以变质钢中的有害夹杂，有利于钢基表面形成均匀致密的内锈层，阻碍腐蚀介质进入到钢基，从而提高钢的抗腐蚀性能。当 Y 含量过高时，钢中夹杂物呈群聚态存在，从而使钢基抗腐蚀性能下降。杨全海等[15]通过热力学计算探究了稀土钇在管线钢中的存在状态及其对普通夹杂物的变质作用，还通过实验现象验证了热力学计算结果。研究发现，含稀土钇管线钢中稀土夹杂主要以 Y_2O_3、Y_2O_2S 夹杂的形式存在，而不能以 Y_2S_3、YS 的形式存在，且 Y_2O_2S 夹杂会被 Y_2O_3 夹杂所取代；同时，适量 Y 能将钢中有害的尖角状、5um 左右的 Al_2O_3 夹杂变质为 2μm 的球状 Y_2O_2S 或 Y_2O_3 夹杂，从而减小夹杂物的有害作用，提高钢的性能。

2）稀土表面处理技术

稀土热化学处理是一种重要的金属表面增强工艺，如稀土渗碳、稀土碳氮共渗、稀土渗氮和稀土氮碳共渗等，相关研究目标主要是为加速渗氮/渗碳进程、增加 C/N 浓度和厚度，改善表面微结构和硬度、耐磨性、冲击韧性、服役寿命、耐腐蚀和侵蚀性等力学性能。为研究原子间相互作用，You 等[16]采用基于密度泛函理论的第一性原理计算了在 bcc 结构 Fe 金属中外来原子（C、N 或 La）的行为以及 La-C/N 间的相互作用。结果显示，La 原子倾向于占据取代位，La 和 Fe 原子间相互作用呈反键态，La 原子周围的 Fe 原子倾向于向远离 La 原子的方向弛豫，La 引起的弛豫距离大于其它合金元素（Al、Si、Ti、V、Cr、Mn、Co、Ni、Cu、Nb、Mo）。在 La 和 C/N 原子间存在强相互排斥作用力，La 与 C/N 间的相互作用能也明显大于其它合金元素，因而 La 的加入导致 C/N-Fe 键数目增加，这有利于材料机械强度的改善。为清楚理解热化学处理过程中稀土的催化机理，需获得准确的、直接的基础数据。You 等[17]进而采用第一性原理获得的数据：外来原子的占位、外来间隙原子间的相互作用（C-C、N-N 和 C-N）、外来间隙原子与外来替代原子间的相互作用等讨论了 C 和 N 原子的扩散机制以及稀土的催化机制。计算结果显示，稀土的催化作用增大了 N（或 C）原子的扩散驱动力；稀土的吸附增强了 N（或 C）原子在铁金属表面的注入；发展了稀土催化反陷阱理论。八面体间隙是捕获 N（或 C）原子的陷阱，而由于 La-N（或-C）的排斥作用，在稀土原子周围形成了反陷阱区。由于许多反陷阱区的存在 N（或 C）原子的浓度迅速增加。除此之外，N（或 C）原子浓度梯度加速了 N（或 C）原子的扩散。该研究有益于稀土渗 N/C 材料的设计、制备和应用。

作为改善零件品质和寿命的重要环节，化学热处理在机械制造业中广泛应用。近年来的研究发现，在化学热处理中加入稀土，可以显著提高渗速及渗层质量、改善金相组织，使工件的机械性能和使用寿命大幅度提高。因此，一些相关的工艺研究相继开展，且在生产上取得了显著成效。但是由于稀土微量、实验复杂及测试手段的制约，关于稀土化学热处理的研究主要集中在工艺方面，在理论研究方面认识不足，特别是在物相方面，这阻碍了理论上的进一步认识和生产上的改进。目前发现的 Fe-Ce 系金属间化合物主要有 $CeFe_2$、$CeFe_5$、Ce_2Fe_{17} 三种，王兰兰等[18]采用基于密度泛函理论的第一性原理方法，研究了这三种化合物的生成焓、结合能、电子结构、弹性性能、力学性能及德拜温度。生成焓和结合能计算表明三种化合物均具有热力学稳定性，且 Ce_2Fe_{17} 具有最好的化合物形成能力；态密度图表明三种化合物的成键方式相似，成键电子主要是由 Ce 的 $6s$、$5p$、$4f$ 轨道电子与 Fe 的 $3d$ 轨道电子贡献；差分电荷密度图得出三种化合物均有金属键、离子键、共价键三种键构；杨氏模量、剪切模量、德拜温度、理论硬度的大小顺序进一步得出 Ce_2Fe_{17} 具有最好的力学和热力学稳定性。

M50NiL 钢是一种具有高强度和高断裂韧性的表面硬化钢，广泛应用于飞行器轴承和齿轮传送方面。但 M50NiL 钢的硬度和抗腐蚀性等表面性能还不足以满足高温、高负荷和高速等严苛极端条件下的工作要求，因而需对 M50NiL 钢进行表面处理。气体渗碳、等离子体渗氮和等离子体氮碳共渗等方法可用于此类钢的表面处理。等离子氮碳共渗在等离子体作用下通过形成氮化或碳化铁而促进 N 和 C 的扩散，因而显著改善钢的表面性能。自 20 世纪 80 年代开始研究稀土存在下的热化学处理，如典型研究发现稀土原子可深度扩散进入 3J33 钢，并倾向在颗粒间界富集，促进空位和位错的形成，因而导致更为快速的 N 和 C 扩散通道。稀土已显示了催化和微合金效应，可增加表面层的厚度、硬度、韧性、耐磨损性和抗腐蚀性等。大多研究关注 M50NiL 钢表面的耐磨损性能，但关于其耐腐蚀性研究较少。Wang 等[19]研究了稀土的添加对于等离子体法在 480℃下表面处理的 M50NiL 钢微结构的影响。实验表明，稀土原子扩散进入钢的表面，阻止 ε-Fe_2-3(N, C)相的形成。相对于无稀土时处理的样品，稀土添加可将表面硬度增加 143 HV0.1，渗氮碳层表面厚度增加 39μm。相比于淬火轴承钢，有无稀土氮碳共渗的样品耐腐蚀性都显著得到改善，而稀土存在时共渗的样品抗腐蚀性最好。

3）产业化进展

进入 21 世纪后，随着稀土钢种进一步拓展到模具钢、高锰钢、电工钢等重要领域，不仅使得相关研究论文数量迅速增加，而且工业应用也呈现了良好发展势头。瑞科稀土冶金及功能材料国家工程研究中心、包头稀土研究院、内蒙古包钢钢联股份有限公司、内蒙古科技大学共同完成的稀土钢用稀土铁合金的研制项目成功地开发了高品质、低成本稀土钢用稀土铁合金产品及其制备技术。开发的熔盐电解及中频炉成分调控双联法制备稀土钢用稀土铁二元合金新技术，可实现连续稳定生产，合金成分可控。所生产的稀土铁合金具有密度和熔点适宜、稀土元素易于加入、易于贮存等优势。采用稀土钢用新型稀土铁合金及相应的加入方式，可有效解决连铸过程堵塞水口、稀土收得率不稳定等技术难题。新型稀土铁合金适合稀土钢工业化生产，已成功应用于生产稀土耐磨钢和高强钢，能够提高钢材的低温冲击韧性和耐磨性。该产品已经在国内科研院校、钢铁企业得到试用，效果良好。2017年10月19日，由包钢（集团）公司技术中心、内蒙古科技大学在包钢炼钢厂制钢一部进行了HRB400稀土钢生产工业化实验，试验采用了该高洁净度稀土铁中间合金产品，在炼钢过程中加入，顺利实现两连浇。在连铸水口直径不足30mm的情况下，未发生水口结瘤等问题。11月23日在包钢薄板厂进行了耐磨稀土钢三连浇试生产试验，生产过程顺行平稳。在此基础上，12月1日，包钢（集团）公司技术中心使用稀土铁合金产品，在包钢薄板厂进行了耐磨稀土钢工业化试验，生产过程稳定顺行，连铸过程液位线平稳，无絮结现象，顺利实现两轮次五连浇生产，连铸过程水口通畅，共生产稀土钢2000t，钢材性能全部合格。通过多轮次连浇工业试验，采用稀土铁中间合金加入方式生产稀土钢中稀土收率均在50%以上，且产品性能优异。

高强度防护钢板因具有优良的抗冲击性能，可应用在一些有防爆需求的场所及设施上。面对国际反恐防爆日趋严峻形势，市场对防雷车辆的需求显著增加。在整车的防爆设计方面，车厢底板要求具有抵御地雷及简易爆炸装置的能力，因此车厢防护用底板应具有防爆性能强、各向异性小、强塑积高、冲击韧性好等优良的综合性能。国际上主流特种防雷车的底板大多采用的是瑞典SSAB公司生产的WELDOX系列高强度钢板，其底板可以抵得住8kg TNT爆炸的威力，而国内该类钢板处于空白，产品的应用需进口。包钢集团通过稀土微合金化的成分设计、采用调质热处理工艺开发了一种具有防爆性能的稀土高强度防护用钢板BT700E[20]。测试显示，该钢板屈服强度达到767MPa，抗拉强度达到800MPa，延伸率达到18.2%，抵御爆炸冲击能力可与SSAB公司产品相当。

钢水纯净度控制是优质钢制备中最关键的步骤，而夹杂物含量及夹杂物尺寸是钢中纯净度的最重要指标。中科院金属研究所材料加工模拟研究团队通过对单重百吨级大钢锭的实物解剖和计算，并通过大量实验室研究和工程化试验，进一步发现了稀土合金和钢水"双纯净化"的关键作用，提出了稀土中纯净度的控制方法，和钢中稀土的正确加入方法，可以将钢中大尺寸夹杂物变质为亚微米级的稀土氧硫化物，并开发了亚微米稀土钢工业化制备共性关键技术[21]，实现了在钢中添加稀土后的工艺顺行和性能稳定。该工艺加入微量稀土即可起到细化变质夹杂、深度净化钢液和强烈微合金化作用，大幅提升钢的韧塑性和疲劳寿命，使钢更加坚韧、耐热、耐磨、耐蚀。稀土加入轴承钢后，影响疲劳寿命的大尺寸夹杂物数量减少了 50%；加入模具钢后，其使用寿命提高 1 倍以上；加入重轨钢后，疲劳寿命提高了 30%以上。该项纯净化制备技术已在 10 余家大型钢铁企业的 30 多个品种钢中进行了批量生产试验。亚微米稀土钢的共性关键技术，在克服稀土在钢中应用技术瓶颈的前提下，稳定细化和减少不锈钢、重轨钢、海工钢、轴承钢、模具钢、汽车钢、优质结构钢等品种中的夹杂物，对韧塑性成倍提升；并使耐热钢在 1250℃下服役，可替代钼合金。亚微米稀土氧硫化物钢的应用前景广阔，不仅可以提升钢铁质量，促进行业提质增效，而且有利于稀土资源平衡利用[22]。

2. 发展趋势与挑战

在钢中加入少量稀土，即可显著提高钢的韧塑性及耐磨、耐热、耐蚀性，这种稀土钢纯净化制备技术不仅显著提升钢铁品质，还将推动中国钢铁产业迈上全球价值链高端。随着对稀土在钢中有益作用认识的不断深入，稀土钢的研发工作日益蓬勃，目前已研发出了包括铜磷系列耐候钢、锰铌系列低合金高强度钢、X 系列管线钢、重轨钢、齿轮钢、轴承钢、弹簧钢、模具钢、工程机械用钢、低碳微合金深冲钢、不锈钢和耐热钢等在内的 80 多个含稀土钢号。但在稀土钢领域研究还需解决以下几个制约发展的关键性问题。

1）稀土添加技术

为避免稀土大量氧化烧损、避免出现水口结瘤、避免过量稀土在晶界富集析出，保证稀土在钢液中充分反应、精确控制稀土回收率，需选择合理的稀土元素添加方法，优化稀土加入工艺。稀土元素能否与钢液充分作用是发挥稀土在钢中作用的关键因素，不合理的稀土加入工艺不仅易造成稀土氧化烧损、成分分布不均等问题，而且会造成水口结瘤和二次氧化，造成双浇、短锭乃至于整炉钢报废。

2）稀土钢成分的高效设计

稀土钢成分设计的主要任务就是优化稀土元素的种类和含量。稀土钢成分设计面临两个主要问题：一是合金元素种类的筛选；二是合金元素含量的优化。由于稀土元素化学性质活泼，能够与钢中几乎所有杂质和合金元素发生反应，且对于常用钢种而言，往往含有多种合金成分，因此稀土元素在钢液中的化学反应非常复杂，给成分设计造成很大的挑战。精确控制钢中稀土元素的含量，是稀土钢成分设计的关键。目前尚无完备的稀土钢数据库，材料设计仍然主要依靠经验和有限实验结果，研发效率低，需发展高效率、低成本的稀土钢材料设计方法。如采用高通量第一原理和热力学计算，可以快速获得稀土元素的物理、化学性质参数和相关热力学参数，如稀土元素与氧、氢、硫、碳、氮等重要元素的反应平衡常数、标准反应自由能、相互作用系数、自作用系数等，建立稀土钢材料设计基础数据库。通过这些参数可以预测稀土元素的脱氧、脱氢、脱硫能力，杂质形成能力和形成杂质的种类等，从而建立稀土元素在钢材中的反应模型，获得原材料中杂质成分、含量与稀土元素消耗量之间的关系，从而精确预测各反应过程所需稀土元素，还能缩短优化周期、降低成本。

3）全链条一体化研发

需要针对应用需求，从材料成分与组织设计、制备加工工艺优化、性能与寿命预测进行全链条一体化研究。在稀土钢应用时，对钢材的性能需要往往是综合的，即除力学性能外，往往还要求其具有良好的耐腐蚀性能、耐高温性能、耐热性能等，因此，在稀土钢研发时，需要将材料多种性能目标综合协同考虑；另外，在稀土钢研发过程中，还需要同时考虑稀土对材料性能、制备与加工工艺、服役寿命等众多环节的协同影响。

稀土元素既是提高钢材品质的有效手段，又是发展钢材新品种的重要措施之一，充分利用我国丰富的稀土资源，大力发展高品质稀土钢，是中国钢铁材料升级换代的重要途径之一。通过加强稀土在钢中应用的基础理论研究，发展先进稀土添加工艺，引入新的研发思路、加快研发周期，对于稀土行业转型有着重要意义。

二、稀土镁合金

1. 国内外研究进展

镁是最轻的金属结构材料，其比重仅相当于铝的 2/3、铁的 1/4。镁合金具有重量轻、比强度高、比刚度高、抗震动、低噪音、良好的阻尼性能和优异的铸造性能等优点，被誉为"21世纪的绿色金属结构材料"和最被看好的铝合金替代品，因此被广泛应用在交通、制造、3C电子和航空航天等领域。从20世纪90年代开始，镁合金广泛应用于汽车工业，国际上已把单车镁合金用量作为汽车先进性的标志之一。欧洲单车镁合金用量已达9~20kg，正在使用和研发的镁合金汽车零部件已超过60多种，北美正在使用和研发的镁合金汽车零部件多达100多种。高性能稀土镁合金主要用于汽车发动机壳体、变速箱壳体、发动机气缸盖等零部件中。福特、通用、戴姆勒-克莱斯勒、奔驰、大众、丰田、菲亚特-阿尔法等汽车公司纷纷采用稀土压铸镁合金。

欧洲的稀土镁合金研究最为活跃，许多应用型稀土镁合金问世于欧洲。英国开发研制出一系列高温下具有高强度及高蠕变性能的含Nd、Y的WE型镁合金，最先研制出了WE54，WE43合金，使用温度达到250℃，具有较好的浇铸、沉淀析出强化效果和高温抗蠕变性能。WE系合金在经过固溶及时效过程中，合金中依次析出：α固溶体$\rightarrow \beta''$(D019)$\rightarrow \beta'$(Mg$_{12}$NdY，b.c.c)$\rightarrow \beta$(Mg$_{14}$Nd$_2$Y，f.c.c)相，这是合金具有优良室温及高温性能的主要原因。目前WE系列合金是应用相对成熟、研究相对深入的商用镁合金，被广泛应用于航空航天领域。美国科学家也对镁合金投入了大量的研究，在汽车工业、航空航天工业进行了广泛的新材料研制与推广应用工作，开发出AE系列镁稀土压铸合金，在高强耐热稀土镁合金研究与应用方面，美国始终处于领先位置。

我国是镁资源大国，探明储量占世界的40%以上。我国还是镁生产大国，80%以上镁产品进入国际市场。但在国内应用较少，仅是消耗能源和资源为发达国家提供镁的初级产品。近年来，随着汽车及笔记本电脑产品进一步朝着轻量化、薄壁化的趋势发展，要求镁合金材料具有更好的铸造性能（流动性）、延伸率、加工性能、耐蚀性、强度、硬度和成品率。而传统的镁合金存在强度低、抗蠕变和耐腐蚀性能较差、成型性能差和使用温度低等缺点，阻碍了其广泛应用[23]。

镁合金中添加适量稀土元素，可以起到变质作用，达到细化组织的功能。同时，稀土元素还可以与镁合金中的有害杂质如铁、铜、镍等作用形成中间化合物而达到除杂的作用。稀土元素很活泼，可以与氢、氧等作用达到除气、除渣、净化晶界的作用，改善镁合金的脆性和耐腐蚀性能。稀土与镁形成强化相起到固溶强化和沉淀强化的作用，大大提高镁合金的强度和韧性。稀土还有改善镁合金的流动性，提高铸造性能，以及提高摩擦磨损性能等作用。

在镁合金中，稀土优异的净化、强化和耐腐蚀性能已不断被人们认识和掌握，从而开发出一系列的高强、耐热和耐腐蚀的镁合金，大大拓展了镁合金的应用领域。目前国内一些企业正开发稀土镁合金用于生产高速列车坐椅骨架、行李架、卧铺板、窗框架、高速列车裙板等。稀土应用合金通常以稀土中间合金为原料生产，稀土中间合金又称"母合金"。稀土镁中间合金主要为金属钕或金属钇和以镁为基组成的钕镁合金与钇镁合金，它们是铸造镁合金和变形用热强性镁合金的合金添加剂，这些合金用作制造飞机发动机及宇航结构件材料。用熔合法和熔盐电解法制备。常用的钕镁合金和钇镁合金典型成分如表 10-1 所示。

表 10-1　常用的钕镁合金和钇镁合金典型成分

牌号	化学成分（质量分数 wt%）							
	总稀土	Nd/RE	Y/RE	Fe	Si	Ca	Ti	Mg
NdMg 系列	18~40	>85		0.5	0.2			余量
YMg 系列	40~50		>95			5	0.15	余量

1）提升力学性能

稀土元素 Y 是在镁合金中强化作用最好，也是研究最深入的元素之一，Mg-Y 系合金的应用也最为广泛。Y 在镁固溶体中具有较高固溶度，平衡固溶度为 3.75%（原子分数）/12.47%（质量分数）（566℃），且其固溶度随温度的降低而呈指数关系显著减小，这意味着 Mg-Y 合金系是典型的可以通过完全热处理沉淀强化的镁合金系。在合金中加入其它合金元素（如：Nd、Zn 和 Zr 等）会明显降低 Y 在镁中的固溶度，但却能大幅提高合金中析出相的体积分数，从而进一步提高合金的机械性能。

作为一种结构材料，Mg 合金还需要进一步提升强度、延展性和抗腐蚀性等性能，添加合金元素是一种极为有利的获得更好机械性能的方法。管凯等[24]研究了 Mg-3.5Sm-0.6Zn-0.5Zr（wt%）合金的铸态和挤压态以及 200℃下对挤压态进行时效处理后合金的微观组织和性能。结果表明：稀土 Sm 能够有效细化铸态合金组织，且在晶界处形成 Mg_3Sm 第二相，热挤压使合金组织明显细化，但第二相的成分和晶体结构没有发生改变，时效处理后，在基体中析出大量的 β' 和 β" 相，能够进一步提高合金的强度，挤压态和时效态合金的屈服强度分别为 363MPa 和 416MPa，高于其它稀土含量相当、甚至高稀土含量的传统变形稀土镁合金。该类合金之所以具有如此高的屈服强度，主要归因于晶界强化、弥散强化（析出强化）和位错强化的共同作用。

Guan 等[25]研究了 Sm 的添加对于铸态和挤压态 Mg-6.0Zn-0.5Zr（ZK60）合金拉伸性能的影响。发现 Sm 的添加使固态 ZK60 合金颗粒得到细化，主要金属间化合物相从 $MgZn_2$ 逐渐转变为 $Mg_3Sm_2Zn_3$(W)相。经挤压后，Sm 添加的 ZK60 合金样品拥有进一步显著细化的动态再结晶颗粒以及微细颗粒间相。在挤压态合金中还发现了其它金属间化合物相，如在 ZK60 样品中的 Mg_4Zn_7、Mg_7Zn_3 和 ZK60+Sm 样品中的 $Mg_{22}Zn_{64}Sm_{14}$(Z)和 $Mg_{21}Zn_{62}Sm_{17}$(W′)。另外，Sm 的添加还导致基体中出现颗粒更细、数量更多、也更稳定的球形纳米沉淀物。性能测试显示，添加 Sm 可改善 ZK60 合金强度，增强机制应受颗粒细化强化和沉淀强化主导。

不同组别的两种稀土元素共掺杂可有效提升镁合金强度。对于广泛用于高温环境的 WE 系列合金，Y 可提升镁合金强度和抗热性能；共熔温度为 542℃时 Sm 在 Mg 中的最大溶解度为 5.8wt%，适于时效硬化。在 Mg-RE 合金中加入 Zn 可促进基底沉淀物或长周期堆垛有序结构相的形成，进一步提升 Mg 合金强度。Lyu 等[26]制备的含 Sm 和 Y 两种稀土、同时加入少量 Zn 和 Zr 的一种新型 Mg 合金[Mg-7Y-5Sm-0.5Zn-0.3Zr（wt%）]具有 148HV 的高硬度。固化过程中该合金中形成了(Mg, Zn)$_3$(Y, Sm)低共熔相；沉淀 β′相在 200℃时效处理过程中始终保持了良好的结构稳定性。

作为 AZ 系（Mg-Al-Zn 系）合金的典型代表之一，AZ81 合金是一个较好的成分组合，具有铸造性能好、易于加工、高强度和低成本等优点，是镁合金中应用较广的一个牌号。但该合金工作温度一般低于 120℃，高温力学性能较差，不能用来制作在较高温度下工作的汽车零部件。要使镁合金的高温力学性能得到改善，引入稀土元素被证明是一种非常有效的方法。李萍等[27]同时引入 Y 和 Sm 两种稀土元素，通过合金制备、组织观察和拉伸实验，研究了 Y 和 Sm 对镁合金 AZ81 组织和力学性能的影响。结果表明，适量的 Y 和 Sm 加入镁合金 AZ81 后可生成高熔点的 Al_2Y 和 Al_2Sm 相，从而细化晶粒，改善组织。在室温和 150℃下，合金的抗拉强度和伸长率均随着 Y 和 Sm 总含量的增加先升高后降低，其中，Y 和 Sm 总含量为 1.8wt%时，合金的力学性能最好。

作为一种双相 Mg-Li 合金，Mg-9Li-1Zn（LZ91）仍需进一步改善强度，Ji 等[28]研究了不同 Y 和 Ce 掺杂浓度对于 LZ91 合金微结构和力学性能的影响。结果显示，Y 和 Ce 的添加使得 LZ91 合金的晶粒尺寸得到细化。Y 显著强化了 LZ91，但 Ce 的加入弱化了 Y 的强化效果。随 Y 和 Ce 添加量的增加，合金的力学性能先增加后减小，但始终高于 LZ91 母合金。加入 Y 使得合金中形成 $Mg_{24}Y_5$ 和 $Mg_{12}ZnY$ 相，而 Ce 的加入使得合金中形成 $Mg_{12}Ce$ 和 $CeZn_5$ 相组成的连续网状结构。铸态和冷轧态 Mg-9Li-1Zn-1.5Y 合金展现了最为优异的微结构和力学性能，应源于 Y 对于 α 相的细化效应以及 $Mg_{24}Y_5$ 的分散强化作用。Mg-9Li-1Zn-1.5Ce 冷轧后的延展性得到了异常增强，这可解释为铸态合金中粗大的 $Mg_{12}Ce$ 颗粒冷轧后破碎细化所致。

通过在 Mg 合金中添加稀土和 Zn 等元素构建长程有序堆垛（long period stacking ordered，LPSO）结构是改善 Mg 合金强度和延展性的一种有效方法。LPSO 相还有助于提升 Mg 合金的阻尼性能和导热性能。最近有研究显示 Mg-Ho-Zn 合金具有良好的机械性能和耐腐蚀性，可用于可降解植入材料。不同 Ho/Zn 比例时可有 3 种三元平衡相：I 相（Mg_3HoZn_6），W 相（$Mg_3Ho_2Zn_3$）和 LPSO 相（$Mg_{12}HoZn$）；低 Ho/Zn 比时，合金主要由 α-Mg、W 相和 I 相组成。Liu 等[29]制备了含不同 Ho 浓度时的铸造 Mg-xHo-2Zn 合金，发现增加 Ho 浓度可促进 LPSO 相结构的形成，从而改变合金的力学性能；随 Ho 加入量的增加，室温和高温时合金强度均增加，室温延展性也增加，但高温延展性略有降低。这些结果与不同合金中观察到 W 相到 LPSO 相的形貌演变现象相一致。另外，Ho 的浓度对晶粒细化也影响显著。

Yu 等[30]研究了 Zn 和 Nd 添加对于挤压态 Mg-11.5Gd-4.5Y-0.3Zr（wt%）合金微结构演化和力学性能的影响。发现 Zn 的加入会因长周期堆垛有序相的存在而阻止动态再结晶；Nd 的加入则促进了 Mg_5RE 相的沉淀。热挤压前密集分布的 Mg_5RE 相则可促进后续热挤压过程中的动态再结晶，导致颗粒细化。但 Mg_5RE 相颗粒数量的增加会降低合金的力学性能。热挤压后的合金中出现两种微结构：数微米的动态再结晶微细颗粒以及未再结晶的组织。挤压态合金 Mg-11.5Gd-4.5Y-1.5Zn-0.3Zr 展现了良好的强度和延展性综合性能（拉伸屈服强度为 371 ± 3.0Mpa，伸长度为 7.2% ± 0.8%）。

尽管镁合金具有较高的比强度，但低温可成形性差严重限制了锻造镁合金在安规器件方面的应用。这一性能缺陷与六方密堆积结构中其它方向比基面方向活化滑移系的数量较少有关。另外，轧制和挤压成型系统导致非常尖锐的织构，强化了应力诱导各向异性、不对称性和易损伤倾向。相比与 AZ31B 等传统 Mg 合金，稀土镁合金可加工性能更好。添加稀土可在低温下活化非基面[如（c+a）]位错，改善延展性；另外，稀土元素还倾向于降低 I1 堆垛层错（ISF_1）能，可作为（c+a）位错的成核位点。然而，对于稀土增强 Mg 合金延展性的机制以及稀土添加浓度对于动态再结晶以改善织构行为的影响尚待深入研究。Imandoust 等[31]选取在 Mg 合金中固溶度最小和最大两个稀土元素 Ce 和 Gd，设计合适的材料和工艺参数，系统分析了 Mg-Ce 和 Mg-Gd 二元合金中稀土对于微结构和织构演变的影响。研究发现，稀土元素对于织构改善的临界浓度与施加的应变能有关，如对于一些含 Ce 和 Gd 的镁合金，在正常挤压加工条件下，即便稀土浓度已显著高于临界浓度，仍不能得到稀土织构；在二元稀土镁合金中，连续动态再结晶是成核的主要机制；稀土添加产生的最主要影响效果是在 Mg 再结晶织构中促进新取向核的存活和生长。另外，为解决 Mg 的六方密堆积结构滑移系限制导致低温下塑性形变较差的问题，Li 等[32]将铸造和多轴锻造结合处理 Mg-2Zn-2Gd 合金，获得了各向同性超细颗粒（UFG）结构，所得合金同时具有高强度（屈服强度：~227Mpa）和高延展性（伸长率：~30%）。

镁合金在旋翼机的应用是近期研究热点，如 WE43，WE54 等都有一定的进展，但远不及钢铁和铝合金材料，其主要原因是镁合金凝固时显微组织偏析严重，影响其力学性能，在实际应用中受到了极大的限制。在所有的稀土元素中，Gd 被认为是提高镁合金性能的典型稀土元素。根据 Mg-Gd 合金二元相图，Gd 在镁中的固溶度非常高，548℃时可达 23.5%（质量分数），且随温度的降低而迅速减小，可在镁合金中产生优异的固溶强化和时效强化作用。Mg-Gd 系多元合金研究文献较多，但 Mg-Gd 合金的基础性研究较少。冀敏等[33]分析了 Mg-(4%~16%)Gd 二元合金的显微组织及力学性能，并采用"边-边匹配"模型研究了其强化机制。结果表明，热处理后 Gd 在镁基体中产生弥散分布的 Mg_5Gd，Mg_3Gd 相，使得合金室温及高温强度都有明显提高，最大抗拉强度在 200℃可达到 323.5MPa，250℃为 305.3MPa，具有明显的反常温度效应，但伸长率略有下降。"边-边匹配模型"计算表明，元素 Gd 对合金铸态晶粒细化主要是 Mg_5Gd 相为 α-Mg 相的形成提供有效的异质形核核心，阻碍了 α-Mg 相长大。

AZ 系列合金（Mg-Al-Zn）是最常用的工业镁合金，主要用于生产压铸成型器件。AZ 镁合金良好的力学性能主要源于 Al 和 Zn 的固溶增强效应、第二相中 $β-Mg_{17}Al_{12}$ 增强以及 Zn 的晶粒细化增强。近年，稀土也常被用于 AZ 镁合金中，合金性能也可因稀土固溶增强、晶粒细化增强和稀土第二相增强等效应得到进一步改善。然而，由于合金系统中各元素间的相互作用，Al 和 Zn 在合金中的初始存在形式以及相应比例可能由于稀土的添加而发生改变，这也会改变 Al 和 Zn 在合金中的作用效果。事实上，稀土与 Al 形成了金属间化合物，使可参与共熔反应的 Al 减少，从而减少了 $β-Mg_{17}Al_{12}$ 低共熔体，并促使其在晶界由连续网状分布转变为弥散分布。为综合深入理解稀土在 AZ 合金中的行为和影响机制，对于含稀土的合金研究，其焦点不应仅限于稀土对微结构和性能的直接影响，还应关注稀土与其它合金元素相互作用对微结构和性能的间接影响。为此，Su 等[34]以含稀土 Y 的 AZ61 镁合金为研究对象，分析了 Y 与 Al 和 Zn 等元素相互作用对合金微结构的影响。表征发现，随着 Y 含量增加，Al_2Y 相增加，且 Al_2Y 颗粒变大；Y 可细化 α-Mg 颗粒，因为 Y 在结晶前端的富集导致了组分过冷却并阻滞元素扩散。除了 Al_2Y，合金中 Al 主要以共溶体和低共熔物 β-$Mg_{17}Al_{12}$ 形式存在。Y 增加时，Al 共溶体比例增加。β-$Mg_{17}Al_{12}$ 相的显著降低不仅是由于 Al_2Y 的形成消耗了 Al，而且 Y 的溶解也增加了 Al 固溶体的量。α-Mg 中 Zn 固溶量较合金中的平均 Zn 浓度小得多，而主要存在于 β-$Mg_{17}Al_{12}$ 相中，Zn 可取代 β-$Mg_{17}Al_{12}$ 中的 Al，导致晶格扭曲，晶格常数增加。

含稀土的 AE42 镁合金具有较高的比强度、硬度，轻且耐热性好，但存在两个主要问题限制其更广泛应用。一是 AE24 合金铸造微结构不够精细，导致室温下强度低；二是由于较低的临界切应力导致基面滑移系易于在室温活化。晶粒细化是一种改善 AE42 合金机械性能的有效方法。已发展了许多深度塑性形变（SPD）技术，如等通道转角挤压工艺、高压扭转法、累积叠轧技术和多轴锻造技术等，得到超细颗粒的同时显著提升 Mg 合金强度。但这些技术通常产生高密度位错，降低细颗粒镁合金的延展性。搅拌摩擦加工（FSP）也是一种 SPD 技术，是从搅拌摩擦焊演变而来的一种工艺加工方法，其基本原理是通过搅拌头的强烈搅拌作用使被加工材料发生剧烈塑性变形、混合、破碎，实现微观结构的致密化、均匀化和细化，可保证材料高的延展性。Jin 等[35]采用 FSP 工艺+老化处理制备含稀土的铸造 AE42 镁合金，以改善合金微结构和机械性能。在 FSP 后，晶粒尺寸从 81μm 减小至 7.4μm，形成了基面织构，$Mg_{17}Al_{12}$ 和 $Al_{11}RE_3$ 相消失，同时出现 Al_2RE 新相。老化处理后，出现 Al_2RE 沉积物。FSP 样品的张力性能在老化前后均表现出明显的各向异性。影响铸态 AE42 镁合金强度的主要因素应包括第二相、织构和颗粒尺寸。

2）提升抗腐蚀性

镁合金较差的耐腐蚀性阻碍了其更为广泛的应用。镁的标准电极电位仅为 -2.37V，并且表面无法自发地形成具有保护性的膜，导致其耐蚀性能较差。固态粉末扩渗金属在镁合金表面制备冶金扩散层，可提高镁合金的耐蚀性能。与传统的镁合金表面处理方法，如电镀、化学镀、阳极氧化等相比，冶金涂层有诸多优点。表面渗层与基体为冶金扩散结合，结合力极佳；表层金属间化合物不仅可提升基体耐蚀性能，还可显著提升其硬度、表面耐磨性；表面扩渗还可最大限度保留镁合金的固有优异性能，如良好的导电导热性、抗电磁屏蔽性等。目前已有研究大多采用的是固态粉末扩渗金属工艺，扩渗温度高、时间长、操作条件苛刻，如通常需要保护气氛。已有研究转而采用熔盐体系在 AZ91D 镁合金表层扩渗 Al 的方法成功制备了铝冶金涂层，明显提高了镁合金的表面性能。稀土元素加入到镁合金中能够提高镁合金的耐蚀性能和力学性能。因此，如果能将稀土元素扩渗到镁合金表面，无疑是一种有益尝试。为此，韩宝军等[36]尝试采用稀土熔盐体系在镁合金表层扩散稀土制备稀土扩散冶金涂层以提高镁合金的表面性能。结果表明，经过表面纳米化及熔盐扩渗稀土后，AZ91D 镁合金表面形成一层均匀、致密的稀土扩渗层，合金耐蚀能力明显提高，腐蚀电流密度降低一个数量级。渗层厚度随着扩渗时间的延长而增加，扩渗层变得更连续、致密。扩渗层主要由 α-Mg，$Mg_{17}Al_{12}$ 和富稀土相 Al_2RE（Ce/Nd/Y）组成。但扩渗时间不宜过长，过长的扩渗时间会导致渗层裂纹，最佳的扩渗工艺为 440℃×2.5h。

材料受到腐蚀后的强度称为腐蚀剩余强度，对腐蚀剩余强度的研究有助于预测材料的使用寿命，避免因材料的失效而发生损失。有研究表明，Er 在改善镁合金耐蚀性能及力学性能上有非常优异的表现，但仍需进一步探明其对镁合金腐蚀剩余强度性能的影响机理。杨淼等[37]研究了 1%Er 改性 AM50 镁合金的组织、耐蚀性及剩余强度性能，并拟合出实验条件下 AM50 和 AM50Er1 镁合金的腐蚀剩余强度的寿命预测公式。结果表明，Er 添加后，合金中出现了新的 Al_3Er 和 Al_7ErMn_5 相，并且 β 相的数量和体积均减小。Er 加入后，其净化作用、腐蚀保护膜层质量的提高和有效腐蚀微电偶对数量的减少都使合金的耐蚀性得到了改善。Er 加入后，由于拉伸性能的改进和耐蚀性的提高，AM50 镁合金的腐蚀剩余强度性能得到了改善。

点蚀是镁合金最常见的腐蚀行为。其它金属的经典点蚀机制为由点蚀内外氧浓差引起的闭塞腐蚀电池，同时，腐蚀介质（如 Cl^-）可进入腐蚀区而形成强腐蚀性环境（如 HCl），使得腐蚀自起发点不断向深度和广度方向扩散。传统的点蚀机制基于氧在阴极发生的还原发生。然而，Mg 合金的腐蚀主要涉及氢的析出反应。为阻止 Mg 合金因点蚀而使结构受到破坏，清晰理解其中的腐蚀过程至关重要。已有研究发现，Mg 合金发生点蚀主要与三个因素相关：微结构、腐蚀介质和表面膜。传统 Mg 合金中的第二相常扮演了微阴极的角色。而对于稀土镁合金，稀土元素与 Mg 形成的第二相比 Mg 基体更活泼，可作为微阳极而优先被腐蚀；另外，稀土元素在水溶液中易于形成更为致密的氧化物保护膜，增强耐腐蚀性能。可见，稀土镁合金的点蚀过程不同于传统镁合金。Song 等[38]探讨了含稀土 Y 和 Gd 的 Mg 合金 GW93 的点蚀机制，发现 GW93 合金的点蚀过程包含三个阶段：第二相的溶解、溶解的第二相周边 Mg 基体的溶解以及点蚀向纵深方向的扩散。阳极第二相和 Cl⁻在腐蚀产物膜中的富集是导致点蚀扩散的主要原因。

AZ 合金也因具有良好的降解性能而大量用于油气勘探领域，如可以 Mg 合金制备 In-Tallic 可降解压裂球，但工艺复杂且价格昂贵。含较高浓度 Al 和 Zn 的铸造 Mg 合金也已成功用于非传统页岩油和天然气资源勘探所需的可降解压裂球。然而该合金降解速度太快，难以有效控制。已有研究发现，三价稀土元素可改善电子浓度，增强 Mg 原子间的结合力，从而改善纯 Mg 金属的机械性能；在 Mg-8Al-1Zn 镁合金中加入 Y 和 Nd 可形成高熔点化合物 Al_2Y 和 Al_2Nd，从而细化 α-Mg 晶粒，同时，Al_2Y 相均匀分散在基体中可提高 Mg 合金硬度；Y 在 Mg-9Al-1Zn 中形成稳定的 $MgAl_4Y$ 表面相，可降低合金的腐蚀速度。Wang 等[39]调查了 Mg-15Al-5Zn-xY 可降解合金的微结构、机械性能和腐蚀行为。结果显示，添加稀土的合金中主要含 α-Mg，β-$Mg_{17}Al_{12}$，φ-$Al_5Mg_{11}Zn_4$ 和 Al_2Y 等相。β 相形貌的变化以及 α-Mg 中面心立方 Al_2Y 相的出现极大改善了合金的抗腐蚀性能。另外，Y 浓度 x=0.25wt%时，合金硬度达到 119HV，压缩强度达 417Mpa。

可降解 Mg 合金在生物环境中具有良好的兼容性和可降解性，可应用作为短期植入材料。Mg 合金的杨氏模量（40～45GPa）也较 Ti 合金（Ti6Al4V，114GPa）和不锈钢（SS316，193GPa）相对更接近于人体骨骼。另外，Mg 合金可降解，并可促进骨组织再生。Mg-Zn 合金具有良好的细胞相容性，但通常其在体液中的降解速率（如 Mg-3Zn，含 3wt%、0.6wt%的 Zr）比骨愈合速度快，不能满足骨愈合期间所需的力学条件。另外，Mg-3Zn 较快的降解速率还导致体内产生对生物组织有害的大量 H_2。稀土元素引入是一种优化降解速率和力学性能的有效途径。已有研究认为 Dy 具有良好的细胞兼容性，同时也是一种可提升 Mg 合金抗腐蚀性的稀土元素。传统制备镁合金的铸造工艺由于铸造时间长、固化速率慢，使得合金颗粒粗大，同时存在大量第二相，导致其降解速率快。选择性激光熔化（SLM）是一种金属粉末的快速成型技术，能直接成型出接近完全致密度、力学性能良好的金属零件，该技术还克服了选择性激光烧结技术制造金属零件工艺过程复杂的困扰。Long 等[40]采用 SLM 技术制备了 Mg-3Zn-xDy 系列合金。表征显示，合金中存在 α-

Mg、MgZn$_2$ 和 Mg-Zn-Dy 等相；由于 Dy 的引入，颗粒尺寸显著细化，第二相浓度增加，使得硬度随之增加。平均 H$_2$ 生成速率显示 Mg-3Zn-1Dy（$x=$ 1wt%）合金的降解速率显著降低，这应归因于颗粒细化、微结构均一以及在 SLM 过程中产生的适量第二相。

3）提升导热性能

高导热系数可避免材料过热失效，延长服役寿命。近年来，随着航空航天、汽车和 3C 产品的散热材料不仅追求低密度、高强度，而且要求具有良好的导热性能。虽然镁合金的密度低，比强度高，但是，尽管常温下纯镁的导热系数可达 156W/(m·K)，而其它常用镁合金的热导率却很低，如商业牌号的 AZ91D 镁合金在 20℃下的热导率仅有 52W/(m·K)，这极大地限制了镁合金在这些领域的应用。总结散热产品对镁合金性能的基本要求主要有三点：一是合金具有良好的压铸性能，因 90%以上的 3C 产品和 80%以上的汽车零部件是采用压铸方法加工而成；二是合金具有一定的强度，满足螺栓装配的要求，通常屈服强度在 100MPa 左右；三是合金具有高的导热系数，通常在 100W/(m·K)以上。在 Mg-Zn、Mg-Al 和 Mg-Sn 等商用合金中加入稀土元素可得到兼具优异机械性能和高导热系数的 Mg 合金材料。

合金元素可溶解在 α-Mg 基质中导致晶格畸变影响电子和声子的平均自由程，当合金量超过其在 Mg 中的固溶度时将发生偏析，导致形貌变化。为探讨 RE 对 Mg-RE 合金导热性能的影响，Zhong 等[41]系统研究了四组铸态或固溶态 Mg-RE 二元合金的微结构和导热系数。结果显示，对于铸态合金，随合金元素的增加，第二相体积分数增加；固溶处理后，一部分或大多数第二相溶解在 α-Mg 基质中，但 Mg-Ce 合金例外。铸态和固溶态 Mg-RE 合金导热系数随合金元素浓度增加而减小；固溶态 RE-Nd、RE-Y 和 RE-Gd 合金的导热系数较相应铸态合金更低，但 RE-Ce 合金则相反。可见不同的稀土元素对于 Mg 合金的导热系数具有不同的影响，其中 Ce 的影响最小，或与 Ce 在 α-Mg 基质中的固溶度低有关。

已有研究发现 AM20、AM50 和 AM60 等 Mg 合金热导率对于其微结构敏感；Al 在 Mg 中固溶体的热导率低于 Mg$_{17}$Al$_{12}$ 合金。Su 等[42]系统研究了存在于固溶体中和形成金属间化合物时的稀土元素对 Mg-RE 二元合金热导率的影响。发现对于稀土元素 Ce、Nd、Sm 和 Y，在固溶体中每加入 1at%这些元素导致的热导率下降幅度大致相同，均为约 123.0W/(m·K)；而形成金属间化合物相时每加入 1at%稀土元素热导率降低幅度仅为 6.5～16.4W/(m·K)。研究基于改进的 Maxwell 和 EMT 模型对 Mg-RE 二元合金热导率实验数据进行了拟合；二元合金的有效热导率主要决定于镁合金中的稀土浓度和金属间化合物相的体积分数两个反比于有效热导率关键参数。

为同时改善 Mg 合金的导热性能和机械性能，Zhong 等[43]还对 Mg-12Gd 合金进行了时效处理。处理后的合金导热系数和显微硬度都得到显著改善。在 Mg-12Gd 合金时效处理的起始 4h 内，大量细颗粒从 α-Mg 基质中沉淀出来，但导热系数仅小幅增加，这应是共格界面的存在阻止了导热系数的增加；当时效达到 300h 时，导热系数具有最大峰值 75.7W/(m·K)，为固溶态合金的 2.17 倍。颗粒的沉淀以及沉淀颗粒与 α-Mg 间非共格晶面的增加应是时效处理导致导热系数大幅增加的内在原因。

姜佳鑫等[44]在 Mg-Sm 二元合金体系中添加 Zr 元素同时优化 Sm 元素的含量，同时优化压铸工艺参数，制备得到了可应用于通信基站的散热单元高导热压铸 Mg-Sm-Zr 合金。所得合金室温屈服强度超过 120MPa、延伸率大于 10%、导热系数大于 120W/(m·K)（25℃）。研究显示，Zn 合金化能够改变 Mg-3Sm-0.4Zr 合金的显微组织，压铸 Mg-3Sm-0.5Zn-0.4Zr 合金流动性好，热裂倾向低，具有良好的铸造性能，合金中存在的第二相是阻碍蠕变过程中发生位错运动、孪生及晶界滑动的主要因素，因而也是合金抗蠕变性能优良的主要原因。

4）理论计算设计

稀土镁合金成分的高效设计也面临合金元素种类的筛选以及合金元素含量优化问题，结合理论计算发展镁合金高效材料设计方法势在必行。Mg 合金用于动力火车的变速箱和发动机机体时要求屈从类蠕变性能，也就是需结合高应力和耐 300℃高温，这要求六方密堆积 Mg 基质需增加强度，可通过热处理使第二相优先沉淀，或使这些相在变形过程中动态成核实现，大量工作投入易于形成增强沉淀相或形成优先在特定面（如基面或棱柱面）沉淀以限制位错移动的 Mg 合金的研究。稀土镁合金极易形成沉淀相，这些沉淀既可在基面，也可在棱柱面形成。所有的稀土元素都可考虑作为合金元素，但实验尝试所有稀土元素的添加效果太过耗时。无论对于何种稀土元素，Mg-RE 合金中的沉淀总是与第二相的扩散及后续的成核相关。理解沉淀过程需在微观层面了解相关原子/晶格机制，如扩散过程中的空穴-溶质交换作用、各向异性界面能和晶格应力的影响等。理论和模拟计算提供了一种有效的深入研究这些定量关系的工具。在过去的 5 年中，针对 Mg-RE 二元合金采用传统第一性原理结合新理论和高通量算法的从头计算研究已取得了极大进展，已可计算全系列稀土 Mg-RE 合金热力学和动力学参数。Choudhuri 等[45]

综述了近年基于密度泛函理论对于 Mg-RE 的计算研究进展。该综述将相关研究整理为三个方面：①包括 Mg 基质中溶质-空穴相互作用和溶质扩散的溶质动力学；②包括热力学、化学键合、弹性应力/变形过程的沉淀机制，已解释簇合及后续的沉淀相形成；③计算沉淀/Mg 界面结构和界面能。

镁基非晶合金与晶态合金相比有更高的强度及耐腐蚀性等特点。镁合金主要用于生产电子产品壳体、飞机零部件等支撑件，要求具有较高的非晶形成能力。非晶合金是熔体在急冷条件下凝固形成的，合金凝固时原子来不及进行长程迁移，从而在固态合金中保留了液态合金的短程有序结构。通过对已有非晶合金的总结分析，研究者提出了一些经验、半经验的非晶形成能力判据。研究也发现，不同稀土对于 Mg 合金的非晶形成能力影响差别较大，如 Gd 替代 Y 可以明显提高合金的非晶形成能力，而 La 和 Yb 等的非晶形成能力却比较差。对相关熔体结构的研究有助于分析非晶形成的过程和机制，而从头算分子动力学模拟是一种研究液态和非晶态合金结构及物理性能的有效工具，朱训明等[46]采用第一性原理分子动力学模拟对 $Mg_{65}Cu_{25}RE_{10}$（RE=Gd、Nd、La、Ho、Yb）系列合金熔体结构进行了计算，结果表明，稀土元素对合金熔体中的化学和拓扑短程序均有一定影响，各合金熔体中短程序的差异主要在于稀土元素为中心的 Voronoi 多面体分布，其中 Gd 中心的多面体分布更为集中和稳定。以稀土元素为中心的主要 Voronoi 团簇的含量越高，存在时间越长，凝固时对熔体的晶化阻力越大，从而更有利于非晶合金的形成。该研究为设计高形成能力的镁基非晶合金提供了参考。

5）产业化进展

我国近年高度重视稀土镁合金研发投入，稀土镁合金也被工信部列入《重点新材料首批次应用示范指导目录（2017 年版）》，用于航天、电子通信和交通运输等领域。企业应用研究方面，嘉瑞集团从材料、成型工艺、表面处理技术着手，开展了稀土镁合金材料研发及深加工技术的研究，根据产品和未来市场的需要，开发了 3C 领域薄壁件的高流动性稀土镁合金新材料，开发的稀土镁合金薄壁件制造技术已成功在联想公司的 PC-Cover 产品产业化应用；开发了挤压铸造成型技术及微弧氧化-着色复合处理技术（MCC）[47]，该技术的产业化，改善了镁合金的传统劣势，拓展了镁合金的应用。长安汽车通过持续实施稀土镁合金项目，掌握了镁合金材料替代后的整车和零部件结构再设计的关键技术，实现了动力总成、座椅骨架、转向盘骨架、轮毂、备胎架等稀土镁合金汽车零部件的产业化开发与应用。

中国科学院长春应用化学研究所承担的"高性能稀土镁合金及其在汽车

上的应用"项目，开发了有自主知识产权的高强、耐热、抗蠕变稀土镁应用合金，充分利用我国丰富的镁和稀土资源，完成高性能、廉价、成分均匀的系列稀土镁合金的规模化生产，形成生产系列稀土镁合金的成熟技术。掌握了高性能稀土镁合金的熔炼技术，为汽车用镁合金压铸产品提供高品质的系列镁合金铸锭，其性能达到或超过目前国外同类合金的水平，其合金成本增加控制在 AZ91 合金价格的 30% 以内。推动了耐热、抗蠕变稀土镁合金在一汽集团汽车上的应用，将新型稀土镁合金推广到长春客车集团公司、航空航天等领域应用。

中国科学院长春应用化学研究所还与航天材料及工艺研究所、长春理工大学、贵州航天风华精密设备有限公司联合完成了"新型高性能镁合金及其关键工程化技术研究"项目。针对 YHER4 合金的成分特点，通过优化合金中 La、Ce 与重稀土 Gd、Dy 等稀土元素的混合添加以及合金的熔炼铸造工艺，开发了大尺寸高强稀土镁合金半连续铸棒技术。采用新合金、新工艺制备薄壁筒体，可使挤压温度降低 50℃，模具损耗降低 20%，成品率由 60% 提高到 70%，挤压件综合成本降低 10%。另外，由于 YHER4 合金具有更高的力学性能和耐腐蚀性能，为零件设计提供了更多可能，可以实现零件的集成化和轻量化。YHER4 稀土镁合金已成功应用于神舟六号飞船电器箱和无人机上，分系统的重量减轻 13kg。中国科学院长春应用化学研究所还与波音公司就 YHER4 的开发应用前景达成共识，进一步开展 YHER4 合金的成分优化及变形工艺研究，并准备逐步将 YHER4 合金应用于波音飞机的座椅骨架及内饰件上。

2. 发展趋势与挑战

稀土镁合金作为一种新型镁合金，因其具有高强、高韧、耐蚀和耐热等优异性能，必将成为镁合金的一个持续研究热点。随着社会经济发展，稀土镁合金在军工和民用领域均有了较大的拓展，在轨道交通、汽车、自行车、摩托车等领域应用不断增加。不断改进完善现有的稀土镁合金，开发成本低、性能好的新型稀土镁合金，对镁合金材料和稀土材料两大领域的发展都将具有极大的推动作用。高性能稀土镁合金在以下几方面有望长足发展。

1）基础研究方面

应进一步研究稀土元素对镁合金的强韧化、耐腐蚀和抗蠕变的作用机理；优化稀土镁合金系，利用微合金化、多元合金化技术在 Mg-RE 二元合金系的基础上，添加其它稀土元素或非稀土元素，研究稀土间、稀土与非稀土间的协同作用,促进合金由二元合金系向多元高性能合金系发展。

2)制备工艺发展方面

研究优化稀土镁合金的制备技术,与先进的合金制备工艺相结合,通过压铸、快速凝固、半固态技术和挤压铸造等手段,降低合金化过程中的杂质元素含量,改善合金微结构,进一步提高稀土镁合金性能。

3)稀土元素方面

大多数高强稀土镁合金中稀土的含量偏高,由于稀土元素价格偏高,所以开发低成本轻稀土镁合金也是当前研究的重点。相比具有高耐热、高强度等特性的重稀土镁合金而言,轻稀土镁合金具有成本低、熔铸难度小、市场广阔等优势。轻稀土镁合金是目前汽车、电子工业等民用领域所用最具性价比的高性能镁合金。合金体系以 Mg-Al 合金体系为基础,向其中添加轻稀土元素及 Mn、Zn 等合金元素,从而获得具有 150℃使用温度及良好抗蠕变性能的镁合金材料。中国轻稀土资源丰富,但当中的镧铈资源应用率偏低。轻稀土镁合金的研发可以较好解决稀土资源产销失衡的问题,加强稀土资源的全面利用;同时降低稀土镁合金的生产成本,提高镁合金在轻质材料领域的竞争力。

4)应用领域发展方面

以航空领域为例,镁合金的应用部位由最初的机身,逐步转变为变速箱和发动机机匣,由次承力结构件转变为非承力构件。耐热镁合金不断发展,对于机身上使用的镁合金,研究工作主要集中在表面处理技术的开发和工程化应用。这种应用部位和研究重点的转变说明航空用镁合金的发展思路:高强耐热,兼顾耐蚀。镁合金的高强是为进一步减轻质量,而不是为了向承力构件转变。由于镁合金与铝合金相比,具有更高的比强度,所以有观点认为随着镁合金的不断发展,有望在航空应用中部分取代铝合金。如果解决了镁合金的耐蚀技术,那么飞机结构重量的 15%~25%有可能采用镁合金制造。随着我国航空发动机的跨越发展,推重比增大,必将对耐热镁合金的综合性能提出更高的要求,从而促进耐热镁合金的发展。对于座舱等机身非主承力结构部位使用的镁合金,应该围绕镁合金阳极氧化表面防护技术,在前期理论研究的基础上,针对具体应用部位和零件形状,开展工程应用技术研究,以便使阳极氧化防护技术顺利推广应用。

5)行业发展方面

目前我国工业企业中稀土镁合金产品的生产技术还有待提高。由于技术等方面的限制,批量生产的稀土镁合金性能不稳定,或者较镁合金性能的提高达不到市场需求。稀土镁合金批量进入民用才刚起步，无论在稀土镁合金生产、关键设备与工艺都没达到成熟阶段，要实现稀土镁合金产品品质稳定和满足不同用户的特殊要求，企业要具备较强的开发、技术和管理能力。

稀土元素的加入对提高合金的抗氧化和抗蠕变性能等起到了主要作用，为进一步开发高质量镁合金注入了新的活力。稀土镁合金的高强、耐热、耐蚀性能不但能进一步增加镁合金材料在现有的汽车工业、通讯电子业等行业领域中的应用，还可促进镁合金材料在新领域中的进一步开发和利用，也为稀土材料的应用开辟出一个十分广阔的领域。中国需整合高校、科研院所的基础优势与企业的产品研发优势，以市场需求为牵引，不断改进完善现有的稀土镁合金，开发成本低、性能好的新型稀土镁合金，对于镁合金材料和稀土材料两大领域的发展都将具有极大的推动作用。

三、稀土铝合金

1. 国内外研究进展

铝合金型材强度高、延伸率大，延展成型性能好，且具有良好的抗腐蚀性能，除应用于铝合金建筑门窗、幕墙外，可用做高层建筑的阳台护栏、栅栏、交通护栏、指示牌、广告牌，以及交通运输设施，汽车、高速列车、航空航天、船舶、军工以及大型建筑结构等领域。因其良好的耐腐蚀性能，不仅可以杜绝碳素钢，铸铁护栏因生锈而带来的反复维护的成本与烦恼，且表面多彩化，可与建筑群、建筑小区的人文环境效果匹配，大大丰富了建筑物的外立面，增强建筑的整体美感。

铝合金还是汽车上应用得最快和最广的轻金属，这主要是因为铝合金本身的性能已经达到重量轻、强度高、耐腐蚀的要求。早期铝合金仅用于变速器外壳、油泵、化油器等不受强烈冲击的部件。现在，铝材中添加强化元素后，强度大大加强，并仍然具有质轻、散热性好等特性，可以满足发动机活塞及气缸盖等较恶劣工作环境的要求。铝合金进一步拓展其应用范围后，随之而来的是进一步降低了整车重量，提高了整车的经济性。

稀土用于建筑铝材和民用铝制品上，可以提高材料的冲压性能、耐腐蚀性能、机械强度和表面光洁度，既能改善产品质量，又能提高成品率。稀土建筑铝型材经久耐用不变形，质感好。稀土铝合金用于高压锅和普通铝锅等制品方面，由于强度大和冲压性能好，可以减小制品的壁厚，既节省材料又精巧耐用。稀土在铸造铝合金中应用已取得良好效果。用量最多的是铝硅系铸造合金，已有多种牌号的产品用于飞机、船舶、汽车、柴油机、摩托车和装甲车等方面的活塞、齿轮箱、汽缸和仪器仪表等器部件上。

铝基稀土中间合金包括铈组混合稀土金属和钇组混合稀土金属与铝组成的稀土铝合金和钇铝合金。传统生产方法是熔合法或铝热还原法，新方法为在氧化铝-冰晶石熔体内加入稀土化合物的熔盐电解法。钇铝合金主要用于生产电热合金，一般用铝热还原法生产。我国的稀土铝合金生产工艺和应用技术已达到较高水平。我国科学家们在研究开发稀土铝合金过程中，发明了在铝电解槽中直接电解制备稀土铝合金的新工艺，配合对掺法和铝热还原法可以生产出不同品质和用途的稀土铝合金。

Al-Mg 系合金具有良好的耐蚀性、导电性、导热性，并能长时间保持光亮的表面，具有较高的比强度和塑性，焊接性能好，在航空、航天、石油、化工、电子、汽车和机械制造中应用广泛。Mg 在 Al-Mg 系合金中的含量对合金性能影响显著，随着 Mg 含量的升高，合金的强度升高，塑性下降。在铝合金中加入微量 Sc、Ce、Er 等稀土元素，可以在熔铸时增加成分过冷，细化晶粒，减小二次枝晶间距，减少气体和夹杂及球化夹杂相，降低溶体表面张力，增加流动性等。此外，铝合金中加入稀土还能减小硅的固溶度，改变杂质的分布状态，改善导电性能。当合金中含有镁时，稀土的变质作用将被激化，因而 Al-Mg-RE 系合金新材料已经成为铝合金新材料开发的一个热点。但因大部分工业用变形铝合金中 Mg 的含量小于 6%，目前对 Al-Mg-RE 系合金的研究主要集中在 Mg 含量小于 6% 的合金中。为探寻稀土对高镁铝合金加工性能的影响规律，赵艳君等[48]通过改变稀土元素含量以及热变形工艺参数，对含稀土高镁铝合金的热变形行为进行了研究。不同 Ce 含量的 Al-8Mg-0.5Mn 合金激活能数据表明，含 0.01%Ce 可以降低高镁铝合金的热激活能，使合金的热塑性增加，变形抗力降低；Ce 含量较高，如达到 1.5% 时，合金的热激活能将增加，变形抗力增大。

Al-Fe 基铝合金是一种轻结构材料，因其良好的耐热性和抗磨损性能可用于交通运输、航空和军事领域，这些性能源于 Al 基质中存在硬且热稳定性好的 Al-Fe 金属间相。良好的塑性形变能以及高的强度也是产品加工和实际应用的必要性能。但富 Fe 相在 Fe 浓度高于 0.1wt% 时呈针状或薄片状，高于 1.8wt% 时呈板条状、花状或出现分相，这种相可作为塑性加工和荷重时的断裂源，使得合金的力学性能严重恶化。一种改善该合金性能的方法是采用先进的加工技术，如机械合金化+电火花烧结、快速固化、挤压铸造等，但这些特殊工艺很难在工业中大规模使用。另一种传统的方法是使用改进剂控制 Al-Fe 基合金的结晶过程，以有效改善固化过程中第一相和低共熔相的核化和生长。稀土对于铝合金的改进（细化）行为多年来存在争论。然而，稀土添加可细化 α-Al 枝晶和第二相已形成共识。稀土表现出与其它改进剂不同的现象，其机制有待进一步明确。Luo 等[49]研究了稀土作为改进剂对于 Al-5Fe 合金结晶、微结构和机械性能的影响。结果显示，稀土添加降低了第一相 Al₃Fe 相的形成温度，提高了低共熔转化温度，降低了 α-Al 晶沿优先面{111}面的生长趋势，而促进了{200}面的生长，有利于其正常晶化；稀土添加还细化了 Al₃Fe 相，在铸态合金中形成 Al-Ce 低共熔；煅烧后 Al-Ce 低共熔物分解，形成含稀土元素的细瘤或棒状 Al₄Ce 和 AlCe 相；进一步轧制使 Al₃Fe 相转型为短棒状和颗粒状，同时 Al-Ce 和 Al-Fe 相均匀分布在 Al 基体中；加入稀土混合物改善合金微结构和机械性能的最优化量为 0.9wt%。

已有研究显示在铝合金中添加稀土 Er 可细化 α-Al 晶粒，改善第二相形貌，如在纯铝、5 开头和 7 开头系列铝合金中。Liang 等[50]研究了 Er 在 Al-2 wt%Fe 合金中对于晶化和微结构的影响。结果显示，随 Er 的添加量的增加，Al+Al₃Fe 低共熔物的核化温度先升高后降低，而其晶化时间始终不断缩短；当 Er 添加量为 0.3wt%时，核化温度达到峰值 650.95℃。作为 α-Al 的优先异相核化成核中心，第一相 Al₃Fe 可降低要求的过冷度，增加核化速率。加入 0.3wt%Er 时 Al₃Fe 的平均长度达到最小值 37.69um，较无 Er 添加时缩短了将近一半。当加入 0.5wt%Er 时，出现少量中空的立方或金刚石形尺寸 2μm 左右的 Al₃Fe 颗粒，但其不能作为异相成核中心。

Al-Si 合金具有良好的铸造和机械性能，主要用于汽车和交通运输工业，尤其是在汽车工业，整车重量的减少可提高燃料利用率。Al-Si-Cu 合金含 α-Al 和低共熔 Si，以及 AlFeSi、AlFeMnSi 和 Al₂Cu 等第二相。近年，不同种类的转化涂层已被用于改善 Al 合金的防腐蚀性能，提高其服役寿命，如在 AA2014 铝合金表面加入 LaCl₃ 和 CeCl₃。但这类技术只是改变了合金的表面性能，而非合金的微结构和组成，难以实现长效防腐蚀。在 Al-Si 合金中加入稀土 Sm 可通过改善合金的微结构而改善其机械性能，如晶粒细化、阻滞再结晶等，因而加入稀土或可成为一种实现长效防腐蚀的良好选择。前期已有研究关注了稀土在 Al-Mg 和 Al-Fe 合金中的作用，也有研究发现稀土 La、Pr、Nd、Sm、Tb、Dy 和 Ho 等单一稀土元素可增强 Al-Si 铸态合金在 3.5%wt%NaCl 溶液中的防腐蚀性能。Zou 等[51]调查了 Yb 加入 ADC12 铝合金中的作用，结果发现，随着 Yb 的加入，合金中 α-Al、低共熔 Si 和 β-Al₅FeSi 相明显得到细化。0.9wt%的 Yb 加入时，观察到了 Al₃Yb 金属间化合物相，同时腐蚀电流密度较无 Yb 添加合金降低了 84.7%。Al₃Yb 相的形成阻止了 Si 相的生长，从而抑制了阴极区腐蚀活性，降低了微电流腐蚀速率。

稀土铝合金还是代替铜材制造电线电缆的理想材料。纯铝由于其相对较高的电导率、较小的密度和较高的耐腐蚀性，通常用于电力工业中的导电材料，另外铝的价格也较铜便宜。但铝的力学强度低，而铝的合金化可通过固溶和沉淀硬化而使强度增加。但在纯铝中引入其它元素往往因溶质原子、位错、晶粒间界和沉淀等导致电子散射而降低其电导率，其中最主要的因素是溶质原子。因此，Al-RE、Al-Fe 等 Al 基的不互溶体系应可成为高电导率合金选择，因 RE 和 Fe 在 Al 中的固溶度几乎为零，因而对电导率不会产生显著影响。另外，作为小颗粒均匀分布在合金中的中间合金相沉淀或可显著增加合金的机械强度和热稳定性。但铸态 Al-RE 合金中金属间合金相颗粒较为粗大导致强度仍无法达到应用要求。最近有研究显示，采用大塑性变形处理可形成超细颗粒或纳米级颗粒结构，可使合金在没有显著电导率损失的同时获得较高的强度。此时，晶粒间界对电子的散射减少。Al 与 La 和 Ce 的合金化形成了 Al(La, Ce)低共熔物，可使 Al 基体颗粒尺寸显著减小，改善合金高达 250℃时的热稳定性。为优化合金组成，获得兼具优异机械性能和导电性能的稀土铝合金，Medvedev 等[52]开展了不同稀土浓度的影响研究。发现通过室温高压扭转变形进行的大塑性变形处理可获得超细颗粒结构，Al₁₁(Ce, La)₃ 金属间合金化合物沉淀相增加了合金强度和热稳定性，但使电导率降低；增加稀土浓度有利于增加机械强度，但不利于导电性；不过，低于 280℃下短时间（1h）的煅烧处理可恢复合金的导电性，且不显著影响强度。同时考虑电导率和机械强度的优化合金组分及制备条件为：Al-(3.5～4.5)RE、室温高压扭转变形后于 250～280℃热处理 1h。

我国冶炼厂生产的铝锭，由于受自然资源的影响，含硅量较高，而硅又是影响导电性能的主要有害杂质，采用微量稀土处理铝液，可克服硅的有害影响，明显改善导电性能，还提高了电线电缆的机械强度和加工性能，使我国生产的铝电线电缆不但导电性能略高于国际电工委员会标准，还比以前机械强度提高了 20%，抗腐蚀性能提高了一倍，耐磨性能更是提高了约 10 倍。高导电高强度稀土铝电缆已用于 50 万伏超高压输电线，还成功地用在长江大跨度输电线路上。由于提高了强度，用于一万伏输电线路，一般不用钢芯加强，节省了大量镀锌钢丝。用稀土铝合金拉制的各种电线电缆，电能损耗小，经久耐用，已经成为国家级电网的规范性产品。目前，我国年产能力已超过 40 万 t，形成了一个强大的稀土铝导线输电网，每年可为国家大量节电，创造了可观的经济效益。

2. 发展趋势与挑战

中国稀土在铝合金中的应用经历过一个特殊的高速发展时期。但是，近年来稀土在铝合金中的应用发展速度明显放缓。尽管稀土元素本身的精炼、细化和变质能力并不是最强，但是辅以常规精炼剂、细化剂和变质剂进行复合熔体处理，可以获得更好的精炼、细化和变质效果，从而提高铸件性能。因此，应该开展以下基础研究工作。

1）稀土在铸造铝合金中的精炼、细化和变质机制

随元素原子半径的减小稀土的变质效果逐渐变差，有时需要复合添加多种稀土元素才能达到很好的细化效果，因此需要进一步深入研究稀土在铸造铝合金中的精炼、细化和变质机制。由于对稀土元素的作用机制研究不足，目前含稀土的细化型和变质型中间合金质量差别大，加上现场生产工艺的复杂性，限制了稀土在铝合金铸造生产中的广泛应用。

2）含稀土细化剂、变质剂和精炼剂的制备工艺

稀土变质处理工艺还不成熟，稀土变质均匀化处理的合金力学性能明显低于挤压成形合金，需加强稀土变质工艺的研究，在不同成分和组织特征的含稀土复合细化剂和复合变质剂对铸造铝合金的细化和变质效果研究基础上，研究含稀土细化剂、变质剂和精炼剂的制备工艺。

3）稀土变质技术与传统热处理工艺的结合

添加稀土元素是实现铝合金微合金化的主要方法，但有时单纯的通过微合金化来提高铝合金力学性能，不能满足技术要求，因此稀土变质技术与传统热处理工艺的结合应是今后的一个重点研究方向。

4）稀土铝合金的应用

稀土铝合金的应用前景广泛，有很大的开发深度和广度。还要加强稀土铝合金研究成果的应用推广，将研究成果转化成生产力，充分利用中国的稀土资源优势，以企业为主体，走产学研结合之路，实现稀土在铸造铝合金领域应用的可持续发展，提高国际竞争力。

第二节　稀土热障涂层材料

一、国内外进展

热障涂层（thermal barrier coating，TBC）技术在航空、航天、舰船、电力、冶金、汽车制造等领域有广泛而重大的应用价值。国内外研发的 TBC 材料主要针对航空发动机领域的应用，该类材料沉积在发动机热端金属部件表面，可提高发动机工作温度。TBC 技术的基本设计思想是利用陶瓷材料优越的耐高温、耐腐蚀、耐磨损和绝热等性能，使其以涂层形式和基体复合，在高温环境中，能形成从材料表面到基体的温度梯度，减弱温度向基体的传导，达到隔热和降低工件表面温度的目的。

当前，航空发动机高流量比、高推重比的发展趋势使发动机的燃气入口温度不断提高。现役的航空发动机中，推重比为 8 的燃气入口温度为 1300～1400℃，推重比为 10 的燃气入口温度达到 1600～1700℃，未来先进航空发动机对推重比提出了极高的要求，将达到 20，燃气入口温度将超过 2000℃。传统的用于制造发动机的镍基高温合金使用温度最高为 1150℃，即使先进的气膜冷却技术可降低约 500K 的表面温度，仍存在较大温度差需要解决。当前解决这一问题的主要手段是在高温零件表面沉积 TBC，以改善材料表面抗高温性能，大幅提高航空发动机工作温度[53,54]。

近年来美国和欧洲相继制定和实施了多项高性能航空发动机计划，均把发展新型 TBC 技术作为主要的战略研究目标之一。美国在 TBC 研发和应用方面一直走在世界前列。美国研制的陶瓷 TBC 于 1976 年在 J75 涡喷发动机涡轮工作叶片上得到了成功的试验验证。20 世纪 80 年代初，PW 公司成功开发了第二代等离子喷涂 TBC-PwA264。其陶瓷面层采用 7wt% Y_2O_3 部分稳定的 ZrO_2（7YSZ），厚度通常为 0.2～0.3mm；金属粘结层为更耐氧化的低压等离子喷涂的 NiCoCrAlY，厚度通常为 0.1～0.2mm。20 世纪 80 年代末，PW 公司又成功开发了可适应更高温度要求的第三代涡轮叶片电子束-物理气相沉积（EB-PVD）TBC-PwA266。该涂层仍由 7YSZ 面层和 NiCoCrAlY 金属粘结层构成，但消除了叶片蠕变疲劳、断裂和叶型表面抗氧化陶瓷的剥落，使其寿命比未喷涂该涂层叶片寿命延长了 3 倍。GEAE 公司在 20 世纪 90 年代后期又开发出新型 TBC，开发出了防止第四代单晶合金 MX4 与 TBC 粘结层相互作用的技术，并开发和验证了 TBC 的寿命估算模型。与未采用该涂层的叶片相比，预计 GE90 发动机高压涡轮叶片采用 MX4 和 TBC 后，性能大大提高，寿命延长 4 倍，维护费用大大降低[55]。

20 世纪 90 年代以来，英国罗尔斯·罗伊斯（Rolls-Royce，RR）公司将 TBC 陆续应用到民用和军用发动机上。EJ200 发动机高压涡轮工作叶片采用了两层等离子沉积的 TBC（面层为 YSZ，粘结层为 CoNiCrAlY），从而比未采用该涂层时延长了寿命，提高了耐温能力。英国 Zircotec 公司研发的新型柴油机陶瓷隔热涂层可有效减低柴油机表面温度 125℃，也可应用于更多金属、塑料及其它混合材质。20 世纪 90 年代末，日本为下一代超声速运输机开发了 TBC 技术，涂层的面层材料为 YSZ，粘结层材料为 CoNiCrAlY，分别采用大气等离子喷涂（air plasma spray，APS）工艺和低压等离子喷涂（low pressure plasma spray，LPPS）工艺沉积[55]。

TBC 可以采用多种方法制备，如磁控溅射、离子镀、电弧蒸镀、APS、EB-PVD 等，但从 TBC 技术的发展及应用来看，制备技术以 APS 和 EB-PVD 两种为主。制备技术影响涂层的热导率，APS 和 EB-PVD 技术制备的 YSZTBC 涂层热导率一般为 $0.8 \sim 1.2$ W/（m·K）和 $1.5 \sim 1.9$W/（m·K）之间[56]。美国、德国、日本等国家均投入大量的研究力量探索新的 TBC 制备技术，以提高涂层的性能，降低制备成本[55]。

国内 TBC 的研究开始比较晚，加之 TBC 在工业发达国家被列为保密技术，对我国一直实行封锁，因此我国的 TBC 与国外先进技术水平相比尚有明显的差距。为满足我国航空、航天、船舶、能源、核工业等领域高速发展对高温防护涂层的迫切需求，我国一些单位相继开展了多方面的研究工作，为高温防护涂层的发展做出了重要的贡献。中科院金属研究所提出的微晶涂层、双相合金高温氧化机理在国际上产生了重要的影响；广州有色金属研究院、北京航空材料研究院等单位先后发展了 1150℃以下抗高温氧化 MCrAlY 涂层并获得成功的应用；上海硅酸盐所研制的纳米陶瓷涂层及制备技术促进了高温防护涂层结构与制备技术的发展。

含 6wt%～8wt%氧化钇稳定的氧化锆（6-8YSZ）陶瓷材料具有低热导以及较高热膨胀系数等优点，综合性能优良，因而目前仍然是燃气涡轮机动叶片的主要 TBC，得到了广泛的使用。然而 YSZ 的主要缺点是工作温度较低（<1200℃）。在 TBC 使用过程中，空气中的 O_2 与粘结层中的金属元素发生氧化反应，生成热生长氧化物（thermally grown oxide，TGO），TGO 引起

的各种应力是造成 TBC 损伤或失效的根源之一；其次，由于 YSZ 涂层在服役过程中发生亚稳四方相 t'-ZrO_2 向四方相 t-ZrO_2 和立方相 c-ZrO_2 的转变，在降温过程中四方相 t-ZrO_2 转变为单斜相 m-ZrO_2，同时伴随~4%的体积膨胀，导致涂层内应力增大，并最终导致涂层断裂和剥落失效；再者，YSZ 涂层在 1200℃以上易发生烧结，隔热效果降低，同时引起的体积收缩会减少 TBC 的柱状结构并增大弹性模量，致使涂层应变容限降低，热循环寿命迅速下降[57]。

TBC 一旦失效将导致严重后果。除上述 TGO 的形成、YSZ 高温相变以及烧结导致涂层剥落等 TBC 失效模式外，当发动机工作温度达到 1200℃以上时，还将出现一种 TBC 失效模式，这就是熔点在 1190~1260℃的钙镁铝硅酸盐（Ca-Mg-Al-SiO_x，CMAS）颗粒在发动机内部高温作用下融化后侵蚀 TBC 所导致的涂层失效。CMAS 一般是从进气道吸入的沙粒、浮尘和飞灰，尽管地理位置和服役条件不同，但经测试，这些硅酸盐矿物颗粒的化学组分都基本相同，主要为 CaO、MgO、Al_2O_3、SiO_2 以及少量 Ni 和 Fe 的氧化物，只不过组分的比例有所差异。不同种类 TBC 材料抵抗 CMAS 侵蚀的能力有很大区别。传统的 6-8YSZ 料已被证实无法抵御 CMAS 的侵蚀。高温下 CMAS 中的 SiO_2 会与 YSZ 中的 Y 发生化学反应，导致 YSZ 晶体中的 Y 持续向腐蚀剂中扩散，造成晶体中 Y 的偏析，生成了高 Y 的立方相氧化锆和低 Y 的单斜相氧化锆。相变的产生伴随着体积的收缩，而体积收缩最终会导致 YSZ TBC 剥落失效。因此，如何提高 TBC，尤其是 YSZ 涂层的耐 CMAS 腐蚀性能成为一个亟需解决的课题。

新型抗 CMAS 涂层材料的开发及对不同 CMAS 侵蚀行为的研究依然面临诸多挑战。在寻找能有效抵抗 CMAS 侵蚀的 TBC 材料方面，国内外研究人员开展了大量研究工作。目前提高抵抗 CMAS 侵蚀能力的方式主要有三种，分别是防润湿型、防穿透型和自损型。熔融 CMAS 侵蚀 TBC 的第一步是润湿涂层表面，再以毛吸效应从裂纹孔隙处向涂层内部渗入，防润湿型 TBC 的保护方式就是通过在涂层表面预制保护层，降低 CMAS 在涂层表面的润湿性，尽量减少熔融 CMAS 与涂层的接触，以达到保护涂层的目的。防穿透型 TBC 的工作原理是在 TBC 表面预制一层难与 CMAS 反应或不与 CMAS 反应的致密保护层，以期达到防止 CMAS 向涂层内部渗透的目的。TBC 材料溶解进入熔融 CMAS 后将改变 CMAS 的元素构成，而元素构成的改变则会使 CMAS 中结晶析出新相，从而形成阻隔层阻碍 CMAS 向涂层内部的进一步渗入，自损型涂层材料和熔融 CMAS 发生剧烈反应，在消耗一部分涂层物质后，反应生成致密产物，隔绝 CMAS 与涂层以阻止 CMAS 对深层涂层的进一步侵蚀[58]。

为克服 YSZ 涂层的缺点，有必要开发可替代 7-8YSZ 的新型表面层陶瓷材料。一种合适的新型 TBC 表面层材料需要满足以下几个基本条件：①低热导率；②高热膨胀系数；③高熔点；④工作温度和环境温度之间无相变；⑤良好的耐腐蚀性；⑥对金属基体具有良好的附着性；⑦较低的烧结收缩率。但目前同时满足以上 7 种要求的陶瓷材料还十分有限，因此在选择材料时通常优先考虑涂层材料的热导率和热膨胀性能[59,60]。以下按不同 TBC 体系分别介绍相关研究进展。

1）稀土锆酸盐

稀土氧化物具有较高化学稳定性和熔点，能在 ZrO_2 晶格中有限固溶，因此，稀土元素被用作 ZrO_2 的高温稳定元素以改善和提高 YSZTBC 的性能。目前有关发现新型 TBC 材料的研究主要有两种方案，一是取代 Zr 基涂层，二是寻找更好的 ZrO_2 稳定剂。其中对于第二种方案，添加具有更高酸性的稀土氧化物通常可导致更高的 Zr 涂层稳定性。具有烧绿石和萤石结构稀土锆酸盐 $Ln_2Zr_2O_7$（Ln=La～Lu）体系，由于其具备优异的高温稳定性、较低的热导率、高温下较低的氧透过率、良好的抗烧结性能等优点，非常有潜力应用于具有更高工作温度、更大推重比的新一代航空发动机。

烧绿石结构的 $La_2Zr_2O_7$（LZ）陶瓷材料是公认的新一代 TBC 材料候选之一，但是 LZ 热膨胀性能较差且导热性能仍有提升空间。$Ln_2Zr_2O_7$ 的膨胀系数低于 YSZ，也低于金属粘结层。如 $La_2Zr_2O_7$，其热导率低[1000℃时 1.56 W/(m·K)]，熔点高（> 2000℃），相稳定性好，但热膨胀系数小（～9×10^{-6}/K）。研究表明，稀土掺杂是改善 LZ 热膨胀性能和导热性能的有效措施。$Sm_2Zr_2O_7$ 具有较低的热导率、较高的热膨胀系数。利用其它稀土离子（Gd、Yb 或 La）对其掺杂后，可进一步降低其热导率并提高其热膨胀性能系数。

谢敏等[61]利用 $ErO_{1.5}$ 对 $Sm_2Zr_2O_7$ 进行掺杂，通过固相合成法制备得到$(Sm_{1-x}Er_x)_2Zr_2O_7$ 陶瓷材料。研究表明，陶瓷材料的热扩散系数及热导率随着 Er^{3+} 掺杂量的增大而逐渐减小，1200℃时，$Sm_{1.4}Er_{0.6}Zr_2O_7$ 的热导率为 1.52W/(m·K)，低于 $Sm_2Zr_2O_7$ 的 1.77W/(m·K)。由于利用小离子半径的 Er^{3+} 对 Sm^{3+} 进行取代，原位离子和取代离子间质量和半径的差异会使散射增加，同时使点缺陷周围应力场引起的散射更为显著，从而降低了声子的平均自由程，使热导率降低。利用 Er^{3+} 取代后，材料的热膨胀系数由 9.674×10^{-6}/K 增大到 11.02×10^{-6}/K（x=0.3）。根据离子电负性以及晶格能理论，Er^{3+} 的掺杂可以降低 A 位与 B 位离子键合强度，晶体结构的有序性下降使晶格能降低，导致热膨胀系数提高。

Yang 等[62]的研究发现，在稀土锆酸盐中引入部分取代 Zr 的 Ce，随着 Ce 浓度的增加材料的热膨胀系数接近线性增加。由于存在较强的声子散射，低 Ce 掺杂浓度时，固溶体的热导率降低，高掺杂浓度时趋于稳定。热导率值与 $Yb_2Zr_2O_7$ 接近，但显著低于 YSZ。综合考虑相结构稳定性、热膨胀系数、热导率等因素，建议优选组成 $Yb_2(Zr_{1-x}Ce_x)_2O_7$ ($x \leqslant 0.5$)。

多元稀土氧化物复合掺杂 ZrO_2 是超高温 TBC 材料的重要发展方向。多种稀土稳定剂共同掺杂可在一定程度上改善单一元素稳定时所产生的不足，在降低热导率的基础上，可提高涂层的相稳定性和抗热震性等其它性能。陈东等[63]采用固相合成法制备了 La_2O_3-Gd_2O_3-Yb_2O_3-Y_2O_3-ZrO_2（LaGYYZ）粉末，利用 APS 制备了 LaGYYSZ 涂层。所制备的 LaGYYZ 粉末基本呈规则实心球，且球形度良好，粒径均匀，其分布范围为 30～90μm，且流动性较好，具有良好的高温相稳定性，满足 APS 工艺的要求。粉末和涂层均呈四方相/立方相结构，涂层孔隙率 13%。在相同测试条件下，LaGYYSZ 涂层的隔热性能更优异，较 8YSZ 涂层提高了 18%。

徐春辉[64]采用化学共沉淀方法制备了 La 位和 Zr 位共掺杂的 $La_{2-x}Sm_x$-$(Zr_{0.7}Ce_{0.3})_2O_7$ 和 $La_{2-2x}Ce_xCa_x(Zr_{0.7}Ce_{0.3})_2O_7$ 陶瓷粉末，系统研究了稀土掺杂对锆酸镧基 TBC 各性能指标的影响。发现 Ce、Sm 和 Ce、Ca 掺杂后的锆酸镧都仍为烧绿石结构；锆酸镧基粉体相比钇稳定氧化锆具有更好的高温相稳定性；粉体的晶粒尺寸约为 100nm。$La_{1.6}Sm_{0.4}(Zr_{0.7}Ce_{0.3})_2O_7$ 的热膨胀系数最高，在 1450℃可以达到 10.46×10^{-6}/K，热导率为 0.781W/(m·K)，该热导率数值是之前研究中该材料体系的最低值。通过不同 Ce、Ca 掺杂量锆酸镧的热膨胀性能的理论分析，发现 $La_{1.2}Ce_{0.4}Ca_{0.4}(Zr_{0.7}Ce_{0.3})_2O_7$ 的热膨胀系数最高，经实际测试后在 1450℃达到 12.34×10^{-6}/K，也是目前研究中该材料体系中的最大值，热导率为 1.165W/(m·K)。

Chen 等[65]设计制备了 La_2O_3-Gd_2O_3-Yb_2O_3-Y_2O_3 多元稀土氧化物共掺杂的氧化锆材料 LGYYSZ。LGYYSZ 由立方相和少量 t'' 相组成，具有复杂的缺陷结构，热稳定性好，1400℃焙烧无相变发生。由于取代阳离子和氧空位间的排斥作用，相比于 YSZ，LGYYSZ 的热膨胀系数略有增加。更多的氧空位以及缺陷和点阵晶格间的质量和尺寸失配使声子平均自由程缩短，导致 1.0mol%La_2O_3-2mol%Gd_2O_3-2mol%Yb_2O_3-Y_2O_3 在 1000℃时的热导率降至 1.21W/(m·K)，约比 YSZ 低 40%，比不含 La 的 GYYSZ 陶瓷低 15%。由于大尺寸阳离子的引入使得晶界扩散引起的颗粒相对运动降低，LGYYSZ 中烧结致密化过程被抑制。可见，引入设计的晶格缺陷和变形，LGYYSZ 陶瓷表现出了预期的低热导率、相对高的热膨胀系数和优异的高温稳定性。

马伯乐等[57]研究了单相双稀土改性 $SrZrO_3$ TBC 的热物理性能及其热循环寿命。结果显示，APS 制备的 $Sr_{1.1}(Zr_{0.9}Yb_{0.05}Gd_{0.05})O_{3.05}$ 涂层中无第二相产生，1600℃热处理 360h 后保持单相 $SrZrO_3$ 结构，高温相稳定性良好。涂层的烧结系数为 7.27×10^{-6}/s，热处理 360h 后该涂层的热膨胀系数为（9.0～11.0）$\times 10^{-6}$/K（200～1400℃），热导率为 2.83W/(m·K)（1000℃）。$Sr_{1.1}(Zr_{0.9}$-$Yb_{0.05}Gd_{0.05})O_{3.05}$/YSZ 双层涂层的火焰循环次数为 1000 次，失效区域主要发生在 $Sr_{1.1}(Zr_{0.9}Yb_{0.05}Gd_{0.05})O_{3.05}$ 陶瓷层内。在喷涂粉末中增加 SrO 的含量能够弥补在 APS 过程中 Sr 元素过量挥发的问题。双稀土掺杂能够明显提高涂层的热膨胀系数，且单相双稀土改性 $Sr_{1.1}(Zr_{0.9}Yb_{0.05}Gd_{0.05})O_{3.05}$ 涂层的抗烧结性能明显优于 $SrZrO_3$ 涂层，但热导率比含有第二相的 $SrZrO_3$ 涂层高。

$La_2(Zr_{0.7}Ce_{0.3})_2O_7$（LZC）块材在其温度达到其熔点（2413K）前都是热稳定的，且热导率低，但其热膨胀系数仍相对较小，导致 LZC 外表层和金属粘结层间产生较高的应力。前期研究发现，在 LZC 陶瓷中掺杂 Yb 和 Y 氧化物可增加材料的热膨胀系数，减小热导率。Xu 等[66]进而研究了 Sm_2O_3 掺杂对于 LZC 陶瓷热障性能的影响。$(Sm_{0.2}La_{0.8})_2(Zr_{0.7}Ce_{0.3})_2O_7$（SmLZC）涂层采用 EB-PVD 法制备，制得的涂层为烧绿石和萤石的混合相。分析发现，SmLZC 的热导率在 1273K 以下时随温度的增加而减小，之后缓慢增加，最小值为约 0.85W/(m·K)；热膨胀系数为约 10.78×10^{-6}/K，大于 $La_2Zr_2O_7$（9.18 $\times$ 10^{-6}/K）和 LZC（10.51×10^{-6}/K）。

已有研究发现在 YSZ 中采用稀土氧化物（Nd_2O_3、Gd_2O_3、Sm_2O_3、Yb_2O_3 和 Sc_2O_3）与 Y_2O_3 共掺杂可得到相比于 YSZ 热导率更低、抗高温烧结能力更强的热障材料。Bobzin 等[67]使用高能球磨制备的喷涂粉末为原料，采用等离子喷涂工艺制备了 Gd_2O_3-Yb_2O_3 共掺杂的 YSZ 涂层材料。性能表征发现，喷涂得到的涂层具有孔隙率高达 39% 的多孔微结构。孔隙率高的 TBC 相比于传统 TBC 表现出更好的热震行为。热处理后，孔隙率减少至 26%，涂层的热导率和硬度都显著增加，但在高温下热导率较低，小于 1.1W/(m·K)。该研究认为，使用高能球磨制备喷涂原料粉末有助于改善 TBC 性能。

北京航空制造工程研究所开发的 Sc_2O_3、Gd_2O_3、Yb_2O_3 三元稀土氧化物复合稳定 ZrO_2 及 Sc_2O_3、Y_2O_3 二元稀土氧化物复合稳定 ZrO_2 TBC，短时工作温度可达 1500℃，为单一四方相结构，长期工作无相变，使 TBC 承温能力提高了 200℃。苏尔寿美科（Sulzer Metco）公司开发的 Gd_2O_3、Yb_2O_3、Y_2O_3 三元稀土氧化物复合稳定 ZrO_2 的短时工作温度 1500℃仍可保持相稳定，涂层热导率明显低于一般 TBC [54]。

$Ln_2Zr_2O_7$ 还存在传统陶瓷材料固有的低韧性缺陷。传统陶瓷材料可采取的增韧手段包括：相转变增韧、铁弹增韧、微裂增韧和第二相增韧等。已有大量关于第二相增韧研究。其中的一个策略是在陶瓷中引入纤维/须装物，如 SiC 纤维或碳纳米管，但这类引入的中间层高温易于被氧化失效；另一个策略是掺杂一种易于解理的层状结构氧化物作为第二相。$LnPO_4$ 是一种具有良好高温稳定性的层状结构氧化物，且具有约 $1W/(m·K)$（1000℃）的低热导率[68]，已有报道 $LnPO_4$ 掺入 ZrO_2 或 Al_2O_3 中时产生了弱粘合界面。不过，弱粘合界面对于增强还是降低材料韧性存在争议。Guo 等[69]选择具有较为优异综合性能的 $Gd_2Zr_2O_7$ 作为基质材料，$GdPO_4$ 作为第二相，研究了复合物的力学性能和增韧机制。发现 $GdPO_4$ 作为第二相的存在细化了 $Gd_2Zr_2O_7$ 颗粒，增强了颗粒界面，在复合物中引入了残余应力；随着 $GdPO_4$ 掺杂浓度增加，在第二相中产生的拉应力减小；在小于 30mol%掺杂浓度时，复合物的韧性增加，同时未降低硬度和杨氏模量，但更高的掺杂浓度导致这些性能的降低。增强的界面和 $GdPO_4$ 颗粒中的裂纹转向、桥联和枝化应是导致起初韧性增强的原因，而掺杂浓度增加后性能的降低应是 $GdPO_4$ 颗粒变粗大所致。

王彩妹[70]尝试以 $LaPO_4$ 作为 $Gd_2Zr_2O_7$ 材料的增韧剂，采用化学共沉淀法制备 $Gd_2Zr_2O_7$ 粉体，采用球磨法将 x mol%$LaPO_4$ 加入 $Gd_2Zr_2O_7$ 中高温煅烧以制备 $Gd_2Zr_2O_7$-$x$mol%$LaPO_4$ 复合材料。测试结果表明，$Gd_2Zr_2O_7$ 和 $LaPO_4$ 两相共存且没有发生化学反应。$Gd_2Zr_2O_7$-$LaPO_4$ 材料的断裂韧性随 x 的增加呈现出先增加后降低的趋势，$Gd_2Zr_2O_7$-30mol%$LaPO_4$ 具有最好的断裂韧性。

赵孝祥[71]开展了 $Nd_2Zr_2O_7$TBC 材料的增韧研究。采用化学共沉淀-煅烧方法制备了$(Nd_{1-x}Sc_x)_2Zr_2O_7$ 系列陶瓷粉末、常温冷压-高温烧结制备了块材。研究结果表明，当 $x \leqslant 0.075$ 时，$(Nd_{1-x}Sc_x)_2Zr_2O_7$ 只存在一种烧绿石相，随 Sc_2O_3 掺杂量的增加，结构无序度增加，当 $x=0.1$ 时，出现萤石相；$(Nd_{0.925}Sc_{0.075})_2Zr_2O_7$ 有最大的热膨胀系数；材料的断裂韧性随着 Sc_2O_3 含量的增加而增加。综合考虑热膨胀系数和韧性，10mol% Sc_2O_3 为 $Nd_2Zr_2O_7$ 陶瓷材料的最佳掺杂量。对于 Fe_2O_3 掺杂的 $Nd_2Zr_2O_7$，随着 Fe_2O_3 含量增加，材料中出现了萤石相且含量不断增多，$(Nd_{0.6}Fe_{0.4})_2Zr_2O_7$ 和$(Nd_{0.5}Fe_{0.5})_2Zr_2O_7$ 则只有萤石相；同时硬度及韧性首先显著增加，而后减小，当 Fe_2O_3 掺杂量达到 30mol%时均达到最大值。硬度及韧性的增加主要来源为无序度和断裂能的增加以及残余压应力的作用。

因为 TBC 的工作环境为长期接触高氧化气氛中的化石燃料，抗热腐蚀性和高温氧化性应当是除低热导率、适当热膨胀系数和相稳定性以外需要着重考虑的因素。基于自损型涂层原理，稀土锆酸盐不仅能与 CMAS 反应生成磷灰石、钙长石等产物从而形成致密的隔绝层对涂层起到较好的保护作用，而且其自身就具有比 YSZ 更低的热导率、更好的高温稳定性及较大的热膨胀系数，因此成为目前较为理想的能够抵抗 CMAS 侵蚀的 TBC 材料体系。作为一种重要的 TBCs 材料，$La_2(Zr_{0.7}Ce_{0.3})_2O_7$（LZ7C3）具有极低的热导率和优异的热循环性能。周鑫等[72]的研究表明，1250℃等温暴露 0.5h 后，CMAS 完全渗入了 YSZ 涂层，而 LZ7C3 涂层表现出优异的抗 CMAS 性能，24h 高温腐蚀后 CMAS 渗透深度仅为 30μm 左右。LZ7C3 涂层的抗 CMAS 性能主要归功于 LZ7C3 与 CMAS 之间的高温化学反应，LZ7C3 溶解在 CMAS 中并很快结晶出 $Ca_2(La_{1-x}Ce_x)_8(SiO_4)_6O_2$ 磷灰石相和 $Zr(Ca, Ce)O_x$ 萤石相，在 CMAS 与 LZ7C3 涂层界面形成一层连续、致密的结晶反应层，有效抑制了 CMAS 沿涂层微裂纹或 EB-PVD 涂层柱状晶间隙渗入涂层内部。

为改善高温相稳定性和抗 CMAS 腐蚀性，已有大量研究发展新型 TBC，如 $Gd_2Zr_2O_7$、$Yb_2Zr_2O_7$、$La_2Ce_2O_7$ 和 $Y_2Zr_2O_7$。其中 $Y_2Zr_2O_7$ 展现了较其它材料更为优越的抗 CMAS 腐蚀性能，但其较差的力学性能使其长期服役应用受限。已有研究发现，Sc_2O_3 和 Y_2O_3 共掺杂的 ZrO_2（ScYSZ）具有较为优异的物理和力学性能，Fan 等[73]进一步研究了该类陶瓷耐 CMAS 腐蚀性能及腐蚀机制。YSZ 和 ScYSZTBC 在 1320℃的 CMAS 腐蚀对比实验结果显示，Sc^{3+} 较 Y^{3+} 在 CMAS 中的溶解度小得多，较难形成 m 相，说明 ScYSZ 在 CMAS 攻击下较传统的 YSZ 具有更高的 t 相稳定性。另外，相比于 YSZ，增加 ScYSZ 的密度可有效阻止熔融 CMAS 的侵蚀。

已有研究证实，掺入氧化锆中的稀土元素与氧空位形成缔合缺陷，二者之间存在缺陷缔合能，使得稀土元素与氧化锆晶体的结合力增强，从而提高耐腐蚀性。徐俊等[74]制备了 Yb/Y 双掺杂氧化锆粉体，压片烧结后进行高温 CMAS 熔盐腐蚀实验研究。结果表明，氧化锆晶格中的 Yb 在腐蚀过程中优先于其它元素与 CMAS 反应而流失（从氧化锆晶格扩散至腐蚀剂中），从而减缓 Y 元素的偏析，稳定亚稳四方相氧化锆（t'-ZrO_2）；Yb 的最优掺杂量为 5%，此时腐蚀反应产生的单斜相氧化锆（m 相）的含量最少。

燃油中通常含有 V 和 S 杂质，燃烧后在发动机表面沉积形成 V_2O_5 和 Na_2SO_4 盐。熔融或接近熔融的 Na_2SO_4-V_2O_5 盐会与氧化钇、YSZ 反应，导致 YSZ 在冷却过程中发生自四方锆向单斜相的转变，同时伴随 3%～5%的体积膨胀，从而引起表面层开裂、脱落，因而改善在 Na_2SO_4-V_2O_5 环境中的抗热腐蚀性也是发展 TBC 材料的主要目标之一。具有缺陷萤石结构的锆酸钆（GZO）在高于 1200℃时不会发生自四方到单斜结构的相转变，尽管在 1530～1550℃时存在缺陷萤石结构到烧绿石的有序到无序转变，但不会对性能产生负面影响。GZO 的热膨胀系数（$9×10^{-6}$～$11×10^{-6}$/K）与 YSZ 相当，而 1000℃时的热导率[1.2～1.7W/(m·K)]更低。单层 GZO 作为 TBC 时存在一些缺陷，如易于和热生长氧化物（TGO）发生反应而形成 $GdAlO_3$ 多孔钙钛矿结构层，降低 TBC 性能。Lashmi 等[75]采用 APS 制备了 YSZ/GZO 双层结构涂层，所用喷涂粉末为一步共沉淀法制备，重点关注了其在熔融 Na_2SO_4+V_2O_5 中的抗热腐蚀性能，发现 $GdVO_4$ 为 YSZ/GZO 双层的主要腐蚀产物。腐蚀后的样品在 1100℃展现了比 YSZ（175 次）更高的热循环寿命（300 次），检测证实此种双层结构设计可有效阻止腐蚀性盐向 YSZ 层的渗透。

纳米结构材料中氧和腐蚀性物质的扩散速率都较相应微米结构涂层低得多，因而可迟滞热循环过程中裂纹的产生和传播，改善材料的韧性等力学性能。Bahamirian 等[76]采用共沉淀法制备了 GZO 纳米粉末，然后通过 APS 工艺分别制备了 CoNiCrAlY/传统 YSZ 和 CoNiCrAlY/纳米结构 GZO 涂层，并重点研究了其在 950℃时 4 小时循环条件下在 Na_2SO_4-55wt%V_2O_5 中的抗热腐蚀行为。结果发现，纳米 GZO 涂层具有较传统 YSZ 涂层更好的抗热腐蚀行为。微裂纹和微孔在热腐蚀时熔融盐侵入涂层过程中扮演重要角色；纳米 GZO 抗腐蚀性的改善源于其更为稠密的涂层结构。另外，Gd_2O_3 的酸性较 Y_2O_3 更高，Y_2O_3+$NaVO_3$ 的反应较 Gd_2O_3+$NaVO_3$ 更易于发生，因而 $Gd_2Zr_2O_7$ 较 YSZ 的抗热腐蚀更好。

改善 TBC 综合性能和可靠性主要通过设计新型 TBC 结构和发展新型外表层材料实现，梯度结构或双陶瓷层结构设计已有大量研究关注。单层结构 TBC 拥有良好的隔热性能，制备工艺简单，是目前 TBC 实际应用中最为普遍采用的结构模式。不过，在单层 TBC 中，陶瓷涂层和粘结层间存在一个清晰的界面，且二者热物理参数差别较大，高温下陶瓷层中存在较大应力，致使高温抗氧化能力受限。梯度涂层通过使材料的化学成分、组织结构及力学性能沿涂层厚度方向呈梯度连续变化，避免了由于热膨胀系数不匹配等原因所造成的陶瓷层过早脱落。梯度结构提高了涂层与基体的粘结强度和涂层的内聚强度，具有理想涂层设计的高温性能，抗热震性能优于双层涂层，但由于制备技术复杂，仍处在设计实验研究阶段。另外，尽管梯度结构的 TBC 可缓解层间应力问题，层间的结合强度也可得到改善，但仍不适合用于高温环境。双层结构设计通常在单层结构中再引入一个热扩散阻断层、抗腐蚀层，在服役环境中，各层分别起到不同的作用。双层结构可有效改善 TBC 的抗腐蚀和抗氧化性能，因而近年受到越来越多的研究关注。

因 TBC 需要长时间在高温环境下工作，氧可通过陶瓷层扩散至粘合层导致热生长氧化物（TGO）的形成。TGO 的相组成和界面处的残余应力将对 TBC 的高温抗氧化性能产生影响。Dong 等[77]研究了 La 对双层 TBC 高温抗氧化机制的影响，以期为 TBC 高温抗氧化性的改善提供参考。研究采用 APS 制备了陶瓷层分别为单层 YSZ 和双层 La$_2$Zr$_2$O$_7$（LZ）/YSZ 的两种 TBC，并在 1100℃进行了氧化实验。结果显示，LZ 层的存在阻止了粘结层的快速氧化和 TGO 的快速生长；La 可控制 TGO 的相转变，即降低亚稳相 θ-Al$_2$O$_3$ 到稳定相 α-Al$_2$O$_3$ 的相转变速率，从而减小残余应力；La^{3+}还使粘结层中扩散受到阻碍，抑制了尖晶石相的形成，这有利于 TGO 和涂层之间的结合。因而，LZ 陶瓷层的存在使得双层结构 LZ/YSZTBC 较单层 YSZ 涂层表现出更为优异的高温抗氧化性能。

单层 La$_2$Zr$_2$O$_7$ 涂层的热循环性能较传统 YSZ 差。掺杂其它稀土元素形成固溶体或复合物或可提高材料的热膨胀系数，增加热循环寿命[78]，如添加热膨胀系数较大（～13×10^{-6}/K）的 CeO$_2$。但在 La$_2$O$_3$-ZrO$_2$-CeO$_2$（LZC）涂层中，元素含量对 EB-PVD 过程施加的能量敏感，各种元素（La$_2$O$_3$、ZrO$_2$ 和 CeO$_2$）蒸气压和熔点的差异决定涂层的组成，沉积 LZC 涂层中的 La、Zr、Ce 原子比例显著影响涂层的热导率和热循环性能。Shen 等[79]在不同电流条件下，采用 EB-PVD 法制备了双层结构的 LZC/YSZ 涂层。研究显示，具有层次羽状结构的双层涂层展现了良好的热导率和热循环性能，尤其是电子束电流为 1.0～1.3A 时得到的涂层 1200℃的热导率低于 1W/(m·K)，循环寿命超过单层 YSZ 的 50%。良好的热障性能或归因于三种因素的共同作用：电流控制优化的元素组成、独特的羽状微结构以及声子散射的改善。

Wang 等[80]还考察了单层 YSZ 和双层 LZ/YSZ 结构 TBC 对抗高温 CMAS 腐蚀性能的影响。研究发现，经 1200℃的 CMAS 腐蚀，单层 YSZ 因发生相转变引起体积收缩和表面开裂而失效，而 LZ 陶瓷层可与 CMAS 发生反应，形成致密的磷灰石相和萤石相，使得 CMAS 向陶瓷层内部的侵入受到有效抑制。拉曼分析和计算均表明两种结构 TBC 中陶瓷层的表面残余应力均为压应力，且双层结构时较单层结构时更小；形貌观测显示经 CMAS 腐蚀的双层结构外表面较单层结构更为均匀、致密。

2）稀土铈酸盐

近年来，化学式为 $Ln_2B_2O_7$（Ln=稀土元素，B=Zr、Hf、Sn、Ti 或 Ce）型稀土氧化物被认为是最具潜力的新型 TBC 表面陶瓷层材料。化学式为 $Ln_2Zr_2O_7$ 的稀土锆酸盐虽然依然是研究的热点之一，但对其研究重点已经转向涂层的制备及性能方面。而化学式为 $Ln_2Ce_2O_7$ 成为继稀土锆酸盐之后，一种最具潜力的新型 TBC 用陶瓷材料。目前，部分一元稀土铈酸盐，诸如铈酸钆、铈酸钕、铈酸镧、铈酸钐、铈酸铒和铈酸镱等，已经被证明是极具潜力的 TBC 表层陶瓷材料。

$Ln_2Ce_2O_7$ 型稀土铈酸盐热物理性能可通过元素掺杂进行调节。与稀土锆酸盐不同的是，稀土铈酸盐系列材料全部为萤石晶体结构，而且其热膨胀系数均大于对应的稀土锆酸盐。对于锆酸盐的研究发现，多种稀土元素同时掺杂不仅可进一步降低其热导率，而且还有可能改善其热膨胀性能。为研究多元掺杂对稀土铈酸盐热物理性能的影响规律，吕建国等[81]以 $Sm_2Ce_2O_7$ 为基体，选择 Gd_2O_3 和 Yb_2O_3 为掺杂成分，制备了具有纯净萤石结构的 $(Sm_{0.5}Gd_{0.3}Yb_{0.2})_2Ce_2O_7$ 陶瓷。表征显示，该陶瓷显微组织致密，晶界清晰；掺杂原子与基质原子之间质量及半径的差别加强了声子散射，从而使其热导率显著降低；同时 Gd^{3+}、Yb^{3+} 引入而导致的氧空位有序度下降使得$(Sm_{0.5}Gd_{0.3}Yb_{0.2})_2Ce_2O_7$ 具有较低的热膨胀系数，但仍可满足作为新型 TBC 材料的要求。另外，汤安等[59]采用固相反应法制备了具有单一萤石结构的 $(Sm_{1-x}Dy_x)_2Ce_2O_7$ 固溶体。测试表明，该系列固溶体也具有致密的显微组织和清晰晶界，其热导率和热膨胀系数均随 Dy^{3+} 掺杂量的增加而降低，具有用于新型 TBC 表面陶瓷层材料的潜力。

$La_2Ce_2O_7$（LC）具有较 YSZ 更高的相稳定性、更低的热导率和更高的热膨胀系数。然而，该材料在约 623K 后热膨胀系数急剧减小，严重限制了它的实际应用。一般认为，LC 中的热收缩正比于氧空位浓度，因而，如采用一定量的高价阳离子（如 W^{6+}，Ta^{5+} 等）取代 La^{3+} 或 Ce^{4+} 将可降低氧空位浓度，从而减小热收缩，增加热循环寿命。APS 或 EB-PVD 制备的 TBC 已被广泛用于现代涡轮发动机。Zhang 等[82]采用 APS 工艺制备了 Ta_2O_5 掺杂的 $La_2Ce_2O_7$ 涂层 $La_2Ce_{1.7}Ta_{0.3}O_{7.15}$（LCT）。测试表明，LCT 涂层在 25℃和 1000℃时的热导率 [$0.54\sim0.71$ W/(m·K)] 均较 LC 涂层 [$0.65\sim0.85$ W/(m·K)] 和传统的 YSZ 涂层 [$1.53\sim1.72$ W/(m·K)] 更低；LCT 涂层在 1300℃×1000h 时展现了良好热稳定性；更重要的是，由于 Ta^{5+} 的取代降低了氧空位浓度，热膨胀系数的急剧下降受到抑制，热循环寿命得到改善。

　　LaZrCeO（LZC）具有高熔点、高相稳定性和低热导率，但 LZC 与金属粘结层间相对较低的热稳定性导致 TBC 循环过程中存在较高的残余应力，因而单层 LZC 热学性能较差。已有研究工作尝试了将 LZC 与其它陶瓷材料构建双层结构，如底层采用 YSZ 涂层，可改善陶瓷层、粘结层和热生长氧化物层中的化学和热学不稳定性。Shen 等[83]采用真空电弧离子镀（vacuum arc ion-plating，ARC）和电子束辅助物理气相沉积（electron beam-physical vapor deposition，EB-PVD）工艺制备了粘结层为 NiCrAlYSi、外表层为 LZC/YSZ 双层的 TBC 材料。表征显示，LZC/YSZ 双层的相结构为 $La_2Zr_2O_7$ 和 $La_2Ce_2O_7$；制备得到的样品具有圆柱状和羽毛状微结构；双层结构材料显示了较高的热循环（1132 个循环）和热震寿命（13508 个循环），热循环过程中也表现了良好的热稳定性。所得 TBC 的高寿命与双层结构和羽毛状微结构有关。

　　国内近年开发的系列锆酸镧、铈酸镧或铈锆酸镧 TBC 材料大多数呈烧绿石结构、萤石结构或者缺陷萤石结构，其导热系数明显低于稀土氧化物稳定 ZrO_2TBC 材料，但抗热冲击性能还有待提高。如将这些盐类化合物与传统 YSZ 组成双陶瓷层结构 TBC，则可发挥传统材料热膨胀系数大、断裂韧性高的优点，明显延长 TBC 热循环寿命，同时保留稀土锆/铈酸盐类化合物不发生相变、抗烧结、热导率低、抗腐蚀的优，这是未来发展使用温度超过 1300℃ 的超高温 TBC 的重要途径之一。

　　3）稀土硅酸盐

　　一般认为，具有低热导率材料应具有复杂的晶格结构、大分子质量和弱键合。根据该原则，一些含稀土的材料已被发现具有低热导率，具有作为热障材料的良好应用前景。具有不同相结构稀土硅酸盐[Ln_2SiO_5、$Ln_2Si_2O_7$ 和 $Ln_{9.33}(SiO_4)_6O_2$]已吸引广泛关注，如 X2-Ln_2SiO_5、γ-$Ln_2Si_2O_7$ 和 β-$Ln_2Si_2O_7$ 等被认为具有作为 Si 基陶瓷材料多功能热障和环境障涂层方面的应用前景。对应于较大和较小离子半径的稀土元素，Ln_2SiO_5 有两种单斜晶型，分别记为 X1 和 X2 相，都具有较低的热导率和较好的抗 CMAS 腐蚀性。

　　$Ln_2Zr_2O_7$ 和 $La_2Ce_2O_7$ 具有低热导率、更高相稳定性以及抗熔融硅酸盐腐蚀性，但通常这些材料相比于 YSZ 断裂韧性较低（$\sim$1.2MPa m$^{1/2}$）。单硅酸钇（Y_2SiO_5）不仅断裂韧性（$\sim$1.85MPa m$^{1/2}$）较低，热膨胀系数（CTE，$\sim$8×10^{-6}/K^{-1}）也较小。研究发现，嵌入第二相可同时改善材料的韧性和 CTE，如 $La_2Zr_2O_7$ 中嵌入 YSZ 第二相可将韧性提高约 120%，纳米尺寸的 $Y_3Al_5O_{12}$（YAG）也可掺入 $La_2Zr_2O_7$ 中产生类似效果。Hao 等[84]的研究发现，采用 APS 制备的 Y_2SiO_5-YSZ/YSZ 双层结构 TBC 较单相 Y_2SiO_5 涂层的循环寿命长的多，其原因应是复合涂层具有更小的体积收缩和更强的韧性。

稀土元素系列如何影响 TBC 材料的抗 CMAS 腐蚀性存在争论。如有研究认为半径大的稀土阳离子（La 和 Gd）与 CMAS 熔体反应并快速形成晶化的稀土磷灰石，可阻止 CMAS 的进一步侵入，而也有研究认为，半径小的稀土阳离子（如 Y 和 Yb）具有更好的抗 CMAS 攻击能力。Tian 等[85]系统研究了不同稀土单硅酸盐（Ln_2SiO_5）与 CMAS 在 1300℃时的热化学反应规律，发现一些稀土的硅酸盐 Ln_2SiO_5（Ln=Tb、Dy 和 Ho）易于溶解在 CMAS 熔体中，再沉淀出晶化的 $Ca_2Ln_8(SiO_4)_6O_2$ 盐；其它一些稀土的硅酸盐 Ln_2SiO_5（Ln= Tm、Yb 和 Lu）可在界面处构建一层 $Ca_2Ln_8(SiO_4)_6O_2$ 连续层，抵抗 CMAS 攻击。稀土硅酸盐的退化与稀土离子半径有关，较小半径稀土的硅酸盐由于与 CMAS 间较低的反应活性而表现出较好的抗 CMAS 腐蚀性。

Tian 等[86]系统研究了 $X1$-Ln_2SiO_5（Ln=La、Nd、Sm、Eu 和 Gd）的力学性能、热性能和抗腐蚀性等，发现 $X1$-Ln_2SiO_5 材料的力学性能和抗 CMAS 腐蚀性能与稀土元素的离子半径线性相关。弹性模量随稀土离子半径减小而增加，而具有更大离子半径的 $X1$-Ln_2SiO_5 表现出更好的抗熔融盐腐蚀性能，而热性能变化与稀土种类未发现明显的相关性。所有 $X1$-Ln_2SiO_5 样品都具有低热导率，且热膨胀系数与高温合金较为接近。

CMAS 对 TBC 的腐蚀反应产物因稀土尺寸的不同而不同。对于稀土锆酸盐的 CMAS 腐蚀研究发现，更大的稀土阳离子倾向于形成氧磷灰石相，而更小的稀土则倾向于形成石榴石相。但由于稀土单硅酸结构的复杂性，目前研究尚缺乏对于单硅酸盐 CMAS 腐蚀行为机制的清晰理解。因所含稀土离子半径的不同，单硅酸盐两种结构对抗腐蚀性能或有不同的影响。Jiang 等[87]系统研究了稀土单硅酸盐（Ln_2SiO_5，Ln= Y、Lu、Yb、Eu、Gd 和 La）对于 CMAS 的抗腐蚀行为。结果显示，在 1200℃时，CMAS 可与 Ln_2SiO_5 发生反应；Ln_2SiO_5 与 CMAS 中的 SiO_2 反应生成了 $Ln_2Si_2O_7$，之后 CMAS 腐蚀 $Ln_2Si_2O_7$。因更小离子半径稀土腐蚀反应速率更慢，X2 类结构较 X1 类结构 Ln_2SiO_5 表现出更好的抗 CMAS 腐蚀性；类似于稀土锆酸盐的腐蚀行为，含更大离子半径的 Ln^{3+} 的 Ln_2SiO_5 易于腐蚀形成氧磷灰石相，而小离子半径 Ln^{3+} 时易于形成石榴石相。

稀土硅酸盐具有良好的耐水蒸气腐蚀性、相稳定性、高操作温度（～1500℃）以及高速燃烧气氛中的低挥发损失等优势吸引了大量研究关注。Han 等[88]采用第一性原理计算系统研究了稀土单硅酸盐（Ln_2SiO_5，Ln=Lu、

Yb、Tm、Er、Ho、Dy、Y 和 Sc）在水蒸气中的抗腐蚀性。结果显示，稀土硅酸盐在水蒸气中的抗腐蚀性顺序为：$Sc_2SiO_5>Dy_2SiO_5>Y_2SiO_5>Ho_2SiO_5>Er_2SiO_5>Yb_2SiO_5>Tm_2SiO_5>Lu_2SiO_5$。掺杂可改善其在水蒸气中的抗腐蚀性，如 $YbScSiO_5$ 和 $YScSiO_5$ 相比其它单硅酸盐较大改善了水蒸气中的抗腐蚀性能。

稀土硅酸盐还是一种良好的环境障涂层（environment barrier coating，EBC）候选材料。EBC 通常需要在水蒸气环境下工作，阻止基体与水蒸气反应腐蚀。陶瓷基复合材料（ceramic matrix composites，CMC）质轻、比强度和比模量高，抗高温氧化、抗蠕变性能优异，且具有一定的耐损伤、抗裂纹扩展能力，因而成为下一代航空发动机高温部件的主要候选材料。CMC 材料不同于金属材料，制成的热端部件在工作时不需要进行气冷，并且还能改进零件的耐久性，从而极大地提高发动机的推力和工作效率。但 CMC 在高温下的氧化烧蚀限制了其应用。以 SiC-纤维/SiC-基体 CMC 材料为例，在高温氧化条件下，会形成一层 SiO_2 保护层来阻止 CMC 继续被氧化，但是 SiO_2 层又会与水蒸气反应生成氢氧化物，从而导致 CMC 中 SiC 基体的侵蚀。在 CMC 基体上制备一层 EBC 是解决这一问题的关键，因 EBC 材料可保护下层的陶瓷基体。EBC 通常由粘接层、过渡层和顶层三部分构成。粘结层一般由 Si 元素组成，主要作用是抗氧化；过渡层一般由钡锶铝硅酸盐（BSAS）和莫来石混合而成，主要起抗高温氧化和抑制与水蒸气反应的作用；顶层由 BSAS 构成，主要起到抗高温腐蚀和抗外来物冲击的作用。

带 EBC 的 CMC-SiC 材料的耐久性与 EBC 下层的热生长硅酸盐（Si-TGO）密切相关，如 Yb_2SiO_5/莫来石/Si 三层涂敷的 SiC 在高温水蒸气环境热循环时生成 β 方石英，但在降温时转变为 α 方石英，同时伴随较大的体积收缩，导致 Si-TGO 层的断裂。Lu 等[89]研究了 $Lu_2Si_2O_7$ 和 $Sc_2Si_2O_7$ 沉积的 C/SiC 复合物在水蒸气环境中 1250℃ 条件下的 Si-TGO 生长情况，发现 Si-TGO 随时间延长而厚度增加，但生长速率不断减小，符合抛物线速率规律，$Lu_2Si_2O_7$ 和 $Sc_2Si_2O_7$ 两涂层计算的抛物线速率常数分别为 5.59×10^{-2} 和 $4.26 \times 10^{-2} \mu m^2/h$。对比前期研究发现，采用 $Y_2Si_2O_7$-BSAS（Ba-Sr-Al 硅酸盐）涂层时的抛物线速率常数最小，说明 $Y_2Si_2O_7$ 应是用于多层 EBC 外表层最优化的稀土二硅酸盐。在 $Ln_2Si_2O_7$（Ln=Y、Yb、Lu 和 Sc）系列晶体结构中，$Y_2Si_2O_7$ 中的 Y-O 键强度最弱，而 Si-O 键非常短，说明 $Y_2Si_2O_7$ 具有最低的离子氧渗透性。

稀土硅酸盐比 BSAS 和莫来石有更高的抗腐蚀性能。双层结构设计的涂层可构建性能优异的 EBC 系统，如具有与基体和 Si 粘结层相匹配的低热膨胀系数的稀土二硅酸盐 $Ln_2Si_2O_7$ 作为中间层，具有优异相稳定性、化学稳定性和低热导率的稀土单硅酸盐 Ln_2SiO_5 为外表层。Ln_2SiO_5 热膨胀系数相比基体较大，易导致裂纹和剥落。等原子多组分氧化物，或称之为高熵氧化物，表现出的性能可能超过常规混合规则预期的水平，即表现出"鸡尾酒效应"。Ren 等[90]制备了一个等原子四元固溶体$(Y_{1/4}Ho_{1/4}Er_{1/4}Yb_{1/4})_2SiO_5$（YHoErYb），发现四种稀土在固溶体材料中均匀分布，杨氏模量、热导率、热膨胀系数以及耐水蒸气腐蚀性等性能均得到了一定程度的改善。四种稀土原子协同产生的鸡尾酒效应或源于晶格变形、原子质量差异以及化学键的不均匀性等因素。

4）稀土钽酸盐

采用固相法所制备的稀土钽酸盐致密块体具有更加优异的热物理性能和机械性能，包括较 YSZ 低 50%的热导率[$1.1\sim1.3W/(m\cdot K)$，1000℃]和基于高温铁弹增韧机制的良好断裂韧性。此外，稀土钽酸盐作为非氧离子缺陷型化合物，是一种氧离子传输的绝缘体，能够有效阻止 TGO 层的生长。稀土钽酸盐存在 $LnTaO_4$、Ln_3TaO_7、$LnTa_3O_9$ 等三种体系，通过综合对比分析其热物理性能和机械性能可知，$LnTa_3O_9$ 陶瓷由于其随温度升高而升高的热导率、较低的热膨胀系数及较差的力学性能而不能满足 TBC 材料的性能要求，而其它两体系均具有成为新一代 TBC 的潜力，尤其是 $LnTaO_4$ 陶瓷的性能最为优越。通过对稀土钽酸盐的改性，其结构和性能可进一步得到优化，加速了稀土钽酸盐作为 TBC 材料的发展。通过等离子喷涂-物理气相沉积（plasma spray-physical vapor deposition，PS-PVD）和 EB-PVD 等技术手段将稀土钽酸盐制备成涂层并研究其涂层的相关性能，将是稀土钽酸盐未来发展的重要方向[91]。

通常具有复杂的晶体结构和元素组成以及含较高原子量元素组成的材料可有较低的热导率。李斌等[92]根据这一原则，采用固相反应法制备了 La_2AlTaO_7 和 Sm_2YbTaO_7 氧化物。研究表明，Sm_2YbTaO_7 和 La_2AlTaO_7 氧化物在 $20\sim1200$℃范围内的平均热导率分别是 0.45 和 1.71W/（$m\cdot K$），明显低于 YSZ。与 La_2AlTaO_7 相比，Sm_2YbTaO_7 较低的热导率归因于其取代原子与基质原子之间较高的原子质量差别。

Ln_3MO_7（M=Nb，Ta）可视为萤石类 $MO_2(M_4O_8)$结构，其中三个 Ln^{3+} 和一个 Ta^{5+}离子取代 4 个 M^{4+}离子，同时产生氧空位以维持电荷平衡。氧空位可作为声子散射源，降低材料的热导率。Dy_3NbO_7 和 Dy_3TaO_7 虽化学组成相同，但具有完全不同的晶体结构，Dy_3NbO_7 为无序的缺陷萤石结构，而 Dy_3TaO_7 为有序的氟铝镁钠石结构。Wu 等[93]通过高温固相法合成了 $Dy_3(Ta_{1-x}Nb_x)O_7$ 系列材料。相结构表征显示，在 x 增加过程中，发现了 $Dy_3(Ta_{1-x}Nb_x)O_7$ 陶瓷自有序氟铝镁钠石结构到无序缺陷萤石结构的转变，同时热物理性能和力学性能变化也对应于这种转变。$Dy_3(Ta_{1-x}Nb_x)O_7$ 的热导率低于 YSZ，热膨胀系数与 YSZ 相当。有序氟铝镁钠石结构的 $Dy_3(Ta_{1-x}Nb_x)O_7$ 热膨胀系数小于无序缺陷萤石结构，这应源于有序至无序转变导致的结合能和晶体结构的变化。

氧缺陷不仅可增强声子散射，降低热导率，也可削弱化学键强度，改善热膨胀系数。掺杂可有效增加晶体中的点缺陷数目，增强晶体中晶格波的色散，降低其协调性，从而降低声子平均自由程和热导率。另外，掺杂还将由于主体原子与客体原子质量和体积的差异导致质量和应力的波动，也可产生增强散射和降低热导率的效果。Ln_3TaO_7 系列中 Gd_3TaO_7 的热导率最低，Wu 等[94]据此合成了 Al_2O_3 掺杂的 Gd_3TaO_7 固溶体 $(Al_xGd_{1-x})_3TaO_7$，发现该系列材料的热导率 [1.37~1.47W/(m·K)，900℃]，较 7-8YSZ[900℃时~2.5W/(m·K)]更低，其中 $x=0.03$ 时热导率最低。$(Al_xGd_{1-x})_3TaO_7$ 的热膨胀系数与 YSZ 接近，同时由于点缺陷引起的晶格畸变，$(Al_xGd_{1-x})_3TaO_7$ 的热膨胀系数随 Al 掺杂量的增加略有增加。$(Al_xGd_{1-x})_3TaO_7$ 还具有良好的高温相稳定性。

$LnTaO_4$ 陶瓷具有较 YSZ 更低的热导率，其中 $DyTaO_4$ 的热导率最低。$DyTaO_4$ 和 $YTaO_4$ 都表现出铁弹性转变。Wu 等[95]通过固相合成法制备了系列单斜相稀土钽酸盐 $(Y_{1-x}Dy_x)TaO_4$，以期获得更为优异的性能。高分辨透射电镜分析发现了该系列材料的铁弹畴，源自高温四方相（t）和低温单斜相（m）间的可逆二阶铁弹相变。类似于亚稳的 YSZ 陶瓷，在 m 相 $(Y_{1-x}Dy_x)TaO_4$ 陶瓷中的铁弹增韧机制为通过破裂应力场控制下的铁弹畴迁移或取向重排实现。$(Y_{1-x}Dy_x)TaO_4$ 陶瓷的热导率 [1.7~2.0W/(m·K)，900℃]和热膨胀系数 [10×10^{-6}~11×10^{-6}/K]与 YSZ 相当。可见，$(Y_{1-x}Dy_x)TaO_4$ 陶瓷具有低热导率、高热膨胀系数、良好的高温相稳定性和铁弹转变等优异的综合性能。Wu 等[96]还制备了 Al^{3+} 掺杂的 $DyTaO_4$。$(Al_xDy_{1-x})TaO_4$ 陶瓷具有铁弹性畴，可提升材料的高温韧性；1200℃以下的热膨胀系数为 $(6~10)\times10^{-6}K^{-1}$，与 YSZ 相当，但热导率比 8YSZ 低得多。另外，该陶瓷还具有优异的高温热稳定性。

$Ln_2Zr_2O_7$、$La_2Ce_2O_7$、$LnPO_4$ 和 $LnTaO_4$、$LnTa_3O_9$ 等是研究最多的新型

TBC 材料。但目前，YSZ 因其独特的铁弹性而具有良好的高温韧性，仍不可替代。有研究发现稀土钽酸盐（$LnTaO_4$）的铁弹性与 YSZ 相似，且 $LnTaO_4$（Ln = Y、Nd、Eu、Gd、Dy、Er、Yb、Lu）的热导率较 YSZ 和 $La_2Zr_2O_7$ 陶瓷更低。目前 $Ln_2Zr_2O_7$ 系列中仅有 $Sm_2Zr_2O_7$ 陶瓷在超过 1500℃ 工作的涡轮发动机中得到实际应用，这应源于 Sm 的某种独特性。Luo 等[97]通过固相反应制备了单斜相 $SmNb_{1-x}Ta_xO_4$ 系列陶瓷。表征证实了 $SmNb_{1-x}Ta_xO_4$ 陶瓷中存在的铁弹性，这源于（t-m）的铁弹相转变。另外，$SmTaO_4$ 陶瓷的热膨胀系数因 Nb 的掺杂而增加，$SmNbO_4$ 时最高可达 11.7×10^{-6}/K（1200℃）。$SmTaO_4$ 的热导率最低，900℃时为 1.33W/(m·K)。

5）稀土铝酸盐

稀土锆酸盐烧绿石具有低热导率和良好的高温稳定性，但烧绿石与 TGO 之间的相互作用影响系统的服役寿命。已有研究还发现 $GdO_{1.5}$-ZrO_2 外陶瓷层与 TGO（Al_2O_3）反应生成了 $GdAlO_3$ 中间相，这也提供了一个 TBC 组分设计的有益启示。Zhou 等[98]报道了一类具有通式为 $Ln_4Al_2O_9$ 的可作为 TBC 的新型材料，其中 Ln 为三价稀土元素。Morán-Ruiz 等[99]采用燃烧法合成了 $Ln_4Al_2O_9$（Ln = Y、Sm、Eu、Gd、Tb）系列化合物。分析发现，$Eu_4Al_2O_9$（EuAM）在 1200℃ 和 1300℃ 具有最好的结构稳定性；$Y_4Al_2O_9$（YAM）在 1000℃ 具有长寿命，在 1100℃ 稳定。在 1200℃ 时，$Sm_4Al_2O_9$（SmAM）和 $Gd_4Al_2O_9$（GdAM）比 $Tb_4Al_2O_9$（TbAM）更稳定；而在 300~600℃，TbAM 具有最高的热膨胀系数。

近几年来，由稀土和铝元素组成的一系列复合氧化物已经被作为新型 TBC 候选材料而得到研究。如发现 Yb 掺杂钙钛矿结构 Ba_2DyAlO_5 热导率随 Yb 掺杂量的增加呈现先降低后增大的趋势，最低为 1.02W/(m·K)，热膨胀系数高达 11.6×10^{-6}/K，并在室温至 1400℃ 范围内具有较好的相稳定性。Feng 等[100]采用第一性原理对具有钙钛矿结构 $Ln_2SrAl_2O_7$ 型氧化物的计算表明：双层钙钛矿结构 $Ln_2SrAl_2O_7$（Ln=La、Nd、Sm、Eu、Gd 或 Dy）的最低热导率在 1.49~1.60W/(m·K)之间，{100}方向的热膨胀系数在 8×10^{-6}~12×10^{-6}/K 之间，而{001}方向的热膨胀系数在 10.8×10^{-6}~13.6×10^{-6}/K。这些材料之所以具有较低的热导率，与其复杂的晶体结构、元素组成及较高的原子量有直接关系。

稀土镁六铝酸盐（LnMHA），尤其是具有较高热膨胀系数（9.5×10^{-6}/K）、低热导率[2.6W/(m·K)]以及良好的抗烧结性和相稳定性的 La 镁六铝酸盐（LMHA），具有成为 TBC 外表层材料的潜力。但 LMHA 的热膨胀系数低于 YSZ，热导率也略高，这将对涂层的热循环寿命产生不利影响。Jana 等[101]研究通过掺杂和形成复合物等方式提升 LMHA 材料的性能。发现 LnMHA 具有较 YSZ 更好的热循环性能，尤其是 $La_{1-x}Nd_xMgAl_{11}O_{19}$ 涂层，在高达 1400℃可完成 7851 次循环，分别为 LMHA 和 YSZ 的 2.7 倍和 4.2 倍。$La_{1-x}Nd_xMgAl_{11}O_{19}$ 样品最高热膨胀系数和最低热导率可分别达到 10.53×10^{-6}/K（$x=0.4$）和 1.95W/(m·K)（$x=0.5$）。

6）其它新型 TBC 体系

由于高温下涂层的热能传递方式主要为声子和光子，因此目前主要通过两种方式提高 TBC 的隔热效果。一种为对现役材料进行改进，如多组元氧化物掺杂改性 ZrO_2，或研发新型具有更低热导率的陶瓷材料，如烧绿石、钙钛矿、磁铁铅矿等；其二为对 TBC 进行结构设计，提高涂层的红外热反射率，降低光子辐射，从而提高涂层的隔热效果。相比大量关于新型陶瓷材料的研究报道，对 TBC 红外热反射率的研究相对较少。研究发现，YSZ 涂层发出的黑体辐射有 90%可以透过涂层，也就是说高温下 YSZ 存在"透热"问题。为了有效地减少热辐射行为在 TBC 中的传递，目前的研究主要集中在通过增加涂层中的光子散射和提高涂层的热反射率来减少热辐射。杨薇和王玉峰[102]设计并制备了一种新型的稀土氧化物掺杂 YSZ/YSZ 多层结构 TBC，表征发现，多层结构涂层表现为{200}择优取向，层数增多有助于降低涂层的热导率并提高其热反射率；具有 200 个亚层的等厚比多层涂层的热导率为 1.1～1.16W/(m·K)，比普通的单层 YSZ 下降了 11%，红外热反射率可达 48%～55%，单层 YSZ 涂层的红外反射率仅为 26%～33%。

杨军[103]针对现役 TBC 材料服役过程中出现的温度相变、辐射传热和热膨胀系数不匹配等主要问题开展了相关研究。发现固相反应法制备的化学组成为 Ln_3NbO_7（Ln 为稀土元素）稀土铌酸盐致密块体 TBC 陶瓷材料本征热导率相比 YSZ 材料有大幅降低，且具有优异的阻氧能力和化学稳定性，其中萤石晶体结构的稀土铌酸盐材料从室温至 1600℃保持相稳定性。另外，该研究制备的 $La_2Zr_2O_7/LaPO_4$ 复相陶瓷材料，通过控制其中第二相 $LaPO_4$ 的含量和晶粒尺寸实现了对辐射传热的有效散射和吸收，大幅降低了辐射透过传热。利用稀土锡酸盐对辐射传热的本征有效屏蔽特性，还设计制备了 $(La_2Zr_2O_7)_{1-x}(Yb_2Sn_2O_7)_x$ 四元焦绿石成分固溶体，在合理的 x 参数下，实现了辐射传热和声子传热的双向抑制，使固溶体在整个测试温度范围内都具有极低热导率。

已有研究报道 $BaLn_2Ti_3O_{10}$（Ln=La，Nd）具有低热导率和高热膨胀系数，同时也具有较 YSZTBC 更好的热循环性能，但未见其抗 CMAS 腐蚀性方面的研究。Guo 等[104]研究表明，$BaLn_2Ti_3O_{10}$（Ln=La、Nd）在 1250℃时具有较高的抗 CMAS 侵入性能。腐蚀使得表面形成了一层连续、致密的主要由磷灰石结构 $CaTiO_3$ 相组成的晶化层；同时，Ba 在熔融 CMAS 中的积累引发了熔体的晶化，导致在连续晶化层上形成大量 $BaAl_2Si_2O_8$ 钡长石结晶，降低了 CMAS 的流动性。Wei 等[105]对 Ba_2LnAlO_5（Ln=Yb、Er、Dy）系列热障材料抗 CMAS 腐蚀性能研究也发现了类似结论。在 1250℃时，Ba_2LnAlO_5 在 CMAS 熔体中溶解，但 Ba、Ln 和 Al 在熔体中的累计会引发钡长石、磷灰石和硅灰石结晶。

$LaPO_4$ 具有高达 2070℃的熔点和较低的热导率。相比于其它稀土陶瓷材料，如 $Gd_2Zr_2O_7$、$La_2Ce_2O_7$ 和 $BaLa_2Ti_3O_{10}$，$LaPO_4$ 的热膨胀系数更高，抗熔融盐腐蚀性更好，尤其是与 YSZ 的化学兼容性更好。已有研究显示，$LaPO_4$ 由于高稀土浓度，可促进熔体的晶化，而表现出较高的抗 CMAS 腐蚀能力。Guo 等[106]采用等离子喷涂制备了 $LaPO_4$/YSZ 双层结构 TBC，考察了其在 1250~1350℃时的 CMAS 腐蚀行为。发现腐蚀产物对于温度并不敏感，在考察温度范围内均主要由磷灰石、钙长石和尖晶石相组成；然而，抗 CMAS 腐蚀能力则与温度密切相关，1250℃时，由于在涂层表面生成了连续致密反应层而表现处良好的抗 CMAS 腐蚀能力，但在 1300℃和 1350℃时，涂层则易于被 CMAS 侵入，这或许与温度升高致使 CMAS 熔体流动性增加有关，因而为增加 $LaPO_4$/YSZ 涂层高温时的抗 CMAS 腐蚀性能，还需发展其它手段，如改善涂层的微结构。

在高温条件下，MCrAlY 粘结层中的 Cr、Al 可在其表面形成致密氧化膜，防止涂层及基体进一步氧化。但随着时间的延长，当氧化膜增加至临界厚度时，氧化膜与 MCrAlY 涂层之间产生的应力促使裂纹起源并扩展，最终导致氧化膜剥落，整个 TBC 失效。甄东霞等[107]研究了稀土元素对 TBC 中粘结层对 TBC 氧化的影响，目的在于抑制热生长氧化物的生长和阻止粘结层的结合强度降低。利用等离子喷涂技术在 304 不锈钢基体上分别喷涂含未改性粘结层（NiCoCrAlY）和稀土改性粘结层（m-NiCoCrAlY）的 YSZ 和 LZ/YSZ（LZ=$La_2Zr_2O_7$）两种结构的 TBC。发现双陶瓷型 TBC$La_2Zr_2O_7$+8YSZ+m-NiCoCrAlY 在 800℃和 900℃下均具有最低的氧化速率，氧化增重速率常数分别为 $0.04372mg^2/(cm^4·h)$和$0.12406mg^2/(cm^4·h)$，比含未改性粘结层的 $La_2Zr_2O_7$+8YSZ+NiCoCrAlY 涂层分别降低 45%和 36%，说明改性粘结层提高了 TBC 的抗氧化性能。另外，双陶瓷层 LZ/8YSZ 涂层的结合强度比纳米结构单陶瓷层 8YSZ 涂层略低，稀土改性的粘结层对 TBC 的结合强度也有改善作用，其中 8YSZ+m-NiCoCrAlY 涂层的结合强度最高。

二、发展趋势

TBC 是推进超高速飞行器与先进航空发动机发展的关键技术。航空发动机和燃气轮机热端部件的防护已成为航空动力装置的核心技术，在很大程度上决定着发动机的性能和水平，在近些年来航空事业迅猛发展的推动下，航空发动机的更新换代迫在眉睫，决定发动机性能的热端部件首当其冲，多代发动机的实际应用表明 TBC 是保护发动机叶片不受高温破坏的最有效方法，所以需要通过开发新型的 TBC 材料来满足更高的使用温度和隔热效果。

目前，最常用的 TBC 材料还是 YSZ，但是由于其存在高温相变会产生体积差这一致命缺陷，已不能满足下一代发动机的发展需求，开发新一代 TBC 已势在必行。相对于高温材料的发展，TBC 技术所能带来的耐热效果更经济有效。近年来，随着先进航空发动机涡轮叶片 TBC 服役温度、服役寿命以及隔热性能的不断提升，超高温、高隔热、长寿命 TBC 的研制已成为国际高温防护涂层领域的研究热点。

与传统 YSZ TBC 相比，新一代 TBC 面层陶瓷材料不仅在高温下能够保持良好的相稳定性能，且其热导率应小于 $2W/(m \cdot K)$，热膨胀系数应大于 $9 \times 10^{-6}/K$，同时还应具有较低的烧结速率，良好的化学稳定性及较高的韧性。然而，新型 TBC 材料仍然面临着许多挑战。首先，新型陶瓷材料缺乏系统的研究，目前主要侧重于热导率、热膨胀系数或高温相稳定性，还找不到综合性能与 YSZ 相近的陶瓷材料。例如稀土锆酸盐存在着热膨胀系数小、断裂韧度低、与 TGO 的高温化学相容性差、涂层制备过程中化学成分严重偏析等问题。其次，随着 TBC 服役温度不断提升，光子辐射传热影响越来越显著，导致涂层高温隔热性能严重下降。此外，在复杂的发动机服役环境下，新型 TBC 材料的高温稳定性，尤其是环境沉积物 CMAS 作用下导致的涂层寿命和隔热性能下降等问题，都亟待解决。与国外 TBC 技术的研究相比，国内有关 TBCs 的理论和实验研究起步较晚，实际应用较少。无论是装备、工艺、材料和基础研究等方面，都存在较大的差距，特别是对厚层-低应力 TBC 技术缺乏研究，涂层难以有高的疲劳寿命和可靠性，这已严重制约着我国发动机及相关产业的发展，亟须开展高性能 TBC 技术研究。TBC 陶瓷隔热层材料的发展方向主要有以下几个方面。

1）超高温、高隔热、抗烧结的新型 TBC 材料与复合结构 TBC 涂层体系的开发

以目前的研究水平，找到一种或某一类同时具备所有要求性能的陶瓷材料还十分困难，鉴于热导率及热膨胀系数的重要性，通常以热物理性能为出发点，而后再设法使材料的其它性能满足新型 TBC 的需求，降低材料的内禀热导率是发展先进 TBC 材料的一个重要课题；其次，开发新的 TBC 材料，还需使 TBC 具有更好的高温稳定性和抗烧结能力；另外，还需对现有的涂层材料和结构体系进行优化，包括对梯度涂层技术的优化、对粘结层材料性能的优化和对陶瓷层材料的选择等，从而提高涂层的工作温度、使用寿命和隔热性能。

2）改善 TBC 的抗腐蚀性

用于涡轮发动机热端部件表面的 TBC 在服役过程中直接与高温燃气接触，随助燃空气进入发动机的 CMAS 由于具有良好的润湿性和低黏度，可渗透进入涂层的内孔，引起 TBC 的严重退化。随着涡轮发动机工作温度的提高（>1200℃），CMAS 对 TBC 的腐蚀问题愈发严重，大幅降低涂层的服役寿命，因而，抗 CMAS 攻击已成为发展下一代涡轮发动机的关键。

3）不断改进和开发高效的 TBC 制备工艺

TBC 制备工艺取得了较大发展，很多新工艺、新技术的出现使得 TBC 制备工艺更加完善，涂层性能显著提升。但是涂层的隔热性能依然不能满足未来航空发动机的要求，工艺的缺陷也阻碍了 TBC 在工业上的广泛应用。不同工艺的联用应得到重视，即利用不同工艺的优势制备性能更加优越的涂层。如通过振动的方式改善激光熔覆涂层的表面质量、利用冷喷涂和激光熔覆共同制备 TBC 粘结层等。另外，还应关注开发纳米结构 TBC 的制备方法。美、德、日本等国家均投入大量的研究力量探索新的 TBC 制备技术，以提高涂层的性能，降低制备成本。国内 TBC 技术在航空发动机上的应用已实现突破，但批量化应用方面的数据积累与国外差距较大，中国应充分借鉴国外的经验和教训，加快开发高性能 TBC 材料和制备工艺，并加快在航空发动机上的应用步伐。

4）应用在陶瓷基复合材料上的环境障涂层材料的开发

工作温度和发动机重量极大影响着商业航空发动机的燃料效率，引入替代传统使用高温合金作为热端部件的陶瓷基体复合物（CMC）期望可改善下一代涡轮发动机效率。虽然目前CMC材料仅试验用于尾喷管、燃烧室、涡轮外环等部位，研究还不是很成熟，但是随着对下一代大推力航空发动机的要

求越来越高，CMC 材料及其表面的环境 TBC 必定会受到越来越多研究者的关注。

5）将计算机数值模拟技术与传统的 TBC 制备相结合

通过计算机模拟可更为直观、准确地反映不同材料体系的隔热能力，可在模拟过程中选择最合适的工艺参数，并能实现一些实际生产中难度较大、成本较高TBC的制备。可为系统研究元素掺杂新型TBC用陶瓷材料相结构、热物理性能及力学性能随温度及压力的变化关系开发新的数学模型和计算方法，进一步提高计算精度与准确度；系统开展新型结构涂层的隔热及涂层有效热导率的研究，并注意考察陶瓷层中孔隙、裂纹、界面形貌、界面热阻以及热辐射等因素的影响；开展新型陶瓷材料对应涂层热应力的计算，并逐步在计算中引入涂层结构、界面形貌、缺陷、基体表面形貌、粗糙度及服役环境等方面的影响。

第三节　稀土添加助剂

我国是稀土资源大国，开发推广稀土应用不但对充分利用我国富有的稀土资源、推动稀土产业的发展具有重要的意义，而且有利于培育出具有中国特色的优势新产业。稀土的应用广泛且作用显著。稀土元素具有独特的光学、电学及磁学物理化学性质，使其在功能材料领域获得了广泛的应用，主要包括磁性材料、光功能材料、催化材料、储氢材料以及抛光材料等领域。除此之外，稀土还在其它诸多领域作为添加剂发挥着"工业味精"的重要作用，本节仅以其作为陶瓷助剂和高分子改性剂两方面作为代表介绍相关研究进展。

一、陶瓷烧结助剂

1. 氮/碳化硅陶瓷

稀土被用于陶瓷烧结助剂可提高烧结性能和材料的致密性。以 SiC 陶瓷为例，因其优异的导热性能和热稳定性、与 Si 相近的热膨胀系数等优点，广泛应用于半导体器件基板材料等工业领域。随着集成电路技术快速发展，电路板集成度和工作频率不断提高，解决基板的散热问题对基板材料的热导率提出了更高的要求，有必要进一步提高 SiC 陶瓷的热导率，使其更好地适用于高温、高频、高功率的大规模集成电路中。由于 SiC 是共价键化合物，很难烧结，纯 SiC 粉末需在 2500℃、50MPa 的条件下才能获得接近理论密度的烧结体，添加烧结助剂可以有效地降低烧结温度。

在 SiC 中加入氧化物作为烧结助剂，可以通过液相烧结（liquid-phase sintering，LPS）机制实现 SiC 的致密化。采用稀土氧化物作为烧结助剂，可以有效提高 SiC 陶瓷的热导率，其原因主要得益于稀土氧化物与 SiC 晶粒表面的 SiO_2 反应降低氧含量，从而提高了导热性能。以稀土氟化物代替稀土氧化物，已获得了导热性能更好的 Si_3N_4 陶瓷。由于 SiC 与 Si_3N_4 陶瓷都是靠声子导热，而晶格中的氧是影响声子散射的主要因素，因此，稀土氟化物或也可提高 SiC 陶瓷的导热性能。李安等[108,109]选取氟化钇/氧化物体系为烧结助剂，采用热压法对 SiC 陶瓷进行烧结，研究该体系中氧化物种类及含量对于 SiC 陶瓷致密度、热导率以及微观结构的影响。结果表明，在烧结温度 1900℃、压力 50MPa 条件下，YF_3/氧化物体系烧结助剂对碳化硅陶瓷热导率有所提升，其中同时添加 5wt%YF_3+ 3wt% MgO 双相烧结助剂的 SiC 陶瓷性能最优，其致密度为 98.93%，热扩散系数为 71.40mm^2/s，热导率为 154.29W/(m·K)。

Noviyanto 等[110]评估了 14 种稀土硝酸盐作为烧结助剂对于 β-SiC 烧结性能的影响。发现所有稀土硝酸盐在热处理过程中都通过与表面吸附的 SiO_2 反应转化为了氧化物，增加了 SiC 整体的密度；Sc、Yb、Tm、Er 和 Ho 是非常有效的 SiC 烧结助剂，添加 5wt%的稀土氧化物即可达到 99%的相对密度；其它稀土助剂（Lu、Dy、Tb、Gd、Eu、Sm、Nd、Ce 和 La）烧结 SiC 的理论密度介于 77%～92%；Sc 作为烧结助剂时 SiC 颗粒尺寸可减小至 156nm，而使用其它稀土时烧结后 SiC 颗粒尺寸在 1μm 左右。

随着机械制造业的发展和高速切削技术的应用，传统的工具钢和硬质合金刀具已不能满足现代加工产业的需求，Si_3N_4 陶瓷刀具具有高强度、高硬度、高耐磨、良好的抗热冲击和抗机械冲击性能，可广泛应用于切削灰铸铁和镍基高温合金等。液相烧结可通过烧结过程中液相的流动促进原子的迁移实现致密化。通过引入烧结助剂，基于液相烧结机制可制备高性能 Si_3N_4 陶瓷材料，液相的性质对 Si_3N_4 陶瓷的致密化、相变、晶粒生长、显微结构和力学性能具有重要影响。目前，稀土氧化物已被发现是陶瓷烧结过程中一种非常有效的液相材料。稀土氧化物不仅可与陶瓷反应，降低烧结温度，还有助于增强晶粒间界。刘聪[111]以 Al_2O_3-Y_2O_3 和 MgO-Y_2O_3 为二元烧结助剂，通过调控烧结温度和助剂含量，采用热压烧结制备了 Si_3N_4 陶瓷刀具材料。研究结果表明：对于 Si_3N_4-Al_2O_3-Y_2O_3 和 Si_3N_4-MgO-Y_2O_3 陶瓷，提高烧结温度均可促进 Si_3N_4 陶瓷的 $\alpha \to \beta$ 相变和双峰结构形成，通过对不同温度下两种 Si_3N_4 陶瓷综合分析，Si_3N_4-Al_2O_3-Y_2O_3 陶瓷适合高温烧结，最佳烧结温度为 1800℃，而 Si_3N_4-MgO-Y_2O_3 陶瓷适合低温烧结，最佳烧结温度为 1600℃。基于切削性能与显微结构关系，发现具有细晶、高长径比柱状晶粒的显微结构有利于提高刀具的切削性能。Si_3N_4 陶瓷刀具的切削寿命与硬度变化规律相同，而高的断裂韧性并不能保证刀具优异的切削性能，实际中应将两者调控在一个合理适用的范围，尤其是断裂韧性。

改善输出功率和小型化是当前 LED 器件的主要发展方向，因此，热导率是评估 LED 散热基板的一个关键性能指标。Si_3N_4 陶瓷的理论热导率也可达到 320W/(m·K)，目前报道 Si_3N_4 陶瓷热导率最高可达 177W/(m·K)，同时该材料具有高韧性和强度，力学性能优于 AlN，制造成本也相对较低，能够取代 AlN 陶瓷作为新一代基板材料。Si_3N_4 陶瓷的热导率虽远高于 Al_2O_3，但相比 AlN 低。已有研究着重考虑如何提高 Si_3N_4 的热导率，如采取长时间热处理等手段改善晶格氧。事实上，长时间热处理通常会导致力学性能的恶化，但少有研究评估改善热导率后 Si_3N_4 力学性能的变化。Liu 等[112]以 Si_3N_4 添加 Y_2O_3 作为代表模型体系，（3～10）wt%的 Y_2O_3+2wt%的 MgO 与 Si_3N_4 混合热压制备样品。研究发现，样品的弯曲强度和硬度在不同 Y_2O_3 添加浓度时未发现明显变化；介电常数维持在 8.5～9.0；当 Y_2O_3 添加量高于 6wt%时，样品的介电损失显著增加。添加 Y_2O_3 为 5wt%+2wt% MgO 的样品具有最高的热导率和断裂韧性。Liu[113]等进而研究了 2wt%的 MgO 和 5wt%添加量不同稀土氧化物对于氮化硅陶瓷性能的影响。发现添加更小离子半径稀土（如 Yb_2O_3、Lu_2O_3、Er_2O_3 和 Dy_2O_3）的样品有更高的热导率，添加 Eu_2O_3 的样品热导率最低；添加 La_2O_3（离子半径最大）、Eu_2O_3（离子半径适中）、Lu_2O_3（离子半径最小）都可有效改善样品的断裂韧性，添加 Y_2O_3 的样品断裂韧性最大；添加大离子半径稀土（如 La_2O_3、CeO_2 和 Nd_2O_3）的样品介电常数更大；所有样品的介电损失介于 0.005～0.02 之间。

添加稀土氧化物结合氧化镁作为烧结助剂，采用高压长时间烧结能够制备出高性能、致密 Si_3N_4 陶瓷材料，但该技术生产成本极高，且长时间保温会使材料的力学性能下降。由于 Si_3N_4 陶瓷力学性能优异，可通过降低厚度来降低整体热阻，从而降低对 Si_3N_4 热导率的严苛要求，这使采用常压烧结技术制备 Si_3N_4 陶瓷材料成为可能。RE_2O_3-TiO_2 体系具有较低的低共熔点

（均为 1600℃左右），利于低温快速烧结。段于森等[114]依据 RE_2O_3-TiO_2 体系相图确定两相烧结助剂的比例，通过常压烧结技术制备出了 Si_3N_4 陶瓷材料。研究发现，随着稀土离子半径的增大，材料的致密度和热导率均呈现下降趋势，添加 Sm_2O_3 后样品最高密度仅为 $3.14g/cm^3$；但当 Sm_2O_3-TiO_2 烧结助剂含量为 8wt% 时，样品断裂韧性可达 $5.76MPa \cdot m^{1/2}$。当添加 Lu_2O_3 且烧结助剂含量为 12wt% 时，材料的密度可达 $3.28g/cm^3$，但是大量存在的第二相导致热导率仅为 $42.3W/(m \cdot K)$。经 1600℃退火 8h 后，Er_2O_3-TiO_2 烧结助剂样品的热导率达到 $51.8W/(m \cdot K)$，可基本满足一些功率电路基板材料的实际应用需求。

透波材料是保护飞行器雷达系统正常工作的一种介质材料，兼具承载、透波和防热等多功能。氮化硅陶瓷耐热、耐高温、抗烧蚀及化学稳定性好，是综合性能优异的热透波陶瓷。但其介电常数高（$\varepsilon > 4$），往往需要在陶瓷基体中引入气孔相，而这种介电常数和介电损耗的降低是以牺牲强度和高温抗氧化性能为代价的。氧氮化硅（Si_2N_2O）陶瓷能够在更加致密的条件下达到低的介电常数，有望成为新一代的透波材料。由于 Si_2N_2O 在 1700℃以上发生分解，故通常通过添加一定的烧结助剂，如 MgO、Al_2O_3、Li_2O 或 Y_2O_3、Ce_2O_3 等稀土氧化物，来促进烧结过程中的相转变和致密化。卫莉婷等[115]以 Si_3N_4 与 SiO_2 为初始原料、Sm_2O_3 为烧结助剂，通过无压烧结制备了气孔率不同的多孔 Si_2N_2O 陶瓷。研究结果表明：烧结温度过高或助剂含量过高都会导致 Si_2N_2O 相的分解；助剂含量对 Si_2N_2O 陶瓷微观组织产生明显的影响，随着助剂含量的增多，其显微结构由细小层片状过渡到板状晶粒再到短纤维搭接的板状晶粒结构，所制备的 Si_2N_2O 陶瓷比 Si_3N_4 陶瓷具有更优异的性能，两者介电常数相当（4.2 左右），Si_2N_2O 陶瓷介电损耗为 0.002，抗弯强度为 220MPa，1400℃氧化 10h 后，Si_2N_2O 与 Si_3N_4 的质量增量分别为 0.6% 与 2.1%。

2. 其它陶瓷材料

氮化铝（AlN）陶瓷由于具有高的热导率［理论值 $320W/(m \cdot K)$］，低的介电常数（1MHz 下约为 8.0），与硅接近的线膨胀系数（293～773K 范围内为 $4.8 \times 10^{-6}/K$），良好的电绝缘性及无毒等特性而成为新一代半导体基板及电子封装用的理想材料。而实际制备的纯 AlN 陶瓷的热导率与理论值相差甚远，这主要是由于烧结过程中，氧杂质会与 AlN 反应产生各种结构缺陷（铝空位、位错等），降低了声子的平均自由程，从而导致热导率下降。另外，

AlN 陶瓷属于强共价键化合物，采用无压烧结工艺也难以实现纯 AlN 陶瓷的致密化。在 AlN 陶瓷的制备过程中，一般要引入适量的稀土氧化物、碱土金属氧化物或两者复合作为助烧剂。AlN 陶瓷的热导率与助烧剂种类的选择密切相关，为提高 AlN 陶瓷的热导率，选择合适的助烧剂体系是关键。Y_2O_3是最常用的助烧剂之一。贺智勇等[116]以引入 $4\%Y_2O_3$ 助烧剂的样品作为基础样品，分别以 CeO_2、CaF_2 及 CeO_2-CaF_2 取代部分同质量的 Y_2O_3，于 1860℃制备得到了 AlN 陶瓷。结果表明：所得样品的物相组成中均含有 AlN 与钇铝酸盐相，在含 CeO_2 助烧剂的样品中还检测到少量的铈铝氧化物相；样品晶粒尺寸分布均在 3～8μm 之间；添加三元助烧剂制备得到的 AlN 陶瓷体积密度为 $3.29g/cm^3$，气孔率为 0.58%，热导率为 $184.8W/(m \cdot K)$。与添加一元及二元助烧剂相比，三元助烧剂的引入能更有效促进 AlN 陶瓷烧结致密化，强化其导热性能。

压敏电阻是一种具有非线性伏安特性的电阻器件，在规定的温度下，当电压超过某一临界值时，其阻值将急剧减小，通过它的电流急剧增加，电压和电流不呈线性关系，主要用于在电路承受过压时进行电压钳位，吸收多余的电流以保护敏感器件。掺杂少量 Bi_2O_3、Pr_6O_{11}、V_2O_5、CoO、MnO_2 或 BaO 等金属氧化物的氧化锌基半导体陶瓷是最常用的压敏电阻材料。压敏电阻特性源于 ZnO 颗粒间的绝缘晶界相。材料的击穿电压反比于氧化锌颗粒尺寸，超细 ZnO 不仅可增加击穿电压，还可改善压敏电阻器的能量处理能力。Roy 等[117]的研究发现稀土氧化物 Er_2O_3 添加可控制 ZnO 陶瓷颗粒烧结过程中的粗糙度，抑制 ZnO 颗粒的生长，同时，聚集在晶粒间界的富 Er 尖晶石第二相也可形成一个势垒，从而增强其非线性性能。掺杂 1% Er_2O_3、1200℃烧结的 ZnO-V_2O_5-MnO_2-Nb_2O_5 陶瓷具有超细的颗粒尺寸（1.8μm）、高烧结密度（大于理论密度的 96%）以及优异的非线性性能（击穿场=6714V/cm，非线性指数=45）。

Ahmed 等[118]调查了掺杂 Dy_2O_3、La_2O_3、Y_2O_3 稀土氧化物对于 ZnO 基压敏电阻陶瓷材料电性能的影响。研究发现，所使用的稀土氧化物均可改善非线性系数（由 8.77 增加到 44.71）、击穿电压（由 1200V 增加到 2536V）和泄漏电流（由 48.1μA 降低到 16.3μA）。由于在 ZnO 颗粒间存在稀土氧化物，可阻止烧结过程中 ZnO 颗粒的生长，从而增加萧特基势垒的数目和高度，因此可增加和改善压敏电阻的稳定性。但加入稀土氧化物过量将引起其在晶粒间界的聚集，破坏晶粒间界结构，降低 ZnO 基压敏电阻材料性能。

Mg-Cr 尖晶石广泛用于高温工业所需的耐火材料，但 Cr^{6+} 存在环境污染问题，正在逐渐被 Mg-Al 尖晶石所取代。Mg-Al 尖晶石材料性能与其致密度密切相关。烧结反应过程中，尖晶石形成自 1000℃开始，一直持续到 1400℃，这种宽温区反应不利于通过一步处理实现材料的致密化。Sinhamahapatra 等[119]考察了三种稀土氧化物 La_2O_3，CeO_2 和 Yb_2O_3 对于原料 MgO：Al_2O_3=1：2 尖晶石烧结反应的影响。发现 Yb_2O_3 可增强尖晶石的烧结，而添加 La_2O_3 和 CeO_2 则产生负面效果。这是由于在烧结过程中，稀土掺杂的样品出现具有不同晶体结构的第二相。含 La_2O_3 和 CeO_2 的样品中第二相的各向异性阻止了气孔收缩和消除，阻碍了材料烧结过程中的致密化，而含 Yb_2O_3 样品中的第二相为各向同性的立方结构，对致密化有利。

莫来石和六方氮化硼（hBN）陶瓷都是工程领域的重要材料。莫来石是 Al_2O_3-SiO_2 体系唯一稳定的二元化合物，具有良好的抗蠕变性、低热膨胀系数、优异的化学和热稳定性。hBN 也具有诸多工程陶瓷材料所需的优异性能，如耐高温、高热导率、化学惰性、良好的可加工性和介电性能。二者的复合物可获得更为优异的综合性能，或可适于高温应用领域。hBN 具有层状结构，倾向于沿层面而非 c 轴方向生长，严重恶化材料的烧结性能。热压是一种可破坏这种"纸牌屋"结构、改善致密度的有效方法，但高设备要求以及所得产品形状单一限制了该法的应用。液相烧结是另一种可提高陶瓷致密度的有效方法，无压液相烧结应更适于制备莫来石/hBN 复合陶瓷。Jin 等[120]在前期工作基础上，使用不同种类的稀土氧化物（Er_2O_3、CeO_2、La_2O_3、Lu_2O_3），在 1600℃、4h 以无压烧结工艺制备了莫来石/hBN 复合陶瓷。研究发现，所有稀土氧化物都有利于莫来石相的形成；随着稀土离子半径的减小，莫来石颗粒更为细化，同时材料的力学性能增加。添加 Lu_2O_3 的样品硬度和断裂韧性最高，因而显示了最佳的耐磨性能。由于导致了复合物中不同的孔隙度和相组成，添加 La_2O_3 烧结的样品介电常数最小，而添加 Er_2O_3 烧结的样品介电损失最小。

金属基复合物（metal-matrix composite，MMC）是含各种增强材料，尤其是陶瓷增强材料的合金复合物，可为不同领域应用设计所需的特异化材料性能，如高比强度、低热膨胀系数、高热阻、良好的耐磨性能、高比刚度和良好的耐腐蚀性等。轻金属 Al、Mg、Ti 为使用最多的基质金属，其中 Al 基的金属基复合物（Al-MMC）目前在工业上最常见也应用最多。已有大量研究添加不同种类增强材料以增强铝合金复合物的力学性能，如 SiC、TiC、Al_2O_3、Gr、B_4C 和 CaC_2 或这些材料的组合。Sharma 等[121]研究了 Al_2O_3、SiC 和 CeO_2 作为增强材料对于 Al-6061 合金的力学和微结构性能的影响。

加入 SiC 因其具有良好的可加工性，且价格便宜；加入 Al_2O_3 旨在进一步增强 Al-MMC 的性能。表征发现，合金的微硬度值在加入含 2.5%CeO_2 的 Al_2O_3+SiC+CeO_2 混合增强剂后提升了 17.02%，相比于无稀土增强剂时提升了 13.70%；加稀土元素后洛氏硬度增加了 33.80%；微结构显示，加入稀土后复合物颗粒显著细化，微结构得到改善。

二、高分子稀土改性剂

高分子材料是现代工业和高新技术的重要基石，已成为国民经济基础产业以及国家安全不可或缺的重要材料。随着国民经济的快速发展，高分子材料的研究和应用也同步进入了快车道，某些领域对高分子材料的性能要求已不再局限于其材料本身的一些特性，更希望通过改性来满足人们对材料的不同应用需求。因此，一方面量大面广的通用高分子材料需要不断地升级改造，以降低成本、提高材料的使用性能；另一方面各类新型的高分子材料将应运而生，尤其是有机及聚合物分子或少数分子组合体的光、电和磁特性将成为高分子向功能化以及微型器件化发展的重要方向。近年来稀土在改善和提高高分子材料性能方面得到国内外一些高校和科研院所的关注，并进行了大量的研究。

1. 稀土高分子复合材料

高分子材料由于物理机械性能好、合成方便、成型加工容易、重量轻、成本低、耐腐蚀等许多优点而得到广泛使用。另一方面，稀土无机材料存在着难以加工成型、价格高的问题，稀土有机小分子配合物则显示出稳定性差等不足。所以，结合稀土与高分子的优点合成稀土有机高分子聚合物可望成为具有卓越性能的荧光、激光和磁性材料、光学塑料等，这引起了人们极大的兴趣。

稀土高分子光学材料兼具稀土离子独特的光学活性以及高分子的稳定性高、易加工成型等优点。稀土离子与高分子形成稀土配位高分子时，因其配位数高、配位模式多样且能级多变而具有独特的光学活性，在发光与光吸收、离子和分子识别、生物传感及微量物监测以及太阳能转能材料等众多领域具有广阔的应用前景。稀土高分子主要基于稀土配位离子从激发态变为基态时释放能量而发射光，多为光致发光。通过合理地选择红色（Eu^{3+}、Pr^{3+}、Sm^{3+}），绿色（Tb^{3+}、Er^{3+}），和蓝色（Tm^{3+}、Ce^{3+}、Dy^{3+}）发光离子，并分别与不同配位体键合成稀土配位高分子以及相互掺杂共混，可以得到在整个可见光区调变的荧光色源，尤其是全谱带白光色源。稀土近红外发光材料常用于鉴别军事行动、电子产品和光谱分析、夜视照明领域等方面，成为近年来研究近红外光发光材料的热点。由于稀土离子对 X 射线、γ 射线和紫外线等有害辐射波有较好的选择性吸收，稀土高分子防护材料还可用于放射线防护窗、防护眼镜、显示器护眼屏、LED 闪烁器等。此外，稀土高分子光学材料与其它材料（如涂料、织物等）复合的功能型应用材料的研究也是一个发展趋势[122]。

稀土荧光高分子目前最大的应用领域是在半导体照明行业，作为白光发光二极管（LED）中转换芯片激发光谱的荧光材料。随着白光 LED 普及度的提升，该种材料的应用前景也将十分广阔。徐媛媛等[123]以黄色 $Y_3Al_5O_{12}$:Ce、红色 $CaAlSiN_3$:Eu 发光材料和有机硅树脂为原料，通过聚四氟乙烯模具模压法制备了不同质量分数 $Y_3Al_5O_{12}$:Ce 发光材料的稀土荧光高分子。研究结果表明：发光材料的混合未破坏其晶型结构；样品光谱性能适合于宽光谱白光 LED 的制备，其发射强度随着发光材料质量分数的增加而提高；样品的波长转换效率与质量分数表现出正相关关系，但是随着吸收饱和效应，其增幅逐渐降低，所封装的白光 LED 中根据色坐标点分布和色温的综合评价，获得了最优质量分数为 5.66 wt%，所对应白光 LED 的发光效率为 126 lm/W，色温 6196K，显色指数 62，不同电流下的光谱变化表明了样品的电流稳定性，最后通过 $CaAlSiN_3$:Eu 的加入，将显色指数提高到 81，色温则变化至暖白区的 2726K。

在多相聚合反应体系中，细乳液聚合是近年来最活跃的一个分支，因其在制备多相混合纳米粒子方面具有很强的包容性，能够将各种各样材料包覆于高分子壳内，形成具有特定功能的纳米复合粒子，且该聚合过程在水中即可实现。将高分子微球与具有荧光特性的物质通过包埋或聚合的方式有机复合在一起可得到功能性荧光微球，在示踪标记、标准检测、固定化酶、高通量药物筛选等众多领域得到重要应用，然而，国内的荧光纳米粒子产品十分稀少，大部分依靠进口。因此，将稀土配合物与聚合物微球技术结合生产出具有特定发色特性的低成本稀土荧光微球，对于开拓国内荧光微球市场具有重大意义。张灵等[124]采用细乳液聚合法合成了含 Eu(DBM)₃(TPPO)₂ 的聚苯乙烯荧光微球。表征结果表明，乳化剂种类对聚苯乙烯荧光微球的形貌有较大影响，以十二烷基硫酸钠为乳化剂制备的荧光微球的球形度最好，且微球粒径分布均匀；与未交联的聚苯乙烯荧光微球相比，含有交联剂的聚苯乙烯荧光微球的粒径分布较均匀且微球表面光滑、微球之间的粘连程度也较低，具有更强的发光强度。

微纳米稀土化合物因其特殊的理化性能得到众多专家学者的重视。微纳米稀土化合物改性高分子材料作为稀土应用研究的一个重要方面，其作用主要体现在提高耐热性能、提高阻燃性能、增强增韧、防腐抗菌、促进结晶和磁性填充剂等。一些塑料制品，加入微纳米稀土化合物后，性质稳定，丢弃后不会破坏土壤的结构，也不会污染水质；添加微纳米稀土化合物的聚氯乙烯制品可在微波炉中加热，且机械强度高。对于一些橡胶制品，比如汽车轮胎，加入微纳米稀土化合物，典型的有氧化铈，不仅能够增强轮胎的耐热性，防止爆胎，还能延缓老化；橡胶制品中加入微纳米氧化铈还可起到阻燃效果，在燃烧时减少有害物质的产生。在增强高分子材料的阻燃性能上，微纳米稀土化合物主要起到的是辅助作用，与市场中常用的阻燃剂共同发挥作用，促进有机反应的发生，从而提高材料和产品的阻燃性能。如当含微纳米稀土化合物 La_2O_3 的高分子材料燃烧时，微纳米稀土化合物会在材料的表面形成致密的炭层，隔绝空气，起到阻燃的效果。微纳米稀土化合物 $CePO_4$ 应用到高分子材料中，只需要很小的含量，就能提高材料的阻燃性。微纳米稀土化合物还能够改善高分子材料的力学性能，提高拉伸强度和延展性，且韧性也有改善。比如将微纳米稀土化合物 CeO_2 嵌入到高分子材料中，材料的拉伸强度有了显著变化。一般加入的微纳米稀土化合物粒子越小，与树脂的结合就越容易，复合材料的冲击强度也越高。另外，高分子材料应用微纳米稀土化合物还能够提高防腐和灭菌的性能。微纳米稀土化合物性质稳定，质量可靠，完全能够满足前沿领域的应用需求，但是目前微纳米稀土化合物的应用还处于初级阶段，还有很大的改进空间[125,126]。

低摩擦和磨损速率可显著降低机器的能量消耗、延长工作寿命。近期研究发现，可通过改变表面物理（表面粗糙化）和化学（制造润滑层）使材料的摩擦和磨损最小化。表面粗糙化可通过减小两表面的接触面积而有效减小摩擦力，同时两接触表面间捕获的气泡还可以作为润滑层而进一步减小摩擦。而具有良好摩擦学性能的润滑层可显著降低相互作用表面间的摩擦力。聚合物复合物结合了聚合物和添加剂的优点，重量轻、力学强度高、成本低、易于制备、化学稳定性好，具有作为降摩擦、抗磨损材料的可能。但常用的聚合物基质材料大多自身摩擦学性能差，往往需要大量的添加剂。聚酰亚胺（PI）具有相对较低的摩擦系数，力学性能和化学稳定性好，已在工程领域广泛应用。适当的添加剂可改善其摩擦学性能，这些添加剂主要分为两类。一类是高硬度材料，如 Al_2O_3，SiC 和 ZrO_2，通过改善复合物的硬度减小摩擦，提升抗磨损性能；另一类为自润滑添加剂，如 MoS_2、碳纤维/管等，可减小复合物的摩擦系数。已有研究显示，少量稀土氧化物微颗粒在合金中添加可有效增加材料硬度，从而产生优异的摩擦学性能，而且表面的稀土氧化物颗粒还可起到自润滑作用，增强抗磨损性能。受此启发，Pan 等[127]在聚酰亚胺中添加稀土氧化物 La_2O_3 微颗粒作为增强剂，尝试改善材料的摩擦学性能。研究发现，添加 La_2O_3 微颗粒时，相对于纯 PI，La-PI 复合物样品显示了更大的表面粗糙度，更低的表面能和更高的疏水性，具有更有利的层状结构，而纯 PI 为密堆积结构。基于这些结构特性，La-PI 复合物样品摩擦系数相比于纯 PI 降低了 70%，磨损速率降低了 30%，说明在 PI 中添加稀土微颗粒可显著降低摩擦系数，增强抗磨损能力。

相对介电常数低的微电子封装常作为无线电和微波频率基板。该类材料通常要求相对低的介电常数以增强信号传播速率，低的介电损耗和导热率以提高散热效率，低的热膨胀系数以提高其尺寸稳定性。聚四氟乙烯（poly (tetrafluoroethylene)，PTFE）具有优异的介电性能、耐腐蚀性、耐温性、耐气候性以及环保无毒害等优点，但膨胀系数大，表面能低。而磨碎玻璃纤维（milled glass fiber，MGF）介电性能好，膨胀系数小，且原料易得、价格便宜，可作为 PTFE 理想的增强体。但无机填料与有机基体表面特性之间的差异，致使彼此之间的亲和力差，进而影响 MGF 在 PTFE 中的分散度。与传统的改性方法相比，稀土处理玻璃纤维通过对氧、氟等很强的亲和力，使得吸附和靠近磨碎玻璃纤维表面产生畸变区的稀土对 PTFE 产生吸附作用，可有效提高 MGF 与 PTFE 之间的界面亲和力。叶恩淦等[128]采用稀土改性剂（rare earth modifie，RES）与硅烷偶联剂（phenyl trimethoxy silane，PTMS）按不同组分配比对 MGF 表面进行改性处理，将改性后的 MGF 粉末与 PTFE 分散液机械混合，然后热压制得复合材料。结果表明，复配改性剂能很好地促进 MGF 与 PTFE 之间的界面粘结，提高 MGF/PTFE 复合材料的性能。当 RES、PTMS 的含量分别为 0.3wt%、1.7wt% 时，MGF/PTFE 复合材料可获得最佳性能。

另外，其它各种稀土高分子材料的应用方向也正被开发出来。在催化方面，各种稀土配合物及稀土高分子化合物对烯烃聚合[129]，开环聚合等反应有着优异的催化性能。在涂料的应用中，基于稀土氧化物的超疏水涂料在空气和油中有自清洁的能力[130]，稀土改性的水基聚合物涂料可以大幅提高金属的抗电化学腐蚀能力[131]，稀土复合物在水性聚氨酯涂料中可以提升紫外屏蔽作用。通过静电纺丝方法制备的聚氨酯-稀土纳米复合膜具有净化空气中VOC 的能力。不同的稀土材料加入可以使聚氨酯泡沫材料的泡尺寸更加均匀，具有更好的形态结构，提高高分子材料的耐火性能。Fang 等[132]通过组装 5 种对紫外，可见和近红外光有相应的聚合物（含稀土高分子），实现了复杂的光至变形，对不同的波长有不同的响应。尹海洋[133]利用 SA 和稀土离子间相互作用制备的两种海藻酸稀土凝胶球吸附材料 SA/La(Ⅲ)和 SA/Y(Ⅲ)可实现对高浓度染料废水的高效处理，该种材料制备方法简单、耗时少，所得凝胶吸附材料成本低，吸附容量大，绿色环保，且避免了二次污染，同时具有较宽的 pH 适用范围。

2. 橡胶添加剂

我国是最早开展稀土合成橡胶研究的国家，中科院长春应用化学研究所从 20 世纪 70 年代就在该领域保持领先的科研水平。在稀土合成橡胶成果转化方面，中国石油独山子石化公司、中国石化石油化工研究院和中国石油吉林石化公司在国内处于优势地位。目前，随着国家对技术成果转化支持力度的加大，部分民企也利用国内技术建设稀土合成橡胶生产装置，并且已经形成规模。目前，Nd 系催化剂是稀土催化剂中研究最多、效果最好的催化剂[134]。

橡胶助剂是不可或缺的化学添加剂，有助于改善橡胶制品性能，或赋予橡胶制品特定功能。其中，促进剂和防老剂是其中最重要的品种。近年来，我国对于橡胶助剂的供求量影响力越来越显著。但是，国产的橡胶助剂与进口的橡胶助剂在质量和性能方面仍存在着一定的差距。因此，制备清洁环保、性能优异、价格便宜的新型橡胶助剂便成为研发的热点。

橡胶的硫化是十分重要的。在硫化过程中，线形大分子结构的生胶转变为交联网络结构的硫化胶。橡胶促进剂是一种可以在较短的硫化时间或较低的硫化温度下加速硫化的化合物。传统的橡胶促进剂使用时会产生有害物质。橡胶防老剂可以防止在热、氧、光、臭氧或应力等作用下的橡胶老化现象，延长制品的使用寿命。国产防老剂不论在产量方面还是在数量方面都是最多的，研究清洁无污染的新型防老剂具备很大实际价值。

稀土促进剂利用具有促进效果的基团与 RE 形成配合物，以起到加速硫化的功能。使用稀土元素也可以增强橡胶及其制品抗老化效果：一方面，RE能够捕捉活性自由基，进而阻碍氧化反应；另一方面，RE 具有强的络合能力，可以在自由基反应前产生络合物，还可以与自由基反应的部分产物结合，起到抑制老化的作用。

天然橡胶（natural rubber，NR）是一种以顺-1, 4-聚异戊二烯为主要成分的天然高分子化合物，因其优良的回弹性、绝缘性、隔水性及可塑性等特性，是目前应用最广的通用橡胶。但由于天然橡胶碳链上含有不饱和双键，化学反应能力较强，常温下易受到光、热、臭氧、辐射等作用被氧化，发生降解或交联反应，导致性能下降而老化。在天然橡胶中加入稀土化合物，能够改善天然橡胶的部分性能。高茜等[135]的研究显示，稀土金属化合物与传统的促进剂相比，能够很好地改善天然橡胶的硫化速度和焦烧安全性，同时提高了胶料的物理机械性能，具有较低的压缩永久变形；稀土氯化物在天然橡胶中与蒙脱土配合使用作热稳定剂，可增加蒙脱土与天然橡胶的相溶性和亲和性，改善胶料内部的润滑性，提高胶料在高温条件下的热稳定性；稀土醇盐与游离基具有较强的结合能力，能够促使链式反应终止，从而有效提高天然橡胶的热氧老化性能；稀土硅铝氧烷可以有效抑制胶料裂纹的扩展，显著增强天然橡胶的抗疲劳性能。

当前工业所使用的天然橡胶胶乳属于生物合成胶乳，大部分来源于巴西三叶橡胶树。天然胶乳具有成膜性好、黏度和固含量可调节、胶膜均匀、工艺操作可靠、拉伸强度高和断裂伸长率高等优点，所制得产品质量稳定，适用性广，在所有胶乳制品的应用中占主要地位。但天然胶乳受多种因素影响，变异性较大，还含有少量的蛋白质，影响胶乳的性能，而且对蛋白质过敏的人，与天然胶乳医疗卫生制品接触会发生过敏反应，造成医疗事故。在合成橡胶中，聚异戊二烯橡胶微观化学结构组成和性能和天然橡胶相近，被称为"合成天然橡胶"，可以替代天然橡胶应用在轮胎、胶管等生产当中，而且不含蛋白质等非橡胶烃成分，体系纯净。刘芸[136]对稀土系聚异戊二烯胶乳乳化配方及制备工艺进行了研究，确定最优的稀土系聚异戊二烯胶乳乳化配方为：胶液浓度8%，油水质量比为1∶1，主乳化剂歧化松香酸钾与十二烷基苯磺酸钠复配比为2∶1，用量为水相的3%，助乳化剂采用Span80，用量为水相的0.2%～0.3%，稳定剂为聚乙二醇6000，用量为水相的0.05%，水相pH为12，胶乳平均粒径在300nm。不过，自制的稀土系聚异戊二烯胶乳制成胶膜的力学性能不及天然胶乳制成的胶膜，合成配方尚需改进。

周恒[137]利用稀土元素的配位效应，选取了一种具有促进作用的第一配体和四种具有防老效应的第二配体，合成了四种不同的双配体稀土配合物，作为多功能橡胶助剂，按照不同的促进配体与防老配体摩尔比合成了多种新型双配体稀土La配合物。结果表明，该双配体稀土配合物不仅能加速硫黄硫化，具有良好的硫化平坦性，提高橡胶的交联密度，增强硫化橡胶基本力学性能，还实现了阻碍热氧老化的功效。添加了稀土配合物的橡胶撕裂强度较大，推测这可能是由于稀土元素含有空轨道和4f电子，易与橡胶大分子结合。促进配体与防老配体摩尔比为4:2的综合效果最佳。研究还选取功效最佳的两种配合物制备了炭黑胶和胎面胶，发现其在硫化促进、耐热氧老化、物理机械性能上并不逊色于传统促进剂和防老剂的组合。

机械运转产生的振动和噪声不仅缩短了机械的使用寿命，而且对人体和周围的环境造成了很大的影响。高分子阻尼材料是新发展起来的一种新型材料，可利用高分子的黏弹性来吸收振动的能量，部分转变为热能耗散掉，以减少振幅的作用，延长机械的使用寿命，达到消减噪音的目的，其中橡胶基减振降噪材料已被应用于各个领域。纯橡胶基体的阻尼损耗因子一般较小，且有效阻尼温域处于室温以下的低温区域。稀土氧化物是一种综合性能优良的填料，它的加入可以提高材料的力学性能、电学性能、磁性能、光催化性能等。稀土填料加入橡胶后，易形成络合物，能够阻止橡胶分子链段的运动；同时，又由于稀土氧化物颗粒具有较高的表面能，低表面能的橡胶会强烈地吸附在稀土颗粒的表面，形成结点，阻碍周围橡胶高分子链的移动，从而改善橡胶综合性能。刘松等[138]制备了一种具有较好阻尼性能的丁基发泡橡胶，研究结果表明，发泡后丁基橡胶的阻尼性能明显提升，有着更高的损耗峰和更宽的有效阻尼温域；在丁基发泡橡胶中加入白炭黑会明显增加损耗峰值，而加入炭黑会拓展有效阻尼温域，向高温扩展6℃左右；不同稀土氧化物中，Y_2O_3与Gd_2O_3填充丁基发泡橡胶有着最佳的阻尼性能；Y_2O_3填充丁基发泡橡胶有最佳的泡孔形态，泡孔多为闭孔，孔径均一，分布均匀，阻尼性能较好。

二烯基橡胶是轮胎和阻尼材料等应用领域的关键材料，但由于在高分子链中存在大量不饱和碳碳双键以及具有高反应活性的氰基氢，在储存和服役过程中易于被氧化。通常添加化学抗氧化剂是阻止或延缓橡胶氧化老化最为易行而有效的途径。但传统用于橡胶的抗氧化剂芳香胺和受阻酚热稳定性差，可能会向橡胶材料表面迁移，导致抗氧化效率剧烈下降，更严重的是，芳香胺还会污染橡胶产品颜色，尤其是对于白色和浅色橡胶产品。近年，含抗氧化组分的稀土络合物在改善聚合物材料热稳定性和抗氧化老化方面的巨大潜力得到大量关注。Zou等[139]合成了一种新型含受阻酚和硫醚基团的稀土络合物 Sm-GMMP。实验发现，Sm-GMMP 络合物显著改善了丁苯橡胶/SiO_2复合物的抗热氧化老化和热氧化稳定性，且无变色现象发生。该络合物应用于丁苯橡胶/SiO$_2$复合物展现的优异的抗氧化能力不仅与受阻酚和硫醚基团的协同作用有关，还得益于 Sm 离子对氧化自由基的去活化作用以及良好的热稳定性。

硅橡胶是划时代的材料，独特的化学组成使其兼具高键能和高的柔顺性，具有优异的耐热、耐候、耐老化、低压缩永久变形等综合性能，不同种类的硅橡胶被广泛应用于航天、航空、电子电器工业等不同领域。自从 1942 年道康宁公司将硅橡胶工业化之后，现在已经出现许多经过改进的硅橡胶产品。并且，随着品种的增加，基于硅橡胶的新产品开发也取得了长足的进步。当前，橡胶工业中许多传统制品开始转向功能化和高性能化。康永[140]为增加硅橡胶的特殊性能，制备了一种 Sm 化合物掺杂的硅橡胶材料。研究表明，随着 Sm 化合物的掺入量增加，材料的硬度、整体拉伸性能略有下降，但仍能保持硅橡胶的基本性能。掺杂材料的荧光强度随 Sm 化合物的含量的增加而增大，表明没有发生荧光猝灭现象，其原因在于化合物的有机配体对 Sm^{3+}离子有屏蔽作用。

高顺式异戊橡胶（isoprene Rubber，IR）的结构和性能与天然橡胶（NR）近似，是一种具有优异综合性能的通用合成橡胶，世界上 IR 生产所用催化剂主要有锂（Li）系、钛（Ti）系和 Nd 系。稀土催化体系合成顺式-1，4-IR 为中国首创。Li-IR 主要应用于医用器械领域，Ti-IR 和 Nd-IR 主要应用在轮胎中。Nd-IR 生产的三废少，产品凝胶含量低，微观结构规整，相对分子质量和取向性高；在塑性相同时，Nd-IR 具有较高的门尼黏度和较小的回弹值；从混炼性能看，Nd-IR 中炭黑润湿时间和分散时间均较短，胶料混炼温度低，收缩率小，加工性能好；Nd-IR 还具有环保性好、存储稳定性高、黏度与弹性平衡性好、混炼耗能小、与金属及帘线的粘合力大，以及有利于提高轮胎耐久性能和延长轮胎使用寿命等优点。因此，Nd-IR 是 IR 发展的一个重要方向，国外已将成熟的 Ti-IR 工业化装置逐渐转化为 Nd-IR 生产装置，而国内现有两套 IR 生产工业化装置均采用 Nd 催化体系。丁异戊橡胶（BIR）是我国尚未实现工业化的大品种合成橡胶之一。稀土催化剂是 BIR 聚合时唯一能够同时实现丁二烯和异戊二烯高顺式无规共聚的催化剂。稀土催化剂制备的 Nd-BIR 脆性温度低于−80℃，远优于低温环境下广泛使用的硅橡胶（−50℃），而价格却比硅橡胶低得多。Nd-BIR 在低温材料及轮胎中具有广阔的应用前景[141]。

丁二烯橡胶（俗称顺丁橡胶）按催化体系划分为镍系、钴系、钕系（也称稀土系）及锂系胶。其中前 3 种 1，4-丁二烯含量较高，称为高顺式丁二烯橡胶，主要用于轮胎、制鞋、力车胎、管带等行业；锂系胶为低顺式丁二烯橡胶，主要用于 ABS、HIPS 等塑料改性。其中稀土顺丁橡胶在耐屈挠、低生热、抗湿滑及低滚动阻力等方面性能优于目前国内应用最多的镍系顺丁橡胶，是发展高性能轮胎和节能轮胎的优选胶种，未来具有替代镍系顺丁橡胶的趋势。随着国内外轮胎产业升级及朗盛（新加坡）稀土顺丁橡胶装置的投产，近两年国内稀土顺丁橡胶消费量明显增加，但消费几乎全部依赖进口。近年国内稀土顺丁橡胶的生产热度不断上升，但产品仍处于市场推广阶段。当前燕山石化、锦州石化、独山子石化、浙江传化几套装置均可生产稀土胶，但产品多处于轮胎工业应用试验阶段，橡胶装置多为间歇批量生产。四川石化对其镍系胶装置改造的年产 5 万 t 钕系稀土顺丁橡胶生产线项目已于 2019 年上半年完工，所引用的工艺技术已在俄罗斯下卡姆斯克石化橡胶厂和西布尔公司应用，经过多年的实产检验，产品安全可靠且质量优良，广受米其林、普利司通等全球知名轮胎企业欢迎。随着未来欧盟标签法新一阶段的实施、中国绿色标签制度的强制推行，以及国内稀土胶产品的成熟应用，2019 年稀土顺丁橡胶在国内或将继续快速发展[141]。

3. PVC 稳定剂

近十年中国塑料工业发展迅速，塑料工业已经作为基础材料产业，且其应用规模已远远超越钢材、水泥、木材这三种基础材料，是工业、农业、能源、交通运输等国民经济各领域不可缺少的重要材料之一。聚氯乙烯（PVC）为五大通用塑料之一，消费量仅次于聚乙烯，因其具有价格低廉、耐腐蚀、耐燃等优点，广泛应用于建筑、食品包装、医疗等国民经济重要领域。预计未来 10 年或更长时间内中国将成为 PVC 主要消费国，其表观消费量每年增速 10%～15%。

PVC 为单体经自由基引发聚合而成。温度在 120～130℃时，PVC 开始热分解，释放出 HCl 气体，而加工温度大于 160℃才能塑化成型，因而，加工过程中若不抑制 HCl 的产生，PVC 的分解将会进一步加剧。为维持热加工过程 PVC 的热稳定性，必须加入相应助剂修补 PVC 链的缺陷，同时吸收 PVC 脱氯产生的 HCl。PVC 热稳定剂是 PVC 塑料助剂中除增塑剂以外用量第二大的塑料助剂。种类主要有复合稀土类、水滑石类、钙锌热稳定剂以及铅盐类等。稀土复合热稳定剂中稀土原子与 PVC 链上的氯原子可形成稳定的络合物，同时稀土对 PVC 热加工过程中的氧和 PVC 本身含有的离子型杂质进行物理吸附，避免了氧及杂质对 PVC 结构中 C-Cl 键的冲击振动，增加了 PVC

脱 HCl 的活化能，延缓了 PVC 塑料的热降解[142]。

随着人们环保意识的逐渐增强，铅盐类热稳定剂已经在欧盟全面禁止使用，促进了稀土 PVC 复合热稳定剂的研究应用。于晓丽等[143]将硬脂酸铈与其它助剂进行复配，得到了硬脂酸铈复合热稳定剂配方，即硬脂酸铈：硬酯酸锌：β-二酮：季戊四醇= 1.2：1.0：0.3：1.0。硬脂酸铈复合热稳定剂具有优异的烘箱老化热稳定性能和流变性能，符合欧盟 ROHS 指令和 REACH 法规要求，首次应用于 PVC 建筑模板中，使弯曲强度和弹性模量分别提高19.68%和 14.62%；同时，提高了耐候性能。

稀土在高分子材料中的应用是稀土应用研究的一个新领域，有关研究已显示稀土化合物在改进高分子材料加工和应用性能以及赋予高分子材料新功能等方面具有独特的功效，在专家学者不断努力下，高分子材料与稀土的相得益彰一定会更加精彩。

第四节　发　展　建　议

我国是稀土资源最丰富的国家，稀土储量和产量均居世界首位，开发推广稀土应用不但对充分利用我国富有的稀土资源、推动稀土产业的发展具有重要的意义，而且有利于培育出具有中国特色的优势新产业。为此，建议广泛开展多领域稀土功能材料的应用研究，特别是 La、Ce、Y 等低价格稀土元素，以平衡稀土各元素的使用。当前，永磁材料是最主要的稀土元素应用领域，镨、钕、铽、镝等大量消耗，但镧、铈、钇等储量大、价格低的元素的使用量与之相应的自然丰度之间不成正比，造成了价格与生产成本的倒挂以及大量的积压，对整个稀土产业的良性发展有很大的制约。尽管采取了在钕铁硼材料生产中通过铈、钇等对钕、镨的部分替代来减少镨钕消耗等措施，但是市场不平衡的矛盾并没有改观，直接影响稀土资源的高效率利用和稀土行业运行的经济效果，也造成了宝贵的中重稀土资源的浪费和过度开采。解决这一矛盾的最有效的措施，就是要加强稀土全方位的推广应用，特别是传统行业领域中的应用研究与推广，大力开发镧、铈、钇、钐等市场过剩产品的应用市场。

稀土在陶瓷、高分子等材料中的应用广泛，研究也较为深入。新型稀土功能助剂主要原料采用镧、铈轻稀土，因而是缓解稀土不平衡应用的重要发展方向。因此建议大力支持稀土在功能材料助剂方面的应用研究，特别是低价格稀土元素在陶瓷、高分子领域[如：在塑料（PVC等）、树脂（聚氨酯PU等）、聚氨酯、油漆催干剂、环保功能涂料等]中应用的基础性研究，扩大低价格稀土元素的应用潜力，促进稀土行业的健康发展。

参考文献

[1] 王海燕，姚兆凤，贺兆海，等. Fe-RE系合金的力学谱特征. 稀土，2018，39（2）：108-113.

[2] 李兵磊，金自力，任慧平，等. La对微合金高强钢组织及析出相的影响. 稀土，2018，39（1）：83-89.

[3] 郑梦珠，王海燕，李德超，等. Fe-RE系高纯净钢的γ-α多型性转变. 稀土，2017，38（4）：1-6.

[4] 贾幼庆，王海燕，龚佳禾，等. CSP条件下稀土微合金钢的静态再结晶行为. 稀土，2017，28（1）：25-30.

[5] 阮先明，闫洪. 钇对5Cr5MoSiV1钢组织和性能的影响. 稀土，2017，（5）：24-32.

[6] 刘宏亮，刘艳超，陈宇，等. 洁净钢冶炼条件下稀土处理的作用研究. 稀土，2018，39（5）：1-6.

[7] 杨吉春，栗宏伟，张剑，等. 含铈IF钢中铈夹杂物的热力学分析及实验研究. 稀土，2018，39（2）：1-8.

[8] 于潇，任慧平，金自力. 稀土对高强IF钢热轧过程再结晶行为的影响. 稀土，2018，39（3）：117-123.

[9] 黄宇，谢有，成国光，等. 稀土对H13钢中夹杂物的影响. 稀土，2018，39（5）：16-23.

[10] Liu C，Revilla R I，Liu Z，et al. Effect of inclusions modified by rare earth elements（Ce，La）on localized marine corrosion in Q460NH weathering steel. Corros Sci，2017，129：82-90.

[11] Zhang X，Wei W，Cheng L，et al. Effects of niobium and rare earth elements on microstructure and initial marine corrosion behavior of low-alloy steels. Appl Surf Sci，2019，475：83-93.

[12] 刘晓，王龙妹. 节镍含稀土23Cr型双相不锈钢点蚀性能研究. 稀土，2017，38（3）：1-8.

[13] 刘晓，马利飞，李运刚，等. 稀土22Cr型双相不锈钢组织及力学性能研究. 稀土，2017，38（4）：7-14.

［14］杨吉春，杨全海，赵伟. 钇对 X100 管线钢抗腐蚀性能的影响. 稀土，2018，39
（6）：101-107.

［15］杨全海，杨吉春，丁海峰，等. 稀土管线钢中夹杂物热力学分析及实验研究. 稀
土，2018，39（2）：96-101.

［16］You Y，Yan J，Yan M，et al. La interactions with C and N in bcc Fe from first
principles. J Alloy Compd，2016，688：261-269.

［17］You Y，Yan J，Yan M. Atomistic diffusion mechanism of rare earth carburizing/
nitriding on iron based Alloy. Appl Surf Sci，2019，484：710-715.

［18］王兰兰，黄福祥，陈志谦，等. Fe-Ce 系化合物相结构稳定性的第一性原理研究.
稀土，2017，38（5）：15-23.

［19］Wang X，Yan M，Liu R，et al. Effect of rare earth addition on microstructure and
corrosion behavior of plasma nitrocarburized M50NiL steel. J Rare Earth，2016，34（11）：
1148-1155.

［20］于雅樵，袁晓鸣，卢晓禹，等. 稀土防护用高强度钢板研制. 稀土，2018，39
（3）：94-100.

［21］刘宏伟，栾义坤，傅排先，等. 一种高纯净稀土钢处理方法. 中国发明专利：
201710059980.6，2017.

［22］栾义坤，李殿中，傅排先，等. 稀土在特殊钢中的应用研究. 中国稀土学会 2018
学术年会摘要集，2018，54.

［23］张文毓. 高性能稀土镁合金研究与应用. 稀土信息，2018，（4）：8-13.

［24］管凯，杨强，邱鑫，等. 高强变形 Mg-Sm-Zn-Zr 稀土镁合金的微观组织与力学性
能. 中国稀土学会 2017 学术年会摘要集，2017，275.

［25］Guan K，Li B，Yang Q，et al. Effects of 1.5wt% samarium（Sm）addition on
microstructures and tensile properties of a Mg-6.0Zn-0.5Zr alloy. J Alloy Compd，2018，735：
1737-1749.

［26］Lyu S，Li G，Hu T，et al. A new cast Mg-Y-Sm-Zn-Zr alloy with high hardness. Mate
Lett，2018，217：79-82.

［27］李萍，李琦，王莹. Y 和 Sm 对镁合金 AZ81 组织和力学性能的影响. 稀土，
2017，38（1）：143-147.

［28］Ji Q，Ma Y，Wu R，et al. Effect of Y and Ce addition on microstructures and
mechanical properties of LZ91 alloys. J Alloy Compd，2019，800：72-80.

［29］Liu J，Yang M，Zhang X，et al. Effects of Ho content on microstructures and
mechanical properties of Mg-Ho-Zn alloys. Mater Charact，2019，149：198-205.

[30] Yu Z, Xu C, Meng J, et al. Microstructure evolution and mechanical properties of as-extruded Mg-Gd-Y-Zr alloy with Zn and Nd additions. Mat Sci Eng A - Struct, 2018, 713: 234-243.

[31] Imandoust A, Barrett C D, Oppedal A L, et al. Nucleation and preferential growth mechanism of recrystallization texture in high purity binary magnesium-rare earth alloys. Acta Mater, 2017, 138: 27-41.

[32] Li K, Injeti V S Y, Trivedi P, et al. Nanoscale deformation of multiaxially forged ultrafine-grainedMg-2Zn-2Gd alloy with high strength-high ductility combination and comparison with the coarse-grained counterpart. J Mater Sci Technol, 2018, 34: 311-316.

[33] 冀敏，冀朋飞，何新林. 旋翼机用 Mg-Gd 合金组织和力学性能的研究. 中国稀土学报, 2018, 36（2）: 208-214.

[34] Su J, Guo F, Cai H, et al. Study on alloying element distribution and compound structure of AZ61 magnesium alloy with yttrium. J Phys Chem Solids, 2019, 131: 125-130.

[35] Jin Y, Wang K, Wang W, et al. Microstructure and mechanical properties of AE42 rare earth-containing magnesium alloy prepared by friction stir processing. Mater Charact, 2019, 150: 52-61.

[36] 韩宝军，古东懂，何琼，等. 稀土熔盐扩渗对 AZ91D 镁合金耐蚀性能的影响. 稀土, 2017, 38（1）: 7-12.

[37] 杨淼，刘耀辉，刘家安，等. 1% Er 改性 AM50 镁合金的腐蚀力学性能研究. 稀土, 2018,（39）: 142-148.

[38] Song Y, Shan D, Han E H. Pitting corrosion of a Rare Earth Mg alloy GW93. J Mater Sci Technol, 2017, 33: 954-960.

[39] Wang M F, Xiao D H, Zhou P F, et al. Effects of rare earth yttrium on microstructure and properties of Mg-Al-Zn alloy. J Alloy Compd, 2018, 742: 232-239.

[40] Long T, Zhang X, Huang Q, et al. Novel Mg-based alloys by selective laser melting for biomedical applications: microstructure evolution, microhardness and in vitro degradation behavior. Virtual Phys Prototyping, 2018, 13（2）: 71-81.

[41] Zhong L, Peng J, Sun S, et al. Microstructure and Thermal Conductivity of As-Cast and As-Solutionized Mg-Rare Earth Binary Alloys. J Mater Sci Technol, 2017, 33: 1240-1248.

[42] Su C, Li D, Luo A A, et al. Effect of solute atoms and second phases on the thermal conductivity of Mg-RE alloys: A quantitative study. J Alloy Compd, 2018, 747: 431-437.

[43] Zhong L, Wang Y, Gong M, et al. Effects of precipitates and its interface on thermal conductivity of Mg-12Gd alloy during aging treatment. Mater Charact, 2018, 138: 284-288.

[44] 姜佳鑫，胡文鑫，王小青，等. 散热稀土镁合金压铸技术研究. 中国稀土学会 2018 学术年会摘要集，2018：74.

[45] Choudhuri D，Srinivasan S G. Density functional theory-based investigations of solute kinetics and precipitate formation in binary magnesium-rare earth alloys：A review. Comp Mater Sci，2019，159：235-256.

[46] 朱训明，刘旦，段军鹏，等. 基于第一性原理的 $Mg_{65}Cu_{25}RE_{10}$ 合金熔体结构模拟及非晶形成能力分析. 中国稀土学报，2018，36（2）：215-220.

[47] 陈善荣，张亚琴. 嘉瑞稀土镁合金材料研发及深加工技术进展. 中国稀土学会 2017 学术年会摘要集，2017：273.

[48] 赵艳君，蒋长标，武鹏远，等. 含稀土高镁铝合金热变形行为研究. 中国稀土学报，2017，35（3）：368-376.

[49] Luo S X，Shi Z M，Li N Y，et al. Crystallization inhibition and microstructure refinement of Al-5Fe alloys by addition of rare earth elements. J Alloy Compd，2019，789：90-99.

[50] LiangY H，Shi Z M，Li G W，et al. Effects of Er addition on the crystallization characteristic and microstructure of Al-2wt%Fe cast alloy. J Alloy Compd，2019，781：235-244.

[51] Zou Y，Yan H，Yu B，et al. Effect of rare earth Yb on microstructure and corrosion resistance of ADC12 aluminum alloy. Intermetallics，2019，110：106487（9）.

[52] Medvedev A E，Murashkin M Y，Enikeev N A，et al. Enhancement of mechanical and electrical properties of Al-RE alloys by optimizing rare-earth concentration and thermo-mechanical treatment. J Alloy Compd，2018，745：696-704.

[53] 胡旋烨，黄国胜，李相波，等. 热障涂层制备工艺的综述. 热加工工艺，2017，46（24）：6-9.

[54] 李其连，崔向中. 航空表面涂层技术的应用与发展. 涂层技术，2016，（14）：32-36.

[55] 张文毓. 热障涂层的研究进展. 全面腐蚀控制，2015，29（10）：11-14.

[56] 刘亮. YSZ 热障涂层的层状组织调控及其对热导率和寿命的影响研究. 哈尔滨：哈尔滨工业大学，2012.

[57] 马伯乐，马文，黄威，等. 单相双稀土改性 $SrZrO_3$ TBC 的热物理性能. 无机材料学报，2019，34（4）：394-400.

[58] 郭巍，马壮，刘玲，等. 航空发动机用热障涂层的 CMAS 侵蚀及防护. 现代技术陶瓷，2017，38（3）：159-175.

［59］汤安，赵永涛. Dy 掺杂对 $Sm_2Ce_2O_7$ 热物理性能的影响. 功能材料，2017，48（6）：06129-06133.

［60］谢敏，宋希文，周芬，等. Er^{3+} 掺杂对 $Nd_2Zr_2O_7$ 相结构及热物理性能的影响. 稀土，2016，37（4）：51-55.

［61］谢敏，安胜利，廖士钦，等. $ErO_{1.5}$ 掺杂对 $Sm_2Zr_2O_7$ 陶瓷材料结构及热物理性能的影响. 中国稀土学会 2017 学术年会摘要集，305，2017.

［62］Yang J，Zhao M，Zhang L，et al. Pronounced enhancement of thermal expansion coefficients of rare-earth zirconate by cerium doping. Scripta Mater，2018，153：1-5.

［63］陈东，王全胜，柳彦博. 多元稀土掺杂 ZrO_2 粉末制备与涂层性能研究. 热喷涂技术，2016，8（3）：24-29.

［64］徐春辉. 锆酸镧基热障涂层的制备及性能研究. 北京：中国地质大学，2018.

［65］Chen D，Wang Q，Liu Y，et al. Investigation of ternary rare earth oxide-doped YSZ and its high temperature stability. J Alloy Compd，2019，806：580-586.

［66］Xu Z H，Shen Z Y，Mu R D，et al. Phase structure，thermophysical properties and thermal cycling behavior of novel（$Sm_{0.2}La_{0.8}$）$_2$（$Zr_{0.7}Ce_{0.3}$）$_2O_7$ thermal barrier coatings. Vacuum，2018，157：105-110.

［67］Bobzin K，Zhao L，Ote M，et al. A highly porous thermal barrier coating based on Gd_2O_3-Yb_2O_3 co-doped YSZ. Surf Coat Tech，2019，366：349-354.

［68］Guo L，Yan Z，Li Z，et al. $GdPO_4$ as a novel candidate for thermal barrier coating applications at elevated temperatures. Surf Coat Tech，2018，349：400-406.

［69］Guo L，Yan Z，Dong X，et al. Composition-microstructure-mechanical property relationships and toughening mechanisms of $GdPO_4$-doped $Gd_2Zr_2O_7$ composites. Compos Part B，2019，161：473-482.

［70］王彩妹. 磷酸镧/锆酸钇复合材料及其涂层化研究. 天津：天津大学，2016.

［71］赵孝祥. 锆酸钕热障涂层材料增韧研究. 天津：天津大学，2016.

［72］周鑫，霍攀杰，曹学强，等. 稀土复合氧化物热障涂层的抗 CMAS 机理研究. 中国稀土学会 2018 学术年会摘要集，2018：143.

［73］Fan W，Bai Y，Liu Y F，et al. Corrosion behavior of Sc_2O_3-Y_2O_3 co-stabilized ZrO_2 thermal barrier coatings with CMAS attack. Ceram Int，2019，45：15763-15767.

［74］徐俊，陈宏飞，杨光，等. Yb/Y 双掺杂氧化锆在熔盐腐蚀环境中的元素扩散和相变机理研究. 材料研究学报，2016，30（8）：627-633.

［75］Lashmi P G，Majithia S，Shwetha V，et al. Improved hot corrosion resistance of plasma sprayed YSZ/Gd$_2$Zr$_2$O$_7$ thermal barrier coating over single layer YSZ. Mater Charact，2019，147：199-206.

[76] Bahamirian M，Hadavi S M M，Farvizi M，et al. Enhancement of hot corrosion resistance of thermal barrier coatings by using nanostructured Gd$_2$Zr$_2$O$_7$ coating. Surf Coat Tech，2019，360：1-12.

[77] Dong T S，Wang R，Di Y L，et al. Mechanism of high temperature oxidation resistance improvement of double-layer thermal barrier coatings（TBCs）by La. Ceram Int，2019，45：9126-9135.

[78] Shen Z，He L，Xu Z，et al. Rare earth oxides stabilized La$_2$Zr$_2$O$_7$ TBCs：EB-PVD，thermal conductivity and thermal cycling life. Surf Coat Tech，2019，357：427-432.

[79] Shen Z，He L，Xu Z，et al. LZC/YSZ DCL TBCs by EB-PVD：Microstructure，low thermal conductivity and high thermal cycling life. J Eur Ceram Soc，2019，39：1443-1450.

[80] Wang R，Dong T S，Wang H D，et al. CMAS corrosion resistance in high temperature and rainwater environment of double-layer thermal barrier coatings odified by rare earth. Ceramics International，2019，45（14）:17409-17414.

[81] 吕建国，张昊明，张红松. (Sm$_{0.5}$Gd$_{0.3}$Yb$_{0.2}$)$_2$Ce$_2$O$_7$的热导率与热膨胀系数. 陶瓷学报，2017，38（1）：31-34.

[82] Zhang H，Sun J，Duo S，et al. Thermal and mechanical properties of Ta$_2$O$_5$ doped La$_2$Ce$_2$O$_7$ thermal barrier coatings prepared by atmospheric plasma spraying. J Eur Ceram Soc，2019，39：2379-2388.

[83] Shen Z，He L，Xu Z，et al. LZC/YSZ double layer coatings：EB-PVD，microstructure and thermal cycling Life. Surf Coat Tech，2019，367：86-90.

[84] Hao W，Zhang Q，Xing C，et al. Assessment of the performance of Y2SiO5-YSZ/YSZ double-layered thermal barrier coatings. J Eur Ceram Soc，2019，39：461-469.

[85] Tian Z，Zhang J，Zheng L，et al. General trend on the phase stability and corrosion resistance of rare earth monosilicates to molten calcium-magnesium-aluminosilicate at 1300℃. Corros Sci，2019，148：281-292.

[86] Tian Z，Zhang J，Zhang T，et al. Towards thermal barrier coating application for rare earth silicates Ln$_2$SiO$_5$（Ln= La，Nd，Sm，Eu，and Gd）. J Eur Ceram Soc，2019，39：1463-1476.

[87] Jiang F，Cheng L，Wang Y. Hot corrosion of RE$_2$SiO$_5$ with different cation substitution under calcium-magnesium-aluminosilicate attack. Ceram Int，2017，43：9019-9023.

[88] Han J, Wang Y, Liu R, et al. Study on water vapor corrosion resistance of rare earth monosilicates Ln_2SiO_5（Ln=Lu, Yb, Tm, Er, Ho, Dy, Y, and Sc）from first-principles calculations. Heliyon, 2018, 4: 00857（13）.

[89] Lu Y, Cao Y, Zhao X. Optimal rare-earth disilicates as top coat in multilayer environmental barrier coatings. J Alloy Compd, 2018, 769: 1026-1033.

[90] Ren X, Tian Z, Zhang J, et al. Equiatomic quaternary$(Y_{1/4}Ho_{1/4}Er_{1/4}Yb_{1/4})_2SiO_5$ silicate: A perspective multifunctional thermal and environmental barrier coating material. Scripta Mater, 2019, 168: 47-50.

[91] 宗若菲, 吴福硕, 冯晶. 稀土钽酸盐在热障涂层中的研究与应用. 航空制造技术, 2019, 62（3）: 20-31.

[92] 李斌, 张昊明, 张红松, 等. Sm_2YbTaO_7 和 La_2AlTaO_7 的热物理性能. 现代技术陶瓷, 2017, 38（2）: 128-135.

[93] Wu F, Wu P, Zong R, et al. Investigation on thermo-physical and mechanical properties of Dy_3（$Ta_{1-x}Nb_x$）O_7 ceramics with order-disorder transition. Ceram Int, 2019, 45: 15705-15710.

[94] Wu F, Wu P, Chen L, et al. Structure and thermal properties of Al_2O_3-doped Gd_3TaO_7 as potential thermal barrier coating. J Eur Ceram Soc, 2019, 39: 2210-2214.

[95] Wu P, Hu M, Chen L, et al. Investigation on microstructures and thermo-physical properties of ferroelastic（$Y_{1-x}Dy_x$）TaO_4 ceramics. Materialia, 2018, 4: 478-486.

[96] Wu P, Chong X Y, Feng J. Effect of Al^{3+} doping on mechanical and thermal properties of $DyTaO_4$ as promising thermal barrier coating application. J Am Ceram Soc, 2018, 101: 1818-1823.

[97] Luo Y, Chen L, Wu P, et al. Synthesis and thermophysics properties of ferroelastic $SmNb_{1-x}Ta_xO_4$ ceramics. Ceram Int, 2018. 44: 13999-14006.

[98] Zhou X, Xu Z, Fan X, et al. $Y_4Al_2O_9$ ceramics as a novel thermal barrier coating material for high-temperature applications. Mater Lett, 2014, 134: 146-148.

[99] Morán-Ruiz A, Vidal K, Larrañaga A, et al. Characterization of $Ln_4Al_2O_9$（Ln=Y, Sm, Eu, Gd, Tb）rare-earth aluminates as novel high-temperature barrier materials. Ceram Int, 2018, 44: 8761-8767.

[100] Feng J, Xiao B, Zhou R, et al. Anisotropic elastic and thermal properties of the double perovskite slab‐rock salt layer $Ln_2SrAl_2O_7$（Ln = La, Nd, Sm, Eu, Gd or Dy）natural superlattice structure. Acta Mater, 2012, 60: 3380-3392.

[101] Jana P, Jayan P S, Mandal S, et al. Thermal cycling life and failure analysis of rare

earth magnesium hexaaluminate based advanced thermal barrier coatings at 1400℃. Surf Coat Tech, 2017, 328: 398-409.

[102] 杨薇, 王玉峰. 高红外反射率稀土氧化物掺杂 YSZ/YSZ 多层结构 TBC. 航空材料学报, 2018, 38 (5): 96-101.

[103] 杨军. 稀土氧化物热障涂层陶瓷材料的制备与热物理性能. 北京: 清华大学, 2017.

[104] Guo L, Li M, Yang C, et al. Calcium-magnesium-alumina-silicate (CMAS) resistance property of $BaLn_2Ti_3O_{10}$ (Ln=La, Nd) for thermal barrier coating applications. Ceram Int, 2017, 43: 10521-10627.

[105] Wei L, Guo L, Li M, et al. Calcium-magnesium-alumina-silicate (CMAS) resistant Ba_2LnAlO_5 (Ln = Yb, Er, Dy) ceramics for thermal barrier coatings. J Eur Ceram Soc, 2017, 37: 4991-5000.

[106] Guo L, Yan Z, Yu Y, et al. CMAS resistance characteristics of $LaPO_4$/YSZ thermal barrier coatings at 1250~1350℃. Corros Sci, 2019, 154: 111-122.

[107] 甄东霞, 王铀, 勾俊峰, 等. 稀土改性 NiCoCrAlY 层对 YSZ 和 LZ/YSZTBC 高温性能的影响. 热喷涂技术, 2016, 8 (4): 14-22.

[108] 李安, 范桂芬, 史玉升, 等. YF_3/氧化物烧结助剂对碳化硅陶瓷热导率的影响. 人工晶体学报, 2018, 47 (1): 25-30.

[109] 李安. 稀土氟化物/氧化物烧结助剂对碳化硅陶瓷热导率的影响. 武汉: 华中科技大学, 2017.

[110] Noviyanto A, Han S W, Yu H W, et al. Rare-earth nitrate additives for the sintering of silicon carbide. J Eur Ceram Soc, 2013, 33: 2915-2923.

[111] 刘聪. 含 Al_2O_3-Y_2O_3 和 MgO-Y_2O_3 助剂的 Si_3N_4 陶瓷刀具材料制备与性能研究. 广州: 广东工业大学, 2018.

[112] Liu W, Tong W, He R, et al. Effect of the Y_2O_3 additive concentration on the properties of a silicon nitride ceramic substrate. Ceram Int, 2016, 42: 18641-18647.

[113] Liu W, Tong W, Lu X, Effects of different types of rare earth oxide additives on the properties of silicon nitride ceramic substrates. Ceram Int, 2019, 45: 12436-12442.

[114] 段于森, 张景贤, 李晓光, 等. 稀土氧化物对常压烧结氮化硅陶瓷性能的影响. 无机材料学报, 2017, 32 (12): 1275-1279.

[115] 卫莉婷, 樊磊, 温江波, 等. 稀土 Sm_2O_3 对多孔 Si_2N_2O 陶瓷显微结构和性能的影响. 硅酸盐学报, 2018, 46 (6): 780-784.

[116] 贺智勇, 王峰, 张启富, 等. 稀土氧化物和 CaF_2 对 AlN 陶瓷烧结性能及热导率

的影响. 硅酸盐学报，2018，46（6）：755-759.

[117] Roy S，Das D，Roy T K. Processing，characterization and properties of Er_2O_3 added ZnO based varistor ceramics. J Mater Sci：Mater Electron，2017，28：14906-14918.

[118] Ahmed Z W，Khadim A I，Hameed A，et al. The effect of doping with some rare earth oxides on electrical features of ZnO varistor. Energy Procedia，2019，157：909-917.

[119] Sinhamahapatra S，Dana K，Mukhopadhyay S，et al. Role of different rare earth oxides on the reaction sintering of magnesium aluminate spinel. Ceram Int，2019，45：11413-11420.

[120] Jin H，Shi Z，Li X，et al. Effect of rare earth oxides on the microstructure and properties of mullite/hBN composites. Ceram Int，2017，43：3356-3362.

[121] Sharma V K，Kumar V. Development of rare-earth oxides based hybrid AMCs reinforced with SiC/Al_2O_3：mechanical & metallurgical characterization. J Mater Res Technol，2019，8（2）：1971-1981.

[122] 张潇月，曹智勇，郝志刚，等. 稀土高分子的光学性质及其应用研究进展. 山东化工，2019，48：22-23.

[123] 徐媛媛，孙健华，李彬，等. 稀土荧光高分子的制备及其荧光性能研究. 塑料科技，2019，47（11）：28-34.

[124] 张灵，王鑫，赵雄燕. 含稀土配合物聚苯乙烯发光微球的研究. 应用化工，2018，47（5）：991-994.

[125] 葛瑞祥，曹鸿璋，于晓丽，等. 微纳米稀土化合物在高分子材料中的应用. 稀土，2019，40（1）：139-146.

[126] 徐招. 微纳米稀土化合物在高分子材料中的应用. 新材料与新技术，2019，45（3）：65.

[127] Pan Z，Wang T，Chen L，et al. Effects of rare earth oxide additive on surface and tribological properties of polyimide composites. Appl Surf Sci，2017，416：536-546.

[128] 叶恩淦，王海波，朱月华，等. 复配稀土改性剂对 MGF/PTFE 复合材料性能的影响. 材料导报 B：研究篇，2018，32（3）：961-964.

[129] Yang F，Li X. Novel cationic rare earth metal alkyl catalysts for precise olefin polymerization. J Polym Sci Pol Chem，2017，55（14）：2271-2280.

[130] Xiao L，Deng M，Zeng W，et al. Novel robust superhydrophobic coating with self-cleaning properties in air and oil based on rare earth metal oxide. Ind Eng Chem Res，2017，56（43）：12354-12361.

[131] Ferrel-Álvarez A C，Domínguez-Crespo M A，Torres-Huerta A M，et al.

Intensification of electrochemical performance of AA7075 aluminum alloys using rare earth functionalized water-based polymer coatings. Polymers，2017，9（5）：178.

[132] Fang T，Cao L，Chen S，et al. Preparation and assembly of five photoresponsive polymers to achieve complex light-induced shape deformations. Mater Design，2018，144：129-139.

[133] 尹海洋. 海藻酸钠/稀土高分子凝胶球的制备及其对染料吸附性能的研究. 呼和浩特：内蒙古师范大学，2019.

[134] 燕鹏华，付含琦，梁滔，等. 稀土合成橡胶的发展状况. 橡胶科技，2018，（2）：5-9.

[135] 高茜，辛莹娟，于雪. 稀土化合物对天然橡胶性能的影响. 当代化工，2018，47（9）：1797-1799.

[136] 刘芸. 稀土系聚异戊二烯胶乳的制备、表征及应用. 青岛：青岛科技大学，2017.

[137] 周恒. 多功能稀土配合物的制备及其在橡胶中的应用. 北京：北京化工大学，2017.

[138] 刘松，姚楚，杨振，等. 稀土氧化物填充丁基发泡橡胶阻尼性能的研究. 材料导报 B：研究篇，2017，31（4）：46-50.

[139] Zou Y，He J，Tang Z，et al. A novel rare-earth complex containing hindered phenol and thioether groups for styrene-butadiene rubber/silica composites with improved antioxidative properties. Polym Degrad Stabil，2019，166：99-107.

[140] 康永. 稀土掺杂硅橡胶复合材料的性能研究. 橡塑技术与装备（橡胶），2018，44：5-9.

[141] 杨秀霞，王殿铭，吕晓东. 国内外合成橡胶市场现状及发展前景探析. 当代石油石化，2019，27（5）：13-20.

[142] 孙宏达，张国栋，邱月，等. PVC 热稳定剂的研究现状及发展趋势. 辽宁化工，2017，46（6）：600-602.

[143] 于晓丽，杨占峰，张玉玺，等. 硬脂酸铈复合热稳定剂的制备及其在 PVC 建筑模板中的应用. 稀土，2018，39（2）：18-24.

关键词索引